21世纪高等学校计算机教育实用规划教材

杨居义 主编

微机原理与接口技术项目教程（第2版）

清华大学出版社
北 京

内 容 简 介

本书是根据普通高等教育"十二五"规划教材的指导思想，按照高等院校教学大纲编写的。全书共分13章，包括微型计算机系统概述、8086微处理器、8086指令系统与程序设计、存储器、可编程并行接口8255、中断系统与可编程8259A、可编程定时器/计数器8253、串行通信与可编程8251A、可编程DMA控制器8237A、D/A数模转换、A/D模数转换、总线技术和工程应用与课程设计题目等知识。

全书体系采用"项目驱动"的方式编写，引入"项目"教学和启发式教学方法，便于激发学生的学习兴趣，使教材做到"教、做、学"的统一协调。

本书以精缩的理论知识、实践教学和工程训练相结合，可以作为大学本科计算机、通信、电气自动化、电子信息、机电一体化专业的"微机原理与接口技术"、"计算机接口技术"课程教材。同时也可以作为科技人员学习的参考书。

图书在版编目(CIP)数据

微机原理与接口技术项目教程/杨居义主编. —2版. —北京：清华大学出版社，2013.5（2020.8重印）
21世纪高等学校计算机教育实用规划教材
ISBN 978-7-302-30684-9

Ⅰ. ①微… Ⅱ. ①杨… Ⅲ. ①微型计算机－理论－高等学校－教材 ②微型计算机－接口技术－高等学校－教材 Ⅳ. ①TP36

中国版本图书馆CIP数据核字(2012)第278427号

责任编辑：高买花 薛 阳
封面设计：常雪影
责任校对：焦丽丽
责任印制：丛怀宇

出版发行：清华大学出版社
网　　址：http://www.tup.com.cn，http://www.wqbook.com
地　　址：北京清华大学学研大厦A座　　**邮　　编**：100084
社 总 机：010-62770175　　**邮　　购**：010-62786544
投稿与读者服务：010-62776969，c-service@tup.tsinghua.edu.cn
质量反馈：010-62772015，zhiliang@tup.tsinghua.edu.cn
课件下载：http://www.tup.com.cn，010-83470236
印 装 者：北京国马印刷厂
经　　销：全国新华书店
开　　本：185mm×260mm　　**印　　张**：28.75　　**字　　数**：699千字
版　　次：2010年1月第1版　2013年5月第2版　　**印　　次**：2020年8月第8次印刷
印　　数：9701～10700
定　　价：44.50元

产品编号：049139-01

出版说明

随着我国高等教育规模的扩大以及产业结构调整的进一步完善，社会对高层次应用型人才的需求将更加迫切。各地高校紧密结合地方经济建设发展需要，科学运用市场调节机制，合理调整和配置教育资源，在改革和改造传统学科专业的基础上，加强工程型和应用型学科专业建设，积极设置主要面向地方支柱产业、高新技术产业、服务业的工程型和应用型学科专业，积极为地方经济建设输送各类应用型人才。各高校加大了使用信息科学等现代科学技术提升、改造传统学科专业的力度，从而实现传统学科专业向工程型和应用型学科专业的发展与转变。在发挥传统学科专业师资力量强、办学经验丰富、教学资源充裕等优势的同时，不断更新教学内容、改革课程体系，使工程型和应用型学科专业教育与经济建设相适应。计算机课程教学在从传统学科向工程型和应用型学科转变中起着至关重要的作用，工程型和应用型学科专业中的计算机课程设置、内容体系和教学手段及方法等也具有不同于传统学科的鲜明特点。

为了配合高校工程型和应用型学科专业的建设和发展，急需出版一批内容新、体系新、方法新、手段新的高水平计算机课程教材。目前，工程型和应用型学科专业计算机课程教材的建设工作仍滞后于教学改革的实践，如现有的计算机教材中有不少内容陈旧(依然用传统专业计算机教材代替工程型和应用型学科专业教材)，重理论、轻实践，不能满足新的教学计划、课程设置的需要；一些课程的教材可供选择的品种太少；一些基础课的教材虽然品种较多，但低水平重复严重；有些教材内容庞杂，书越编越厚；专业课教材、教学辅助教材及教学参考书短缺，等等，都不利于学生能力的提高和素质的培养。为此，在教育部相关教学指导委员会专家的指导和建议下，清华大学出版社组织出版本系列教材，以满足工程型和应用型学科专业计算机课程教学的需要。本系列教材在规划过程中体现了如下一些基本原则和特点。

(1) 面向工程型与应用型学科专业，强调计算机在各专业中的应用。教材内容坚持基本理论适度，反映基本理论和原理的综合应用，强调实践和应用环节。

(2) 反映教学需要，促进教学发展。教材规划以新的工程型和应用型专业目录为依据。教材要适应多样化的教学需要，正确把握教学内容和课程体系的改革方向，在选择教材内容和编写体系时注意体现素质教育、创新能力与实践能力的培养，为学生知识、能力、素质协调发展创造条件。

(3) 实施精品战略，突出重点，保证质量。规划教材建设仍然把重点放在公共基础课和专业基础课的教材建设上；特别注意选择并安排一部分原来基础比较好的优秀教材或讲义修订再版，逐步形成精品教材；提倡并鼓励编写体现工程型和应用型专业教学内容和课程体系改革成果的教材。

(4) 主张一纲多本,合理配套。基础课和专业基础课教材要配套,同一门课程可以有多本具有不同内容特点的教材。处理好教材统一性与多样化,基本教材与辅助教材,教学参考书,文字教材与软件教材的关系,实现教材系列资源配套。

(5) 依靠专家,择优选用。在制订教材规划时要依靠各课程专家在调查研究本课程教材建设现状的基础上提出规划选题。在落实主编人选时,要引入竞争机制,通过申报、评审确定主编。书稿完成后要认真实行审稿程序,确保出书质量。

繁荣教材出版事业,提高教材质量的关键是教师。建立一支高水平的以老带新的教材编写队伍才能保证教材的编写质量和建设力度,希望有志于教材建设的教师能够加入到我们的编写队伍中来。

21世纪高等学校计算机教育实用规划教材编委会

联系人:魏江江 weijj@tup.tsinghua.edu.cn

第二版前言

市场经济的发展要求高等院校在培养更多的工程应用型人才中以培养动手能力强、符合用人单位需要的工程应用型人才为宗旨。工程应用型人才的培养应强调以知识为基础、以能力为重点,知识能力素质协调发展。本书重点放在“基础与工程项目实训”上(基础指的是课程的基础知识和重点知识以及在实际工程项目中会应用到的知识,基础为项目服务,项目是基础的综合应用)。本书特色如下。

1. 以项目开发为目标

本书在一个或多个项目的实现过程中,融合相关知识点,以便读者快速将所学知识应用到实际工程项目中。这里的“拓展工程训练项目”是与生产一线的企业工程师们,共同确定的、基于工作过程的、从典型控制项目中提炼并分解得到的,符合学生认知过程和学习领域的要求。通过“拓展工程训练项目”的实现,可以让学生完整地掌握应用微机原理与接口技术课程的实用知识和解决工程应用问题的能力。

2. 结构合理,易教易学

本书结构清晰,内容翔实,并将多年的教学心得体现在书中,力求把握该门课程的核心,做到通俗易懂,既便于教学的展开,也便于学生学习与交流,打造了一种全新且轻松的学习环境,让学生在老师的提醒中技高一筹,在知识链接中理解更深、视野更广。

3. 实例丰富,紧贴行业应用

本书精心组织了与行业应用紧密结合的典型实例,且实例丰富,让教师在授课过程中有更多的演示环节,让学生在学习过程中有更多的动手实践机会,以巩固所学知识,迅速将所学内容应用于实际工作中。

4. 四位一体教学模式

本书体例新颖,每一部分都按照“拓展工程训练项目”来编写,并且依托“基础＋拓展工程训练＋课程设计＋考核”的四位一体教学模式组织内容。

- 够用的基础知识。把基础知识分解成若干知识点,在介绍基础知识部分时,列举了大量实例并安排有项目实训,这些实例是项目中的某个环节。
- 拓展工程训练。在精选项目上,尽量使项目来源于实际工程应用或工程子项目,具有典型性和针对性,同时在编写上将知识点融入项目中,增强了实用性、操作性和可读性(书中项目除了 8259 芯片需要在 Proteus 7.10 试用版上进行仿真外,其他项目都在 Proteus 7.5 上进行了仿真;全部项目在超想-3000 TC、伟福 Lab6000 综合实验系统上运行过),通过实现这些项目,学生可以完整地应用并掌握这门课程的实用知识。
- 课程设计。通过综合项目案例,使学生掌握实际工程应用的解决方法和步骤。书中采用了实际应用项目例子,力求理论和实践相结合,同时着重培养学生解决工程实际问题和综合应用的能力。

- 考核。在教材中我们采用了企业的考核方法,有项目阶段考核和课程设计综合考核,让学生时时刻刻感受到企业的考核方式,使学生在学习期间明白不仅只是做好自己的工作,还要有团队合作意识、沟通能力等素质教育。

5. 适合做教材

本书是"校企"合作教材,为了适合教学,在内容的编排上力求循序渐进、由浅入深、重点突出,使教材具有理论性、实践性、工程应用性和先进性,做到理论知识够用、注重工程应用的原则,着重培养学生解决工程实际问题和综合应用的能力。通过典型项目分析,使学生容易抓住知识点和重点内容,掌握基本原理和分析方法,达到举一反三的目的。

本书由杨居义任主编,负责全书教材体系结构的设计,并编写了第2章、第3章、第5章、第6章、第7章、第8章、第9章、第10章、第11章和第13章,杨尧编写了第1章,蒲妍君编写了第4章,杨晓琴编写了第12章,另外刘春成、马磊、冯森、贺琦鉴、何超、杜珊珊、陈秀也为本书的成稿做了一些工作,在此表示衷心的感谢。全书由杨居义统稿和校稿。

特别感谢四川大学计算机学院赖肇庆教授、攀长钢集团公司王万祥高级工程师(享受国家津贴)对本书提出了宝贵的修改建议。

由于作者水平有限,书中难免有错误和不妥之处,恳请读者批评指正。选用本书作为教材的老师可向清华大学出版社(http://www.tup.com.cn)索取授课电子课件。

编　者

2013年3月

第一版前言

本书针对应用型本科类学生，着重培养学生的学习能力、工程实践能力、实际动手能力、综合运用所学知识分析问题和解决问题的能力，以达到增强学生的创新实践和解决工程应用问题能力的素质教育。本书定位于：讲清课本基本知识点，教会学生分析典型项目，帮助理解、巩固所学知识，达到解决工程应用的目的。本书具有以下几个特色。

1. 采用“项目驱动”

本书采用“项目驱动”方式来设计《微机原理与接口技术工程项目教程》教材体系，以项目分析带动能力培养。本书以项目分析为突破口，强化各知识点的运用，不断培养学生解决工程应用的能力。

每个“项目”无疑是培养和锻炼学生动手能力、实践能力和综合素质的一个重要环节，它是对学生学习知识的一次综合实践，是对老师教学、学生学习的一次检验。这种引入案例教学和启发式教学方法，便于激发学生的学习兴趣，使教材做到“教、做、学”的统一协调。全书系统结构清晰、内容新颖、文字简练。

2. 强化三基、注重实践

在编写过程中，编者认真总结多年做项目和教学的经验，同时博采众长，吸取了其他书籍的精华，强调基本概念、基本原理、基本分析方法的论述，采用“教、做、学”相结合的教学模式，既能使学生掌握好基础，又能启发学生思考，培养动手能力。在精选项目上，尽量使项目来源于实际工程应用或工程子项目，使项目具有典型性和针对性，同时在编写上将知识点融入项目中，增强了实用性、操作性和可读性(书中项目在超想-3000TC、伟福 Lab6000 综合实验系统上运行过)。

3. 新知识

本书主要以 8086 为编写题材，同时也将计算机发展的新技术、新知识和新成果引入，内容丰富而精炼，文字通俗易懂，讲解深入浅出。

4. 适合作教材

为了配合教学，在内容的编排上力求循序渐进、由浅入深、重点突出，使教材具有理论性、实践性、应用性和先进性，通过典型项目分析，使学生容易抓住知识点和重点内容，掌握基本原理和分析方法，达到举一反三的目的。

本书可作为高等院校、成人高校的计算机、通信、电气自动化、电子信息和机电专业的“微机原理与接口技术”、“计算机接口技术”教材。

本书是在清华大学出版社高等院校计算机系列教材编委会的统一部署下，并在出版社有关领导的指导和关怀下完成的。

本书由杨居义编写，刘春成、马磊、冯森、贺琦鉴、何超、陈秀也为本书的成稿做了一些工作,在此表示衷心的感谢。

特别感谢电子科技大学周明天教授(电子部专家、博导)、曾家智教授(西南网络专委会副主任、博导)、四川大学计算机学院赖肇庆教授、攀长钢集团公司王万祥高级工程师(享受国家津贴)对本书提出了宝贵建议。

由于作者水平有限,书中难免存在错误和不妥之处,恳请读者批评指正。选用本书作为教材的老师可向清华大学出版社(http://www.tup.com.cn)索取授课电子课件。

编　者

2009 年 10 月

目　录

第 1 章　微型计算机系统概述 …… 1
1.1　微型计算机组成结构与数据的表示 …… 1
1.1.1　概述 …… 1
1.1.2　CPU …… 2
1.1.3　微型计算机 …… 2
1.1.4　微型计算机系统 …… 3
1.1.5　微机系统的性能指标 …… 3
1.1.6　数据在计算机中的表示方法 …… 4
1.1.7　位、字节、字和字长 …… 7
1.2　现代微机系统的基本组成 …… 7
1.2.1　现代微机系统简介 …… 7
1.2.2　控制逻辑芯片 …… 9
1.3　微型计算机接口组成 …… 9
1.3.1　接口简介 …… 9
1.3.2　接口功能 …… 10
1.3.3　接口组成 …… 11
1.3.4　I/O 端口和 I/O 操作 …… 11
1.3.5　I/O 端口的编址方式 …… 12
1.3.6　CPU 与接口数据的交换技术 …… 13
1.4　I/O 端口地址分配与地址译码技术 …… 14
1.4.1　I/O 端口地址分配 …… 14
1.4.2　I/O 端口地址译码 …… 15
1.5　拓展工程训练项目 …… 17
1.5.1　项目 1：认识微型计算机的组成结构 …… 17
1.5.2　项目 2：认识微型计算机的常用接口 …… 18
1.5.3　项目 3：设计具有 6 组 I/O 端口地址的译码电路 …… 19
1.5.4　拓展工程训练项目考核 …… 19
同步练习题 …… 21

第2章　8086微处理器 ………………………………………………………… 22
2.1　8086微处理器概述 ……………………………………………………… 22
2.1.1　8086 CPU的内部结构 …………………………………………… 22
2.1.2　8086存储器的管理 ……………………………………………… 27
2.1.3　8086存储区的分配 ……………………………………………… 28
2.2　8086微处理器引脚功能 ………………………………………………… 29
2.2.1　8086 CPU引脚 …………………………………………………… 29
2.2.2　最小模式和最大模式的典型配置 ……………………………… 31
2.3　8086总线的操作时序 …………………………………………………… 33
2.3.1　时序的基本概念 ………………………………………………… 33
2.3.2　典型的8086时序分析 …………………………………………… 34
2.4　Intel 80x86系列微处理器简介 ………………………………………… 40
2.4.1　80x86系列微处理器发展简介 ………………………………… 40
2.4.2　8086和80286 ……………………………………………………… 41
2.4.3　80386和80486 ……………………………………………………… 41
2.4.4　Pentium(奔腾)和P6系列处理器 ……………………………… 42
2.4.5　奔腾Ⅱ和奔腾Ⅲ ………………………………………………… 43
2.4.6　Intel Pentium 4处理器 ………………………………………… 43
2.4.7　Intel超线程处理器 ……………………………………………… 44
2.4.8　Intel双核技术处理器 …………………………………………… 44
2.5　拓展工程训练项目 ……………………………………………………… 45
2.5.1　项目1：认识8086 CPU ………………………………………… 45
2.5.2　项目2：认识8086 CPU引脚 …………………………………… 45
2.5.3　项目3：8086控制LED灯右循环亮 …………………………… 46
2.5.4　项目4：认识典型的CPU微处理器 …………………………… 48
2.5.5　拓展工程训练项目考核 ………………………………………… 50
同步练习题 ……………………………………………………………………… 50

第3章　8086指令系统及汇编语言程序设计 ………………………………… 52
3.1　指令格式与寻址方式 …………………………………………………… 52
3.1.1　指令格式 ………………………………………………………… 52
3.1.2　8086/8088的寻址方式 …………………………………………… 53
3.2　数据传送类指令与串操作类指令 ……………………………………… 59
3.2.1　概述 ……………………………………………………………… 59
3.2.2　数据传送类指令 ………………………………………………… 59
3.2.3　串操作类指令 …………………………………………………… 66

3.3 算术运算指令与位操作指令 …… 70
3.3.1 概述 …… 70
3.3.2 算术运算指令 …… 70
3.4 控制转移指令与处理器控制指令 …… 78
3.4.1 控制转移指令 …… 79
3.4.2 处理器控制指令 …… 88
3.5 汇编语言程序格式 …… 90
3.5.1 概述 …… 90
3.5.2 汇编程序开发过程 …… 90
3.5.3 汇编语言程序书写格式 …… 91
3.5.4 表达式与运算符 …… 92
3.5.5 伪指令语句 …… 93
3.5.6 汇编语言程序的上机过程 …… 97
3.6 程序的基本结构 …… 98
3.6.1 概述 …… 98
3.6.2 程序的基本结构概述 …… 98
3.7 BIOS 和 DOS 中断 …… 105
3.7.1 概述 …… 105
3.7.2 BIOS 和 DOS 的中断类型 …… 106
3.7.3 BIOS 和 DOS 功能调用的基本步骤 …… 107
3.7.4 常见的 BIOS 和 DOS 功能调用 …… 107
3.8 子程序结构 …… 111
3.8.1 概述 …… 111
3.8.2 子程序基本概念 …… 111
3.8.3 子程序的结构形式 …… 111
3.8.4 子程序的定义 …… 112
3.8.5 子程序的参数传送 …… 113
3.8.6 子程序设计举例 …… 116
3.9 拓展工程训练项目 …… 118
3.9.1 项目 1：认识 8086 的寻址方式 …… 118
3.9.2 项目 2：内存数据的移动 …… 121
3.9.3 项目 3：多字节的乘法 …… 122
3.9.4 项目 4：计算 $|x-y|$ …… 127
3.9.5 项目 5：把字符串显示到屏幕上 …… 129
3.9.6 项目 6：折半查找 …… 132
3.9.7 项目 7：从键盘中接收字符 …… 134
3.9.8 项目 8：排序 …… 137

3.9.9 拓展工程训练项目考核…… 140
同步练习题…… 141

第4章 存储器…… 144

4.1 存储器的分类 …… 144
4.1.1 存储器的概述…… 144
4.1.2 存储器的分类方法…… 144
4.1.3 存储器的层次结构…… 145
4.1.4 存储器的性能指标…… 146
4.2 读写存储器 RAM …… 147
4.2.1 静态读写存储器 SRAM …… 147
4.2.2 动态读写存储器 DRAM …… 148
4.2.3 现代 RAM 简介…… 150
4.3 只读存储器 ROM …… 154
4.3.1 掩膜只读存储器 ROM …… 155
4.3.2 紫外光擦除可编程只读存储器 EPROM …… 155
4.3.3 电可擦除可编程只读存储器 EEPROM …… 156
4.3.4 闪速只读存储器 Flash ROM …… 158
4.4 存储器分配与存储器扩展技术 …… 159
4.4.1 PC 的内存地址空间分配 …… 159
4.4.2 存储器与 CPU 的连接 …… 159
4.4.3 存储芯片的选择…… 161
4.4.4 存储器接口中的片选…… 161
4.4.5 存储容量的扩展…… 162
4.4.6 扩展应用举例…… 164
4.5 拓展工程训练项目 …… 169
4.5.1 项目1:认识各种存储器芯片 …… 169
4.5.2 项目2:设计一个容量为4KB RAM 的存储器 …… 171
4.5.3 项目3:设计一个容量为8KB ROM 的存储器 …… 172
4.5.4 项目4:设计一个容量为16KB ROM 和 8KB RAM 的存储器 …… 174
4.5.5 拓展工程训练项目考核…… 176
同步练习题…… 176

第5章 可编程并行接口8255A …… 178

5.1 8255A 芯片引脚和内部结构 …… 178
5.1.1 概述…… 178
5.1.2 8255A 芯片引脚 …… 178

5.1.3　8255A 内部结构 …… 180
5.2　8255A 控制字及状态字 …… 181
5.2.1　工作方式选择控制字 …… 181
5.2.2　端口 C 按位置位/复位控制字 …… 182
5.3　8255A 的工作方式 …… 183
5.3.1　方式 0 …… 183
5.3.2　方式 1 …… 184
5.3.3　方式 2 …… 186
5.4　拓展工程训练项目 …… 188
5.4.1　项目 1：8255A 读取开关的状态并显示 …… 188
5.4.2　项目 2：8255A 控制 LED 灯左循环亮 …… 190
5.4.3　项目 3：8255A 控制 LED 灯左右循环亮 …… 191
5.4.4　项目 4：8255A 控制继电器 …… 194
5.4.5　项目 5：8255A 控制步进电机 …… 197
5.4.6　拓展工程训练项目考核 …… 201
同步练习题 …… 201

第 6 章　中断系统与可编程 8259A …… 203

6.1　8086 中断系统 …… 203
6.1.1　中断基本概念 …… 203
6.1.2　中断类型与中断向量表 …… 205
6.1.3　中断响应过程 …… 206
6.1.4　8086 中断结构 …… 207
6.2　8259A 芯片引脚和内部结构 …… 209
6.2.1　概述 …… 209
6.2.2　8259A 芯片引脚与内部结构 …… 209
6.2.3　8259A 的中断工作过程 …… 211
6.3　8259A 控制字及编程应用 …… 212
6.3.1　8259A 控制字 …… 212
6.3.2　8259A 操作方式说明 …… 217
6.3.3　8259A 的初始化编程 …… 219
6.3.4　8259A 的应用 …… 220
6.4　拓展工程训练项目 …… 221
6.4.1　项目 1：外部中断控制继电器 …… 221
6.4.2　项目 2：用 8259A 中断控制 LED 灯左循环亮 …… 224
6.4.3　项目 3：外部中断次数显示 …… 227
6.4.4　项目 4：中断控制流水灯 …… 230

6.4.5 项目5：两个外部中断源中断 …… 233
6.4.6 拓展工程训练项目考核 …… 237
同步练习题 …… 237

第7章 可编程定时器/计数器8253 …… 239

7.1 8253的功能、引脚与内部结构 …… 239
7.1.1 定时器/计数器的基本概念与分类 …… 239
7.1.2 8253的主要功能 …… 240
7.1.3 8253的引脚 …… 240
7.1.4 8253的内部结构 …… 241
7.2 8253的控制字和读写操作 …… 242
7.2.1 8253的控制字 …… 242
7.2.2 8253的初始化编程(写操作) …… 244
7.2.3 8253当前计数值的读取(读操作) …… 245
7.3 8253的工作方式 …… 246
7.3.1 方式0——计数到零产生中断请求 …… 246
7.3.2 方式1——可重触发的单稳态触发器 …… 248
7.3.3 方式2——分频器 …… 249
7.3.4 方式3——方波发生器 …… 250
7.3.5 方式4——软件触发选通方式 …… 251
7.3.6 方式5——硬件触发选通方式 …… 252
7.3.7 6种工作方式小结 …… 253
7.4 拓展工程训练项目 …… 254
7.4.1 项目1：用8253对外部事件进行计数 …… 254
7.4.2 项目2：用8253控制LED闪烁 …… 256
7.4.3 项目3：用8253控制继电器 …… 258
7.4.4 项目4：电子琴 …… 259
7.4.5 项目5：用8253实现生产流水线上的工件计数 …… 263
7.4.6 拓展工程训练项目考核 …… 267
同步练习题 …… 268

第8章 串行通信与可编程8251A …… 270

8.1 串行通信基础 …… 270
8.1.1 概述 …… 270
8.1.2 单工、半双工和全双工通信 …… 270
8.1.3 串行通信方式 …… 271
8.1.4 通信速率 …… 273

8.1.5 串行通信接口标准 …… 273
8.2 8251A 芯片引脚、内部结构和工作过程 …… 278
8.2.1 概述 …… 278
8.2.2 8251A 芯片引脚 …… 278
8.2.3 8251A 的内部结构 …… 280
8.2.4 8251A 的工作过程 …… 281
8.3 8251A 方式控制字及初始化编程 …… 282
8.3.1 8251A 的方式控制字 …… 282
8.3.2 操作命令字 …… 282
8.3.3 状态字 …… 283
8.3.4 初始化编程 …… 285
8.4 拓展工程训练项目 …… 287
8.4.1 项目 1：两台微机之间进行通信 …… 287
8.4.2 项目 2：8251A“自发自收”通信 …… 288
8.4.3 项目 3：上位 PC 与 8251A 串行口通信 …… 291
8.4.4 项目 4：用 1 号机控制 2 号机 LED 左循环显示 …… 293
8.4.5 项目 5：用 PC 控制 LED 显示 …… 299
8.4.6 拓展工程训练项目考核 …… 302
同步练习题 …… 303

第 9 章 可编程 DMA 控制器 8237A …… 305

9.1 8237A 的引脚与内部结构 …… 305
9.1.1 DMA 传送的基本概念 …… 305
9.1.2 8237A 引脚与内部结构 …… 306
9.2 8237A 的控制字及应用 …… 311
9.2.1 8237A 的控制字 …… 311
9.2.2 8237A 的初始化编程及应用 …… 316
9.3 拓展工程训练项目 …… 318
9.3.1 项目 1：利用 8237A 进行存储器到存储器的数据传送 …… 318
9.3.2 项目 2：用 8237A 从接口向 RAM 输入数据并显示 …… 320
9.3.3 项目 3：DMA 进行存储器到存储器的数据传送 …… 322
9.3.4 项目 4：DMA 进行存储器到 I/O 的数据传送 …… 325
9.3.5 拓展工程训练项目考核 …… 328
同步练习题 …… 329

第 10 章 D/A 数模转换 …… 330

10.1 DAC0832 芯片引脚和内部结构 …… 330

10.1.1 概述 …… 330
10.1.2 D/A 转换器的主要技术指标 …… 331
10.1.3 DAC0832 芯片引脚 …… 332
10.1.4 DAC0832 芯片内部结构 …… 333
10.1.5 D/A 转换器的输出 …… 333
10.1.6 DAC0832 的工作方式 …… 334
10.2 12位 D/A 转换芯片 DAC1210 与 DAC0832 应用 …… 336
10.2.1 DAC1210 的引脚与内部结构 …… 336
10.2.2 DAC0832 应用 …… 337
10.3 拓展工程训练项目 …… 339
10.3.1 项目1：DAC0832 输出连续的锯齿波 …… 339
10.3.2 项目2：DAC0832 输出连续的三角波和锯齿波 …… 340
10.3.3 项目3：用 DAC0832 控制直流电机 …… 343
10.3.4 项目4：直流电机转速控制 …… 346
10.3.5 拓展工程训练项目考核 …… 348
同步练习题 …… 349

第11章 A/D 模数转换 …… 350

11.1 ADC0809 芯片引脚和内部结构 …… 350
11.1.1 概述 …… 350
11.1.2 A/D 转换器的主要技术指标 …… 350
11.1.3 ADC0809 芯片特点 …… 351
11.1.4 ADC0809 芯片引脚功能与内部结构 …… 351
11.1.5 ADC0809 的工作过程 …… 353
11.1.6 12位 A/D 转换器 AD574 的结构及引脚 …… 354
11.2 A/D 转换器与 CPU 的接口及应用 …… 356
11.2.1 ADC0809 转换器与 CPU 的接口 …… 356
11.2.2 ADC0809 转换器的应用 …… 357
11.2.3 12位 AD574 转换器的应用 …… 359
11.3 拓展工程训练项目 …… 360
11.3.1 项目1：ADC0809 转换的值用 LED 显示 …… 360
11.3.2 项目2：ADC0809 采集的值用于控制直流电机转速 …… 362
11.3.3 项目3：ADC0809 采集的温度值用于控制直流电机转速 …… 364
11.3.4 项目4：数据采集综合应用 …… 366
11.3.5 拓展工程训练项目考核 …… 370
同步练习题 …… 371

第 12 章　总线技术 …… 372

12.1　总线概述 …… 372
12.1.1　总线的含义 …… 372
12.1.2　总线的分类 …… 372
12.1.3　总线的主要技术指标 …… 373
12.1.4　微机常用总线简介 …… 375
12.1.5　总线与 CPU 的连接 …… 377
12.2　系统总线 …… 377
12.2.1　S-100 总线 …… 377
12.2.2　STD 总线 …… 378
12.2.3　ISA 总线 …… 380
12.2.4　EISA 总线 …… 382
12.2.5　PCI 局部总线 …… 382
12.3　外部总线 …… 386
12.3.1　USB 总线 …… 386
12.3.2　IEEE-488 总线 …… 387
12.4　拓展工程训练项目 …… 388
12.4.1　项目 1：利用 ISA 总线的 IRQ7 进行中断，在屏幕上显示一个“7” …… 388
12.4.2　项目 2：利用系统总线进行存储器扩展 …… 390
12.4.3　项目 3：认识 USB 接口 …… 392
12.4.4　项目 4：利用 ISA 总线的 IRQ2 进行中断，在屏幕上显示一个“黑桃” …… 393
12.4.5　项目 5：利用 ISA 总线扩展键盘 …… 395
12.4.6　拓展工程训练项目考核 …… 398
同步练习题 …… 399

第 13 章　工程应用与课程设计题目 …… 400

13.1　项目 1：数据采集工程应用 …… 400
13.1.1　项目要求与目的 …… 400
13.1.2　项目电路连接与说明 …… 400
13.1.3　项目电路原理框图 …… 401
13.1.4　项目程序设计 …… 401
13.2　项目 2：模拟交通灯控制 …… 404
13.2.1　项目要求与目的 …… 404
13.2.2　项目电路连接与说明 …… 405

13.2.3 项目电路原理框图 …… 405
13.2.4 项目程序设计 …… 405
13.3 课程设计题目 …… 409
13.3.1 音乐发生器 …… 409
13.3.2 简易数码管移位显示器 …… 410
13.3.3 串行通信设计 …… 410
13.3.4 数字密码锁 …… 411
13.3.5 D/A 转换器设计 …… 411
13.3.6 步进电机控制 …… 412
13.3.7 模拟交通灯控制 …… 413
13.3.8 电子时钟 …… 413
13.3.9 2路A/D转换并显示 …… 414
13.3.10 上位PC控制直流电机转速 …… 414
13.3.11 利用ISA总线设计16路模拟数据采集器 …… 415
13.3.12 利用ISA总线设计8路数据采集和单通道模拟量输出器 …… 416
13.4 综合实训项目考核评价 …… 416

附录A IBMPC/XT 中断向量地址表 …… 418

附录B 8086 指令表 …… 419

附录C DOS 功能调用(INT21H)表 …… 427

附录D BIOS 中断调用表 …… 432

附录E 常用集成芯片引脚图 …… 436

参考文献 …… 439

第1章　微型计算机系统概述

学习目的

(1) 了解微型计算机的组成结构。
(2) 掌握数据在计算机中的表示方法。
(3) 了解计算机接口的基本概念及组成。
(4) 掌握CPU和接口数据交换的4种方式。
(5) 掌握I/O端口和I/O操作。
(6) 熟悉CPU与接口数据的交换技术。
(7) 熟悉I/O端口地址分配与地址译码技术。
(8) 掌握拓展工程训练项目。

学习重点和难点

(1) 数据在计算机中的表示方法。
(2) CPU和接口数据交换的4种方式。
(3) I/O端口和I/O操作。
(4) CPU与接口数据的交换技术。
(5) I/O端口地址分配与地址译码技术。

1.1　微型计算机组成结构与数据的表示

1.1.1　概述

1946年,在美国诞生了世界上第一台现代数字式电子计算机(Electronic Numerical Integrator and Calculator,ENIAC)。从此,计算机技术不断发展,先后出现了大型机、中型机及小型机等各种类型的计算机。1981年,IBM公司进入了微型计算机领域并推出了IBM-PC以后,计算机的发展开创了一个新的时代——微型计算机时代。近30年来,微型计算机凭借自身的特点,其应用迅速扩展到工业、农业、第三产业等生产、生活、学习等各个领域,成为人们日常使用最多的计算机类型。

微型计算机(Micro-Computer)简称微机,就是指以微处理器(Micro-Processor)为核心,配上由大规模集成电路制作的存储器、输入输出(I/O)接口电路以及系统总线所组成的计算机。微型计算机的系统结构、工作原理和其他机型一样都符合冯·诺依曼体系结构要求,由运算器、控制器、存储器、输入设备及输出设备5个硬件部分组成。

1.1.2 CPU

从功能上看,控制器和运算器是计算机系统中密切相关而又相互独立的两个组成部分。在硬件实现上,通常把控制器和运算器以及数量不等的寄存器集成到一个大规模集成电路芯片上,称为中央处理器(Central Processing Unit,CPU)。它由算术逻辑部件(Arithmetic Logic Unit,ALU)、累加器和通用寄存器组、程序计数器、时序和控制逻辑部件以及内部总线等组成。随着半导体工艺技术的不断进步,芯片集成度获得极大提高,现在生产的具备较强控制、运算能力的CPU芯片尺寸一般都很小,所以又称为微处理器。如图1-1所示为微型计算机CPU Intel酷睿2四核芯片外观图,其尺寸比火柴盒略大。CPU的发展速度相当快,不同时期CPU类型是不同的,从早期的8086、80286、80386、80486,到中期的Pentium(奔腾)、Pentium Ⅱ、Pentium Ⅲ,再到今天的Pentium 4、双核、多核等,经历了很多代的改进。每种类型的CPU在引脚、主频、工作电压、接口类型、封装等方面都有差异,尤其在速度性能上差异很大。CPU只有与主板支持的CPU类型相同时,两者才能配套工作。

图1-1 CPU外观图

1.1.3 微型计算机

微处理器并不能独立工作,必须与相应的存储器、输入输出接口电路及系统总线配合,构成一台微型计算机才能运行程序。连接这些独立的部件需要一个公共载体,这就是主板(Main Board)。主板上集成有CPU插座、芯片组、总线系统、输入输出(I/O)控制芯片、内存插座、输入输出系统、扩展卡插座、电源接口等,如图1-2所示。其他部件直接插接在主板上,或者通过电缆电线连接到主板上。

微型计算机主机是由插接到同一块主板上的CPU、存储器、输入输出接口电路以及系统总线形成的一个整体。其中存储器用以存放程序和数据。输入输出接口电路实现外部设备与CPU和存储器之间的连接。系统总线是CPU向存储器及接口电路提供地址、数据及控制信息的通道,一般包括数据总线(Data Bus,DB)、地址总线(Address Bus,AB)及控制总线(Control Bus,CB)。微型计算机主机结构如图1-2所示。

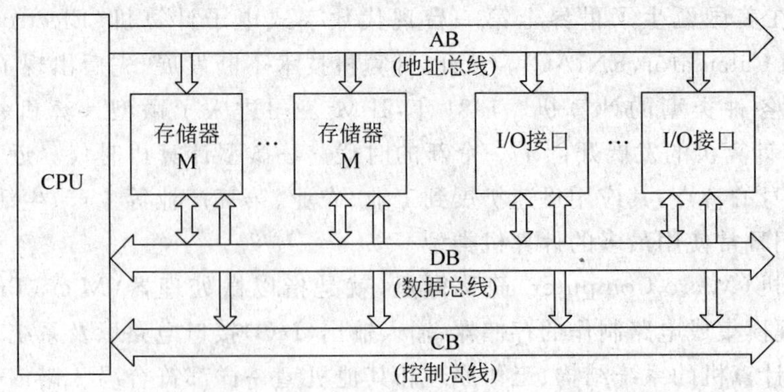

图1-2 微型计算机典型结构示意图

1.1.4 微型计算机系统

微型计算机系统是以微型计算机为主体，配备输入输出设备以及软件构成的。微型计算机主机具备运算功能，能独立执行程序。但是程序和数据要进入计算机，计算机的运算结果要显示或打印，都需要配备输入输出设备。常见的输入输出设备主要有键盘、鼠标、显示器、打印机等。

微型计算机系统是一个软件与硬件的结合体，没有配置软件的计算机称为裸机，在实际中无法使用。一个完整的微型计算机系统必须配置相应的系统软件和应用软件。系统软件主要包括操作系统、各种语言编译程序、故障检测程序等。应用软件主要是满足某个特定方面需要的用户程序。硬件是计算机运算功能的实现基础，软件则是硬件动作的灵魂。两者相辅相成，构成一个有机的统一整体，实现数值计算、信息处理等强大功能。如图 1-3 所示为微处理器、微型计算机、微型计算机系统三者之间的关系。

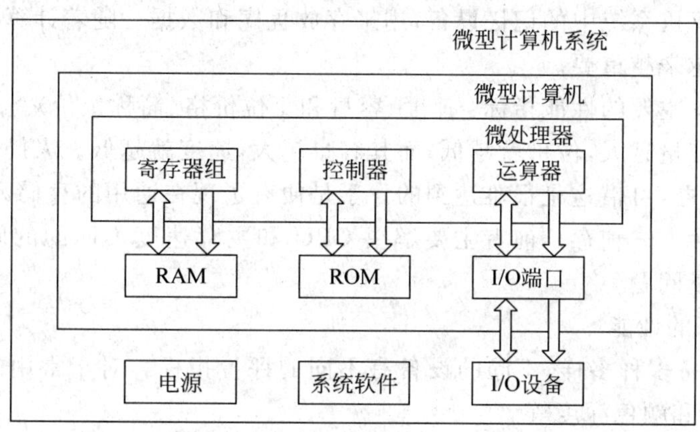

图 1-3 微型计算机系统组成示意图

1.1.5 微机系统的性能指标

一个微型计算机系统的性能优劣，需要从多方面进行综合评价，主要是看这台计算机对数据的处理能力，包括运算速度、存储容量等。此外，系统的可靠性、通用性乃至价格都是评价一个计算机系统优劣的性能指标。

(1) 微处理器的性能

微处理器的性能对于微机系统性能指标起着很重要的作用。随着微处理器技术的不断发展，评价微处理器的性能可以从多个角度，但最基本的评价指标还是字长和运算速度。

① 字长

字长即 CPU 中运算器一次能处理的最大数据位数，它是反映微机系统数据处理能力的重要技术指标。常见的字长有 8 位、16 位、32 位、64 位等。字长越长，说明系统的运算精度越高，数据处理能力越强。

与字长相对应的总线宽度，特别是数据总线的宽度同样也能反映系统性能。数据总线的宽度只有与 CPU 的字长相当，才能有效发挥出 CPU 的数据处理能力。除此之外，总线的数据传输速率等技术指标也对系统总体性能起着一定的影响。

② 运算速度

运算速度的高低是衡量计算机系统的一个重要性能指标。提高主频对于提高CPU的运算速度是至关重要的。主频频率越高,CPU的运算速度越快。但很多人认为CPU的主频就是其运行速度,其实不然。CPU的主频表示在CPU内数字脉冲信号振荡的速度,与CPU实际的运算能力并没有直接关系,只是主频和实际的运算速度存在一定的关系,但目前还没有一个确定的公式能够定量两者的数值关系,因为CPU的运算速度还要看CPU的流水线的各方面性能指标(缓存、指令集、CPU的位数等)。主频的单位是GHz。

反映微机系统运算速度的另一个单位是MIPS,即每秒能执行百万条指令数。可以看出,数值越大,计算机的速度越快。但是这种通过执行指令的数量来衡量速度的方式有它自身的缺点,因为每条指令的复杂度不一样,其执行所花费的时间也就不一样,如执行一条加法指令与执行一条除法指令所用的时间明显不同。

(2) 存储器的性能

存储器是计算机系统中的记忆设备,用来存放程序和数据。随着计算机的发展,存储器在系统中的地位越来越重要。

存储器有3个主要的性能指标:速度、容量和每位价格(简称位价)。一般来说,速度越高,位价就越高,容量越大,位价就越低,而其容量越大,速度就越低。人们追求大容量、高速度、低位价的存储器,可惜这是很难达到的。于是便有了现在通用的存储系统层次结构:缓存——主存和主存——辅存。前者主要解决CPU和主存速度不匹配的问题,后者主要解决存储系统的容量问题。

(3) I/O设备的性能

如今,I/O设备多种多样,不同的设备有不同的评价指标。对于常用的外设,其性能指标有速度、分辨率和颜色深度等。

1.1.6 数据在计算机中的表示方法

(1) 数制

数制(Number System)是用一组固定的数字符号和一套统一的规则来表示数目的方法。若用R个基本符号来表示数目则称为R进制,R称为基数。例如二进制的基数为2,数符有2个;十进制的基数为10,数符有10个。

按进位的原则进行计算称为进位记数制。进位记数制中有两个重要的概念:基数和位权。基数是指用来表示数据的数码的个数,超过(等于)此数后就要向相邻高位进一。同一数码处在数据的不同位置时所代表的数值是不同的,它所代表的实际值等于数字本身的值乘上一个确定的与位置有关的系数,这个系数则称为位权,位权是以基数为底的指数函数。例如,$128.7=1\times10^2+2\times10^1+8\times10^0+7\times10^{-1}$。即"128.7"这个数值中的"1"的权值是$10^2$,"7"的权值就是$10^{-1}$。

在计算机中常用的进位记数制有二进制、八进制、十进制和十六进制。在日常生活中,通常使用十进制表示方法,而计算机内部采用的是二进制表示法,有时为了简化二进制数据的书写,也采用八进制和十六进制表示法。为了区别不同进制的数据,可在数的右下角标注。一般用B(Binary)或2表示二进制数,O(Octal)或8表示八进制数,H(Hexadecimal)或16表示十六进制数,D(Decimal)或10表示十进制。在本书中我们用字母B、O、H、D表示法，如果省略进制字母，则默认为十进制数。

① 二进制数

二进制(Binary Notation)：用“0”和“1”两个数字表示。逢二进一。

运算规则有：$0+0=0$　　$0\times 0=0$

$0+1=1$　　$0\times 1=0$

$1+0=1$　　$1\times 0=0$

$1+1=10$　　$1\times 1=1$

表示方法：$(11011)_2$ 或 11011**B**

权表示法：$(11011)_2=1\times 2^4+1\times 2^3+0\times 2^2+1\times 2^1+1\times 2^0$

② 八进制数

八进制(Octal Notation)：用“0、1、2、3、4、5、6、7”8 个数字表示。逢八进一。

表示方法：$(5127)_8$ 或 5127**O**

权表示法：$(5127)_8=5\times 8^3+1\times 8^2+2\times 8^1+7\times 8^0$

③ 十进制数

十进制(Decimal Notation)：用“0、1、2、3、4、5、6、7、8、9”10 个数字表示。逢十进一。

表示方法：$(5927)_{10}$或 5927**D**

权表示法：$(5927)_{10}=5\times 10^3+9\times 10^2+2\times 10^1+7\times 10^0$

④ 十六进制数

十六进制(Hexadecimal Notation)：用“0、1、…、9、A、B、C、D、E、F”16 个数字表示。逢十六进一。

表示方法：$(5A0D7)_{16}$或 5A0D7**H**

权表示法：$(5A0D7)_{16}=5\times 16^4+10\times 16^3+0\times 16^2+13\times 16^1+7\times 16^0$

常用进制的表示法如表 1-1 所示。

表 1-1　十、二、八、十六进制表示法

十进制	二进制	八进制	十六进制
0	0000	0	0
1	0001	1	1
2	0010	2	2
3	0011	3	3
4	0100	4	4
5	0101	5	5
6	0110	6	6
7	0111	7	7
8	1000	10	8
9	1001	11	9
10	1010	12	A
11	1011	13	B
12	1100	14	C
13	1101	15	D
14	1110	16	E
15	1111	17	F
16	10000	20	10

(2) 各种进制数之间的转换

对各种进制数之间的转换,要掌握转换的方法和规则,为了便于理解,将进制的转换分成“二进制数 ⇔ 八进制数、十六进制数”、“二进制数 ⇔ 十进制数”两大类。

① 二进制、八进制、十六进制之间的转换

• 二进制数转换为八进制、十六进制数

由于 $8^1=2^3$(八进制数的一位等于二进制数的三位)、$16^1=2^4$(十六进制数的一位等于二进制数的四位)的关系,它们之间的转换就变得很简单。其转换规则是以小数点为中心,左右“按位组合”,前后不够补0。即八进制是按三位组合,十六进制是按四位组合。

【例 1-1】 把$(11010111.01111)_2$转换为八进制数、十六进制数。

$(11010111.01111)_2=(011,010,111.011,110)_2=(327.36)_8$

$(11010111.01111)_2=(1101,0111.0111,1000)_2=(D7.78)_{16}$

• 八进制数、十六进制数转换为二进制数

其转换规则仍是以小数点为中心,“按位展开”(八进制数的一位等于二进制数的三位、十六进制数的一位等于二进制数的四位),最后去掉前后的0。

【例 1-2】 把$(327.36)_8$、$(D7.78)_{16}$转换为二进制数。

$(327.36)_8=(011,010,111.011,110)_2=(11010111.01111)_2$

$(D7.78)_{16}=(1101,0111.0111,1000)_2=(11010111.01111)_2$

② 二进制数、八进制数、十六进制数与十进制数之间的转换

• 二进制数、八进制数、十六进制数转换为十进制数

二进制数、八进制数、十六进制数转换为十进制数,其转换规则相同,是“按权展开相加”。同十进制数的展开一样,只是其权位不同而已。

【例 1-3】 把$(101.01)_2$、$(257)_8$、$(32CF.4)_{16}$转换为十进制数。

$(101.01)_2=1\times2^2+0\times2^1+1\times2^0+0\times2^{-1}+1\times2^{-2}=(5.25)_{10}=5.25$

$(257)_8=2\times8^2+5\times8^1+7\times8^0=(175)_{10}=175$

$(32CF.4)_{16}=3\times16^3+2\times16^2+12\times16^1+15\times16^0+4\times16^{-1}$

$=(13007.25)_{10}=13007.25$

• 十进制数转换为二进制数、八进制数、十六进制数

由于前面已讲了二进制、八进制、十六进制之间的转换,当将十进制转换成八进制、十六进制时,可以将二进制作为一个桥梁,因此,这里我们只介绍十进制数转换成二进制数。十进制数转换成二进制数分两种情况进行,整数部分和小数部分,具体规则如下所示。

整数部分:除2取余倒排。即采用除2取余,直到商为0,先得的余数排在低位,后得的余数排在高位。

小数部分:乘2取整顺排。即采用乘2取整数,直到值为0或达到精度要求,先得的整数排在高位,后得的整数排在低位。

【例 1-4】 将$(205.375)_{10}$转换成二进制数。

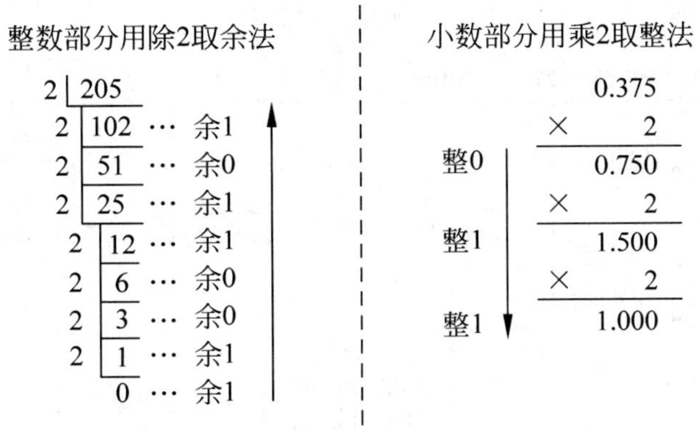

整数部分用除2取余法　　　　小数部分用乘2取整法

```
2 | 205
  2 | 102 … 余1   ↑        0.375
  2 | 51  … 余0   |      ×     2
  2 | 25  … 余1   |  整0    0.750
    2 | 12 … 余1  |      ×     2
    2 | 6  … 余0  |  整1    1.500
    2 | 3  … 余0  |      ×     2
    2 | 1  … 余1  |  整1 ↓  1.000
        0  … 余1  |
```

$(205)_{10}=(11001101)_2$　　　　$(0.375)_{10}=(0.011)_2$

$(205.375)_{10}=(11001101.011)_2$

1.1.7 位、字节、字和字长

计算机中的信息是用二进制表示的，那么反映这些二进制信息的量有位、字长、字节、字等指标。

(1) 位或比特(bit)。计算机中的存储信息是由许多个电子线路单元组成的，每一个单元称为一个“位”(bit)，它有两个稳定的工作状态，分别以“0”和“1”表示。它是计算机中最小的数据单位。两个二进制位可表示 4 种状态 00、01、10、11。n 个二进制位可以表示 2^n 种状态。

(2) 字节(Byte)。在计算机中，8 位二进制数称为一个“字节”(Byte，简写 B)，构成一个字节的 8 个位被看做一个整体。它是计算机存储信息的基本单位，同时它也是计算机存储空间大小的最基本容量单位。字节又是衡量计算机存储二进制信息量的单位，它有千字节(KB)、兆字节(MB)、吉字节(GB)、太字节(TB)。

$$1\text{KB}=1024\text{B}=2^{10}\text{B}\qquad 1\text{MB}=1024\text{KB}=2^{20}\text{B}$$

$$1\text{GB}=1024\text{MB}=2^{30}\text{B}\qquad 1\text{TB}=1024\text{GB}=2^{40}\text{B}$$

(3) 字(Word)。由若干个字节组成一个“字”(Word)。一个“字”可以存放一条计算机指令或一个数据。

(4) 字长。CPU 内每个字可包含的二进制的长度称为“字长”(Word Size)。它是计算机存储、传送、处理数据的信息单位，是衡量比较计算机的功能精确度及运算速度的主要性能指标之一。字长越长，在相同时间内就能传送越多的信息，从而使计算机运算速度越快、精度越高、寻址空间越大、内存储器容量越大、计算机系统支持的指令数量越丰富。低档微机的字长为 8 位(一个字节)，高档微机的字长有 16 位(两个字节)、32 位(4 个字节)等。

1.2 现代微机系统的基本组成

1.2.1 现代微机系统简介

图 1-4 所示为 Intel 奔腾 CPU、符合 ATX 标准的现代微型计算机系统结构示意框图。

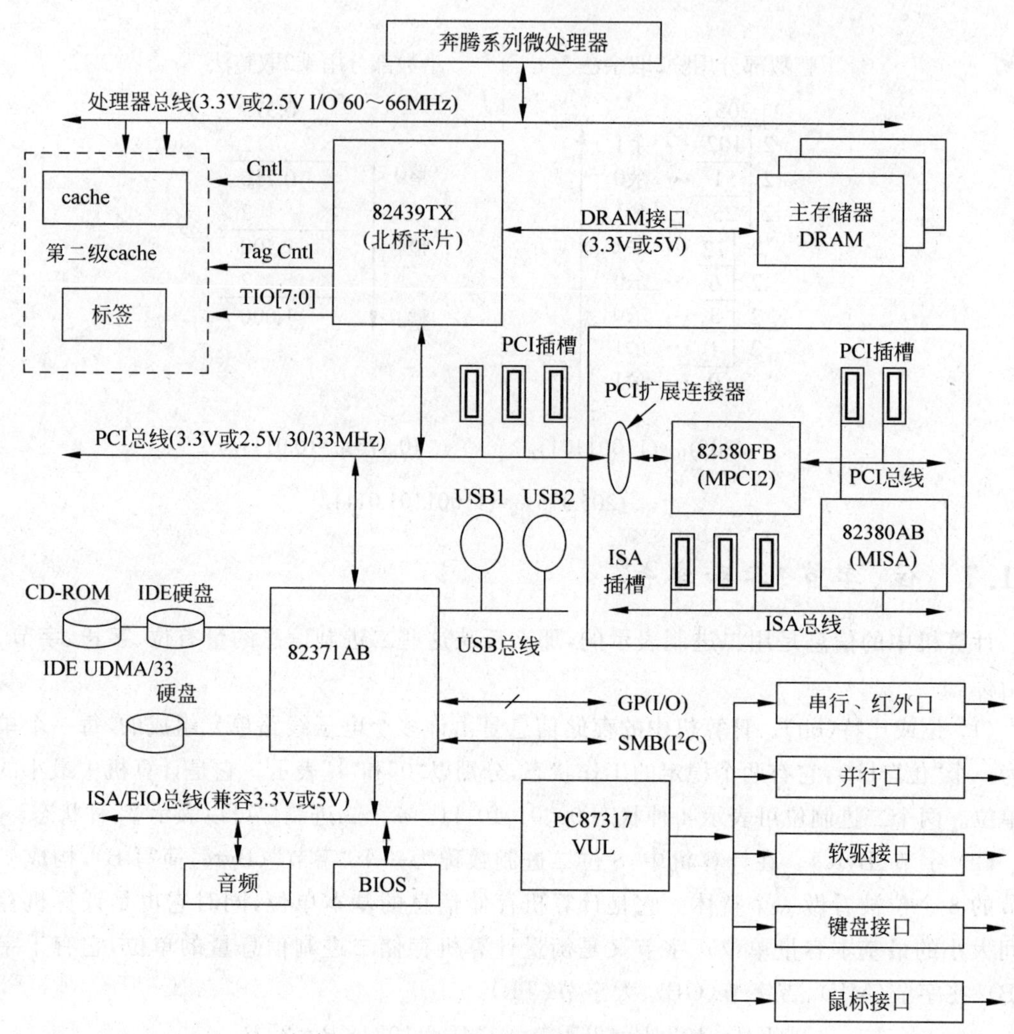

图 1-4　奔腾微型计算机系统结构示意框图

现代微型计算机与早期的微型计算机系统相比,在系统组成结构上发生了巨大的变化。

(1) CPU 的性能不断提高,从早期的 8086/8088 发展到现在的第七代微处理器,如 P4 微处理器,无论是在速度还是在性能方面都有极大地提高。

(2) 在系统结构上日趋完善,从早期在 ISA 总线、EISA 总线到 PCI 总线到现代的 AGP 高速图形显示接口。

(3) 存储器系统在存储器容量和速度上也有很大的提高。从早期的异步存储器到现在的同步存储器,速度从早期的几十毫秒到现在的几十纳秒,存储容量也从早期以 KB 为单位发展到现代以 GB 为单位。

(4) 系统接口控制逻辑在功能上和可靠性上都得到进一步的提高。为了满足高性能微处理 CPU 的性能和功能增长的需要,控制和管理系统的控制逻辑芯片组由过去简单、单一的众多分立小规模芯片,发展到现在性能优越、集成度高、易于升级的几个控制逻辑芯片组,使得对微型计算机系统的设计与维护更加简单、性能更加稳定可靠。如早期在 80286 微机系统中使用的8253/8237/8259等分立芯片到现代微机系统中的82810/82815(北桥芯片)和82801A/B(南桥芯片)。

(5) I/O接口也日趋标准化。为了适应中、低速数据传输,在通用串行接口总线USB标准制定后,符合USB标准的接口插件开始流行,现代微机一般都支持USB接口规范。另一类I/O设备就是需要高速或极高数据传输率的视频采集、处理、显示设备,这类设备的种类繁多,对其接口的标准化也在不断完善,如推出的AGP接口标准就是专门为高速显示设备设计的。

1.2.2 控制逻辑芯片

从图1-4中可以看出,系统控制逻辑芯片由一块称为系统控制器(北桥芯片)的芯片和一块被称为总线转换桥(南桥芯片)的芯片所组成。

北桥芯片(82439TX)管理微处理器CPU、高速缓存cache、主存和PCI总线之间的信息传送,该芯片具有cache和主存的控制功能,如维持cache一致性、控制主存的动态刷新、缓冲微处理CPU、cache、主存以及PCI总线之间的数据传输。

南桥芯片(82371AB)的主要作用是将PCI总线标准转换成外部设备的其他接口,如IDE接口标准、ISA接口标准、USB接口标准等。同时,还负责微机系统中一些系统控制与管理功能,如中断请求的管理、DMA传输的控制、系统的计数与定时等,即兼有中断控制器8259、DMA控制器8237和定时器/计数器8253的功能。

1.3 微型计算机接口组成

计算机硬件中,无论是CPU还是其他功能部件,都是由半导体电路组成的,各部件传输、处理的数据都是二进制的0和1。然而,由于CPU与各部件的功能、速度、数据格式等方面存在巨大差异,它们之间往往不能直接交换数据。当CPU需要与其他部件交换数据时,需要借助接口实现。

1.3.1 接口简介

微机接口(Interface)就是微处理器CPU与"外部世界"的连接电路,是CPU与外界进行信息交换的中转站。比如源程序或原始数据要通过接口从输入设备送进去,运算结果要通过接口向输出设备送出来;控制命令通过接口发出去,现场状态通过接口取进来,这些来往信息都要通过接口进行变换与中转。这里所说的"外部世界"是指除CPU本身以外的所有设备或电流,包括存储器、I/O设备、控制设备、测量设备、通信设备、多媒体设备、A/D与D/A转换器等。从图1-5可以看出,各类外部设备(简称外设)和存储器,都是通过各自的接口电路连接到微机系统的总线上去的,因此用户可以根据自己的要求,选用不同类型的外设,设置相应的接口电路,把它们挂到系统总线上,构成不同用途、不同规模的应用系统。

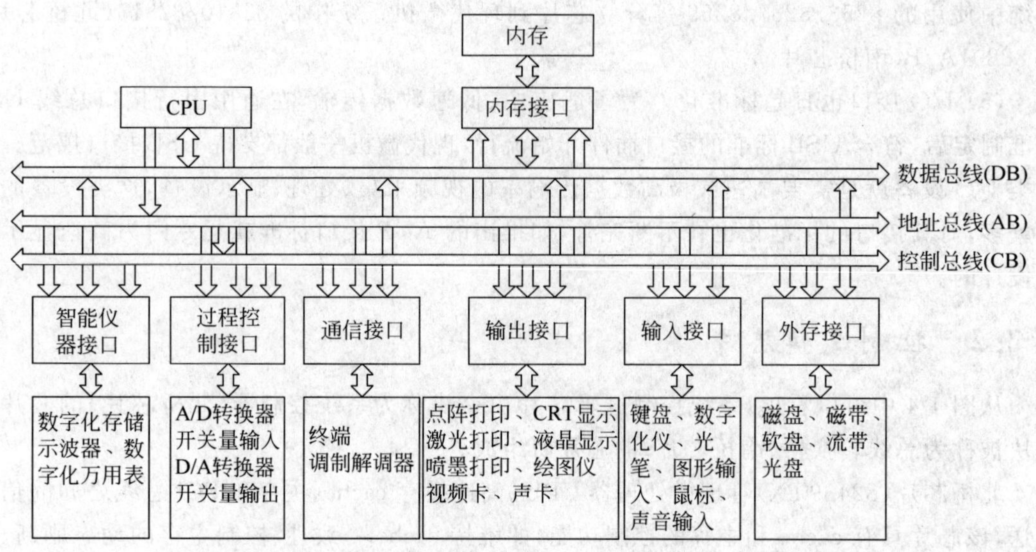

图 1-5　微机系统各类接口框图

1.3.2　接口功能

接口是 CPU 与外界的连接电路,并非任何一种电路都可以叫做接口,它必须具备一些条件或功能,才称得上是接口电路。那么,接口应具备哪些功能呢?从解决 CPU 与外设在连接时存在的矛盾的观点来看,一般有如下功能。

(1) 对外部设备的寻址功能

在微机系统中一般有多种外设,在同一种外设中也可能有多台外设,而一个 CPU 在同一时间里只能与一台外设交换信息,这就要在接口中设置 I/O 端口地址译码电路对外设进行寻址。CPU 将 I/O 设备的端口地址代码送到接口中的地址译码电路,并经译码电路,把地址代码翻译成 I/O 设备的选择信号。一般是把高位地址用于接口芯片选择,低位地址进行芯片内部寄存器的选择,以选定需要与自己交换信息的设备端口,只有被选中的设备才能与 CPU 进行数据交换或通信。没有选中的设备,就不能与 CPU 交换数据。

(2) 信号转换功能

外部设备的信号电平可能不是 TTL 电平或 CMOS 电平,因此需要由接口电路来完成信号电平的转换。信号转换(包括 CPU 信号与外设信号的逻辑关系上、时序配合上以及电平匹配上的转换),就成为接口设计中的一个重要任务。

(3) 数据缓冲功能

外部设备的工作速率远远低于 CPU 的速率,为了提高 CPU 的工作效率并避免丢失数据,接口中必须有数据缓冲器。接口中设置的数据缓存寄存器作为两者之间的中介,暂存发送方发出的数据,等待接收方在足够的时间内取走数据。借助于数据缓冲器,高速工作的 CPU 与低速工作的外部设备之间的数据交换可以协调进行。由于数据缓存器直接连在系统数据总线上,因此它应具有三态特性。

(4) 联络功能

接口应当具备握手信号。CPU 送来的控制信号、外部设备的工作状况以及应答信号都要通过接口与 CPU 以"握手联络"的方式进行交互。

(5) 中断管理功能

CPU 与外设之间的通信采用中断方式,有利于提高 CPU 的利用率。

(6) 可编程功能

为了使接口具有较强的灵活性、可扩充性以适应多种工作方式或工作状态,接口应具有可编程的特性。

并非要求每种接口都具备上述功能,对不同用途的微机系统,其接口功能不同,接口电路的复杂程度就大不一样。但前 3 种功能是接口电路中的核心部分,是一般接口都需要的。

1.3.3 接口组成

为了实现上述各种功能,接口需要有物理基础——硬件,予以支撑;还要有相应的程序——软件,予以驱动。所以,一个能够实际运行的接口,应由硬件和软件两部分组成。

(1) 硬件电路

接口电路的基本结构如图 1-6 所示。三总线包括地址总线 AB、数据总线 DB 以及控制总线 CB,与 CPU 连接。地址总线 AB 用来提供访问接口电路的地址信息。数据总线 DB 用来与接口电路交换数据信息、状态信息和命令信息。控制总线 CB 包括 I/O、…、INTR 等信号线。

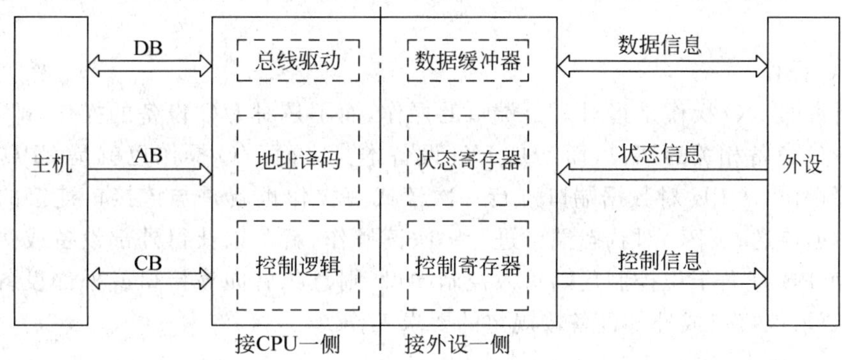

图 1-6 接口电路的基本结构

从作用上看,接口的硬件组成一般包括基本逻辑电路和端口地址译码电路。基本逻辑电路指命令寄存器、状态寄存器及数据缓冲寄存器,它们负责执行接收命令、返回状态及传送数据等基本任务,是接口电路的核心;端口译码电路的任务是接收片内寻址信号、选择接口内部的不同寄存器、与 CPU 内的寄存器交换数据。

(2) 软件编程

为了增强接口实用范围,半导体厂商一般按照通用型、可编程模式设计制作可编程接口芯片。因此,为了使用接口,需要为 CPU 编写专门的接口程序。接口程序多由汇编语言编程实现,一般包括初始化接口芯片、确定数据传输方式、控制接口硬件动作等主要功能。

1.3.4 I/O 端口和 I/O 操作

(1) I/O 端口

端口(Port)是接口电路中能被 CPU 直接访问的寄存器。CPU 通过这些地址即端口向接口电路中的寄存器发送命令,读取状态并传送数据,因此,一个接口可以有几个端口,如状态端口、数据端口和命令端口,分别对应于状态寄存器、数据寄存器和命令寄存器。有的接口包括的端口少(如8251A、8259A芯片只有两个端口),有的接口包括的端口多(如8255A并行接口芯片有4个端口,8237A芯片有16个端口)。

• 状态端口

状态端口(State Port)主要用来指示外部设备的当前状态。每种状态用一个二进制位表示,每个外部设备可以有几个状态位,它们可以被CPU读取,以测试或检查外部设备的状态,决定程序的流程。一般接口电路中常见的状态位有准备就绪位(Ready)、外部设备忙位(Busy)、错误位(Error)等。

• 数据端口

数据端口(Data Port)用以存放外部设备送往CPU的数据以及CPU输出到外部设备的数据。这些数据是主机和外部设备之间交换的最基本信息,长度一般为1～4字节。数据端口主要起数据缓冲作用。

• 命令端口

命令端口(Command Port)也称控制端口(Control Port),用来存放CPU向接口发出的各种命令和控制字,以便控制接口或设备的动作。接口功能不同,接口芯片的结构也就不同,控制字的格式和内容自然各不相同。一般可编程接口芯片往往具有工作方式命令字、操作命令字等。

(2) I/O操作

通常所说的I/O操作是指对I/O端口的操作,而不是对I/O设备的操作,即CPU所访问的是与I/O设备相关的端口,而不是I/O设备本身。而I/O操作也就是CPU对端口寄存器的读写操作。CPU对数据端口进行一次读或写操作也就是与该接口连接的外部设备进行一次数据传送;CPU对状态端口进行一次读操作,就可以获得外部设备或接口自身的状态代码;CPU把若干位控制代码写入控制端口,则意味着向该接口或外部设备发出一个控制命令,要求该接口或外部设备按规定的要求工作。

1.3.5 I/O端口的编址方式

I/O端口的编址方式主要有两种:内存与I/O端口统一编址和I/O端口独立编址。

(1) 统一编址

统一编址是指在整个存储空间中划分出一部分地址空间给外设端口使用,即把每一个I/O端口看做一个存储单元,与存储单元一样编址,访问存储器的所有指令均可用来访问I/O端口,不用设置专门的I/O指令,所以称为存储器映射I/O编址方式,地址空间分布情况如图1-7所示。这种方式实质上是把I/O地址映射到存储空间,作为整个存储空间的一小部分。换言之,系统把存储空间的一小部分划归外部设备使用,大部分划归存储单元所有。摩托罗拉公司的MC6800及68HC05等处理器就采用了这种方式访问I/O设备。

这种方式的优点在于I/O端口的地址空间较大,对端口进行操作的指令功能较强,使用时灵活方便。

这种方式的缺点是端口占用了存储器的地址空间,使存储器容量减小,另外指令长度比专门I/O指令要长,因而执行速度较慢。

(2) 独立编址

独立编址是指对系统中的I/O端口单独编址,与内存单元的地址空间相互分开,各自独立,采用专门的I/O指令来访问具有独立空间的I/O端口,地址空间分布情况如图1-8所示。8086/8088系统中就采用这种编址方式。

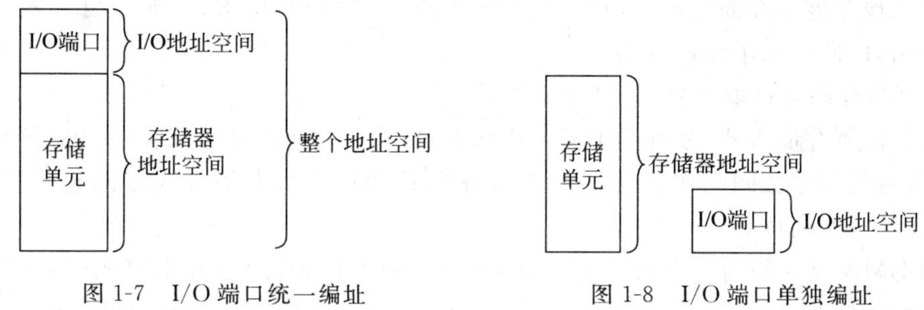

图1-7 I/O端口统一编址　　图1-8 I/O端口单独编址

这种方式的主要优点是不占用内存单元的有效地址空间,地址译码器较简单,端口操作指令长度较短,执行速度较快。

以上这两种I/O编址方式各有利弊,不同类型的CPU可根据外部设备特点采用不同的编址方式。

1.3.6 CPU与接口数据的交换技术

微机与外部设备之间的数据传送实际上是CPU与接口之间的数据传送,传送的方式不同,CPU对外设的控制方式也不同,从而接口电路的结构及功能也不同。在微机中,传送数据一般有4种方式:无条件方式、查询方式、中断方式和直接存储器存取(Direct Memory Access,DMA)方式。

(1) 无条件方式

无条件传送是一种最简单的传送方式,适合于外部设备总是处于就绪状态的情况。CPU在开始数据传送之前,不必关心外部设备的当前状态,可以直接对外部设备接口进行读写。也就是CPU在任何时候都可以向外部设备发送信息或者从外部设备接收信息。在外设还没处于就绪状态或外设发生故障时,就会产生数据错误或数据丢失。为了解决这一问题,人们考虑采用查询传送方式。

(2) 查询方式

查询方式是CPU传送数据(包括读入和写入)之前,主动去检查外设是否"准备好",若没有准备好,则继续查询其状态,直至外设准备好了,即确认外部设备已具备传送条件之后,才进行数据传送。具体做法是在程序中安排一段由输入输出指令和测试指令以及转移指令组成的程序段。CPU使用测试指令和条件转移指令循环检测设备完成准备工作的状态。一旦设备"准备好",CPU就执行传送指令,实现CPU与接口之间的数据交换。在查询传送方式中,CPU需要不断地查询外设的状态,极大地降低了CPU的利用率。为了提高CPU的利用率,提高输入输出系统的可靠性以及实时性,可以采用中断传送方式。

(3) 中断方式

为提高数据传输效率,需要改变CPU耗费大量时间查询外部设备状态的工作方式,变外部设备的被动接收为主动请求。当外部设备没有做好数据传输准备时,CPU可以执行与数据传送无关的其他指令。一旦外部设备准备好,主动通过硬件信号向CPU提出传送请求的其他程序。在原来被执行的程序看来,一个正常的执行过程被打断,因而称为中断传送。中断传送方式的优点是当外设处于就绪状态时才向CPU请求输入或输出服务，不需要CPU花费大量时间去主动查询外设的工作状态，减少了大量的CPU等待时间。为了保证多个外部设备能够在需要时，准确及时地向CPU提出中断请求，一般需要设置专门的硬件控制电路，因此增加了硬件开销。

(4) 直接存储器存取方式——DMA方式

直接存储器存取方式，又称为DMA传送方式，对于高速的外设以及成块交换数据的情况，例如磁盘与内存之间交换信息，用程序或中断控制传送数据的方式显得速度太慢，而且会占用CPU大量时间。

采用DMA方式是用一个硬件DMAC(称为DMA控制器)芯片来完成软件的工作，比如内存地址的修改，字节长度的控制等，在这种方式下，CPU放弃数据总线、地址总线及控制总线的控制权，交给DMAC管理，使得外设和内存的信息传送速度能达到很高。

1.4 I/O端口地址分配与地址译码技术

1.4.1 I/O端口地址分配

不同类型的微机系统采用不同的I/O地址编排方式，I/O地址空间的划分也各不相同。对80x86而言，采用独立编排方式，I/O端口地址为16位，最大寻址范围为64K个地址。但是，在IBM-PC及其兼容机的设计中，主板上只用了10位I/O端口地址线，因此支持的I/O端口数为1024个，地址空间为0000H～03FFH，并且把前512个端口分配给了主板，后512个端口分配给了扩展槽上的常规外设。后来在PC/AT系统中，做了一些调整，其中前256个端口(000～0FFH)供系统板上的I/O接口芯片使用，如表1-2所示。后768个端口(100～3FFH)供扩展槽上的I/O接口控制卡使用，如表1-2所示。按照I/O设备的配置情况，I/O接口的硬件分为如下两类。

(1) 系统板上的I/O接口

系统板上的I/O接口也称为板内接口，寻址到的都是可编程大规模集成电路，完成相应的板内接口操作。如定时/计数器、中断控制器、DMA控制器、并行接口等。随着大规模集成电路的发展，I/O接口芯片或控制器都已经集成在一片或几片大规模集成电路芯片中，形成了主板芯片组，并命名为南/北桥、MCH/ICH等。表1-2所示的各种接口芯片，虽然不能在主板上看见，但是仍然完整地存在于主板芯片组中(一般都在南桥中)，其板内地址也保持不变。

表1-2 系统板内I/O芯片端口地址

I/O芯片	I/O功能	I/O端口地址
8237A-1	DMA控制器1	000～01FH
8237A-2	DMA控制器2	0C0～0DFH
74LS612	DMA页面寄存器	080～09FH
8259A-1	中断控制器1	020～03FH
8259A-2	中断控制器2	0A0～0BFH
8254A	定时器	040～05FH
8255A	并行接口芯片与键盘接口	060～06FH
MC146818	RT/CMOS RAM	070～07FH
8087	协处理器	0F0～0FFH

(2) 扩展卡上的 I/O 接口

扩展卡主要是指插接在主板插槽上的接口卡,通过系统总线与 CPU 系统相连。这些扩展卡一般由若干个集成电路按一定的逻辑组成一个部件,如软驱卡、硬驱卡、图形卡、声卡、打印卡、串行通信卡等,如表 1-3 所示。

表 1-3 外部设备端口地址

I/O 名称	端口地址	I/O 名称	端口地址
游戏控制卡	200～20FH	同步通行卡 2	380～38FH
并行口控制卡 1	370～37FH	单显 MDA	3B0～3BFH
并行口控制卡 2	270～27FH	彩显 CGA	3D0～3DFH
串行口控制卡 1	3F8～3FFH	彩显 EGA/VGA	3C0～3CFH
串行口控制卡 2	2F0～2FFH	硬驱控制卡	1F0～1FFH
用户可用	300～31FH	软驱控制卡	3F0～3F7H
同步通行卡 1	3A0～3AFH	PC 网卡	360～36FH

1.4.2 I/O 端口地址译码

微机系统中有多个接口存在,接口内部往往包含多个端口,CPU 是通过地址对不同的端口加以区分的。把 CPU 送出的地址转变为芯片选择和端口区分依据的就是地址译码电路。每当 CPU 执行输入输出指令时,就进入 I/O 端口读写周期,此时,首先是端口地址有效,然后是 I/O 读写控制信号 $\overline{IOR}$ 或 $\overline{IOW}$ 有效,这样就可以很好地把端口地址译码产生的译码信号同 $\overline{IOR}$ 或 $\overline{IOW}$ 结合起来,一同控制对 I/O 端口的读或者写。接口地址译码方法很多,下面主要介绍两种。

(1) 用门电路进行 I/O 端口地址译码

门电路译码就是采用与门、与非门、反相器及或非门等简单逻辑门器件,如 74LS20、74LS30、74LS32、74LS08、74LS04 等,构成译码电路。这是一种最基本的 I/O 端口地址译码方法,下面通过举例来说明设计方法。

【例 1-5】 使用 74LS20、74LS30、74LS32 和 74LS04 设计 I/O 端口地址为 2F8H 的只读译码电路。

分析:若要产生 2F8H 端口地址,则译码电路的输入地址就应具有如表 1-4 所示的值。

表 1-4 译码电路输入地址线的值

地址线	0 0 A9 A8	A7 A6 A5 A4	A3 A2 A1 A0
二进制	0 0 1 0	1 1 1 1	1 0 0 0
十六进制	2	F	8

设计:按照表 1-4 中地址表的值,采用门电路就可以设计出译码电路,如图 1-9(a)所示。

图 1-9(a)中的 AEN 信号必须参加译码,因为 AEN 为高电平时,I/O 处于 DMA 方式,$\overline{IOR}$ 或 $\overline{IOW}$ 信号由 DMA 控制器发出;AEN 为低电平时,I/O 处于正常方式,$\overline{IOR}$ 或 $\overline{IOW}$

信号由 CPU 发出。因为该接口电路中 I/O 处于正常方式，AEN 必须为低电平，故用 AEN 信号参加译码来区分这两种方式。

同理可以设计出能执行读/写操作的 2E2H 端口地址的译码电路，如图 1-9(b)所示。

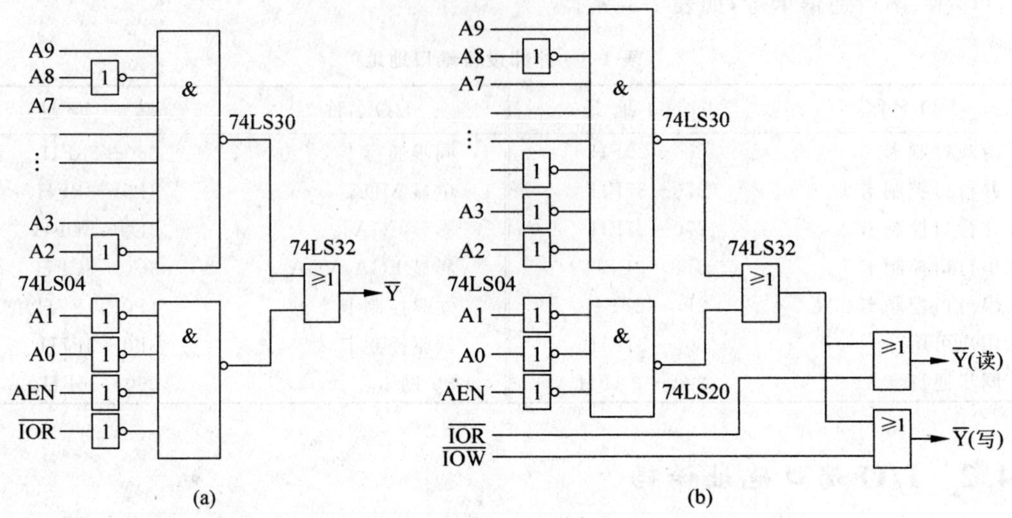

图 1-9 门电路译码电路

(2) 译码器进行 I/O 端口地址译码

若接口电路中需要使用多个端口地址，则可采用译码器来进行译码。译码器的型号有很多种，常用的译码器有 3-8 译码器 74LS138；4-16 译码器 74LS154；双 2-4 译码器 74LS139、74LS155 等。下面通过举例来说明设计方法。

【例 1-6】 使用 74LS138 设计一个系统板是上接口芯片的 I/O 端口地址译码电路，并且让每个接口芯片内部的端口数目为 32 个。

分析：由于系统板上的 I/O 端口地址分配在 000～0FFH 范围内，故只使用低 8 位地址线，这意味着 A9 和 A8 两位应赋 0 值。为了让每个被选中的芯片内部拥有 32 个端口，需要留出 5 根低地址线不参加译码，其余的高位地址线作为 74LS138 的输入线，参加译码，或作为 74LS138 的控制线与 AEN 一起，控制 74LS138 的译码是否有效。由上述分析，可以得到译码电路输入地址线的值，如表 1-5 所示。

表 1-5 译码电路输入地址线的值

地址线	0 0 A9 A8	A7 A6 A5	A4 A3 A2 A1 A0
用　途	控　制	片　选	片内端口寻址
十六进制	0H	0～7H	0～1FH

对于译码器 74LS138 的分析有两点：一是它的控制信号线 G1、$\overline{G2A}$和 $\overline{G2B}$。只有当满足控制信号线 G1 为高电平，$\overline{G2A}=\overline{G2B}=0$ 时，74LS138 才能进行译码。二是译码的逻辑关系，即输入(C,B,A)与输出($\overline{Y0}$～$\overline{Y7}$)的对应关系。74LS138 输入输出的逻辑关系，如表 1-6 所示。

表 1-6　74LS138 的真值表

输　入				输　出							
G1	$\overline{G2A}$	$\overline{G2B}$	C B A	$\overline{Y7}$	$\overline{Y6}$	$\overline{Y5}$	$\overline{Y4}$	$\overline{Y3}$	$\overline{Y2}$	$\overline{Y1}$	$\overline{Y0}$
1	0	0	0 0 0	1	1	1	1	1	1	1	0
1	0	0	0 0 1	1	1	1	1	1	1	0	1
1	0	0	0 1 0	1	1	1	1	1	0	1	1
1	0	0	0 1 1	1	1	1	1	0	1	1	1
1	0	0	1 0 0	1	1	1	0	1	1	1	1
1	0	0	1 0 1	1	1	0	1	1	1	1	1
1	0	0	1 1 0	1	0	1	1	1	1	1	1
1	0	0	1 1 1	0	1	1	1	1	1	1	1
0	×	×	×××	1	1	1	1	1	1	1	1
×	1	×	×××	1	1	1	1	1	1	1	1
×	×	1	×××	1	1	1	1	1	1	1	1

从表 1-6 可知，若满足控制条件，即 G1 为高电平，$\overline{G2A}=\overline{G2B}=0$，则由输入端 C、B、A 的编码来决定输出：CBA＝000，则 $\overline{Y0}$ 为低电平，其他输出端为高电平；CBA＝001，$\overline{Y1}$ 为低电平，其他输出端为高电平；……；CBA＝111，则 $\overline{Y7}$ 为低电平，其他输出端为高电平。由此可分别产生 8 个译码输出信号(低电平)。若控制条件不满足，则输出全为“1”，不产生译码输出信号，即译码无效。

1.5　拓展工程训练项目

1.5.1　项目 1：认识微型计算机的组成结构

1. 项目要求与目的

(1) 项目要求：认识微型计算机的组成，并从性能上认识微型计算机。

(2) 项目目的：

- 了解微型计算机的基本结构。
- 了解微型计算机的基本概念。
- 掌握计算机系统的组成以及计算机硬件、软件知识。

2. 项目说明

计算机是一种能对各种信息进行存储和高速处理的电子机器，它是 20 世纪人类最伟大的科技发明之一。计算机作为 21 世纪最主要的信息工具，正在日益深入到我们工作和生活的每一个角落。这里通过一个项目来学习微型计算机的组成结构，通过它来掌握一些微机的基本概念和组成结构。

3. 项目实物图

微型计算机由主机、显示器、键盘、鼠标等组成。台式和笔记本电脑外观图如图 1-10 所示,其中主机内部包括主板、内存、硬盘、光驱、显示卡、声卡等,台式电脑主板如图 1-11 所示。

图 1-10　台式和笔记本电脑外观图

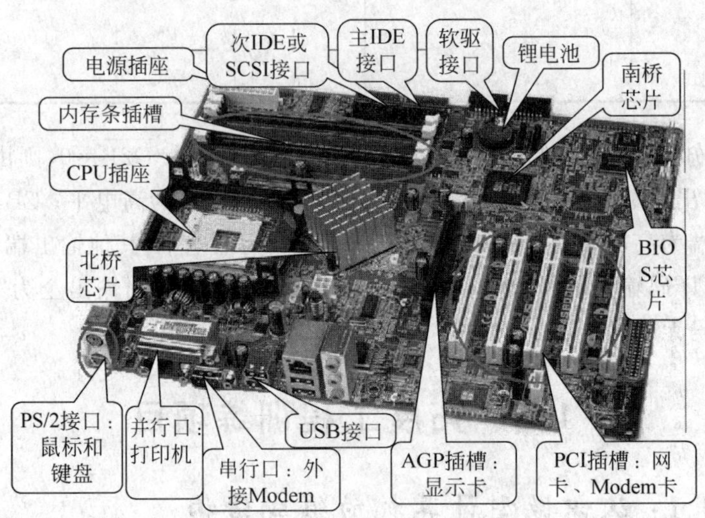

1-11　主板图解

1.5.2　项目 2：认识微型计算机的常用接口

1. 项目要求与目的

(1) 项目要求：直观地了解接口,认识微机的常用接口。

(2) 项目目的：

- 了解微型计算机接口的基本概念。
- 了解接口的组成。
- 掌握 CPU 和接口数据交换的 4 种方式。

2. 项目说明

随着计算机的不断发展,单独的计算机已不能满足人们的需要,计算机的扩展能力成为人们认识计算机的一个重要的性能指标,常用的接口有鼠标、键盘接口,打印机接口、扫描仪接口等。

3. 项目实物图

微机常用接口外观图如图 1-12 所示，这是一个微机主板，主要由 CPU 插槽、PCI 扩展槽、内存插槽、BIOS、CMOS 电池、CMOS 跳线、ATX 电源插座、音频接口、AGP 扩展槽、USB 接口、鼠标接口、键盘接口等组成。

图 1-12　微机常用接口

1.5.3　项目 3：设计具有 6 组 I/O 端口地址的译码电路

1. 项目要求与目的

(1) 项目要求：通过项目了解 74LS138 译码器进行地址译码的方法和工作原理。

(2) 项目目的：

- 了解 74LS138 译码器的真值表。
- 了解用译码器设计 I/O 端口地址的方法。

2. 项目说明

74LS138 译码器有 8 个输出，本项目只用其中 6 个。而地址线的高 5 位 A5～A9 经过 74LS138 译码器，分别产生 DMA 控制器 8237A、中断控制器 8259A、定时/计数器 8254、并行接口 8255A 等接口芯片的片选信号，而地址线的低 5 位 A0～A4 作为接口芯片内部寄存器的访问地址。由 74LS138 译码器真值表 1-6 可知，当地址为 000H～01XH 时，使 8237 $\overline{CS}$ 输出为低，选中 8237A，由于低位地址线 A0～A3 已接 8237A，故 8237A 的端口地址为 000H～01FH。其他端口与此同理，如 8259A 的片选地址是 02XH～03XH，端口地址为 020H～03FH。

3. 项目电路图

一个有 6 组 I/O 端口地址的译码电路如图 1-13 所示。电路由地址总线、控制总线、74LS138 译码器和门电路等组成。

1.5.4　拓展工程训练项目考核

拓展工程训练项目考核如表 1-7 所示。

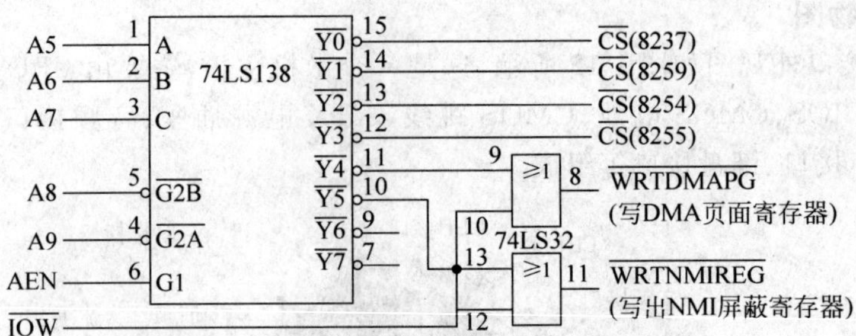

图 1-13　74LS138 译码器端口地址译码电路

表 1-7　项目实训考核表(拓展工程训练项目名称：　　　　　　　　)

姓名		班级		考件号	监考	得分
额定工时	分钟	起止时间		日　时　分至　日　时　分	实用工时	
序号	考核内容	考核要求	分值	评分标准	扣分	得分
1	项目内容与步骤	(1) 操作步骤是否正确 (2) 项目中的接线是否正确 (3) 画出的电路图是否正确,美观	40	(1) 操作步骤不正确扣5～10分 (2) 项目中的接线有问题扣2～10分 (3) 画出的图有问题扣2～10分,不美观扣2～10分		
2	项目实训报告要求	(1) 项目实训报告写得规范、字体公正 (2) 回答思考题是否全面	20	(1) 项目实训报告写得不规范、字体不公正,扣5～10分 (2) 回答思考题不全面,扣2～5分		
3	安全文明操作	符合有关规定	15	(1) 发生触电事故,取消考试资格 (2) 损坏电脑,取消考试资格 (3) 穿拖鞋上课,取消考试资格 (4) 动作不文明、现场凌乱、吃东西,扣2～10分		
4	学习态度	(1) 有没有迟到、早退现象 (2) 是否认真完成各项项目,积极参与实训、讨论 (3) 是否尊重老师和其他同学,是否能够很好地交流合作	15	(1) 有迟到、早退现象扣5分 (2) 没有认真完成各项项目,没有积极参与实训、讨论扣5分 (3) 不尊重老师和其他同学,不能够很好地交流合作扣5分		
5	操作时间	在规定时间内完成	10	每超时10分钟(不足10分钟以10分钟计)扣5分		

同步练习题

(1) 微处理器、微型计算机和微型计算机系统三者之间有什么不同？

(2) $(417.25)_8$=(________)$_2$=(________)$_{10}$=(________)$_{16}$。

(3) $(1C.3A)_{16}$=________B=________O=________D。

(4) $(124.95)_{10}$=(________)$_2$=(________)$_8$=(________)$_{16}$。

(5) $(10110111.11)_2$=(________)$_8$=(________)$_{10}$=(________)$_{16}$。

(6) 2KB=(____)MB=(____)B=(____)GB。

(7) 什么是接口？接口的功能有哪些？

(8) CPU 与接口之间有哪几种传送数据的方式？它们各应用在什么场合？

(9) I/O 端口的编制方式有几种？各有何特点？

(10) 在 I/O 端口地址译码电路中常常设置 AEN=0,这有何意义？

(11) 设计一个有 8 组 I/O 端口地址的译码电路,每组有 8 个端口地址,这 8 组端口地址分别是：280H～287H,288H～28FH,290H～297H,298H～29FH,2A0H～2A7H,2A8H～AFH,2B0H～2B7H 和 2B8H～2BFH。

(12) 写出并分析项目 3 的 I/O 端口地址。

(13) 内存中每个用于数据存取的基本单位,都被赋予一个唯一的编号,称为________。

第2章 8086 微处理器

学习目的

(1) 掌握 8086 CPU 的内部结构。

(2) 掌握 8086 存储器的管理。

(3) 了解 8086 CPU 引脚。

(4) 掌握最小模式和最大模式的典型配置。

(5) 熟悉 8086 总线的操作时序。

(6) 了解 80x86 系列微处理器的发展。

(7) 了解 Intel 超线程处理器。

(8) 了解 Intel 双核技术处理器。

(9) 掌握拓展工程训练项目。

学习重点和难点

(1) 8086 CPU 的内部结构。

(2) 8086 存储器的管理。

(3) 最小模式和最大模式的典型配置。

(4) 8086 总线的操作时序。

(5) 拓展工程训练项目。

2.1 8086 微处理器概述

2.1.1 8086 CPU 的内部结构

8086 微处理器有 16 根数据线和 20 根地址线，所以可寻址的地址空间是 $2^{20}=1\text{MB}$，内部总线和 ALU 全部为 16 位，可以进行 8 位和 16 位操作。8086 CPU 的内部结构如图 2-1 所示。

从功能上来看，8086 CPU 可分为两部分，即执行部件 EU(Execution Unit)和总线接口部件 BIU(Bus Interface Unit)。在执行指令的过程中，两个部件形成了两级流水线：执行部件执行指令的同时，总线接口部件完成从主存中预取后继续指令的工作，使指令的读取与执行可以部分重叠，从而提高了总线的利用率。

(1) 执行部件(EU)

功能：负责进行所有指令的解释和执行，同时管理下述有关的寄存器。

组成：由 4 个通用寄存器、4 个专用寄存器、1 个 16 位的算术逻辑单元(ALU)、1 个 16

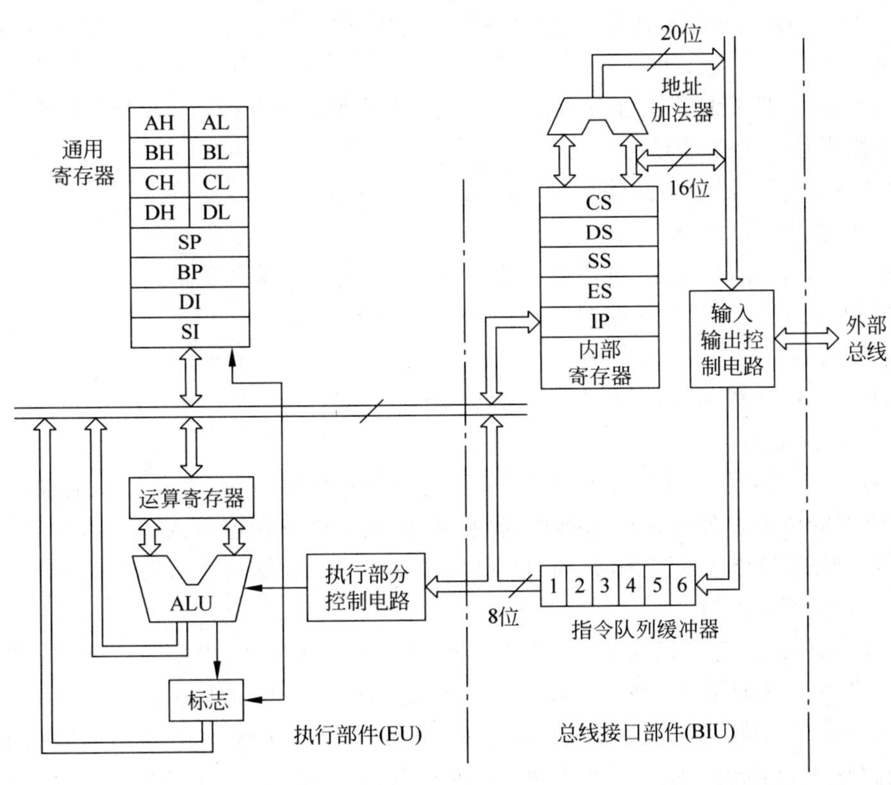

图 2-1　8086 CPU 内部结构框图

位的标志寄存器 PSW、1 个数据暂存寄存器和 EU 控制电路等组成。详细介绍如下。

① 通用寄存器

8086 有 4 个 16 位的通用寄存器(AX、BX、CX、DX),可以存放 16 位的操作数,也可分为 8 个 8 位的寄存器(AL、AH; BL、BH; CL、CH; DL、DH)来使用。其中 AX 称为累加器,BX 称为基址寄存器,CX 称为计数寄存器,DX 称为数据寄存器,这些寄存器在具体使用上有一定的差别,如表 2-1 所示。

表 2-1　内部寄存器主要用途

寄　存　器	用　　途
AX	字乘法,字除法,字 I/O
AL	字节乘,字节除,字节 I/O,十进制算术运算
AH	字节乘,字节除
BX	转移
CX	串操作,循环次数
CL	变量移位,循环控制
DX	字节乘,字节除,间接 I/O

② 专用寄存器

16 位的专用寄存器有 4 个,它们分别是:

• 两个 16 位的指针寄存器 SP 和 BP。其中 SP 是堆栈指针寄存器,由它和堆栈段寄存器 SS 一起来确定堆栈在内存中的位置；BP 是基数指针寄存器，通常用于存放基地址。

- 两个 16 位的变址寄存器 SI 和 DI。其中 SI 是源变址寄存器，DI 是目的变址寄存器，都用于指令的变址寻址方式。

这 4 个专用寄存器的用法将在第 3 章指令系统做介绍。

③ 算术逻辑单元 ALU

它是一个 16 位的运算器，可用于 8 位或 16 位二进制算术和逻辑运算(与、或、非)，也可按指令的寻址方式计算寻址存储器所需的 16 位偏移量。

④ 数据暂存寄存器

它协助 ALU 完成运算，暂存参加运算的数据。

⑤ EU 控制电路

从总线接口的指令队列取出指令操作码，通过译码电路分析，发出相应的控制命令，控制 ALU 数据的流向。如果是运算操作，操作数经过暂存寄存器送入 ALU，运算结果经过 ALU 数据总线送到相应的寄存器，同时标志寄存器 PSW 根据运算结果改变状态。

⑥ 标志寄存器 PSW

8086 内部标志寄存器的内容，又称为处理器状态字 PSW。它是一个 16 位的寄存器，用了 9 位，各位含义如图 2-2 所示。这 9 位可分成两类：一类为状态标志(6 个)，一类为控制标志(3 个)。其中状态标志表示前一步操作(如加、减等)执行以后，ALU 所处的状态，后续操作可以根据这些状态标志进行判断，实现转移，它们是 OF、SF、ZF、AF、PF 和 CF；控制标志可由编程人员通过指令进行设置，有专门的指令对控制标志清零或置 1，反映了人们对微机系统工作方式的可控性，它们是 DF、IF 和 TF。

图 2-2 所示是 8086 CPU 的标志寄存器，这些标志位的含义如下所示。

- CF——进/借位标志位，做加法时最高位出现进位或做减法时最高位出现借位，该位置 1，反之为 0。
- PF——奇偶标志位，当运算结果的低 8 位中 1 的个数为偶数时，则该位置 1，反之为 0。
- AF——半进位标志位，做字节加法时，当低 4 位有向高 4 位的进位，或在做减法时，低 4 位有向高 4 位的借位时，该标志位就置 1。通常用于对 BCD 算术运算结果的调整。
- ZF——零标志位，运算结果为 0 时，该标志位置 1，否则清零。
- SF——符号标志位，当运算结果的最高位为 1，该标志位置 1，否则清零。即与运算结果的最高位相同。
- OF——溢出标志位，OF 溢出的判断方法如下所示。

加法运算：

若两个加数的最高位为 0，而和的最高位为 1，则产生上溢出；

若两个加数的最高位为 1，而和的最高位为 0，则产生下溢出；

两个加数的最高位不相同时，不可能产生溢出。

减法运算：

若被减数的最高位为 0，减数的最高位为 1，而差的最高位为 1，则产生上溢出；

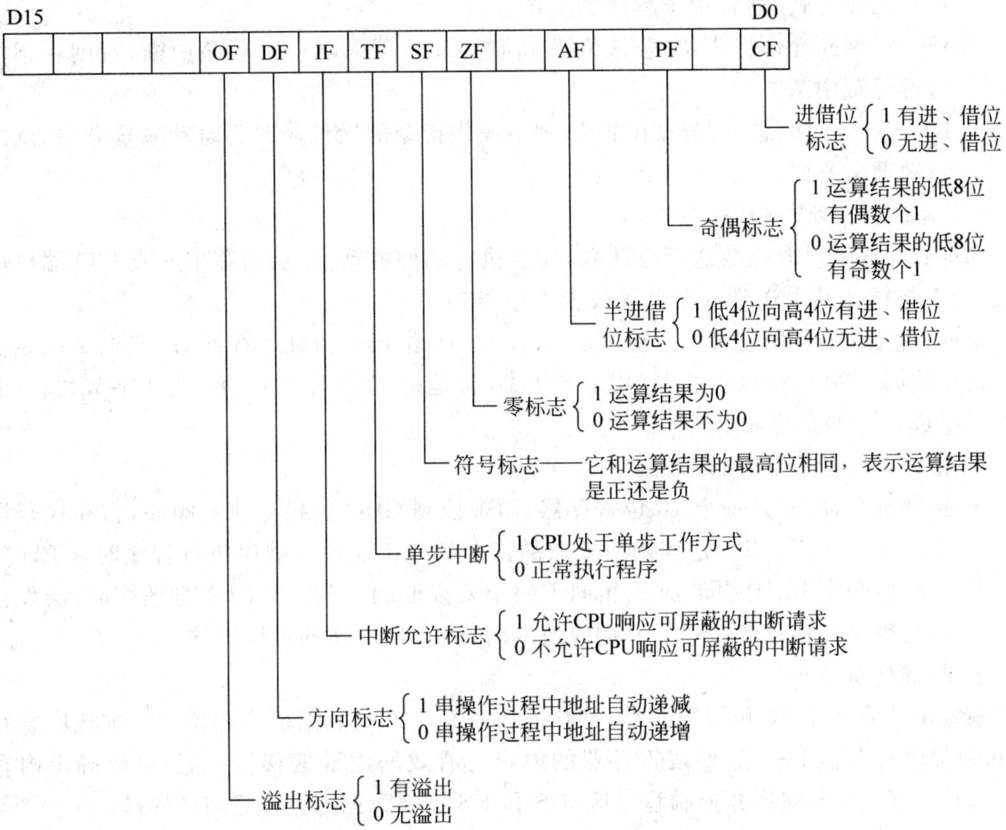

D15															D0
				OF	DF	IF	TF	SF	ZF		AF		PF		CF

- CF 进借位标志 { 1 有进、借位；0 无进、借位
- PF 奇偶标志 { 1 运算结果的低8位有偶数个1；0 运算结果的低8位有奇数个1
- AF 半进借位标志 { 1 低4位向高4位有进、借位；0 低4位向高4位无进、借位
- ZF 零标志 { 1 运算结果为0；0 运算结果不为0
- SF 符号标志——它和运算结果的最高位相同，表示运算结果是正还是负
- TF 单步中断 { 1 CPU处于单步工作方式；0 正常执行程序
- IF 中断允许标志 { 1 允许CPU响应可屏蔽的中断请求；0 不允许CPU响应可屏蔽的中断请求
- DF 方向标志 { 1 串操作过程中地址自动递减；0 串操作过程中地址自动递增
- OF 溢出标志 { 1 有溢出；0 无溢出

图 2-2　8086 CPU 的标志寄存器

若被减数的最高位为 1,减数的最高位为 0,而差的最高位为 0,则产生下溢出；

被减数及减数的最高位相同时,不可能产生溢出。

如果所进行的运算是带符号数的运算,则溢出标志恰好能够反映运算结果是否超出了 8 位或 16 位带符号数所能表达的范围,即字节运算大于＋127 或小于－128 时,字运算大于＋32767 或小于－32768 时,该位置 1,反之为 0。

下面举例说明运算结果对标志位的作用。

【例 2-1】 两个数进行加法运算,看标志位的变化情况。

```
    0010 0011 0100 0101
+   0011 0010 0001 1001
-----------------------
    0101 0101 0101 1110
```

SF＝0， 因为最高位为 0。

ZF＝0， 因为运算结果不为 0。

PF＝0， 因为低 8 位运算结果 01011110 是奇数个 1。

CF＝0， 因为最高位无进位。

AF＝0， 因为 D3 位没有向 D4 位产生进位。

OF＝0， 由于 D14 位没有向 D15 位产生进位,D15 位也没有进位。

- TF——陷阱标志位(或称单步标志位、跟踪标志)。当该位置 1 时,将使 8086 进入

单步工作方式,通常用于程序的调试。

- IF——中断允许标志位,若该位置1,则处理器可以响应可屏蔽中断,否则就不能响应可屏蔽中断。
- DF——方向标志位,若该位置1,则串操作指令的地址修改为自动减量方向,反之为自动增量方向。

(2) 总线接口部件(BIU)

功能:负责完成取指令送指令队列,配合执行部件的动作,从内存单元或I/O端口取操作数,或者将操作结果送到内存单元或者I/O端口。

组成:它由16位段寄存器(DS、CS、ES、SS)、16位指令指针寄存器IP(指向下一条要取出的指令代码)、20位地址加法器(用来产生20位地址)和6字节(8088为4字节)指令队列缓冲器组成。详细介绍如下。

① 指针寄存器IP和段寄存器

- 指针寄存器IP是一个16位寄存器,用来控制CPU的指令执行顺序,它和代码段寄存器CS一起可以确定当前所要取的指令的内存地址。顺序执行程序时,CPU每取一个指令字节,IP自动加1,指向下一个要读取的字节;当IP单独改变时,会发生段内的程序转移;当CS和IP同时改变时,会产生段间的程序转移。
- 段寄存器

系统中共有4个16位段寄存器,即代码段寄存器CS、数据段寄存器DS、堆栈段寄存器SS和附加段寄存器ES。这些段寄存器的内容与有效的地址偏移量一起,可以确定内存的物理地址。通常CS划定并控制程序区,DS和ES控制数据区,SS控制堆栈区。

② 6字节指令队列缓冲器

8086的指令队列为6个字节,在执行指令的同时,可从内存中取出后续的指令代码,放在指令队列中,可以提高CPU的工作效率。

③ 20位地址加法器

地址加法器用来产生20位物理地址。8086可用20位地址寻址1M字节的内存空间,而CPU内部的寄存器都是16位,因此需要由一个附加的机构来计算出20位的物理地址,这个机构就是20位的地址加法器。

例如:CS=2000H,IP=0400H,则表示要取指令代码的物理地址为20400H。

(3) BIU与EU的动作协调原则

总线接口部件(BIU)和执行部件(EU)按以下流水线技术原则协调工作,共同完成所要求的信息处理任务。

① 每当8086的指令队列中有两个空字节,BIU就会自动把指令取到指令队列中。其取指令的顺序是按指令在程序中出现的前后顺序。

② 每当EU准备执行一条指令时,它会从BIU部件的指令队列前部取出指令的代码,然后用几个时钟周期去执行指令。在执行指令的过程中,如果必须访问存储器或者I/O端口,那么EU就会请求BIU,进入总线周期,完成访问内存或者I/O端口的操作;如果此时BIU正好处于空闲状态,会立即响应EU的总线请求。如果BIU正在将某个指令字节取到指令队列中,则BIU将首先完成这个取指令的总线周期,然后再去响应EU发出的访问总线的请求。

③ 当指令队列已满，且 EU 又没有总线访问请求时，BIU 便进入空闲状态。

④ 在执行转移指令、调用指令和返回指令时，由于待执行指令的顺序发生了变化，指令队列中已经装入的字节会被自动消除，BIU 会接着向指令队列装入要转向的另一程序段中的指令代码。

从上述 BIU 与 EU 的动作协调原则中，不难看出，它们两者的工作是不同步的，正是这种既相互独立又相互配合的关系，使得 8086 可以在执行指令的同时，进行取指令代码的操作，也就是说 BIU 与 EU 是一种并行工作方式，改变了以往计算机取指令→译码→执行指令的串行工作方式，大大提高了工作效率，这种工作方式称为流水线作业。

2.1.2 8086 存储器的管理

8086 CPU 有 20 位地址总线，可寻址的最大内存空间达 2^{20}B＝1MB，地址范围为 00000H～0FFFFFH。内存中每个字节单元有唯一的 20 位物理地址，CPU 存取内存中的程序和数据必须使用 20 位物理地址。而 8086 CPU 寄存器的位数是 16 位的，如何用 16 位的寄存器指向 20 位的存储单元呢？下面就来介绍解决这个问题的方法。

(1) 存储器的分段

因为 8086 内部寄存器是 16 位的，能寻址的内存空间只能是 64KB，所以 8086 系统采用了地址分段的方法，将 1M 空间分成 4 段，每段最多 64KB，在段内寻址仍可采用传统的 16 位地址寻址方法。每个段的起始地址低 4 位必须为 0，高 16 位放在 16 位的段寄存器内，这高 16 位地址称为段基址。段寄存器分别为 CS、DS、SS 和 ES，段基址存放在这 4 个段寄存器内。每个段不一定都是 64KB，可以小于它，但不能大于 64KB，每个段可以分开，也可以重叠。

(2) 20 位物理地址的产生

8086 规定每个段的段起始地址必须能被 16 整除，其特征是 20 位段起始地址的最低 4 位为 0(用十六进制表示为××××0H)。暂时忽略段起始地址的低 4 位，其高 16 位(称段基址)可存放在 16 位的寄存器中。段基址可确定某个段在内存中的起始位置，而段中某个单元在该段中的位置则可由该单元在段内相对于段起始地址的偏移量(称偏移地址，也为 16 位)来决定。也就是说，内存中某单元的位置可用 16 位的段基址和 16 位的偏移地址确定。

当 CPU 访问存储单元时，先由段寄存器提供存储单元所在段的段基址。然后段基址被左移 4 位(乘 16)，即恢复段起始地址，再与待访问存储单元的偏移地址相加，可得到该单元的 20 位物理地址。这样一来，CPU 寻址范围可达 1MB，20 位物理地址的计算方法如图 2-3 所示，计算公式为：20 位物理地址＝16 位段地址×16＋16 位偏移地址。

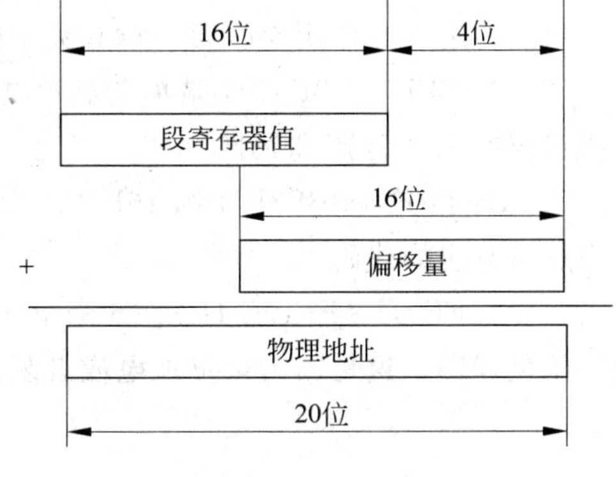

图 2-3　20 位物理地址的计算方法图

(3) 段的分配

在对存储器进行操作时，内存一般可分成 4 个段，分别称为代码段、数据段、堆栈段和附加数据段，每个段存放不同性质的数据，进行不同的操作。

- 代码段：存放指令。
- 数据段：存放程序所需要的数据。
- 堆栈段：程序的堆栈区(子程序调用、系统功能调用、中断处理等操作使用)或作为临时数据存储区。
- 附加数据段：辅助的数据区(串操作指令使用)。

4个逻辑段的段基址分别放在相应的代码段寄存器CS、数据段寄存器DS、堆栈段寄存器SS和附加段寄存器ES中，由这4个段寄存器来指明每个段在内存中的起始地址。

例如：设当前有效的代码段、数据段、堆栈段、附加段的段地址分别为1066H、251BH、900CH、F001H，则各段在内存中的分配情况如图2-4所示。

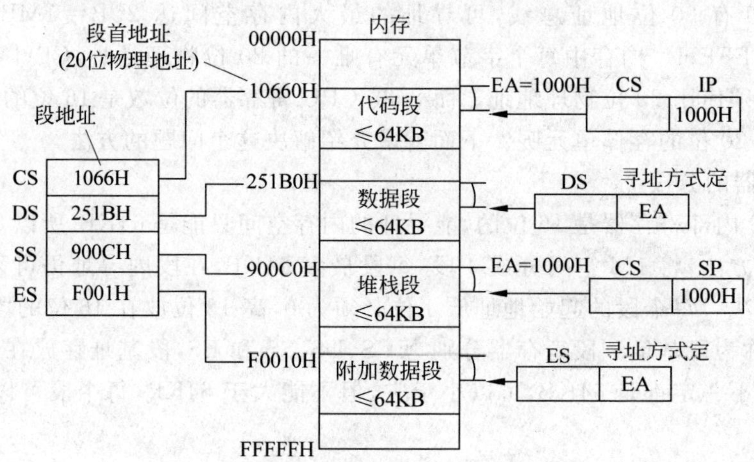

图2-4 段在内存中的分配

4个段可分配在1MB的任何地方，段与段间可重叠或不重叠、可连续排列、断续排列。尽管CPU在某一时刻最多只能同时访问4个段，但用户在程序中可根据需要定义多个这样的段。若CPU要访问4个段以外的其他段，只要改变相应段寄存器的内容即可。

2.1.3 8086存储区的分配

(1) 00000H～003FFH共1KB区域用来存放中断矢量，这一区域称为中断矢量表。中断矢量表的定义和作用参阅第6章有关中断的内容。

(2) B0000H～B0F9FH是单色显示器的显示缓冲区，存放单色显示器当前屏幕显示字符所对应的ASCII码和属性。

(3) B8000H～BBF3FH约16KB是彩色显示器的显示缓冲区，存放彩色显示器当前屏幕像点所对应的代码。

(4) FFFF0H～FFFFFH共16个单元，一般用来存放一条无条件转移指令，转到系统的初始化程序。这是因为系统加电或者复位时，会自动转到FFFF0H执行。

2.2 8086微处理器引脚功能

2.2.1 8086 CPU引脚

8086 CPU引脚如图2-5所示，8086 CPU可以在两种模式下工作，即最大模式和最小模式。当CPU处于不同工作模式时，其部分引脚的功能是不同的，图2-5中带有括号的引脚为最大模式时的引脚名称。

引脚名	引脚号	引脚号	引脚名
GND	1	40	VCC
AD14	2	39	AD15
AD13	3	38	A16/S3
AD12	4	37	A17/S4
AD11	5	36	A18/S5
AD10	6	35	A19/S6
AD9	7	34	$\overline{BHE}$/S7
AD8	8	33	MN/$\overline{MX}$
AD7	9	32	$\overline{RD}$
AD6	10	31	HOLD($\overline{RQ}$/$\overline{GT0}$)
AD5	11	30	HLDA($\overline{RQ}$/$\overline{GT1}$)
AD4	12	29	$\overline{WR}$($\overline{LOCK}$)
AD3	13	28	M/$\overline{IO}$($\overline{S2}$)
AD2	14	27	DT/$\overline{R}$($\overline{S1}$)
AD1	15	26	$\overline{DEN}$($\overline{S0}$)
AD0	16	25	ALE(QS0)
NMI	17	24	$\overline{INTA}$(QS1)
INTR	18	23	$\overline{TEST}$
CLK	19	22	READY
GND	20	21	RESET

8086 CPU

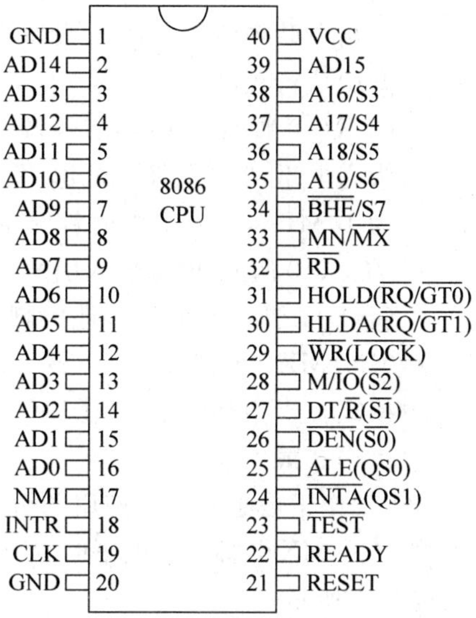

图2-5 8086 CPU引脚图

(1) 两种工作方式功能相同的引脚

- AD15～AD0(39脚、2脚～16脚)：地址/数据总线，双向，三态。是采用分时工作方式传送地址或数据的复用引脚。根据不同时钟周期的要求，决定当前是传送要访问的存储单元或I/O端口的低16位地址，还是传送16位数据，或是处于高阻状态。
- A19/S6～A16/S3(35脚～38脚)：地址/状态总线，输出，三态。是采用分时工作方式传送地址或状态的复用引脚，其中A19～A16为20位地址总线的高4位地址，S6～S3是状态信号。

S6：指示8086当前是否与总线相连，当S6＝0表示8086当前与总线相连。

S5：表明中断允许标志当前的设置。S5＝0，表示CPU中断是关闭的，禁止一切可屏蔽中断的中断请求；S5＝1表示CPU中断是开放的，允许一切可屏蔽中断的中断申请。

S4和S3：组合起来指出当前使用的段寄存器的情况。

- $\overline{BHE}$/S7(34脚)：高8位数据总线允许/状态信号，输出，三态。高8位数据总线允许信号，当低电平有效时，表明在高8位数据总线D15～D8上传送1个字节的数据；S7为设备的状态信号。
- $\overline{RD}$(32脚)：读信号，输出，三态，低电平有效。当$\overline{RD}$信号为低电平时，表示CPU正在进行读存储器或读I/O端口的操作。
- READY(22脚)：准备就绪信号，输入，高电平有效。当READY＝1时，表示CPU访问的存储器或I/O端口已准备好传送数据。若CPU在总线周期T3状态检测到READY信号为低电平，表示存储器或I/O设备尚未准备就绪，CPU自动插入一个或多个等待状态TW，直到READY信号变为高电平为止。
- INTR(18脚)：可屏蔽请求信号，输入，电平触发，高电平有效。当INTR＝1时，表示外设向CPU发出中断请求，CPU在当前指令周期的最后一个T状态去采样该信号，若此时IF＝1，则CPU响应中断，停止执行原指令序列，转去执行中断服务程序。

- $\overline{\text{TEST}}$(23脚)：测试信号，输入，低电平有效。当CPU执行WAIT指令时，每隔5个时钟周期对$\overline{\text{TEST}}$进行一次测试，若测试到$\overline{\text{TEST}}$无效，则CPU继续处于等待状态，直到检测到$\overline{\text{TEST}}$为低电平。
- NMI(17脚)：非屏蔽中断请求信号，输入，高电平有效。当NMI引脚上有一个上升沿有效的触发信号时，表明CPU内部或I/O设备提出了非屏蔽的中断请求，CPU会在结束当前所执行的指令后，立即响应中断请求。
- RESET(21脚)：复位信号，输入，高电平有效。RESET信号至少要保持4个时钟周期。CPU接到RESET信号后，停止进行操作，并将标志寄存器、IP、DS、SS、ES及指令队列清零，将CS设置为FFFFH。当复位信号为低电平时，CPU从FFFF0H开始执行程序。
- CLK(19脚)：主时钟信号，输入。8086要求时钟信号的占空比为33%，即1/3周期为高电平，2/3周期为低电平。8086的时钟频率要求为5MHz，8086-1的时钟频率为10MHz，8086-2的时钟频率为8MHz。不同型号的芯片使用的时钟频率不同。
- VCC(40脚)：电源输入引脚。8086 CPU采用单一的+5V电源供电。
- GND(1脚、20脚)：接地引脚。
- MN/$\overline{\text{MX}}$(33脚)：最小/最大模式输入控制信号。引脚用来设置8086 CPU的工作模式。当为高电平(接+5V)时，CPU工作在最小模式；当为低电平(接地)时，CPU工作在最大模式。

(2) 工作于最小模式时使用的引脚

当MN/$\overline{\text{MX}}$引脚接高电平时，CPU工作于最小模式。此时，引脚24～引脚31的含义及功能如下所示。

- M/$\overline{\text{IO}}$(28脚)：存储器或I/O端口访问信号，三态输出。M/$\overline{\text{IO}}$=1时，表示CPU当前正在访问存储器；M/$\overline{\text{IO}}$=0时，表示CPU当前正在访问I/O端口。
- $\overline{\text{WR}}$(29脚)：写信号，三态输出，低电平有效。$\overline{\text{WR}}$=0时，表示当前CPU正在对存储器或I/O端口进行写操作。
- $\overline{\text{INTA}}$(24脚)：可屏蔽中断响应信号，输出，低电平有效。为低电平时，表示CPU已经响应外设的中断请求，即将执行中断服务程序。
- ALE(25脚)：地址锁存允许信号，输出，高电平有效。用来做地址锁存器8282的片选信号，使由AD15～AD0分时发出的地址信息和数据信息分开。
- DT/$\overline{\text{R}}$(27脚)：数据发送/接收信号，输出，三态。DT/$\overline{\text{R}}$信号用来控制数据传送的方向。DT/$\overline{\text{R}}$=1时，CPU发送数据到存储器或I/O端口；DT/$\overline{\text{R}}$=0时，CPU接收来自存储器或I/O端口的数据。
- $\overline{\text{DEN}}$(26脚)：数据允许控制信号，输出，三态，低电平有效。信号用作总线收发器的选通控制信号。当为低电平时，表明CPU进行数据的读/写操作。
- HOLD(31脚)：总线保持请求信号，输入，高电平有效。在DMA数据传送方式中，由总线控制器8237A发出一个高电平有效的总线请求信号，通过HOLD引脚输入到CPU，请求CPU让出总线控制权。
- HLDA(30脚)：总线保持响应信号，输出，高电平有效。HLDA是与HOLD配合使用的联络信号。在HLDA的有效期间，HLDA引脚输出一个高电平有效的响应信号,同时总线将处于浮空状态,CPU 让出对总线的控制权,将其交付给申请使用总线的8237A控制器使用,总线使用完后,会使 HOLD 信号变为低电平,CPU 又重新获得对总线的控制权。

(3) 工作于最大模式时使用的引脚

当引脚 MN/$\overline{\text{MX}}$ 接低电平时,CPU 工作于最大模式。此时,引脚 24～引脚 31 的含义及功能如下所示。

- $\overline{\text{S2}}$、$\overline{\text{S1}}$、$\overline{\text{S0}}$(28 脚～26 脚):总线周期状态信号,三态,输出,低电平有效。它们表明当前总线周期所进行的操作类型。这 3 个状态信号的编码和含义如表 2-2 所示。

表 2-2　$\overline{\text{S2}}$、$\overline{\text{S1}}$、$\overline{\text{S0}}$状态信号的编码

$\overline{\text{S2}}$	$\overline{\text{S1}}$	$\overline{\text{S0}}$	操作过程	产生信号
0	0	0	发中断响应信号	$\overline{\text{INTA}}$
0	0	1	读 I/O 端口	IORC
0	1	0	写 I/O 端口	$\overline{\text{IOWC}}$
0	1	1	暂停	无
1	0	0	取指令	$\overline{\text{MRDC}}$
1	0	1	读存储器	$\overline{\text{MRDC}}$
1	1	0	写存储器	$\overline{\text{AMWC}}$
1	1	1	无作用	无

- $\overline{\text{RQ}}/\overline{\text{GT1}}$、$\overline{\text{RQ}}/\overline{\text{GT0}}$(30 脚、31 脚):总线请求信号(输入)/总线请求允许信号(输出),双向,低电平有效。这两个信号端可供 CPU 以外的两个处理器用来发出使用总线的请求信号并接收 CPU 对总线请求信号的响应信号。这两个响应信号都是双向的。$\overline{\text{RQ}}/\overline{\text{GT0}}$的优先级比$\overline{\text{RQ}}/\overline{\text{GT1}}$的高。
- $\overline{\text{LOCK}}$(29 脚):总线封锁信号,三态输出,低电平有效。$\overline{\text{LOCK}}$ 有效时,表示 CPU 不允许其他总线主控部件占用总线。$\overline{\text{LOCK}}$ 信号是由指令 LOCK 使其有效,并维持到下一条指令执行完毕为止。
- QS1、QS0(24 脚、25 脚):指令队列状态信号,输出。QS1 和 QS0 信号的组合可以指示总线接口部件 BIU 中指令队列的状态,以便其他处理器监视、跟踪指令队列的状态。

2.2.2　最小模式和最大模式的典型配置

Intel 8086 作为一个微处理器芯片,必须与其他芯片相互配合才能构成一个完整的 CPU 子系统。最小模式下的 CPU 子系统配置:8086 CPU、地址锁存缓冲器、双向数据缓冲器、8284A 时钟发生器。最大模式下的 CPU 子系统配置:8086 CPU、8087 协处理器(可选)、地址锁存缓冲器、双向数据缓冲器、8284A 时钟发生器、总线控制器 8288。

(1) 最小模式下的典型配置

当 8086 CPU 的 MN/$\overline{\text{MX}}$ 接高电平(+5V)时,8086 CPU 工作于最小模式,8086 最小模式的典型配置电路如图 2-6 所示,它具有如下几个特点。

- MN/$\overline{\text{MX}}$ 端接+5V,决定了 CPU 的工作模式。

- 用一片 8284A,作为时钟信号发生器。
- 用三片 8282 或 74LS273,作为地址信号的锁存器。
- 当系统中所连的存储器和外设端口较多时,需要增加数据总线的驱动能力,这时,需要用 2 片 74LS245 或 8286/8287 作为总线收发器。

最小模式下 8086 CPU 三总线的产生及时钟信号说明如下所示。

① 20 位地址总线:采用 3 个三态锁存器 8282 进行锁存和驱动。

② 8 位数据总线:采用数据收发器 8286 进行驱动。

③ 系统控制信号:由 8086 引脚直接提供。

④ 时钟信号:Intel 8284A 是一个与 8086 配合使用的集成电路芯片,为 8086 及计算机系统提供符合定时要求的时钟信号,并且还提供准备好信号和复位信号。

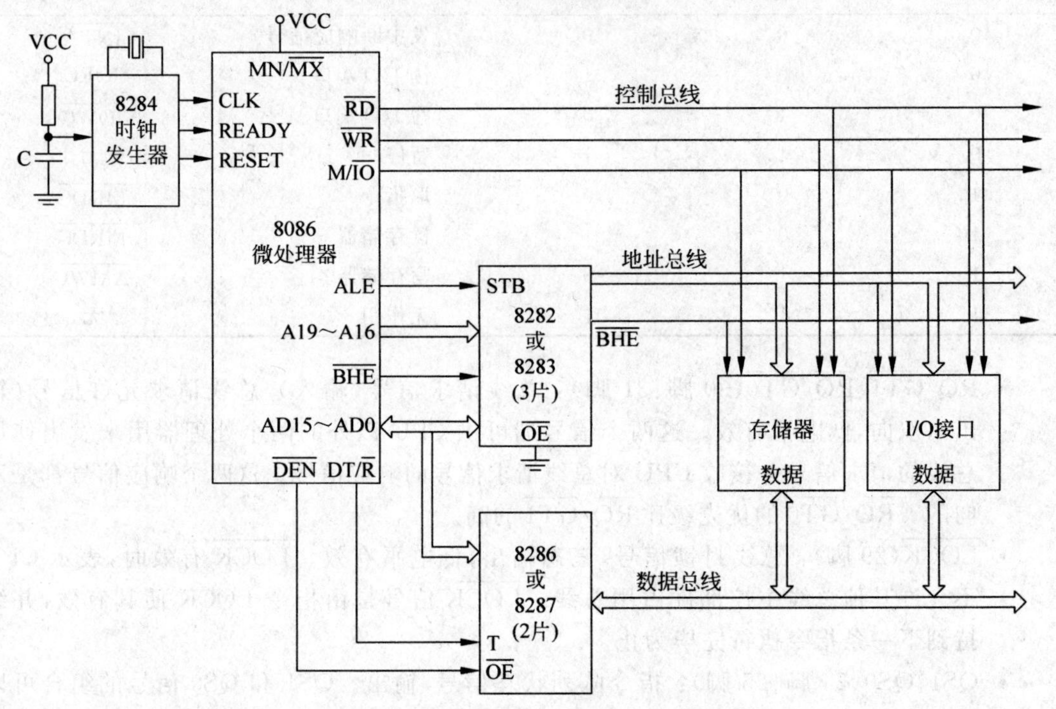

图 2-6　最小模式下的系统典型配置

(2) 最大模式下的典型配置

8086 在最大模式下的典型配置如图 2-7 所示,可以看出最大模式和最小模式在配置上的主要差别是在最大模式下,要用 8288 总线控制器来对 CPU 发出的控制信号进行变换和组合,以得到对存储器或 I/O 端口的读/写信号和对锁存器 8282 及总线收发器 8286 的控制信号。

最大模式系统中,需要用总线控制器来变换与组合控制信号的原因在于:在最大模式的系统中,一般包含两个或多个处理器,这样就要解决主处理器和协处理器之间的协调工作以及对系统总线的共享控制问题,8288 总线控制器就起了这个作用。

在最大模式的系统中,一般还有中断优先级管理部件 8259A。8259A 用以对多个中断源进行中断优先级的管理,但如果中断源不多,也可以不用中断优先级管理部件。

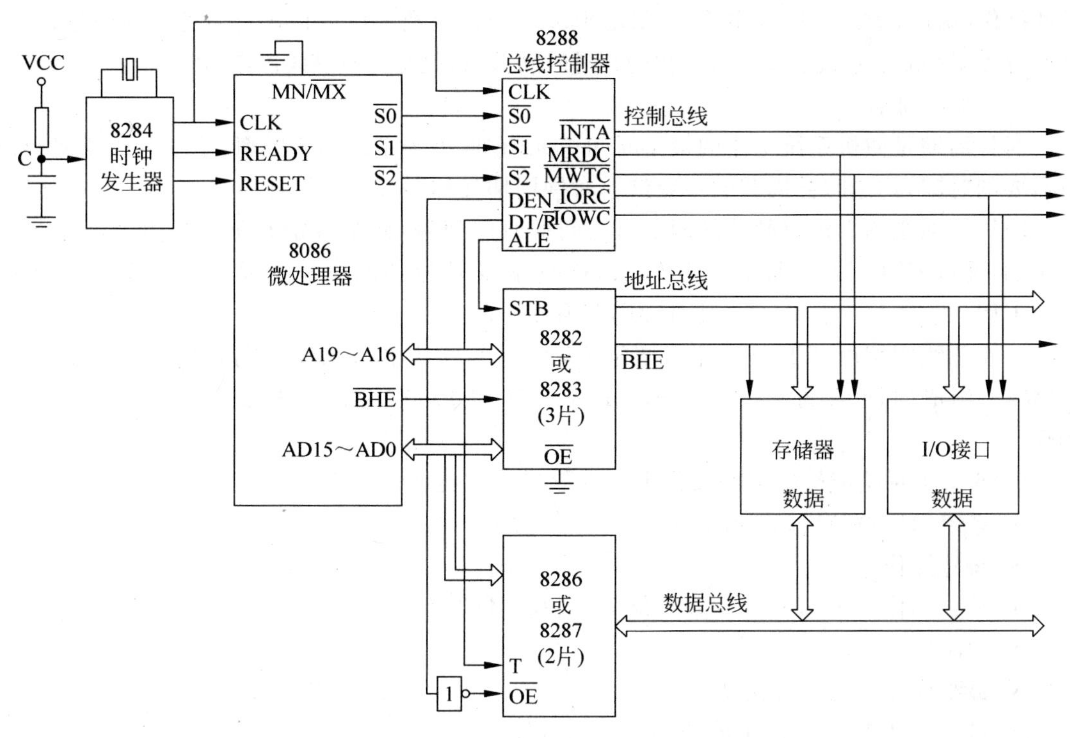

图 2-7　最大模式下的系统典型配置

2.3　8086 总线的操作时序

2.3.1　时序的基本概念

微机系统的工作，必须严格按照一定的时间关系来进行，CPU 定时所用的周期有三种，即指令周期、总线周期和时钟周期。

(1) 指令周期

指令周期是 CPU 从内存取出一条指令并执行这条指令的时间总和。指令周期是执行一条指令所需要的时间，一般由若干个机器周期组成，是从取指令、分析取数到执行完所需的全部时间。指令不同，所需的机器周期数也不同。对于一些简单的单字节指令，在取指令周期中，指令取出到指令寄存器后，立即译码执行，不再需要其他的机器周期。对于一些比较复杂的指令，例如转移指令、乘法指令，则需要两个或者两个以上的机器周期。

通常包含一个机器周期的指令称为单周期指令，包含两个机器周期的指令称为双周期指令。

(2) 总线周期

把 CPU 通过总线与内存或 I/O 端口之间，进行一个字节数据交换所进行的操作，称为一次总线操作，相应于某个总线操作的时间即为总线周期。虽然每条指令的功能不同、所需要进行的操作不同、指令周期的长度也不相同，但是可以对不同指令所需的操作进行分解，发现它们又都是由一些基本的操作组合而成的。如存储器的读/写操作、I/O 端口的读/写操作、中断响应等，这些基本的操作都要通过总线实现对内存或 I/O 端口的访问。8088 的总线操作,就是8088 CPU利用总线(AB、DB、CB)与内存及I/O端口进行信息交换的过程,与这些过程相对应的总线上的信号变化的相对时间关系,就是相应总线操作的时序。

(3) 时钟周期

时钟周期是微机系统工作的最小时间单元,它取决于系统的主频率,系统完成任何操作所需要的时间,均是时钟周期的整数倍。时钟周期又称为T状态。

时钟周期是基本定时脉冲的两个沿之间的时间间隔,而基本定时脉冲是由外部振荡器产生的,通过CPU的CLK输入端输入,称基本定时脉冲的频率为系统的主频率。例如8086 CPU的主频率是5MHz,其时钟周期为200ns。

一个总线周期由若干个时钟周期组成,而一个最基本的总线周期是由4个时钟周期(T状态)组成的,也称为4个状态,即T1、T2、T3和T4,在每个T状态下,CPU完成不同的动作。

8086微机系统能够完成的操作主要有下列几种类型。

- 系统的复位与启动操作。
- 暂停操作。
- 总线操作(I/O读、I/O写、存储器读、存储器写)。
- 中断操作。
- 最小模式下的总线保持。
- 最大模式下的总线请求/允许。

2.3.2 典型的8086时序分析

(1) 系统的复位和启动操作(对最大最小模式都一样)

8086的复位和启动操作,是通过RESET引脚上的电平来执行的,只要在RESET引脚上的高电平信号维持4个时钟周期,就能保证CPU可靠地复位。初次加电也能使CPU复位,这时要求RESET的高电平信号维持时间不小于800ns。

8086 CPU被复位后,PSW、DS、ES、SS和其他寄存器被清零,指令队列也被清零,段寄存器CS和指令指针IP分别被初始化为FFFFH和0000H,因此,8086 CPU复位后重新启动,执行的第一条指令所在存储单元的物理地址为FFFFH×16+0000H=FFFF0H。

一般情况下,在从FFFF0H开始的单元中,存放一条无条件转移指令,以转移到系统程序的实际开始处。

要注意的是,由于在复位操作时,标志寄存器被清零,因此其中的中断标志IF也被清零,这样就阻止了所有的可屏蔽中断请求,都不能响应,即复位以后,若需要允许可屏蔽中断请求,必须用开中断指令来重新设置IF标志。

复位操作的时序图如图2-8所示,表2-3给出了复位后寄存器的状态。

因为CPU内部是用时钟脉冲来同步外部的复位信号的,所以CPU内部的RESET信号是在外部RESET信号有效后的时钟上升沿有效的。内部RESET信号变成高电平以后,再经过1个时钟周期,所有的三态输出线被置成高阻状态,并一直维持高阻状态直到RESET信号回到低电平。但在进入高阻状态的前半个时钟周期,即在前一个时钟周期的低电平期间,这些三态线被置成无效状态,等到时钟信号又成为高电平时,三态输出线才进入高阻状态。

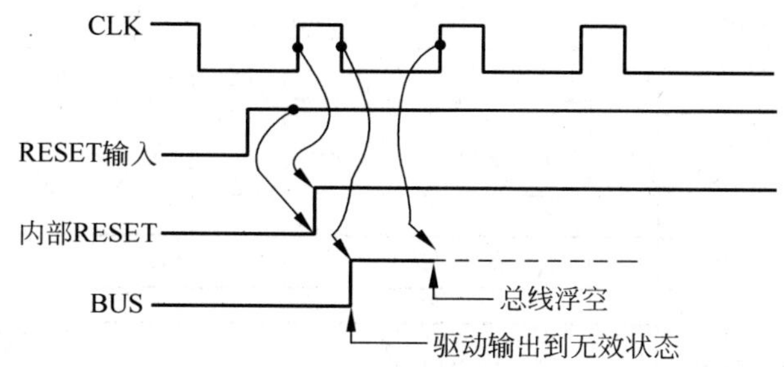

图 2-8　系统复位时序

表 2-3　复位后寄存器的状态

寄存器	状　态	寄存器	状　态	寄存器	状　态
F(PSW)	0000H	IP	0000H	CS	0FFFFH
DS	0000H	SS	0000H	ES	0000H
指令队列	空	IF	0(禁止)		

(2) 最小模式下的典型时序

CPU为了与存储器或I/O端口进行一个字节的数据交换，需要执行一次总线操作，按数据传输的方向来分，可将总线操作分为读操作和写操作两种类型；按照读/写的不同对象，总线操作又可分为存储器读/写与I/O读/写操作，下面就对最小模式下的总线读/写操作时序进行分析。

① 最小模式下的总线读操作时序

最小模式下的总线读操作时序如图2-9所示，一个最基本的读周期包含有4个状态，即T1、T2、T3和T4，当存储器或I/O设备速度慢于CPU速度时，就在T3和T4状态之间插入1个或几个等待状态TW。下面介绍几个状态下，地址、数据、控制信号的产生与时刻的关系。

- T1状态

当CPU准备开始一个总线读周期时，用M/$\overline{IO}$信号有效来指出当前执行的读操作是从存储器读，还是从I/O端口读。如果从存储器读，则M/$\overline{IO}$为高电平，如果是从I/O端口读，则M/$\overline{IO}$为低电平。M/$\overline{IO}$信号的有效电平一直保持到整个总线周期的结束。在T1状态，CPU经地址/数据复用线AD15～AD0，地址/状态复用线A19/S7～A16/S3发出20位地址信息，发出地址信息的同时，$\overline{BHE}$和ALE控制信号有效，$\overline{BHE}$信号用来表示高8位数据线上的信息可以使用，用该信号作为奇地址存储体的选择信号，配合地址信号来实现对存储单元的寻址。ALE信号作为地址锁存信号，启动锁存器8212，在ALE信号下降沿将20位地址和$\overline{BHE}$信号锁存。从而把地址信息和状态信息分开。

当系统中配有总线驱动器时，T1状态使DT/$\overline{R}$变低，用来表示本周期为读周期。在接有数据总线收发器的系统中，用来控制数据传输方向。

- T2状态

在T2状态时，A19/S6～A16/S3上的地址信号消失，出现S6～S3状态信号，这些状态信号保持到读周期结束，状态信号用来表明当前正在使用哪一个段寄存器，指示可屏蔽中断允许标志IF的状态，并表明8086 CPU当前是连在总线上。

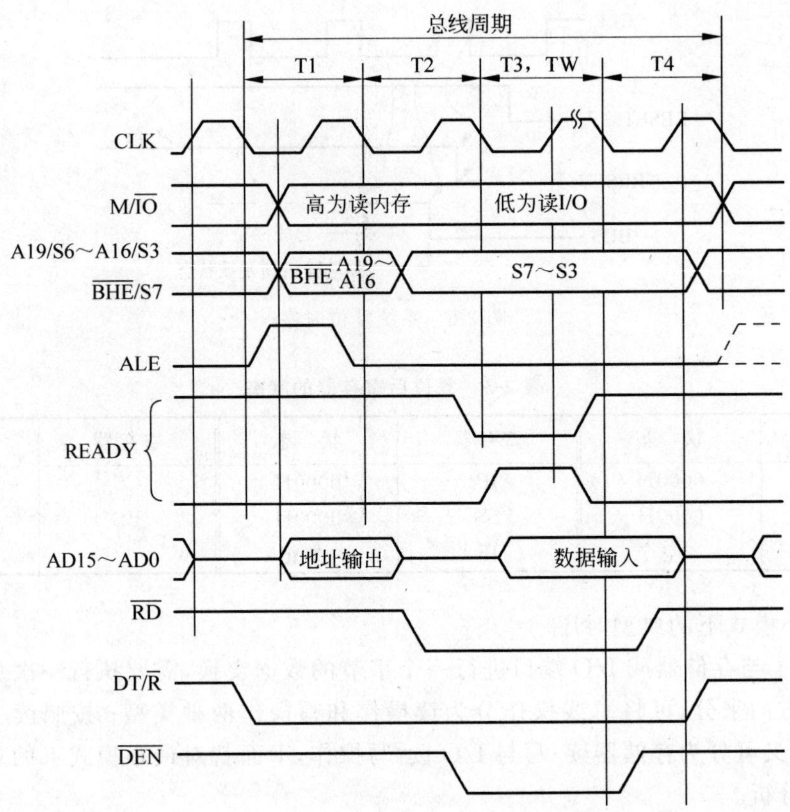

图 2-9 最小模式下的总线读操作时序

AD15～AD0 低 16 位地址/数据线变成高阻状态，为读入数据做准备。

$\overline{RD}$有效信号由高电平变成低电平时，表示对存储器或 I/O 端口进行读取数据。

$\overline{DEN}$也变成低电平有效信号，启动收发器 8286，与在 T1 状态时已有效的 DT/$\overline{R}$ 信号一样，做好了接收来自存储器或 I/O 端口数据的准备。

• T3 状态

如果存储器或 I/O 端口已做好了数据准备而不需要等待状态时，则在 T3 状态期间将数据放到数据总线上，在 T3 结束时，CPU 从 AD15～AD0 上读取数据。

• TW 状态

若存储器或 I/O 设备速度较慢，不能及时送上数据的话，则通过 READY 线通知 CPU，CPU 在 T3 状态的前沿(即 T2 结束末的下降沿)检测 READY，若发现 READY＝0，则在 T3 状态结束后自动插入 1 个或几个 TW 状态，并在每个 TW 状态的前沿处检测 READY，等到 READY 变高后，则自动脱离 TW 状态进入 T4 状态。

在最后一个 TW 状态，数据已经出现在数据总线上。所以，在最后一个 TW 状态中，总线的动作和基本总线周期中 T3 状态所完成的动作完全一样。而在其他的 TW 状态，所有控制信号的电平和 T3 状态的一样，但数据尚未出现在数据总线上。

• T4 状态

在 T4 状态与 T3(或 TW)状态交界下降沿处，CPU 对数据总线进行采样，读取数据，使各控制线及状态线进入无效状态。

② 最小模式下的总线写操作时序

CPU 向存储器或 I/O 端口写数据的操作时序如图 2-10 所示，与读操作一样，最基本的写操作周期也包含 4 个 T 状态，若存储器或 I/O 端口来不及接收数据，也是在 T3 和 T4 状态之间插入一个或几个等待时钟 TW。下面介绍几个状态下，地址、数据、控制信号的产生与时刻的关系。

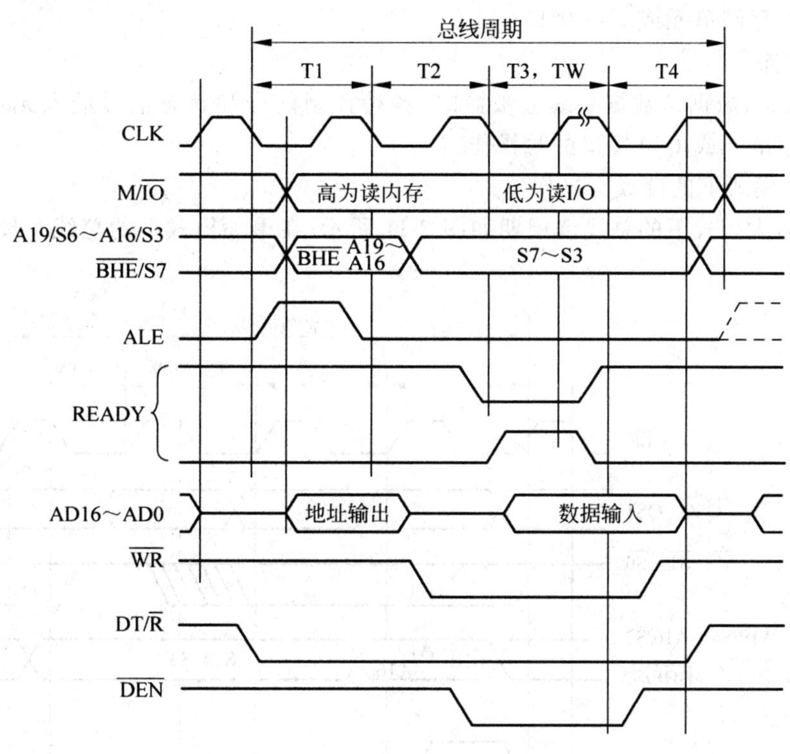

图 2-10 最小模式下的总线写操作时序

- T1 状态

在 T1 时刻，首先使 M/$\overline{IO}$控制信号有效，指明是对存储器还是对 I/O 接口进行操作。当 M/$\overline{IO}$=1 时，是对存储器进行操作，当 M/$\overline{IO}$=0 时，是对 I/O 接口进行操作，M/$\overline{IO}$有效电平一直保持到 T4 状态才结束。同时由 A19/S6～A16/S3 和 AD15～AD0 的复用引脚发出将要访问的存储单元或 I/O 接口的 20 位地址，并发出地址锁存信号 ALE。ALE 的下降沿对地址信号进行锁存，同时对 M/$\overline{IO}$信号和$\overline{BHE}$信号进行锁存。在 T1 时刻使$\overline{BHE}$信号有效，作为存储体的体选信号，配合地址信号实现对奇地址存储单元的寻址。

在 T1 状态还使控制数据收发器方向的信号 DT/$\overline{R}$为高电平，指出将要传送的数据流方向，收发器 8286 发送数据，进行写操作。

- T2 状态

在 T2 状态，由 AD15～AD0 复用引脚发出将要写到存储单元或 I/O 端口的 16 位数据，此数据一直保持到 T4 状态的中间。同时由 CPU 的$\overline{WR}$引脚发出写信号，该信号送到存储器或 I/O 接口，并保持到 T4 状态的中间。此时写操作已准备就绪，等待将数据写入存储单元或 I/O 接口。

• T3 状态

在写周期中,CPU 也将在 T3 上升沿检测 READY 信号,若 READY 为低电平,则表明将访问的存储单元或 I/O 接口未准备好接收数据,CPU 将在 T3 与 T4 状态之间插入 TW 状态,以等待存储器或 I/O 接口做好准备工作。

如果检测到 READY 为高电平,则在 T3 和 T4 状态交接处,或是 TW 与 T4 状态交接处将数据写入存储单元或 I/O 接口。

• T4 状态

在 T4 状态,数据从数据总线上被撤除,各种控制信号和状态信号进入无效状态,CPU 完成了对存储单元或 I/O 接口的写操作。

(3) 最大模式下的读或写操作

8086 在最大模式下的总线读周期如图 2-11 所示,在最大模式下的总线写周期如图 2-12 所示。

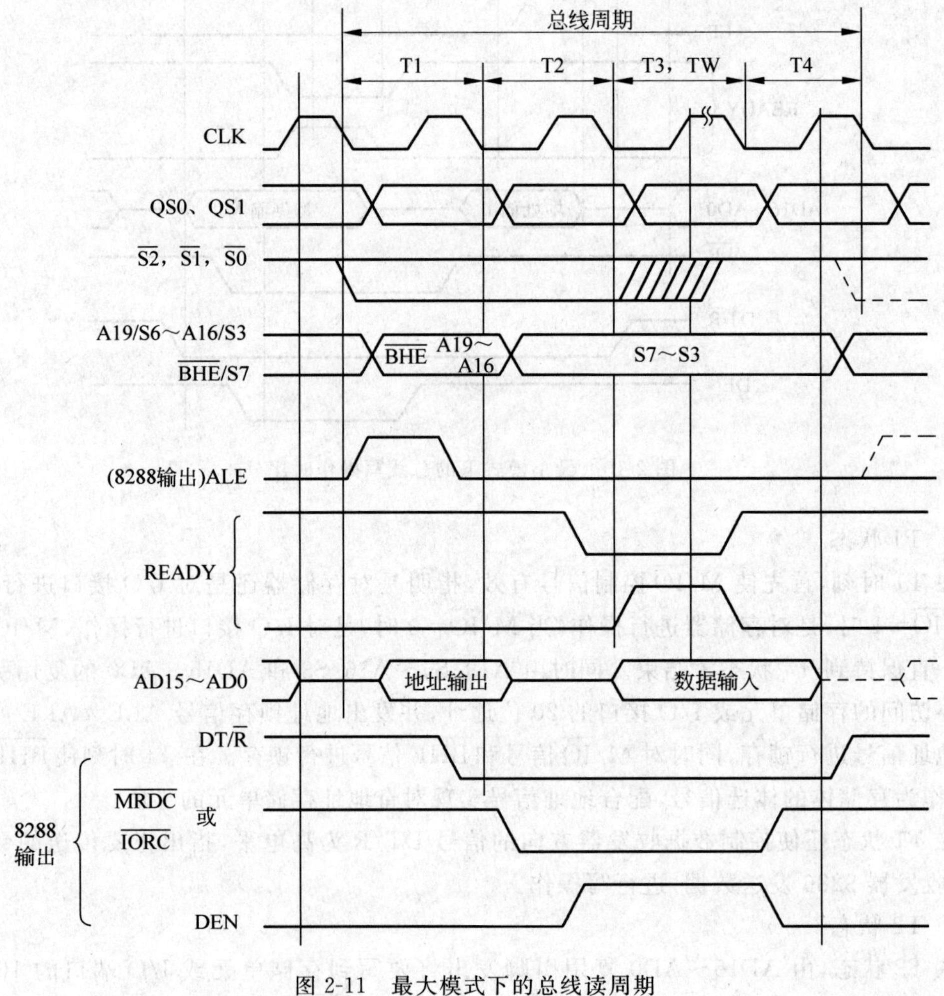

图 2-11 最大模式下的总线读周期

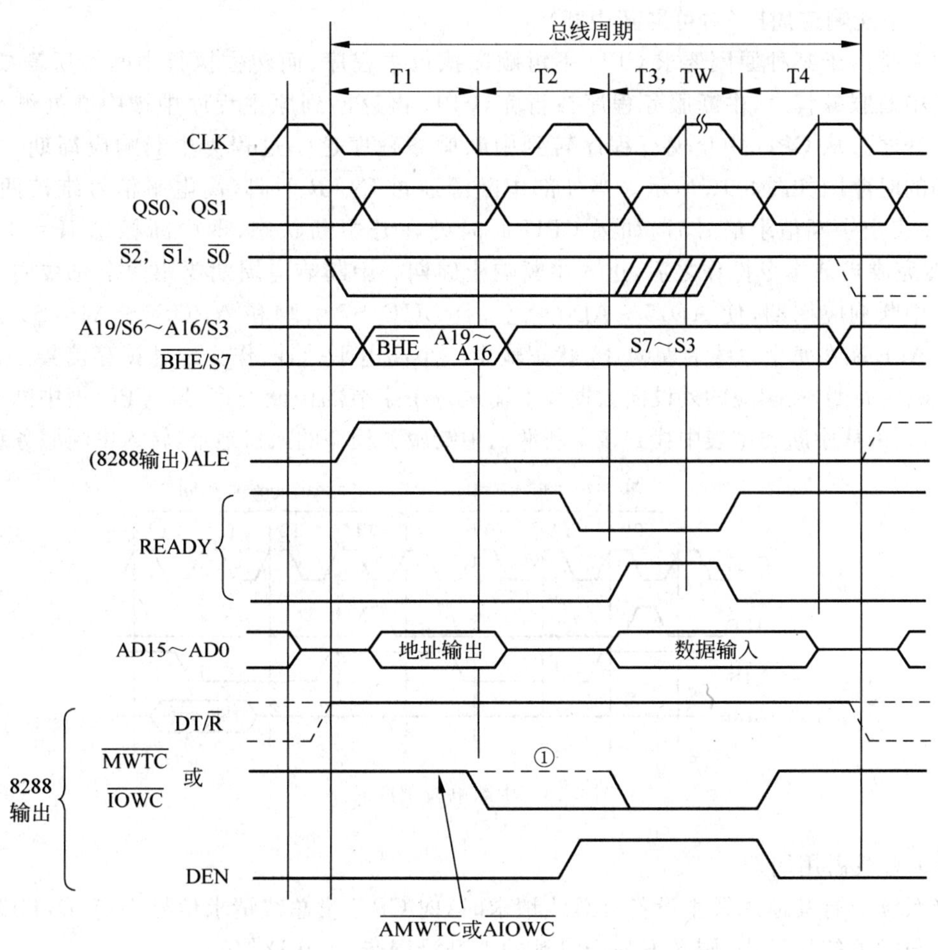

图 2-12　最大模式下的总线写周期

8086 CPU 工作在最大模式下增加了一个总线控制器 8288 芯片，一些控制信号不再由 CPU 直接提供，而是总线控制器 8288 接收 CPU 送来的 $\overline{S2}$、$\overline{S1}$、$\overline{S0}$ 状态信号后，由它内部的状态译码器和命令信号发生器产生。

在总线读操作时，8288 产生了存储器读信号 $\overline{MRDC}$ 和 I/O 接口读信号 $\overline{IORC}$。在总线写操作时，通过总线控制器为存储器或 I/O 接口提供两组写信号。一组是普通的存储器写信号 $\overline{MWTC}$ 和普通的 I/O 写信号 $\overline{IOWC}$，如图 2-12 所示①（虚线）标识；另一组是提前一个时钟周期的存储器写信号 $\overline{AMWTC}$ 和提前一个时钟周期的 I/O 端口写信号 $\overline{AIOWC}$。

在最大模式下总线读操作或写操作也是由 T1、T2、T3 和 T4 状态组成。当存储器或 I/O 设备未准备好时，CPU 也是在 T3 和 T4 状态之间插入一个或几个 TW 状态。在 TW 状态时不断检测 READY 信号，直至 READY 信号为低电平，在最后一个 TW 和 T4 交界处完成读或写操作。

8086 在最大模式和最小模式下总线操作的原理是一样的，只是控制信号和时序有所不同，所以 T1 到 T4 的状态不再叙述。

(4) 中断响应周期(对可屏蔽中断)

中断是由于某种原因要求 CPU 不再顺序执行主程序,而转去执行中断源所需要 CPU 执行的中断服务程序,中断服务程序执行完,CPU 再返回到原主程序中被中断处继续顺序执行主程序。从 CPU 中止现行程序转到中断服务程序这一过程为中断响应周期,中断响应周期的时序图如图 2-13 所示。当外部中断源通过 $\overline{\text{INTR}}$ 引脚(高电平信号维持两个 T)向 CPU 发出中断请求信号时,如果 CPU 此时处在开中断状态,即中断标志 IF=1 时,则 CPU 在完成当前指令操作之后,进入中断响应周期。中断响应周期要用两个总线周期。在第一个中断响应周期,使 AD15~AD0 悬空,且 $\overline{\text{BHE}}$/S7 引脚和 A19/S6~A16/S3 也是悬空的。ALE 端在每个总线周期的 T1 状态输出一个高电平脉冲,作为地址锁存信号。在第二个中断响应周期,被响应的外设向数据线上输送一个字节的中断类型号。CPU 把中断类型号读入后,则可从中断类型表中找到该中断源的中断服务程序的入口地址,转入中断服务程序。

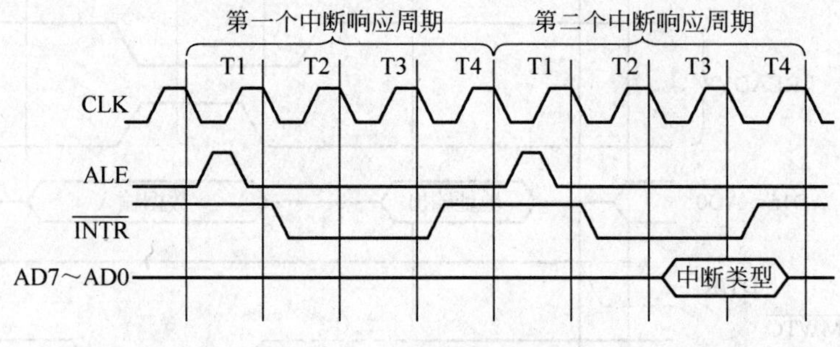

图 2-13 中断响应周期时序

(5) 总线占用周期

当系统中有其他总线主设备有总线请求时,向 CPU 发总线请求信号 HOLD,HOLD 信号可以与时钟信号异步,则在下一个时钟的上升沿同步 HOLD 信号。

CPU 收到 HOLD 信号后,在当前总线周期的 T4 或下一个总线周期的 T1 的后沿,输出保持响应信号 HLDA,从下一个时钟周期开始 CPU 让出总线控制权,进入总线占用周期;DMA 传送结束,掌握总线控制权的总线主设备使 HOLD 信号变低,并在接着的下降沿使 HLDA 信号变为无效,系统退出总线占用周期。

(6) 总线空操作

在 CPU 与存储器或 I/O 端口之间传送数据时,CPU 才执行相应的总线操作,而当它们之间不传送数据时,则进入总线空闲周期,而总线空闲周期是指 CPU 对总线进行空操作。在总线空闲周期内,CPU 的各种信号线上的状态维持不变。要注意的是,总线空操作并不意味着 CPU 不工作,只是总线接口部件 BIU 不工作,而总线执行部件 EU 仍在工作,如进行计算、译码、传送数据等。

2.4 Intel 80x86 系列微处理器简介

2.4.1 80x86 系列微处理器发展简介

1971 年 10 月 Intel 公司推出了 4 位微处理器 Intel 4004。

1972 年 3 月 Intel 公司推出了低档 8 位微处理器 Intel 8008。

1973 年 5 月 Intel 公司推出了中档 8 位微处理器 Intel 8080。

1976 年 Intel 公司推出了 16 位微处理器 Intel 8085。

1978 年 Intel 公司推出了 16 位微处理器 Intel 8086。

1985 年 10 月 Intel 公司推出了 32 位微处理器 Intel 80386。

1989 年 4 月 Intel 公司推出了 32 位微处理器 Intel 80486。

1993 年 3 月 Intel 公司推出了 32 位微处理器 Intel Pentium(也称为 80586)。

1995 年 11 月 Intel 公司推出了 32 位微处理器 Intel Pentium Pro(也称为 80686)。

1997 年 1 月 Intel 公司推出了 32 位微处理器 Intel Pentium with MMX。

1997 年 5 月 Intel 公司推出了 32 位微处理器 Intel Pentium Ⅱ。

Intel 公司是全世界生产 CPU 最大的厂商,它的发展代表了 CPU 的发展,从 8086(8088)到 80286、80386、80486、奔腾(也称为 80586)、奔腾 Pro(也称为 80686)、奔腾 MMX、奔腾Ⅱ、奔腾Ⅲ,直至最新的奔腾 4,形成了 IA-32(Intel Architecture) 结构。

2.4.2 8086 和 80286

8086 有 16 位寄存器和 16 位外部数据总线,具有 20 位地址总线,可寻址 1M 字节地址空间。1981 年到 1982 年 1 月,Intel 公司相继推出了 8086 的改进型微处理器 80186 与 80286。

80286 的指令操作码与 8086、80186 向上兼容,具有实地址模式和保护地址模式两种运行方式,它既继承了 8086、80186 的功能,又增加了过去完全没有的功能。

从 80286 CPU 开始,在硬件设计上支持多用户、多任务的处理,支持虚拟存储器的管理及硬件保护机构的设置,而且在 80286 CPU 指令系统设置上也增加了许多新的指令。所有这一切,使 80286 具备更高的性能,能组成支持更高级操作系统的微型计算机。

从历史的观点来看,80x86 系列结构同时包括了 16 位处理器和 32 位处理器。目前 32 位 80x86 系列结构对于许多操作系统和十分广泛的应用程序来说是最流行的计算机结构。

2.4.3 80386 和 80486

1985 年 10 月,Intel 公司宣布了其第一片 32 位微处理器 80386,1989 年推出了功能更强的 80486。

80386 是一种与 80286 相兼容的高性能的全 32 位微处理器,它是为需要高性能的应用领域和多用户、多任务操作系统而设计的。

在 80386 芯片内部集成了存储器管理部件和硬件保护机构,内部寄存器的结构及操作系统全都是 32 位的。它的地址线为 32 位,可寻址的物理存储空间为 64TB。

从结构上看,80486 将 80386 微处理器及与配套的芯片集成在一块芯片上。具体地说,80486 芯片中集成了 80386 处理器、80387 数字协处理器、8KB 的高速缓存(cache)以及支持构成多微处理器的硬件。但是从程序设计的角度看,80486 的体系结构几乎没变,可以说是照搬 80386 的体系结构。在相同工作频率下,其处理速度比 80386 提高了 2~4 倍,80486 的最低频率为 25MHz,目前最高工作频率可达 132MHz。

Intel 486 处理器把 Intel 386 处理器的指令译码和执行单元扩展为 5 个流水线段,增加了更多的并行执行能力,其中每个段(当需要时)与其他的并行操作最多可在不同段上同时执行 5 条指令。每个段以能在一个时钟周期内执行一条指令的方式工作,所以,Intel 486 处理器能在每个时钟周期执行一条指令。

80486 的一个重大改进是在 80x86 系列处理器的芯片中引入了缓存。在芯片上增加了一个 8KB 的一级缓存(cache),大大增加了每个时钟周期执行一条指令的百分比,包括操作数在一级 cache 中的存储器访问指令。

Intel 486 处理器也是第一次把 x87 浮点处理单元(Float Processing Unit,FPU)集成到处理器上并增加了新的引脚、位和指令,以支持更复杂和更强有力的系统(二级 cache 支持和多处理器支持)。

直至 Intel 486 处理器这一代,Intel 把支持电源保存和别的系统功能加入至 80x86 系列主流结构和 Intel 486 SL 增强的处理器中。这些特性是在 Intel 386 SL 和 Intel 486 SL 处理器中开发的,是特别为快速增长的用电池操作的笔记本 PC 市场提供的。这些特性包括新的用专用的中断脚触发的系统管理模式,允许将复杂的系统管理特性(例如在 PC 内的各种子系统的电源管理)透明地加至主操作系统和所有的应用程序中。停止时钟(Stop Clock)和自动暂停电源下降(Auto Halt Powerdown)特性允许处理器在减慢的时钟速率下执行或关闭(保留状态),以进一步节省电源。

2.4.4 Pentium(奔腾)和 P6 系列处理器

Pentium 处理器是当前最先进的第 5 代 64 位微处理器芯片。该芯片集成了 310 万个晶体管,有 64 条数据线,36 条地址线,支持 64 位的物理寻址空间。Pentium 采用了新的体系结构,与 80486 相比做了一些改进,采用了流水线浮点部件、动态转移预测、较大容量的片上超高速缓存等新的部件。Pentium 与 Intel 486 CPU 相同的频率工作时,整数运算性能提高 1 倍,浮点数运算性能提高 5 倍。

Intel Pentium(奔腾)处理器增加了第二个执行流水线以达到超标量性能,能实现每个时钟执行两条指令的目标。这两条流水线在一个时钟周期内可以发送两条整数指令,或在一个时钟周期内发送一条浮点指令。浮点运算部件在 Intel 486 的基础上重新进行了设计。快速算法可使诸如 ADD、MOV 和 LOAD 等公用运算的速度最少提高 3 倍。许多应用程序中利用指令调度和重叠(流水线)可以使指令执行速度提高 5 倍或更多。

芯片上的一级 cache 也加倍了,8KB 用于代码,另外 8KB 用于数据。数据 cache 使用 MESI 协议,以支持更有效的回写方式以及由 Intel 486 处理器使用的写通方式。加入的分支预测和芯片上的分支表增加了循环结构中的性能。

加入了扩展以使虚拟 8086 方式更有效,并像允许 4KB 页一样允许 4MB 页。主要的寄存器仍是 32 位,但内部数据通路是 128 和 256 位以加速内部数据传送,且猝发的外部数据总线已经增加至 64 位。增加了高级的可编程中断控制器(Advanced Programmable Interrupt Controller,APIC)以支持多奔腾处理器系统,新的引脚和特殊的方式(双处理)设计以支持无连接的两个处理器系统。

奔腾系列的最后一个处理器(具有 MMX 技术的奔腾处理器)把 Intel MMX 技术引入了 IA-32 结构。Intel MMX 技术用单指令多数据(Single Instruction Multiple Data,SIMD)

执行方式在包含 64 位 MMX 寄存器中包装的整型数据上执行并行计算。此技术在高级媒体、影像处理和数据压缩应用程序上极大地增强了 IA-32 处理器的性能。

在 1995 年，Intel 引入了 P6 系列处理器。此处理器系列是基于新的超标量微结构上的，它建立了新的性能标准。P6 系列微结构设计的主要目的之一是在仍使用相同的 0.6μm、四层金属 BICMOS 制造过程的情况下使处理器的性能明显地超过奔腾处理器，用与奔腾处理器同样的制造过程要提高性能只能在微结构上有实质的改进。

Intel Pentium Pro 处理器是基于 P6 微结构的第一个处理器。P6 处理器系统随后的成员是 Intel Pentium Ⅱ、Intel Pentium Ⅱ Xeon（至强）、Intel Celeron（赛扬）、Intel Pentium Ⅲ和 Intel Pentium Ⅲ Xeon（至强）处理器。

2.4.5 奔腾 Ⅱ 和奔腾 Ⅲ

Intel Pentium Ⅱ 处理器把 MMX 技术加至 P6 系列处理器，并具有新的包装和若干硬件增强。处理器核心包装在了 SECC 上，这使其具有了更灵活的母板结构。第一级数据和指令 cache 每个扩展至 16KB，支持二级 cache 为 256KB、512KB 和 1MB。

Pentium Ⅱ Xeon（至强）处理器组合 Intel 处理器前一代的若干额外特性，例如 4way、8way（最高）可伸缩性和运行在“全时钟速度”后沿总线上的 2MB 二级 cache，以满足中等和高性能服务器与工作站的要求。

Pentium Ⅲ处理器引进流 SIMD 扩展（SSE）至 80x86 系列结构。SSE 扩展把由 Intel MMX 引进的 SIMD 执行模式扩展为新的 128 位寄存器并能在包装的单精度浮点数上执行 SIMD 操作。

Pentium Ⅲ Xeon 处理器用 Intel 的 0.18μm 处理技术的全速高级传送缓存（Advanced Transfer Cache）扩展了 IA-32 处理器的性能级。

2.4.6 Intel Pentium 4 处理器

Intel Pentium 4 处理器是 2000 年推出的 IA-32 处理器，并是第一个基于 Intel NetBurst 微结构的处理器。Intel NetBurst 微结构是新的 32bit 微结构，它允许处理器能在比以前的 IA-32 处理器更高的时钟速度和性能等级上进行操作。Intel Pentium 4 处理器有以下高级特性。

(1) Intel NetBurst 微结构的第一个实现。

① 快速的执行引擎。

② Hyper 流水线技术。

③ 高级的动态执行。

④ 创新的新 cache 子系统。

(2) 流 SIMD 扩展 2(SSE2)。

① 用 144 条新指令扩展 Intel MMX 技术和 SSE，它支持：128 位 SIMD 整数算术操作；128 位 SIMD 双精度浮点操作；cache 和存储管理操作。

② 进一步增强和加速了视频、语音、加密、影像和照片处理。

(3) 400MHz Intel NetBurst 微结构系统总线。

① 提供每秒 3.2G 字节的吞吐率（比 Pentium Ⅲ 处理器快三倍）。

② 4 倍 100MHz 可伸缩总线时钟,以达到 400MHz 的有效速度。

③ 分开的交易,深度流水线。

④ 128 字节线具有 64 字节访问能力。

(4) 与在 Intel 80x86 系列结构处理器上所写和运行的已存在的应用程序和操作系统兼容。

2.4.7 Intel 超线程处理器

Intel 公司于 2002 年推出了具有超线程技术的 IA-32 系列处理器。超线程(Hyper-Threading,HT)技术允许单个物理处理器用共享的执行资源并发地执行两个或多个不同的代码流(线程),以提高 80x86 系列处理器执行多线程操作系统与应用程序代码的性能。

从体系结构上说,支持 HT 技术的 IA-32 处理器,在一个物理处理器核中由两个或多个逻辑处理器构成,每个逻辑处理器有它自己的 IA-32 体系结构状态。每个逻辑处理器由全部的 IA-32 数据寄存器、段寄存器、控制寄存器与大部分的 MSR 构成。

显示支持 HT 技术(用两个逻辑处理器实现)的 IA-32 处理器与传统的双处理器系统的比较。

不像用两个或多个分别的 IA-32 物理处理器的传统的 MP 系统配置,在支持 HT 技术的 IA-32 处理器中的逻辑处理器共享物理处理器的核心资源。这包括执行引擎和系统总线接口。在上电和初始化以后,每个逻辑处理器能独立地直接执行规定的线程、中断或暂停。

HT 技术由在单个芯片上提供两个或多个逻辑处理器支持在现代操作系统和高性能应用程序中找到的进程与线程级并行。以在每个时钟周期期间最大限度地使用执行单元而提高处理器的性能。

2.4.8 Intel 双核技术处理器

双核技术是在 IA-32 处理器系列中硬件多线程能力的另一种形式。双核技术由用在单个物理包中有两个分别的执行核心提供硬件多线程能力。Intel Pentium 处理器极品版在一个物理包中提供 4 个逻辑处理器(每个处理器核有两个逻辑处理器)。

Intel Pentium D 处理器也以双核技术为特色。此处理器用双核技术提供硬件多线程支持,但它不提供超线程技术。因此,Intel Pentium D 处理器在一个物理包中提供两个逻辑处理器,每个逻辑处理器拥有处理器核的执行资源。

Intel 奔腾处理器极品版中引入了 Intel 扩展的存储器技术(Intel EM64T),支持软件线性地址空间至 64 位,支持物理地址空间至 40 位。此技术也引进了称为 IA-32e 模式的新的操作模式。

AMD 公司是 80x86 系列处理器的另一个重要供应商。它于 1969 年成立。1991 年推出了 AM386 系列,1993 年推出了 AM486,1997 年推出了 AMD-K6(相当于具有 MMX 技术的奔腾处理器),2001 年推出了 AMD Athlon(速龙) MP 双处理器,2003 年推出 AMD 速龙(TM) 64 FX 处理器,具有 64 位的 80x86-64 内核。直至最近推出了双核的 64 位处理器。

2.5 拓展工程训练项目

2.5.1 项目 1：认识 8086 CPU

1. 项目要求与目的

(1) 项目要求：认识 8086 微处理器芯片。

(2) 项目目的：了解 8086 微处理器芯片。

2. 项目说明

8086 CPU 是 Intel 公司 1987 年推出的一种高性能的 16 位微处理器，是第三代微处理器的代表。它有 16 根数据线和 20 根地址线，所以可寻址的地址空间是 $2^{20}=1MB$，内部总线和 ALU 全部为 16 位，可以进行 8 位和 16 位操作。

3. 项目实物图

微处理器(CPU)是采用大规模或超大规模集成电路技术做成的半导体芯片，上面集成了控制器、运算器和寄存器组。若字长为 8 位，即一次能处理 8 位数据，称为 8 位 CPU，如 Z80CPU；字长为 16 位的，即一次能处理 16 位数据，称为 16 位 CPU，如 8086/8088、80286 等。图 2-14 所示是 8086 CPU 实物图。

图 2-14 8086 CPU 实物图

2.5.2 项目 2：认识 8088 CPU 引脚

1. 项目要求与目的

(1) 项目要求：认识 8088 微处理器芯片引脚。

(2) 项目目的：了解 8088 微处理器芯片引脚及功能。

2. 项目说明

8088 微处理器(CPU)可以在两种模式下工作，即最大模式和最小模式。

所谓最小模式，就是系统中只有 8088 一个微处理器。在这种系统中，所有的总线控制信号都直接由 8088 产生，因此，系统中的总线控制逻辑电路被减到最小。最大模式是相对最小模式而言的，在最大模式系统中，总是包含两个或两个以上微处理器，其中一个主处理器就是 8088，其他的处理器为协处理器。例如用于数值运算的处理器 8087，用于输入输出大量数据的处理器 8089。

3. 项目引脚图

8088 CPU 采用双列直插 40 脚封装，引脚图如图 2-15 所示。8088 CPU 是 16 位微处理器(CPU),采用大规模或超大规模集成电路技术做成的半导体芯片,上面集成了控制器、运算器和寄存器组。

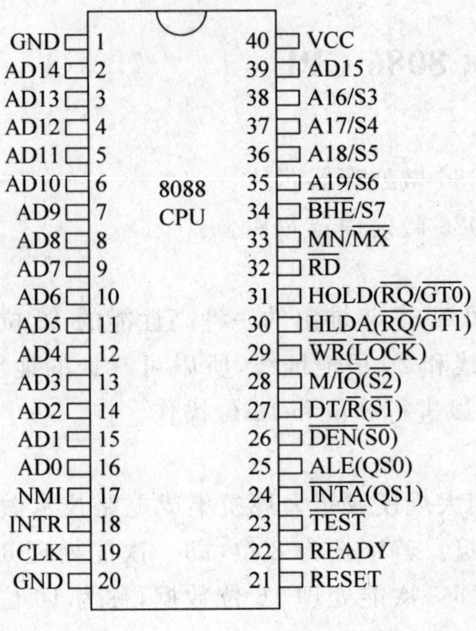

图 2-15　8088 CPU 引脚图

2.5.3　项目 3: 8086 控制 LED 灯右循环亮

1. 项目要求与目的

(1) 项目要求: 演示实验。根据开关的状态,用 8086 CPU 控制 8255A 的端口 PA,然后 PA 再控制 8 只 LED 发光二极管,PB 口接 1 只开关,编写程序实现 K0 闭合,LED 灯右循环亮。

(2) 项目目的:

- 了解 8086 CPU 的控制方法。
- 了解 8086 CPU 的编程方法。
- 了解 8086 总线的操作时序。

2. 项目电路连接与说明

(1) 项目电路连接: 如图 2-16 所示的粗线为要接的线,接线描述如下: 8255A 的片选 $\overline{CS}$ 孔用导线接至译码处 200H～207H 插孔,8255A 的 PA0～PA7 用导线接至 LED0～LED7,PB0 用导线接至开关 K0。

(2) 项目说明: Intel 8086 作为一个微处理器芯片,必须与其他芯片相配合才能构成一个完整的 CPU 子系统。本项目在最小模式的系统配置下,还必须配置接口芯片 8255A。8255A 是常用的并行可编程接口芯片,它有 3 个 8 位并行输入输出端口,可利用编程方法设置 3 个端口来作为输入端口或者作为输出端口,在使用时,要对 8255A 进行初始化。本项目 PA 口作为输出口,PB 口作为输入口,工作于方式 0。当开关 K0 闭合时,LED 灯右循环亮。

3. 项目电路原理框图

8086 CPU 控制 LED 灯右循环亮电路框图如图 2-16 所示。电路由 8086 CPU 芯片、8255A 芯片、8 只 LED 发光二极管和 1 只开关 K0 等组成。

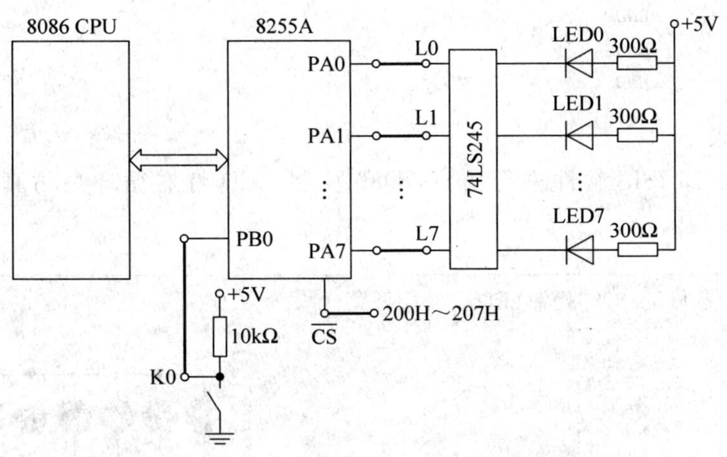

图 2-16　8086 CPU 控制 LED 灯右循环亮电路框图

4. 项目程序设计

(1) 程序流程图

8086 CPU 控制 LED 灯右循环亮程序流程图如图 2-17 所示。

(2) 程序清单

8086 CPU 控制 LED 灯右循环亮程序清单如下所示。

```
  CODE SEGMENT
        ASSUME    CS:CODE
START:  MOV       DX,203H        ; 8255A 控制端口
        MOV       AL,82H         ; PA 输出,PB 输入
        OUT       DX,AL
        MOV       DX,200H        ; PA 端口地址
        MOV       AH,0FEH;       ; 置 LED0 亮初始值
BG:     MOV       AL,AH
        OUT       DX,AL          ; 点亮 LED 灯
        CALL      DELAY          ; 调延时子程序
        MOV       DX,201H        ; PB 端口地址
        IN        AL,DX          ; 读开关的状态
        TEST      AL,01H         ; PB0 = 0 吗?(K0 闭合吗?)
        JNZ       BG             ; PB0≠0,转移
        ROR       AH,1           ; PB0 = 0,右移
        MOV       DX,200H
        JMP       BG
        DELAY     PROC NEAR      ; 延时子程序
        MOV       BL,100
DELAY2: MOV       CX,374
DELAY1: NOP
        NOP
        LOOP      DELAY1
        DEC       BL
        JNZ       DELAY2
        RET
```

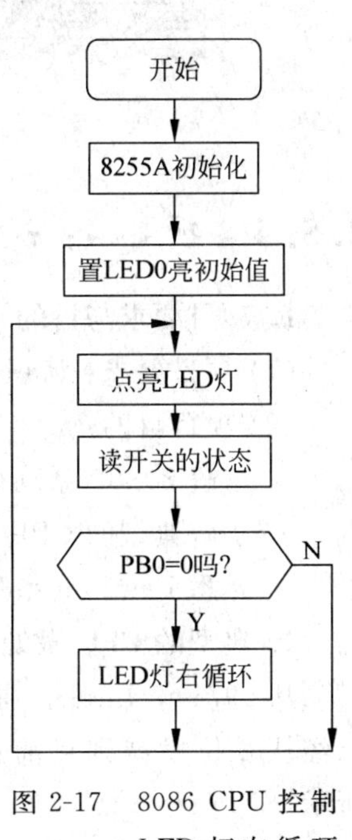

图 2-17　8086 CPU 控制 LED 灯右循环亮程序流程图

```
DELAY        ENDP
CODE         ENDS
             END        START
```


5. 仿真效果

用 Proteus 7.5 ISIS 软件进行仿真，8086 控制 LED 灯右循环亮仿真效果如图 2-18 所示。

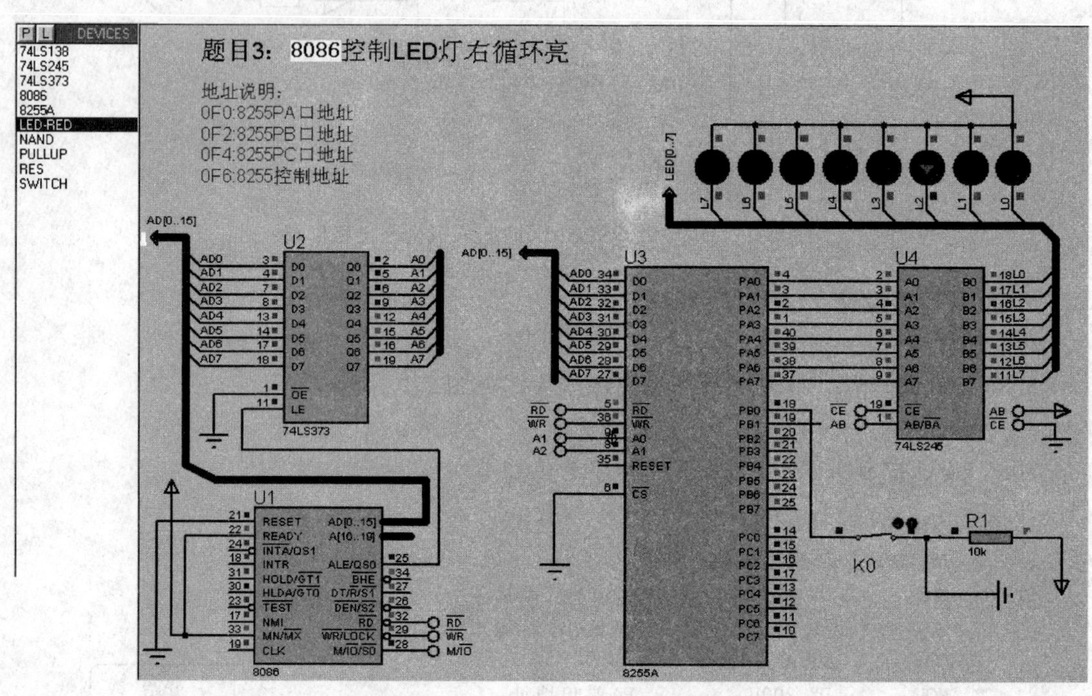

图 2-18　8086 控制 LED 灯右循环亮仿真效果

2.5.4　项目 4：认识典型的 CPU 微处理器

1. 项目要求与目的

(1) 项目要求：认识 Intel 80x86 系列微处理器与 Pentium 系列微处理器。

(2) 项目目的：

- 了解 80x86 系列微处理器。
- 了解典型的 CPU 芯片。
- 熟悉 Pentium 系列微处理器。

2. 典型的 CPU 微处理器外观图

从 1971 年 Intel 公司推出的 4 位微处理器 Intel 4004 以来，经过 30 多年的发展，CPU 已经从 4 位发展到目前正在使用的 64 位。发展过程中一些典型的 CPU 芯片如图 2-19 所示。

图 2-19　典型的 CPU 芯片

2.5.5 拓展工程训练项目考核

拓展工程训练项目考核如表2-4所示。

表2-4 项目实训考核表(拓展工程训练项目名称：　　　　　　　)

姓名		班级		考件号		监考		得分	
额定工时		分钟	起止时间	日 时 分至 日 时 分				实用工时	

序号	考核内容	考核要求	分值	评分标准	扣分	得分
1	项目内容与步骤	(1) 操作步骤是否正确 (2) 项目中的接线是否正确 (3) 画出的电路图是否正确,美观	40	(1) 操作步骤不正确扣5～10分 (2) 项目中的接线有问题扣2～10分 (3) 画出的图有问题扣2～10分,不美观扣2～10分		
2	项目实训报告要求	(1) 项目实训报告写得规范、字体公正否 (2) 回答思考题是否全面	20	(1) 项目实训报告写得不规范、字体不公正,扣5～10分 (2) 回答思考题不全面,扣2～5分		
3	安全文明操作	符合有关规定	15	(1) 发生触电事故,取消考试资格 (2) 损坏电脑,取消考试资格 (3) 穿拖鞋上课,取消考试资格 (4) 动作不文明、现场凌乱、吃东西,扣2～10分		
4	学习态度	(1) 有没有迟到、早退现象 (2) 是否认真完成各项项目,积极参与实训、讨论 (3) 是否尊重老师和其他同学,是否能够很好地交流合作	15	(1) 有迟到、早退现象扣5分 (2) 没有认真完成各项项目,没有积极参与实训、讨论扣5分 (3) 不尊重老师和其他同学,不能够很好地交流合作扣5分		
5	操作时间	在规定时间内完成	10	每超时10分钟(不足10分钟以10分钟计)扣5分		

同步练习题

(1) 总线接口部件(BIU)中包含哪些部件？执行部件(EU)中包含哪些部件？

(2) 8086系统中存储器的逻辑地址和物理地址之间有什么关系？

(3) 总线接口中加法器的作用是什么？它与执行部件中的加法器在功能上有何差别？

(4) 设段地址为4ABFH,物理地址为50000H,求有效地址。

(5) 设 CS=3100H,DS=3140H,两个段的空间均为 64K 个单元,问两个段重叠区为多少个单元?两个段的段空间之和为多少个单元?

(6) 已知当前数据段位于存储器的 B1000H 到 C0FFFH 范围内,问 DS 寄存器的内容是什么?

(7) 8086 CPU 有哪几个状态标志位?哪几个控制标志位?它们在什么条件下被置位?

(8) 8086 CPU 读/写总线周期各包含多少个时钟周期?什么情况下需要插入 TW 周期?插入多少个 TW 取决于什么因素?

(9) 简述 8086 最小模式系统与最大模式系统之间的主要区别。

(10) 什么是指令周期?什么是总线周期?什么是时钟周期?它们之间的关系如何?

(11) 8086 CPU 的 AD15~AD0 能否直接连接到系统总线上?

(12) 80286、80386、80486 和 Pentium 在功能、内部结构上与上一种机型相比较各有哪些提高和改进?

(13) 80286 比 8086 多了哪几种寄存器?80386、80486 和 Pentium 对 80286 寄存器做了哪些扩展?

第3章 8086指令系统及汇编语言程序设计

学习目的

(1) 掌握8086/8088的寻址方式。
(2) 掌握数据传送指令与串操作指令。
(3) 熟悉算术运算指令与位操作指令。
(4) 熟悉汇编语言程序格式。
(5) 掌握程序的基本结构。
(6) 熟悉BIOS和DOS中断及应用。
(7) 掌握子程序结构及应用。
(8) 掌握拓展工程训练项目。

学习重点和难点

(1) 8086/8088的寻址方式。
(2) 数据传送指令与串操作指令。
(3) 算术运算指令与位操作指令。
(4) 程序的基本结构。
(5) BIOS和DOS中断及应用。
(6) 子程序结构及应用。
(7) 拓展工程训练项目。

3.1 指令格式与寻址方式

3.1.1 指令格式

(1) 概述

指令是指计算机完成特定操作的命令,指令系统是计算机能够执行全部命令的集合,它取决于计算机的硬件设计。Intel 80x86/Pentium系列CPU指令系统是向上兼容的,所以,针对某一型号CPU编写的程序,在后续发展出现的新型号CPU上都可以运行,本书以8086/8088典型机为代表,介绍其指令系统。

计算机只能识别二进制代码,所以机器指令是由二进制代码组成的。为便于人们使用而采用汇编语言来编写程序。汇编语言是一种符号语言,它用助记符来表示操作码,用符号或符号地址来表示操作数或操作数地址,它与机器指令是一一对应的。

(2) 汇编指令格式

计算机中的指令由操作码字段和操作数字段两部分组成，指令的一般格式如下：

操作码	操作数	…	操作数

操作码部分决定指令的操作类型，指令操作数部分可以是指令所需的操作数，也可以是操作数的地址或关于操作数地址的其他信息。指令操作数根据不同的指令有所区别，通常一条指令包含一个或两个操作数，前者称为单操作数指令，后者称为双操作数指令。双操作数分别称为源操作数(SRC)和目的操作数(DST)。

3.1.2 8086/8088 的寻址方式

指令的寻址方式就是寻找指令操作数所在地址的方式，以确定数据的来源和去处。8086/8088 指令中的操作数有三种可能的存放位置：

① 操作数在指令中，即指令的操作数部分就是操作数本身，这种操作数叫做立即操作数。

② 操作数包含在 CPU 的某个内部寄存器中，这时指令的操作数部分是 CPU 内部寄存器的一个编码。

③ 操作数在内存的数据区中，这时指令的操作数部分包含此操作数所在的内存地址。

下面介绍 8086/8088 的几种寻址方式。

(1) 立即数寻址方式

定义：操作数直接存放在指令中，紧跟在操作码之后，与操作码一起存放在代码段区域。立即数可以是 8 位、16 位。立即数可以用二进制数、八进制数、十进制数以及十六进制数来表示。

【例 3-1】

```
MOV     AL,10              ;(AL)←立即数 10(十进制数)
MOV     AL,00100101B       ;(AL)←立即数 00100101B(二进制数)
MOV     AL,0AH             ;(AL)←立即数 0AH(十六进制数)
MOV     AH,58H             ;(AH)←立即数 58H(十六进制数)
MOV     BX,1234H           ;(BX)←立即数 1234H
```

后两条指令的执行结果如图 3-1 所示。

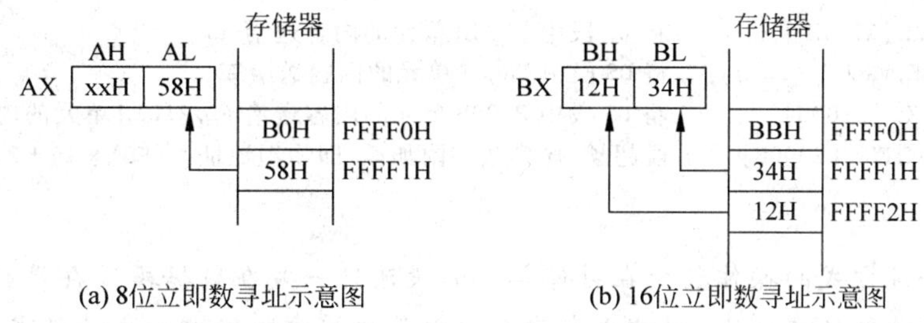

图 3-1 立即数寻址

技巧：

- 立即数寻址方式只能用于源操作数，不能用于目的操作数，且源操作数长度与目的操作数长度一致。主要用于给寄存器赋值。
- 立即数寻址方式不执行总线周期，执行速度快。
- 立即数为16位时，低位字节存放在存储器低地址单元，高位字节存放在存储器高地址单元。

(2) 寄存器寻址方式

定义：操作数放在寄存器内，由指令直接给出某个寄存器的名字，以寄存器的内容作为操作数。寄存器可以是16位的AX、BX、CX、DX、SI、DI、SP、BP寄存器，也可以是8位的AH、AL、BH、BL、CH、CL、DH、DL寄存器。

【例3-2】

```
MOV     AX,CX                    ; (AX)←(CX)
INC     AL                       ; (AL)←(AL) + 1
```

指令执行结果如图3-2所示。

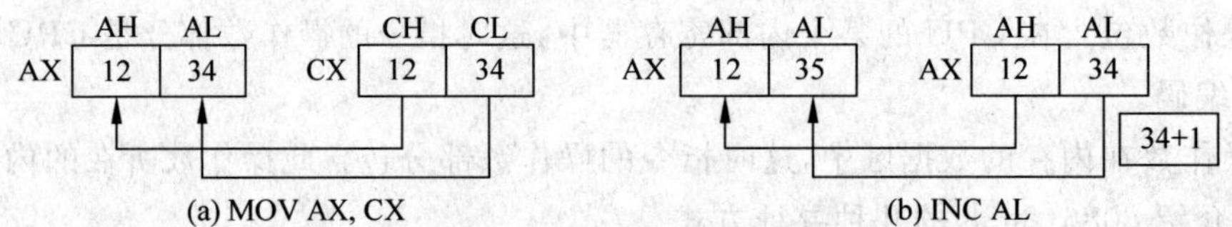

图3-2 寄存器寻址

技巧：

- 寄存器寻址方式的指令操作在CPU内部执行，不需要执行总线周期，执行速度快。
- 寄存器寻址方式既适用于指令的源操作数，也适用于目的操作数，并且可同时用于源操作数和目的操作数。

(3) 直接寻址方式

定义：操作数在存储器中，指令中直接给出操作数所在存储单元的有效地址。有效地址(Effective Address,EA)也称为偏移地址，它代表操作数所在存储单元距离段首址的字节数。有效地址是一个无符号的16位二进制数。

【例3-3】

```
MOV     AH,[1234H ]      ; 将 DS 段中 1234H 单元的内容送给 AH
MOV     AH,VALUE         ; 将 DS 段中 VALUE 单元的内容送给 AH
MOV     AX, [2100H]      ; 将 DS 段中 2100H 单元的内容送给 AL,2101H 单元的内容送给 AH
MOV     BX,ES: [2000H]   ; 段超越,操作数在附加段.即物理地址 = (ES) * 16 + 2000H
```

技巧：

- 直接寻址方式的操作数所在存储单元的段地址一般在数据段寄存器DS中。
- 如果操作数在其他段，则需要在指令中用段超越前缀指出相应的段寄存器名。
- VALUE是一种符号表示法，此内容将在伪指令中给予讲解。
- 在实地址方式下，物理地址＝16＊段地址(DS)＋偏移地址(EA)。

【例 3-4】 MOV AX,DS:[2000H]。

解:当(DS)=3000H 时,物理地址=16×3000H+2000H=32000H,指令的执行结果是:(AL)=32000H,(AH)=32001H,即内存 32000H 和 32001H 单元的内容已传送到寄存器 AX 中。指令的执行情况如图 3-3 所示。

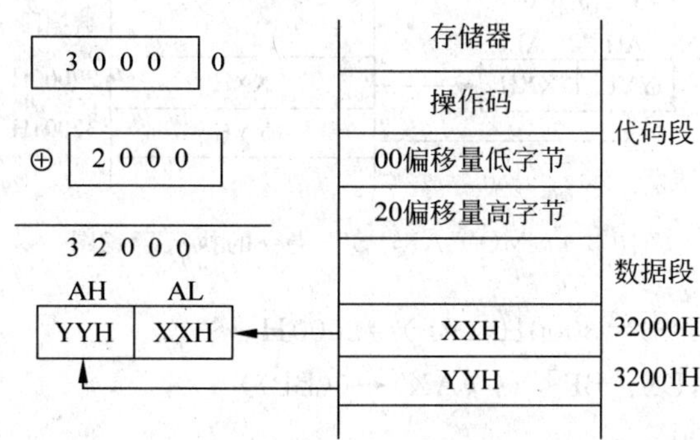

图 3-3 直接寻址指令执行示意图

(4) 寄存器间接寻址方式

定义:操作数在存储器中,指令中寄存器的内容作为操作数所在存储单元的有效地址。寄存器可以是某个基址寄存器 BX、BP 或某个变址寄存器 SI、DI。

操作数有效地址 EA 为:

$$EA = [\text{寄存器}] = \begin{cases} (BX) \\ (BP) \\ (SI) \\ (DI) \end{cases}$$

可以分成两种情况:

- 以 SI、DI、BX 间接寻址,则通常操作数在现行数据段 DS 区域中,物理地址的计算方法为:

  物理地址 = 16 × (DS) + (BX)(寄存器 SI、DI 类似)

- 当使用寄存器 BP 时,操作数所在存储单元的段地址在堆栈段寄存器 SS 中。物理地址的计算方法为:

  物理地址 = 16 × (SS) + (BP)

【例 3-5】 已知:(DS)=3000H,(SI)=2000H。

指令:MOV AX,[SI] ;(AX)←((SI))

有效地址 EA=2000H。

物理地址=16×(DS)+(SI)=16×3000H+2000H=30000H+2000H=32000H。

指令执行结果是将 32000H 和 32001H 单元的内容送入寄存器 AX 中。若在指令中规定是段超越的,则 BP 的内容也可以与其他的段寄存器相加,形成物理地址。指令的执行情况如图 3-4 所示。

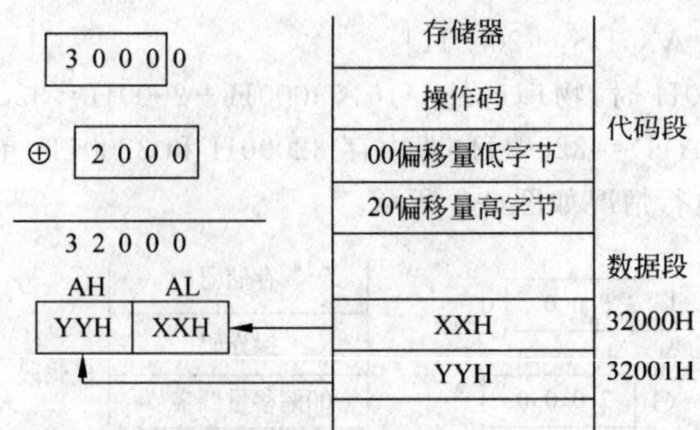

图 3-4 MOV AX,[SI] 指令的执行示意图

【例 3-6】 已知：(DS)＝3000H，(BP)＝2000H。

指令：MOV AX,DS:[BP] ；(AX)←((BP))

有效地址 EA＝2000H。

物理地址＝(DS)×16＋(BP)＝16×3000H＋2000H＝32000H。

这种寻址方式通常用于表格处理，执行完一条指令后，只需修改寄存器内容就可以取出表格的下一项。

(5) 寄存器相对寻址方式(或称直接变址寻址方式)

定义：操作数在存储器内，指令中寄存器的内容与指令指定的位移量(DISP)之和作为操作数所在存储单元的有效地址。寄存器可以是基址寄存器 BX、BP，也可以是变址寄存器 SI、DI。位移量是一个 8 位(DISP8)或 16 位(DISP16)的带符号二进制数。有效地址 EA 的计算方法为：

$$EA=\begin{Bmatrix}(BX)\\(BP)\\(SI)\\(DI)\end{Bmatrix}+\begin{Bmatrix}DISP8\\DISP16\end{Bmatrix}$$

使用寄存器 BX、SI、DI 时与数据段寄存器 DS 有关，使用寄存器 BP 时与堆栈段寄存器 SS 有关。

以寄存器 SI、8 位位移量为例，物理地址为：

物理地址＝16×(DS)＋(SI)＋DISP8(使用寄存器 BX、DI 类似)。

以寄存器 BP、16 位位移量为例，物理地址为：

物理地址＝ 16×(SS)＋(BP)＋DISP16。

【例 3-7】 已知：(DS)＝2000H，(SI)＝1000H，ARRAY＝2000H(16 位位移量)。

指令：MOV BX,ARRAY[SI]

或 MOV BX,[ARRAY＋SI]

有效地址 EA＝(SI)＋(ARRAY)＝1000H＋2000H＝3000H。

物理地址＝16×(DS)＋(SI)＋DISP16＝20000H＋1000H＋2000H＝23000H。指令的执行结果是将 23000H 和 23001H 单元的内容送入寄存器 BX 中。指令执行情况如图 3-5 所示。

这种寻址方式同样可用于表格处理，表格的首地址可设置为位移量，通过修改基址或变址寄存器的内容来取得表格中的值。

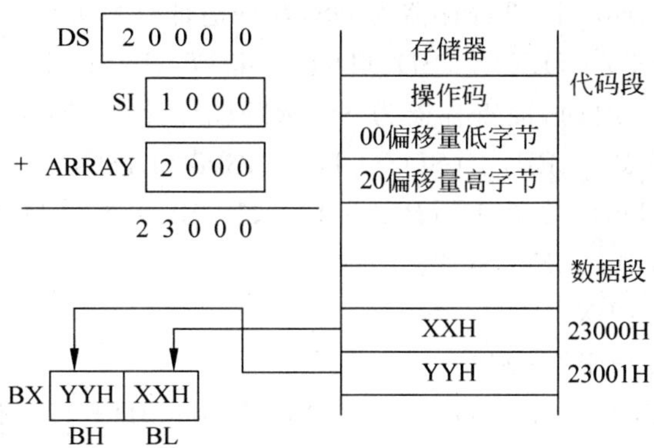

图 3-5　MOV　BX,ARRAY[SI] 指令执行示意图

(6) 基址变址寻址方式

定义：操作数在存储器内，指令将基址寄存器(BX 或 BP)与变址寄存器(SI 或 DI)内容之和作为操作数所在存储单元的有效地址 EA。有效地址 EA 的计算方法为：

EA=(BX)/(BP)+(SI)/(DI)。

当使用基址寄存器 BX 时，段寄存器为 DS，物理地址计算方法为：

物理地址=16×(DS)+(BX)+(SI)(使用寄存器 DI 类似)。

当使用基址寄存器 BP 时，段寄存器为 SS，物理地址计算方法为：

物理地址=16×(SS)+(BP)+(SI)(使用寄存器 DI 类似)。

【例 3-8】 已知：(DS)=2000H，(BX)=1234H，(SI)=5678H。

指令：MOV　AL,[BX][SI]

或 MOV　AL,[BX+SI]

有效地址 EA=(BX)+(SI)=1234H+5678H=68ACH。

物理地址=16×(DS)+ EA=20000H+68ACH=268ACH。指令执行结果是将 268ACH 单元的内容送入寄存器 AL 中。

注意如下是错误书写：

```
MOV       AX,[BX + BP]                    ; 不允许同时使用 BX 和 BP
MOV       AX,[SI + DI]                    ; 不允许同时使用 SI 和 DI
```

基址变址寻址方式中，可以使用段跨越前缀标识操作数所在的段。

```
MOV       AX, ES: [BX + DI]
物理地址 = 16 × (ES) + (BX) + (DI)
```

这种寻址方式同样适用于数组或表格处理，首地址可存放在基址寄存器中，而用变址寄存器来访问数组中的某个元素。

(7) 相对基址变址寻址方式

定义：操作数在存储器内。指令将基址寄存器(BX 或 BP)与变址寄存器(SI 或 DI)的内容之和再加上位移量(8 位或 16 位)，得到操作数所在存储单元的有效地址。有效地址 EA 的计算方法为：

EA=(BX)/(BP)+(SI)/(DI)+DISP8 / DISP16。

当使用基址寄存器 BX 时,段寄存器为 DS,物理地址计算方法:

物理地址=16×(DS)+(BX)+(SI)/(DI)+DISP8/ DISP16。

当使用基址寄存器 BP 时,段寄存器为 SS,物理地址计算方法:

物理地址=16×(SS)+(BP)+(SI)/(DI)+DISP8/ DISP16。

【例 3-9】 已知:(DS)=2000H,(BX)=1000H,(SI)=0500H,DA1=1220H。

指令:MOV AX,DA1[BX][SI]

或 MOV AX,DA1 [BX+SI]

或 MOV AX,[DA1+BX+SI]

有效地址 EA=(BX)+(SI)+DISP16=1000H+0500H+1220H=2820H。

物理地址=16×(DS)+EA=20000H+1000H+0500H+1220H=22820H。

指令执行结果是将 22820H、22821H 单元的内容送入寄存器 AX 中。指令执行情况如图 3-6 所示。

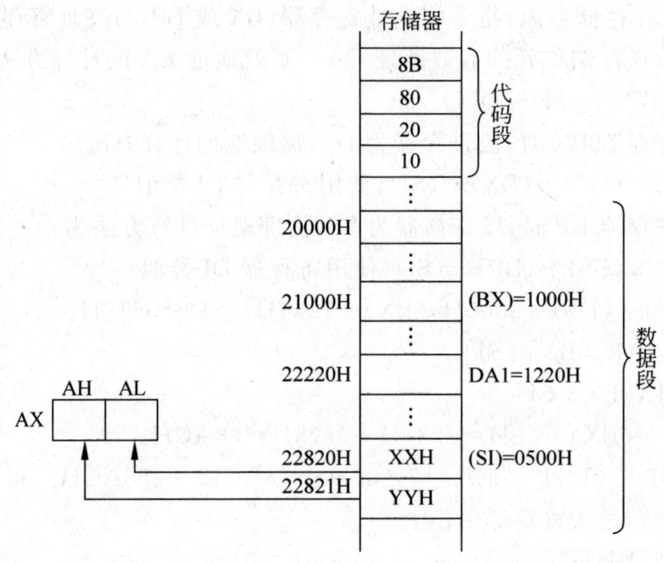

图 3-6 MOV AX,DA1[BX][SI] 指令执行示意图

注意如下是错误书写:

```
MOV      AX,DAT[BX + BP]                 ; 不允许同时使用 BX 和 BP
MOV      AX,DAT[SI + DI]                 ; 不允许同时使用 SI 和 DI
```

这种寻址方式通常用于对二维数组的寻址。例如,存储器中存放着由多个记录组成的文件,则位移量可指向文件之首,基址寄存器指向某个记录,变址寄存器则指向该记录中的一个元素。

(8) 转移地址有关的寻址方式

控制转移指令在段内、段间转移时,使用直接(相对)寻址或间接寻址方式。

① 直接寻址方式

段内直接寻址方式是目标程序和源程序在同一个程序段内,只给出源地址和目标地址的差值,此差值是偏移量,它是一个以 IP 为基准的 8 位或 16 位的带符号补码数。

段间直接寻址方式直接给出转移目标地址的段地址和段内位移量，用前者取代 CS 寄存器当前的值，用后者取代 IP 中当前的值，使程序从一个代码段转移到另一个代码段。

② 间接寻址方式

段内间接寻址方式，指令转移的有效地址存在在一个寄存器或存储器单元中，用它取代当前 IP 的值，实现程序转移。

段间间接寻址方式，指令给出一个存储器地址，从该地址开始的 4 个字节单元中存放转移目标地址的段内偏移量和段地址，这两个地址在指令执行时用于取代当前的 IP 和 CS 的内容，使程序从一个代码段转移到另一个代码段。

3.2 数据传送类指令与串操作类指令

3.2.1 概述

Intel 8086/8088 指令系统共有 117 条基本指令，按照指令功能，可分为 6 类。

(1) 数据传送类指令。

(2) 算术指令。

(3) 逻辑移位指令。

(4) 串操作指令。

(5) 控制转移指令。

(6) 处理机控制类指令。

本书只介绍 8086/8088 的指令系统。在这一节中，主要讲解数据传送类指令和串处理类指令。数据传送类指令分为通用数据传送指令、累加器专用传送指令、地址传送指令、标志寄存器传送指令和类型转换指令。数据传送是计算机中最基本、最重要的一种操作，也是最常用的一类指令。传送指令是把数据从一个位置传送到另一个位置，除了标志寄存器传送指令外，其余传送类指令均不影响标志位。串操作类指令通常用于处理存放在存储器里的数据串(String)，即在连续的主存区域中的字节或字的序列。串操作指令的操作对象是以字(Word)为单位的字串，或是以字节(Byte)为单位的字节串。

3.2.2 数据传送类指令

数据传送类指令实现 CPU 内部寄存器之间、CPU 与存储器之间、CPU 与 I/O 端口之间的数据传送。

(1) 通用数据传送指令

通用数据传送指令包括：传送指令 MOV(move)、进栈指令 PUSH(push onto the stack)、出栈指令 POP(pop from the stack)和交换指令 XCHG(exchange)。指令格式及操作如下：

① MOV 传送指令：把一个字节或字的操作数从源地址传送至目的地址。

指令格式：MOV　DST,SRC

指令执行操作：(DST)←(SRC)

其中 DST 表示目的操作数，SRC 表示源操作数。

MOV 指令传送示意图如图 3-7 所示。

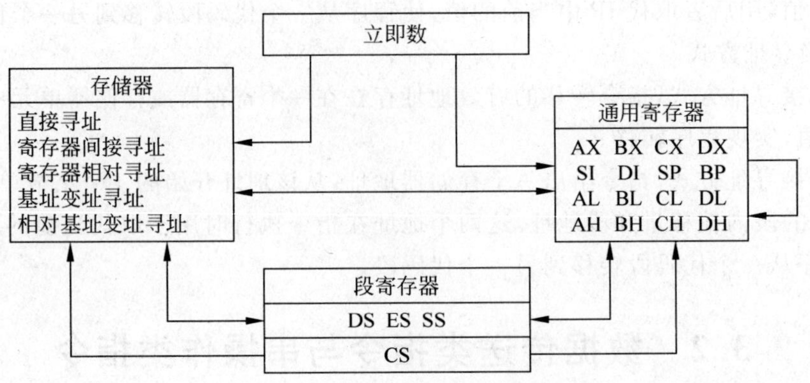

图 3-7 MOV 指令传送示意图

MOV 指令传送信息可以从通用寄存器到通用寄存器，立即数到通用寄存器，立即数到存储器，存储器到通用寄存器，通用寄存器到存储器，通用寄存器或存储器到除 CS 外的段寄存器（立即数不能直接送到段寄存器），段寄存器到通用寄存器或存储器。

【例 3-10】 MOV 指令的各种格式传送。

```
MOV  AL,55H                    ; (AL)←立即数 55H
MOV  AX,1234H                  ; (AX)←立即数 1234H
MOV  BL,AL                     ; (BL)←(AL)
MOV  BX,AX                     ; (BX)←(AX)
MOV  [2000H],AX                ; (2000H)←(AL), (2001H)←(AH)
MOV  AX,[3000H]                ; (AL)←(3000H), (AH)←(3001H)
MOV  DS,AX                     ; (DS)←(AX)
MOV  AX,DS                     ; (AX)←(DS)
MOV  TABLE,DS                  ; (TABLE)←(DS)
```

本例展示了 MOV 的指令传送功能。

【例 3-11】 下列 MOV 指令都是错误的。

```
MOV  1234H,AX                  ; 立即数不能用于目标操作数
MOV  CS,AX                     ; CS 不能用于目标操作数
MOV  IP,AX                     ; IP 不能用于目标操作数
MOV  DS,1234H                  ; 立即数不能直接传送给段寄存器
MOV  AL,BX                     ; 源操作数与目标操作数的位数必须一致
MOV  BUF1,BUF2                 ; 不能在两个存储器单元之间传送数据
MOV  DS,ES                     ; 不能在两个段寄存器单元之间传送数据
```

技巧：

- MOV 指令的两个操作数（源、目的）均可采用不同的寻址方式，但是必须有一个为寄存器。
- MOV 指令可以传送 8 位或 16 位的数据，但是必须与 8 位或 16 位寄存器相对应。
- MOV 指令不允许把立即数作为目的操作数，也不允许向段寄存器传送立即数。
- MOV 指令不允许在段寄存器之间、存储器单元之间传送数据。
- MOV 指令不影响标志位。

② 堆栈操作指令

PUSH 进栈指令：把一个字的操作数从源地址压入堆栈中。

POP 出栈指令：把一个字的操作数从栈中弹出到目的操作数中。

堆栈是一个"后进先出"(LIFO)(或说"先进后出"(FILO))的主存区域，位于堆栈段中；SS 段寄存器记录其段地址；堆栈只有一个出口，即当前栈顶，用堆栈指针寄存器 SP 指定；栈顶是地址较小的一端(低端)，栈底不变，如图 3-8 所示。

PUSH 指令的格式：PUSH　SRC

指令执行操作：(SP)←(SP)－2

((SP)＋1,(SP))←(SRC)

功能解释：先将 SP 的内容减 2，再将源操作数的内容(一个字)"压入"到堆栈栈顶的一个字中。

POP 指令的格式：POP　DST

指令执行操作：(SCR)←((SP)＋1,(SP))

(SP)←(SP)＋2

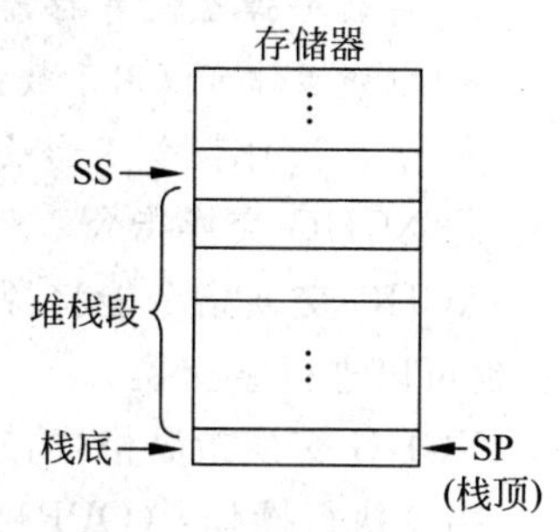

图 3-8　堆栈结构示意图

功能解释：先将堆栈栈顶的一个字"弹出"到目的操作数的一个字中，再将 SP 的内容加 2。

这两条指令只能进行"字"操作，不能进行"字节" 操作，传送时仍遵循高字节放在高地址单元、低字节放在低地址单元的原则。PUSH 指令和 POP 指令允许的操作数及数据传送方向如图 3-9 所示。

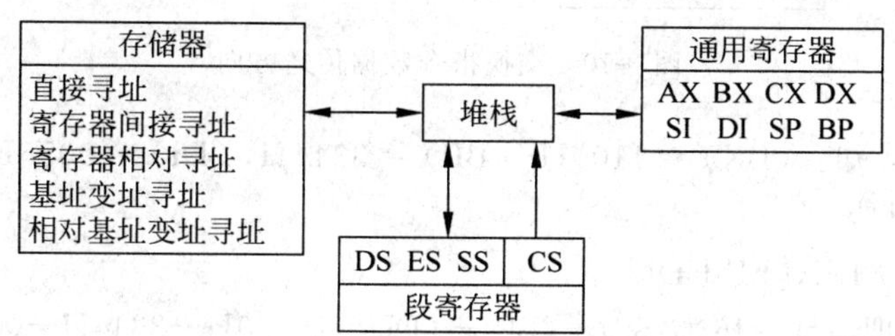

图 3-9　堆栈指令数据传送方向图

【例 3-12】 已知：(AX)＝1122H，(BX)＝3344H，(SP)＝1010H。

执行指令：

```
PUSH    AX          ; (SP)←100EH,(100FH)←11H,(100EH)←22H
PUSH    BX          ; (SP)←100CH,(100DH)←33H,(100CH)←44H
POP     AX          ; (AX)←(100DH,100CH),(SP)←100EH
POP     BX          ; (BX)←(100FH,100EH),(SP)←1010H
```

执行结果：

```
(AX) = 3344H,(BX) = 1122H,(SP) = 1010H
```

【例 3-13】 堆栈指令错误书写如下。

```
PUSH    AL          ; 字节不能进栈
PUSH    1000H       ; 立即数不能进栈
```

```
POP    AL                           ；字节不能作为出栈对象
POP    CS                           ；CS不能作为出栈对象
POP    1234H                        ；立即数不能作为出栈对象
```

技巧：

- 8086堆栈操作必须是字数据(操作数不能是立即数)。
- 源操作数SRC、目的操作数DST,可以是存储器、通用寄存器和段寄存器,但是不能将数据弹至段寄存器CS,可以将段寄存器CS的内容压入到堆栈中。
- 堆栈操作可以用于数据的暂存与恢复、子程序返回地址及中断断点地址的保护与返回。
- 堆栈操作指令不影响状态标志位。

③ XCHG交换指令

XCHG交换指令能将源操作数的内容与目的操作数的内容进行交换,可以进行字节交换,也可以进行字交换。

XCHG交换指令格式：XCHG OPR1,OPR2

指令执行操作：(OPR1)↔(OPR2)

XCHG交换指令允许的操作数及数据传送方向如图3-10所示。

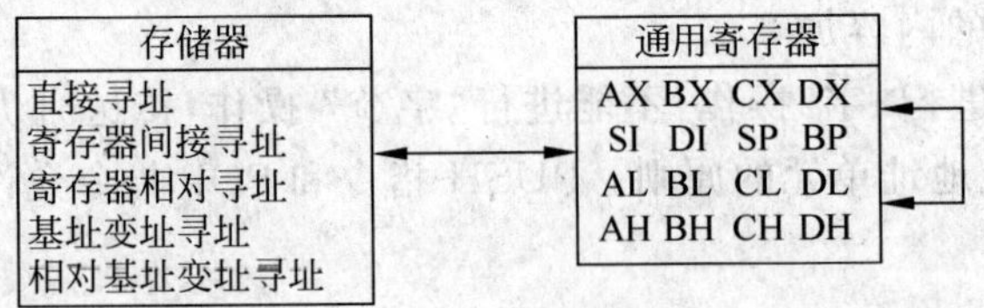

图3-10 交换指令数据传送方向

【例3-14】 已知：(BX)＝1100H,(BP)＝3344H,(DI)＝0055H,(SS)＝2000H,(23399H)＝1234H。

指令：XCHG BX,[BP＋DI]

源操作数的物理地址＝16×(SS)＋(BP)＋(DI)＝20000H＋3344H＋0055H＝23399H。

指令执行结果为：(BX)＝1234H,(2219BH)＝1100H。

【例3-15】 以下XCHG交换指令都是错误的。

```
XCHG      AL,BX                     ；字节与字不能交换
XCHG      AX,1000H                  ；寄存器与立即数不能交换
XCHG      DS,SS                     ；段寄存器之间不能交换
XCHG      CS,IP                     ；CS与IP不能交换
```

技巧：

- XCHG指令实现两个操作数内容(8位或16位)的互换。
- 两个操作数不能为段寄存器或立即数,并且不能同时为存储器操作数(即两个操作数至少有一个在寄存器中)。
- CS、IP寄存器的内容不能交换。
- XCHG指令不影响状态标志位。

(2) 累加器专用传送指令

累加器专用传送指令包括：IN(input)输入指令、OUT(output)输出指令、XLAT(translate)

查表。本组指令以累加器为中心，实现数据的输入输出和换码操作。指令格式及操作如下。

① IN /OUT (输入输出)指令

8086/8088 采用的 I/O 端口与存储器是单独编址的，因此访问 I/O 端口只能用 IN/OUT 两条指令(不能使用任何其他指令)，IN/OUT 指令按长度分为长格式和短格式。长格式指令代码为 2 个字节，第二字节用 PORT 表示端口号，它指定的端口地址范围是 00～FFH。短格式指令代码为 1 个字节，它指定的端口地址范围是 0000～FFFFH。

• 用 IN 指令完成从输入端口到 CPU 的数据传送。

长格式：IN　AL,PORT(字节)

　　　　IN　AX,PORT(字)

执行的操作：(AL)←(PORT)(字节)

　　　　　　(AX)←(PORT+1,PORT)(字)

短格式：IN　AL,DX (字节)

　　　　IN　AX,DX(字)

执行的操作：AL←((DX))(字节)

　　　　　　AX←((DX)+1,DX)(字)

• 用 OUT 指令完成从 CPU 到输出端口的数据传送。

长格式：OUT　PORT,AL(字节)

　　　　OUT　PORT,AX(字)

执行的操作：(PORT)←(AL)(字节)

　　　　　　(PORT+1,PORT)←(AX)(字)

短格式：OUT　DX,AL(字节)

　　　　OUT　DX,AX(字)

执行的操作：((DX))←(AL)(字节)

　　　　　　((DX)+1,(DX))←AX(字)

【例 3-16】 要完成下列输入输出操作。

(a)从 60H 端口输入一个字节数据；(b)从 61H 端口输出一个字节数据 32H；(c)从 2160H 端口输入一个字节数据；(d)从 2161H 端口输出一个字节数据 64H。

解：(a) 题可用两种方法：

方法 1：IN AL,60H　　　　方法 2：MOV　DX,60H

　　　　　　　　　　　　　　　　IN　　AL,DX

(b) 题可用两种方法：

方法 1：MOV AL,32H　　　　方法 2：MOV AL,32H

　　　　OUT　61H,AL　　　　　　　MOV　DX,61H

　　　　　　　　　　　　　　　　　OUT　DX,AL

(c) 题只能用一种方法：

```
MOV   DX,2160H
IN    AL,DX
```

(d)题只能用一种方法：

```
MOV   DX,2161H
MOV   AL,64H
OUT   DX,AL
```

需要注意的是在(a)和(b)中，方法1为直接寻址，端口地址在指令中，是8位无符号数(0～255)；方法2为间接寻址，端口地址在DX中，是16位无符号数(0～65535)。在(c)和(d)中，I/O指令均为间接寻址，端口地址在DX中，是16位无符号数(0～65535)。

在IBM-PC里，外部设备最多可有65536个I/O端口，端口地址(即外设的端口地址)为0000～FFFFH。其中前256个端口(0～FFH)可以直接在指令中指定，这就是长格式中的PORT，此时机器指令用2个字节表示，第二个字节就是端口号。所以用长格式时可以在指令中直接指定端口号，但只限于前256个端口。当端口号大于或等于256时，只能使用短格式，此时，必须先把端口号放到DX寄存器中(端口号可以从0000到0FFFFH)，然后再用IN或OUT指令来传送信息。

② XLAT查表指令

指令格式：XLAT OPR

或者 XLAT

执行的操作：(AL)←((BX)+(AL))

指令功能：完成一个字节的查表转换。它将数据段中偏移地址为BX与AL寄存器之和的存储单元的内容送入AL寄存器。在使用该指令时，应首先在数据段中建立一个长度小于256B的表格，表的首地址置于BX中，再将代码(相对于表格首地址的位移量)存入寄存器AL中。指令执行后，所查找的对象存于AL中，BX中的内容保持不变。

【例3-17】 已知：(DS)=3000H，(BX)=0030H，(AL)=01。

数据表：　　(30030H)=30H

　　　　　　(30031H)=31H

　　　　　　(30032H)=32H

指令：XLAT

指令执行结果：(AL)=31H，即将地址30031H单元的内容31H送入寄存器AL中。即执行指令后，AL寄存器的内容01换成了31H。

③ 地址传送指令

地址传送指令包括：LEA(load effective address)有效地址送寄存器、LDS(load DS with pointer)指针送寄存器和DS、LES(load ES with pointer)指针送寄存器和ES。

这组指令的功能是完成把地址送到指定通用寄存器(用REG表示)中。地址传送指令不影响状态标志位。REG不能为段寄存器，SRC必须为存储器寻址方式。

• LEA有效地址送寄存器

指令格式：LEA　REG,SRC

执行的操作：(REG)←SRC

指令把源操作数(存储器)的有效地址送到指定的16位通用寄存器中，REG不能为段寄存器。源操作数可使用除立即数和寄存器外的任意一种存储器寻址方式。

• LDS 指针送寄存器和 DS

指令格式：LDS　REG,SRC

执行的操作：(REG)←(SRC)

(DS)←(SRC+2)

把源操作数(双字存储器)中的低字送入 16 位通用寄存器中，高字送入 DS 中。

• LES 指针送寄存器和 ES

指令格式：LES　REG,SRC

执行的操作：(REG)←(SRC)

(ES)←(SRC+2)

把源操作数(双字存储器)中的低字送入 16 位通用寄存器中，高字送入 ES 中。

【例 3-18】 LEA 有效地址送寄存器指令。

```
LEA        AX,[5678H]; (AX)← 5678H
与 MOV AX,5678H 等价
```

【例 3-19】 LDS 指令与 LES 指令。

已知：(DS)=8000H (81480H)=33CCH (81482H)=2468H。

指令：LDS　SI,[1480H]

物理地址=16×(DS)+1480H=81480H。

指令执行结果：(SI)=33CCH,(DS)=2468H(物理地址加 2 后地址中的内容传给 DS)。

④ 标志寄存器传送指令

标志寄存器传送指令包括：LAHF(load AH with flags)标志送 AH、SAHF(store AH into flags)AH 送标志寄存器、PUSHF(push the flags)标志进栈、POPF(pop the flags)标志出栈。

本组指令用来保存标志寄存器和恢复标志寄存器。这组指令中的 LAHF 和 PUSHF 不影响标志位，SAHF 和 POPF 由装入值来确定标志位的值。

• LAHF 指令

指令格式：LAHF

执行的操作：(AH)←(PSW 的低字节)

• SAHF 指令

指令格式：SAHF

执行的操作：(PSW 的低字节)←(AH)

• PUSHF 标志进栈指令

指令格式：PUSHF

执行的操作：(SP)←(SP)−2

((SP)+1,(SP))←(PSW)

• POPF 标志出栈指令

指令格式：POPF

执行的操作：(SP)←(SP)−2

(PSW)←((SP)+1,(SP))

⑤ 符号扩展指令

符号扩展指令包括：CBW(convert byte to word)字节扩展为字、CWD(convert word to double word)字扩展为双字。指令格式及操作如下。

- CBW 字节转换为字指令

指令格式：CBW

执行的操作：将 AL 中的 8 位带符号数扩展为 16 位并送入 AX 中，也就是将 AL 的最高位送入 AH 的所有各位，即如果(AL)的最高有效位为 0，则(AH)＝00H；如果(AL)的最高有效位为 1，则(AH)＝0FFH。

- CWD 字转换为双字指令

指令格式：CWD

执行的操作：AX 的内容符号扩展到 DX，形成 DX：AX 中的双字。即如果(AX)的最高有效位为 0，则(DX)＝0000H；如果(AX)的最高有效位为 1，则(DX)＝0FFFFH。

【例 3-20】 已知：(AX)＝ 0BA45H。

指令：CBW　　　；(AX)＝0045H

指令：CWD　　　；(DX)＝0FFFFH　(AX)＝0BA45H

3.2.3 串操作类指令

串操作类指令包括：MOVS(move string)串传送、CMPS(compare string)串比较、SCAS(scan string)串搜索、LODS(load from string)串取、STOS(store in to string)串存；与上述串操作基本指令配合使用的前缀有：REP(repeat)重复、REPE/REPZ(repeat while equal/zero)相等/为零重复、REPNE/REPNZ(repeat while not equal/not zero)不相等/不为零重复。指令格式及操作如下。

① MOVS 串传送指令

指令格式：MOVSB

执行的操作：字节操作，当 DF＝0 时，则((DI))←((SI))

(SI)←(SI)＋1，(DI)←(DI)＋1

当 DF＝1 时，则((DI))←((SI))

(SI)←(SI)－1，(DI)←(DI)－1

指令格式：MOVSW

执行的操作：字操作，当 DF＝0 时，则((DI))←((SI))

(SI)←(SI)＋2，(DI)←(DI)＋2

当 DF＝1 时，则((DI))←((SI))

(SI)←(SI)－2，(DI)←(DI－2)

串传送指令的功能是将位于 DS 段以 SI 为指针的源串中的一个字节(或字)存储单元中的数据传送至 ES 段以 DI 为指针的目的地址中去，并自动修改指针，使之指向下一个字节(或字)存储单元。当 DF＝0 时，(SI)和(DI)增量；当 DF＝1 时，(SI)和(DI)减量。指令不影响状态标志位。

② CMPS 串比较指令

指令格式：CMPSB

执行的操作：字节操作，((SI))－((DI))，

(SI)←(SI)±1，(DI)←(DI)±1

指令格式：CMPSW

执行的操作：字操作，((SI))－((DI))，

(SI)←(SI)±2，(DI)←(DI)±2

串比较指令的功能是把位于 DS 段由 SI 指定的字节数据或字数据与 ES 段由 DI 指定的字节数据或字数据进行比较，结果不保存，但影响状态标志位。当 DF＝0 时，(SI)和(DI)增量；当 DF＝1 时，(SI)和(DI)减量。

③ SCAS 串搜索指令

指令格式：SCASB

执行的操作：字节操作，(AL)－((DI))，(DI)←(DI)±1

指令格式：SCASW

执行的操作：字操作，(AX)－((DI))，(DI)←(DI)±2

串搜索指令的功能是把 AL 或 AX 中的内容与 ES 段中由 DI 指定的一个字节数据或字数据进行比较，结果不保存，但影响状态标志位。当 DF＝0 时，(SI)和(DI)增量；当 DF＝1 时，(SI)和(DI)减量。

④ LODS 串取指令

指令格式：LODSB

执行的操作：字节操作，(AL)←((DI))，(DI)←(DI)±1

指令格式：LODSW

执行的操作：字操作，(AX)←((DI))，(DI)←(DI)±2

串取指令的功能是把位于 DS 段中由 SI 指定的内存单元内容取到寄存器 AL 或 AX 中，指令不影响状态标志位。当 DF＝0 时，(SI)和(DI)增量；当 DF＝1 时，(SI)和(DI)减量。

⑤ STOS 串存指令

指令格式：STOSB

执行的操作：字节操作，((DI))←(AL)，(DI)←(DI)±1

指令格式：STOSW

执行的操作：字操作，((DI))←(AX)，(DI)←(DI)±2

串存指令的功能是把寄存器 AL 或 AX 中的内容存到 ES 段中由 DI 指定的内存单元，指令不影响状态标志位。当 DF＝0 时，(SI)和(DI)增量；当 DF＝1 时，(SI)和(DI)减量。

技巧：

- 串指令可以对字节或字串进行操作。
- 所有串操作指令都对数据段中用 SI 指定的源操作数及附加段中用 DI 指定的目的操作数进行间接寻址。如果数据串在同一段中，则需要将 DS 和 ES 置为同样的地址，或源操作数用段超越前缀指出。

- 串操作指令执行时,由标志位DF决定地址指针的修改方向。当DF=1,SI和DI做减量修改;当DF=0,SI和DI做增量修改。因此,在串操作指令执行前,需对SI,DI和DF进行设置。
- 串操作指令是唯一的一类源操作数和目的操作数都在存储器单元的指令。

⑥ REP重复指令

指令格式:REP

执行的操作:当(CX)=0退出重复;

当(CX)≠0,(CX)←(CX)-1执行其后串操作指令。

该指令功能是每执行一次串指令(CX)-1,直到(CX)=0,重复执行结束。REP前缀用在MOVS、STOS、LODS指令前,流程图如图3-11(a)所示。

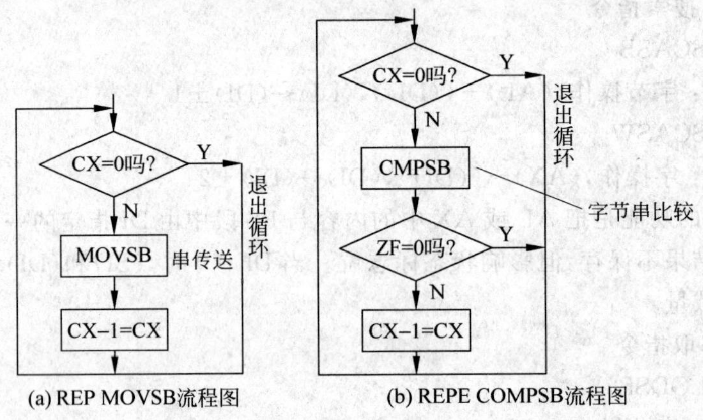

(a) REP MOVSB流程图　(b) REPE COMPSB流程图

图3-11　流程图

⑦ REPE/REPZ相等/为零重复指令

指令格式:REPE/REPZ

执行的操作:当(CX)=0或零标志ZF=0时退出重复;

否则(CX)←(CX)-1执行其后串操作指令。

该指令功能是每执行一次串指令(CX)-1,则判断ZF标志是否为零,只要(CX)=0或ZF=0,就退出重复。该指令一般用在CMPS、SCAS指令前,流程图如图3-11(b)所示。

⑧ REPNE/REPNZ不相等/不为零重复指令

指令格式:REPNE/REPNZ

执行的操作:当(CX)=0或零标志ZF=1退出重复;

否则(CX)←(CX)-1执行其后串操作指令。

该指令功能是每执行一次串指令(CX)-1,则判断ZF标志是否为1,只要(CX)=0或ZF=1,就退出重复。该指令一般用在CMPS、SCAS指令前。

技巧:

- 重复前缀指令不能单独使用,其后必须紧跟串操作指令,控制串操作指令重复执行。其执行过程相当于一个循环程序的运行,如图3-12所示。在每次重复之后,地址指针SI和DI都被修改,但指令指针IP仍保持指向带有前缀的串操作指令的地址。

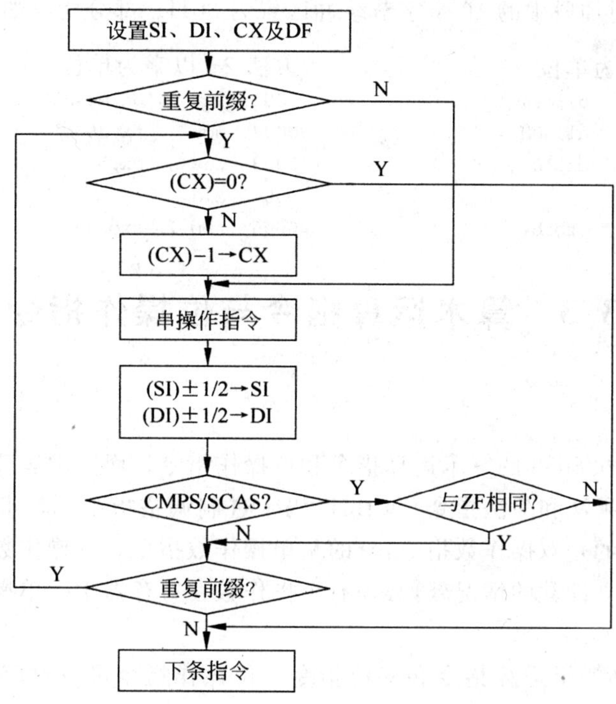

图 3-12　CMPS/SCAS 串操作执行过程流程图

- 重复执行次数由数据串长度决定，数据串长度应预置在寄存器 CX 中。
- 执行重复前缀指令不影响标志位。

【例 3-21】 在数据段中有一个字符串，其长度为 20，要求把它们转送到附加段的一个缓冲区中。程序代码如下所示：

```
data    segment
        mess1   db      'hello world! s'
data    ends
extra   segment
        mess2   db  12  dup(?)
extra   ends
code    segment
start:  mov     ax,data
        mov     ds,ax
        mov     ax,extra
        mov     es,ax
        lea     si,mess1
        lea     di,mess2
        mov     cx,12
        cld
        rep     movsb
        mov     ax,4c00h
        int     21h
code    ends
end     start
```

【例 3-22】 把附加段中的 10 个字节缓冲区置为 30H。部分代码如下所示。

方法 1：以字节为单位

```
lea     di,mess2
mov     al,30H
mov     cx,10
cld
rep     stosb
```

方法 2：以字为单位

```
lea     di,mess2
mov     ax,3030H
mov     cx,5
cld
rep     stosw
```

3.3 算术运算指令与位操作指令

3.3.1 概述

本节主要讲 8086/8088 的算术运算指令和位操作指令。而算术运算指令包括二进制运算指令(加法、减法、乘法和除法指令)和 BCD 码十进制调整指令。算术运算指令用来执行算术运算,它们中有的是双操作数指令,有的是单操作数指令。双操作数指令是两个操作数中,除了源操作数为立即数的情况外,必须有个操作数在寄存器中。单操作数指令不允许使用立即数方式。

位操作指令包括逻辑运算指令和移位指令。位操作指令可以对字或字节执行逻辑运算。由于位操作指令是按位操作的,因此一般来说,其操作数应该是位串而不是数。

3.3.2 算术运算指令

算术指令分为加法指令、减法指令、乘法指令、除法指令和十进制调整指令。

(1) 加法指令

加法指令包括：ADD(add)加法、ADC(add with carry)带进位加法、INC(increment)加1,指令格式及操作如下：

① ADD 加法指令

指令格式：ADD　DST, SRC

执行的操作：(DST)←(SRC)+(DST)

指令功能：将源操作数与目的操作数相加,结果存放于目的操作数。要求源操作数和目的操作数同时为带符号数或无符号数,且长度相等。

② ADC 带进位加法指令

指令格式：ADC　DST, SRC

执行的操作：(DST)←(SRC)+(DST)+CF

指令功能：将源操作数与目的操作数以及进位标志位 CF 的值相加,并将结果存放于目的操作数。

③ INC 加 1 指令

指令格式：INC　OPR

执行的操作：(OPR)←(OPR)+1

指令功能：将指定操作数内容加 1。

技巧：这三条指令运算结果将影响状态标志位,但是 INC 指令不影响标志位 CF。

【例 3-23】 ADD AX,0CFA8H。

若执行指令前,(AX)=5623H,则执行指令后,(AX)=25CBH,且 CF=1,OF=0,SF=0,ZF=0,AF=0,PF=1。

【例 3-24】 若执行指令前,(AX)=5A3BH,(DX)=809EH,(BX)=0BA7FH,(CX)=09ADH,分析执行下列指令的结果。

```
ADD            AX,BX
ADC            DX,CX
```

执行第一条指令后,(AX)=14BAH,CF=1,OF=0,SF=0,ZF=0,AF=1,PF=0;执行第二条指令后,(DX)=8A4CH,CF=0,OF=0,SF=1,ZF=0,AF=1,PF=1。

【例 3-25】 INC AL ;AL 的内容加 1 后,送回 AL

INC CX ;CX 的内容加 1 后,送回 CX

(2) 减法指令

减法指令包括:SUB(subtract)减法、SBB(subtract with borrow)带借位减法、DEC(decrement)减 1、NEG(negate)求补、CMP(compare)比较。指令格式及操作如下:

① SUB 减法指令

指令格式为:SUB DST,SRC

执行的操作:(DST)←(SRC)-(DST)

指令功能:将目的操作数减去源操作数,结果存放于目的操作数。

【例 3-26】 SUB AX,BX。

若执行指令前,(AX)=9543H,(BX)=28A7H,则执行指令后,(AX)=6C9CH,(BX)=28A7H,CF=0,OF=1,SF=0,ZF=0,AF=1,PF=1。

② SBB 带借位减法指令

指令格式为:SBB DST,SRC

执行的操作:(DST)←(SRC)-(DST)-CF

指令功能:将目的操作数减去源操作数,再减去借位 CF 的值,结果存放于目的操作数。

【例 3-27】 现有两个双精度数 00127546H 和 00109428H,其中被减数 00127546H 存放在 DX,AX 寄存器,DX 中存放高位字;减数 00109428H 存放在 CX,BX 寄存器,CX 中存放高位字。执行双精度减法指令为:

```
SUB    AX,BX
SBB    DX,CX
```

则第一条执行指令后,(AX)=E11EH,(BX)=9428H,CF=1,OF=1,SF=1,ZF=0,AF=1,PF=1(正数减去负数,和为负数,产生溢出,在多精度运算中,不是最后结果);第二条执行指令后,(DX)=0001H,(CX)=0010H,CF=0,OF=0,SF=0,ZF=0,AF=0,PF=0(正数减去正数,和为正数,不产生溢出,在多精度运算中,这是最后结果)。

③ DEC 减 1 指令

指令格式为:DEC OPR

执行的操作:(OPR)←(OPR)-1

指令功能:对指定操作数减 1。DEC 指令不影响进位标志。

【例 3-28】 DEC　CX；CX 的内容减 1 后，送回 CX。

④ NEG 求补指令

指令格式为：NEG　OPR

执行的操作：(OPR)←－(OPR)

指令功能：对指定操作数做求补运算。亦即把操作数按位求反后末位加 1，因而执行的操作也可表示为：(OPR)←0FFFFH－(OPR)＋1。

【例 3-29】 NEG　DX。

若执行指令前(DX)＝9A80H，则执行指令后(DX)＝6580H，CF＝1，OF＝0，SF＝0，ZF＝0，AF＝0，PF＝0。

⑤ CMP 比较指令

指令格式为：CMP　OPR1，OPR2

执行的操作：(OPR1)－(OPR2)

指令功能：将目的操作数减去源操作数，结果不予保存。只是根据结果的状态设置状态标志位，设置状态标志位与 SUB 指令含义相同。

【例 3-30】 CMP　AL，0　；AL 和 0 比较

JGE　next　；若 AL≥0 则转到 next 位置执行

(3) 乘法指令

乘法指令包括：MUL(unsigned multiple)无符号数乘法、IMUL(signed multiple)带符号数乘法。指令格式及操作如下。

① MUL 无符号数乘法指令

指令格式为：MUL　SRC

执行的操作：8 位数乘法　(AX) ← (AL) ×(SRC)

16 位数乘法 (DX,AX) ← (AX)× (SRC)

指令功能：完成两个无符号数的乘法运算。要求被乘数放在 AL 或 AX 累加器中，用于字节运算和字运算，另一乘数可通过指令中的 SRC(除立即数方式以外的寻址方式)获得。

② IMUL 带符号数乘法指令

指令格式为：IMUL　SRC

执行的操作：与 MUL 相同，但必须是带符号数，而 MUL 是无符号数。

技巧：

- 进行字节运算时，目的操作数必须是累加器 AL，乘积在寄存器 AX 中；进行字运算时，目的操作数必须是累加器 AX，乘积在寄存器 DX(高 16 位)、AX(低 16 位)中。源操作数不允许使用立即数寻址方式。
- 乘法指令运算结果只影响状态标志 CF、OF，对其他状态标志位无影响(状态不定)。

在乘法指令中，目的操作数必须是累加器，字节运算为 AL，字运算为 AX。两个 8 位数相乘得到的是 16 位乘积，存放在 AX 中；两个 16 位数相乘得到的是 32 位乘积，存放在 DX，AX 中。其中 DX 存高位字，AX 存低位字。指令的源操作数可以使用除立即数方式以外的任何一种寻址方式。

【例 3-31】 已知(AX)＝ 16A5H，(BX)＝ 0611H，求执行指令“IMUL　BL”和“MUL

BX”后的乘积值。

```
IMUL  BL                    ; (AX)← (AL) × (BL)
                            ; A5 × 11 ⇒5B × 11 = 060B ⇒F9F5
                            ; (AX)  =  0F9F5H     CF = OF = 1
MUL   BX                    ; (DX, AX)  ←   (AX) × (BX)
                            ; 16A5 × 0611 = 0089 5EF5
                            ; (DX) = 0089H  (AX) = 5EF5H   CF = OF = 1
```

(4) 除法指令

除法指令包括：DIV(unsigned divide)无符号数除法、IDIV(signed divide)带符号数除法。

① DIV 无符号数除法指令

指令格式为：DIV SRC

执行的操作：如下所示。

字节操作数：16 位被除数在 AX 中，8 位除数为源操作数，结果的 8 位商在 AL 中，8 位余数在 AH 中。表示为：

(AL) ← (AX) ÷ (SRC)的商

(AH) ← (AX) ÷ (SRC)的余数

字操作数：32 位被除数在 DX，AX 中，16 位除数为源操作数，结果的 16 位商在 AX 中，16 位余数在 DX 中。表示为：

(AX) ← (DX，AX) ÷ (SRC)的商

(DX) ← (DX，AX) ÷ (SRC)的余数

② IDIV 带符号数除法指令

指令格式为：IDIV   SRC

执行的操作：与 DIV 相同，但必须是带符号数，商和余数也都是带符号数，且余数的符号与被除数的符号相同。

除法指令的寻址方式与乘法指令相同。其目的操作数必须存放在 AX 或 DX，AX 中；而其源操作数可以用除立即数以外的任何一种寻址方式。

除法指令对所有条件码位均无影响。

【例 3-32】 设(AX)＝0400H，(BL)＝0B4H。即(AX)为无符号数的 1024D，带符号数的＋1024D；(BL)为无符号数的 180D，带符号数的－76D。

执行如下指令：

```
MOV   AX,0400H              ; AX = 400H = 1024
MOV   BL,0B4H               ; BL = B4H = 180
DIV   BL                    ; 商 AL = 05H = 5,余数 AH = 7CH = 124
```

执行如下指令：

```
MOV   AX,0400H              ; AX = 400H = 1024
MOV   BL,0b4H               ; BL = b4H = - 76
IDIV  BL                    ; 商 AL = F3H = - 13,余数 AH = 24H = 36
```

(5) 十进制调整指令

BCD码是一种用二进制编码的十进制数,又称为二-十进制数。8086/8088中BCD码分为两种形式:一种是用四位二进制数表示一位十进制数,称为压缩的BCD码;另一种是用八位二进制数表示一位十进制数,称为非压缩的BCD码,它的低4位是BCD码,高4位没有意义。

由于BCD码是四位二进制编码,四位二进制数共有16个编码,BCD码只用其中的10个,其余没用的编码称为无效码。BCD码运算结果进入或跳过无效码区时,都会出现错误。为了得到正确结果,必须进行调整。8086/8088针对压缩BCD码和非压缩BCD码,分别设有两组十进制调整指令,其调整方法略有不同。

① 压缩BCD码十进制调整指令

- 加法十进制调整指令格式:DAA

执行的操作:(AL)←把AL中的和调整到压缩BCD码格式。

- 减法十进制调整指令格式:DAS

执行的操作:(AL)←把AL中的差调整到压缩BCD码格式。

调整方法是:

- 累加器AL低4位大于9或辅助进位标志位AF=1,则累加器AL加06H修正。
- 累加器AL高4位大于9或进位标志位CY=1,则累加器AL加60H修正。
- 累加器AL高4位大于等于9,低4位大于9,则累加器AL加66H修正。

【例3-33】 进行BCD码加法运算59+68=127。

```
       59   0101   1001
    +) 68   0110   1000
   ------------------------
      127   1100   0001
         +) 0110   0110
   ------------------------
        1   0010   0111
```

此例中,BCD码加法结果的低4位使AF=1,高4位大于9,所以加66H进行修正。

技巧:

- 压缩BCD码加法或减法十进制调整指令必须用在ADD(ADC)或SUB(SBB)指令之后,调整结果对标志位OF无影响,对其他状态标志位均有影响。
- 减法十进制调整方法与加法十进制调整类似,只是将加6变为减6操作。

② 非压缩BCD码十进制调整指令

- 加法十进制调整指令格式:AAA

执行的操作:(AL)&0FH>9,或AF=1则

(AL)←(AL)+6

(AF)←1,(CF)←(AF)

(AH)←(AH)+1,(AL)←(AL)&0FH

- 减法十进制调整指令格式:AAS

执行的操作:(AL)&0FH>9,或AF=1则

(AL)←(AL)−6

(AF)←1,(CF)←(AF)

(AH)←(AH)−1,(AL)←(AL)&0FH

• 乘法十进制调整指令格式：AAM

执行的操作：(AH)←(AL)/0AH,(AL)←(AL)%0AH

• 除法十进制调整指令格式：AAD

执行的操作：(AL)←10×(AH)+(AL),(AH)←0

技巧：

• 非压缩BCD码加减法十进制调整指令必须用在ADD(ADC)或SUB(SBB)指令之后，结果影响标志位AF和CF，对其他标志位均无定义。

• 非压缩BCD码乘法十进制调整指令必须用在MUL指令之后，结果影响标志位SF、ZF和PF，对AF、CF和OF标志位均无影响。

• 非压缩BCD码除法十进制调整指令的应用与乘法不同，AAD指令必须用在DIV指令之前，先将AX中的非压缩BCD码被除数调整为二进制数(仍在AX中)，再进行除法运算，使商和余数也是非压缩BCD码，结果影响标志位SF、ZF和PF，对AF、CF和OF标志位均无影响。

(6) 逻辑运算指令

逻辑运算指令包括：AND(and)逻辑与、OR(or)逻辑或、NOT(not)逻辑非、XOR(exclusive or)异或、TEST(test)测试。逻辑指令对字节或字数据进行按位的操作。指令格式及操作如下。

① AND逻辑与指令

指令格式：AND　DST,SRC

执行的操作：(DST)←(DST)∧(SRC)

指令功能：AND指令执行按位逻辑与操作。为双操作数指令，两个操作数宽度必须相等，即同为字节或字，执行结果存入DST中并且是按位进行的。

【例3-34】 要求屏蔽寄存器AH的高4位，保留其低4位的数据。

```
AND     AH,0FH
```

这条指令执行的结果使(AH)=0000xxxxB。运算如下：

```
     x x x x x x x x
AND  0 0 0 0 1 1 1 1
---------------------
     0 0 0 0 x x x x
```

② OR逻辑或指令

指令格式：OR　DST,SRC

执行的操作：(DST)←(DST)∨(SRC)

指令功能：OR指令执行按位逻辑或操作。它们均为双操作数指令，两个操作数宽度必须相等，即同为字节或字，执行结果存入DST中并且是按位进行的。

【例3-35】 要求把寄存器AH的高4位置1，保留其低4位的数据。

```
OR   AH,0F0H
```

这条指令执行的结果使(AH)=1111xxxxB。运算如下:

```
      x x x x x x x x
OR    1 1 1 1 0 0 0 0
      ---------------
      1 1 1 1 x x x x
```

③ NOT 逻辑非指令

指令格式:NOT　OPR

执行的操作:(OPR)←$(\overline{\text{OPR}})$

④ XOR 异或指令

指令格式:XOR　DST,SRC

执行的操作:(DST)←(DST)$\oplus$(SRC)

指令功能:XOR 指令执行按位逻辑异或操作。它们均为双操作数指令,两个操作数宽度必须相等,即同为字节或字,执行结果存入 DST 中并且是按位进行的。

说明:异或的运算法则为 1$\oplus$1=0,1$\oplus$0=1,0$\oplus$1=1,0$\oplus$0=0。相异为 1,相同为 0。

⑤ TEST 测试指令

指令格式:TEST　OPR1,OPR2

执行的操作:(OPR1)$\wedge$(OPR2)

指令功能:对两个操作数指定的内容进行与操作,但不保留结果,只是根据结果状态,对标志位进行置位。由此可用 TEST 指令对指定的字节或字的对应位进行测试,并根据测试结果进行不同的操作。

技巧:

- XOR AX,AX ;不仅清 CF 位,而且也清 AX。
- 逻辑非指令为单操作数指令,不允许使用立即数,也不影响标志位。
- 其他 4 条指令为双操作数指令,当源操作数不是立即数时,两个操作数中的一个要采用寄存器寻址方式,另一个操作数可以采用任何寻址方式。
- 运算结果将影响标志位 ZF、SF 和 PF,使 CF、OF 置 0,对 AF 无影响。

【例 3-36】 分析下列各种逻辑运算指令。

```
AND     AH,0FH              ; 屏蔽寄存器 AH 的高 4 位,保留其低 4 位的数据
OR      BX,0F00H            ; 将寄存器 BH 的低 4 位置 1,其他位数据不变
XOR     CX,00FFH            ; 寄存器 CH 数据保持不变,对寄存器 CL 数据求反
TEST    AL,00000001B        ; 如果寄存器 AL 最低位是 0,则使零标志 ZF = 1(运算结果为 0)
MOV     AX,878AH            ; (AX) = 878AH
NOT     AX                  ; (AX) = 7875H
```

(7) 移位指令

移位指令包括:SHL(shift logical left)逻辑左移、SAL(shift arithmetic left)算术左移、SHR(shift logical right)逻辑右移、SAR(shift arithmetic right)算术右移、ROL(rotate left)循环左移、ROR(rotate right)循环右移、RCL(rotate left through carry)带进位循环左移、RCR(rotate right through carry)带进位循环右移。移位指令从移位方向上分为左移或右移;从移位功能上可以分为算术逻辑移位或循环移位,前者是开环的,后者是闭环的;从移位次数上可以分为一次移位或多次移位。指令格式及操作如下。

① SHL 逻辑左移指令

指令格式：SHL　OPR,CNT

执行的操作：如图 3-13(a)所示。其中 OPR 可以用除立即数以外的任何寻址方式。移位次数由 CNT 决定，在 8086 中它可以是 1 或 CL。CNT 为 1 时只移一位，如需要移位的次数大于 1，则可以在该移位指令前把移位次数置于 CL 寄存器中，而将移位指令中的 CNT 写为 CL 即可。

② SAL 算术左移指令

指令格式：SAL　OPR,CNT

执行的操作：与 SHL 相同，如图 3-13(a)所示。

③ SHR 逻辑右移指令

指令格式：SHR　OPR,CNT

执行的操作：如图 3-13(b)所示。

④ SAR 算术右移指令

指令格式：SAR　OPR,CNT

执行的操作：如图 3-13(c)所示。

⑤ ROL 循环左移指令

指令格式：ROL　OPR,CNT

执行的操作：如图 3-13(d)所示。

⑥ ROR 循环右移指令

指令格式：ROR　OPR,CNT

执行的操作：如图 3-13(e)所示。

⑦ RCL 带进位循环左移指令

指令格式：RCL　OPR,CNT

执行的操作：如图 3-13(f)所示。

⑧ RCR 带进位循环右移指令

指令格式：RCR　OPR,CNT

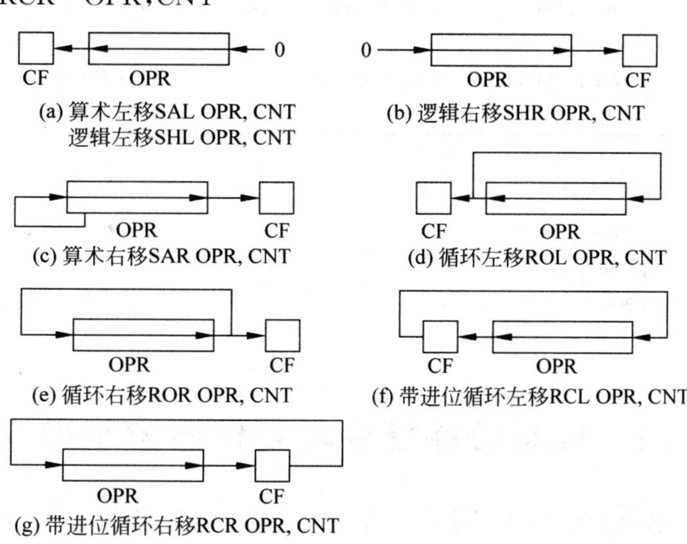

图 3-13　移位指令操作示意图

执行的操作：如图3-13(g)所示。

由图可见，算术左移指令与逻辑左移相同，左移一位最低位补零，最高位移入CF，可用于无符号数乘2操作；逻辑右移指令右移一位最高位补零，移出位进入CF，可用于无符号数除2操作；算术右移指令右移一位，最高位保持不变，移出位进入CF，可以用于有符号数除2操作。

所有移位指令都可以对字或字节操作数进行移位。移位结果对状态标志的影响是：算术逻辑移位指令将影响标志位SF、ZF、CF和PF；循环移位指令只影响标志位CF、OF，对其他标志位无影响。OF位只有当CNT＝1时才有效，否则该位无定义。当CNT＝1时，在移位后最高有效位的值发生变化时OF位置1，否则置0。

【例3-37】 各种移位指令的运用如下。

操作数的初值	执行的指令	执行后操作数的内容	对标志位的影响
(BL)＝00100011B	SHL BL,1	(BL)＝01000110B	OF＝0,CF＝0,SF＝0,ZF＝0,FP＝0
(BL)＝00100011B (CL)＝4	SHL BL,CL	(BL)＝00110000B (CL)＝4	OF＝X,CF＝0,SF＝0,ZF＝0,FP＝0
(BL)＝01001110B	SHR BL,1	(BL)＝00100111B	OF＝0,CF＝0,SF＝0,ZF＝0,FP＝1
(BL)＝00100011B	SAL BL,1	(BL)＝01000110B	OF＝0,CF＝0,SF＝0,ZF＝0,FP＝0
(BL)＝01011010B	SAR BL,1	(BL)＝00101101B	OF＝0,CF＝0,SF＝0,ZF＝0,FP＝1
(AL)＝01011011B	ROL AL,1	(AL)＝10110110B	OF＝1,CF＝0
(AL)＝01011011B (CL)＝4	ROL AL,CL	(AL)＝10110101B	OF＝X,CF＝0
(AL)＝01101011B	ROR AL,1	(AL)＝10110101B	OF＝1,CF＝1
(AL)＝01101011B CF＝1	RCR AL,1	(AL)＝11010111B	OF＝1,CF＝0
(AL)＝01101011B CF＝0	RCR AL,1	(AL)＝00110101B	OF＝1,CF＝1

【例3-38】 试设计计算Y＝5X程序。

解：
```
MOV   BL,AL  ; BL←X
SHL   AL,1  ; 2X
SHL   AL,1  ; 4X
ADD   AL,BL  ; 5X
```

3.4 控制转移指令与处理器控制指令

本节讲解控制转移指令与处理器控制指令。一般情况下指令是顺序地逐条执行的，但实际上程序不可能全部顺序执行，而经常需要改变程序的执行流程，因而计算机引入了控制转移指令来控制程序的执行。每一类处理器都有各自的处理机控制指令。

3.4.1 控制转移指令

控制转移指令分为无条件转移指令、条件转移指令、循环指令、子程序指令和中断指令。

(1) 无条件转移指令

JMP(jmp)　跳转指令

无条件地转移到指令指定的地址去执行该地址开始的指令。可以看出 JMP 指令必须指定转移的目标地址(或称转向地址)。

转移可以分成两类：段内转移和段间转移。段内转移是指在同一段的范围内进行转移,此时只需修改 IP 寄存器的内容,即用新的转移目标地址代替原有的 IP 的值就可以达到转移目的。段间转移则是要转到另一个段去执行程序,此时需要修改 IP 和 CS 寄存器的值,才能达到转移目的,因此段间转移的目标地址由新的段地址和偏移地址组成。指令格式及操作如下：

① 段内直接短转移

指令格式：JMP　SHORT OPR

执行的操作：(IP)←(IP)+8 位位移量

其中 8 位位移量是由目标地址 OPR 确定的。转移的目标地址在汇编格式中可以直接使用符号地址,而在机器执行时则是当前 IP 的值(即 JMP 指令的下一条指令的地址)与指令中指定的 8 位位移量之和。位移量需要满足向前或向后转移的需要,因此它是一个带符号的数,也就是说这种转移格式只允许在－128～＋127 字节的范围内转移。

【例 3-39】 分析如下程序段。

```
JMP   SHORT NEXT
      ⋮
NEXT: MOV   AL,'A'
      ⋮
```

假设 JMP 指令地址为 0100H,NEXT 的地址为 011AH,当前 IP 的值为 0102H,所以 JMP 指令的偏移量为 18H,目的地址为(IP)＋0018H＝0102H＋0018H＝011AH。

② 段内直接近转移

指令格式：JMP　NEAR PTR OPR

执行的操作：(IP)←(IP)＋16 位位移量

可以看出它和段内短转移一样,也是采用相对寻址方式,在汇编格式中 OPR 也只需使用符号地址。在 8086 及其他机型的实模式下段长为 64KB,所有 16 位位移量可以转移到段内的任意一个位置。

段内直接短转移和段内直接近转移的属性运算符在书写指令时往往不给出,而是直接写成“JMP　OPR”。究竟是 8 位还是 16 位,可以由汇编程序在汇编过程中,根据标号处的地址与 JMP 指令所在地址进行计算得到。

③ 段内间接近转移

指令格式：JMP　WORD PTR OPR

执行的操作：(IP)←(EA)

其中有些地址 EA 值由 OPR 的寻址方式确定。它可以使用除立即数方式以外的任意一种寻址方式。

【例 3-40】 JMP BX。

若执行指令前,(BX)=0120H,(IP)=0012H,则执行指令后,(IP)=0120H。

【例 3-41】 JMP WORD PTR[BX]。

若执行指令前,(BX)=0120H,(IP)=0012H,(DS)=3000H,(30120H)=80H,(30121H)=00H,目标地址为存储器寻址。首先计算偏移地址 EA=(BX)=0120H,物理地址=DS×16H+EA=30120H。所以执行指令后,(IP)=0080H。

④ 段间直接远转移

指令格式:JMP FAR PTR OPR

执行的操作:(IP)←OPR 的段内偏移地址

(CS)←OPR 所在段的段地址

在这里使用的是直接寻址方式。在汇编格式中 OPR 可以使用符号地址,而机器语言中则要指定转向的偏移地址和段地址。

【例 3-42】 已知在 CODE1 代码段有一条转移指令,目标地址的标号为 NEXT,位于另一个代码段 CODE2 中,代码如下所示。

```
CODE1   SEGEMENT
           ⋮
         JMP  NEXT
           ⋮
CODE1  ENDS
CODE2   SEGEMENT
           ⋮
NEXT: MOV AL,80H
           ⋮
CODE2  ENDS
```

若 NEXT 处段地址为 2000H,偏移地址为 0212H,则执行指令后,(IP)=0212H,(CS)=2000H。

⑤ 段间间接远转移

指令格式:JMP DWORD PTR OPR

执行的操作:(IP)←(EA)

(CS)←(EA+2)

其中 EA 由 OPR 的寻址方式确定,它可以使用除立即数及寄存器方式以外的任何存储器寻址方式,根据寻址方式求出 EA 后,把指定存储单元的字内容送到 IP 寄存器,并把下一个字的内容送到 CS 寄存器,这样就实现了段间跳转。

【例 3-43】 JMP DWORD PTR[BX+20H]。

若执行指令前,(CX)=3000H,(BX)=0100H,(IP)=0012H,(DS)=3000H,(30120H)=80H,(30121H)=00H,(30122H)=00H,(30123H)=40H,目标地址为存储器寻址。首先计算偏移地址 EA=(BX)+20H=0120H,物理地址 PA=DS×16H+EA=30120H。所以执行指令后,(IP)=0080H,(CX)=4000H。

注意：JMP 指令不影响状态标志。

(2) 条件转移指令

条件转移指令将前一条指令执行结果对状态标志位的影响作为程序转移的条件。满足条件时转移到指令指定的地址，否则将顺序执行下一条指令。可作为判断条件的状态标志位有 CF、DF、ZF、SF 和 OF。

条件转移指令都是采用相对寻址方式的双字节指令，指令的第一字节是操作码，第二字节是带符号的位移量。在 8086 中只提供短转移格式，目标地址应在本条转移指令下一条指令地址的－128～＋127 个字节范围之内，不影响状态标志。下面把条件转移指令分为 4 组来介绍。

① 单标志转移指令

根据单个条件标志的设置情况转移。这组包括 10 种指令。它们一般适用于测试某一次运算的结果并根据其不同特征产生的程序分支做不同处理的情况。

- JZ(或 JE)(jump if zero or equal)结果为零(或相等)则转移。

指令格式：JZ(或 JE)　OPR

测试条件：ZF＝1

- JNZ(或 JNE)(jump if not zero or not equal)结果不为零(或不相等)则转移。

指令格式：JNZ(或 JNE)　OPR

测试条件：ZF＝0

- JS(jump if sign)结果为负则转移。

指令格式：JS　OPR

测试条件：SF＝1

- JNS(jump if not sign)结果为正则转移。

指令格式：JNS　OPR

测试条件：SF＝0

- JO(jump if overflow)结果溢出则转移。

指令格式：JO　OPR

测试条件：OF＝1

- JNO(jump if not overflow)结果不溢出则转移。

指令格式：JNO　OPR

测试条件：OF＝0

- JP(JPE)(jump if parity or parity even)奇偶位为 1 则转移。

指令格式：JP(JPE)　OPR

测试条件：PF＝1

- JNP(JPO)(jump if not parity or parity odd)奇偶位为 0 则转移。

指令格式：JNP(JPO)　OPR

测试条件：PF＝0

- JB(或 JNAE 或 JC)(jump if below or not above or equal or carry)低于或者不高于或等于或进位为 1 则转移。

指令格式：JB(或 JNAE 或 JC)　OPR

测试条件：CF=1

- JNB(或JAE或JNC)(jump if not below or above or equal or not carry)不低于或者高于或等于或进位为0则转移。

指令格式：JNB(或JAE或JNC) OPR

测试条件：CF=0

最后两条指令在这一组指令中可以看做JC和JNC,它们只用CF的值来判别是否转移。

【例3-44】 已知在内存单元中有两个无符号字节数据x和y,比较x和y是否相等,若相等,则将result单元置1,否则置0。简单程序段如下：

```
      MOV   AL,x              ; 将第一个数取到AL中
      CMP   AL,y              ; 和第二个数进行比较
      JZ    NEXT              ; 相等则转到NEXT处执行
      MOV   result,0          ; 否则,将result单元置0
      JMP   EXIT              ; 然后转到EXIT处执行
NEXT: MOV   result,1          ; 将result单元置1
EXIT:       ⋮
```

② 比较两个无符号数,并根据比较的结果转移

- JB(或JNAE,JC)低于或者不高于或等于或进位位为1则转移。
- JNB(或JAE,JNC)不低于或者高于或等于或进位位为0则转移。

以上两种指令与①组指令中的JB和JNB两种完全相同。

- JBE(或JNA)(Jump if below or equal or not above)低于或等于或不高于则转移。

指令格式：JBE(或JNA)　OPR

测试条件：CF=1或ZF=1

- JNBE(或JA)(Jump if not below or equal or above)不低于或等于或高于则转移。

指令格式：JNBE(或JA)　OPR

测试条件：CF=0且ZF=0

③ 比较两个带符号数,并根据比较的结果转移

- JL(或LNGE)(Jump if less or not greater or equal)小于或者不大于或等于则转移。

指令格式：JL(或JNGE)　OPR

测试条件：SF⊕OF=1

- JNL(或JGE)(Jump if not less or greater or equal)不小于或者大于或等于则转移。

指令格式：JNL(或JGE)　OPR

测试条件：SF⊕OF=0

- JLE(或JNG)(Jump if less or equal or not greater)小于或等于或者不大于则转移。

指令格式：JLE(或JNG)　OPR

测试条件：SF⊕OF=1或ZF=1

- JNLE(或JG)(Jump if not less or equal or greater)不小于或等于或者大于则转移。

指令格式：JNLE(或JG) OPR

测试条件：SF⊕OF=0且ZF=0

【例 3-45】 已知在内存单元中有两个无符号字节数据 x 和 y，找出其中的较大数送到 max 单元。简单程序段如下：

```
        MOV    AL,x          ; 将第一个数取到 AL 中
        CMP    AL,y          ; 和第二个数进行比较
        JA     NEXT          ; 第一个数大于第二个数则转移到 NEXT 处
        MOV    AL,y          ; 否则将第二个数送到 AL 中
NEXT:   MOV    max,AL        ; AL 中为较大数送到 max 单元
        ⋮
```

若将上述题目改为带符号数，则程序段应改为：

```
        MOV    AL,x          ; 将第一个数取到 AL 中
        CMP    AL,y          ; 和第二个数进行比较
        JG     NEXT          ; 第一个数大于第二个数则转移到 NEXT 处
        MOV    AL,y          ; 否则将第二个数送到 AL 中
NEXT:   MOV    max,AL        ; AL 中为较大数送到 max 单元
        ⋮
```

比较两个数大小的转移指令的先行指令都为 CMP 指令。小结如下：

比较情况	无符号数		带符号数	
	指令助记符	满足条件	指令助记符	满足条件
A<B	JB/JNAE/JC	CF=1	JL/JNGE	SF⊕OF=1 且 ZF=0
A≤B	JBE/JNA	CF=1 或 ZF=1	JLE/JNG	SF⊕OF=1 或 ZF=1
A>B	JA/JNBE	CF=0 且 ZF=1	JG/JNLE	SF⊕OF=0 且 ZF=0
A≥B	JAE/JNB	CF=0 或 ZF=1	JGE/JNL	SF⊕OF=0 或 ZF=0

④ 测试 CX 的值为 0 则转移

JCXZ(Jump if CX register is zero)CX 寄存器的内容为零则转移。

指令格式：JCXZ　OPR

测试条件：(CX)=0

此指令在循环结构的程序中，将寄存器 CX 用做计数器，根据寄存器 CX 内容的修改情况实现二分支转移。

(3) 循环指令

循环指令包括：LOOP(loop)循环、LOOPZ/LOOPE(loop while zero or equal)当为零或相等时循环、LOOPNZ/LOOPNE(loop while nonzero or not equal)当不为零或不相等时循环。工作流程图如图 3-14 所示，指令格式及操作如下：

① LOOP 循环指令

指令格式：LOOP　OPR

执行操作及测试条件：CX←CX−1，若(CX)≠0 则转移，(CX)=0 则顺序执行，流程图如图 3-14(a)所示。

② LOOPZ(或 LOOPE)当为零或相等时循环指令

指令格式：LOOPZ(或 LOOPE)　OPR

执行操作及测试条件：CX←CX－1，若(CX)≠0 且 ZF＝1 则循环，若 ZF＝0 或(CX)＝则退出循环，流程图如图 3-14(b)所示。

③ LOOPNZ(或 LOOPNE)当不为零或不相等时循环指令

指令格式：LOOPZ(或 LOOPE)　OPR

执行操作及测试条件：CX←CX－1，若(CX)≠0 且 ZF＝0 则循环，若 ZF＝1 或(CX)＝0 则退出循环，流程图如图 3-14(c)所示。

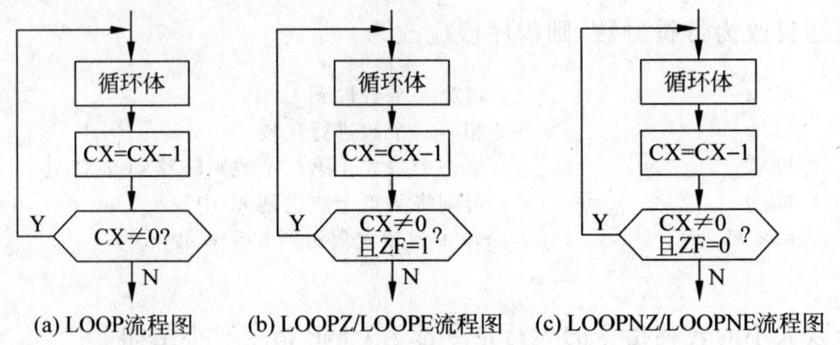

(a) LOOP流程图　(b) LOOPZ/LOOPE流程图　(c) LOOPNZ/LOOPNE流程图

图 3-14　流程图

技巧：

- 使用循环控制指令之前，必须在寄存器 CX(作为计数器)中预置循环次数的初值。
- 执行循环控制指令时，将完成(IP)←(IP)＋8 位位移量(符号位扩展到 16 位)的操作。
- 循环控制指令不影响状态标志位。
- 循环控制指令主要用于数据块比较、查找关键字等操作。

【例 3-46】 已知在内存单元中有一个具有 COUNT 个字节的数据串，首单元地址为 D_BUF，找出第一个为 a 的数据的地址送到 ADDR 单元中。简单程序段如下：

```
      MOV    SI,OFFSET  D_BUF
      MOV    CX,COUNT
      MOV    AL,'a'
      DEC    SI                     ; 循环初始化
LOP:  INC    SI                     ; 指针增 1
      CMP    AL,[SI]                ; 内存中的数据和 AL 中的内容比较
      LOOPZ  LOP                    ; 若为 a 且未比较到末尾则转移到 LOP 处继续执行
      JZ     EXIT                   ; 否则判断 ZF,若为 1,转移到 EXIT
      MOV    ADDR,SI                ; ZF 为 1,SI 中的内容送到 ADDR
EXIT:
      ⋮
```

(4) 子程序指令

子程序指令包括：CALL(call)调用、RET(return)返回。程序设计中，将具有独立功能的程序模块称为子程序，8086 汇编中又称子程序为过程。子程序为模块化程序设计提供了方便。程序执行过程中，由调用程序(主程序)使用 CALL 指令调用这些子程序；当子程序

执行后，通过返回 RET 指令返回主程序继续执行。主程序和子程序在同一代码段内属段内调用，否则属段间调用。段内调用或段间调用都使用了直接寻址和间接寻址方式。指令格式及操作如下：

① CALL 调用指令

• 段内直接调用

指令格式：CALL　DST

执行的操作：(SP)←(SP)－2

((SP)＋1,(SP))←(IP)

(IP)←(IP)＋ 16 位位移量

• 段内间接调用

指令格式：CALL　DST

执行的操作：(SP)←(SP)－2

((SP)＋1,(SP))←(IP)

(IP)←(EA)

• 段间直接调用

指令格式：CALL　DST

执行的操作：(SP)←(SP) －2

((SP)＋1,(SP))←(CS)

(SP)←(SP)－2

((SP)＋1,(SP))←(IP)

(IP)← DST 指定的偏移地址

(CS)←DST 指定的段地址

• 段间间接调用

指令格式：CALL　DST

执行的操作：(SP)←(SP)－2

((SP)＋1,(SP))←(CS)

(SP)←(SP)－2

((SP)＋1,(SP))←(IP)

(IP)←(EA)DST 在另一段内的偏移地址

(CS)←(EA＋2)DST 在另一段的段地址

EA 为存放转移目标的地址信息单元的地址，寻找单元地址的方法由 DST 的寻址方式确定。

② RET 返回指令

• 段内返回

指令格式：RET

执行的操作：(IP)←((SP)＋1,(SP))

(SP)←(SP) ＋ 2

• 段内带立即数返回

指令格式：RET　EXP

执行的操作：(IP)←((SP)+1,(SP))

(SP)←(SP) + 2

(SP)←(SP) + D16

• 段间返回

指令格式：RET

执行操作：(IP)←((SP)+1,(SP))

(SP)←(SP) + 2

(CS)←((SP)+1,(SP))

(SP)←(SP)+ 2

• 段间带立即数返回

指令格式：RET　EXP

执行的操作：(IP)←((SP)+1,(SP))

(SP)←(SP) + 2

(CS)←((SP)+1,(SP))

(SP)←(SP)+ 2

(SP)←(SP) + D16

技巧：

• 调用和返回指令与堆栈操作有密切的联系。当主程序和子程序在同一段时，调用指令将调用程序返回地址(调用指令后面一条指令的地址)的偏移量压入堆栈；返回指令执行时，将保存在堆栈中的返回地址的偏移量送入 IP，使主程序得以继续执行。当主程序和子程序不在同一段时，除了完成偏移地址的恢复外，还需要执行段地址的恢复。

• 返回指令总是作为子程序的最后一条指令，其类型要和调用指令的类型相对应，在汇编语言程序中由伪指令决定。

• 带立即数返回指令中的表达式 EXP 是一个 16 位偶数，对应机器指令中的位移量，用于修改堆栈指针。

• CALL 和 RET 指令都不影响状态标志。

【例 3-47】 段内调用指令和返回指令应用原理简述如下。

主程序为：

```
1000H   MOV     SP,0200H
          ⋮
1050H   CALL    2100H
1053H     ⋮
1A00H   HLT
```

子程序为：

```
2100H   XOR     AL,AL
21B0H   RET
```

说明：主程序中，1053H 为返回地址，2100H 为子程序入口地址。主程序执行时，指令“CALL 2100H”将返回地址 1053H 压入堆栈，堆栈指针 SP 的内容减 2，同时将 2100H 送给指针 IP，程序转向子程序执行。子程序执行后，RET 指令将保存在堆栈中的 1053H 送入指针 IP，堆栈指针 SP 的内容加 2，保证主程序的连续执行。

(5) 中断指令

计算机程序运行期间遇到某些特殊情况时，需要 CPU 停止当前的程序，转去执行一组专门的程序，这种情况称为中断，这组程序称为中断服务程序。8086 中断分为外部中断和内部中断。外部中断通过外部设备接口向 CPU 的中断请求引脚发出请求，内部中断则由 CPU 执行中断指令而产生。中断指令包括：INT(interrupt)中断、INTO(interrupt if overflow)如溢出则中断、IRET(return from interrupt)从中断返回。指令格式及操作如下。

① INT 中断指令

指令格式：INT　TYPE(或 INT)

执行的操作：(SP)←(SP)－2

((SP)＋1,(SP))←(PSW)

(SP)←(SP)－2

((SP)＋1,(SP))←(CS)

(SP)←(SP)－2

((SP)＋1,(SP))←(IP)

(IP)←(TYPE×4)

(CS)←(TYPE×4＋2)

INT TYPE 指令为两字节指令，中断类型号 TYPE 占有一个字节，TYPE 可以是常数或常量表达式，其值必须在 0～255 范围内，代表 256 级中断。每个中断类型号都对应一个 4 字节的中断矢量，中断矢量就是中断服务程序的入口地址。8086 存储器系统的低 1KB (00000H～003FFH)存储器单元为中断矢量表，每 4 个单元对应一个中断类型号，前两个单元存放中断服务程序入口地址的偏移量，后两个单元存放中断服务程序入口地址的段首址。断点中断 INT(或 INT3)指令为单字节指令，它隐含的类型号为 3，相当于中断类型号 TYPE＝3 的 INT TYPE 指令，它提供了一种调试程序的手段。一般用在调试程序 DEBUG 中。溢出中断 INTO 指令相当于中断类型号 TYPE＝4 的 INT TYPE 指令，可以用在算术运算指令后面，当运算结果溢出时 OF＝1 并产生中断。

② INTO 如溢出则中断指令

指令格式：INTO

执行的操作：若 OF＝1 则：

(SP)←(SP)－2

((SP)＋1,(SP))←(FLAGS)

(SP)←(SP)－2

((SP)＋1,(SP))←(CS)

(SP)←(SP)－2

((SP)＋1,(SP))←(IP)

(IP)←(10H)

(CS)←(12H)

③ IRET 从中断返回指令

指令格式：IRET

执行的操作：(IP)←((SP)+1,(SP))

(SP)←(SP)+2

(CS)←((SP)+1,(SP))

(SP)←(SP)+2

(FLAGS)←((SP)+1,(SP))

(SP)←(SP)+2

IRET 指令影响标志位，标志位由堆栈中取出的值来设置。

3.4.2 处理器控制指令

处理器控制指令可以分为标志位处理指令和其他处理器控制指令。

(1) 标志位处理指令

标志位处理指令包括：CLC(Clear carry)进位位置 0、CMC(Complement carry)进位位求反、STC(Set carry)进位位置 1、CLD(Clear direction)方向标志位置 0、STD(Set direction)方向标志位置 1、CLI(Clear interrupt)中断标志位置 0、STI(Set interrupt)中断标志位置 1。这组指令只影响本指令指定的标志位，不影响其他标志位。指令格式及操作如下。

① CLC 进位位置 0 指令

指令格式：CLC

执行的操作：CF←0

② CMC 进位位求反指令

指令格式：CMC

执行的操作：CF←$\overline{\text{CF}}$

③ STC 进位位置 1 指令

指令格式：STC

执行的操作：CF←1

④ CLD 方向标志位置 0 指令

指令格式：CLD

执行的操作：DF←0

⑤ STD 方向标志位置 1 指令

指令格式：STD

执行的操作：DF←1

⑥ CLI 中断标志位置 0 指令

指令格式：CLI

执行的操作：IF←0

⑦ STI 中断标志位置 1 指令

指令格式：STI

执行的操作：IF←1

(2) 其他处理器控制指令

8086/8088 用于 CPU 最大方式时，需要处理主机和协处理器及多处理器之间的同步关系。其他处理器控制指令包括：NOP(no opreation)空操作、HLT(halt)停机、WAIT(wait)等待、ESC(escape)换码、LOCK(lock)封锁，这些指令可以控制处理机状态。它们都不影响状态标志。指令格式及操作如下。

① NOP 空操作指令

指令格式：NOP

此指令为单字节指令，不执行任何操作，只起到占用存储器空间和时间延迟的作用。

② HLT 停机指令

指令格式：HLT

此指令可暂停计算机工作，使处理器处于停机状态，用于等待一次外部中断的产生，中断结束后，继续执行下面的程序。

③ WAIT 等待指令

指令格式：WAIT

此指令使处理器处于等待状态，也可以用来等待外部中断发生，但中断结束后仍返回 WAIT 指令继续等待。本指令不允许使用立即数和寄存器寻址方式。

④ ESC 换码指令

指令格式：ESC　mem

此指令执行时，协处理器监视系统总线，并能将 mem 指定内存单元的内容(指令或操作数)送到数据总线上。

⑤ LOCK 封锁指令

指令格式：LOCK

此指令作为单字节前缀，可以放在其他指令的前面。当 CPU 与其他协处理器协同工作时，用于维持总线的锁存信号，直到后续指令执行完毕。

到目前为止，8086/8088 的指令系统已经介绍完了，8086 指令系统小结如表 3-1 所示。

表 3-1　指令系统小结

指令类	指令名称	指令助记符
数据传送	数据传送	MOV、LEA、LDS、LES、LAHF、SAHF
	堆栈操作	PUSH、POP、PUSHF、POPF
	数据交换	XCHG、XLAT
	输入输出	IN、OUT
算术运算	加法	ADD、ADC、INC
	减法；比较	SUB、SBB、DEC、NEG；CMP
	乘法	MUL、IMUL
	除法	DIV、IDIV
	扩展	CBW、CWD
	十进制调整	AAA、AAS、DAA、DAS、AAM、AAD
位操作	逻辑运算	AND、OR、NOT、XOR、TEST
	移位运算	SAL、SAR、SHL、SHR
	循环移位	ROL、ROR、RCL、RCR

续表

指令类	指令名称	指令助记符
串操作	串传送	MOVS、MOVSB、MOVSW
	串存取	STOS、STOSB、STOSW、LODS、LODSB、LODSW
	串比较	CMPS、CMPSB、CMPSW
	串搜索	SCAS、SCASB、SCASW
	串输入输出	INS、INSB、INSW、OUTS、OUTSB、OUTSW
程序控制	调用	CALL、RET
	中断	INT、INTO、IRET
	重复操作	LOOP、LOOPE/LOOPZ、LOOPNE/LOOPNZ、JCXZ
	跳转	JA/JNBE、JAE/JNB、JB/JNAE、JBE/JNA、JG/JNLE、JE/JZ、JNE/JNZ、JGE/JNL、JL/JNGE、JNC、JC、JNS、JS、JP/JPE、JNP/JPO、JNO、JO
处理器控制	清除标志	CLC、STC、CMC、CLD、STD、CLI、STI
	时序控制	NOP、WAIT、HLT、ESC
前缀操作	重复前缀	REP、REPZ/REPE、REPNZ/REPNE
	段前缀	ES:、DS:、CS:、SS:
	总线封锁前缀	LOCK

3.5 汇编语言程序格式

3.5.1 概述

本节从汇编语言和汇编程序出发:主要介绍汇编语言和汇编程序的基本概念,汇编程序的开发过程;汇编语言源程序的书写规则和语句格式;伪指令语句的格式、功能及应用;汇编语言源程序的建立、汇编、连接、调试及运行。

3.5.2 汇编程序开发过程

汇编语言是一种面向CPU指令系统的程序设计语言,它采用指令系统的助记符来表示操作码和操作数,用符号地址表示操作数地址,因此易记、易读、易修改,给编程带来很大方便。一般情况下,一个助记符表示一条机器指令,所以汇编语言也是面向机器的语言,实际上,由汇编语言编写的汇编语言源程序就是机器语言的符号表示,汇编语言源程序与其经过汇编产生的目标代码程序之间有明显的一一对应关系。

汇编语言源程序输入计算机后不能直接被计算机识别和执行,必须借助一种系统通用软件(汇编程序的翻译),变成机器语言程序(目标程序)才能被执行,这个翻译的过程称为汇编,完成翻译任务的程序称为汇编程序,图3-15表示了汇编语言程序的建立及汇编过程。

因此,计算机上运行汇编语言程序的步骤是:

第1步:用文本编辑器建立ASM源文件。

第 2 步：用汇编程序(MASM)把 ASM 文件转换成 OBJ 文件。

第 3 步：用连接程序(LINK)把 OBJ 文件转换成 EXE 文件。

第 4 步：用 DOS 命令直接输入文件名就可执行该程序。

目前常用的汇编程序有 Microsoft 公司的宏汇编程序 MASM(Macro Assembler)和 Borland 公司的 TASM(Turbo Assembler)两种。本书采用 MASM 6.11 版本来说明汇编程序所提供的伪操作和操作符。

汇编程序的主要功能是：

- 检查源程序。
- 测出源程序中的语法错误，并给出出错信息。
- 产生源程序的目标程序，并给出列表文件。
- 展开宏指令。

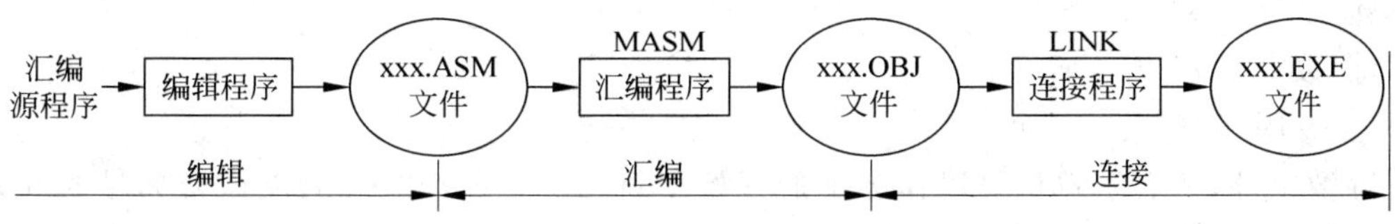

图 3-15　汇编语言程序的开发过程

3.5.3　汇编语言程序书写格式

汇编语言源程序的结构采用分段结构形式，一个汇编语言源程序由若干个逻辑段组成，每个逻辑段由 SEGMENT 语句开始，由 ENDS 语句结束。整个源程序以 END 语句结束。通常，一个汇编语言源程序一般应该由 3 个逻辑段组成，即数据段、堆栈段和代码段。

作为汇编语言源程序主模块，以下几部分不可缺少：

- 必须使用 ASSUME 伪指令告诉汇编程序，哪一段和哪一个段寄存器对应，即某一段地址应该放入哪一个段寄存器。这样对源程序模块进行汇编时，才能确定段中各项的偏移量。
- DOS 的装入程序在装入执行时，将把 CS 初始化为代码段地址，把 SS 初始化为堆栈段地址，因此在源程序中不需要再对它们进行初始化。对数据段的初始化语句如下：

```
MOV   AX,DATA(数据段段名)
MOV   DS,AX
```

- 在 DOS 环境下，通常采用 DOS 的 4CH 号中断功能调用使汇编语言返回 DOS，即采用如下两条指令：

```
MOV   AH,4CH
INT   21H
```

8086 宏汇编 MASM 使用的语句有 3 种类型：指令语句、伪指令语句和宏指令语句。汇编语言程序中的每个语句可以由 4 项组成，格式如下：

[名字]:操作符 操作数,操作数 ; 注释

其中各项之间必须用空格(space)符隔开,名字项与操作数项间一般使用":"作分隔符,操作数项之间一般使用","作分隔符,操作数项与注释项间使用";"作分隔符。

【例 3-48】

```
START: MOV  AX,1234H        ; 立即数送往寄存器 AX
       MOV  BX,AX           ; AX 内容送往寄存器 BX
```

下面分别说明各项的作用及表示方法。

(1) 名字项

名字项是一个符号,它表示本条语句的符号地址。一般来讲,名字项可以是标号或变量。它是由非数字开头的字符串,可由下列字符组成:

① 字母 A～Z,a～z。

② 数字 0～9。

③ 专用字符 ?、·、@、—、$ 。

除数字外,所有字符均可以作名字的开始字符;专用字符"·"只能作为标号的开始符号;可以用很多字符来说明名字,但只有前 31 个字符才能被汇编程序所识别。

标号,标号在代码段中定义,后面紧跟着冒号":",它也可以用 LABEL 或 EQU 伪操作来定义。标号经常在转移指令或 CALL 指令的操作数字段出现,用以表示转向地址。

变量,变量在数据段或附加段中定义,后面不跟冒号。它也可以用 LABEL 或 EQU 伪操作来定义。变量经常在操作数字段出现。

(2) 操作符项

操作符项可以是指令、伪指令或宏指令的助记符。指令就是 CPU 指令系统中的所有指令,汇编程序将其翻译为对应的机器码。伪指令没有对应的机器码,只是在汇编过程中完成相应的控制操作。宏指令则是对若干条指令进行定义的代号,此代号称为宏名,汇编程序将宏名所定义的指令翻译为对应的机器码。

(3) 操作数项

操作数项由一个或多个表达式组成,多个操作数项之间一般用逗号分开。对于指令,操作数项一般给出操作数地址,它们可能有一个或两个,或三个,或一个都没有。对于伪指令或宏指令,则给出它们要求的参数。

操作数可以是常数、寄存器、标号、变量或由表达式组成。

(4) 注释项

注释项用来说明一段程序、一条或多条指令的功能,提高程序的可读性,便于程序的阅读。注释项是可有可无的。

3.5.4 表达式与运算符

表达式由常数、寄存器、标号、变量与一些运算符组合而成,可以有数字表达式和地址表达式两种。汇编过程中,汇编程序按照一定的优先规则对表达式进行计算后可得到一个数值或地址,用作指令的操作数。运算符大致可以分为算术运算符、逻辑与移位运算符、关系运算符、分析运算符和属性运算符这五大类,如表 3-2 所示。

表 3-2　8086 汇编语言中的运算符

算术运算符	逻辑与移位运算符	关系运算符	分析运算符	属性运算符
+(加法)	AND(与)	EQ(相等)	SEG(求段基值)	PTR
-(减法)	OR(或)	NE(不相等)	OFFSET(求偏移量)	":"段运算符
*(乘法)	XOR(异或)	LT(小于)	TYPE(求变量类型)	THIS
/(除法)	NOT(非)	GT(大于)	LENGTH(求变量长度)	SHORT
MOD(求余)	SHL(左移)	LE(小于或等于)	SIZE(求字节数)	HIGH
	SHR(右移)	GE(大于或等于)		LOW

3.5.5　伪指令语句

伪指令是控制汇编过程的命令，又称为汇编控制命令。它具有数据定义、存储区分配、指示程序的开始与结束等功能，但是没有对应的机器码。将汇编语言源程序翻译为目标程序后，其作用消失。伪指令与具体的处理器类型无关，但与汇编程序的版本有关。宏汇编程序 MASM 提供了几十种伪指令，根据伪指令的功能大致可分为段定义伪指令、数据定义伪指令、过程伪指令、符号定义伪指令、宏处理伪指令、模块定义与连接伪指令、处理机选择伪指令、条件伪指令、地址计数器 $ 和 ORG 伪指令、列表伪指令和其他伪指令。下面只介绍一些常用的基本伪指令。

(1) 段定义伪指令

此伪指令实现存储器的分段管理，在汇编和连接程序时，控制不同段的定位类型、组合类型与连接，形成一个可执行程序。

常用的段定义伪指令有 SEGMENT、ENDS 和 ASSUME 等。

① SEGMENT、ENDS 伪指令

指令格式：

```
段名    SEGMENT    [定位类型][组合类型]['类别']
    ⋮ }段内语句(段体)
段名    ENDS
```

一般情况下，方括号的说明可以省略。但是，如果需要用连接程序把本程序与其他程序模块连接时，就需要使用方括号这些说明了。

- 定位类型(align_type)说明段的起始地址应是如何的边界值。4 种类型如表 3-3 所示。定位类型默认为 PARA 类型。
- 组合类型(combine_type)说明程序连接是段合并方法。6 种类型如表 3-4 所示。

表 3-3　定位类型种类

PARA	该段的起始地址必须从小段边界开始。即段的起始地址最低 4 位必须为 0，应为 xxxx0H
BYTE	该段可以从任何地址开始
WORD	该段必须从字的边界地址开始，即段的起始地址必须为偶数
PAGE	该段必须从页的边界地址开始，即段的起始地址最低 8 位必须为 00，应为 xxx00H

表 3-4　组合类型种类

PRIVATE	私有段,在连接时将不与其他模块中的同名分段合并。组合类型的默认项
PUBLIC	连接时,对于不同程序模块中的逻辑段,如果具有相同的类别名,就把这些段顺序连接成为一个逻辑段转入内存
COMMON	连接时,对于不同程序逻辑段,如果具有相同的类别名,则都从同一个地址开始装入,因而各个逻辑段将发生重叠。最后,连接以后的段的长度等于原来的逻辑段的长度,重叠部分的内容是最后一个逻辑段的内容
STACK	本段是堆栈的一部分,连接程序将所有 STACK 段按照与 PUBLIC 段相同的方式进行合并。这是堆栈段必须具有的段组合
AT 表达式	使段地址时表达式所计算出来的 16 位值。但它不能用来指定代码段
MEMORY	与 PUBLIC 相同

- 类别(class)在引号中给出连接时组成段的类型名。当连接程序组织段时,将所有的同类别段相邻分配,段类别可以是任意名称,但必须位于单引号中。

② ASSUME 伪指令

指令格式:ASSUME　段寄存器名:段名[,段寄存器名:段名[,…]]

对于 8086/8088 CPU 而言,汇编过程中,ASSUME 伪指令只是设定了段寄存器(CS、DS、SS 和 ES)应指向哪一个程序段,并没有给各个段寄存器装入实际值(CS 除外)。因此,必须在程序中安排为段寄存器赋值的指令。段名必须与 SEGMENT 定义的相对应。

【例 3-49】 分析下列段的结构。

```
DATA  SEGMENT; 数据段
        ⋮
DATA  ENDS
; ………………………………………………………………………………
STACK  SEGMENT PARA STACK'STACK'; 堆栈段
        ⋮
STACK  ENDS
; ………………………………………………………………………………
CODE  SEGMENT; 代码段
        ⋮
CODE  ENDS
```

【例 3-50】 分析下列段的结构。

```
NAME PROGROM     ; 程序名称
; ***********************************
DATA - SEG SEGMENT
  DW 500, 1000
DATA - SEG    ENDS
STACK - SEG SEGMENT
  DW 256 DUP ?
STACK - SEG ENDS
; ***********************************
CODE - SEG SEGMENT
  ASSUME CS: CODE - SEG, DS: DATA - SEG,SS: STACK - SEG
START:
```

```
    MOV AX, DATA-SEG
    MOV DS, AX              ; 数据段地址送到 DS
    MOV AX, STACK-SEG
    MOV SS, AX              ; 堆栈段地址送到 SS
CODE-SEG ENDS
; ************************************
END START
```

(2) 数据定义伪指令

数据定义伪指令通常用来定义一个变量的类型,并将所需要的数据放入指定的存储单元中,也可以只给变量分配存储单元,而不赋予特定的值。

常用的数据定义伪指令有 DB、DW、DD、DQ 和 DT。配合定义数据伪指令的重复操作符 DUP(duplication operator)伪指令。

① 定义字节变量伪指令 DB

DB(Define Byte)用于定义变量的类型为字节变量 BYTE,并给变量分配字节或字节串,DB 伪指令后面的操作数每个占用一个字节。

② 定义字变量伪指令 DW

DW(Define Word)用于定义变量的类型为字变量 WORD,并给变量分配字或字串,DW 伪指令后面的操作数每个占用 1 个字,即 2 个字节。在内存中存放时,低位字节存放在低地址中,高位字节存放在高地址中。

③ 定义双字变量伪指令 DD

DD(Define Double word)用于定义变量的类型为双字变量,DD 伪指令后面的操作数每个占用 2 个字,即 4 个字节。在内存中存放时,低位字节存放在低地址中,高位字节存放在高地址中。

④ 定义四字变量伪指令 DQ

DQ(Define Quadruple word)用于定义变量的类型为四字变量,DQ 伪指令后面的操作数每个占用 4 个字,即 8 个字节。在内存中存放时,低位字节存放在低地址中,高位字节存放在高地址中。

⑤ 定义十字节变量伪指令 DT

DT(Define Ten byte)用于定义变量的类型为十字节,DT 伪指令后面的操作数每个占用 10 个字节。一般用于存储压缩的 BCD 码。

数据定义伪指令后面的操作数可以是常数、表达式或字符串,但每项操作数的值不能超过由伪指令所定义的数据类型限定的范围。

【例 3-51】 在如下所示的数据段中,分析数据定义伪指令的使用和存储单元的初始化。

```
DATA   SEGMENT                             ; 定义数据段开始
    B1    DB    10H,30H                    ; 存入两个字节 10H,30H
    B2    DB    2*3+5                      ; 存入表达式的值 0BH
    S1    DB    'HELLO'                    ; 存入 5 个字符,每个字符按 ASCII 码存入
    W1    DW    2000H,3000H                ; 存入两个字 2000H,3000H
    W2    DD    12345678H                  ; 存入双字(5678H,1234H)
    W3    DQ    1234567887654321H          ; 存入四字(4321H,8765H,5678H,1234H)
DATA          ENDS                         ; 数据段结束
```

汇编程序可以在汇编期间在存储器中存入数据，如图3-16所示。

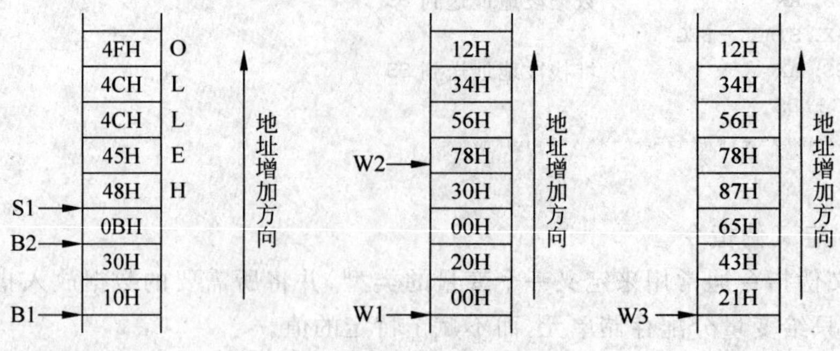

图3-16　地址分配

⑥ DUP(duplication operator)用于重复某个(或某些)操作数。

[变量名] DB/DW/DD/DQ/DT <表达式1>　DUP <表达式2>

功能说明：＜表达式1＞为重复次数，＜表达式2＞为重复的内容，重复内容可以是问号"?"、数据表格或表达式。"?"表示该单元不初始化，由汇编程序预置任意数值。重复操作符DUP可以嵌套。

【例3-52】

MEM1 DB 3 DUP (4,5)；从MEM1地址单元开始存放三组"04H,05H"共6个地址单元。

MEM2 DW 30 DUP(?)；从MEM2地址单元开始保留30个字共60个地址单元。

MEM3 DB 10 DUP(1,2,3 DUP(3),4)；从MEM3地址单元开始存放10组"01,02,03,03,03,04"，共占用60个地址单元。

(3) 符号定义伪指令

符号定义伪指令的用途是给一个符号重新命名，或定义新的类型属性等。这些符号可以包括汇编语言的变量、标号名、过程名、寄存器名以及指令助记符等。

常用的符号定义伪指令有EQU、"＝"和LABLE。

① EQU伪指令

指令格式：名字　EQU　表达式

EQU伪指令的作用是将表达式的值赋给一个名字，以后可以用这个名字来代替上述表达式。表达式可以是一个常数、变量、寄存器名、指令助记符、数值表达式或地址表达式等。

【例3-53】 分析EQU伪指令的作用。

```
COUTN     EQU    200                    ; COUNT代替常数200
VAL       EQU    ASCII_TABLE            ; VAL代替变量ASSCII_TABLE
SUM       EQU    3 * 2                  ; SUM代替数值表达式: 3 * 2
ADDR      EQU    [BP + 8]               ; ADDR代替地址表达式: [BP + 8]
C         EQU    CX                     ; C代替寄存器CX
M         EQU    MOV                    ; M代替指令助记符MOV
```

注意：在EQU语句的表达式中，如果有变量或标号的表达式，则在该语句前应该给出它们的定义。一个符号只要经EQU伪指令赋值后，在整个程序中，不允许再对同一符号重新赋值。

② “＝”(等号)伪指令

指令格式：名字 ＝ 表达式

“＝”(等号)伪指令的功能与 EQU 伪指令基本相同，主要区别在于它可以对同一个名字重复定义，而 EQU 不能。

【例 3-54】 比较“＝”和“EQU”伪指令。

```
COUTN      EQU   200              ; 正确,COUNT 代替常数 200
COUTN      EQU   300              ; 错误,COUNT 不能再次定义
COUTN       = 200                 ; 正确,COUNT 代替常数 200
COUTN       = 300                 ; 正确,COUNT 可以重复定义,即 COUNT 代替常数 300
```

③ LABLE 伪指令

LABLE 伪指令的用途是在原来标号或变量的基础上定义一个类型不同的新的标号或变量。

指令格式：变量名或标号名 LABLE 类型名

变量的类型可以是 BYTE、WORD、DWORD，标号的类型可以是 NEAR 和 FAR。

(4) 地址计数器 $ 和 ORG 伪指令

① 地址计数器 $

在汇编程序对源程序汇编的过程中，使用地址计数器(location counter)来保存当前正在汇编的指令的偏移地址。当开始汇编或在每一段开始时，把计数器初始化为零，以后在汇编过程中，每处理一条指令，地址计数器就增加一个值，此值为该指令所需要的字节数。地址计数器的值可用 $ 来表示，汇编语言允许用户直接使用 $ 来引用地址计数器的值，因此指令“JNZ $ ＋8”的转向地址是 JNZ 指令的首地址加 8。当 $ 用在指令中时，表示本条指令的第一个字节的地址。当 $ 用在伪操作的参数字段时，则和它用在指令中的情况不同，它表示的是地址计数器的当前值。

② ORG 伪指令

ORG 是在起始位置设置伪指令，用来设置当前地址计数器的值。

指令格式：ORG 数值表达式

ORG 伪指令把计数器的初值设置为表达式的值，ORG 语句后面的占用存储器的语句便从此值开始进行分配。

【例 3-55】 已知数据段中的 VAR1 的偏移地址为 0010H，占 3 个字节，初始化数据位 20H、30H、40H；VAR2 的偏移地址为 0020H，占 2 个字节，初始化数据位 5678H。VAR1 和 VAR2 之间有 13 个字节的距离，采用地址计数器 $ 和 ORG 完成数据段存储器的分配。

```
DATA      SEGMENT                  ; 定义数据段开始
          ORG  0010H               ; 预置 VAR1 的偏移量为 00010H
VAR1      DB 20H,30H,40H           ; VAR1 的初始化数据
          ORG    $ + 13            ; 预置 VAR2 的偏移量为 00020H
VAR2      DW  5678H                ; VAR2 的初始化数据
DATA      ENDS                     ; 数据段结束
```

3.5.6 汇编语言程序的上机过程

汇编语言程序上机过程主要包括：汇编语言源程序的编辑、汇编、连接、调试和运行。

前面已经介绍了汇编语言程序的上机过程,这里只用一个流程图概述汇编语言程序的建立、汇编和运行过程,如图3-17所示。

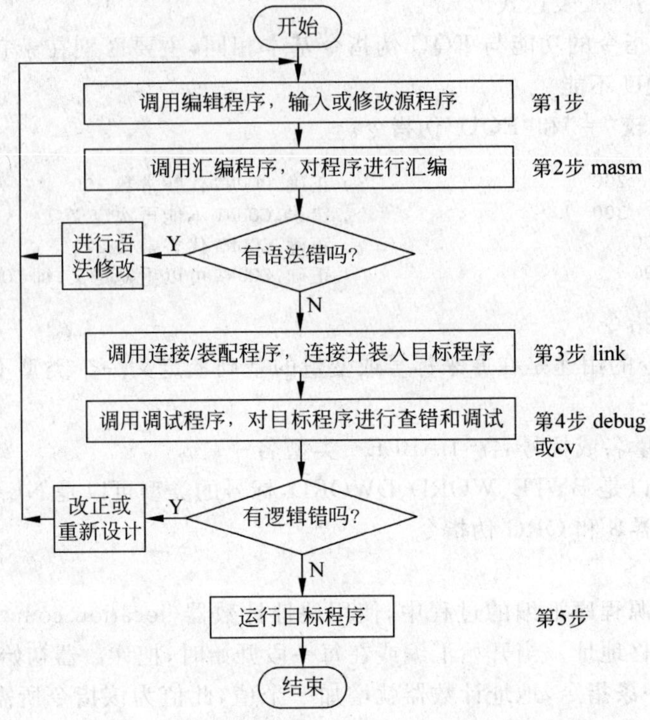

图3-17　建立、汇编和运行汇编语言程序流图

3.6　程序的基本结构

3.6.1　概述

一般说来,编制一个汇编语言程序需要如下4个步骤。

(1) 分析题意,确定算法。

(2) 根据算法,画出程序框图。

(3) 根据程序框图编写程序。

(4) 上机调试程序。

根据算法将程序设计语言的语句有序地组合在一起,其组合方法称为程序结构。程序结构有顺序结构、分支结构、循环结构等基本形式。每一种结构只有一个入口和一个出口,这三种结构的任意组合和嵌套就构成了结构化的程序设计。

3.6.2　程序的基本结构概述

(1) 顺序结构

顺序结构是最简单的程序结构,程序的执行顺序就是指令的编写顺序,所以安排指令的先后次序就显得至关重要。简单地说,就是按照语句的先后次序顺序执行,顺序程序的结构形式如图 3-18(a)所示。

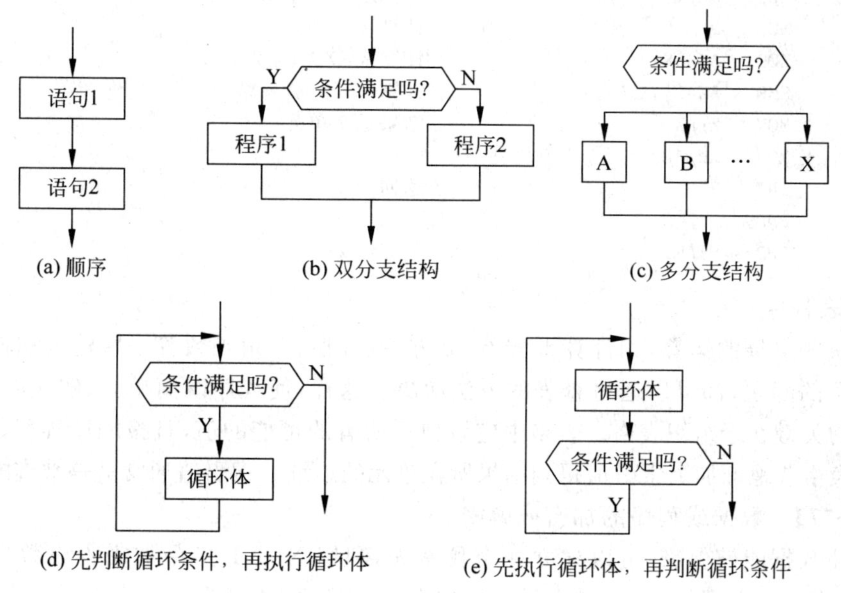

图 3-18　5 种基本逻辑结构

顺序结构的程序从执行开始到最后一条指令为止，指令指针 IP 中的内容呈线性增加。顺序程序的设计很简单，只要遵照算法步骤依次写出相应的指令即可。因此，也称为线性程序方法。

在进行顺序结构程序设计时，主要考虑的是如何选择简单有效的算法，如何选择存储单元和工作单元。其实，这种程序的结构是其他程序结构中的局部程序段。分支程序就是在顺序程序的基础上加上条件判断成为分支流程，循环程序中的赋初值程序和循环体都是顺序程序结构。

顺序结构的程序一般为简单的程序，例如表达式计算程序、查询程序就属于这种程序。

① 计算表达式

【例 3-56】 已知 X 和 Y 是数据段中的两个无符号字节单元，试编写程序段，完成表达式 Z=(X^2+Y^2)/2)的计算。程序流程图如图 3-19 所示。编写程序如下：

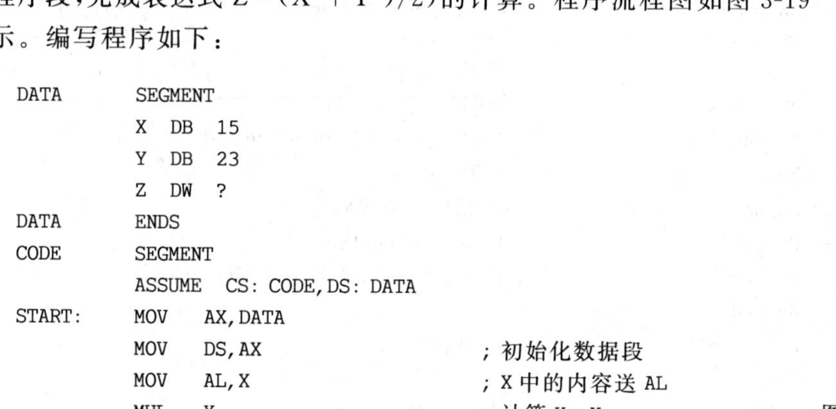

```
DATA        SEGMENT
            X  DB  15
            Y  DB  23
            Z  DW  ?
DATA        ENDS
CODE        SEGMENT
            ASSUME  CS: CODE, DS: DATA
START:      MOV    AX, DATA
            MOV    DS, AX                    ; 初始化数据段
            MOV    AL, X                     ; X 中的内容送 AL
            MUL    X                         ; 计算 X * X
```

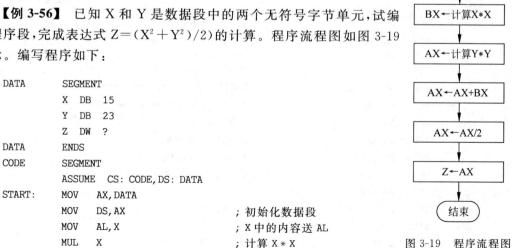

开始
BX←计算X*X
AX←计算Y*Y
AX←AX+BX
AX←AX/2
Z←AX
结束

图 3-19　程序流程图

```
        MOV   BX,AX                   ; X*X的乘积送BX
        MOV   AL,Y                    ; Y中的内容送AL
        MUL   Y                       ; 计算Y*Y
        ADD   AX,BX                   ; 计算X*X+Y*Y
        SHR   AX,1                    ; 计算(X*X+Y*Y)/2
        MOV   Z,AX                    ; 结果送Z单元
        MOV   AH,4CH
        INT   21H                     ; 返回DOS
CODE    ENDS
        END   START                   ; 汇编结束
```

② 查表程序

对于一些复杂的运算,如计算平方差、立方差、方根、三角函数等一些输入和输出间无一定算法关系的问题,都可以通过查表的方法解决。这样,使程序既简单,求解速度又快。

查表的关键在于组织表格。表格中应该包括所有的可能的值,且按顺序排列。查表操作就是利用表格首地址加上索引值得到结果所在单元的地址。索引值通常就是被查的数值。

【例3-57】 数据或程序的加密或解密。

为了使数据能够保密,可以建立一个秘密表,利用XLAT指令加密查表数据。例如从键盘上输入0～9之间的数字,加密后存入内存中,密码可选择为

原始数字:0、1、2、3、4、5、6、7、8、9

加密数字:7、5、8、4、1、9、0、2、6、3

该加密程序从键盘接收一个数字,加密后存入MIMA单元中。程序流程图如图3-20所示。

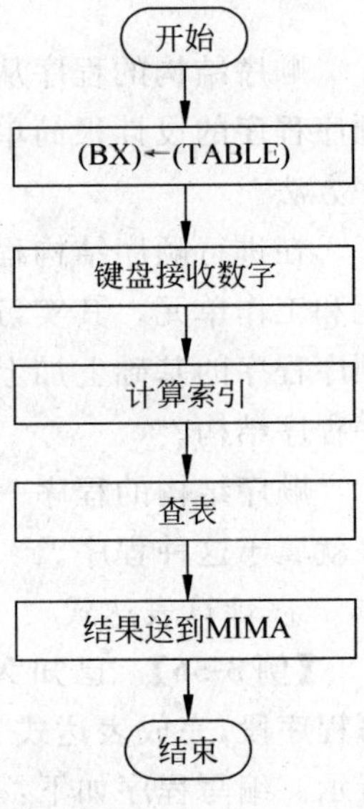

开始 → (BX)←(TABLE) → 键盘接收数字 → 计算索引 → 查表 → 结果送到MIMA → 结束

图3-20 程序流程图

程序如下:

```
DATA    SEGMENT
        TABLE DB  7,5,8,4,1,9,0,2,6,3
        NUM   DB  ?
        MIMA  DW  ?
DATA    ENDS
CODE    SEGMENT
        ASSUME  CS: CODE,DS: DATA
START:  MOV   AX,DATA
        MOV   DS,AX                   ; 初始化数据段
        MOV   BX,OFFSET TABLE         ; BX指向表格首单元
        MOV   AH,01H                  ; (AH)←01H
        INT   21H                     ; 从键盘接收一数字
        SUB   AL,30H                  ; ASCII转换为二进制数
        MOV   NUM,AL                  ; 把输入数字保存到NUM单元中
        MOV   AH,0                    ; (AH)←0
        ADD   BX,AX                   ; BX指向要查找的位置
        MOV   DL,[BX]                 ; 取出要查找的内容
        MOV   MIMA,DL                 ; 把加密后的结果保存到MIMA单元中
        MOV   AH,4CH
        INT   21H                     ; 返回DOS
CODE    ENDS
        END   START                   ; 汇编结束
```

本例的表格中的内容为一个字节，被查找内容恰好为索引值。如果表格中的内容为一个字，被查内容需要作某种变换后才能成为索引值。

(2) 分支结构

分支结构程序分为二分支结构或多分支结构，用转移指令可实现无条件分支和有条件分支。在有条件分支情况下，分支条件由转移指令的前行指令执行后，对标志寄存器的标志位产生变化，只有满足条件时才去执行某个分支程序。在流程图中用菱形框表示分支判断，结构形式如图 3-18(b)和图 3-18(c)所示。它们相当于高级语言中的 if-then-else 语句和 case 语句。

这两种结构都要求先对条件进行判定，然后根据判定结果确定执行哪路分支，判定一次只能有一路分支被选择。要实现多分支，一方面，可以每次实现二分支的方法来达到程序实现多分支的要求；另一方面，也可用地址表的方法来达到多分支的要求。

【例 3-58】 二分支程序实例。

已知在数据段 2000H 单元存储一个无符号字节数据，如果此数据大于等于 55H，则将它送到寄存器 BL 中，否则将它送到存储器 2010H 单元。流程图如图 3-21 所示。

程序如下：

```
MOV AL,[2000H]
CMP AL,55H
JNC L1                                    ; 大于等于则跳转
    MOV [2010H],AL                        ; 送小数
    JMP L2
L1 : MOV BL,AL                            ; 送大数
L2 : HLT
```

对于多分支结构实现的方法有：条件选择法、转移表法和地址表法。

① 条件选择法：一个条件选择指令可实现两路分支，多个条件选择指令就可以实现多路分支。这种方法用于分支数较少的情况。

【例 3-59】 已知字节变量 CHAR1，编写程序段：把它由小写字母变成大写字母。程序流程图如图 3-22 所示。

编写程序如下：

```
DATA        SEGMENT
            CHAR1   DB   ?
DATA        ENDS
CODE        SEGMENT
            ASSUME  CS: CODE,DS: DATA
START:      MOV     AX,DATA
            MOV     DS,AX                 ; 初始化数据段
            MOV     AL,CHAR1              ; CHAR1 中的内容送 AL
            CMP     AL,'a'                ; (AL)与'a'比较
            JB      EXIT                  ; 若(AL)小于'a',则转移到 EXIT
            CMP     AL,'z'                ; (AL)与'z'比较
            JA      EXIT                  ; 若(AL)大于'z',则转移到 EXIT
            SUB     CHAR1,20H             ; 把小写字母变成大写字母
EXIT: MOV   AH,4CH
            INT     21H                   ; 返回 DOS
CODE        ENDS
            END     START                 ; 汇编结束
```

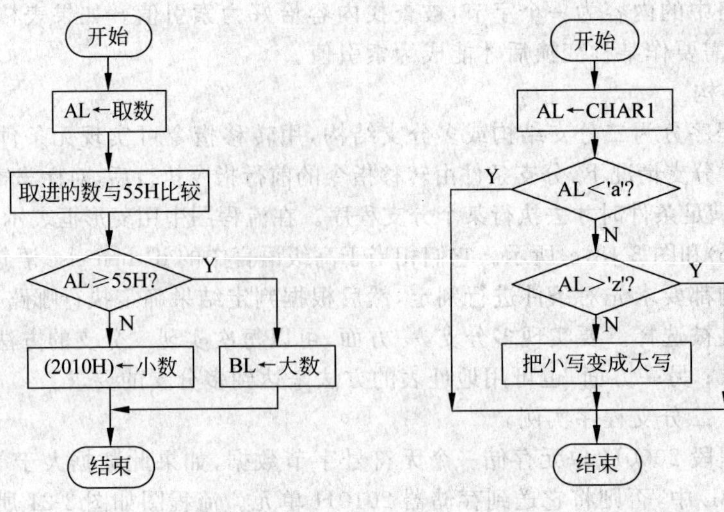

图 3-21 二分支程序流程图　　　　图 3-22 流程图

② 转移表法:转移表法实现多路分支的设计思想是把转移到分支程序段的转移指令依次放在一张表中,这张表称为转移表。把离表首单元的偏移量作为条件来判断各分支转移指令在表中的位置。当进行多路分支条件判断时,把当前的条件——偏移量加上表首地址作为转移地址转移到表中的相应位置,继续执行无条件转移指令,达到多分支目的。

【例 3-60】 假设某一系统共有 5 个功能,以菜单形式显示如下:

```
1  MODE1      2  MODE2      3  MODE3     4  MODE4      5  MODE5
```

相应的程序段入口地址分别为 MODE1～MODE5,为了使程序简单,5 个功能分别为显示字母 A～E,要求通过键盘输入字母 A～E,实现功能选择。

编写程序如下:

```
DATA        SEGMENT
MESS        DB  '1 MODE1   2 MODE2   3 MODE3  4 MODE4   5 MODE5',10,13,'$'
            DB  'PLEASE  INPUT  ANY  KEY',10,13,'$'
            DB  'INPUT  ERPOR',10,13,'$'
DATA        ENDS
CODE        SEGMENT
            ASSUME  CS: CODE,DS: DATA
START:      MOV   AX,DATA
            MOV   DS,AX                    ;初始化数据段
            MOV   DX,OFFSET MESS
            MOV   AH,09H                   ;显示菜单
            INT   21H
INKEY:      MOV   AH,01H
            INT   21H                      ;键盘输入选择,按键 ASCII 送到 AL
            CMP   AL,65                    ;(AL)与'A'比较
            JL    ERR                      ;若(AL)小于'A',出错,则转移到 ERR
            CMP   AL,69                    ;(AL)与'E'比较
            JG    ERR                      ;若(AL)大于'E',出错,则转移到 ERR
            MOV   AH,0
            MOV   BX,OFFSET TABLE
            SUB   AL,65                    ;AL 中内容减 65,使之对齐 0
```

```
        ADD   AX,AX                  ; AX中内容乘以2送AX
        ADD   BX,AX                  ; 形成偏移地址
        MOV   DL,10
        INT   21H                    ; 显示回车
        MOV   DL,13
        INT   21H                    ; 显示换行
        JMP   BX
TABLE:  JMP SHORT MODE1              ; 形成转移表,转移指令为短转移
        JMP SHORT MODE2
        JMP SHORT MODE3
        JMP SHORT MODE4
        JMP SHORT MODE5
MODE1:  MOV   AH,02H
        MOV   DL,'A'
        INT   21H                    ; 模式1,显示'A'
        JMP   EXIT                   ; 转移到结束位置EXIT
MODE2:  MOV   AH,02H
        MOV   DL,'B'
        INT   21H                    ; 模式2,显示'B'
        JMP   EXIT                   ; 转移到结束位置EXIT
MODE3:  MOV   AH,02H
        MOV   DL,'C'
        INT   21H                    ; 模式3,显示'C'
        JMP   EXIT                   ; 转移到结束位置EXIT
MODE4:  MOV   AH,02H
        MOV   DL,'D'
        INT   21H                    ; 模式4,显示'D'
        JMP   EXIT                   ; 转移到结束位置EXIT
MODE5:  MOV   AH,02H
        MOV   DL,'E'
        INT   21H                    ; 模式5,显示'E'
        JMP   EXIT                   ; 转移到结束位置EXIT
ERR:    MOV   DX,OFFSET ERR
        MOV   AH,09H
        INT   21H                    ; 显示出错信息
        JMP   INKEY                  ; 转INKEY,重新输入键盘
EXIT:   MOV   AH,4CH
        INT   21H                    ; 返回DOS
        CODE  ENDS
        END   START                  ; 汇编结束
```

③ 地址表法：控制多分支结构的另一种常用方法。地址表法类似于转移表法，然而地址表法与转移表法不同，转移表法中的转移表位于代码段，存放的是转移指令；而地址表法中的表位于数据段，存放的是分支程序段的入口地址。如果是段内转移，则入口地址为段内偏移地址，占用两个字节单元；如果是段间转移，则入口地址为32位地址指针，占用4个字节单元。

（3）循环结构

循环结构是根据逻辑判断重复执行某一程序段。也就是说，当条件满足时则重复执行循环体，当条件不满足时则退出循环。循环程序的结构可以分为两种形式：一种是先判断循环条件，再执行循环体；另一种是先执行循环体，再判断循环条件。结构形式如图3-18(d)和图3-18(e)所示。

循环程序由如下几部分组成：

- 循环初始化部分——初始化循环控制变量、循环体所用到的变量。
- 循环体部分——循环结构的主体。
- 循环参数修改部分——循环控制变量的修改或循环终止条件的检查。
- 循环控制部分——程序执行的转移。

循环控制的方法有计数控制法、条件控制法和混合控制法，下面主要介绍前两种方法。

① 计数控制法

如果循环次数是已知的，则采用计数控制的方法。假设循环次数为 N，常用两种方法实现控制计数。一种是正计数法，即计数器从 1 计数到 N；另一种是倒计数法，即从 N 计数到 0。

【例 3-61】 利用程序完成求 1～100 的累加和，结果送到 SUM 单元中。

方法 1：采用正计数法，程序段如下所示。

```
DATA    SEGMENT
        SUM  DW  ?
        CN   EQU 100
DATA    ENDS
CODE    SEGMENT
        ASSUME  CS: CODE,DS: DATA
START:  MOV   AX,DATA
        MOV   DS,AX              ; 初始化数据段
        MOV   AX,0               ; (AX)←0
        MOV   CX,1               ; 循环初始化
LOP:    ADD   AX,CX              ; 求累加和
        INC   CX                 ; 计数器加 1
        CMP   CX,CN              ; CX 与计数器终止条件比较
        JBC   LOP                ; 若小于等于终止值,则转循环入口处 LOP
        MOV   SUM,AX             ; 送结果到 SUM 中
        MOV   AH,4CH
        INT   21H                ; 返回 DOS
CODE    ENDS
        END   START              ; 汇编结束
```

方法 2：采用倒计数法，程序段如下所示。

```
DATA    SEGMENT
        SUM   DW  ?
        CN    EQU 100
DATA    ENDS
CODE    SEGMENT
        ASSUME  CS: CODE,DS: DATA
START:  MOV   AX,DATA
        MOV   DS,AX              ; 初始化数据段
        MOV   AX,0               ; (AX)←0
        MOV   CX,CN              ; 循环初始化
LOP:    ADD   AX,CX              ; 求累加和
        DEC   CX                 ; 计数器减 1
        JNZ   LOP                ; 若小于等于终止值,则转循环入口处 LOP
        MOV   SUM,AX             ; 送结果到 SUM 中
        MOV   AH,4CH
```

```
        INT    21H                 ;返回 DOS
CODE    ENDS
        END    START               ;汇编结束
```

② 条件控制法

在循环程序中，某些问题的循环次数预先是不确定的，只能按照循环过程中的某个特定条件是否满足来决定循环是否继续执行。对于这一类问题，可以通过测试该条件是否成立来实现对循环的控制。这种方法称为条件控制。

【例 3-62】 把成绩数组 SCORE 的平均值（取整）存入字节变量 AVG 中，数组以负数为结束标志。

采用条件控制法，程序段如下所示。

```
DATA    SEGMENT
        SCORE  DB  75,47,27,88,49,75,97,56,79,-1
        AVG  DB?
DATA    ENDS
CODE    SEGMENT
        ASSUME  CS:CODE,DS:DATA
START:  MOV    AX,DATA
        MOV    DS,AX               ;初始化数据段
        MOV    AX,0                ;(AX)←0,用 AX 来保存数组元素之和
        LEA    SI,SCORE            ;(AX)←(SCORE),用指针 SI 来访问整个数组
        MOV    CX,0                ;(CX)←0,用 CL 来保存数组元素的个数
LOP:    MOV    BL,[SI]             ;(BL)←(SI)
        CMP    BL,0                ;BL 与终止条件比较
        JL     OVER                ;若小于 0,则退出循环,转到 OVER 处
        ADD    AL,BL               ;(AL)←(AL)+(BL)
        ADC    AH,0                ;(AH)←(AH)+0+CF,即将当前数组元素加到 AX 中
        INC    SI                  ;地址加 1,即访问下一个元素
        INC    CL                  ;数组元素个数加 1
        JMP    LOP                 ;无条件转移到 LOP 处
OVER:   JCXZ   EXIT                ;防止 0 作除数,即数组是空数组
        DIV    CL                  ;计算平均值
        MOV    AVG,AL              ;送结果到 AVG 中
EXIT:   MOV    AH,4CH
        INT    21H                 ;返回 DOS
CODE    ENDS
        END    START               ;汇编结束
```

③ 混合控制法

所谓混合控制法是前两种控制方法的结合。结束循环的条件是已到达预定的循环次数或出现了某种退出循环的条件。

3.7 BIOS 和 DOS 中断

3.7.1 概述

在微机存储器系统中，内存储器高端 8KB 的 ROM 中存放有基本输入输出系统（Basic Input Output System，BIOS）示例程序。BIOS 给 PC 系列的不同微处理器提供了兼容的系

统加电自检、引导装入、主要I/O设备的处理程序以及接口控制等功能模块来处理所有的系统中断。使用BIOS功能调用,给程序员编程带来极大方便。程序员不必了解硬件的具体细节,可直接使用指令设置参数,并中断调用BIOS示例程序,所以利用BIOS功能调用编写的程序简洁,可读性好,而且易于移植。

磁盘操作系统(Disk Operating System,DOS)是PC上最重要的操作系统,它是由软盘或硬盘提供的。它的两个DOS模块IBMBIO.COM和IBMDOS.COM使BIOS使用起来更方便。IBMBIO.COM是输入输出设备处理程序,它提供了DOS到ROM BIOS的低级接口,并完成将数据从外设读入内存,或把数据从内存写到外设的工作。IBMDOS.COM包含一个文件管理程序和一些处理程序,在DOS下运行的程序可以调用这些处理程序。为了完成DOS功能调用,IBMDOS.COM把信息传送给IBMBIO.COM,形成一个或多个BIOS调用。

DOS模块和ROM BIOS的关系如图3-23所示。

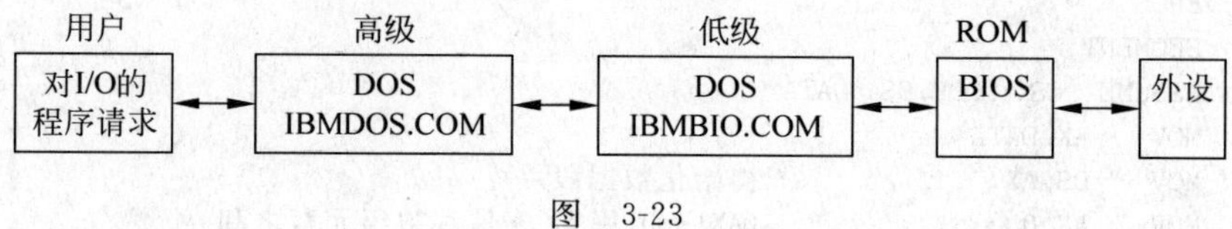

图 3-23

DOS功能与BIOS功能都是通过软件中断调用的。在中断调用前需要把功能号装入AH寄存器,把子功能号装入AL寄存器,除此之外,通常还需要在CPU寄存器中提供专门的调用参数。

3.7.2 BIOS和DOS的中断类型

不同微机系列的BIOS和DOS的中断类型各有差异。下面给出的是IBM PC系统主要的BIOS中断类型(表3-5)和DOS中断类型(表3-6)。

表3-5 BIOS中断类型

CPU中断类型	8259中断类型	BIOS中断类型	用户应用程序和数据表指针
0 除法错	8 系统定时器(IRQ0)	10 显示器I/O	用户应用程序
1 单步	9 键盘(IRQ1)	11 取设备信息	1B 键盘终止地址(Ctrl+Break)
2 非屏蔽中断	A 彩色/图形接口(IRQ2)	12 取内存信息	4A 报警(用户闹钟)
3 断点	B COM2 控制器(IRQ3)	13 磁盘I/O	1C 定时器
4 溢出	C COM1 控制器(IRQ4)	14 RS-232 串口I/O	数据表指针
5 打印屏幕	D LPT2 控制器(IRQ4)	15 磁盘I/O	1D 显示器参数表
6 保留	E 磁盘控制器(IRQ4)	16 键盘I/O	1E 软盘参数表
7 保留	F LTP1 控制器(IRQ4)	17 打印机I/O	1F 图形字符扩展码
		18 ROM BASIC	41 0#硬盘参数表
		19 引导装入程序	46 1#硬盘参数表
		1A 时钟	49 指向键盘增强服务变换表
		40 软盘BIOS	

表 3-6　DOS 中断类型

功能调用号	功能说明	功能调用号	功能说明
20	程序终止	27	结束并驻留内存
21	功能调用	28	键盘忙循环
22	终止地址	29	快速写字符
23	Ctrl+C 中断向量	2A	网络接口
24	严重错误向量	2E	执行命令
25	绝对磁盘读	2F	多路转换接口
26	绝对磁盘写	30～3F	保留给 DOS

3.7.3　BIOS 和 DOS 功能调用的基本步骤

一般来说，调用 DOS 或 BIOS 功能时，有以下几个基本步骤。

(1) 将调用参数装入指定的寄存器。

(2) 如需要功能调用号，把它装入 AH。

(3) 如需要子功能调用号，把它装入 AL。

(4) 按中断号调用 DOS 或 BIOS。

(5) 检查返回参数是否正确。

3.7.4　常见的 BIOS 和 DOS 功能调用

一般来说，实现同样的功能有时既可以用 BIOS 中断调用，也可以用 DOS 中断调用。

(1) 键盘输入中断调用

① BIOS 键盘中断

类型 16H 的中断提供了基本的键盘操作，它的中断处理程序包括 3 个不同的功能，分别根据 AH 寄存器中的子功能号来确定，如表 3-7 所示。

表 3-7　BIOS 键盘中断(INT 16H)

AH	功能	返回参数
0	从键盘读一字符	AL=字符码，AH=扫描码
1	读键盘缓冲区的字符	如 ZF=0，AL=字符码，AH=扫描码；如 ZF=1，缓冲区空
2	取键盘状态字节	AL=键盘状态字节

② DOS 键盘中断

类型 21H 的中断提供了 DOS 键盘操作，它的中断处理程序包括 7 个不同的功能，分别根据 AH 寄存器中的子功能号来确定，如表 3-8 所示。

表 3-8　DOS 键盘中断(INT 21H)

AH	功能	调用参数	返回参数
1	从键盘输入一字符并回显在屏幕上	无	AL=字符
6	读键盘字符，不回显	DL=0FFH	如 ZF=0，AL=字符；如 ZF=1，缓冲区空
7	从键盘输入一个字符，不回显	无	AL=字符

续表

AH	功　能	调用参数	返回参数
8	从键盘输入一个字符,不回显,检测 Ctrl＋Break	无	AL＝字符
A	输入字符到缓冲区	DS：BX＝缓冲区首地址	AL＝字符
B	读键盘状态	无	AL＝0FFH,有键入 AL＝00,无键入
C	清除键盘缓冲区,并调用一种键盘功能	AL＝键盘功能号 (1,6,7,8 或 A)	

③ 应用

【例 3-63】 1号系统功能调用——从键盘输入一字符并显示在屏幕上。

此调用的功能是系统扫描键盘并等待输入一个字符,有键按下时,先检查是否是 Ctrl＋Break 键,若是则退出;否则将字符的键值(ASCII 码)送入寄存器 AL 中,并在屏幕上显示该字符。此调用没有入口参数。

```
MOV AH,1; 1 为功能号
INT 21H
```

【例 3-64】 6号系统功能调用——读键盘字符。

此调用的功能是从键盘输入一个字符,或输出一个字符到屏幕。

如果(DL)＝0FFH,表示是从键盘输入字符。

当标志 ZF＝0 时,表示有键按下,将字符的 ASCII 码送入寄存器 AL 中。

当标志 ZF＝1 时,表示无键按下,寄存器 AL 中不输入字符 ASCII 码。

如果(DL)≠0FFH,表示输出一个字符到屏幕。此时 DL 寄存器中的内容就是输出字符的 ASCII 码。

```
MOV   DL,0FFH
MOV   AH,6        ;把键盘输入的一个字符送入 AL 中
INT   21H
MOV   DL'?'
MOV   AH,6        ;将 DL 中的字符"?"送屏幕显示
INT   21H
```

(2) 显示器输出中断调用

显示器是通过适配器与 PC 相连的。显示器可以简单地分为单色显示器和彩色显示器。这一节主要介绍 DOS 显示中断,关于 BIOS 显示中断这里不做介绍。DOS 显示中断的中断处理程序包括 3 个不同的功能,分别根据 AH 寄存器中的子功能号来确定,如表 3-9 所示。

表 3-9　DOS 键盘中断(INT 21H)

AH	功　能	调用参数	返回参数
2	显示一个字符(检验 Ctrl＋Break)	DL＝输出字符	无
6	显示一个字符(不检验 Ctrl＋Break)	DL＝0FF(输入) DL＝字符(输出)	AL＝输入字符 无
9	显示字符串	DS：DX＝串地址,字符串以'＄'结尾	无

【例 3-65】 2 号系统功能调用——显示一个字符(检验 Ctrl+Break)。此调用的功能是向输出设备输出一个字符码,此调用的入口参数是输出字符的 ASCII 码,入口参数需送入寄存器 DL,没有出口参数。

```
MOV  DL,'A'     ; 'A'为要求输出字符的 ASCII 码
MOV  AH,2       ; 2 为功能号
INT  21H
```

调用结果是将 DL 寄存器中字符'A'通过屏幕显示(或打印机)输出。

【例 3-66】 9 号系统功能调用——显示字符串。它要求被显示输出的字符必须以'$'字符作为结尾符。要显示输出的信息一般定义在数据段。

```
MESSAGE DB'The sort operation is finished','$'
MOV  AH,9
MOV  DX,SEG MESSAGE
MOV  DS,DX
MOV  DX,OFFSET MESSAGE
INT  21H
```

(3) 磁盘文件管理

① BIOS 磁盘存取功能

BIOS 磁盘操作"INT 13H"处理的记录都是一个扇区的大小,都是以实际的磁道号和扇区号寻址的。读、写和检查磁盘文件之前,都要把下列寄存器初始化:

```
AH: 子功能号(读、写、检查或格式化)
AL: 扇区数
CH: 柱面/磁道号(0 为起始号)
CL: 起始的扇区号(1 为起始号)
DH: 磁头/盘面号(对软盘是 0 或 1)
DL: 驱动器号
ES: BX: 数据区中 I/O 缓冲区的地址
```

BIOS 磁盘操作中断(INT 13H)如表 3-10 所示。

表 3-10　BIOS 磁盘操作中断(INT 13H)

AH	功　能	调用参数	返回参数
0	复位磁盘系统	AL=0	无
1	读磁盘状态	AL=1	AL=返回状态字节
2	从指定磁盘的指定位置读取数据	AL=扇区数 CH,CL=磁道号,扇区号 DH,DL=磁头号,驱动器号 ES: BX=数据缓冲区地址	读成功: AH=0,AL=读出的扇区数 读失败: AH=出错代码
3	在指定磁盘的指定位置写数据	AL=扇区数 CH,CL=磁道号,扇区号 DH,DL=磁头号,驱动器号 ES: BX=数据缓冲区地址	写成功: AH=0,AL=写入的扇区数 写失败: AH=出错代码

续表

AH	功　能	调用参数	返回参数
4	检查磁盘扇区	AL=扇区数 CH,CL=磁道号,扇区号 DH,DL=磁头号,驱动器号	检查成功：AH=0,AL=检查的扇区数 检查失败：AH=出错代码
5	格式化磁盘	ES：BX=指向格式化参数表首地址	格式化成功：AH=0 格式化失败：AH=出错代码

② DOS磁盘存取功能

DOS磁盘存取功能如表3-11所示。

表3-11　DOS磁盘操作中断(INT 21H)

AH	功　能	调用参数	返回参数
3CH	建立文件	DS：DX= ASCII串地址 CX=文件属性	成功：AX=文件代号 失败：AX=出错代码
3DH	打开文件	DS：DX= ASCII串地址 AL=文件或文件共享方式 0=读,1=写,2=读/写	成功：AX=文件代号 失败：AX=出错代码
3EH	关闭文件	BX=文件代号	失败：AX=出错代码
3FH	读文件或设备	DS：DX=数据缓冲区地址 BX=文件代号 CX=读取的字节数	成功：AX=实际读取的字节数 失败：AX=出错代码
40H	写文件或设备	DS：DX=数据缓冲区地址 BX=文件代号 CX=写入的字节数	成功：AX=实际写入的字节数 失败：AX=出错代码
41H	删除文件	DS：DX=ASCII串地址	成功：AX=文件属性 失败：AX=出错代码

对表3-11的几点说明：

文件属性：每个文件都有属性,且文件属性用一个字节来说明。属性字节中各位的含义如表3-12所示。

表3-12　文件属性含义

7位	6位	5位	4位	3位	2位	1位	0位
只能为0 保留	只能为0 保留	1 归档位	1 子目录	1 作卷标号	1 系统文件	1 隐含文件	1 只读文件

错误代码相应错误说明如表3-13所示。

表3-13　错误代码含义

1	功能调用非法	5	访问拒绝
2	文件未找到	6	无效的文件代号
3	路径未找到	12	无效的存取代号
4	同时打开的文件太多	18	无可用文件

3.8 子程序结构

3.8.1 概述

子程序又称为过程，它相当于高级语言中的过程和函数。在同一个程序的不同部分，往往要用到类似的程序段，这些程序段的功能和结构形式都相同，只是某些变量的赋值不同，此时就可以把这些程序段写成子程序形式，以便需要时可以调用它。

模块化程序设计方法是按照各部分程序所实现的功能不同把程序划分为多个模块，各个模块在明确各自的功能和相互间的连接约定后，就可以分别编制和调试程序，最后在把各个模块连接起来，形成一个大程序。这是一种很好的程序设计方法，而子程序结构就是模块化程序设计的基础。

3.8.2 子程序基本概念

在程序设计中，常把多处用到的同一个程序段或者具有一定功能的程序段抽取出来，存放在某一存储区域中，当需要执行的时候，使用调用指令转到这个程序段来执行，执行完再返回原来的程序，这个程序段称为子程序。其中，调用子程序的程序段称为主程序。主程序调用指令的下一条指令的地址称为返回地址，有时也称为断点。

子程序是模块化程序设计的重要手段。采用子程序结构，具有以下优点。

(1) 简化了程序设计过程，节省大量程序设计时间。

(2) 缩短了程序长度，节省了计算机汇编程序的时间和程序的存储空间。

(3) 增加了程序的可读性，便于对程序的修改和调试。

(4) 方便了程序的模块化、结构化和自顶向下的程序设计。

3.8.3 子程序的结构形式

通过项目 8 的程序代码，来说明子程序的基本结构和主程序与子程序之间的调用关系。

通过以上分析可得：上述主程序调用语句和子程序位于同一个代码段，因此属于近调用。可以看出子程序的基本结构包括以下几部分。

(1) 子程序说明。这一部分主要用于说明子程序的名称、功能、入口参数、出口参数、占用工作单元情况，通过子程序说明能清楚该子程序的功能和调用方法。例如项目 8 中 15～18 行语句。此部分不是子程序的必须部分。

(2) 保护现场和恢复现场。由于汇编语言所处理的对象主要是 CPU 寄存器或内存单元，而主程序在调用子程序时已经占用了一定的寄存器，子程序执行时又要用到这些寄存器，子程序执行完毕返回主程序后，为了保证主程序按原有的状态继续正常运行，需要对这些寄存器的内容加以保护，这就是保护现场；子程序执行完毕后再恢复这些被保护的寄存器的内容，称为恢复现场。例如项目 8 中 20～25 行语句是保护现场，48～53 行语句是恢复现场。

(3) 子程序体。这一部分内容根据具体要求，用来实现相应的功能。

(4) 子程序返回。子程序中的返回语句 RET 和主程序中的调用语句 CALL 相互对应，才能正确实现子程序的调用和返回。调用指令用来保护返回地址,而返回指令用来恢复被中断的位置的地址,保护和恢复都是堆栈的操作。

3.8.4 子程序的定义

子程序又称为过程(procedure),过程要用过程定义伪指令进行定义。

指令格式:过程名 PROC [NEAR] 或 [FAR]

```
                ⋮
          (子程序体)
                ⋮
      过程名  ENDP
```

注意:

- PROC 和 ENDP 必须成对使用。
- 过程名是自定义符,可以作为标号被指令 CALL 调用。

调用格式:CALL 过程名

- 过程由 RET 指令返回,返回调用程序的操作与过程的属性有关。NEAR 型过程属于段内调用,则 RET 是段内返回;FAR 型过程属于段间调用,则 RET 是段间返回。系统设定的默认类型为 NEAR。

【例 3-67】 调用程序和过程在同一个代码段,属于近调用,程序形式如下。

```
MAIN    PROC  FAR     ; MAIN 为调用程序
        ⋮
        CALL  DISPLAY
        ⋮
        RET
MAIN    ENDP

DISPLAY PROC  NEAR     ; 子程序为 NEAR 过程
        PUSH  AX
        PUSH  BX
        ⋮
        POP  BX
        POP  AX
        RET
DISPLAY ENDP
```

这里的 MAIN 和 DISPLAY 分别为调用程序和子程序的名字。因调用程序和子程序在同一个代码段,所以 DISPLAY 选择了 NEAR 属性。这样,MAIN 调用 DISPLAY 保护返回地址时,只需保护 IP 指令就可以了。

本例也可以这样写:

```
MAIN    PROC  FAR     ; MAIN 为调用程序
        ⋮
        CALL  DISPLAY
        ⋮
        RET
```

```
DISPLAY PROC   NEAR      ; 子程序为 NEAR 过程
        PUSH   AX
        PUSH   BX
           ⋮
        POP  BX
        POP  AX
        RET
DISPLAY ENDP
MAIN    ENDP
```

也就是说，过程定义可以嵌套，一个过程定义可以包括多个过程定义。

【例 3-68】 调用的程序和过程不在同一个代码段，属于远调用，程序形式如下。

```
CODE1   SEGMENT
           ⋮
        CALL  DISPLAY
           ⋮
DISPLAY PROC   FAR      ; 子程序为 FAR 过程
        PUSH   AX
        PUSH   BX
           ⋮
        POP  BX
        POP  AX
        RET
DISPLAY ENDP
           ⋮
CODE1   ENDS
CODE2   SEGMENT
           ⋮
        CALL  DISPLAY
           ⋮
CODE2   ENDS
```

这里的 DISPLAY 被调用两次，一次是在代码段 CODE1 中，属于近调用，另一次是在代码段 CODE2 中，属于远调用。因此，DISPLAY 的属性应定义成 FAR，这样 CODE2 中调用 DISPLAY 时才不会出现错误。

3.8.5 子程序的参数传送

调用程序在调用子程序时，经常需要传送一些参数给子程序；子程序运行完成后也经常要回传一些信息给调用程序。这种调用程序和子程序之间的信息传送称为参数传送(或称为变量传送或过程通信)。参数传送方式主要分为以下 3 种。

(1) 通过寄存器传送参数

这是最常用的一种方式，使用方便，这种方式适合于需要传送的参数较少的情况。

【例 3-69】 在内存中有一字单元 ADR，存有 4 位的 BCD 码(即压缩 BCD 码)，要求编写一段程序，将该 BCD 码转换成 4 个字节的非压缩 BCD 码，放到 BUF 为首单元的存储区中。

题目分析：根据题意，可将被分离的字数据放入 AX 中，用寄存器 DI 指向存放结果的首单元。实现 BCD 码分离可以用截取低 4 位、右移 4 位的方法连续 4 次完成。子程序流程图如图 3-24 所示。

程序代码如下：

```
DATA    SEGMENT
        ADR  DW  1234H
        BUF  DB  4  DUP(?)
DATA    ENDS
CODE    SEGMENT
        ASSUME  CS: CODE,DS: DATA
START:  MOV   AX,DATA
        MOV   DS,AX
        MOV   AX,ADR
        MOV   DI,OFFSET BUF
        CALL  APART
        MOV   CX,4
        MOV   AX,4C00H
        INT   21H
;子程序名: APART
;功能: 将一个字的压缩 BCD 码分离成 4 字节的非压缩 BCD 码
;入口参数: AX 中放入被分离的字,DI 指向存放结果的首单元
;出口参数: DI 指向存放结果的首单元
;所用寄存器: AX、BX、CX、DI
;示例: (AX)1234H,BUF 起依次存储 04H,03H,02H,01H
APART   PROC  NEAR
        PUSH  BX
        PUSH  CX
        PUSH  DI
        MOV   CX,0404H
STA:    MOV   BX,AX
        AND   BX,000FH
        MOV   [DI],BL
        INC   DI
        ROR   AX,CL
        DEC   BH
        CMP   BH,0
        JG    STA
        POP   DI
        POP   CX
        POP   BX
        RET
APART   ENDP
CODE    ENDS
        END   START
```

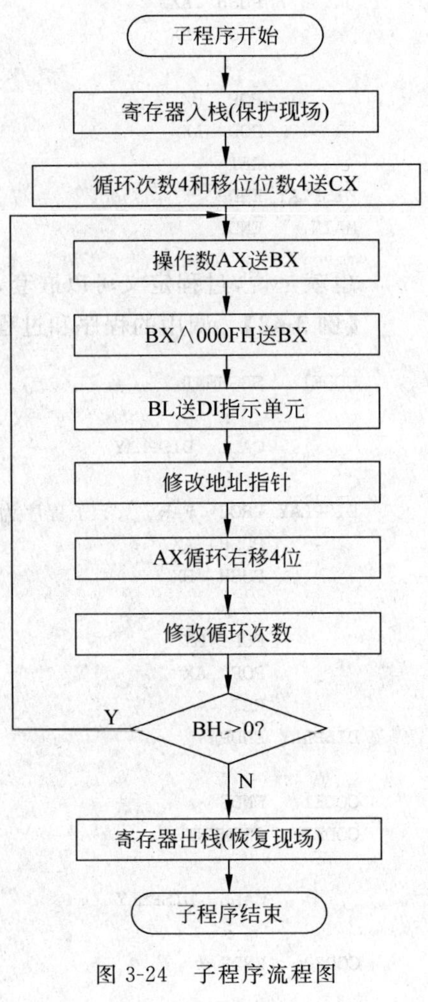

图 3-24　子程序流程图

(2) 通过堆栈传送参数

主程序与子程序传递参数时,可以把要传递的参数放在堆栈中,这些参数既可以是数据,也可以是地址。具体方法是在调用子程序前将参数送入堆栈,自子程序中通过出栈方式取得参数,执行完毕后再将结果依次压入堆栈。返回主程序后,通过出栈获得结果。由于堆栈具有先进后出的特点,所以在多重调用中各重参数的层次很分明。

堆栈的优点是不用寄存器,也不需要另外使用内存单元,但在应用的过程中,存取参数时一定要清楚参数在堆栈中的具体位置。

【例 3-70】 已知在内存中有两个字节数组,分别求两个数组的累加和,要求用子程序实现。

题目分析:完成求累加和的子程序可以通过堆栈传递参数。将数组首单元的地址和数组长度送入堆栈,调用子程序完成求和功能。

程序代码如下:

```
STACK   SEGMENT
        TOP  DW  512 DUP(?)
STACK   EDNS
DATA    SEGMENT
        ARR1  DB  12,45,24,44,-69,96,38,90
        COUNT1  EQU  $ - ARR1
        SUM1  DW  ?
        ARR2  DB  -12,25,54,-34,-95,76,-48,80,-5,69,33
        COUNT2  EQU  $ - ARR2
        SUM2  DW  ?
DATA    ENDS
CODE    SEGMENT
        ASSUME  CS: CODE,DS: DATA,SS: STACK
START:  MOV  AX,DATA
        MOV  DS,AX                  ; 初始化数据段
        MOV   AX,STACK
        MOV  SS,AX                  ; 初始化堆栈段
        MOV  SP,TOP                 ; 初始化堆栈指针
        MOV  SI,OFFSET  ARR1
        PUSH  SI                    ; 数组 ARR1 首地址送入堆栈
        MOV  CX,COUNT1
        PUSH  AX                    ; 数组 ARR1 长度输入堆栈
        CALL  SUM                   ; 调用子程序
        MOV  SI,OFFSET  ARR2
        PUSH  SI                    ; 数组 ARR2 首地址送入堆栈
        MOV  CX,COUNT2
        PUSH  AX                    ; 数组 ARR2 长度输入堆栈
        CALL  SUM                   ; 调用子程序
        MOV   AX,4C00H
        INT  21H                    ; 返回 DOS

; 子程序名: SUM
; 功能: 计数一组数据求累加和
; 入口参数: 保存在主程序中所定义的堆栈中
; 出口参数: 求得的结果保存在主程序所定义的数据存储单元中
; 所用寄存器: AX、BX、CX、BP、FLAG
SUM     PROC  NEAR
        PUSH  AX
        PUSH  BX
        PUSH  CX
        PUSH  BP
```

```
        PUSHF                         ; 保护现场
        MOV   BP,SP                   ; 堆栈指针送 BP
        MOV   BX,[BP+14]              ; 取数组首地址
        MOV   CX,[BP+12]              ; 取数组长度
        MOV   AX,0                    ; 累加器清零
LOP1:   ADD   AL,[BX]
        ADC   AH,0                    ; 求累加和
        INC   BX                      ; 调整指针
        LOOP  LOP1                    ; 循环控制

        MOV   [BX],AX                 ; 保存结果
        POPF
        POP   BP
        POP   CX
        POP   BX
        POP   AX                      ; 恢复现场
        RET   4                       ; 返回并清理参数
SUM     ENDP
CODE    ENDS
        END   START
```

(3) 通过存储器传送参数

把入口参数或出口参数存放在约定好的内存单元中。主程序和子程序之间可以利用指定的内存变量来交换信息。主程序在调用前将所有参数按约定好的次序存入该存储区中，进入子程序后按约定从存储区中取出输入参数进行处理，所得输出参数也按约定好的次序存入指定存储区中。

3.8.6 子程序设计举例

【例 3-71】 十进制到十六进制的转换。

从键盘输入一个十进制数(范围为 0～65535)，要求将它转换为十六进制数在屏幕上显示出来。并要求可以重复输入、重复显示，每一个数据占一行，输入时以非数字键结束。

这里采用子程序结构，整个程序包括一个主程序和三个子程序。这三个子程序是：

① INPUT：将键盘输入的十进制数转换为二进制数。

入口参数：键盘输入一位十进制数放到 AL 中。

出口参数：二进制数在 BX 中。

② DISPLAY：将二进制数转换为十六进制数并显示在屏幕上。

入口参数：BX 中的二进制数。

出口参数：十六进制数放在 DL 中，并显示。

③ CRLF：产生回车换行，无入口参数，也无出口参数。

程序流程图如图 3-25 所示。

程序代码如下。

```
CODE    SEGMENT
        ASSUME  CS: CODE
START:  CALL    INPUT                 ; 调用"键盘输入二进制"
```

```
        CALL  CRLF                    ; 调用"显示回车和换行"
        CALL  DISPLAY                 ; 调用"二进制到十六进制,并显示"
        CALL  CRLF                    ; 调用"显示回车和换行"
        JMP  START
        MOV  AX,4C00H
        INT  21H                      ; 返回 DOS
; 子程序名: INPUT
; 功能: 将二进制数转换为十六进制数并显示在屏幕
; 入口参数: 键盘输入一位十进制数放到 AL 中
; 出口参数: 二进制数在 BX 中
INPUT   PROC  NEAR
        MOV  BX,0                     ; BX 清零
KEYIN:  MOV  AH,01H                   ; 从键盘输入一位十进制数
        INT  21H
        SUB  AL,30H                   ; 将 ASCII 码转换为二进制数
        CMP  AL,0
        JB  EXIT                      ; 若 AL<0,退出
        CMP  AL,9
        JA  EXIT                      ; 若 AL>0,退出
        CBW                           ; AL 中的字节数据转换为字数据
        XCHG  AX,BX
        MOV  CX,10                    ; 乘数 10 送 CX
        MUL  CX                       ; AX * 10
        XCHG  AX,BX
        ADD  BX,AX
        JMP  KEYIN                    ; 获取下一个十进制数
EXIT:   RET                           ; 返回主程序
INPUT   ENDP
; 子程序名: DISPALY
; 功能: 将键盘输入的十进制数转换为二进制数
; 入口参数: BX 中的二进制数
; 出口参数: 十六进制数放在 DL 中,并显示
DISPALY PROC  NEAR
        MOV  CH,4                     ; 设十进制数为计数初值
ROTATE: MOV  CL,4                     ; 设位循环值
        ROL  BX,CL                    ; 循环左移 4 位
        MOV  AL,BL
        AND  AL,0FH                   ; 屏蔽高 4 位
        ADD  AL,30H                   ; 转换为 ASCII 码
        CMP  AL,3AH
        JB  PRINT                     ; 若 AL<9,转 PRINT
        ADD  AL,07                    ; 否则加 7 调整
PRINT:  MOV  DL,AL
        MOV  AH,2
        INT  21H                      ; 显示 DL 中的字符
        DEC                           ; 计数器减 1
        JNZ  ROTATE                   ; 不为 0 则转到循环入口
        RET                           ; 返回主程序
DISPALY  ENDP
```

```
; 子程序名: CRLF
; 功能: 产生回车换行
; 入口参数: 无
; 出口参数: 无
CRLF    PROC  NEAR
        MOV   DL,0DH              ; 显示回车符
        MOV   AH,2
        INT   21H
        MOV   DL,0AH              ; 显示换行符
        MOV   AH,2
        INT   21H
        RET                       ; 返回主程序
CRLF    ENDP

CODE    ENDS
        END   START
```

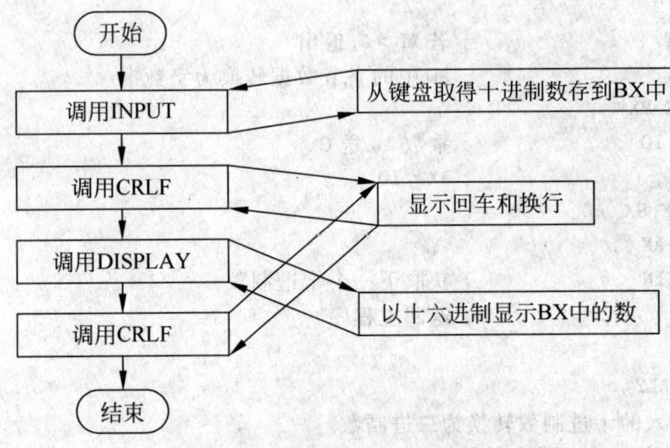

图 3-25　十进制到十六进制转换流程图

3.9　拓展工程训练项目

3.9.1　项目1：认识8086的寻址方式

1. 项目要求与目的

(1) 项目要求：通过各种寻址方式操作，了解8086寻址方式。

(2) 项目目的：通过项目了解8086汇编指令格式，并掌握8086的寻址方式。

2. 项目程序

各种寻址方式的程序代码如下：

```
DATA    SE GMENT                  ; 定义数据段开始
VALUE   DW 5678H,6060H
TABLE   DB 33H,55H,20H
DATA    ENDS                      ; 定义数据段结束
CODE    SEGMENT                   ; 定义代码段开始
```

```
        ASSUME CS: CODE,DS: DATA     ; 指定段寄存器
START:                               ; 程序开始
        MOV   AX,DATA                ; 这一行代码和下一行代码用来加载数据段
        MOV    DS,AX                 ; 加载数据段
        MOV   AX,1234H               ; (AX)←立即数 1234H
        MOV    BX,AX                 ; (BX)←(AX)
        MOV   AX,VALUE               ; 将 DS 段中 VALUE 单元的内容送给 AX
        MOV   [BX],2000H             ; 将立即数 2000H 送到偏移地址为 BX 的存储单元
        MOV   DL,80H                 ; (DL)←立即数 80H
        MOV   SI,0020H               ; (SI)←立即数 0020H
        MOV   [BX + SI],DL           ; 将 DL 的内容传送到偏移地址为 BX + SI 的存储单元
        MOV   TABLE[BX + SI],AL      ; 将 AX 的内容传送到偏移地址为 BX + SI + TABLE
                                     ; 的存储单元,TABLE 的值等于 VALUE 的值加 4
        MOV   AX,4C00H               ; 设置 AX,以便返回 DOS 调用
        INT 21H                      ; DOS 功能调用
CODE    ENDS                         ; 代码段结束
        END START                    ; 程序结束
```

3. 单步调试过程

目前常用的汇编程序有 Microsoft 公司推出的宏汇编程序 MASM(Microsoft Assembler)和 Borland 公司推出的 TASM(Turbo Assembler)两种。本书采用的是 MASM 6.11 版本。不妨把 MASM 6.11 汇编程序安装在 D 盘的 masm611 文件夹下。这里推荐使用 Masm Editor 编辑器,调试过程如下所示。

第 1 步:用 Notepad＋＋编辑以上源程序,以 addrmode. asm 文件名保存在 D:\MASM611\BIN 目录下。需要注意的是汇编源程序的后缀名必须是.asm。

第 2 步:单击开始菜单→运行→输入 cmd 并回车→输入 D:并回车→输入 cd masm611/bin 并回车→这时就进入了 D:\MASM611\BIN 目录下。操作示意图如图 3-26 所示。

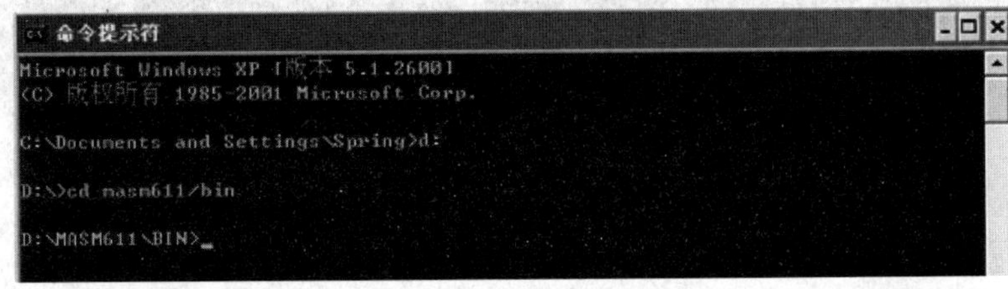

图 3-26　操作示意图

第 3 步:用 masm 汇编程序编译 addrmode. asm 源文件,用 link 连接程序连接目标文件(. obj)。

在图 3-26 中输入 masm addrmode 并回车→输入 link addrmode 并回车→如果源程序汇编和连接没有出错,则会生成可执行文件(addrmode. exe)。

第 4 步:在命令行中输入 cv addrmode. exe 并回车,则出现如图 3-27 所示界面。即进入单步调试状态。

在图 3-27 中按 F10 键,执行指令"MOV AX,DATA",执行后 AX＝12C3H,结果如图 3-28 所示。

继续按 F10 键,执行指令"MOV DS,AX"。执行后 DS＝12C3。

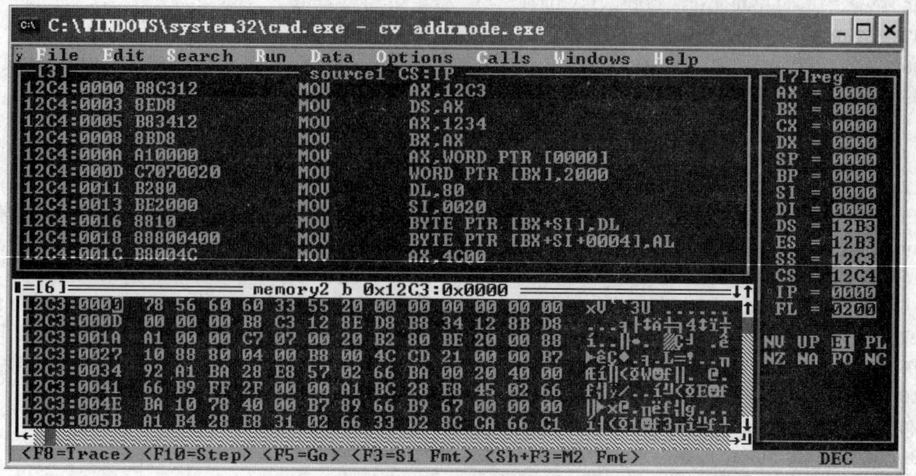

图 3-27 单步调试状态

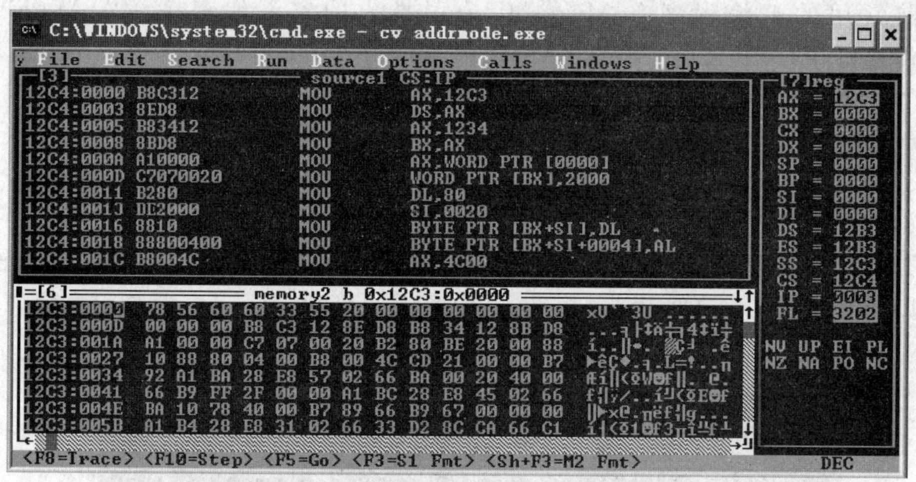

图 3-28 结果

按 F10 键,执行指令"MOV AX,1234H",执行后 AX=1234。

按 F10 键,执行指令"MOV BX,AX",执行后 BX=1234。

按 F10 键,执行指令"MOV AX,VALUE"(将 DS 段中 VALUE 单元的内容送给 AX),执行后 AX=5678。

按 F10 键,执行指令"MOV [BX],2000H"(将立即数 2000H 送到偏移地址为 BX 的存储单元)。执行后 12C3:1234 单元=00H,12C3:1235 单元=20H,结果如图 3-29 所示。

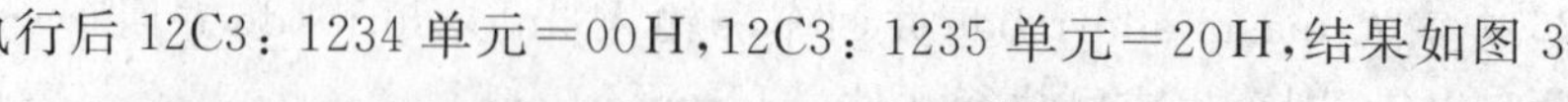

```
12C3:1234  00 20 3E EE 14 89 3E CE 14 80 3E F4 14
```

图 3-29 运行结果

按 F10 键,执行指令"MOV DL,80H",执行后 DX=0080,即 DL=80H。

按 F10 键,执行指令"MOV SI,0020H",执行后 SI=0020。

按 F10 键，执行指令“MOV [BX+SI]”，DL（将 DL 的内容传送到偏移地址为 BX+SI 的存储单元），执行后 12C3：1254 单元＝80H，结果如图 3-30 所示。

```
12C3:1254  80 A5 2E 8B 87 62 06 0B C0 74 AA FF 36
```

图 3-30　运行结果

按 F10 键，执行指令“MOV TABLE[BX+SI]”，AL（将 AX 的内容传送到偏移地址为 BX+SI+TABLE 的存储单元，TABLE 的值等于 VALUE 的值加 4），执行后 12C3：1258 单元＝78H，结果如图 3-31 所示。

```
12C3:1258  78 62 06 0B C0 74 AA FF 36 F8 14 8F 06
```

图 3-31　运行结果

接下来这两条指令，返回 DOS 调用。本程序就调试到这里，下面介绍汇编语言指令格式与寻址方式。

3.9.2　项目 2：内存数据的移动

1. 项目要求与目的

（1）项目要求：编写程序把数据段的字符串数据移动到附加段中。具体要求是把数据段中以 dstring 地址标号为开始地址的“hello，world!”字符串移动到附加段以 dstring 地址标号为开始的地址中去。

（2）项目目的：通过项目学习汇编的数据传送指令和串处理类指令，巩固上一节的寻址方式，学习汇编程序设计。

2. 项目程序设计

（1）程序流程图

设计思想：从源串中取一个字符到 AL 中，然后把刚取到的字符放到目的串指定位置，重复这样的过程，直到把源串的字符取完为止。程序流程如图 3-32 所示。

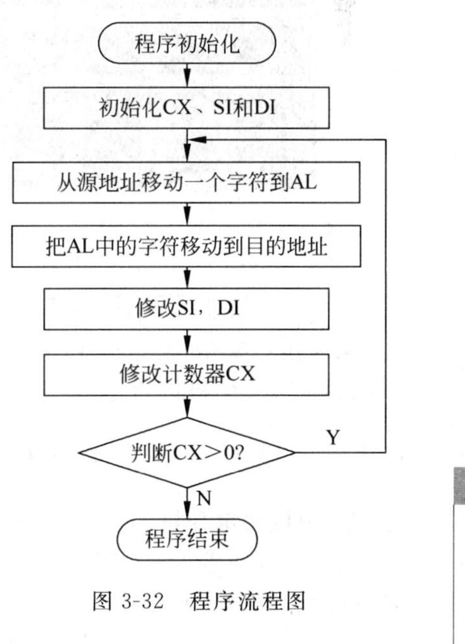

图 3-32　程序流程图

（2）程序清单

实现这样功能的程序方法很多，下面给出了实现这一功能的完整程序清单。其中 16～22 行是本程序的核心代码。

```
0001  DSEG  SEGMENT                              ⎫
0002        dstring  db  'hello,world!'          ⎪
0003  DSEG ENDS                                  ⎪
0004  ESSEG  SEGMENT                             ⎬程序的头部
0005        sstring  db  12  dup(?)              ⎪
0006  ESSEG  ENDS                                ⎪
0007  CODE  SEGMENT                              ⎪
0008  ASSUME  CS:CODE,DS:DSEG,ES:ESSEG           ⎭
```

```
0009  MAIN:mov  ax,dseg
0010       mov  ds,ax
0011       mov  ax,esseg
0012       mov  es,ax
0013       mov  cx,12
0014       lea  si,dstring
0015       lea  di,sstring
0016  lop: mov  al,dstring[si]
0017       mov  es:sstring[di],al
0018       inc  di
0019       inc  si
0020       dec  cx
0021       cmp  cx,0
0022       ja  lop
0023        mov  ax,4c00h                    ; 返回 DOS
0024          int  21h
0025  CODE  ENDS
0026        END  MAIN
```

9～12 行程序初始化段

13～15 行初始化 CX、DI、SI

16～22 行程序核心代码

25 行代码段结束

26 行程序结束

(3) 调试过程

第 1 步：编译过程请参照项目 1 的调试指导。

第 2 步：进入程序调试界面，如图 3-33 所示。

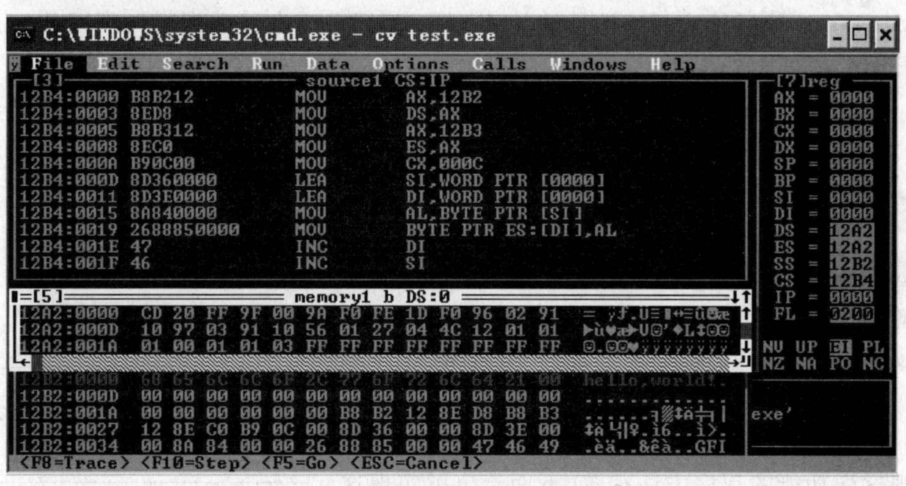

图 3-33　项目 2 程序调试界面

第 3 步：按 F10 键，执行到“mov cx,000c”时，这时程序状态如图 3-34 所示。

第 4 步：接着继续按 F10 键执行程序，最终结果如图 3-35 所示。

从图 3-35 中可以看出，程序确实把数据段的“hello,world!”移动到附加段中去了。

3.9.3　项目 3：多字节的乘法

1. 项目要求与目的

(1) 项目要求：编写程序实现无符号数相乘，把缓冲区里存放的一个 24 位被乘数和一个 8 位乘数相乘，结果保存在 32 位的存储空间中(24 位的数与 8 位的数的乘积不会超过 32 位)。

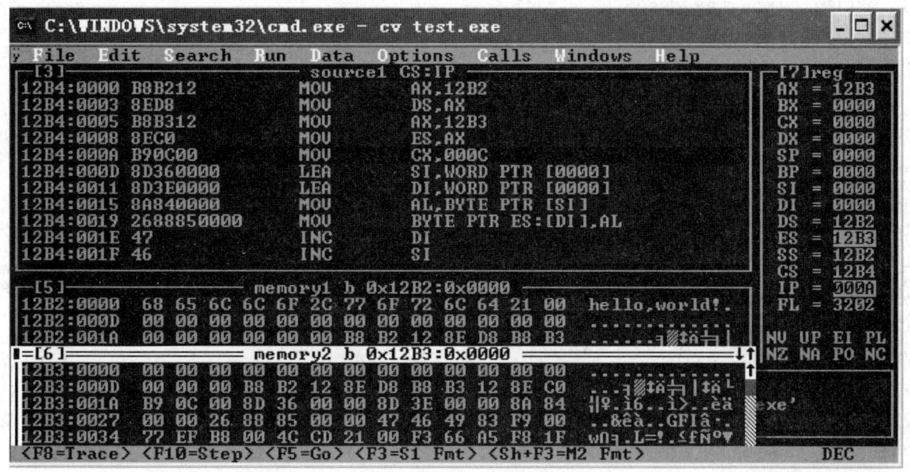

图 3-34　程序状态

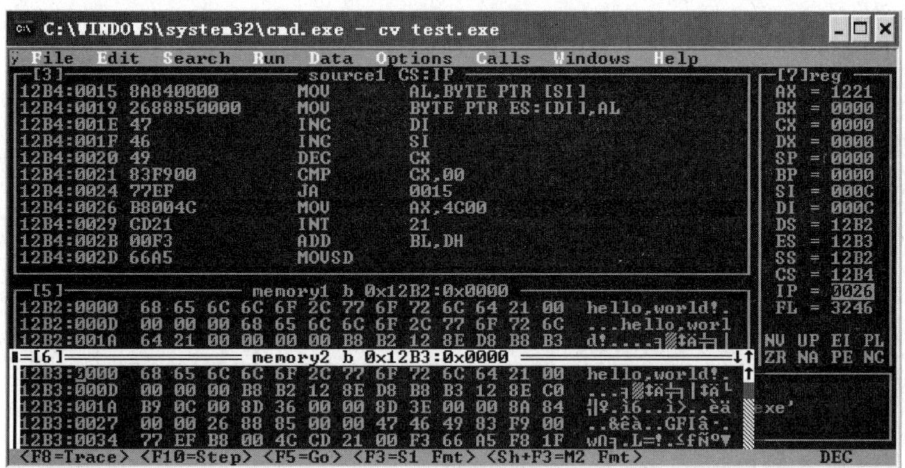

图 3-35　程序最终结果

（2）项目目的：通过项目学习算术运算指令和逻辑指令。

2. 项目程序设计

设计思路如图 3-36 所示。

（1）程序流程图如图 3-37 所示。

（2）程序清单如下所示。

```
DSEG SEGMENT
  number 1  db  12h,34h,56h          ; 被乘数 563412h,显然是 24 位
  number 2  db  10h                  ; 乘数 10h
  number 3  dw  2  dup('?')          ; 保存乘积
DSEG  ENDS

CSEG  SEGMENT
  assumecs:CSGE,ds:DSEG
```

```
MAIN:   mov   ax,dseg
        mov   ds ax                 ; 加载数据段
        mov   al,number 1           ; 取被乘数低 8 位
        mov   ah,number 1 + 1       ; 取被乘数中间 8 位
        mov   bl,number2            ; 取乘数
        mov   bh,00h                ; 置 bh = 0h
        mul   bx                    ; dx,ax = ax * bx
        mov   si,ax                 ; 把 ax,转存到 si
        mov   di,dx                 ; 把 dx,转存到 di
        mov   al,number 1 + 2       ; 取被乘数高 8 位
        mul   bl                    ; ax = al * bl
        add   ax,di                 ; ax = ax * di
        mov   number 3,si           ; 把 si 存到 number 3 和 number 3 + 1 单元中
        mov   number 3 + 2,ax       ; 把 ax 存到 number 3 + 2 和 number 3 + 3 单元中
        mov   ax,4c00h              ; 返回 DOS
        int   21h
CSEG  ENDS
END  MAIN
```

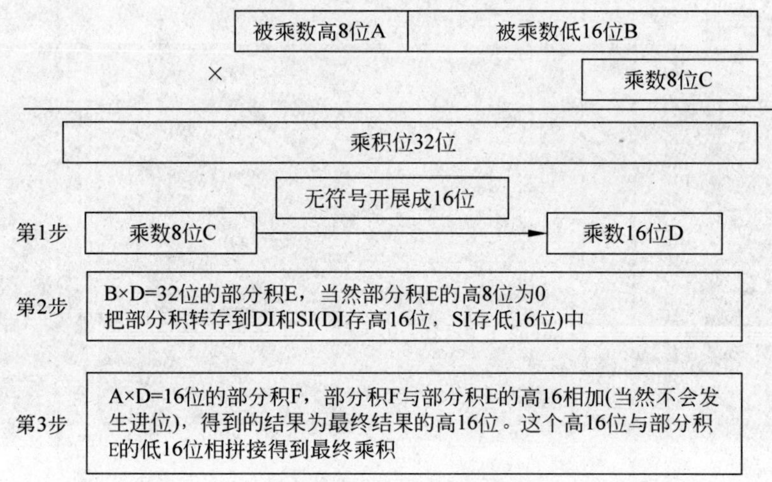

图 3-36　设计思路图

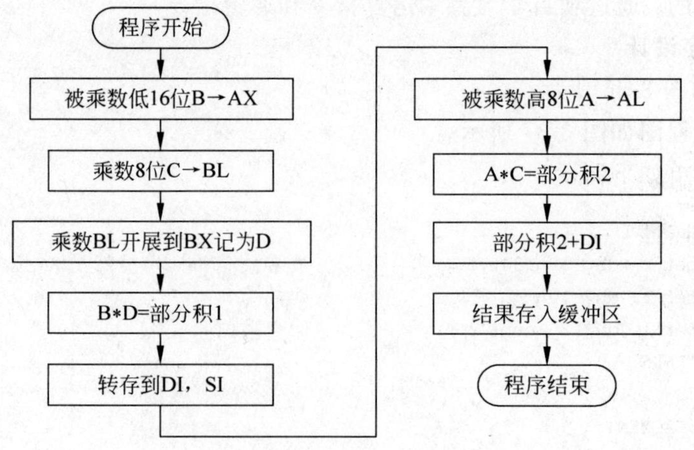

图 3-37　程序流程图

(3) 调试过程

第 1 步：编译过程请参照项目 1 的调试指导。

第 2 步：进入程序调试界面，如图 3-38 所示。

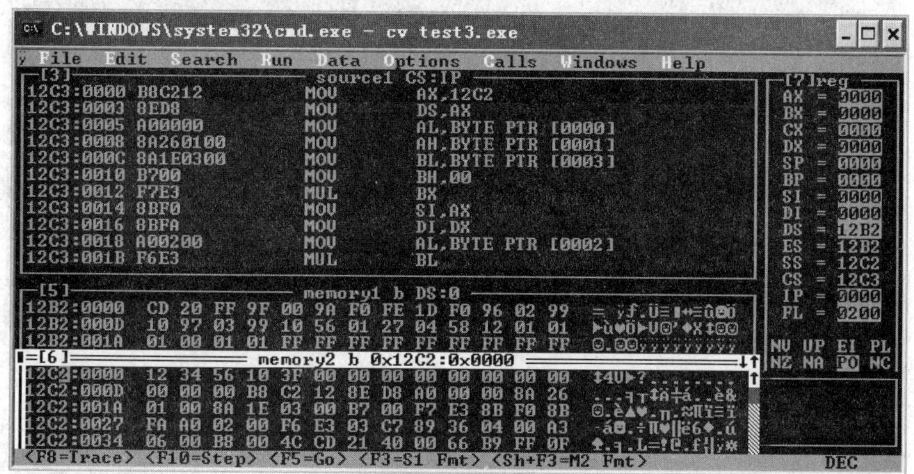

图 3-38　程序调试界面

第 3 步：按 F10 键运行此程序，运行到完成"mov ds，ax"指令时，结果如图 3-39 所示。

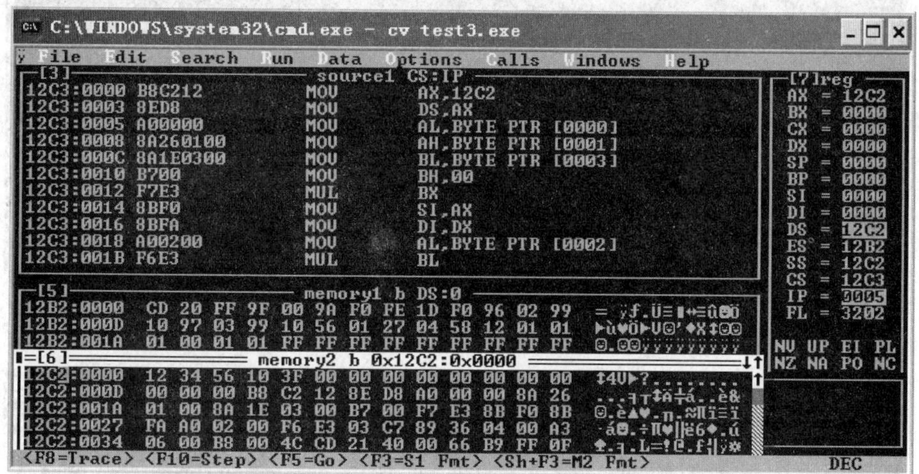

图 3-39　运行结果

第 4 步：继续按 F10 键运行程序，运行到第一次乘法完时结果是(DX，AX)＝00034120h，即如图 3-40 所示。

第 5 步：继续按 F10 键运行程序，运行到第二次乘法完时结果是(AX)＝0560h，即如图 3-41 所示。

第 6 步：继续按 F10 键运行程序，运行到"add ax，di"这条指令时，结果是(AX)＝0563h，即最终计算结果的高 16 位，如图 3-42 所示。

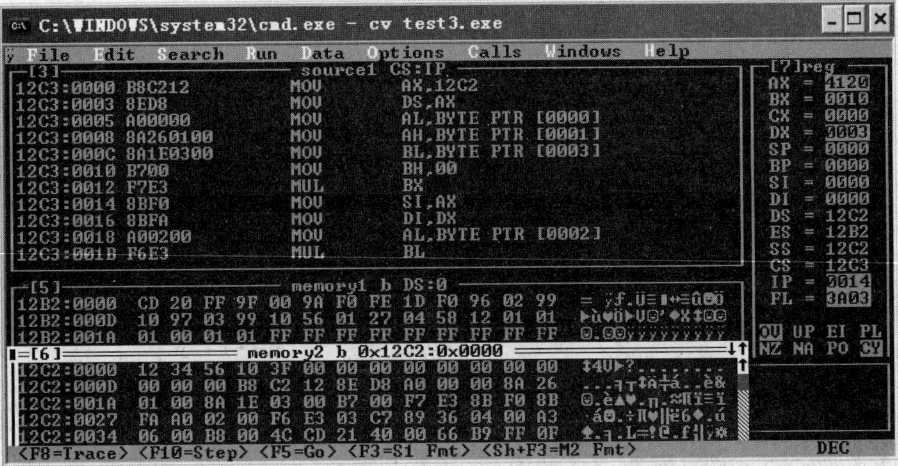

图 3-40 运行结果

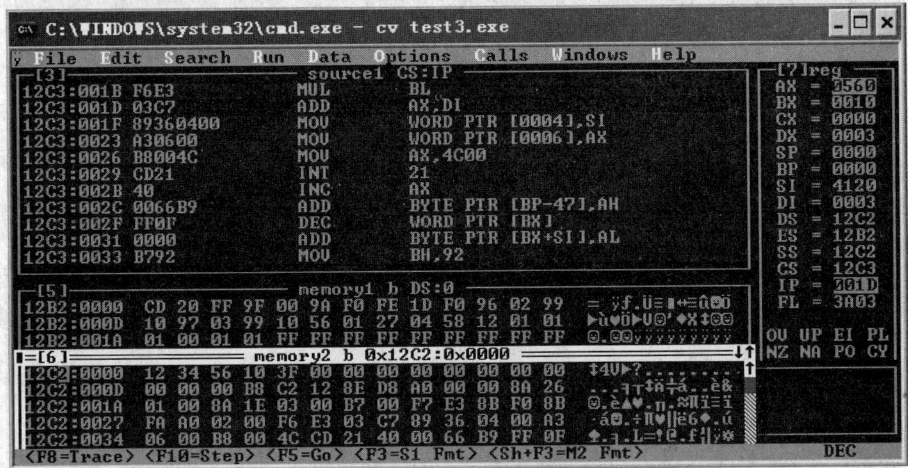

图 3-41 运行结果

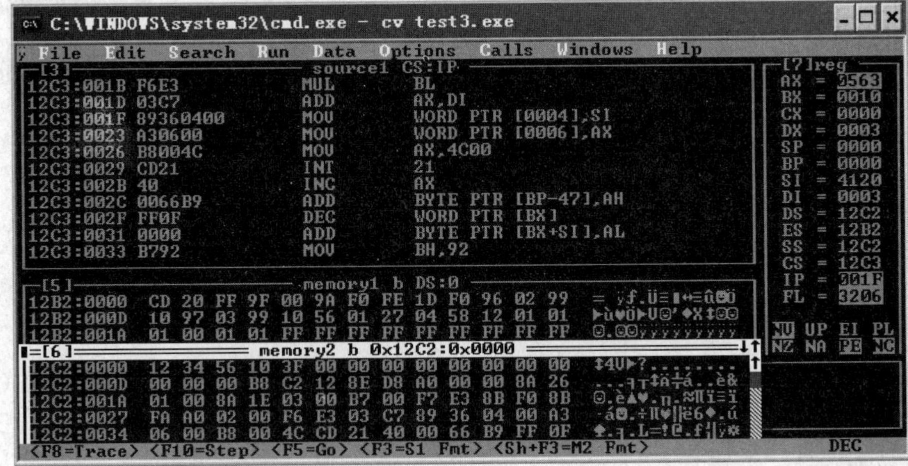

图 3-42 运行结果

第 7 步：继续按 F10 键运行程序，运行到程序结束时结果是 563412h＊10h＝05634120h，如图 3-43 所示。

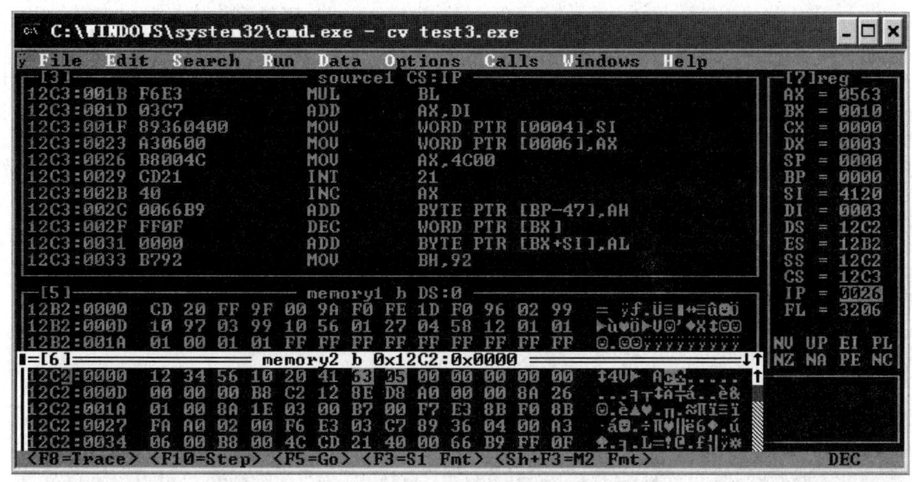

图 3-43　运行结果

说明：本程序完成了 24 位与 8 位无符号数的相乘。被乘数在 12C2：0000～12C2：0002 这 3 个单元中(563412h)，乘数在 12C2：0003 号单元中(10h)，而乘积保存在 12C2：0004～12C2：0007 这 4 个单元中(05634120h)。

3.9.4　项目 4：计算|x－y|

1. 项目要求与目的

(1) 项目要求：编写程序计算 $|x-y|$ 的值，把计算结果存入到标号为 sum 的内存单元中。

(2) 项目目的：学习汇编的控制转移指令和处理机控制指令以及分支的程序设计方法。

2. 项目程序设计

(1) 程序流程图

设计思想：判断 $x-y<0$ 是否成立。如果 $x-y<0$，则把结果取反。否则即为 $|x-y|$ 的运算结果。程序流程图如图 3-44 所示。

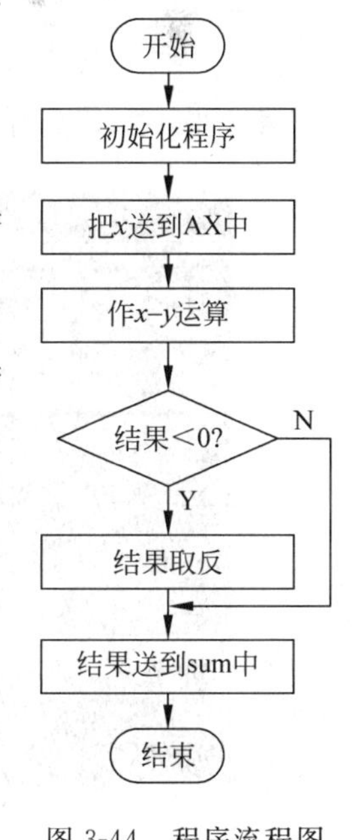

图 3-44　程序流程图

(2) 程序清单

数是以补码的形式存储在存储器中的，在结果与零比较时用带符号的比较转移指令。

程序清单如下。

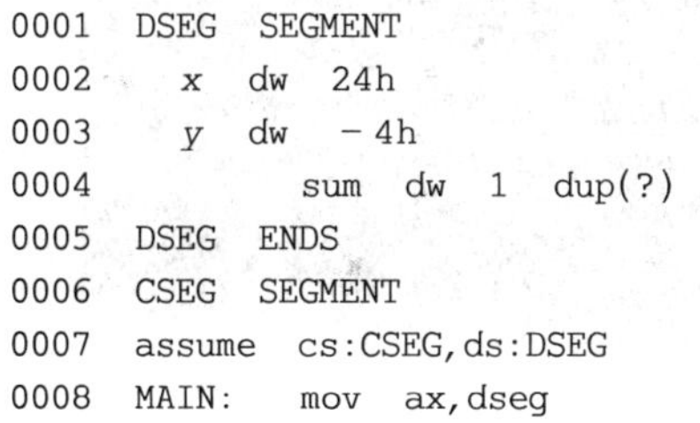

```
DSEG   SEGMENT
    x   dw   24h
    y   dw   - 4h
          sum   dw   1   dup(?)
DSEG   ENDS
CSEG   SEGMENT
assume   cs:CSEG,ds:DSEG
MAIN:    mov   ax,dseg
```

```
        mov   ds,ax           ; 加载数据段
        mov   ax,x            ; 把 x 送到 ax 中
        sub   ax,y            ; 执行 x - y
        jl    below           ; 若 x - y < 0,则转到 below 处
        jmp next              ; 无条件转到 next 处
below:  neg   ax              ; 把运算结果取反
next:   mov   sum,ax          ; 把结果送到 sum 中
        mov   ax,4c00h        ; 返回 DOS
        int   21h
CSEG  ENDS
END   MAIN
```

3. 调试过程

第 1 步：编译过程请参照项目 1 的调试指导。

第 2 步：进入程序调试界面,如图 3-45 所示。

图 3-45　程序调试界面

第 3 步：按 F10 键执行程序,执行到“mov ax,x”指令时,结果如图 3-46 所示。

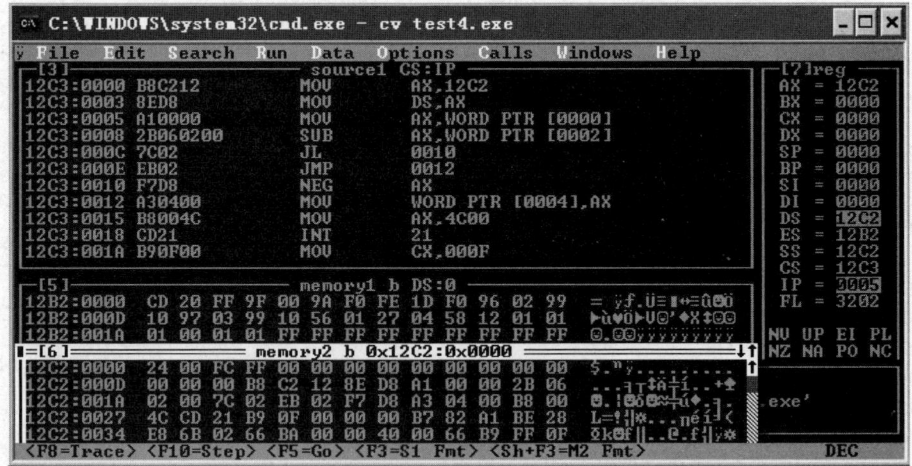

图 3-46　运行结果

第 4 步：继续按 F10 键执行程序，执行到指令“sub ax,y”时，结果如图 3-47 所示。

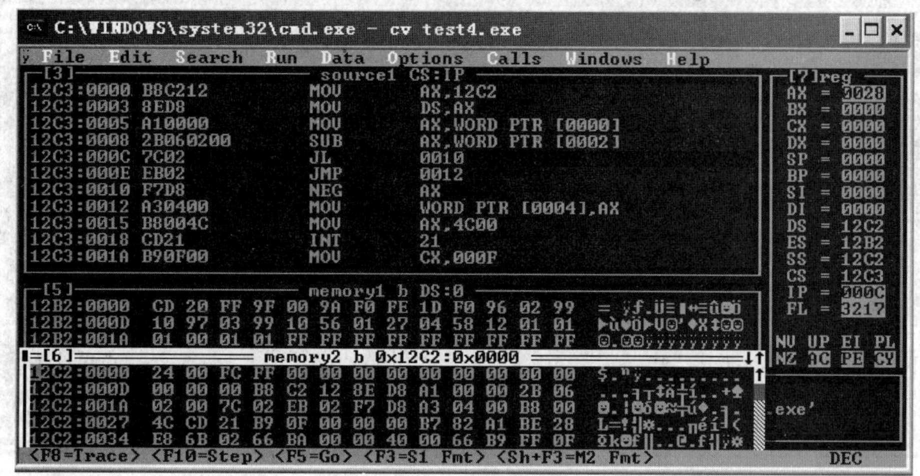

图 3-47　运行结果

第 5 步：继续按 F10 键执行程序，执行“jl below”指令后，结果如图 3-48 所示。

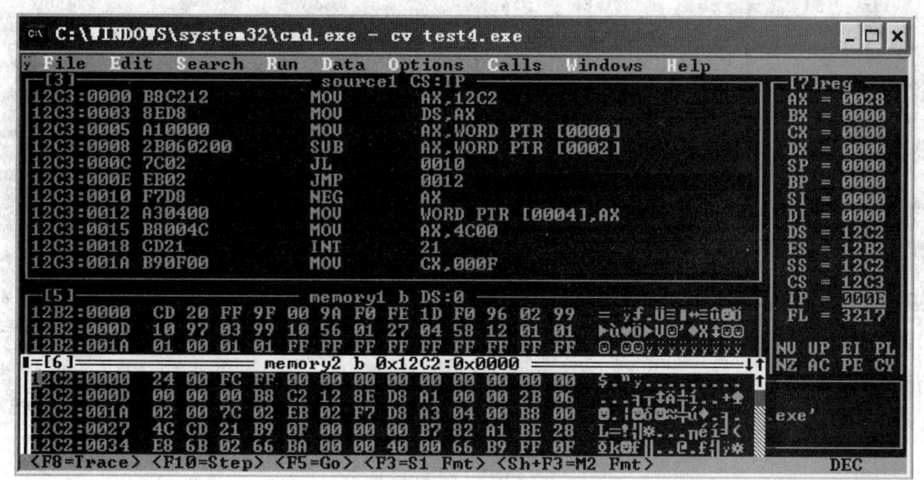

图 3-48　运行结果

第 6 步：继续按 F10 键执行程序，执行“jmp next”指令后，结果如图 3-49 所示。

第 7 步：继续按 F10 键执行程序，执行“mov sum,ax”指令后，这时运算结果送到了 sum 中。结果如图 3-50 所示。

说明：本程序实现运算 $|x-y|$ 的值，在调试程序中，为了简便，给出了具体的 x 和 y 的值，在实际中，往往 x 和 y 的值并不是这样。同学们可以随意地改变 x 和 y 的值，来验证运算结果是否是正确的。

3.9.5　项目 5：把字符串显示到屏幕上

1. 项目要求与目的

(1) 项目要求：编写程序实现把附加段的字符串“hello world!”显示到屏幕上。

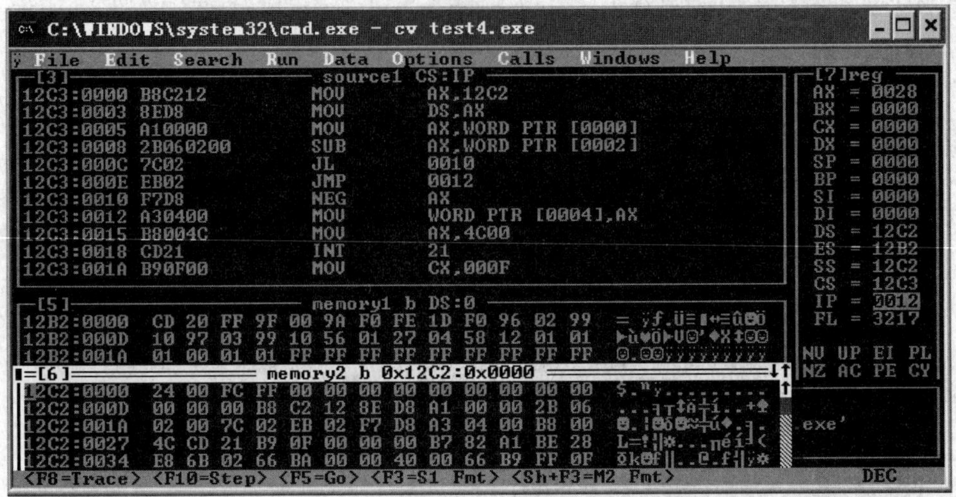

图 3-49　运行结果

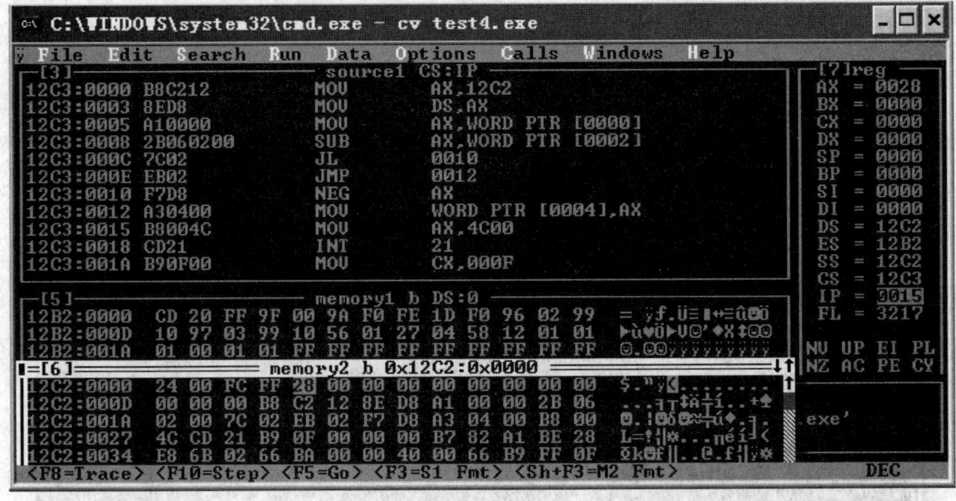

图 3-50　运行结果

(2) 项目目的：学习汇编的上机调试和汇编语言程序格式以及程序设计方法。

2. 项目程序设计

(1) 程序流程图

设计思想一：运用 DOS 系统功能调用 INT 21H 的 9 号功能。DOS 系统功能调用的 9 号功能是显示字符串，它调用的参数 DS：DX＝串地址，且字符串以'＄'结束。本程序流程图如图 3-51(a)所示。

设计思想二：运用 DOS 系统功能调用 INT 21H 的 2 号功能。DOS 系统功能调用的 2 号功能是显示输出(显示字符)，它调用的参数 DL＝输出字符。用于字符串是字符序列组成的情况，可以用循环的方式连续输出字符串的每个字符，达到输出字符串的目的。本程序流程图如图 3-51(b)所示。

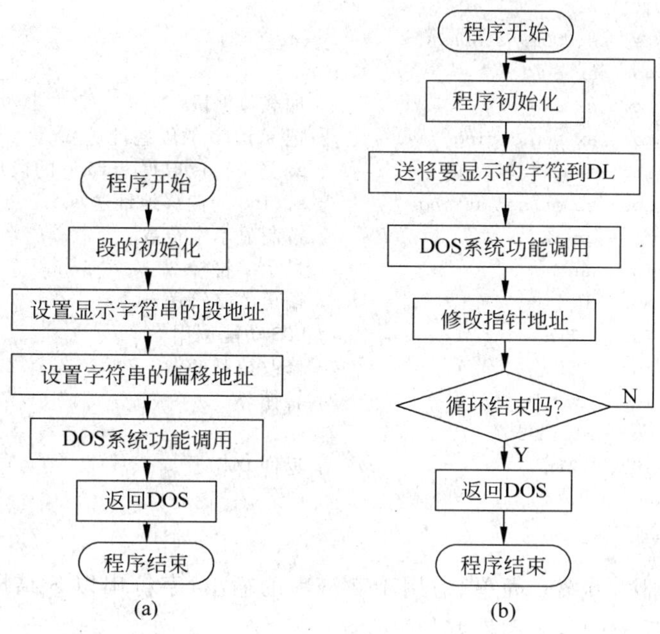

图 3-51　程序流程图

(2) 程序清单

方案一：程序清单如下所示。

```
SDATA   SEGMENT
   ; 字符串 hello,world!, $ 是字符串的结束标记
   string  db 'hello,world','$'
SDATA   ENDS

CODE   SEGMENT
      assume  cs:CODE, ss:SDATA
START:    mov    ax, SDATA
          mov    ss, ax                    ; 加载数据段
          mov    ax, seg string            ; 把 string 的段地址送 ax
          mov    ds, ax                    ; ax 送 ds, ds 取得 string 的段地址
          mov    dx, offset string         ; string 的偏移地址送 dx
          mov    ah, 9                     ; 字符串显示
          int    21h                       ; DOS 功能调用
          mov    ax, 4c00h
          int    21h                       ; 返回 DOS
CODE   ENDS
END   START
```

方案二：程序清单如下所示。

```
SDATA   SEGMENT
   ; 字符串 hello,world!, $ 是字符串的结束标记
   string  db 'hello,world!','$'
SDATA   ENDS

```

```
CODE  SEGMENT
      assume  cs:CODE,ss:SDATA
START:  mov  ax,SDATA
        mov  ss,ax                   ; 加载数据段
        mov  ax,seg string           ; 把 string 的段地址送 ax
        mov  ds,ax                   ; ax 送 ds,ds 取得 string 的段地址
        mov  si,offset string        ; string 的偏移地址送 si
        mov  cx,12                   ; 按制显示字符数
        mov  ah,2                    ; 显示字符
display:mov  dl,[si]                 ; 输出的字符送 dl
        int   21h                    ; DOS 功能调用
        inc   si                     ; 修改控制变量
        loop  display                ; 转循环
        mov  ax,4c00h
        int   21h                    ; 返回 DOS
CODE  ENDS
END  START
```

两种方案的对比,方案一简单、适用于字符串的输出,字符串以$结尾。方案二稍微难些,但输出字符灵活、方便,实用性好。

(3) 调试过程

汇编语言程序的建立、汇编、连接、运行和调试步骤请参照图3-17以及项目1的调试步骤。前面的4个项目程序,直接运行时,是看不到结果的,由于它们的结果并没有输出到显示器,所以看不到,只能通过调试看到结果以及每条指令的执行动作。而这个项目程序,直接运行连接后的可执行(.exe)文件,就可以在显示器上看到输出结果。本程序请自己去调试,由于篇幅有限,这里不再叙述。

3.9.6 项目6:折半查找

1. 项目要求与目的

(1) 项目要求:

编写程序实现:在数据段中,有一个按从小到大顺序排列的无符号数组,其首地址存放在SI寄存器中,数组中的第一个单元存放着数组长度。在key单元中有一个无符号数,要求在数组中查找是否存在key这个数,如找到,则使CF=0,并在DI中给出该单元在数组中的偏移地址;如未找到,则使CF=1。

(2) 项目目的:

学习汇编的汇编语言程序结构,结构化程序设计方法和常用算法设计。

2. 项目程序设计

(1) 程序流程图

设计思想:对于这个表格查找,可以使用顺序查找和折半查找的算法思想。当然顺序查找程序简单,效率不高。而折半查找程序复杂,效率高,查找数据有序。本项目采用折半查找方式。

在一个长度为N的有序数组r中,查找元素k的折半查找算法可描述如下:

① 初始化被查找数组的尾下标,low←1,high←N。

② 若 low＞high，则查找失败，CF＝1，退出程序。

否则，计算中点：mid←(low＋high)/2。

③ k 与中点元素 r[mid]比较。若 k＝ r[mid]，则查找成功，结束程序；若 k＜ r[mid]，则转到步骤④；若 k＞ r[mid]，则转到步骤⑤。

④ 低半部分查找(lower)，high←mid－1，返回步骤②，继续执行。

⑤ 高半部分查找(higher)，low←mid＋1，返回步骤②，继续执行。

程序流程图如图 3-52 所示。

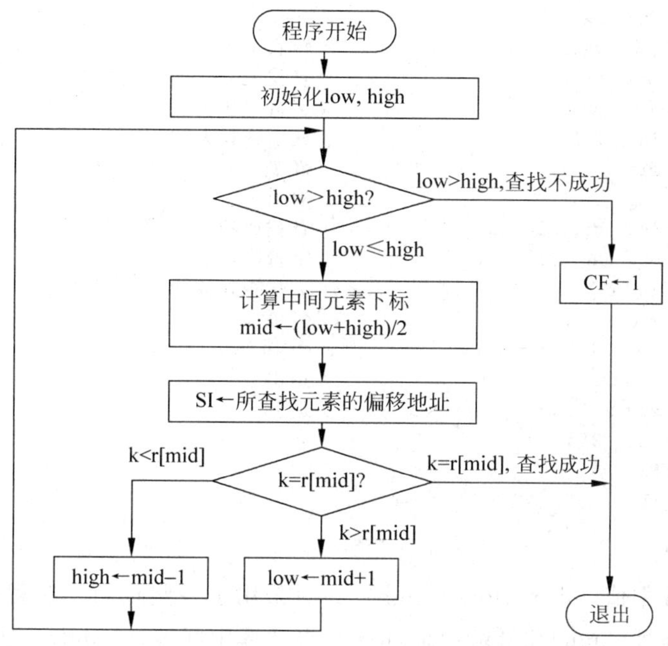

图 3-52　折半查找流程图

(2) 程序清单

程序清单如下所示。

```
DSGE  SEGMENT
   ; 数组 array,为查找数组,第一个单元存放着数组长度
   array  db  13,45,49,54,66,78,83,85,89,94,99,123,233,245
   key  db  45
   cgl  db  'cha zhao cheng gong','$'
   errorl  db  'cha zhao shi bai','$'
DSEG  ENDS
CSEG  SEGMENT
      assume  cs:CSEG,ds,DSEG
start;  mov  ax,dseg
        mov  ds,ax
        mov  aL,key              ; 查找键送 AL
        lea  si,array            ; 把数组的首地址送 si
        mov  bh,array            ; 把数组元素个数 bl
        mov  bh,0                ; 把数组元素个数 bx
        inc  si
main:   cmp  bx,0
```

```
0018            jl error                ; 转到查找失败
0019            shr  bx,1               ; 相当于 bx 除以 2
0020            cmp  al,[bx+si]         ; mid=bx+si
0021            ja higher               ; 若大于,则转到高半部分
0022            ja lower                ; 若小于,则转到低半部分
0023            jmp cg                  ; 转到查找成功
0024   higher:  add  si,bx              ; 高半部分
0025            inc  si
0026            jmp  main               ; 转到 main
0027   lower:   add  si,0               ; 低半部分
0028            dec  bx
0029            jmp  main               ; 转到 main
0030   error:   lea  dx,errorl          ; 查找失败
0031            mov  ah,09h             ; 字符串显示
0032            int  21h                ; 显示查找失败
0033            clc                     ; cf 置 0
0034            jmp  exit               ; 退出
0035   cg:      lea  dx,cgl             ; 查找成功
0036            mov  ah,09h             ; 字符串显示
0037            int 21h                 ; 显示查找成功
0038            stc                     ; cf 置 0
0039            mov  di,[bx+si]         ; di 保存
0040            jmp exit                ; 退出
0041   exit:    movax,4c00h             ; 返 DOS
0042            int  21h
0043   CSEG  ENDS
0044   END   start
```

(3) 调试过程

此程序在计算中值(mid←(low+high)/2)时采用了一些技巧。在程序思想的描述上，应该计算出高端地址(high)和低端地址(low)，再计算中间地址(mid)。实际上需要的是中间地址(mid)，没有必要一定计算出高端地址和低端地址。在程序的第20行处，bx+si表示的是中值地址，“cmp al,[bx+si]”这条指令表示ax与中值进行比较。本程序稍作修改，就可实现更广泛的应用。

由于篇幅有限，不在这里展示调试步骤和结果，请读者参照项目1自行调试。

3.9.7 项目7：从键盘中接收字符

1. 项目要求与目的

(1) 项目要求：

编写程序实现：从键盘输入字符，把输入的字符存入buf缓冲区中。

(2) 项目目的：

学习如何调用BIOS和DOS中断，学习从输入设备接收输入的字符或命令，怎样把信息输出到输出设备。

2. 项目程序设计

(1) 程序流程图

设计思想：利用键盘输入中断调用。

方案一：利用BIOS键盘中断。用INT 16H的0号功能调用，在AL中的内容为字符

码，即输入字符的 ASCII 码，在 AH 中的内容为扫描码，运用循环就可以实现多次输入。程序流程图如图 3-53(a)所示。

方案二：利用 DOS 键盘中断。用 INT 21H 的 1 号功能(输入并回显)调用，在 AL 中的内容为字符码，即输入字符的 ASCII 码，运用循环就可以实现多次输入。程序流程图如图 3-53(b)所示。

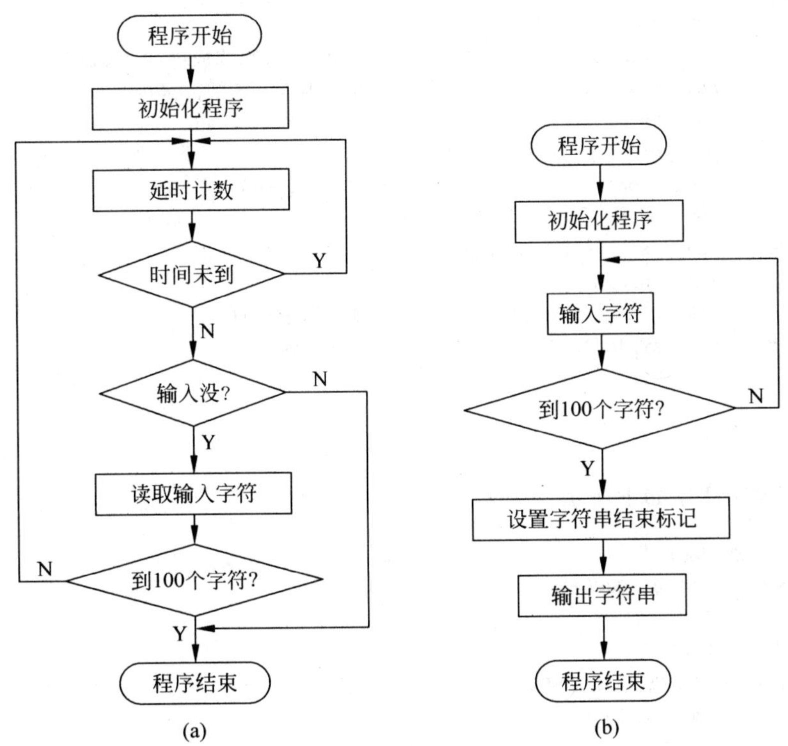

图 3-53　程序流程图

(2) 程序清单

方案一：程序清单如下所示。

```
DSEG  SEGMENT
  buf  db  100  DUP(?)
  mess  db  'no character! ',10,13,' $ '
DSEG  ENDS
CSEG  SEGMENT
  assume  cs:CSEG,ds:DSEG
start:  mov  ax,dseg
        mov  ds,ax
        mov  cx,100              ;设置要输入的字符数
        mov  bx,offseg  buf      ;设置缓冲区首地址
lop1:   mov  ah,1
        push  cx
        mov  cx,0
        mov  dx,0
        int  1ah                 ;设置时间计数器值为 0
```

```
lop2:   mov  ah,0
        int  1ah                         ; 读取时间计数值
        cmp  dl,100
        jnz  lop2                        ; 定时未到,等待
        mov  al,1
        int  16h                         ; 判断有无键入字符
        jz   done                        ; 无键输入,则结束
        mov  ah,0
        int  16h                         ; 有键输入,则读取键的 ASCII 码
        mov  [bx],al                     ; 存入内存 buf 缓冲区中
        inc  bx
        pop  cx
        loop  lop1                       ; 100 个位输完,转 Lop1
        jmp  exit
done:   mov  dx,offset  mess
        mov  ah,09h
        int  21h                         ; 显示提示信息
exit:   mov  ax,4c00h;                   ; 返回 DOS
        int  21h
CSEG  ENDS
END  start
```

方案二：程序清单如下所示。

```
DSEG  SEGMENT
  buf  db  100  DUP(?)
DSEG  ENDS
CSEG  SEGMENT
  assume  cs:CSEG,ds,DSEG
start:  mov  ax,dseg
        mov  ds,ax
        mov  cx,10                       ; 设置要输入的字符数
        mov  bx,offseg  buf              ; 设置缓冲区首地址
lop1:   mov  ah,1
        int  21h                         ; 读取键的 ASCII 码并回显
        mov  [bx],al                     ; 存入内存 buf 缓冲区中
        inc  bx
        loop  lop1                       ; 100 个位输完,转 Lop1
        mov  al  '$'
        mov  [bx],al                     ; 设置输入字符结束标记
        mov  dx,offseg  buf
        mov  ah,9
        int  21h                         ; 显示输入字符
        jmp  exit
exit:   mov  ax,4c00h                    ; 返回 DOS
        int  21h
CSEG  ENDS
END  start
```

(3) 调试过程

请参照项目 1 进行调试,本程序可直接运行。

3.9.8 项目8：排序

1. 项目要求与目的

(1) 项目要求：

编写程序实现：在数据段中，有一个无序排列的无符号数组，这无符号数组存放的就是某次考试的学生成绩，其首地址存放在SI寄存器中，数组中的第一个单元存放着数组长度，即考试考生人数。要求对这个无符号数组按降序排序，当然数组的第一个单元存放的仍然为数组长度。

(2) 项目目的：

学习汇编的子程序结构和模块化程序设计方法。

2. 项目程序设计

(1) 程序流程图

设计思想：对于这个排序问题，可以采用基本排序算法(如冒泡排序，简单选择排序，插入排序等)，也可以采用高级排序算法(如堆排序，归并排序，快速排序等)。当然基本排序程序简单，效率不高。而高级排序程序复杂，效率高。本项目为了使程序简单，采用基本排序的冒泡排序。

简单选择排序的基本思想：对文件进行 $n-1$ 趟排序，第 i 趟($i=1,2,\cdots,n-1$)是在从 i 到 n 的 $n-i+1$ 个记录中选择关键字最小(最大)的记录，并将它与第 i 个记录进行交换。

这里采用子程序结构，整个程序包括一个主程序和两个子程序，程序流程图如图3-54所示。这两个子程序是：

① XZPX：功能是对数组元素进行降序排序。

入口参数：采用寄存器SI传递参数。

出口参数：无。

② DISPLAY：功能是将数组元素输出在屏幕上显示。

入口参数：采用寄存器SI传递参数。

出口参数：无。

(2) 程序清单

程序清单如下所示。

```
DSEG  SEGMENT
  ；数组 array，为查找数组，第一个单元存放着数组长度
  array  db  13,65,66,97,68,69,70,71,72,73,98,75,76,77
DSEG  ENDS
CSEG  SEGMENT
  assume  cs:CSEG,ds:DSEG
start:   mov  ax,dseg
         mov  ds,ax
         lea  si,array                ；把数组的首地址送 si
         CALL  DISPLAY
         CALL  XZPX
         CALL  DISPLAY
         JMP  EXIT

；子程序名：XZPX
；功能：对数组元素进行降序排序
```

```
; 入口参数: 采用寄存器 SI 传递参数
; 出口参数: 无
XZPX    PROC   NEAR
        PUSH   AX
        PUSH   BX
        PUSH   CX
        PUSH   DX
        PUSH   SI
        PUSHF
        MOV  CL,[SI]                    ; 数组元素个数读入 CL 中
        MOV  CH,0                       ; CX 保存数组元素个数
        MOV  BX,SI
        INC  BX                         ; BX 指向数组的第一个元素
        MOV  DX,0                       ; DX 用于循环计数
LOP1:   MOV  SI,DX                      ; DX 送 SI
        MOV  DI,SI
        MOV  AL,[BX + SI]
        INC  SI
LOP2:   CMP  AL,[BX + SI]               ; AL 与[BX + SI]比较
        JAE  GO                         ; 大于等于,转 GO
        MOV  AL,[bx + si]               ; 否则[BX + SI]送 AL
        MOV  DI,SI                      ; DI 记下大元素下标
GO:     INC  SI                         ; SI 加 1
        CMP  SI,CX
        JB  LOP2                        ; 小于转 LOP2
        MOV  SI,DX
        XCHG  [BX + SI],AL
        XCHG  [BX + DI],AL              ; [BX + DI]与[BX + SI]
        INC  DX
        CMP  DX,CX
        JB  LOP1                        ; 小于转 LOP2
        POPF
        POP  SI
        POP  DX
        POP  CX
        POP  BX
        POP  AX                         ; 恢复现场
        RET                             ; 返回主程序
xzpx  ENDP

; 子程序名: DISPLAY
; 功能: 将数组元素输出在屏幕上显示
; 入口参数: 采用寄存器 SI 传递参数
; 出口参数: 无
DISPLAY PROC   NEAR
        PUSH   AX
        PUSH   CX
        PUSH   DX
        PUSH   SI
        PUSHF
        MOV  CL,[SI]                    ;数组元素个数读入 CL 中
        MOV  CH,0                       ;CX 保存数组元素个数
        INC  CX
LOP3:   MOV  DL,[SI]                    ;[SI]送 DL
        MOV  AH,2
        INT  21H
        INC  SI
```

```
        LOOP   LOP3                   ;小于转 LOP3
        POPF
        POP   SI
        POP   DX
        POP   CX
        POP   AX                      ;恢复现场
        RET                           ;返回主程序
DISPLAY  ENDP

EXIT:   mov   ax,4c00h                ;返回 DOS
        int   21h
CSEG   ENDS
END   start
```

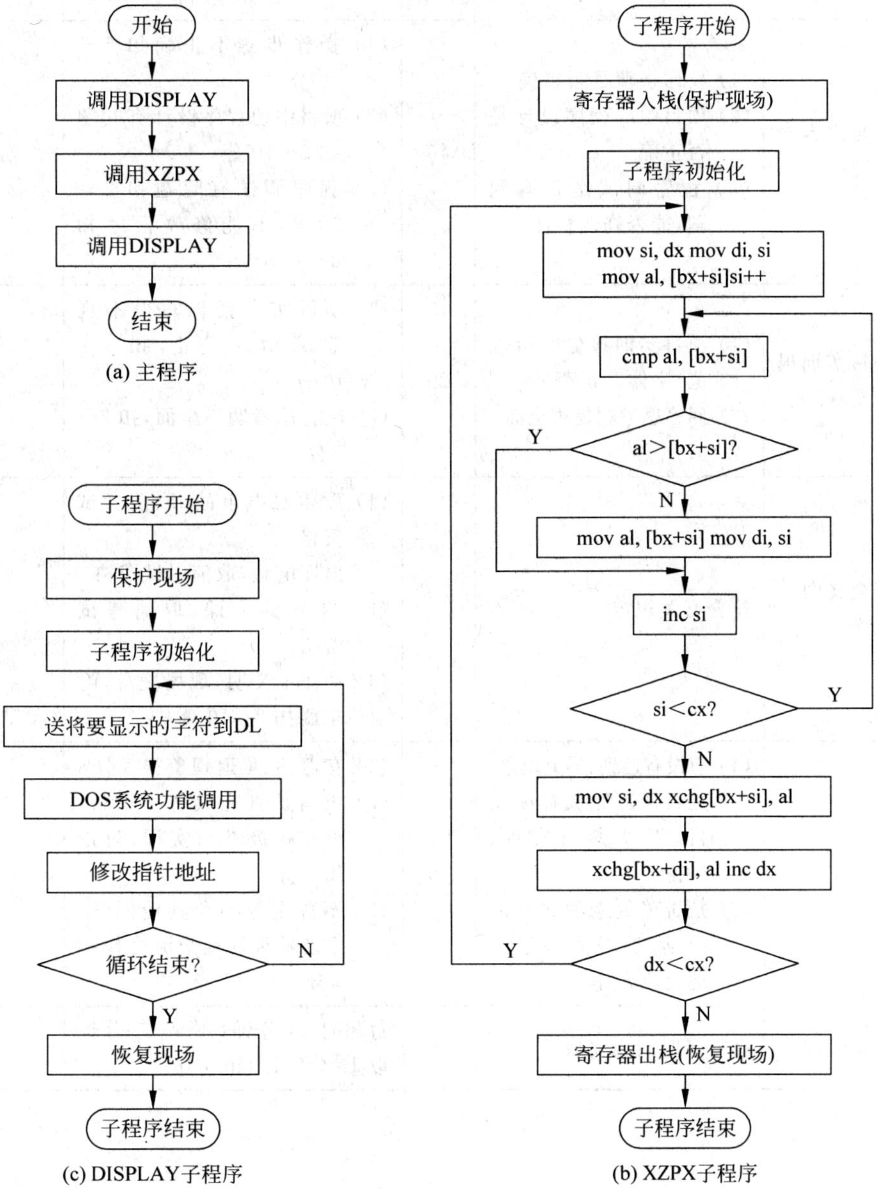

开始
调用DISPLAY
调用XZPX
调用DISPLAY
结束

(a) 主程序

子程序开始
寄存器入栈(保护现场)
子程序初始化
mov si, dx mov di, si
mov al, [bx+si]si++
cmp al, [bx+si]
al>[bx+si]?
Y
N
mov al, [bx+si] mov di, si
inc si
si<cx?
Y
N
mov si, dx xchg[bx+si], al
xchg[bx+di], al inc dx
dx<cx?
Y
N
寄存器出栈(恢复现场)
子程序结束

(b) XZPX子程序

子程序开始
保护现场
子程序初始化
送将要显示的字符到DL
DOS系统功能调用
修改指针地址
循环结束?
N
Y
恢复现场
子程序结束

(c) DISPLAY子程序

图 3-54　程序流程图

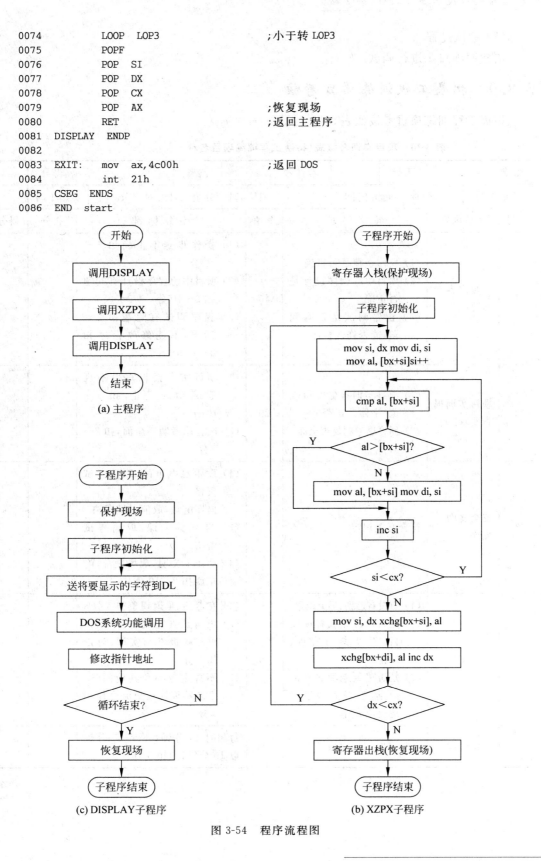

(3) 调试过程

请参照项目1进行调试。

3.9.9 拓展工程训练项目考核

拓展工程训练项目考核如表3-14所示。

表3-14 项目实训考核表(拓展工程训练项目名称:)

姓名		班级		考件号		监考		得分	
额定工时	分钟	起止时间	日 时 分至 日 时 分	实用工时					

序号	考核内容	考核要求	分值	评分标准	扣分	得分
1	项目内容与步骤	(1) 操作步骤是否正确 (2) 项目中的程序设计是否正确 (3) 程序调试是否有问题,能否修改程序	40	(1) 操作步骤不正确扣5~10分 (2) 项目中的程序设计有问题扣2~10分 (3) 程序调试有问题扣2~10分,不能修改程序扣2~10分		
2	项目实训报告要求	(1) 项目实训报告写得规范、字体公正否 (2) 回答思考题是否全面	20	(1) 项目实训报告写得不规范、字体不公正,扣5~10分 (2) 回答思考题不全面,扣2~5分		
3	安全文明操作	符合有关规定	15	(1) 发生触电事故,取消考试资格 (2) 损坏电脑,取消考试资格 (3) 穿拖鞋上课,取消考试资格 (4) 动作不文明,现场凌乱,吃东西扣2~10分		
4	学习态度	(1) 有没有迟到、早退现象 (2) 是否认真完成各项项目,积极参与实训、讨论 (3) 是否尊重老师和其他同学,是否能够很好地交流合作	15	(1) 有迟到、早退现象扣5分 (2) 没有认真完成各项项目,没有积极参与实训、讨论扣5分 (3) 不尊重老师和其他同学,不能够很好地交流合作扣5分		
5	操作时间	在规定时间内完成	10	每超时10分钟(不足10分钟以10分钟计)扣5分		

同步练习题

(1) 名称解释：操作数，操作码，立即数，寄存器操作数，存储器操作数，汇编，汇编程序，汇编语言程序，伪指令，中断。

(2) 什么叫寻址方式？8086 指令系统有哪几种寻址方式？

(3) 给定(BX)=1234H，(SI)=5678H，位移量 D=3344H，确定以下各种寻址方式的有效地址 EA 是什么？

① 立即寻址

② 直接寻址

③ 使用 BX 的寄存器寻址

④ 使用 BX 的寄存器间接寻址

⑤ 使用 BX 的寄存器相对寻址

⑥ 基址变址寻址

⑦ 相对基址变址寻址

(4) 请说明下列指令是否正确，并指出错误原因。

① MOV [2100]，[2200H]

② MOVDH，0001H

③ MOVCX，50H[BX+BP]

④ MOV　IP，2456H

⑤ PUSH　DL

⑥ MOV　CS，AX

⑦ PUSH　CS

⑧ MOV　3000H，BX

⑨ MOV　ES，DS

⑩ IN　AX，256

(5) 如果数据段符号地址 DBUF 为 3100H，并从它开始存放 1234H，请问执行以下指令后寄存器 AX 的内容是什么？

```
LEA AX,DBUF
MOV AX,DBUF
```

(6) 已知 SP=1000H，AX=1122H，BX=3344H，程序段如下：

```
PUSHAX
PUSHBX
POP BX
POP AX
```

请问：

① 指令 PUSH BX 执行后 SP 的内容是什么？请画出堆栈操作示意图。

② 指令 POP AX 执行后请画出堆栈操作示意图。

(7) 已知 AH=1111 1111B、AL=0000 0000B。

请问下列每条指令执行后，AH 和 AL 的内容是什么？对标志位 ZF、CF 的影响是什么？

① ADD AH,1 ② SUB AL,0FDH
③ INC AH ④ DEC AL
⑤ AND AH,06H ⑥ ORAL,90H
⑦ XOR AH,0FH ⑧ TEST AL,80H
⑨ CMP AH,7FH

(8) 用移位指令计算 Y=7 * X。

(9) 已知程序段如下，请说明完成什么操作？

```
MOV CL,3
MOV AL,0F0H
SAR AL,CL
```

(10) 已知 AH=0FDH、AL=03，请说明执行下列程序段后，程序将转向哪一个符号地址，W1、W2 或 W3？

```
ADD AH,AL
JNO W1
JNC W2
JZ  W3
```

(11) 已知内存 BUF1 开始的地址单元存放两组整型无符号数，请分别找出其中的最大数，并将两个最大值的平均值存入 RESULT 单元。

(12) 已知从数据段 DATA 单元开始存放字节型的带符号数 X 和 Y，请设计计算 Y=6X+8 的程序。

(13) 从数据段 TAB1、TAB2 和 TAB3 单元开始，分别定义三组字节数据 Xi、Yi 和 Zi(i=0～7)。已知 X0、X1、…、X7 和 Y0、Y1、…、Y7。请设计 Zi=Xi±Yi 的程序。

提示：设计一个逻辑尺 0110 0011B，其中“0”表示进行加法运算、“1”表示进行减法运算。如逻辑尺最低位是 1 则进行 Z0 = X0 －Y0，最高位是 0 则表示进行 Z7= X7＋Y7，依此类推。

(14) 已知 X、Y 是字节型的无符号数，请设计程序计算：

$$Y=\begin{cases} X/4 & (0 \leqslant X < 10) \\ X-10 & (10 \leqslant X < 20) \end{cases}$$

(15) 已知从数据段 BUF 单元开始存放 15 个字节型数据，请设计程序将其中负数和零分别送往 MINUS 和 ZERO 开始的存储器单元。

(16) 已知从数据段 BUF 单元开始存放一个字符串，其长度在 COUNT 单元。请设计程序实现如果字符串第一个字符不是零则插入零的功能。

(17) 请设计程序，将存储器单元 2200H～2210H 置 0、2250H～2260H 置 1、22A0H～22B0H 置 55H。要求写出主程序和子程序。

(18) 要求从键盘输入一个十六进制(0～FFFFH)正数，并转换为十进制数在屏幕上显示出来。输入以非 0～9,a～f 键为结束符。

(19) 要求从键盘输入一个以“%”为起始符、以空格为结束符的字符串,并在屏幕上显示。显示格式为 X: ABC…,其中 X 是输入字符串的个数(不包括起始符“%”和空格符),ABC…是输入的字符。

(20) 已知每个学生的基本情况,包括班号、学号和政治面目三项。其中班号占 5 个字节、学号占两个字节、政治面目占一个字节。政治面目用数字表示:党员|1、团员|2、群众|3。请设计程序,统计 3 个学生中党员的学号并显示。

第4章 存 储 器

学习目的

(1) 了解存储器的分类。

(2) 掌握读写存储器 RAM。

(3) 熟悉只读存储器 ROM。

(4) 掌握存储器分配与存储器扩展技术。

(5) 掌握拓展工程训练项目。

学习重点和难点

(1) 读写存储器 RAM。

(2) 只读存储器 ROM。

(3) 存储器分配与存储器扩展技术。

(4) 拓展工程训练项目。

4.1 存储器的分类

4.1.1 存储器的概述

存储器(Memory)是计算机系统中的记忆设备,用来存放程序和数据。计算机中的全部信息,包括输入的原始数据、计算机程序、中间运行结果和最终运行结果都保存在存储器中。它根据控制器指定的位置存入和取出信息。

有了存储器,计算机才有记忆功能,才能保证正常工作。按用途存储器可分为主存储器(内存)和辅助存储器(外存)。外存通常是磁性介质或光盘等,能长期保存信息。内存指主板上的存储部件,用来存放当前正在执行的数据和程序,但仅用于暂时存放程序和数据,关闭电源或断电,数据就会丢失。

4.1.2 存储器的分类方法

半导体存储器的分类方法有很多种,常用的分类方法如下所示。

(1) 按存储器制造工艺分类

双极型:速度快、集成度低、功耗大、成本高。

MOS 型:速度较慢、集成度高、功耗小、成本低。

(2) 按存储器的存取方式分类

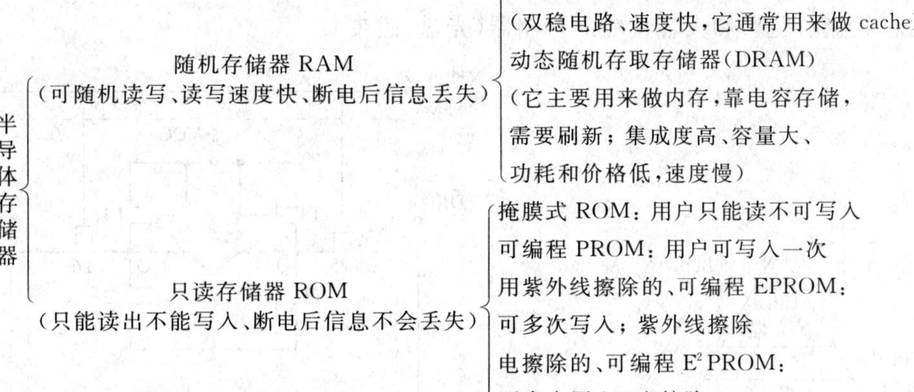

需要说明如下:

① 随机存储器 RAM 主要用来存放输入、输出数据及中间结果并与外存储器交换信息,常用作内存储器,RAM 的特点是:电脑开机时,操作系统和应用程序的所有正在运行的数据和程序都会放置其中,并且随时可以对存放在里面的数据进行修改和存取。它的工作需要提供持续的电力,一旦系统断电,存放在里面的所有数据和程序都会自动清空掉,并且再也无法恢复。

② 只读存储器 ROM(Read Only Memory):ROM 是线路最简单的半导体电路,通过掩模工艺,一次性制造,在元件正常工作的情况下,其中的代码与数据将永久保存,并且不能够进行修改,即只能读出不能写入。一般应用于 PC 系统的程序码、主机板上的 BIOS(基本输入输出系统,Basic Input Output System)等。它的读取速度比 RAM 慢很多。

近年来由 Intel 公司推出一种被称为闪速存储器(Flash Memory,又简称闪存)的新型半导体存储器,它借用了 EPROM 结构简单,又吸收了 EEPROM(即 E^2PROM)电擦除的特点;不但具备 RAM 易读易写、体积小、集成度高、速度快等优点,而且还兼有 ROM 的非挥发性。同时它还具有可以整块芯片电擦除、耗电低、集成度高、体积小、可靠性高、无需后备电池支持、可重新改写、重复使用性好(至少可反复使用 10 万次以上)等优点。平均写入速度低于 0.1s。使用它不仅能有效解决外部存储器和内存之间速度上存在的瓶颈问题,而且能保证有极高的读出速率,Flash Memory 芯片抗干扰能力很强,是一种很有前途的半导体存储器。

(3) 按存储器信息的可保存性分类

易失性存储器:断电后信息将消失的存储器,如半导体介质的 RAM。

非易失性存储器:断电后仍保持信息的存储器,如半导体介质的 ROM、磁盘、磁带、光盘存储器等。

4.1.3 存储器的层次结构

目前计算机系统中存储器组织具有典型的"CPU 内部寄存器—cache—内存—外存"层次结构,它呈现金字塔形结构,越往上,存储器的速度越快,容量越小,CPU 的访问频率越高,每位的造价越高,系统的拥有量越小;越往下,存储器的容量越大,每位的造价越低,速度越慢,微机存储系统的层次结构图如图 4-1 所示。从图 4-1 中可以看出,CPU 中的寄存器位于顶端,它的存取速度最快,但是数量有限,向下依次是 CPU 内部的 cache(高速缓冲存储器)、主板上的 cache(也称外部 cache,由高速 SRAM 组成)、主存储器(由 DRAM 组成)、辅助存储器(软盘、硬盘)和大容量辅助存储器(光盘、磁带)。

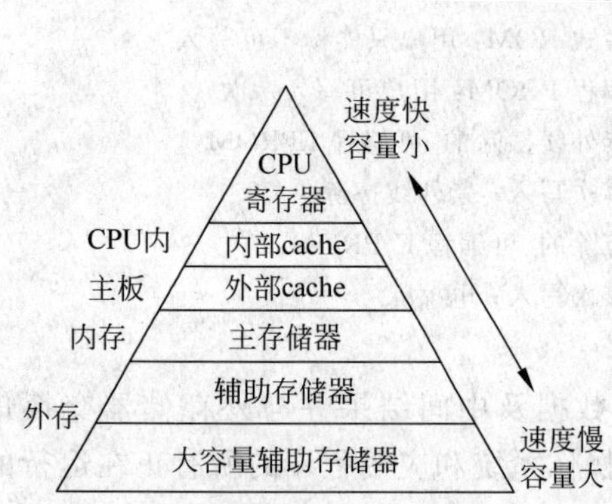

图 4-1　微机存储系统的层次结构图

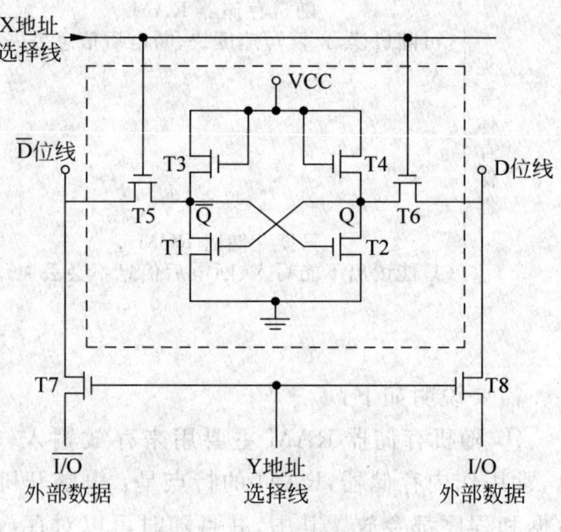

图 4-2　基本存储单元

4.1.4　存储器的性能指标

衡量存储器性能指标有许多种,常用的指标有如下几种。

(1) 容量

容量是指存储器芯片上能存储的二进制数的位数。如果一片芯片上有 N 个存储器存储单元,每个可存放 M 位二进制数,则该芯片的容量用 $N \times M$ 表示。例如容量为 1024×1 的芯片,则该芯片上有 1024 个存储单元,每个单元内可存储一位二进制数。存储容量常以位(bit)、字节(Byte)、千字节(KB)、兆字节(MB)、吉字节(GB)和太字节(TB)为单位,其关系为:

$1KB = 2^{10}B = 1024B$, $1MB = 2^{10}KB = 1024KB$, $1GB = 2^{10}MB = 1024MB$, $1TB = 2^{10}GB$, $1B = 8b$。

存储芯片内的存储单元个数与该芯片的地址引脚有关,而芯片内每个单元能存储的二进制数的位数与该芯片输入输出的数据线引脚有关。例如 2114 RAM 芯片有 10 根地址引脚(A0～A9)、4 根数据输入输出线(I/O1～I/O4),其存储容量为 $2^{10} = 1024B = 1KB$ 存储单元,每个单元存储 4 位二进制数,即 2114 RAM 芯片的容量为 1K×4 位。即可得:

$$存储器芯片容量 = 单元数 \times 位数$$

例如,6264 存储器芯片容量为 8K×8 位。

(2) 存取时间

存取时间是指存数的写操作和取数的读操作所占用的时间,一般以 ns 为单位。存储器芯片的手册中一般要给出典型的存取时间或最大时间。在芯片外壳上标注的型号往往也给出了时间参数,例如 6116—12,表示该芯片的存取时间为 12ns。

(3) 功耗

功耗指每个存储单元所消耗的功率，单位为 μW/单元，也有用每块芯片总功率来表示功耗的，单位为 mW/芯片。一般 MOS 型存储器的功耗小于相同容量的双极型存储器。

(4) 电源

电源指存储器芯片工作时所需的电源电压。有的存储器芯片只要单一＋5V，而有的要多种电源才能工作，例如±12V，±5V 等。

4.2 读写存储器 RAM

4.2.1 静态读写存储器 SRAM

(1) 基本存储单元

基本存储单元是组成静态读写存储器(SRAM)的基础和核心，它由 T1～T4 这 4 个晶体管组成 RS 触发器(双稳态)电路，用来存储 1 位二进制信息，电路如图 4-2 所示。T1～T4 构成 RS 触发器电路，两个稳定状态分别表示“1”和“0”，例如，Q 点为高电平，$\overline{Q}$ 点为低电平，表示存“1”，相反则表示存“0”。T5、T6 与 T7、T8 用作门控管，它们分别进行 X 地址选择线和 Y 地址选择线的控制。

在读出时，由于 X 地址选择线和 Y 地址选择线均为高电平，T5、T6 与 T7、T8 管导通，Q 点与 D 线接通，$\overline{Q}$ 点与 $\overline{D}$ 线接通，而 D、$\overline{D}$ 又与外部数据线 I/O 接通，若原来存入的是“1”，Q 点为高电平，则 D 为高电平；$\overline{Q}$ 点为低电平，则 $\overline{D}$ 为低电平，二者分别通过 T7、T8 管输出到 I/O 外部数据线，即读出“1”，相反，若 Q 点为低电平，则 D 为低电平；$\overline{Q}$ 点为高电平，则 $\overline{D}$ 为高电平，二者分别通过 T7、T8 管输出到 I/O 外部数据线，即读出“0”，读出数据时，RS 触发器的状态不受影响，故为非破坏性读出。

在写入时，先要将写入的数据送到 I/O 外部数据线上，例如，要写入“1”时，D 线为“1”，$\overline{D}$ 为“0”，“1”和“0”通过导通的 T8、T6 和 T7、T5 分别送到 Q 及 $\overline{Q}$ 端，此时 Q＝1，$\overline{Q}$＝0，迫使 T1 导通，T2 截止，再通过交叉反馈维持此状态，达到 RS 触发器单元写入“1”的目的。当写入信号和地址选择信号消失后，T5～T8 截止，只要不掉电，RS 触发器电路就能保持写入的“1”，而不用刷新。写入“0”数据的过程与此类似。

SRAM 的芯片有不同的规格，常用的有 2114(1K×4 位)、4118(1K×8 位)、6116(2K×8 位)、6264(8K×8 位)、62256(32K×8 位)和 628128(128KB×8 位)等。随着大规模集成电路的发展，SRAM 的集成度也在不断增大。下面以 6116 为例进行介绍。

(2) 6116 SRAM

6116 是一个容量为 2K×8 位的高速静态 CMOS 可读写存储器芯片，6116 的引脚如图 4-3(a)所示，在 24 个引脚中有 11 条地址线(A0～A10)、8 条数据线(I/O1～I/O8)、1 条电源线(VCC)和 1 条地线(GND)，此外还有 3 条控制线：$\overline{CS}$ 片选、$\overline{OE}$ 输出允许、$\overline{WE}$ 写允许。$\overline{CS}$、$\overline{OE}$ 和 $\overline{WE}$ 的组合决定了 6116 的工作方式，如表 4-1 所示。

6116 芯片的内部结构如图 4-3(b)所示。片内共有 16384 个基本存储单元。在 11 条地址线中，7 条用于行地址译码输入，4 条用于列地址译码输入，每条列地址译码线控制 8 个基本存储单元，从而组成了 128×128 存储单元矩阵。芯片的工作情况如下所示。

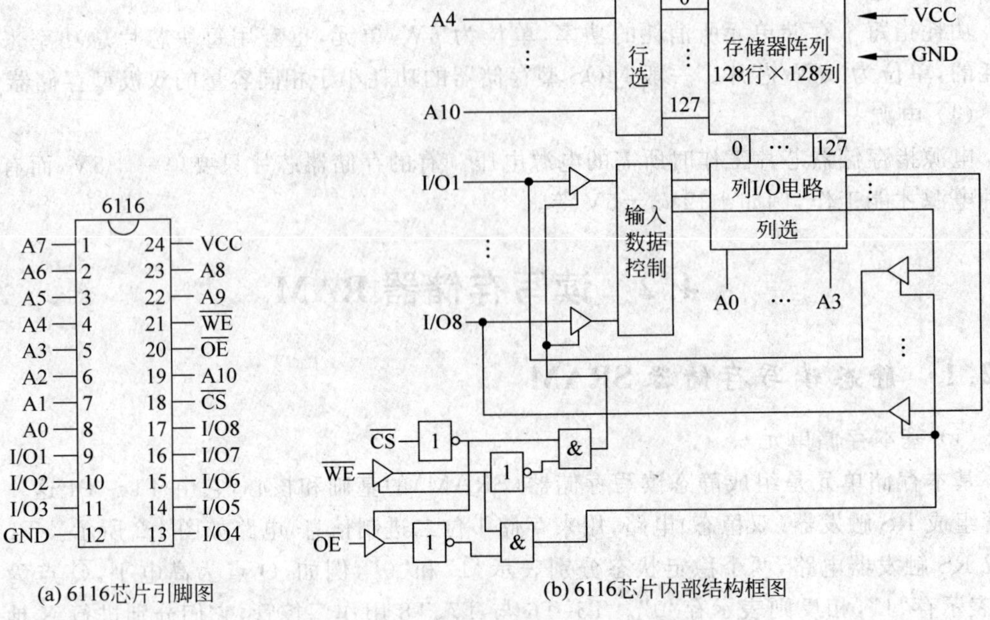

图 4-3 6116 芯片引脚与内部结构框图

表 4-1 6116 芯片的工作方式

$\overline{CS}$	$\overline{OE}$	$\overline{WE}$	工作方式
0	0	1	读
0	1	0	写
1	×	×	未选择

注:表中“×”表示可以是“1”或“0”。

在读操作时,11 根地址线 A0~A10 译码选中 8 个基本存储单元,控制线 $\overline{CS}$=0、$\overline{OE}$=0 和 $\overline{WE}$=1,列 I/O 输出的 8 个三态门导通,被选中的 8 个基本存储单元所保存的 8 位数据(1 个字节)经列 I/O 电路和三态门,到达 I/O1~I/O8 输出。

在写操作时,控制线 $\overline{CS}$=0、$\overline{OE}$=1 和 $\overline{WE}$=0,输入数据控制的输入三态门导通,从 I/O1~I/O8 输入的 8 位数据经三态门、输入数据控制、列 I/O 输入到被选中的各基本存储单元中。

无读写操作时 $\overline{CS}$ 为高电平,输入输出三态门均为高阻态,6116 芯片脱离系统总线,无数据由 I/O1~I/O8 读出或写入。

4.2.2 动态读写存储器 DRAM

(1) 基本存储单元

基本存储单元同样是组成动态读写存储器(DRAM)的基础和核心,这里只讨论单管动态存储单元,电路如图 4-4 所示。

单管动态存储单元由一个 T1 管和一个电容 C(分布电容)构成,当电容 C 上充有电荷时,表示存储了数据“1”,当电容 C 上无电荷时,表示存储了数据“0”。写入数据时,字选择线为“1”，T1 管导通，写入数据由位线(数据线)存入电容 C 中。读出数据时，字选择线为 1，存于电容 C 中的电荷通过导通的 T1 输出到数据线上，再经过读出放大器输出。为了节省面积，这种单管动态存储单元电路的电容 C 不可能做得很大，一般都比数据线上的分布电容 C_D 小。

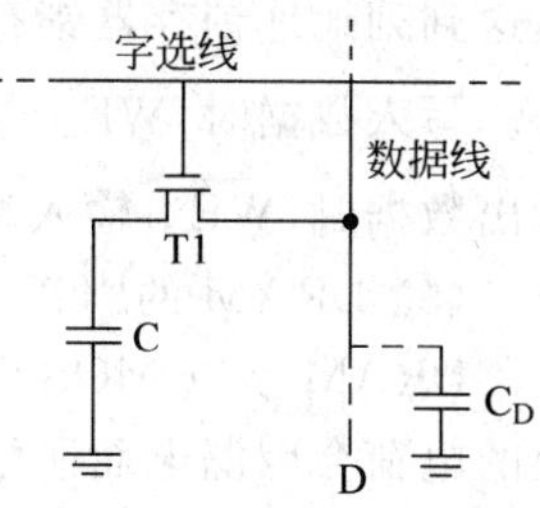

图 4-4　单管动态存储单元

这种存储器需要解决以下三个问题：

① 读放大。读出“1”时，电容 C 的放电电流太小，只能产生 0.2V 左右的电压，还要与数据线上的分布电容 C_D 进行分压，真正输出的高电平只有 0.1V 左右，需要使用高灵敏度的读出放大器对输出信号进行放大。

② 读出后重写。进行一次读操作后，电容 C 中的电荷将几乎被放完，使其所保存的“1”数据丢失，成为破坏性读出。为此，每次读操作后必须利用读出放大器进行一次重写操作。

③ 动态刷新。由于漏电，即使不进行读操作，C 中的电荷也会在 2ms 左右的时间内消失而丢失“1”数据。因此，必须定期进行刷新操作，方法是利用读出放大器每隔 1～2ms 自动进行一次“空读”操作，即只做一次读出重写操作，其数据不必输出。

(2) 4164 DRAM 芯片

Intel 4164 DRAM 芯片是 64K×1 位，集成度较高，对于同样的引脚数，其单片容量往往比 SRAM 高。内部存储单元按矩阵形式排列成存储体，通常采用行、列地址复合选择寻址法。4164 DRAM 的内部结构框图如图 4-5 所示。

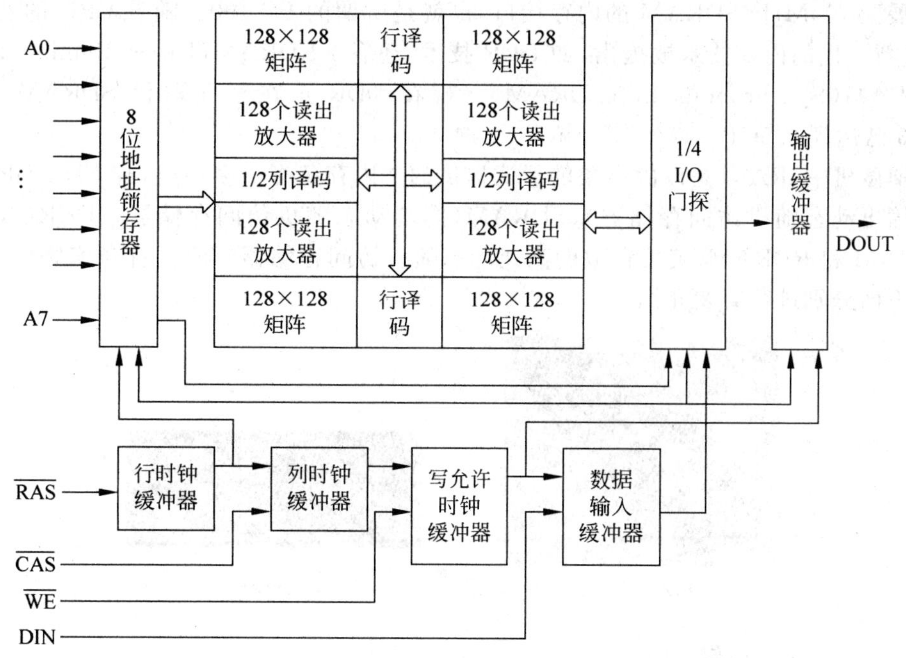

图 4-5　4164 的内部结构框图

4164 共有 64K(65536)个内存单元，字长 1 位即 64K×1 位，片内要寻址 64K 个字，需要 16 位地址线。为了减少封装引脚，将地址线分为两部分：8 位行地址和 8 位列地址分时传送，这样就只需要 8 条地址线。第一组 8 位地址为行地址，由行地址选通信号 $\overline{RAS}$ 选通送至芯片内部行地址锁存器内锁存;第二组 8 位地址为列地址,由列地址选通信号 $\overline{CAS}$ 选通送到列地址锁存器锁存。行、列地址译码器共同产生实际的存储单元地址,完成读写的操作。写入数据时,$\overline{WE}$上输入低电平,数据加载在 DIN 数据输入线上,数据被写入指定单元;读出数据时,$\overline{WE}$上输入高电平,被访问的存储单元的信息通过 DOUT 线输出。

(3) DRAM 的刷新

DRAM 是以 MOS 管栅极和衬底间的电容上的电荷来存储信息的。由于 MOS 管栅极上的电荷会因漏电而泄放,故存储单元中的信息只能保持若干毫秒。因此,需要在 1～3ms 内周期性地刷新存储单元,但 DRAM 本身不具备刷新功能,必须附加刷新电路。所谓刷新是将存储单元的内容按原样复置一遍。

4164 的刷新周期是 2ms,每次刷新一行(512 个存储单元),2ms 内需要执行 128 次刷新操作。与其配套使用的外部刷新电路常用 8203 刷新控制器。8203 是一个集刷新定时、刷新地址计数及完成地址切换的多路转换器为一体的 DRAM 刷新控制器。为保证 2ms 内所有单元都能刷新到,要求每次刷新操作的间隔时间为 15.6μs,用一片 8203 就能达到上述要求。

4.2.3 现代 RAM 简介

在内存的发展历史中,以最近几年较为突出,从 1994 年的 FP DRAM(Fast Page DRAM)起,每隔一年就有新的 DRAM 技术被提出。如 1995—1996 的 EDO DRAM (Extended Data Out DRAM),1996—1997 年的 SDRAM(Synchronous DRAM)。在 1998 年则发展至 100MHz SDRAM 的内存接口,也就是所谓的 PC-100。随着 CPU 的速度不断提升,更新一代的内存技术被提出,如 DDR 技术,还有 DRDRAM(Direct Rambus DRAM)及 SLDRAM(Synchronous Link DRAM)。现在 DDR 正在全面取代 SDRAM,最新的 DDR433 已达到 3.5GB/s。

目前微机中,RAM 是以内存条的形式提供的。内存条有很多种类,有 EDO DRAM(扩展数据输出动态随机访问存储器)、SDRAM(同步动态随机访问存储器)、DDR(双数据速率)SDRAM 和 RDRAM(突发存取的高速动态随机访问存储器)等,内存条实物图如图 4-6 所示。下面分别进行简要介绍。

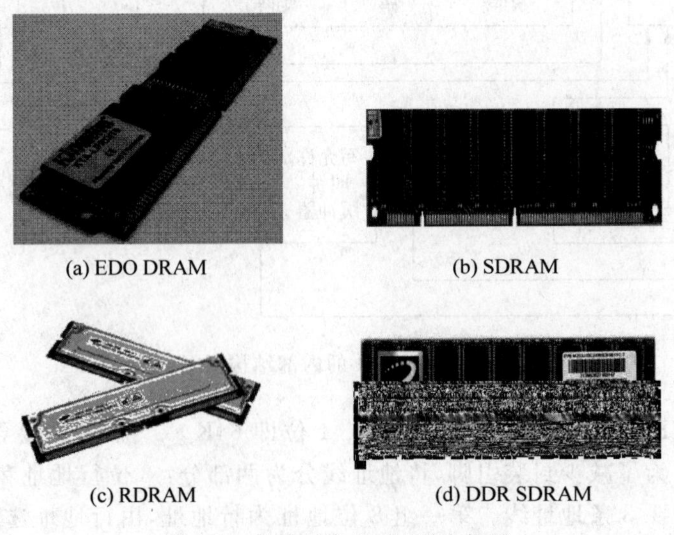

(a) EDO DRAM　(b) SDRAM　(c) RDRAM　(d) DDR SDRAM

图 4-6　各种现代 RAM 的实物图

(1) 扩展数据输出动态访问存储器 EDO DRAM

扩展数据输出动态访问存储器 EDO DRAM，是对 DRAM 存取技术的改进，其与 DRAM 的主要区别是：

① 传统 DRAM 的读写，需要经过“发送行地址—发送列地址—读写数据”三个阶段，一次访问时间是每个阶段所需时间之和。EDO DRAM 普遍使用一种“快速页面模式(FPM)”，对地址连续的多个单元进行读写操作。在这种模式下，由于连续存储单元的行地址是相同的，从第二个单元起，不再重复发送相同的行地址，仅发送下一个要访问的列地址。这样，后续的访问过程减为“发送列地址—读写数据”两个阶段，从而缩短了读写操作时间。

② 在输入下一个列地址的同时，数据输出也同时进行，这样扩展了数据输出的时间，因此而得名“EDO”。由于列地址输入和数据输出同时进行，存储器读操作时间被进一步缩短。采用这一新技术，理论上可将 RAM 的访问速度提高 30%。EDO DRAM 用于 32 位微机中，最高频率为 30～60MHz，工作电压一般为 5V，其接口方式多为 72 线的 SIMM 类型。

EDO 技术与过去的内存技术相比，最大的特点是取消了数据输出与传输两个存储周期之间的间隔时间。同高速页面方式相比，由于增大了输出数据所占的时间比例，在大量存取操作时可极大地缩短存取时间，性能提高 15%～30%，而制造成本与快页 DRAM 相近。

(2) 同步动态随机访问存储器 SDRAM

同步动态随机访问存储器 SDRAM，是动态存储器系列中新一代的高速、高容量存储器，其内部存储体的单元存储电路仍然是标准的 DRAM 存储体结构，只是在工艺上进行了改进，如功耗更低、集成度更高等。与传统的 DRAM 相比，SDRAM 在存储体的组织方式和对外操作上则表现出了较大差别，特别是在对外操作上能够与系统时钟同步操作。

处理器访问 SDRAM 时，SDRAM 的所有输入或输出信号均在系统时钟 CLK 的上升沿被存储器内部电路锁定或输出，也就是说，SDRAM 的地址信号、数据信号以及控制信号都是 CLK 的上升沿采样或驱动。这样做的目的是为了使 SDRAM 的操作在系统时钟 CLK 的控制下，与系统的高速操作严格同步进行，从而避免了因读写存储器产生的“盲目”等待状态，以此来提高存储器的访问速度。

在对 SDRAM 进行访问时，存储器的各项动作均在系统时钟的控制下完成，处理器或其他主控器执行指令通过地址总线向 SDRAM 输出地址编码信息，SDRAM 中的地址锁存器锁存地址，经过几个时钟周期之后，SDRAM 便进行响应。在 SDRAM 进行响应(如行列选择、地址译码、数据读出或写入、数据放大)期间，因对 SDRAM 操作的时序确定(如突发周期)，处理器或其他主控器能够安全地处理其他任务，而无需简单地等待，因此，提高了整个计算机系统的性能，而且，还简化了使用 SDRAM 进行存储器系统的应用设计。

在 SDRAM 的内部控制逻辑中，SDRAM 采用了一种突发模式，以减小地址的建立时间和第一次访问之后行列预充电时间。在突发模式下，在第一个数据项被访问之后，一系列的数据项能够迅速按时钟同步读出。当进行访问操作时，如果所有要访问的数据项是按顺序进行的，并且它们都处于第一次访问之后的相同行中，则这种突发模式非常有效。

SDRAM 芯片基于双存储体结构，内含两个交错的存储矩阵，CPU 从一个存储体或阵列访问数据的同时，另一个已准备好读写数据，通过两个存储矩阵列的紧密切换，读数据效率得到成倍提高。SDRAM中还包含特有的模式寄存器和控制逻辑，以配合SDRAM适应特殊系统的要求。由于SDRAM的优异性能，它已经成为微机的主流内存储器器件之一，在目前的Pentium 4微机中仍在使用。它的工作电压一般为3.5V，其接口多为168线的DIMM类型。SDRAM的时钟频率早期为66MHz，目前常见的有133MHz、150MHz。由于它以64位的宽度(8B)进行读写，因而单位时间内理论上的数据流量峰值(带宽)已经达到1.2GB/s(8B×150MHz)。

(3) 突发存取的高速动态随机存储器RDRAM

RDRAM(Rambus DRAM)是由总部位于美国加利福尼亚州的Rambus公司开发的具有系统带宽、芯片到芯片接口设计的新型高性能DRAM。RDRAM与以前的DRAM不同的是，RDRAM在内部结构上进行了重新设计，并采用了新的信号接口技术，能在很高的频率下通过一个简单的总线传输数据，主要应用于计算机存储器系统、图形、视频和其他需要高带宽、低延迟的应用场合。由于利用行缓冲器作为高速暂存，故能够以高速方式工作。普通的DRAM行缓冲器的信息在写回存储器后便不再保留，而RDRAM则具有继续保持这一信息的特性，于是在进行存储器访问时，如行缓冲器中已经有目标数据，则可利用，因而实现了高速访问。另外可把数据集中起来以分组的形式传送，所以只要最初用24个时钟，以后便可每1时钟读出1个字节。一次访问所能读出的数据长度可以达到256B。目前，RDRAM的容量一般为64MB/72MB或128MB/144MB，组织结构为4M×16位或8M×16位或4M×18位或8M×18位，具有极高的速度，使用Rambus信号标准(RSL)技术，允许在传统的系统和板级设计技术基础上进行600MHz或800MHz的数据传输，RDRAM能够在1.25ns内传输两次数据。

从RDRAM结构上看，它允许多个设备同时以极高的带宽随机寻址存储器，传输数据时，独立地控制和数据总线对行、列进行单独控制，使总线的使用效率提高95%以上，RDRAM中的多组(可分成16、32或64组)结构支持最多4组的同时传输。通过对系统的合理设计，可以设计出灵活的、适应于高速传输的、大容量的存储系统，对于18位的内部结构，还支持高带宽的纠错处理。

RDRAM具有如下特点：

- 具有极高的带宽：支持1.6GB/s的数据传输率；独立的控制和数据总线，具有最高的性能；独立的行、列控制总线，使寻址更加容易，效率最高；多组的内部结构中，其中4组能够同时以全带宽进行数据传输。
- 低延迟特性：具有减少读延迟的写缓冲，控制器可灵活使用的3种预充电机制，各组间的交替传输。
- 高级的电源管理特性：具有多种低功耗状态，允许电源功耗只在传输时间处于激活状态；自我刷新时的低功耗状态。
- 灵活的内部组织：18位的组织结构允许进行纠错ECC配置或增加存储带宽，16位的组织结构允许使用在低成本场合。
- 采用Rambus信号标准(RSL)，使数据传输在800MHz下可靠工作，整个存储芯片可以工作在2.5V的低电压环境下。

由RDRAM构成的系统存储器已经开始应用于现代微型计算机之中，并可能成为服务器及其他高性能计算机的主流存储器系统。

(4) 双倍数据速率同步内存 DDR SDRAM

DDR SDRAM(Double Data Rate Synchronous DRAM)是由 SDRAM 发展出来的新技术，仍然沿用 SDRAM 生产体系，因此对于内存厂商而言，只需对制造普通 SDRAM 的设备稍加改进，即可实现 DDR 内存的生产，可以有效地降低成本。严格地说 DDR 应该叫做 DDR SDRAM，人们习惯称为 DDR，部分初学者也常看到 DDR SDRAM，就认为是 SDRAM。原来的 SDRAM 被称为 SDR SDRAM(单倍数据速率同步内存)。DDR 与 SDR 相比有两个不同点，首先，它使用了更多、更先进的同步电路，使指定地址、数据的输送和输出主要步骤既独立执行，又保持与 CPU 完全同步；其次，DDR 使用了 DLL 延时锁定回路来提供一个数据滤波信号，当数据有效时，存储控制器可使用这个数据滤波信号来精确定位数据，每 16 次输出一次，并重新同步来自不同存储器模块的数据。SDR 只在时钟脉冲的上沿进行一次数据写/读操作，而 DDR 不仅在时钟脉冲上沿进行操作，在时钟脉冲的下沿还可以进行一次对等的操作(写/读)。这样，理论上 DDR 的数据传输能力就比同频率的 SDRAM 提高一倍。假设系统 FSB(Front Side Bus)的频率是 100MHz，DDR 的工作频率可以倍增为 200MHz，带宽也倍增为 1.6GB/s(8B×100MHz×2)。

从外形体积上，DDR 与 SDRAM 相比差别并不大，它们具有同样的尺寸和同样的针脚距离。但 DDR 为 184 针脚，比 SDRAM 多出了 16 个针脚，主要包含了新的控制、时钟、电源和接地等信号。DDR 内存采用的是 2.5V 电压标准，而不是 SDRAM 使用的 3.3V 电压标准。

常用的 DDR SDRAM 规格有：

DDR-200：DDR-SDRAM 记忆芯片在 100MHz 下运行。

DDR-266：DDR-SDRAM 记忆芯片在 133MHz 下运行。

DDR-333：DDR-SDRAM 记忆芯片在 166MHz 下运行。

DDR-400：DDR-SDRAM 记忆芯片在 200MHz 下运行。

DDR3 SDRAM (Double-Data-Rate Three Synchronous Dynamic Random Access Memory)即第三代双倍数据率同步动态随机存取记忆体，是一种电脑记忆体规格。它属于 SDRAM 家族的记忆体产品，提供了相较于 DDR2 SDRAM(四倍数据率同步动态随机存取记忆体)的后继者(增加至八倍)，也是现时流行的记忆体产品。

DDR3 SDRAM 为了更省电、传输效率更快，使用了 SSTL_15 的 I/O 界面，运作 I/O 电压是 1.5V，采用 CSP、FBGA 封装方式包装，除了延续 DDR2 SDRAM 的 ODT、OCD、Posted CAS、AL 控制方式外，另外新增了更为精进的 CWD、Reset、ZQ、SRT、RASR 功能。

CWD 作为写入延迟之用，Reset 提供了超省电功能的命令，可以让 DDR3 SDRAM 记忆体颗粒电路停止运作、进入超省电待命模式，ZQ 则是一个新增的终端电阻校准功能，新增这个线路脚位提供了 ODCE(On Die Calibration Engline)用来校准 ODT(On Die Termination)内部中断电阻，新增了 SRT(Self-Reflash Temperature)可程式化温度控制记忆体时脉功能，SRT 的加入让记忆体颗粒在温度、时脉和电源管理上进行优化，可以说在记忆体内，就做了电源管理的功能，同时让记忆体颗粒的稳定度也大为提升，确保记忆体颗粒不至于出现工作时脉冲过高导致烧毁的状况，同时 DDR3 SDRAM 还加入 RASR(Partial Array Self-Refresh)局部 Bank 刷新的功能，可以说针对整个记忆体 Bank 做更有效的资料读写以达到省电功效。

DDR3与DDR2的不同之处：

① 逻辑Bank数量，DDR2 SDRAM中有4Bank和8Bank的设计，目的就是为了应对未来大容量晶片的需求。而DDR3很可能将从2GB容量起步，因此起始的逻辑Bank就是8个，另外还为未来的16个逻辑Bank做好了准备。

② 封装(Packages)，DDR3由于新增了一些功能，所以在引脚方面会有所增加，8bit晶片采用78球FBGA封装，16bit晶片采用96球FBGA封装，而DDR2则有60/68/84球FBGA封装三种规格。并且DDR3必须是绿色封装，不能含有任何有害物质。

③ 突发长度(Burst Length，BL)，由于DDR3的预取为8bit，所以突发传输周期也固定为8，而对于DDR2和早期的DDR架构的系统，BL=4也是常用的，DDR3为此增加了一个4-bit Burst Chop(突发突变)模式，即由一个BL=4的读取操作加上一个BL=4的写入操作来合成一个BL=8的数据突发传输，届时可透过A12位地址线来控制这一突发模式。而且需要指出的是，任何突发中断操作都将在DDR3记忆体中予以禁止，且不予支持，取而代之的是更灵活的突发传输控制(如4bit顺序突发)。

④ 寻址时序(Timing)，就像DDR2从DDR转变而来后延迟周期数增加一样，DDR3的CL周期也将比DDR2有所提升。DDR2的CL范围一般在2至5之间，而DDR3则在5至11之间，且附加延迟(Additional Latency，AL)的设计也有所变化。DDR2时AL的范围是0至4，而DDR3时AL有三种选项，分别是0、CL-1和CL-2。另外，DDR3还新增加了一个时序参数——写入延迟(CWD)，这一参数将根据具体的工作频率而定。

⑤ 新增功能——重置(Reset)，重置是DDR3新增的一项重要功能，并为此专门准备了一个引脚。DRAM业界很早以前就已经要求增加这一功能，如今终于在DDR3身上实现。这一引脚将使DDR3的初始化处理变得简单。当Reset命令有效时，DDR3记忆体将停止所有的操作，并切换至最少量活动的状态，以节约电力。在Reset期间，DDR3记忆体将关闭内在的大部分功能，所有数据接收与发送器都将关闭。所有内部的程式装置将复位，延迟锁相环路(Delay Lock Loop，DLL)与时钟电路将停止工作，而且不理睬数据汇流排上的任何动静。这样一来，将使DDR3达到最节省电力的目的。

⑥ 新增功能——ZQ校准，ZQ也是一个新增的引脚，在这个引脚上接有一个240Ω的低公差参考电阻。这个引脚透过一个命令集，经由片上校准引擎(ODCE)来自动校验数据输出驱动器导通电阻与终结电阻器(ODT)的终结电阻值。当系统发出这一指令之后，将用相对应的时钟周期(在加电与初始化之后用512个时钟周期，在退出自刷新操作后用256个时钟周期、在其他情况下用64个时钟周期)对导通电阻和ODT电阻进行重新校准。

4.3 只读存储器ROM

只读存储器(ROM)是一种只能读出不能写入信息的存储器，所存储的信息可以长久保存，掉电后存储信息仍不会改变。一般存放固定程序，如监控程序、BIOS程序等以及存放各种常数、函数表等。

按存储单元的结构和生产工艺的不同，ROM可分成掩膜只读存储器(ROM)、可编程只读存储器(PROM)、紫外光擦除可编程只读存储器(EPROM)、电可擦除可编程只读存储器

(EEPROM)等种类。

4.3.1 掩膜只读存储器 ROM

掩膜只读存储器的每一个存储单元由单管构成,因此集成度较高。存储单元的编程是在生产过程中,由厂家通过掩膜这道工序将信息做到芯片里,也就是将单管电极接入电路,未接入电路的位存 1,否则存 0。这类 ROM 的编程(信息的写入)只能由器件制造厂在生产时定型,若要修改,则只能在生产厂商重新定做新的掩膜,用户无法自己操作编程。这种 ROM 适用于批量生产的产品中,成本较低,但不适用于研究工作。

4.3.2 紫外光擦除可编程只读存储器 EPROM

为了适应科研工作的需要,希望 ROM 能根据需要写入,也希望能把已写上去的内容擦除,然后再写,能改写多次。EPROM 就是这样一种存储器。用户用编程器写入的内容可通过紫外光擦除器擦除后改写。缺点是紫外光照射擦除时间比较长,而且不能对个别需要改写的单元进行单独擦除或重写,将擦除整个芯片中的信息;并且日光中的紫外光成分可能导致写好的信息缓慢丢失。EPROM 的写入速度较慢,而且需要一些额外条件,故使用时仍作为只读存储器来用。EPROM 一般用于产品研制过程中。

只读存储器电路比 RAM 简单,故而集成度更高,成本更低。所以,在计算机中尽可能地把一些管理、监控程序(Monitor)、操作系统的基本输入输出程序(BIOS)、汇编程序以及各种典型的程序(如调试、诊断程序等)放在 ROM 中。

EPROM 存储电路做成的芯片的特点是:芯片的顶部开有一个圆形的石英窗口,通过紫外线的照射可将片内所存储的原有信息擦除。根据需要可利用 EPROM 的专用编程器(也称为“烧写器”)对其进行编程,因此这种芯片可反复使用。

常用的 EPROM 芯片有 Intel 公司开发的 27×××系列,如 2716(2K×8b)、2732(4K×8b)、2764(8K×8b)、27128(16K×8b)、27256(32K×8b)、27512(64K×8b)这些存储容量为[(×××/8)K×8b]和 27010、27020、27040 这些存储容量为[(×××/80)M×8b]的 EPROM 芯片。

常用 EPROM 芯片管脚和封装如图 4-7 所示,主要技术特性见表 4-2。

EPROM 除 2716、2732 外均为 28 线双列直插式封装,各引脚功能如下。

① A0～A15:地址输入线。

② D0～D7:双向三态数据总线,读或编程校验时为数据输出线,编程时为数据输入线。其余时间呈高阻状态。

③ $\overline{CE}$:片选线,低电平有效。

④ $\overline{OE}$:读出选通线,低电平有效。

⑤ $\overline{PGM}$:编程脉冲输入线。

⑥ VPP:编程电源线,其值因芯片生产厂商的不同而有所不同。

⑦ VCC:电源线,接+5V 电源。

⑧ NC:空。

⑨ GND:接地。

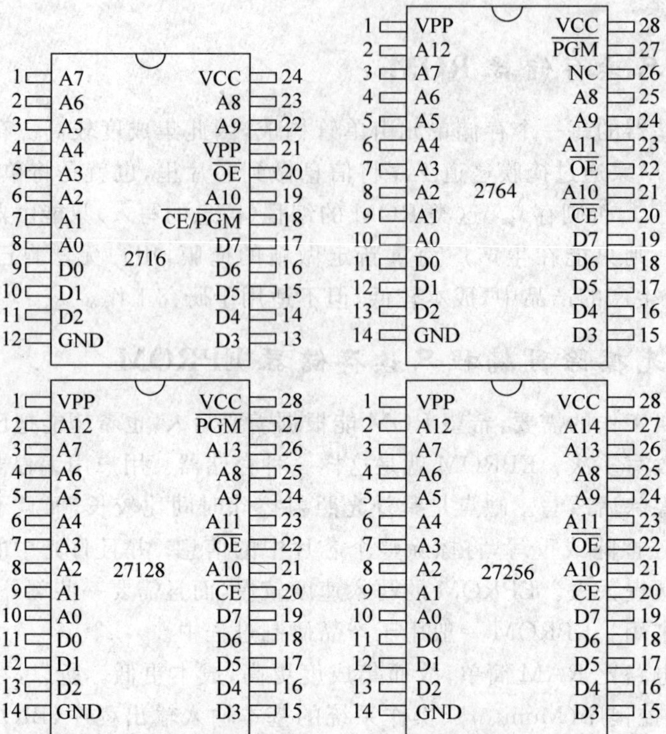

图 4-7　常用 EPROM 芯片管脚和封装

表 4-2　常用 EPROM 芯片主要技术特性

型　　号	2716	2732	2764	27128	27256	27512
容量 KB	2	4	8	16	32	64
引脚数	24	24	28	28	28	28
地址线(根)	11	12	13	14	15	16
读出时间(ns)	350～450	100～300	100～300	100～300	100～300	100～300
工作电流(mA)	50	100	75	100	100	125
维持电流(mA)	26	35	35	40	40	40

要注意的是：编程后的芯片在阳光的影响和正常水平的荧光灯的照射下，经过 3 年时间，在浮空栅上的电荷可泄漏完；在阳光的直接照射下，经过一个星期，电荷可泄漏完。所以，在正常使用的时候，应在芯片的照射窗口上贴上黑色的保护层。

若要擦除已编程的内容，建议使用 2537A 的紫外线灯。用功率为 12 000μW/cm^2 的紫外线灯泡，在 2716 窗口 1 英寸的上方照射 15～20mim。

4.3.3　电可擦除可编程只读存储器 EEPROM

EEPROM 是一种新型的 ROM 器件，也是近年来被广泛应用的一种可用电擦除和编程的只读存储器，其主要特点是能在应用系统中进行在线读写，并在断电情况下保存的数据信息不会丢失，它既能像 RAM 那样随机地进行改写，又能像 ROM 那样在掉电的情况下非易失地保存数据，可作为系统中可靠保存数据的存储器。其擦写次数可达 1 万次以上，数据可保存 10 年以上，使用起来比 EPROM 要方便得多。另外，EEPROM 可以清除存储数据并再编程。

由于 EPROM 操作的不便，后来出现的在主板上 BIOS ROM 芯片大部分都采用 EEPROM(Electrically Erasable Programmable ROM，电可擦除可编程 ROM)。EEPROM 的擦除不需要借助于其他设备，它是以电子信号来修改其内容的，而且是以 Byte 为最小修改单位，不必将资料全部洗掉才能写入，彻底摆脱了 EPROM Eraser 和编程器的束缚；字节的编程和擦除都只需要 10ms。EEPROM 在写入数据时，仍要利用一定的编程电压，此时，只需用厂商提供的专用刷新程序就可以轻而易举地改写内容，所以，它属于双电压芯片。

Intel 公司生产的 28 系列 EEPROM 是电可擦除只读存储器，既可像 RAM 那样可读可写，又具有 ROM 在掉电后仍能长期保持所存储的数据的特点，因此，它被广泛用作单片机的程序存储器和数据存储器。常用的 EEPROM 的芯片引脚和容量如表 4-3 所示，芯片管脚和封装如图 4-8 所示。EEPROM 的共同特点是：

- 单一的＋5V 电源供电，用＋5V 电可擦除可写入。
- 使用次数为 1 万次，信息保存时间为 10 年。
- 读出时间为 ns 级，写入时间为 ms 级。

EEPROM 各引脚功能如下。

- A0～A15：地址输入线。
- D0～D7：双向三态数据总线，有时也用 I/O0～I/O7 表示。
- $\overline{CE}$：片选线，低电平有效。

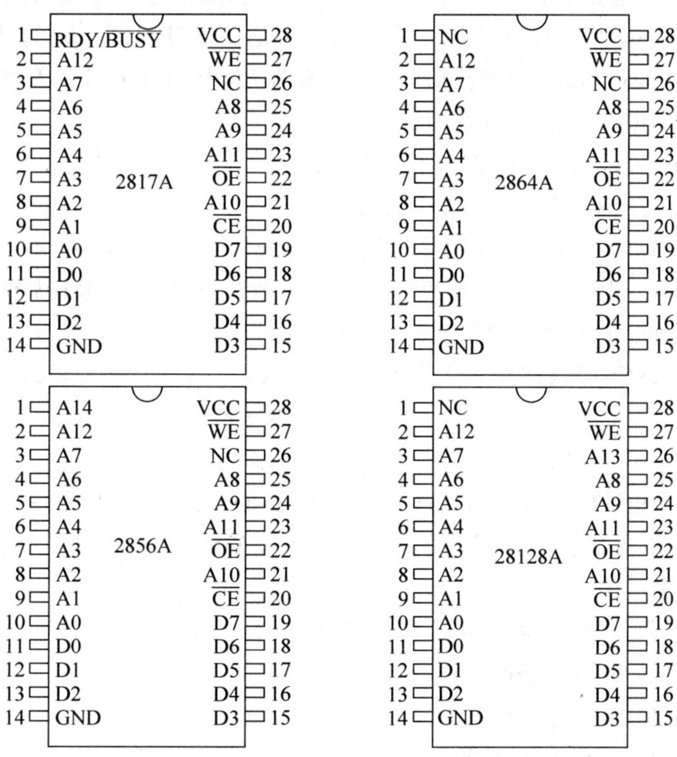

图 4-8　常用 EEPROM 芯片管脚和封装

- $\overline{OE}$：读选通线，低电平有效。
- $\overline{WE}$：写选通线，低电平有效。
- RDY/$\overline{BUSY}$：2817A 的状态输入线，低电平表示处于写操作，高电平表示准备好接收数据。
- VCC：电源线，接+5V 电源。
- NC：空。
- GND：接地。

表 4-3 常用的 EEPROM 芯片引脚和容量

型 号	容量(KB)	引脚数	地址线(根)
2816	2	24	11
2817	2	28	11
2864	8	28	13
28C256	32	28	15

4.3.4 闪速只读存储器 Flash ROM

闪速存储器：是一种新型快擦写存储器，既可在不加电的情况下长期保存信息，又能在线进行快速擦除与重写，兼备了 ROM 和 RAM 的优点。对于需要实施代码或数据更新的嵌入性应用是一种理想的存储器，而且它在固有性能和成本方面有较明显的优势。

Flash ROM 是一种新型的电擦除式存储器，它是在 EPROM 工艺的基础上增添了芯片整体电擦除和可再编程功能。它既可作数据存储器用，又可作程序存储器用，一般可用于小型磁盘的替代品，其主要性能特点为：

(1) 电可擦除、可改写、数据保持时间长。

(2) 可重复擦写/编程大于几万次以上。

(3) 读出时间为 ns 级，写入和擦除时间为 ms 级。

(4) 低功耗、单一电源供电、价格低、可靠性高，性能比 EEPROM 优越。

Flash ROM 型号很多，常用的有 29 系列和 28F 系列。29 系列有 29C256(32K×8)、29C512(64K×8)、29C010(128K×8)、29C020(256K×8)、29040(512K×8)等，28F 系列有 28F512(64K×8)、28F010(128K×8)、28F020(256K×8)、28F040(512K×8)等。常用的 29 系列 Flash ROM 芯片管脚和封装如图 4-9 所示，引脚功能如下。

- A0～A17：地址输入线。80C51 系列单片机的地址总线为 16 根，只有 64K 的寻址能力，如果扩展的存储器寻址范围大于 64K，多余 16 根地址线就需要通过 P1 口或逻辑电路来解决。
- I/O0～I/O7：双向三态数据总线，有时也用 D0～D7 表示。
- $\overline{CE}$：片选线，低电平有效。
- $\overline{OE}$：读选通线，低电平有效。
- $\overline{WE}$：写选通线，低电平有效。
- VCC：电源线，接+5V 电源。

• GND：接地。

• NC：空。

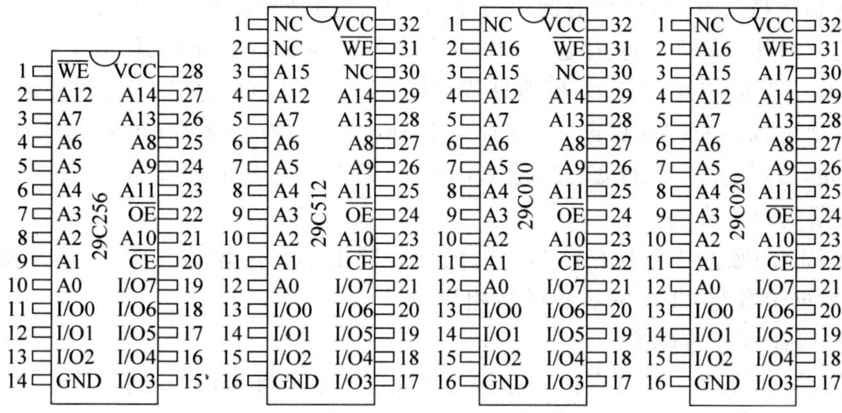

图 4-9　常用 Flash ROM 芯片管脚和封装

4.4　存储器分配与存储器扩展技术

4.4.1　PC 的内存地址空间分配

80x86 实模式下 PC 的地址总线有 20 位，可寻址 1MB 的地址空间。IBM PC/XT 的内存地址空间分配情况如图 4-10 所示，将 1MB 的地址空间分为：地址 00000H～BFFFFH 共 768KB RAM 存储区，地址 C0000H～FFFFFH 共 256KB ROM 存储区。在多芯片组成的微机内存中，往往通过译码器实现地址分配。

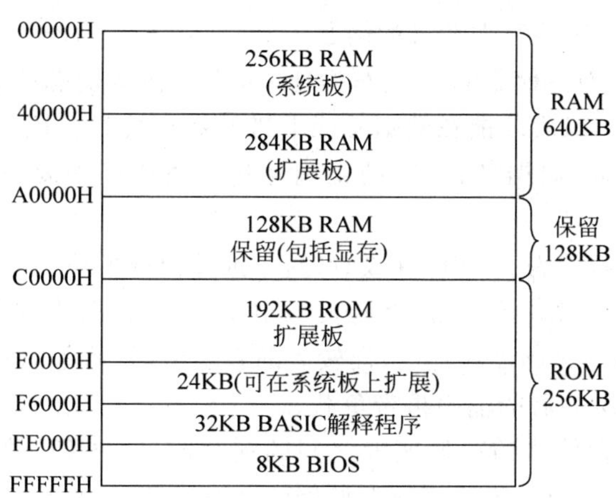

图 4-10　IBM PC/XT 的内存地址空间分配

4.4.2　存储器与 CPU 的连接

存储芯片与 CPU 芯片相连时，特别要注意片与片之间的地址线、数据线和控制线的连接。

(1) 地址线的连接

存储芯片的容量不同,其地址线数也不同,CPU 的地址线数往往比存储芯片的地址线数多。通常总是将 CPU 地址线的低位与存储芯片的地址线相连。CPU 地址线的高位或在存储芯片扩充时用,或做其他用途,如片选信号等。例如,设 CPU 地址线为 16 根 A15～A0,1K×4 位的存储芯片仅有 10 根地址线 A9～A0,此时,可将 CPU 的低位地址 A9～A0 与存储芯片地址线 A9～A0 相连。又如,当用 16K×1 位存储芯片时,则其地址线有 14 根 A13～A0,此时,可将 CPU 的低位地址 A13～A0 与存储芯片地址线 A13～A0 相连。

(2) 数据线的连接

同样,CPU 的数据线数与存储芯片的数据线数也不一定相等。此时,必须对存储芯片扩位,使其数据位数与 CPU 的数据线数相等。

(3) 读/写命令线的连接

CPU 读/写命令线一般可直接与存储芯片的读/写控制端相连,通常高电平为读,低电平为写。有些 CPU 的读/写命令线是分开的,此时 CPU 的读命令线应与存储芯片的允许读控制端相连,而 CPU 的写命令线则应与存储芯片的允许写控制端相连。

(4) 片选线的连接

片选线的连接是 CPU 与存储芯片正确工作的关键。存储器由许多存储芯片组成,哪一片被选中完全取决于该存储芯片的片选控制端 $\overline{\text{CE}}$ 是否能接收到来自 CPU 的片选有效信号。

片选有效信号与 CPU 的访问控制信号 $\overline{\text{MREQ}}$(低电平有效)有关,因为只有当 CPU 要求访问时,才需要选择存储芯片。若 CPU 访问 I/O,则 $\overline{\text{MREQ}}$ 为高电平,表示不要求存储器工作。此外,片选有效信号还和地址有关,因为 CPU 的地址线往往多于存储芯片的地址线,故那些未与存储芯片连上的高位地址必须和访存控制信号共同产生存储芯片的片选信号。通常需要用到一些逻辑电路,如译码器及其他各种门电路,来产生片选信号。

(5) 存储器与 CPU 连接时需考虑的问题

在微机中,当 CPU 对存储器进行读写操作时,要先在地址总线上输出地址信号,然后发相应的读写控制信号,最后才能在数据总线上进行数据传送。因此,存储器与 CPU 连接必须要考虑三总线(地址、数据和控制)的正确连接。在连接中要考虑的问题有以下几个问题:

① CPU 总线的负载能力。CPU 在设计时,一般输出线的直流负载能力为带一个 TTL 负载。现在的存储器都为 MOS 电路,直流负载很小,主要的负载是电容负载,故在小型系统中,CPU 是可以直接与存储器相连的,而较大的系统中,就要考虑 CPU 能否带得动,需要时就要加上缓冲器,由缓冲器的输出再带负载。

② CPU 的时序和存储器的存取速度之间的配合问题。CPU 在取指和存储器读操作时,是有固定时序的,就要由此来确定对存储器的存取速度的要求。或在存储器已经确定的情况下,考虑是否需要 TW 周期以及如何实现。

③ 存储器的地址分配和选片问题。系统要实现对存储单元的访问,首先要选择某一存储模块,即进行片选;然后再从该模块中选中所需要的存储单元,以进行数据的存取,这称为字选。所以,参加寻址的地址线实际是分成两部分来使用的:

- 字选线:系统地址总线中的低位地址线用作字选,直接接在用户扩展存储器的地址线上。显然这些地址线的数目 N 与扩展存储器的容量 L 有这样的关系：$L=2^N$。

- 片选线：系统地址总线中余下的高位地址线经译码后用作片选，分别选择扩展存储器中的不同模块。一般情况下，片选信号可以采用线选、全译码和部分译码等三种方式（或三种方式的组合）来实现。片选信号的具体实现形式与扩展存储器的地址范围有关。

目前生产的存储器芯片，单片的容量仍然是有限的，所以总是要由许多片才能组成一个存储器，这也就是一个如何产生片选信号的问题。

4.4.3 存储芯片的选择

用户扩展存储器往往需要由一定数量的存储芯片构成，选择存储芯片时需要考虑数量和性能两个方面的问题。

（1）芯片类型的确定：根据实际功能的需要，选择合适的存储芯片，如 ROM、EPROM、EEPROM、Flash 等。

（2）芯片型号及数量的确定：综合考虑速度、容量以及价格、功能等各方面的指标，确定选择何种型号的存储芯片。通常选用 ROM 存放系统程序、标准子程序和各类常数等。RAM 则是为用户编程而设置的。此外，在考虑芯片的数量时，要尽量使连线简单方便。

4.4.4 存储器接口中的片选

（1）74LS138 译码器

74LS138 为 3-8 译码器，引脚如图 4-11 所示。74LS138 工作原理如下。

当一个选通端（G1）为高电平，另两个选通端（$\overline{G2A}$ 和 $\overline{G2B}$）为低电平时，可将地址端（A、B、C）的二进制编码在一个对应的输出端以低电平译出。3-8 译码器 74LS138 的功能表如表 4-4 所示。

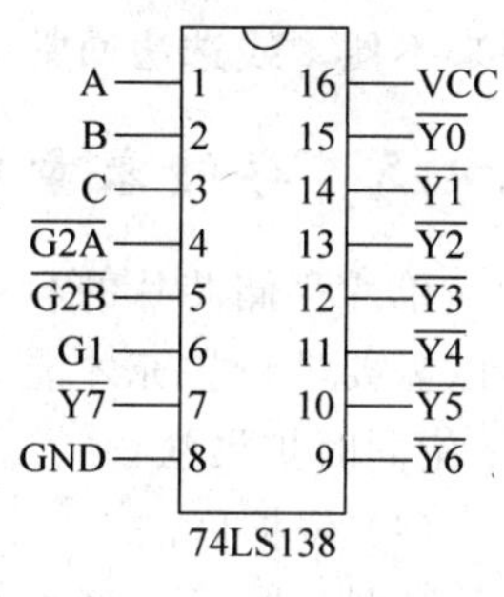

图 4-11 74LS138 引脚图

表 4-4 74LS138 功能表

输入						输出							
G1	$\overline{G2A}$	$\overline{G2B}$	C	B	A	$\overline{Y0}$	$\overline{Y1}$	$\overline{Y2}$	$\overline{Y3}$	$\overline{Y4}$	$\overline{Y5}$	$\overline{Y6}$	$\overline{Y7}$
1	0	0	0	0	0	0	1	1	1	1	1	1	1
1	0	0	0	0	1	1	0	1	1	1	1	1	1
1	0	0	0	1	0	1	1	0	1	1	1	1	1
1	0	0	0	1	1	1	1	1	0	1	1	1	1
1	0	0	1	0	0	1	1	1	1	0	1	1	1
1	0	0	1	0	1	1	1	1	1	1	0	1	1
1	0	0	1	1	0	1	1	1	1	1	1	0	1
1	0	0	1	1	1	1	1	1	1	1	1	1	0
0	X	X	X	X	X	1	1	1	1	1	1	1	1
X	1	1	X	X	X	1	1	1	1	1	1	1	1

从功能表可以看到74LS138的8个输出引脚,任何时刻要么输出全为高电平1,这时芯片处于不工作状态,要么只有一个输出为低电平0,其余7个输出引脚全为高电平1。如果出现两个输出引脚在同一个时刻为0的情况,说明该芯片已经损坏。

(2) 实现片选的三种方式

根据对地址总线的高位地址译码方法的不同,存储器接口中实现片选控制的方法通常有三种,即全译码法、部分译码法和线选法。下面简单地介绍各自的特点,有关应用在扩展应用举例里面介绍。

① 全译码法。就是除了将地址总线的低位地址直接连至各存储器芯片的地址线外,将所有余下的高位地址全部用于译码,译码输出作为各存储器芯片的片选信号。采用全译码法的优点是存储器中每一存储单元都有唯一确定的地址;缺点是译码电路比较复杂。

② 部分译码法。就是只选用地址总线高位地址的一部分进行译码,以产生各个存储器芯片的片选信号。它的优点是片选译码电路比较简单;缺点是存储器空间中存在地址重叠区,使用的时候需要注意。

③ 线选法。就是将地址总线的高位地址不经过译码,直接将它们作为存储器芯片的片选信号,即称为线选法,根本不需要使用片选译码电路。该方法的突出优点是无需使用片选译码器;缺点是存储器地址空间被分成了相互隔离的区段,造成地址空间的不连续,给编程带来不便。线选法通常适用于存储容量比较小且不要求存储容量扩充的小系统中。

4.4.5 存储容量的扩展

单片存储芯片的容量总是有限的,它在字数或字长方面与实际存储器的要求都有差距,所以需要进行扩充才能满足实际存储器的容量要求。通常采用方法有位扩展法,字扩展法,字、位同时扩展法。

(1) 位扩展法

位扩展法是指增加存储字长。微机中内存是以字节为单位进行存储的,其容量也以字节为单位进行表示;而构成内存的各存储芯片并不一定以字节为单位进行组织($N\times M$结构的存储芯片内部是以M个bit为单位进行组织的,而M不一定等于8),这样就必须首先对存储芯片进行位扩展——把多个存储芯片互连成一个模块,实现按字节编址。

假定使用64K×1位的RAM存储器芯片,组成64K×8位的存储器,可采用如图4-12所示的位扩展法。每一片RAM是64K×1位,故其地址线为16条(A0～A15),可满足整个存储体容量的要求。每一片对应于数据的1位(只有1条数据线),故只需将它们分别接到数据总线上的相应位即可。

(2) 字扩展法

字扩展是仅在字向扩充,而位数不变,因此将存储器芯片的地址线、数据线、读/写控制线并联,而由片选信号来区分各芯片地址,故片选信号端连接到选片译码器的输出端。用8K×8位的芯片采用字扩展法组成64K×8位的存储器,可采用如图4-13所示的电路图。图中8个芯片的数据端与CPU数据总线D0～D7相连,地址总线低位地址A0～A12与各芯片的13位地址端相连,而地址A13、A14、A15经74LS138译码器与8个片选端相连。

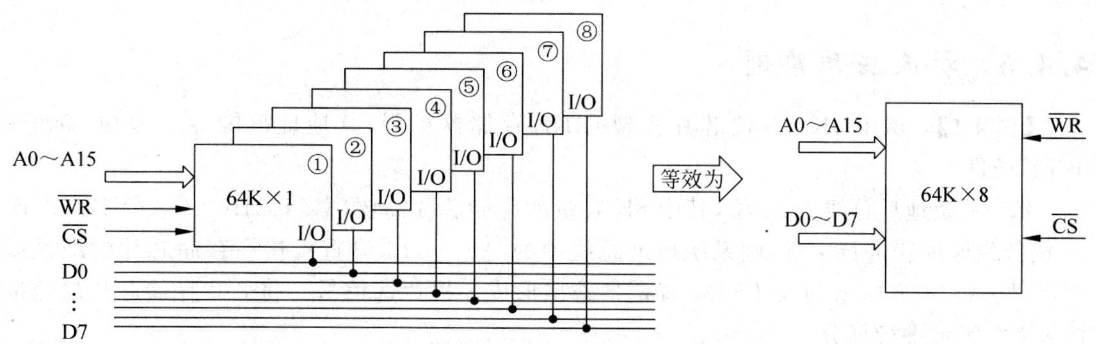

图 4-12　存储芯片的位扩展(用 64K×1 位的芯片扩展实现 64KB 存储器)

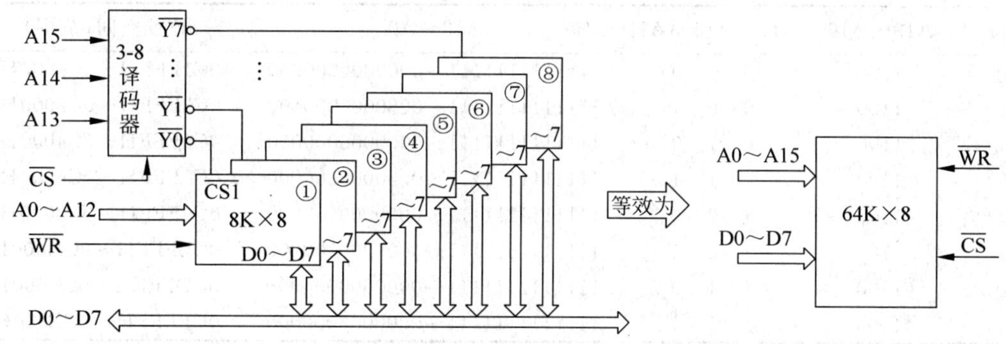

图 4-13　存储芯片的字扩展(用 8K×8 位的芯片扩展实现 64KB 存储器)

(3) 字、位同时扩展法

字、位扩展是指既增加存储字的数量，又增加存储字长。一个存储器的容量假定为 $M\times N$ 位，若使用 $L\times K$ 位的芯片($L<M, K<N$)，则需要在字、位同时扩展。因此需要 $(M/L)\times(N/K)$ 个存储器芯片。用 1K×4 位的芯片组成 4K×8 位的存储器，根据计算 (4/1×8/4)=8，因此需要 8 片存储器芯片，如图 4-14 所示。

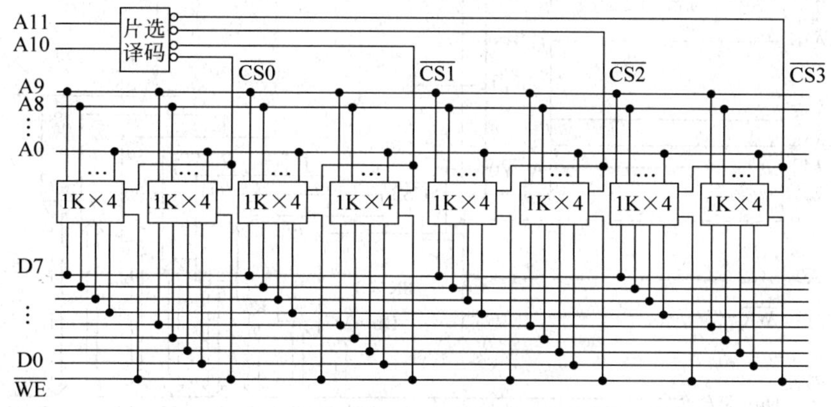

图 4-14　由 8 片 1K×4 位的芯片组成 4K×8 位的存储器

由图 4-14 可见，每 2 片构成一组 1K×8 位的存储器，4 组便构成 4K×8 位的存储器。地址线 A11、A10 经片选译码器得到 4 个片选信号 $\overline{CS0}$、$\overline{CS1}$、$\overline{CS2}$、$\overline{CS3}$，分别选择其中 1K×8 位的存储芯片。$\overline{WE}$ 为读写控制信号。

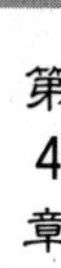

4.4.6 扩展应用举例

【例 4-1】 试用 8K×8 位芯片实现 64KB 存储器扩展,其地址范围要求为 0C0000～0CFFFFH。

解:系统地址总线为 20 位,其中 8K 容量的存储芯片需要($8\times1024B=2^3\times2^{10}B=2^{13}B$)13 根低位地址线进行字选,则系统地址总线中的 A0～A12 将直接接在存储芯片的地址线上,而用 A13～A19 经过 74LS138 译码器输出形成 8 根片选信号。将 8 片存储芯片的地址按表 4-5 所示进行划分。

表 4-5 各存储器芯片的地址空间范围

芯片	A19～A16	A15	A14	A13	A12～A0	地址空间(范围)
①	1100	0	0	0	1111111111111～0000000000000	0C1FFFH～0C0000H
②	1100	0	0	1	1111111111111～0000000000000	0C3FFFH～0C2000H
③	1100	0	1	0	1111111111111～0000000000000	0C5FFFH～0C4000H
④	1100	0	1	1	1111111111111～0000000000000	0C7FFFH～0C6000H
⑤	1100	1	0	0	1111111111111～0000000000000	0C9FFFH～0C8000H
⑥	1100	1	0	1	1111111111111～0000000000000	0CBFFFH～0CA000H
⑦	1100	1	1	0	1111111111111～0000000000000	0CDFFFH～0CC000H
⑧	1100	1	1	1	1111111111111～0000000000000	0CFFFFH～0CE000H

方法 1:用全译码法实现片选。就是所有未参加字选的高位地址线全部参加译码以形成片选信号。如图 4-15 中虚线框内所示,所有高位地址线全部参加译码以获得所需的片选信号。

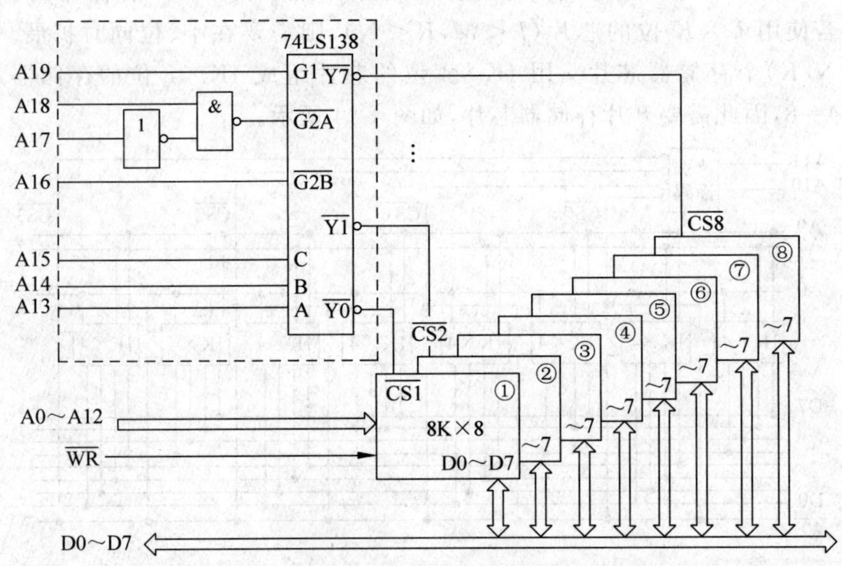

图 4-15 全译码电路的一种实现(用 8K×8 位的芯片扩展实现 64KB 存储器)

方法 2:用部分译码法实现片选。就是只选用高位地址总线中的一部分进行译码以产生片选信号,未参加译码的高位地址线不做处理。电路如图 4-16 所示,图中需要直接参与译码的高位地址线只有 3 根(A13～A15),这三根地址线的处理方式和全译码方式完全相同，不同的是部分译码电路中未直接参加译码的高位地址线(A16～A19)。在对用户扩展存储器寻址时，系统地址总线的高 4 位(A16～A19)可以为任意值。也可以说，高 4 位为“A19A18A17A16＝1100”时，可以选中该扩展存储器中的单元(此时扩展存储器地址范围为 0C0000H～0CFFFFH)；高 4 位为“0000”时同样可以选中该扩展存储器中的单元(此时扩展存储器地址范围为 00000H～0FFFFH)；同理，高 4 位为“0001”时扩展存储器地址范围为 10000H～1FFFFH；以此类推。

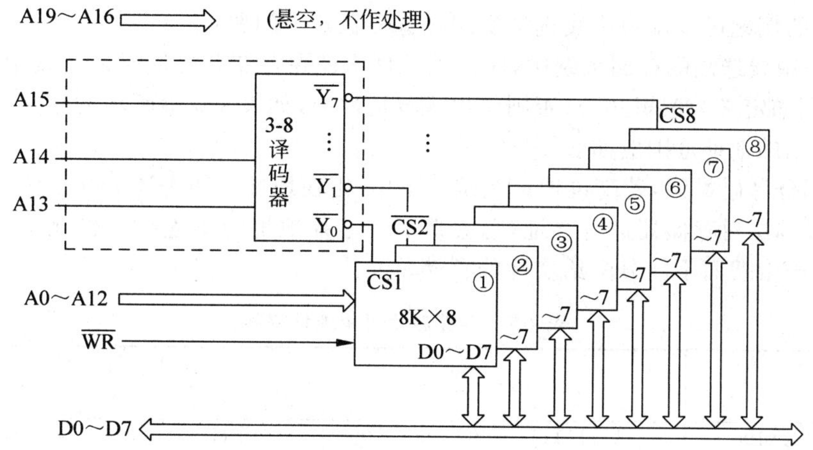

图 4-16 部分译码电路的一种实现(用 8K×8 位的芯片扩展实现 64KB 存储器)

可见，采用部分译码形式实现片选，虽然比全译码方式简单，但存在地址重叠区，存储芯片的地址范围是不唯一的(任何一个存储单元都对应了几个地址)。实际上，只有在系统中重叠区地址并未被分配给其他芯片的情况下，才允许使用部分译码，否则会出现寻址冲突。

方法 3：用线选法实现片选。就是将系统高位地址直接(或经反相器)分别接至各存储芯片的片选端，其他未使用的高位地址线不做处理。也就是说，系统中有多少片选信号就至少需要多少条高位地址线。

本系统有 7 根高位地址线参与片选，按照图 4-17 所示虚线框中的接法，存储器芯片的地址空间如表 4-6 所示。表中“X”表示对应位不确定，可以为 0，也可以为 1；若令“X”为 0，得到的地址空间如表 4-6 所示。

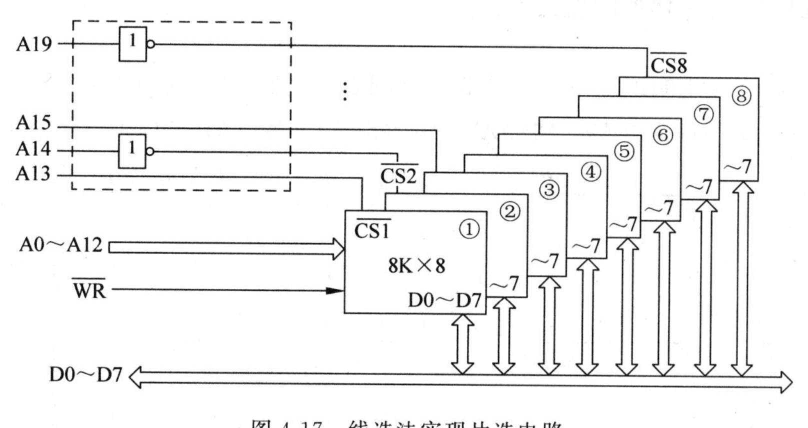

图 4-17 线选法实现片选电路

表 4-6　存储芯片的地址空间

芯片	A19～A13	A12～A0	地址空间(范围)
①	XXXXXX0	1111111111111～0000000000000	01FFFH～00000H
②	XXXXX1X	1111111111111～0000000000000	05FFFH～04000H
③	XXXX0XX	1111111111111～0000000000000	01FFFH～00000H
⋮	⋮	⋮	⋮
⑧	1XXXXX	1111111111111～0000000000000	81FFFH～80000H

从上面的例题可以发现用线选法实现片选存在几个问题:

① 在采用线选法的存储系统中,应该用软件保证在存储器寻址时片选线中每次只能有一位有效(例如定义为逻辑“0”),否则将出现寻址冲突,如表 4-6 中所示的芯片①和芯片③,实际可能使用的地址范围应如表 4-7 所示。

② 和部分译码类似,若高位地址线闲置不用,则在地址空间中还会存在地址重叠现象。

③ 用线选法对存储器进行寻址,总会造成各芯片地址的不连续。也就是说,总会有一些地址空间被浪费而不能分配给实际的存储单元。

表 4-7　存储芯片可用地址空间

芯片	A19～A13	A12～A0	可用地址空间(范围)	
			其他“X”全为 0 时	其他“X”全为 1 时
①	0XXX100	1111111111111～0000000000000	09FFFH～08000H	79FFFH～78000H
②	0XXX111	1111111111111～0000000000000	0FFFFH～0E000H	7FFFFH～7E000H
③	0XXX001	1111111111111～0000000000000	03FFFH～02000H	73FFFH～72000H
⋮	⋮	⋮	⋮	⋮
⑧	1XXX101	1111111111111～0000000000000	8DFFFH～8C000H	FDFFFH～FC000H

【例 4-2】 设 CPU 有 16 根地址线、8 根数据线,并用 $\overline{MREQ}$ 作为访问存储器控制信号(低电平有效),用 $\overline{WR}$ 作为读/写控制信号(高电平为读,低电平为写)。现有下列存储芯片:1K×4 位 RAM、4K×8 位 RAM、8K×8 位 RAM、2K×8 位 ROM、4K×8 位 ROM、8K×8 位 ROM 及 74LS138 译码器和各种门电路。要求如下:

① 存储器地址空间分配为:6000H～67FFH 为系统程序区。

6800H～6BFFH 为用户程序区。

② 合理选用上述存储芯片,说明各选用几片。

③ 画出 CPU 与存储器的连接图。

解:

第 1 步:将十六进制地址范围展开成二进制表示地址,并确定其总容量。

A15	A14	A13	A12	A11	A10	A9	A8	A7	A6	A5	A4	A3	A2	A1	A0	
0	1	1	0	0	0	0	0	0	0	0	0	0	0	0	0	系统程序区 2K×8位 6000H～67FFH
				⋮								⋮				
0	1	1	0	0	1	1	1	1	1	1	1	1	1	1	1	
0	1	1	0	1	0	0	0	0	0	0	0	0	0	0	0	用户程序区 1K×8位 6800H～6BFFH
				⋮								⋮				
0	1	1	0	1	0	1	1	1	1	1	1	1	1	1	1	

第 2 步：根据地址范围的容量和作用，选择存储器芯片。

6000H～67FFH 为存放系统程序的范围，应选择 1 片 2K×8 位的 ROM，若选择 4K×8 位或 8K×8 位的 ROM，都超出了 2K×8 位的系统程序区范围。

6800H～6BFFH 为存放用户程序的范围，选 2 片 1K×4 位的 RAM 芯片正好满足 1K×8 位的用户程序区要求。

第 3 步：分配 CPU 的地址线。

$2K=2\times1024B=2^1\times2^{10}B=2^{11}B$，因此需要 11 根地址线，所以将 CPU 的低 11 位地址 A10～A0 与 2K×8 位的 ROM 地址线相连；而 $1K=1\times1024B=1\times2^{10}B=2^{10}B$，因此需要 10 根地址线，所以将 CPU 的低 10 位地址 A9～A0 与 2 片 1K×4 位的 RAM 地址线相连。余下的高位地址与访问存储器控制信号 $\overline{\text{MREQ}}$ 共同产生存储器芯片的片选信号。

第 4 步：片选信号的产生。

由表 4-4 给出的 74LS138 译码器输入逻辑关系可知，必须保证 G1 为高电平，$\overline{\text{G2A}}$ 和 $\overline{\text{G2B}}$ 为低电平，才能使译码器正常工作。根据第 1 步写出的存储器地址范围可得，A15 始终为低电平，A14 始终为高电平，它们正好可分别与译码器的 $\overline{\text{G2A}}$（低）和 G1（高）对应。而访问存储器控制信号 $\overline{\text{MREQ}}$（低电平有效）又正好可以与 $\overline{\text{G2B}}$（低）对应。余下的 A13、A12、A11 可分别接到译码器的 C、B、A 输入端。其输出 $\overline{\text{Y4}}$ 有效时，选中 1 片 ROM；$\overline{\text{Y5}}$ 与 A10 同时有效均为低电平时，与门输出选通 2 片 RAM 芯片，根据以上分析可画出 CPU 与存储器的连接如图 4-18 所示。图中 ROM 芯片的 $\overline{\text{CE}}/\overline{\text{PGM}}$ 端接地，以确保在读出时低电平有效。RAM 芯片的读写控制端与 CPU 的读写命令端 $\overline{\text{WR}}$ 相连。ROM 的 8 根数据线直接与 CPU 的 8 根数据总线相连，2 片 RAM 的数据线分别与 CPU 数据总线的高 4 位和低 4 位相连。

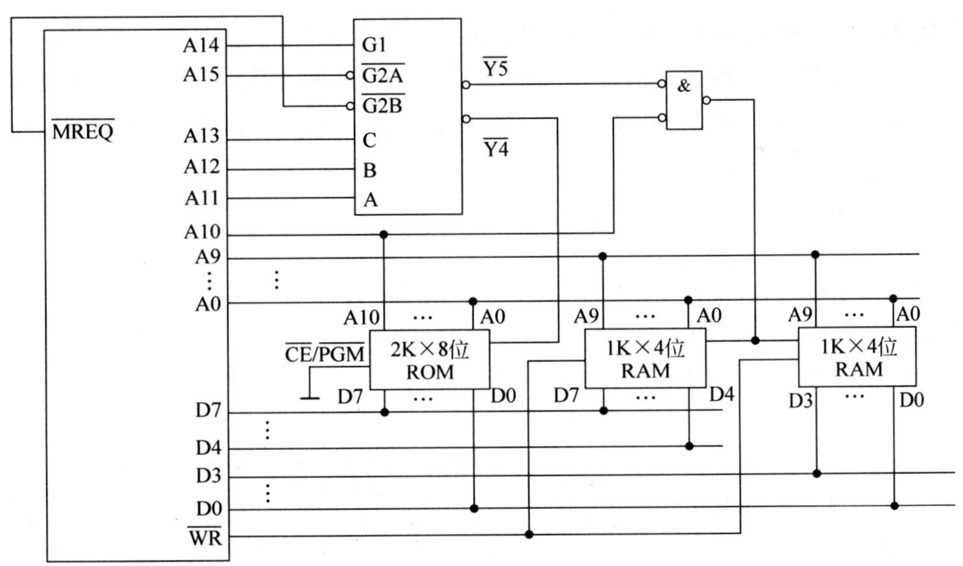

图 4-18　CPU 与存储器的连接图

【例 4-3】 设计存储器，最小要求 8K 地址为系统程序区，与其相邻的 16K 地址为用户程序区，最大 4K 地址空间为系统程序工作区。画出 CPU 与存储器的连接图。

解：

第 1 步：将十六进制地址范围展开成二进制表示地址，并确定其总容量。

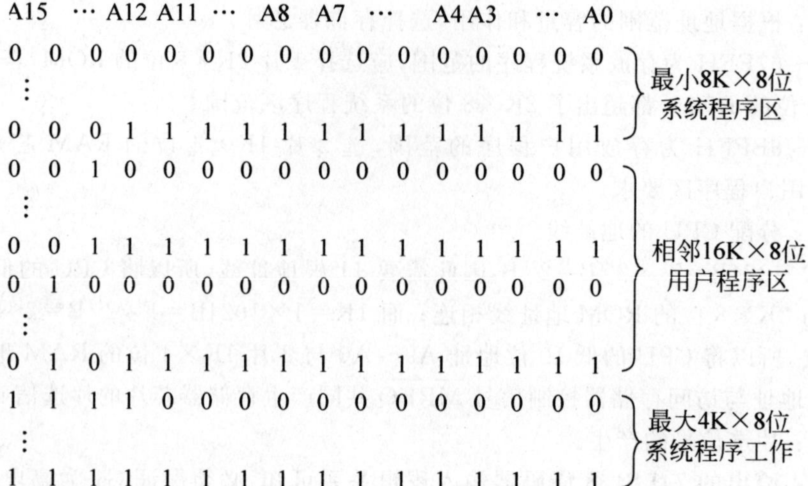

第 2 步：根据地址范围的容量和作用，选择存储器芯片。确定最小 8KB 系统程序区选择 1 片 8K×8 位 ROM；与其相邻的 16KB 用户程序区选择 2 片 8K×8 位 RAM；最大 4KB 系统程序工作区选择 1 片 4K×8 位 RAM。

第 3 步：分配 CPU 的地址线。

将 CPU 的低 13 位地址线 A12～A0 与 1 片 8K×8 位 ROM 和 2 片 8K×8 位 RAM 的地址线相连；将 CPU 的低 12 位地址线 A11～A0 与 1 片 4K×8 位 RAM 的地址线相连。

第 4 步：片选信号的产生。

将 74LS138 译码器的控制器 G1 接＋5V，$\overline{G2A}$ 和 $\overline{G2B}$ 接 $\overline{MREQ}$，以保证译码器正常工作。CPU 的 A15、A14、A13 分别接在译码器的 C、B、A 端，则其输出 $\overline{Y0}$、$\overline{Y1}$、$\overline{Y2}$ 分别作为 ROM、RAM1 和 RAM2 的片选信号。根据题意，最大 4K 地址范围的 A12 为高电平，故经反相后再与 $\overline{Y7}$ 相“与”，其输出作为 4K×8 位 RAM3 的片选信号，如图 4-19 所示。

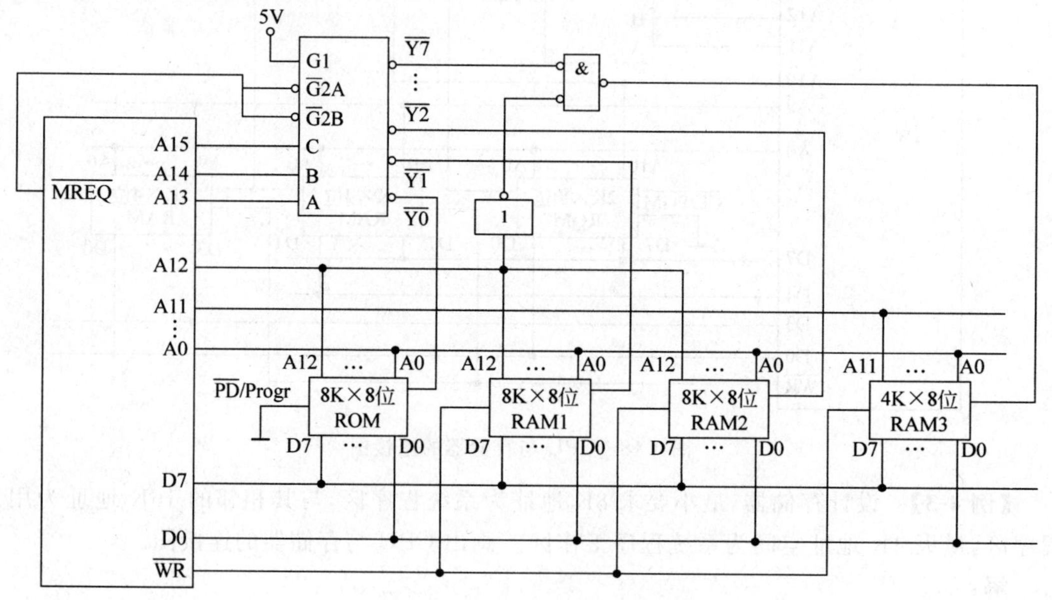

图 4-19　CPU 与存储器的连接图

4.5 拓展工程训练项目

4.5.1 项目1：认识各种存储器芯片

1. 项目要求与目的

(1) 项目要求：认识微机上常用存储器芯片，并从性能上认识存储器芯片。

(2) 项目目的：

- 了解存储器芯片的性能指标。
- 了解存储器芯片的基本概念。
- 掌握存储器芯片的分类。

2. 项目说明

存储器是计算机的重要组成部分之一，用来存储程序和数据，表征了计算机的“记忆”功能。它可以把需要CPU处理的程序和原始数据存储起来，处理时自动而连续地从存储器中取出程序中的指令并执行指令规定的操作。现在市场上流行着许多存储器芯片，借此项目让我们来简单地了解一下这些重要的存储器芯片，常用存储器如图4-20所示。

(1) 动态随机存取存储器(Dynamic RAM，DRAM)

可读可写，需要利用存储器控制电路按周期对存储器进行刷新(其实是对电容补充电荷)，才能保证在上电期间数据不丢失，与SRAM比，存取速度较慢、成本较低、容量较大。

这是最普通的RAM，一个晶体管与一个电容器组成一个位存储单元，DRAM将每个内存位作为一个电荷保存在位存储单元中，用电容的充放电来储存信息，但因电容本身有漏电问题，因此必须每几微秒就要刷新一次，否则数据会丢失。存取时间和放电时间一致，约为2～4ms。因为成本比较便宜，通常都用作计算机内的主存储器，如图4-20(a)所示。

(2) 静态随机存取存储器(Static RAM，SRAM)

可读可写，利用静态触发器构成，存取时间较短，但是成本较高，难以做到大容量。静态，指的是内存里面的数据可以长期保持。每6个晶体管组成一个位存储单元，因为没有电容器，因此无需不断充电即可正常运作，因此它可以比一般的动态随机处理内存处理速度更快更稳定，往往用作高速缓存，常用的典型SRAM芯片有2114(1KB×4位)、6116(2KB×8位)、6264(8KB×8位)、62128(16KB×8位)、62256(32KB×8位)、628128(128KB×8位)等多种，如图4-20(b)所示。

(3) 视频内存(Video RAM，VRAM)

VRAM的主要功能是将显卡的视频数据输出到数模转换器中，有效降低绘图显示芯片的工作负担。它采用双数据口设计，其中一个数据口是并行式的数据输出入口，另一个是串行式的数据输出口。多用于高级显卡中的高档内存，如图4-20(c)所示。

(4) DDR SDRAM

作为SDRAM的换代产品，主要是利用时钟脉冲的上升沿与下降沿传输数据，相当于

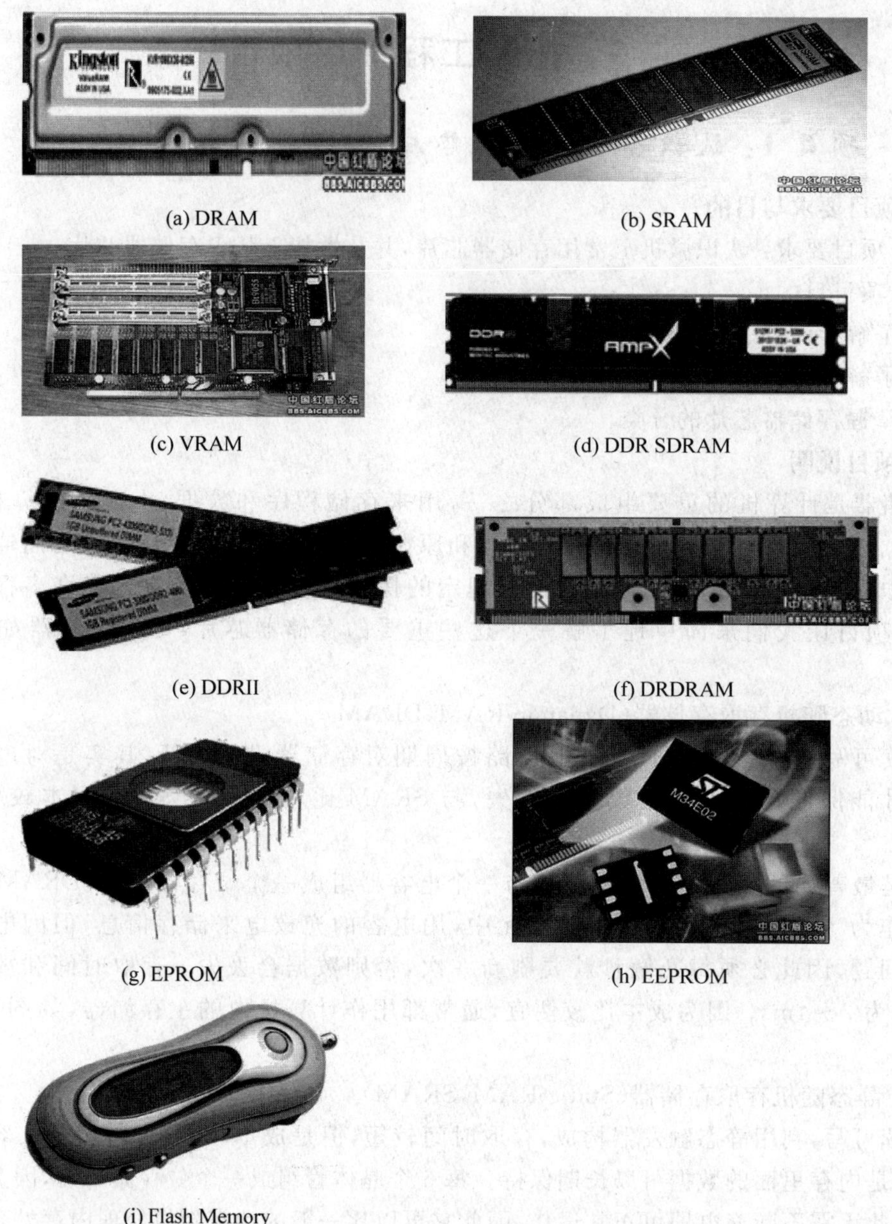
(a) DRAM (b) SRAM (c) VRAM (d) DDR SDRAM (e) DDRII (f) DRDRAM (g) EPROM (h) EEPROM (i) Flash Memory

图 4-20 微机常用的存储器

原来两倍的频率的工作效率。它具有两大特点：其一,速度比 SDRAM 有一倍的提高；其二,采用了 DLL 提供一个数据滤波信号。这是目前内存市场上的主流模式,如图4-20(d)所示。

(5) DDRII (Double Data Rate Synchronous DRAM，第二代同步双倍速率动态随机存取存储器)

DDRII 可以看作是 DDR 技术标准的一种升级和扩展：DDR 的核心频率与时钟频率相等,但数据频率为时钟频率的两倍,也就是说在一个时钟周期内必须传输两次数据。而

DDRII 采用“4 bit Prefetch(4 位预取)”机制，核心频率仅为时钟频率的一半、时钟频率再为数据频率的一半，这样即使核心频率还在 200MHz，DDRII 内存的数据频率也能达到 800MHz，也就是所谓的 DDRII 800。DDRII 如图 4-20(e)所示。

(6) DRDRAM

DRDRAM 是下一代的主流内存标准之一，由 Rambus 公司所设计发展出来，是将所有的引脚都连接到一个共同的 Bus，这样不但可以减少控制器的体积，也可以增加资料传送的效率。DRDRAM 如图 4-20(f)所示。

(7) 可擦可编程只读存储器(Erasable Programmable，EPROM)

这是一种具有可擦除功能，擦除后即可进行再编程的 ROM 内存，写入前必须先把里面的内容用紫外线照射 IC 卡上的透明视窗的方式来擦除掉。这一类芯片比较容易识别，其封装中包含有“石英玻璃窗”，一个编程后的 EPROM 芯片的“石英玻璃窗”一般使用黑色不干胶纸盖住，以防止遭到阳光直射。EPROM 如图 4-20(g)所示。

(8) EEPROM

功能与使用方式与 EPROM 一样，不同之处是擦除数据的方式，它是以约 20V 的电压来进行擦除的。另外它还可以用电信号进行数据写入。这类 ROM 内存多应用于即插即用接口中。EEPROM 如图 4-20(h)所示。

(9) Flash Memory(快闪存储器)

这是一种可以直接在主机板上修改内容而不需要将 IC 拔下的内存，当电源关掉后储存在里面的数据并不会丢失，在写入数据时必须先将原本的数据擦除掉，然后才能再写入新的数据，缺点为写入数据的速度太慢。目前单片机应用领域用得较多，如图 4-20(i)所示。

3. 项目实物图

凡是对电脑有所了解的人都知道内存在计算机中是一个很重要的部分，可是有不少的人对内存的认识仅仅局限在 SDRAM 和 DDR SDRAM 这两种类型上，事实上，内存的种类是非常多，如图 4-20 所示就是微机中常用的存储器。

4.5.2 项目 2：设计一个容量为 4KB RAM 的存储器

1. 项目要求与目的

(1) 项目要求：利用 SRAM 6116(2KB×8 位)及译码器 74LS138，设计一个存储容量为 4KB RAM 的存储器。要求 RAM 的地址范围为 7C000H～7CFFFH。

(2) 项目目的：

- 了解扩展存储器的方法。
- 了解静态 6116 芯片性能及引脚。
- 了解 8086 CPU 与 SRAM 的连接方法。

2. 项目电路连接与说明

(1) 项目电路连接：如图 4-21 所示。

(2) 项目说明：项目需要系统地址总线 20 位(A0～A19)，数据总线 8 位(D0～D7)，控制信号为 $\overline{RD}$、$\overline{WR}$、M/$\overline{IO}$。

① 需要存储芯片数及地址信号线的分配

• 4KB RAM需要2片6116(2KB×8位)构成。

• 地址信号线的分配。

6116容量为2KB($=2^1\times 2^{10}$B$=2^{11}$B)×8位 {用11条地址线作片内地址(A0～A10)；用9条地址线作片外地址(A11～A19)}

② 地址范围的确定

由于用74LS138作片选译码器,所以A13～A11应该接C、B、A,最多可选择8片,本项目用2片。A18～A14高有效,A19经过反相器接G1。

```
A19A18A17A16A15A14A13A12A11A10 A9A8A7A6A5A4A3A2A1A0
                        C  B  A
0  1  1  1  1  1  0  0  0  0   0 0 0 0 0 0 0 0 0 0   (7C000H) )
                       ⋮                                  ⋮     } SRAM1(2KB)
0  1  1  1  1  1  0  0  0  1   1 1 1 1 1 1 1 1 1 1   (7C7FFH) )
0  1  1  1  1  1  0  0  1  0   0 0 0 0 0 0 0 0 0 0   (7C800H) )
                       ⋮                                  ⋮     } SRAM2(2KB)
0  1  1  1  1  1  0  0  1  1   1 1 1 1 1 1 1 1 1 1   (7CFFFH) )
```

3. 项目电路原理图

项目电路原理图如图4-21所示。电路由2片SRAM 6116芯片、1片74LS138译码器芯片和门电路等组成。

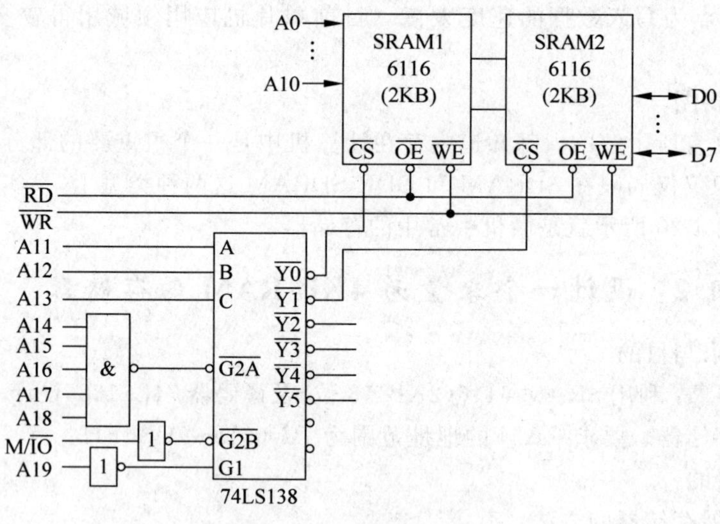

图4-21 电路原理图

4.5.3 项目3：设计一个容量为8KB ROM的存储器

1. 项目要求与目的

(1) 项目要求：利用EPROM 2732(4KB×8位)及译码器74LS138,设计一个存储容量为8KB ROM的存储器。要求ROM的地址范围为FC000H～FDFFFH。

(2) 项目目的：

- 了解 EPROM 2732 芯片性能及引脚。
- 掌握 8086 CPU 与 EPROM 的连接方法。

2. 项目电路连接与说明

(1) 项目电路连接：如图 4-22 所示。

(2) 项目说明：项目需要系统地址总线 20 位(A0～A19)，数据总线 8 位(D0～D7)，控制信号为 $\overline{RD}$、$\overline{WR}$、M/$\overline{IO}$。

① 需要存储芯片数及地址信号线的分配

- 8KB ROM 需要 2 片 2732 构成。
- 地址信号线的分配。

2732 容量为 4KB$(=2^2\times2^{10}\text{B}=2^{12}\text{B})\times8$ 位 $\begin{cases}\text{用 12 条地址线作片内地址(A0 ～ A11)}\\\text{用 8 条地址线作片外地址(A12 ～ A19)}\end{cases}$

② 地址范围的确定

用 74LS138 作片选译码器，其输入、输出信号的连接要根据存储芯片的地址范围来确定。

A19	A18	A17	A16	A15	A14	A13	A12	A11	A10	A9	A8	A7	A6	A5	A4	A3	A2	A1	A0		
					C	B	A														
1	1	1	1	1	1	0	0	0	0	0	0	0	0	0	0	0	0	0	0	(FC000H)	EPROM1 (4KB)
							⋮													⋮	
1	1	1	1	1	1	0	0	1	1	1	1	1	1	1	1	1	1	1	1	(FCFFFH)	
1	1	1	1	1	1	0	1	0	0	0	0	0	0	0	0	0	0	0	0	(FD000H)	EPROM2 (4KB)
							⋮													⋮	
1	1	1	1	1	1	0	1	1	1	1	1	1	1	1	1	1	1	1	1	(FDFFFH)	

3. 项目电路原理图

项目电路原理图如图 4-22 所示。电路由 2 片 EPROM 2732 芯片、1 片 74LS138 译码器芯片和门电路等组成。

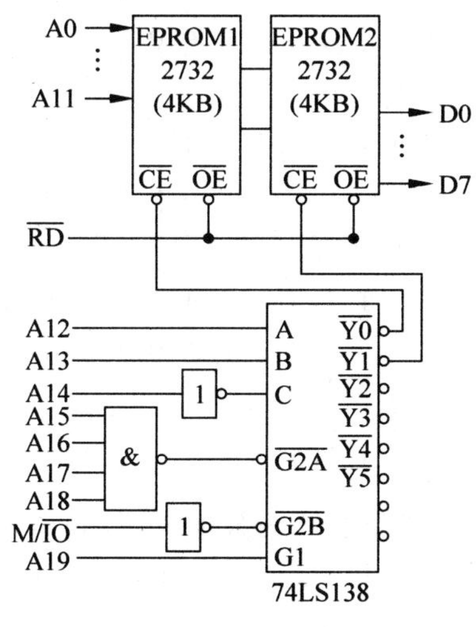

图 4-22　电路原理图

4.5.4 项目4：设计一个容量为16KB ROM和8KB RAM的存储器

1. 项目要求与目的

(1) 项目要求：利用 EPROM 2732(4KB×8 位)、SRAM 6116(2KB×8 位)及译码器 74LS138,设计一个存储容量为 16KB ROM 和 8KB RAM 的存储器。要求 ROM 的地址范围为 F8000H～FBFFFH,RAM 的地址范围为 FC000H～FDFFFH。

(2) 项目目的：

- 了解静态 6116 芯片性能及引脚。
- 了解 EPROM 2732 芯片性能及引脚。
- 掌握 8086 CPU 与 SRAM 的连接方法。
- 掌握 8086 CPU 与 EPROM 的连接方法。

2. 项目电路连接与说明

(1) 项目电路连接：如图 4-23 所示。

(2) 项目说明：项目需要系统地址总线 20 位(A0～A19),数据总线 8 位(D0～D7),控制信号为 $\overline{RD}$、$\overline{WR}$、M/$\overline{IO}$。

① 需要存储芯片数及地址信号线的分配

- 16KB ROM 需要 4 片 2732 构成,8KB RAM 需要 4 片 6116 构成。
- 地址信号线的分配。

2732 容量为 4KB($=2^2\times2^{10}$B $=2^{12}$B)×8 位 {用 12 条地址线作片内地址(A0 ～ A11)；用 8 条地址线作片外地址(A12 ～ A19)}

6116 容量为 2KB($=2^1\times2^{10}$B $=2^{11}$B)×8 位 {用 11 条地址线作片内地址(A0 ～ A10)；用 9 条地址线作片外地址(A11 ～ A19)}

② 地址范围的确定

用 74LS138 作片选译码器,其输入、输出信号的连接要根据存储芯片的地址范围来确定。

A19	A18	A17	A16	A15	A14	A13	A12	A11	A10	A9A8A7A6A5A4A3A2A1A0		
					C	B	A					
1	1	1	1	1	0	0	0	0	0	0000000000	(F8000H)	EPROM1～EPROM4 (16KB)
							⋮			⋮		
1	1	1	1	1	0	1	1	1	1	1111111111	(FBFFFH)	
1	1	1	1	1	1	0	0	0	0	0000000000	(FC000H)	SRAM1、SRAM2 (4KB)
							⋮			⋮		
1	1	1	1	1	1	0	0	1	1	1111111111	(FCFFFH)	
1	1	1	1	1	1	0	1	0	0	0000000000	(FD000H)	SRAM3、SRAM4 (4KB)
							⋮			⋮		
1	1	1	1	1	1	0	1	1	1	1111111111	(FDFFFH)	

由于两种芯片 2732 和 6116 片内寻址线数量不同,故 A11 作为 2732 的片内寻址线,而作为 6116 的片外寻址线。

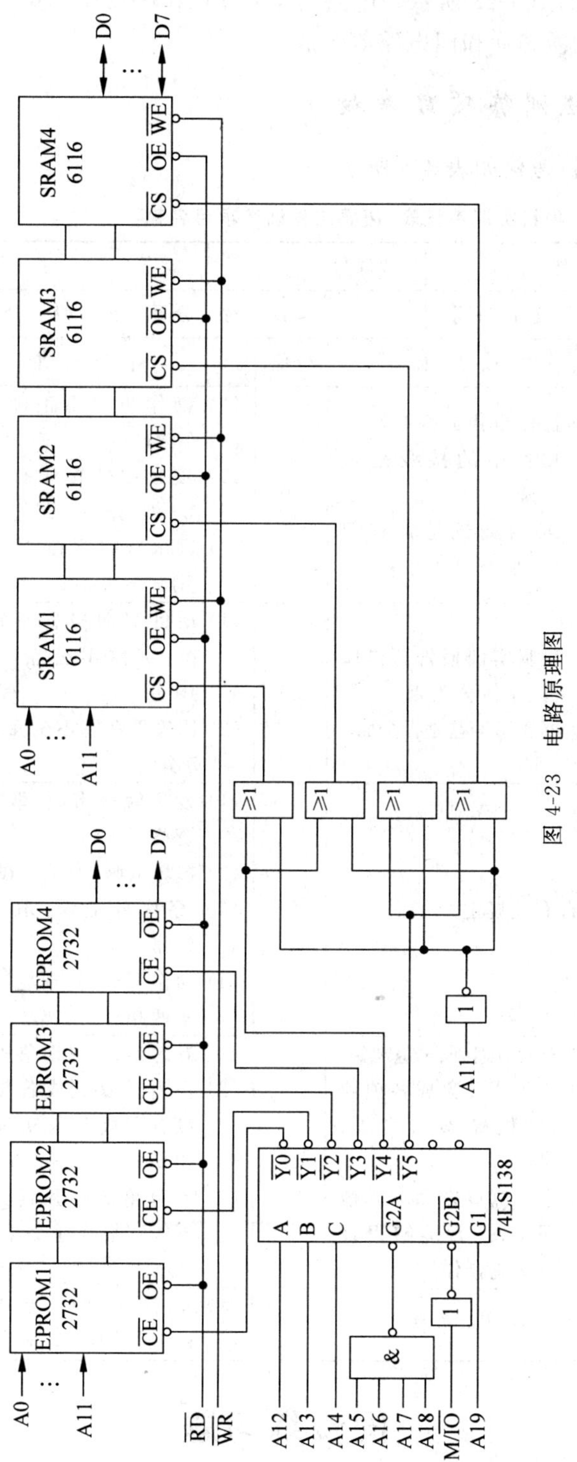
EPROM1
2732
EPROM2
2732
EPROM3
2732
EPROM4
2732
CE
OE
A0
A11
D0
D7
SRAM1
6116
SRAM2
6116
SRAM3
6116
SRAM4
6116
CS
OE
WE
RD
WR
A12
A13
A14
A15
A16
A17
A18
M/IO
A19
&
1
≥1
A
B
C
G2A
G2B
G1
Y0
Y1
Y2
Y3
Y4
Y5
74LS138

图 4-23　电路原理图

3. 项目电路原理图

项目电路原理图如图4-23所示。电路由4片EPROM 2732芯片、4片SRAM 6116芯片、1片74LS138译码器芯片和门电路等组成。

4.5.5 拓展工程训练项目考核

拓展工程训练项目考核如表4-8所示。

表4-8 项目实训考核表(拓展工程训练项目名称:)

<table>
<tr><td>姓名</td><td></td><td>班级</td><td></td><td>考件号</td><td></td><td>监考</td><td></td><td>得分</td><td></td></tr>
<tr><td>额定工时</td><td colspan="2">分钟</td><td>起止时间</td><td colspan="4">日 时 分至 日 时 分</td><td>实用工时</td><td></td></tr>
<tr><td>序号</td><td>考核内容</td><td colspan="2">考核要求</td><td>分值</td><td colspan="3">评分标准</td><td>扣分</td><td>得分</td></tr>
<tr><td>1</td><td>项目内容与步骤</td><td colspan="2">(1) 操作步骤是否正确
(2) 项目中的接线是否正确
(3) 项目调试是否有问题,是否调试得来</td><td>40</td><td colspan="3">(1) 操作步骤不正确扣5～10分
(2) 项目中的接线有问题扣2～10分
(3) 调试有问题扣2～10分,调试不来扣2～10分</td><td></td><td></td></tr>
<tr><td>2</td><td>项目实训报告要求</td><td colspan="2">(1) 项目实训报告写得规范、字体公正否
(2) 回答思考题是否全面</td><td>20</td><td colspan="3">(1) 项目实训报告写得不规范、字体不公正,扣5～10分
(2) 回答思考题不全面,扣2～5分</td><td></td><td></td></tr>
<tr><td>3</td><td>安全文明操作</td><td colspan="2">符合有关规定</td><td>15</td><td colspan="3">(1) 发生触电事故,取消考试资格
(2) 损坏电脑,取消考试资格
(3) 穿拖鞋上课,取消考试资格
(4) 动作不文明,现场凌乱,吃东西扣2～10分</td><td></td><td></td></tr>
<tr><td>4</td><td>学习态度</td><td colspan="2">(1) 有没有迟到、早退现象
(2) 是否认真完成各项项目,积极参与实训、讨论
(3) 是否尊重老师和其他同学,是否能够很好地交流合作</td><td>15</td><td colspan="3">(1) 有迟到、早退现象扣5分
(2) 没有认真完成各项项目,没有积极参与实训、讨论扣5分
(3) 不尊重老师和其他同学,不能够很好地交流合作扣5分</td><td></td><td></td></tr>
<tr><td>5</td><td>操作时间</td><td colspan="2">在规定时间内完成</td><td>10</td><td colspan="3">每超时10分钟(不足10分钟以10分钟计)扣5分</td><td></td><td></td></tr>
</table>

同步练习题

(1) 什么是SRAM,DRAM,ROM,EPROM和EEPROM?各有何特点?各用于何种场合?

(2) 动态 RAM 为什么要进行定时刷新？试简述刷新原理及过程。

(3) EPROM 存储器芯片在没有写入信息时，各个单元的内容是什么？

(4) 如何检查扩展的 RAM 工作是否正常？

(5) 常用的存储器片选控制方法有哪几种？它们各有什么优缺点？

(6) 若某微机有 16 条地址线，现用 SRAM 2114(1K×4)存储芯片组成存储系统，问采用线选译码时，系统的存储容量最大为多少？需要多少个 2114 存储器芯片？

(7) 若要用 2114 芯片扩充 2KB RAM，规定地址为 4000H～47FFH，地址线应如何连接？画出连接图。

(8) 设计一个具有 8KB ROM 和 40KB RAM 的存储器。画出 CPU 与存储器的连接图。要求 ROM 用 EPROM 芯片 2732 组成，从 0000H 地址开始；RAM 用 SRAM 芯片 6264 组成，从 4000H 地址开始。

(9) 选用 6116 存储芯片和 74LS138 译码芯片，构成其起始地址为 C000H 的一个 2KB 的 RAM 存储子系统(假设 CPU 只有 16 条地址线、8 条数据线，用全译码法)，画出 CPU 和存储芯片的连接图。

(10) 设 CPU 共有 16 根地址线，8 根数据线，并用 $\overline{MREQ}$(低电平有效)作访存控制信号，$\overline{WR}$ 作读/写命令信号(高电平为读，低电平为写)。现有这些存储芯片：ROM(2K×8 位，4K×4 位，8K×8 位)，RAM(1K×4 位，2K×8 位，4K×8 位)及 74138 译码器和其他门电路。试从上述规格中选用合适的芯片。要求如下：

① 最小 4K 地址为系统程序区，4096H～16383H 地址范围为用户程序区。

② 指出选用的存储芯片类型及数量。

③ 画出 CPU 和存储芯片的连接图。

第5章 可编程并行接口 8255A

学习目的

(1) 了解 8255A 芯片引脚和内部结构。

(2) 掌握 8255A 控制字及编程应用。

(3) 熟悉 8255A 的工作方式及编程应用。

(4) 掌握拓展工程训练项目编程方法和设计思想。

学习重点和难点

(1) 8255A 控制字及编程应用。

(2) 8255A 的工作方式及编程应用。

(3) 拓展工程训练项目编程方法。

5.1 8255A 芯片引脚和内部结构

5.1.1 概述

计算机系统的信息交换有两种形式：并行数据传输方式和串行数据传输方式。并行数据传输是以计算机的字长，通常是 8 位、16 位或 32 位为传输单位，一次传送一个字长的数据。并行接口的"并行"含义不是指接口与系统总线一侧的并行数据而言，而是指接口与 I/O 设备或控制对象一侧的并行数据线。8255A 是 Intel 公司生产的通用可编程并行接口芯片，8255A 采用 40 脚双列直插封装，单一＋5V 电源，全部输入输出与 TTL 电平兼容。用 8255A 连接外部设备时，通常不需要再附加其他电路，给使用带来很大方便。它有三个输入输出端口：端口 A、端口 B、端口 C。每个端口都可通过编程设定为输入端口或输出端口，但有各自不同的方式和特点。端口 C 可作为一个独立的端口使用，但通常是配合端口 A 和端口 B 的工作，为这两个端口的输入输出提供控制联络信号。

5.1.2 8255A 芯片引脚

8255A 芯片引脚如图 5-1(a)所示，8255A 芯片有 40 根引脚，可分为如下三类。

(1) 电源与地线 2 根：VCC(26 脚)、GND(7 脚)。

(2) 与外设相连的共 24 根，它们如下所示。

PA7～PA0：端口 A 数据信号(8 根)。

PB7～PB0：端口 B 数据信号(8 根)。

PC7～PC0：端口 C 数据信号(8 根)。

(3) 与 CPU 相连的共 14 根。

- RESET(35 脚)：复位信号，高电平有效。当 RESET 信号有效时，内部所有寄存器都被清零。同时，3 个数据端口被自动设置为输入端口。
- D7～D0：三态双向数据线，在 8086 系统中，采用 16 位数据总线，8255A 的 D7～D0 通常是接在 16 位数据总线的低 8 位上。
- $\overline{\text{CS}}$(6 脚)：片选信号，低电平有效。该信号来自译码器的输出，只有当 $\overline{\text{CS}}$ 有效时，读信号 $\overline{\text{RD}}$ 和写信号 $\overline{\text{WR}}$ 才对 8255A 有效。
- $\overline{\text{RD}}$(5 脚)：读信号，低电平有效。它控制从 8255A 读出数据或状态信息。
- $\overline{\text{WR}}$(36 脚)：写信号，低电平有效。它控制把数据或控制命令字写入 8255A。
- A1、A0(8 脚、9 脚)：端口选择信号。8255A 内部共有 4 个端口(即寄存器)：3 个数据端口(端口 A、端口 B、端口 C)和 1 个控制端口，当片选信号 $\overline{\text{CS}}$ 有效时，规定 A1A0 为 00、01、10、11 时，分别选中端口 A、端口 B、端口 C 和控制端口。

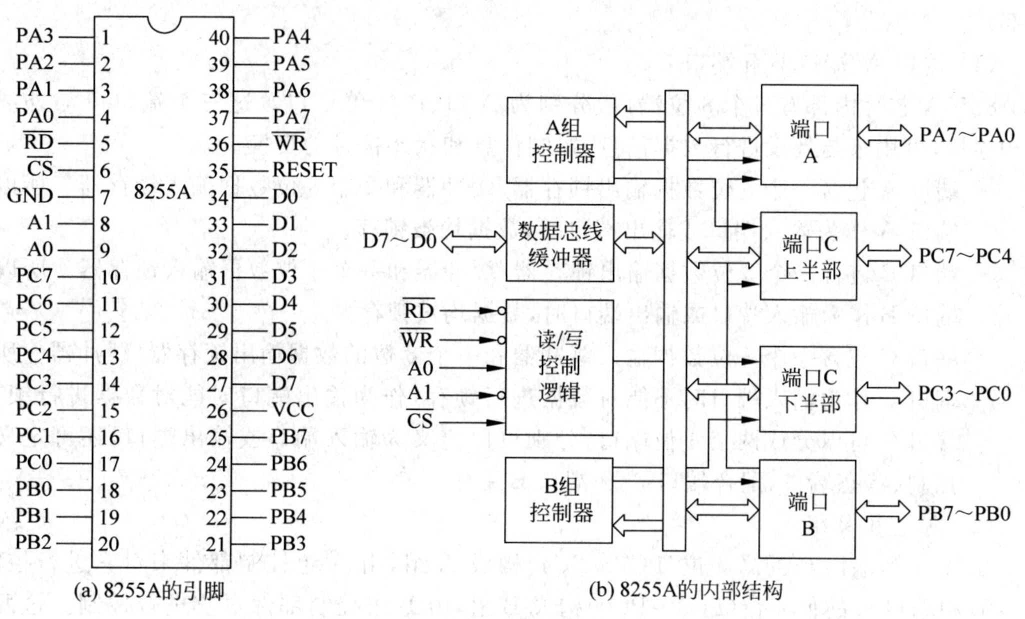

图 5-1　8255A 的内部结构和引脚信号

$\overline{\text{CS}}$、$\overline{\text{RD}}$、$\overline{\text{WR}}$、A1、A0 这 5 个信号的组合决定了对 3 个数据端口和 1 个控制端口的读写操作，如表 5-1 所示。

表 5-1　8255A 端口选择和基本操作

A1	A0	$\overline{\text{RD}}$	$\overline{\text{WR}}$	$\overline{\text{CS}}$	输入操作(读)
0	0	0	1	0	端口 A→数据总线
0	1	0	1	0	端口 B→数据总线
1	0	0	1	0	端口 C→数据总线
					输出操作(写)
0	0	1	0	0	数据总线→端口 A
0	1	1	0	0	数据总线→端口 B

续表

A1	A0	$\overline{RD}$	$\overline{WR}$	$\overline{CS}$	输出操作(写)
1	0	1	0	0	数据总线→端口C
1	1	1	0	0	数据总线→控制字寄存器
					无操作情况
X	X	X	X	1	数据总线为三态(高阻)
1	1	0	1	0	非法状态
X	X	1	1	0	数据总线为三态(高阻)

5.1.3 8255A内部结构

8255A的内部结构如图5-1(b)所示。它包括4个部分：数据总线缓冲器、读写控制逻辑、A组控制器(包括端口A和端口C的上半部)和B组控制器(包括端口B和端口C的下半部)。

(1) 端口A、端口B和端口C

8255A芯片内部有三个8位端口,分别为A口、B口和C口。这三个端口可与外部设备相连接,可用来与外设进行数据信息、控制信息和状态信息的交换。

- 端口A包含一个8位数据输出锁存器/缓冲器和一个8位数据输入锁存器。所以用端口A作为输入端口或输出端口时,数据均被锁存。
- 端口B包含一个8位数据输出锁存器/缓冲器和一个8位数据输入锁存器。所以用端口B作为输入端口或输出端口时,数据均被锁存。
- 端口C包含一个8位数据输入缓冲器和一个8位的数据输出锁存器/缓冲器。所以端口C作为输入端口时不能对数据进行锁存,作为输出端口时能对数据进行锁存。端口C可以分成两个4位端口,分别可以定义为输入端口或输出端口,还可定义为控制、状态端口,配合端口A和端口B工作。

(2) A组和B组

端口A和端口C的高4位(PC7～PC4)构成A组,由A组控制部件来对它进行控制;端口B和端口C的低4位(PC3～PC0)构成B组,由B组控制部件对它进行控制。这两个控制部件各有一个控制单元,接收来自数据总线送来的控制字,并根据控制字确定各端口的工作状态和工作方式。

(3) 数据总线缓冲器

数据总线缓冲器是一个双向三态的8位缓冲器,它与CPU系统数据总线相连,是8255A与CPU之间传输数据的必经之路。输入数据、输出数据、控制命令字都是通过数据总线缓冲器进行传送的。

(4) 读/写控制逻辑

读/写控制逻辑接收来自CPU地址总线的信号和控制信号,并发出命令到A组和B组,把CPU发出的控制命令字或输出的数据通过数据总线缓冲器送到相应的端口,或者把外设的状态或输入的数据从相应的端口通过数据总线缓冲器送到CPU。

8255A接口芯片的地址译码电路设计需要考虑的问题是：对于8086系统,由于采用16位数据总线,CPU在进行数据传送时,总是将低8位数据送往偶地址端口,而将高8位数据送往奇地址端口；反过来，从偶地址端口取得的数据总是通过低8位数据线传送到CPU，从奇地址端口取得的数据总是通过高8位数据线传送到CPU。

在微机80386以上的32位外部数据总线的系统中，则应将8255A的A1端与地址总线的A3相连，将8255A的A0端与地址总线A2相连，并使CPU访问8255A时地址总线的A1A0两位总是为00。

5.2 8255A控制字及状态字

8255A是可编程并行接口芯片。可编程就是用指令的方法先对芯片进行初始化，设置芯片的端口是处于输入数据状态还是处于输出数据状态以及每个端口的工作方式。要使8255A工作，必须把工作命令控制字写入8255A的控制字寄存器。8255A共有两种控制字：

- 工作方式选择控制字，可使8255A的3个数据端口工作在不同的方式。
- 端口C按位置位/复位控制字，它可使C端口中的任何一位进行置位或复位。

5.2.1 工作方式选择控制字

8255A的3种基本工作方式：由方式选择控制字来决定。

方式0：基本的输入输出方式。

方式1：选通的输入输出方式。

方式2：双向的传输方式。

- 端口A可以工作于方式0、方式1、方式2共3种工作方式，可以作为输入端口或输出端口。
- 端口B可以工作于方式0、方式1两种工作方式，可以作为输入端口或输出端口。
- 端口C分成高4位(PC7～PC4)和低4位(PC3～PC0)，可分别设置成输入端口或输出端口；端口C的高4位与端口A配合组成A组，端口C的低4位与端口B配合组成B组。
- D7＝1(特征位)表明是设定方式选择控制字。

通过对8255A工作方式控制字的设置可将PA、PB和PC 3个端口分别定义为3种不同工作方式的组合，工作方式选择控制字格式及各位含义如图5-2所示。

在使用8255A芯片前，必须先对其进行初始化。初始化的程序很简单，只要CPU执行一条输出指令，把控制字写入控制寄存器就可以了。

【例5-1】 按下述要求对8255A进行初始化。要求A口设定为输出数据，工作方式为方式0；B口设定为输入数据，工作方式为方式1；C口设定为高4位输入，低4位输出。地址为200H～203H。

```
MOV   DX , 203H                 ; 8255 控制口地址送 DX
MOV   AL , 8EH                  ; 写工作方式控制字 10001110B
OUT   DX , AL                   ; 控制字送到控制口
```

需要注意的是，C端口高4位和低4位的数据传输方向可以相同，也可以不同，无论是哪一种情况，IN/OUT指令总是把C端口当作一个整体对其进行读写操作。

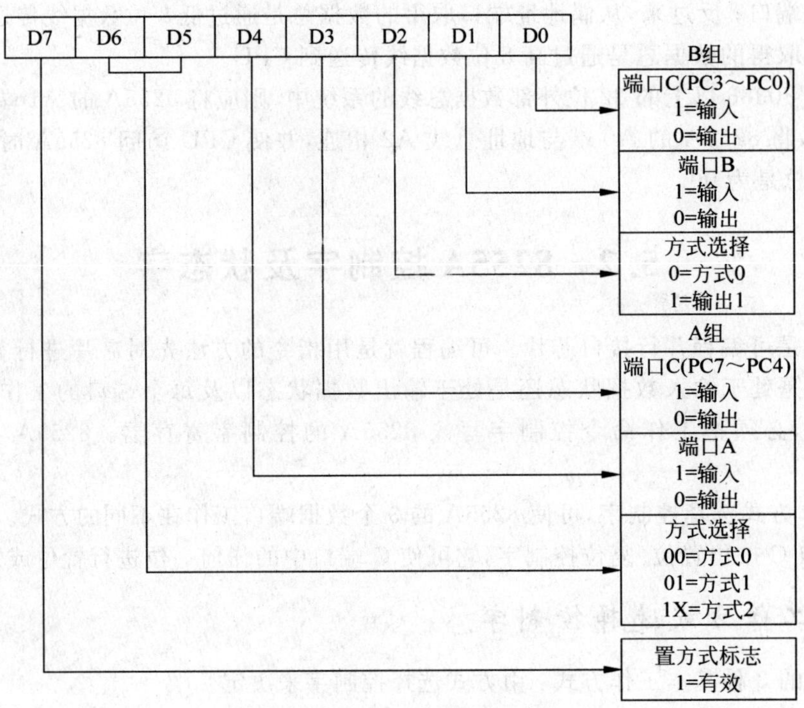

图 5-2　8255A 的工作方式选择控制字

5.2.2　端口 C 按位置位/复位控制字

端口 C 按位置位/复位控制字可实现对端口 C 的每一位进行控制。置位是使该位为 1，复位是使该位为 0。控制字的格式及各位含义如图 5-3 所示。

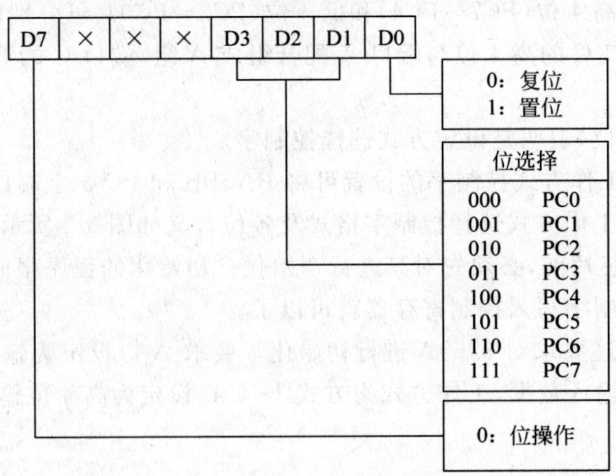

图 5-3　端口 C 按位置位/复位控制字

- D7 位是特征位，用来区分该控制字是工作方式控制字还是对端口 C 按位置位/复位控制字。D7＝1，为工作方式控制字；D7＝0 为端口 C 按位置位/复位控制字。

- D6、D5、D4 三位无意义，可为任意值。
- D3、D2、D1 按二进制编码，用来选择对端口 C 的哪一位进行操作。选择的位将由 D0 位规定是置位（D0＝1）还是复位（D0＝0）。
- D0 位用来选择对端口 C 的选定位是置位（D0＝1）或复位（D0＝0）。

需要注意如下三点：

- 端口 C 按位置位/复位控制字，必须写入控制寄存器，而不是写入端口 C。
- 当 C 端口被设置为输出时，端口 C 按位置位/复位控制字，可以对 C 口的某一根端口线按位操作，也就是说，使 C 口某一根端口线输出高低电平，而不影响其他端口线输出高低电平。
- 当 A 端口工作在方式 1 或方式 2，B 端口工作在方式 1 时候，端口 C 按位置位/复位控制字，可以使内部的“中断允许触发器”置“1”或置“0”。

【例 5-2】 要求通过 8255A 芯片 C 口的 PC2 位产生一个方脉冲信号。地址为 200H～203H。

```
      MOV    DX,203H                  ; 控制口地址送 DX
AA：  MOV    AL,05H                   ; 对 PC2 置位的控制字
      OUT    DX,AL
      CALL   DELAY1                   ; 调用延时程序(省略)
      MOV    AL,04H                   ; 对 PC2 复位的控制字
      OUT    DX,AL
      CALL   DELAY2                   ; 调用延时程序(省略)
      JMP    AA
```

5.3 8255A 的工作方式

8255A 有 3 种工作方式，可以通过编程来进行设置。

- 方式 0 为简单 I/O，查询方式，端口 A、端口 B、端口 C 均可使用。
- 方式 1 为选通 I/O，中断方式，端口 A、端口 B 可以使用。
- 方式 2 为双向 I/O，中断方式，只有端口 A 可以使用。

工作方式的选择可通过向控制端口写入控制字来实现。在不同的工作方式下，8255A 的 3 个 I/O 端口的排列如图 5-4 所示。

5.3.1 方式 0

方式 0 也叫基本输入输出方式。这种方式，不需要应答联络信号，端口 A、端口 B 和端口 C 的高 4 位及低 4 位都可以作为输入或输出端口。方式 0 的应用场合有无条件传送和查询传送两种。

【例 5-3】 8255A 的 PB 口为开关量输入，PA 口为开关量输出，要求能随时将 PB 口的开关状态通过 PA 口的发光二极管显示出来，试编写程序。

开关状态显示程序清单如下所示。

```
CODE   SEGMENT
       ASSUME CS:CODE
```

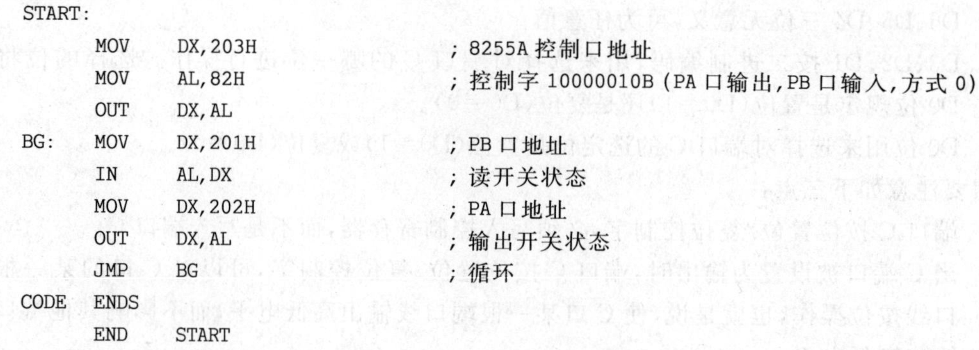

```
START:
        MOV     DX,203H          ; 8255A 控制口地址
        MOV     AL,82H           ; 控制字 10000010B (PA 口输出,PB 口输入,方式 0)
        OUT     DX,AL
BG:     MOV     DX,201H          ; PB 口地址
        IN      AL,DX            ; 读开关状态
        MOV     DX,202H          ; PA 口地址
        OUT     DX,AL            ; 输出开关状态
        JMP     BG               ; 循环
CODE    ENDS
        END     START
```

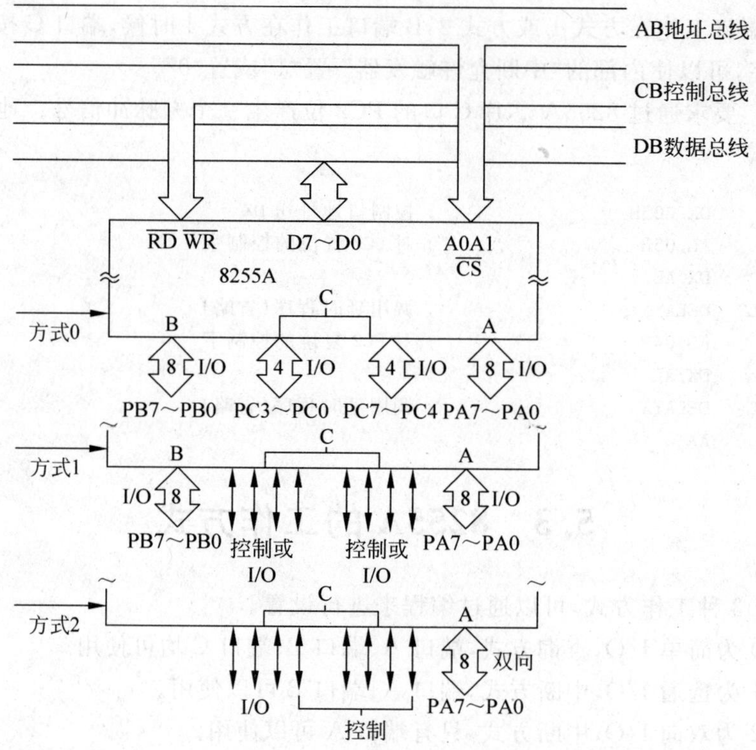

图 5-4　8255A 的 3 种工作方式

5.3.2　方式 1

方式 1 也叫选通的输入输出方式。端口 A 和端口 B 仍作为两个独立的 8 位 I/O 数据通道,可单独连接外设,通过编程分别设置它们为输入或输出。而端口 C 则要有 6 位(分成两个 3 位)分别作为端口 A 和端口 B 的应答联络线,其余 2 位仍可作为基本输入输出方式即方式 0,可通过编程设置为输入或输出。

(1) 方式 1 输入

当端口 A 和端口 B 工作于"方式 1 输入"时,端口 A 和端口 B 可分别作为独立的输入端口,必须有端口 C 配合端口 A 和端口 B 工作。端口 C 各位定义如图 5-5 所示。

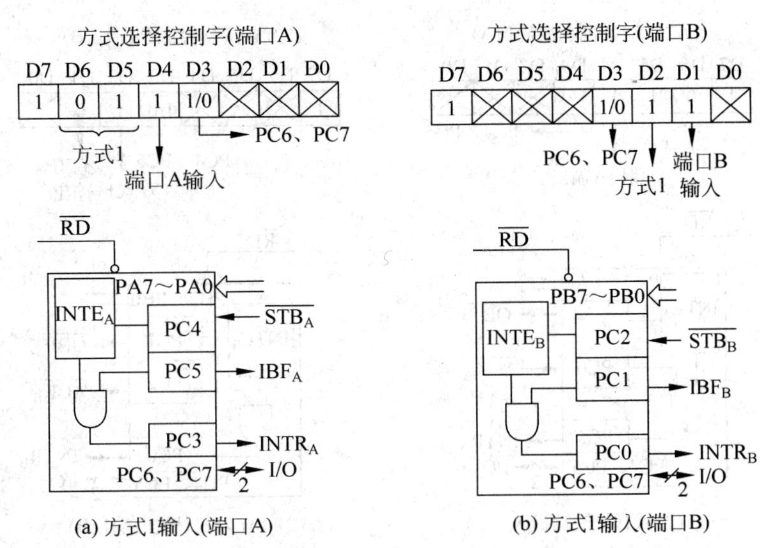

图 5-5　方式 1 输入有关信号的规定

端口 C 的 PC3～PC5 用作端口 A 的应答联络线，PC0～PC2 则用作端口 B 的应答联络线，PC6 和 PC7 则用于方式 0(基本 I/O)。

对于图 5-5 中所示的控制信号做如下说明。

$\overline{\text{STB}}$：为选通输入信号，低电平有效。它是由外设送给 8255A 的输入信号，当该信号有效时，8255A 接收外设送来的一个 8 位数据。

IBF：输入缓冲器满信号，高电平有效。它是一个 8255A 送给外设的联络信号。当该信号为高电平时，表示外设的数据已送进输入缓冲器中，但尚未被 CPU 取走，通知外设不能送新数据；只有当它变为低电平时，即 CPU 已读取数据，输入缓冲器变空时，才允许外设送新数据。

INTR：中断请求信号，高电平有效。它是 8255A 的一个输出信号，用于向 CPU 发出中断请求。它是当选通信号结束($\overline{\text{STB}}$=1)，已将一个数据送进输入缓冲器(IBF=1)，并且端口处于中断允许状态(INTE=1)时，8255A 的 INTR 端被置为高电平，向 CPU 发出中断请求信号，当 CPU 响应中断读取输入缓冲器中的数据时，由读信号 $\overline{\text{RD}}$ 的下降沿将 INTR 置为低电平。

INTE_A：端口 A 中断允许信号。INTE_A没有外部引出端，它实际上就是端口 A 内部的中断允许触发器的状态信号。它由 PC4 的置位/复位来控制，PC4=1 时，使端口 A 处于中断允许状态。

INTE_B：端口 B 中断允许信号。与 INTE_A类似，INTE_B也没有外部引出端，它是端口 B 内部的中断允许触发器的状态信号。它由 PC2 的置位/复位来控制，PC2=1 时，使端口 B 处于中断允许状态。

(2) 方式 1 输出

当端口 A 和端口 B 工作于方式 1 输出时，方式选择控制字与端口 C 控制信号的定义如图 5-6 所示。

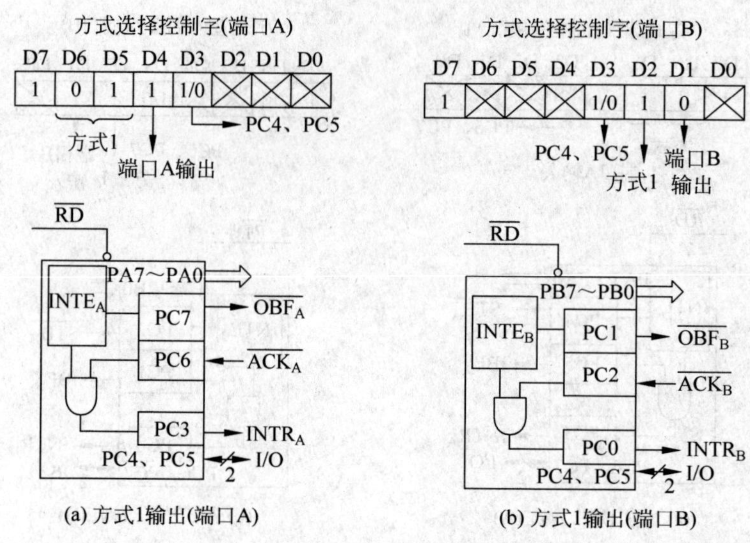

图 5-6 方式 1 输出有关信号的规定

对于图 5-6 中所示的控制信号做如下说明。

$\overline{\text{OBF}}$：输出缓冲器满信号，低电平有效，它是 8255A 输出给外设的一个控制信号。当该信号有效时，表示 CPU 已经把数据输出给指定端口，通知外设把数据取走。

$\overline{\text{ACK}}$：外设响应信号，低电平有效。当该信号有效时，表明 CPU 通过 8255A 输出的数据已经由外设接收，它是对 $\overline{\text{OBF}}$ 的回答信号。

INTR：中断请求信号，高电平有效。它是 8255A 的一个输出信号，用于向 CPU 发出中断请求。INTR 是当 $\overline{\text{ACK}}$、$\overline{\text{OBF}}$ 和 INTE 都为"1"时才被置成高电平(向 CPU 发出中断请求信号)；写信号 $\overline{\text{WR}}$ 的上升沿使其变为低电平(清除中断请求信号)。

INTE_A：端口 A 中断允许信号，由 PC6 的置位/复位来控制，当 PC6＝1 时，端口 A 处于中断允许状态。

INTE_B：端口 B 中断允许信号，由 PC2 的置位/复位来控制，当 PC2＝1 时，端口 B 处于中断允许状态。

另外，在方式 1 输出时，PC4、PC5 两位还未用，如果要利用它们可通过方式选择控制字的 D3 位来设定。

5.3.3 方式 2

方式 2 又称双向传输方式，只有端口 A 才能工作于方式 2。在方式 2，外设既可以在 8 位数据线上往 CPU 发送数据，又可以从 CPU 接收数据。当端口 A 工作于方式 2 时，端口 C 的 PC7～PC3 用来提供相应的控制和状态信号，配合端口 A 的工作。此时端口 B 以及端口 C 的 PC2～PC0 则可工作于方式 0 或方式 1，如果端口 B 工作于方式 0 时，端口 C 的 PC2～PC0 可用作数据输入输出；如果端口 B 工作于方式 1 时，端口 C 的 PC2～PC0 用来为端口 B 提供控制和状态信号。

当端口 A 工作于方式 2 时，方式选择控制字与端口 C 控制信号的定义如图 5-7 所示。

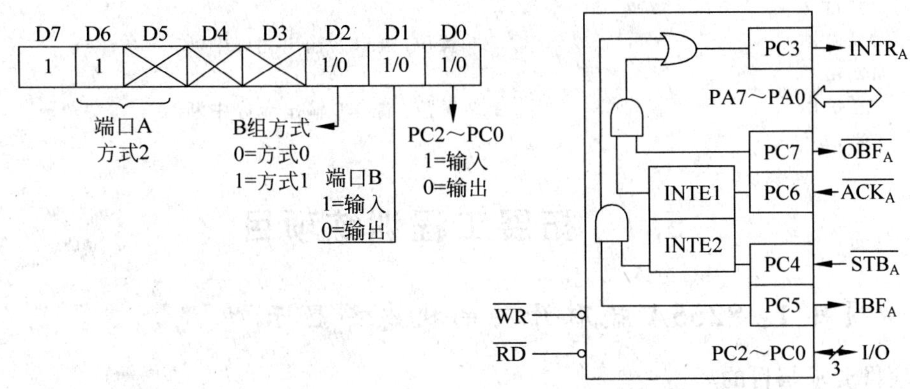

图 5-7　8255A 方式 2

(1) 方式 2 输出

对于图 5-7 中所示的控制信号做如下说明。

$\overline{OBF_A}$：端口 A 输出缓冲器满信号，输出，低电平有效。当 $\overline{OBF_A}$ 有效时，表示 CPU 已经将一个数据写入 8255A 的端口 A，通知外设数据可以取走了。

$\overline{ACK_A}$：外设对 $\overline{OBF_A}$ 的回答信号，输入，低电平有效。当它有效时，表明外设已收到端口 A 输出的数据。

INTE1：输出中断允许信号。当 INTE1＝1 时，允许 8255A 由 $INTR_A$ 向 CPU 发中断请求信号；当 INTE1＝0 时，则屏蔽该中断请求。INTE1 的状态由端口 C 按位置 1/置 0 控制字所设定的 PC6 位的内容来决定。

(2) 方式 2 输入

$\overline{STB_A}$：端口 A 选通信号，输入，低电平有效。当该信号有效时，端口 A 接收外设送来一个 8 位数据。

IBF_A：端口 A 输入缓冲器满信号，输出，高电平有效。当 IBF_A＝1 时，表明外设的数据已经送进输入缓冲器；当 IBF_A＝0 时，外设可以将一个新的数据送入端口 A。

INTE2：输入中断允许信号。它的作用与 INTE1＝1 类似，INTE2 的状态由端口 C 按位置 1/置 0 控制字所设定的 PC4 位的内容来决定。

$INTR_A$：中断请求，输出，高电平有效。在 INTE1＝1 和 INTE2＝1 的情况下，无论 $\overline{OBF_A}$＝1 或者 IBF_A＝1 都可能使 $INTR_A$＝1，向 CPU 请求中断。

方式 2 是一种双向传输工作方式。如果一个并行外部设备既可以作为输入设备，又可以作为输出设备，并且输入输出动作不会同时进行，那么，将这个外部设备的 8255A 的端口 A 相连，并让它工作于方式 2 就很合适。例如，软盘系统就是这样一种外设。

【例 5-4】 设 8255A 的端口为 200H～207H，端口 A 工作于方式 2，要求发两个中断允许，即 PC4 和 PC6 均需要置位；端口 B 工作于方式 1，要求使 PC2 置位来开放中断。

解：8255A 初始化程序如下所示。

```
MOV    DX,203H                          ; 8255 控制口
MOV    AL,0C4H                          ; 控制字 11000100B,方式 2
OUT    DX,AL
MOV    AL,09H                           ; PC4 置位,端口 A 输入允许中断
```

```
OUT   DX,AL
MOV   AL,0DH                              ; PC6 置位,端口 A 输出允许中断
OUT   DX,AL
MOV   AL,05H                              ; PC2 置位,端口 B 输出允许中断
OUT   DX,AL
```

5.4 拓展工程训练项目

5.4.1 项目 1:8255A 读取开关的状态并显示

1. 项目要求与目的

(1) 项目要求:设定 8255A 的 PB 口为开关量输入,PC 口为开关量输出,编写程序能随时将 PB 口的开关状态通过 PC 口的发光二极管显示出来。

(2) 项目目的:

- 了解 8255A 芯片引脚和内部结构。
- 了解 8255A 输入输出实验方法。
- 了解 8255A 三个端口 PA、PB 和 PC 的应用。

2. 项目电路连接与说明

(1) 项目电路连接:如图 5-8 所示的粗线表示在超想-3000TC 综合实验系统上要连接的线。接线描述如下:将 K0～K7 用导线连接至 8255A 的 PB0～PB7 端口,将 LED0～LED7 用导线连接至 8255A 的 PC0～PC7 端口,8255A 的片选 $\overline{CS}$ 用导线连接至地址译码处的 200H～207H 插孔。

(2) 项目说明:可编程通用接口芯片 8255A 有 3 个 8 位的并行 I/O 口,它有 3 种工作方式。本项目采用 8255A 工作于方式 0,PB 口为输入,PC 口为输出,输入量为开关量,通过 8255A 可实时显示在 LED 灯上。

3. 项目电路原理框图

8255A 读取开关的状态并显示电路原理框图如图 5-8 所示。电路由 8086 CPU 芯片、8255A 芯片、74LS245 驱动芯片、8 只开关 K0～K7 和 8 个发光二极管 LED0～LED7 组成。

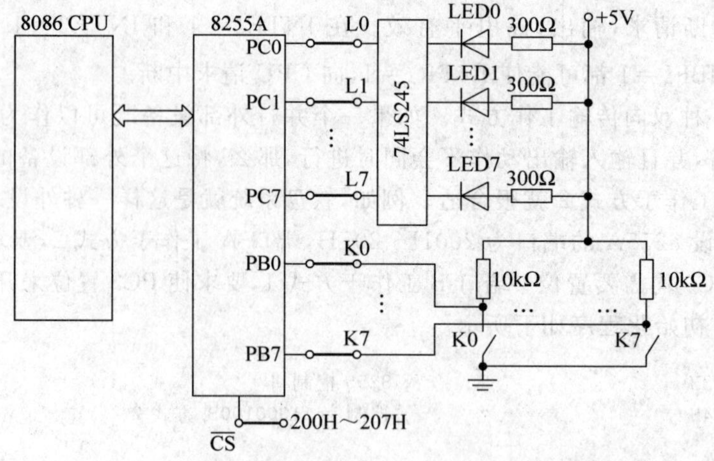

图 5-8 8255A 读取开关的状态并显示电路原理框图

4. 项目程序设计

(1) 程序流程图

8255A 的 PB 口为开关量输入,PC 口为开关量输出,要求能随时将 PB 口的开关状态通过 PC 口的发光二极管显示出来,程序流程图如图 5-9 所示。

(2) 程序清单

8255A 读取开关的状态并显示程序清单如下所示。

```
CODE    SEGMENT
        ASSUME CS:CODE
START:
        MOV     DX,203H                 ; 8255A 控制口地址
        MOV     AL,82H                  ; 控制字 10000010B (PC 口输
                                          出,PB 口输入,方式 0)
        OUT     DX,AL
BG:     MOV     DX,201H                 ; PB 口地址
        IN      AL,DX                   ; 读开关状态
        MOV     DX,202H                 ; PC 口地址
        OUT     DX,AL                   ; 输出开关状态
        JMP     BG                      ; 循环
CODE    ENDS
        END     START
```

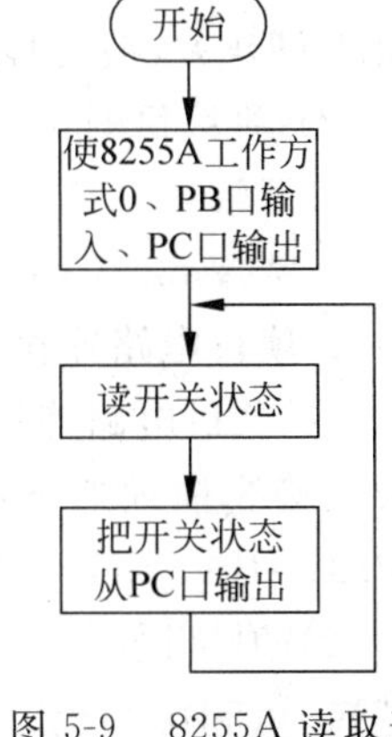

图 5-9 8255A 读取开关的状态并显示程序流程图

5. 仿真效果

用 Proteus 7.5 ISIS 软件进行仿真,8255A 读取开关的状态并显示仿真效果图如图 5-10 所示。

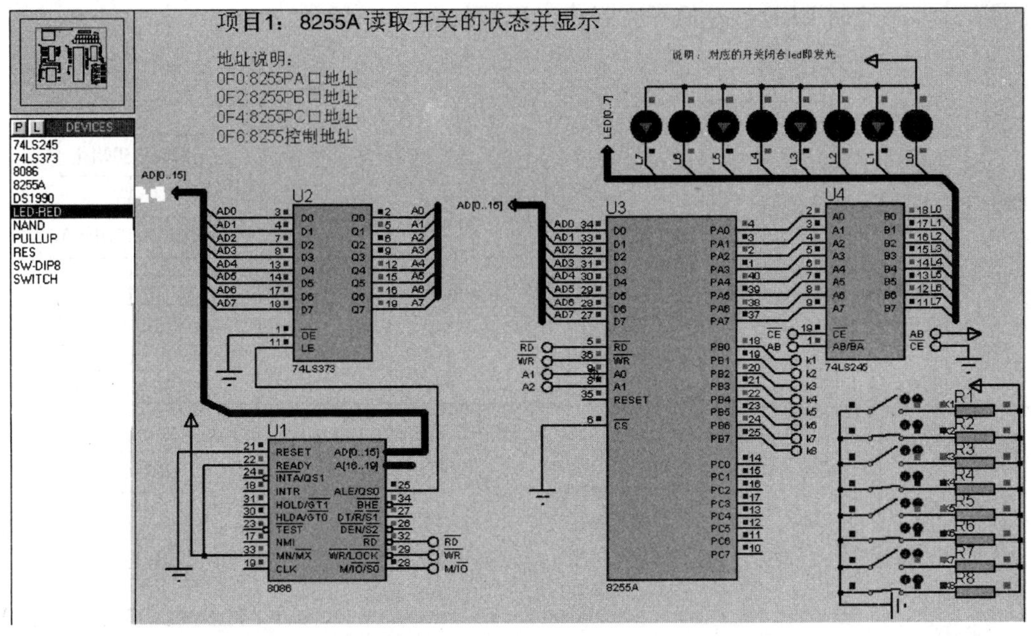

图 5-10 8255A 读取开关的状态并显示仿真效果图

5.4.2 项目 2：8255A 控制 LED 灯左循环亮

1. 项目要求与目的

(1) 项目要求：根据开关的状态，用 8255A 的 PA 端口控制 8 只 LED 发光二极管，PB 口接 1 只开关，编写程序实现 K0 闭合时，LED 灯左循环亮。

(2) 项目目的：

- 了解 8255A 控制方式的设置。
- 掌握 8255A 的初始化及编程方法。

2. 项目电路连接与说明

(1) 项目电路连接：如图 5-11 所示的粗线表示在超想-3000TC 综合实验系统上要连接的线。接线描述如下：8255A 的片选 $\overline{CS}$ 孔用导线接至译码处 200H～207H 插孔，8255A 的 PA0～PA7 用导线接至 LED0～LED7，PB0 用导线接至开关 K0。

(2) 项目说明：Intel 8255A 是常用的并行可编程接口芯片，它有 3 个 8 位并行输入输出端口，可利用编程方法设置 3 个端口是作为输入端口还是作为输出端口，在使用时，要对 8255A 进行初始化。本项目 PA 口作为输出口，PB 口作为输入口，工作于方式 0。当开关 K0 闭合时，LED 灯左循环亮。

3. 项目电路原理框图

用 8255A 控制 LED 灯左循环亮电路框图如图 5-11 所示。电路由 8086 CPU 芯片、8255A 芯片、8 只 LED 发光二极管和 1 只开关 K0 等组成。

4. 项目程序设计

(1) 程序流程图

用 8255A 控制 LED 灯左循环亮程序流程图如图 5-12 所示。

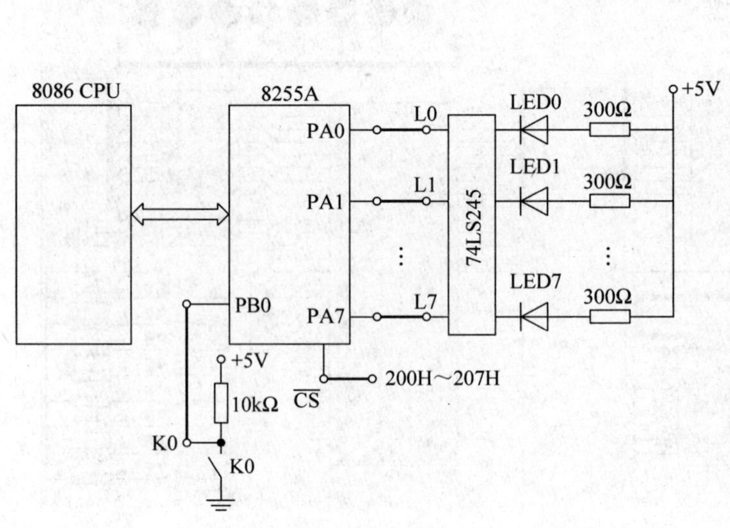

图 5-11 8255A 控制 LED 灯左循环亮电路原理框图

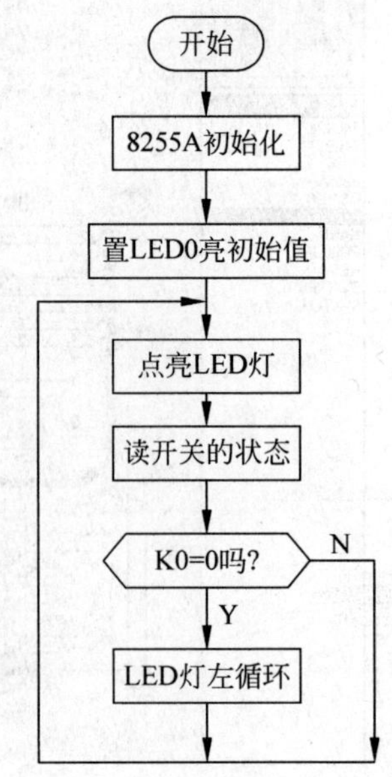

图 5-12 8255A 控制 LED 灯左循环亮程序流程图

(2) 程序清单

用 8255A 控制 LED 灯左循环亮程序清单如下所示。

```
CODE      SEGMENT
          ASSUME  CS:CODE
START:    MOV     DX,203H            ; 8255A 控制端口
          MOV     AL,82H             ; PA 输出,PB 输入
          OUT     DX,AL
          MOV     DX,200H            ; PA 端口地址
          MOV     AH,0FEH;           ; 置 LED0 亮初始值
BG:       MOV     AL,AH
          OUT     DX,AL              ; 点亮 LED 灯
          CALL    DELAY              ; 调延时子程序
          MOV     DX,201H            ; PB 端口地址
          IN      AL,DX              ; 读开关的状态
TEST      AL,01H                     ; PB0 = 0 吗?(K0 闭合吗?)
          JNZ     BG                 ; PB0≠0,转移
          ROL     AH,1               ; PB0 = 0,左移
          MOV     DX,200H
          JMP     BG
DELAY     PROC NEAR                  ; 延时子程序
          MOV     BL,100
DELAY2:   MOV   CX,374
DELAY1:   NOP
          NOP
          LOOP    DELAY1
          DEC     BL
          JNZ     DELAY2
          RET
DELAY     ENDP
CODE      ENDS
          END     START
```

5. 仿真效果

用 Proteus 7.5 ISIS 软件进行仿真,8255A 控制 LED 灯左循环亮仿真效果图如图 5-13 所示。

5.4.3 项目 3:8255A 控制 LED 灯左右循环亮

1. 项目要求与目的

(1) 项目要求:根据开关的状态,用 8255A 的端口 PA 控制 8 只 LED 发光二极管,PB 口接两只开关 K0 和 K1,编写程序实现 K0 闭合时,LED 灯左循环亮,K1 闭合时,LED 灯右循环亮。

(2) 项目目的:

- 了解 8255A 控制方式的设置。
- 掌握 8255A 的编程方法。
- 了解 8255A 控制外部设备的常用电路。

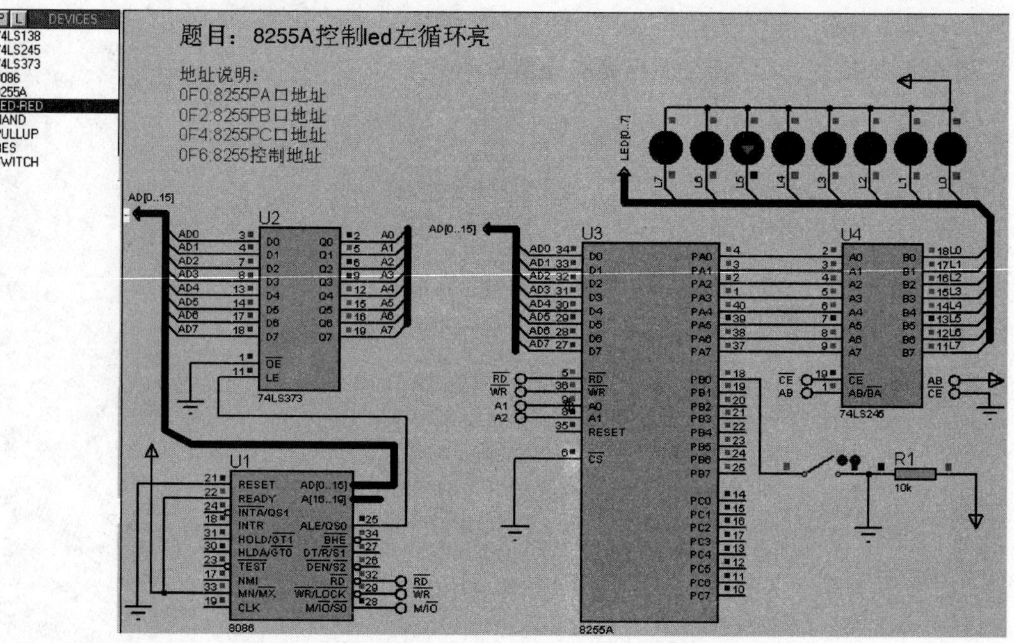

图 5-13　8255A 控制 LED 灯左循环亮仿真效果图

2. 项目电路连接与说明

(1) 项目电路连接：如图 5-14 所示的粗线表示在超想-3000TC 综合实验系统上要连接的线。接线描述如下：8255A 的片选 $\overline{CS}$ 孔用导线接至译码处 200H～207H 插孔，8255A 的 PA0～PA7 用导线接至 LED0～LED7，PB0～PB1 用导线接至开关 K0 和 K1。

(2) 项目说明：8255A 是常用的并行接口芯片，在使用时，只要对 8255A 进行初始化就可以使用。本项目 PA 口作为输出口，PB 口作为输入口，工作于方式 0。当开关 K0 闭合时，LED 灯左循环亮，当开关 K1 闭合时，LED 灯右循环亮。

3. 项目电路原理框图

用 8255A 控制 LED 灯左右循环亮电路框图如图 5-14 所示。电路由 8086 CPU 芯片、8255A 芯片、8 只 LED 发光二极管和两只开关 K0 和 K1 等组成。

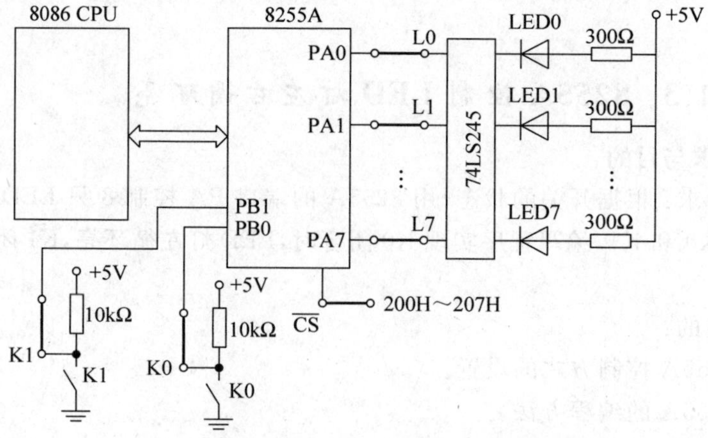

图 5-14　8255A 控制 LED 灯左右循环亮电路框图

4. 项目程序设计

(1) 程序流程图

用 8255A 控制 LED 灯左右循环亮程序流程图如图 5-15 所示。

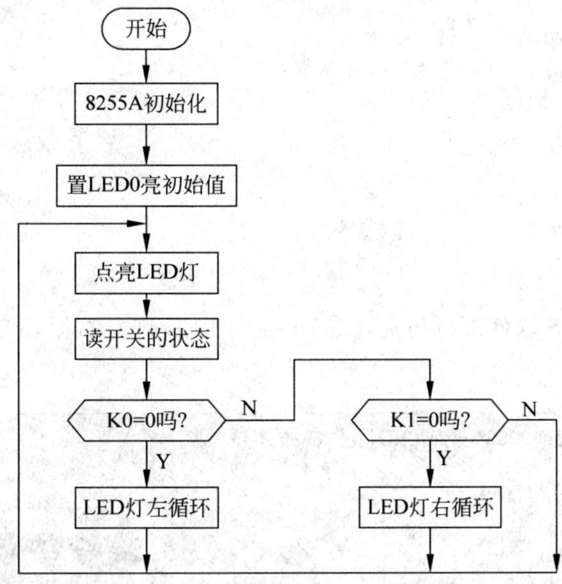

图 5-15 8255A 控制 LED 灯左右循环亮程序流程图

(2) 程序清单

用 8255A 控制 LED 灯左右循环亮程序清单如下所示。

```
CODE    SEGMENT
        ASSUME CS:CODE
START:  MOV    DX , 203H          ; 8255A 控制口地址
        MOV    AL ,82H            ; PA 口输出,PB 口输入
        OUT    DX , AL
        MOV    DX , 200H          ; PA 口地址
        MOV    AH , 0FEH          ; 置 LED0 亮初始值
BG:     MOV    AL , AH
        OUT    DX , AL            ; 点亮 LED 灯
        CALL   DELAY              ; 调延时子程序
        MOV    DX , 201H          ; PB 端口地址
        IN     AL , DX            ; 读开关的状态
        TEST   AL , 01H           ; PB0 = 0 吗(K0 闭合吗?)
        JNZ    OPR                ; PB0≠0,转移
        ROL    AH , 1             ; PB0 = 0,左移
        MOV    DX , 200H          ; PA 口地址
        JMP    BG
OPR:    IN     AL , DX            ; 读开关的状态
        TEST   AL , 02H           ; PB1 = 0 吗(K1 闭合吗?)
        JNZ    BG                 ; PB1≠0,转移
        ROR    AH , 1             ; PB1 = 0 右移
        MOV    DX , 200H          ; PA 口地址
        JMP    BG
```

```
DELAY     PROC    NEAR              ; 延时子程序
          MOV     BL,100
DELAY2:   MOV     CX,374
DELAY1:   NOP
          NOP
          LOOP    DELAY1
          DEC     BL
          JNZ     DELAY2
          RET
DELAY     ENDP
CODE      ENDS
          END     START
```

5. 仿真效果

用 Proteus 7.5 ISIS 软件进行仿真,8255A 控制 LED 灯左右循环亮仿真效果图如图 5-16 所示。

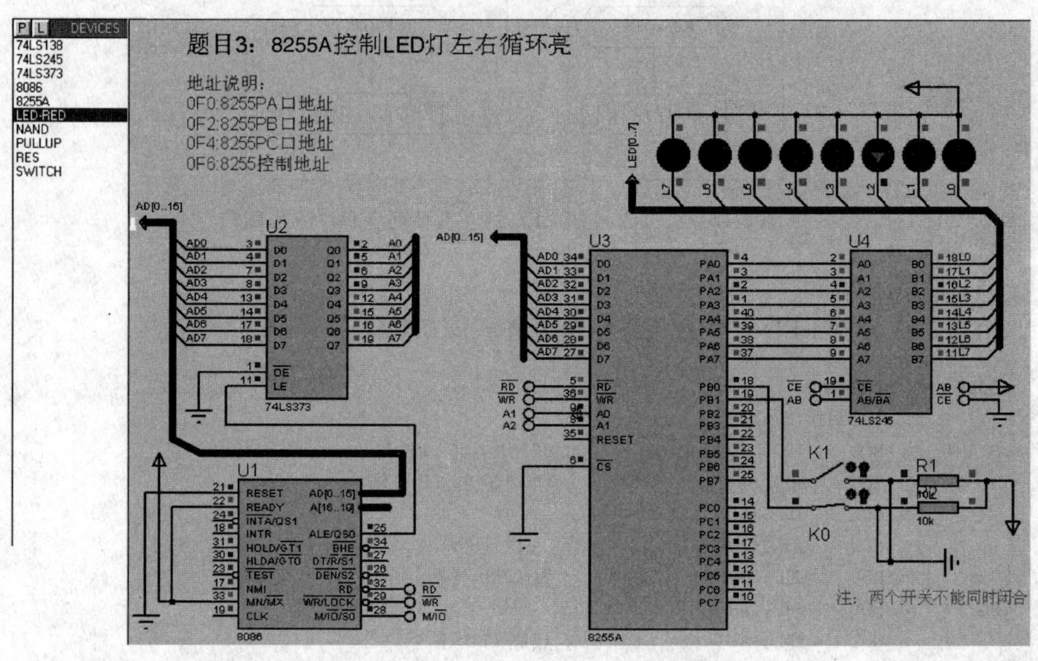

图 5-16　8255A 控制 LED 灯左右循环亮仿真效果图

5.4.4　项目 4:8255A 控制继电器

1. 项目要求与目的

(1) 项目要求:利用 8255A 的端口,编写程序实现输出电平控制继电器的吸合和断开,从而达到对外部装置的控制。

(2) 项目目的:

- 了解 8255A 控制方式的设置。
- 掌握 8255A 的初始化及编程方法。
- 掌握继电器控制的基本方法。

• 了解用弱电控制强电的方法。

2. 项目电路连接与说明

（1）项目电路连接：如图 5-17 所示的粗线表示在超想-3000TC 综合实验系统上要连接的线。接线描述如下：8255A 的片选 $\overline{CS}$ 孔用导线接至译码处 200H～207H 插孔，8255A 的 PA0 用导线接至继电器的 CON 端，继电器的用导线接至＋5V 插孔。

（2）项目说明：现代自动控制设备中，都存在一个电子电路与电气电路的互相连接问题，一方面要使电子电路的控制信号能够控制电气电路的执行元件（电动机，电磁铁，电灯等），另一方面又要为电子线路的电气电路提供良好的电气隔离，以保护电子电路和人身的安全。继电器便能完成这一桥梁作用。本项目采用的继电器其控制电压是 5V。本电路的控制端为高电平时，继电器常开触点吸合，连触点的 LED 灯被点亮。当控制端为低电平时，继电器常开触点断开，对应的 LED 灯将随继电器的开关而亮灭。

需要注意的是，继电器触点吸合与断开的间隔时间尽可能要长一些，这样继电器和控制设备才不容易损失。

3. 项目电路原理框图

8255A 控制继电器电路原理框图如图 5-17 所示。电路由 8086 CPU 芯片、8255A 芯片、驱动电路 ULN2003、1 只 LED 发光二极管和继电器等组成。

4. 项目程序设计

（1）程序流程图

8255A 控制继电器程序流程图如图 5-18 所示。

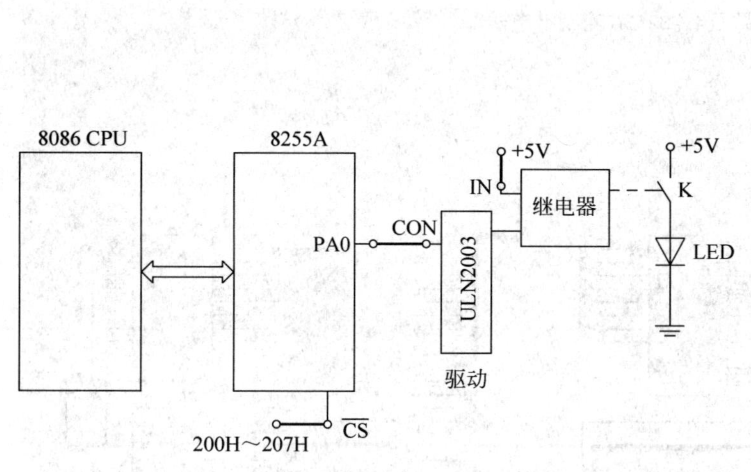

图 5-17　8255A 控制继电器电路原理框图

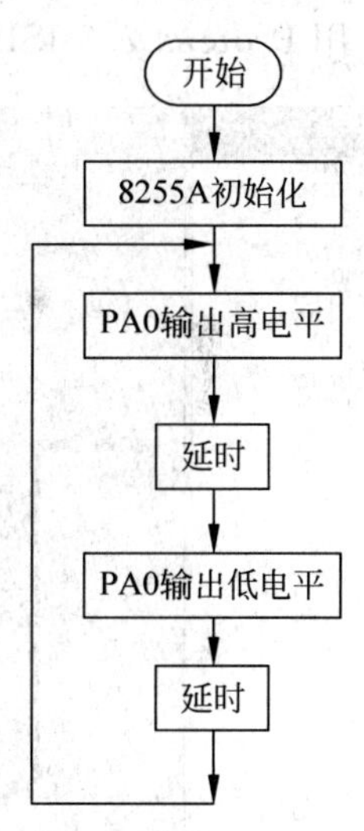

图 5-18　8255A 控制继电器程序流程图

（2）程序清单

用 8255A 控制继电器程序清单如下所示。

```
CODE      SEGMENT
          ASSUME  CS:CODE
START:    MOV     DX , 203H            ; 8255A 控制端口地址
```

```
            MOV     AL ,80H         ; PA 口输出
            OUT     DX , AL
BG:         MOV     DX , 200H       ; PA 口地址
            MOV     AL , 01H        ; PA0 输出高电平
            OUT     DX , AL
            CALL    DELAY           ; 延时
            MOV     DX , 200H
            MOV     AL , 00H        ; PA0 输出低电平
            OUT     DX , AL
            CALL    DELAY           ; 延时
            JMP     BG
DELAY       PROC    NEAR            ; 延时子程序
            MOV     BL,100
DELAY2:     MOV     CX,374
DELAY1:     NOP
            NOP
            LOOP    DELAY1
            DEC     BL
            JNZ     DELAY2
            RET
DELAY       ENDP
CODE        ENDS
            ENDSTART
```

5. 仿真效果

用 Proteus 7.5 ISIS 软件进行仿真,8255A 控制继电器仿真效果图如图 5-19 所示。

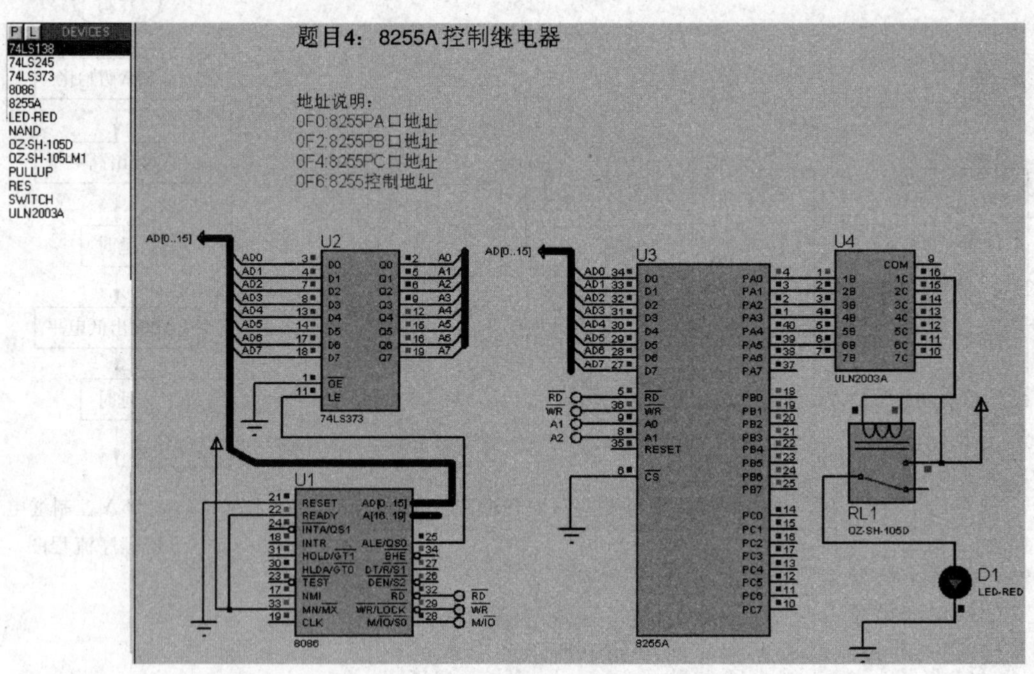

图 5-19 8255A 控制继电器仿真效果图

5.4.5 项目 5：8255A 控制步进电机

1. 项目要求与目的

(1) 项目要求：根据开关的状态，用 8255A 端口控制步进电机，编写程序输出脉冲序列到 8255A 的 PA 口，控制步进电机正转、反转，加速、减速。

(2) 项目目的：

- 了解步进电机控制的基本原理。
- 掌握控制步进电机转动的编程方法。
- 了解单片机控制外部设备的常用电路。

2. 项目电路连接与说明

(1) 项目电路连接：如图 5-20 所示的粗线表示在超想-3000TC 综合实验系统上要连接的线。连线说明如下：8255A 的片选 $\overline{CS}$ 孔用导线接至译码处 200H～207H 插孔，8255A 的 PA0～PA3 用导线接至步进电机的 A、B、C 和 D，PB0～PB2 用导线接至开关 K0、K1 和 K2。

(2) 项目说明：步进电机驱动原理是通过对每相线圈中的电流的顺序切换来使电机做步进式旋转。切换是通过 8255A 输出脉冲信号来实现的。所以调节脉冲信号的频率便可以改变步进电机的转速，改变各相脉冲的先后顺序，可以改变电机的旋转方向。步进电机的转速应由慢到快逐步加速。

步进电机驱动方式可以采用双四拍(AB→BC→CD→DA→AB)方式，也可以采用单四拍(A→B→C→D→A)方式，或单、双八拍(A→AB→B→BC→C→CD→D→DA→A)方式。实际控制时公共端是接在＋5V 上的，所以实际控制脉冲是低电平有效。8255A 的 PA 口输出的脉冲信号经(MC1413 或 ULN2003A)倒相驱动后，向步进电机输出脉冲信号序列。

当开关 K0＝0 时，步进电机驱动方式采用单/双八拍工作方式，当开关 K1＝0 时，步进电机驱动方式采用双四拍工作方式，当开关 K2＝0 时，步进电机驱动方式采用单四拍反转工作方式。

3. 项目电路原理框图

项目电路原理框图如图 5-20 所示。电路由 8255A 芯片、驱动和步进电机等组成。

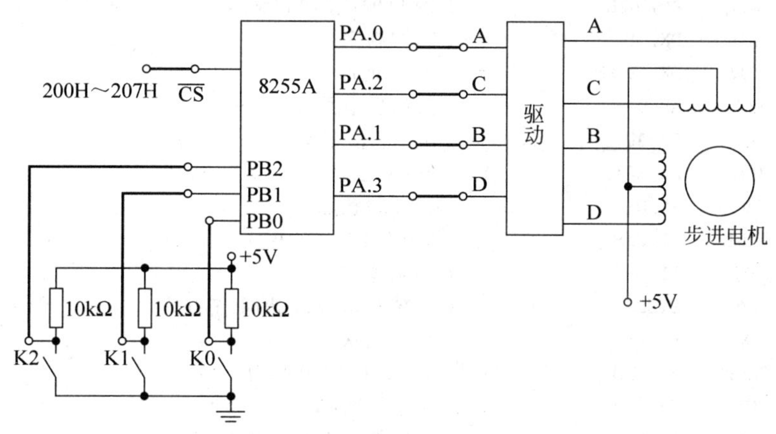

图 5-20　8255A 控制步进电机电路框图

4. 项目程序设计

(1) 程序流程图

用8255A控制步进电机程序流程图如图5-21所示。

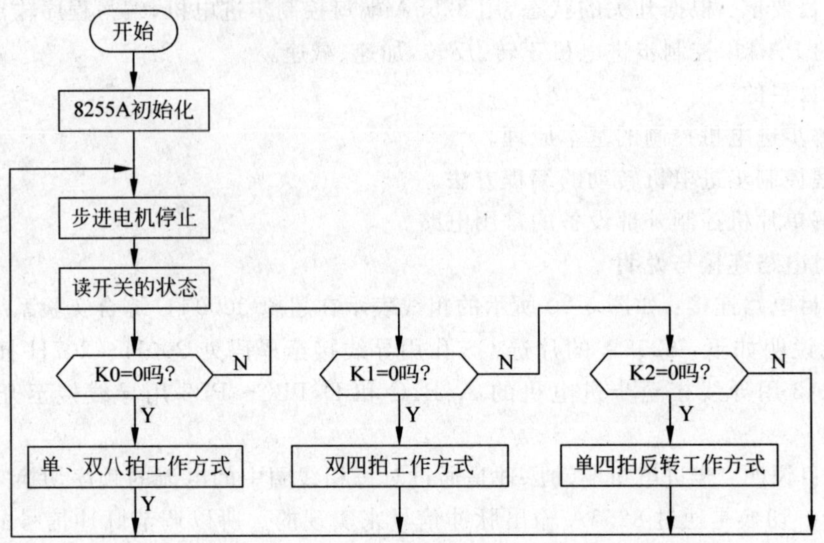

图5-21 8255A控制步进电机程序流程图

(2) 程序清单

用8255A控制步进电机程序清单如下所示。

```
ASTEP   EQU     01H
BSTEP   EQU     02H
CSTEP   EQU     04H
DSTEP   EQU     08H
CODE    SEGMENT
        ASSUME  CS:CODE
START :
        MOV     DX, 203H        ; 8255A控制口地址
        MOV     AL, 82H         ; PA口输出,PB口输入
        OUT     DX, AL          ; 写控制字
K0:     MOV     DX, 200H        ; PA口地址
        MOV     AL,0            ; 输出低电平
        OUT     DX,AL           ; 电机停止转动
        MOV     DX,201H         ; PB口地址
        IN      AL,DX           ; 读开关状态
        TEST    AL,01H          ; PB0位(K0 = 0吗?)
        JNZ     K1              ; 不是零转K1
        JMP     STEP8           ; 是零转单/双八拍工作方式
K1:     IN      AL,DX           ; 读开关状态
        TEST    AL,02H          ; PB1位(K1 = 0吗?)
        JNZ     K2              ; 不是零转K2
        JMP     STEP4           ; 是零转双四拍工作方式
K2:     IN      AL,DX           ; 读开关状态
```

```
        TEST    AL,04H              ; PB2 位(K2 = 0 吗?)
        JZ      STEP41              ; 是零转单四拍反转工作方式
        JMP     K0                  ; 循环
; 单/双八拍工作方式: A→AB→B→BC→C→CD→D→DA→A
STEP8:  MOV     BX,9000H            ; 设置初始延时时间
        MOV     DX, 200H            ; PA 口地址
        MOV     AL,ASTEP
        OUTDX,AL
        CALL DELAY
        MOV     AL,ASTEP + BSTEP
        OUT     DX,AL
        CALL    DELAY
        MOV     AL,BSTEP
        OUT     DX,AL
        CALL    DELAY
        MOV     AL,BSTEP + CSTEP
        OUT     DX,AL
        CALL    DELAY
        MOV     AL,CSTEP
        OUT     DX,AL
        CALL    DELAY
        MOV     AL,CSTEP + DSTEP
        OUT     DX,AL
        CALL    DELAY
        MOV     AL,DSTEP
        OUT     DX,AL
        CALL    DELAY
        MOV     AL,DSTEP + ASTEP
        OUT     DX,AL
        CALL    DELAY
        JMP     K0
; 双四拍工作方式:AB→BC→CD→DA→AB
STEP4:  MOV     BX,5000H            ; 设置延时时间
        MOV     DX, 200H            ; PA 口地址
        MOV     AL,ASTEP + BSTEP    ; PA0PA1(AB 相)输出高电平
        OUT     DX,AL
        CALL    DELAY               ; 调延时
        MOV     AL,BSTEP + CSTEP    ; BC 输出高电平
        OUT     DX,AL
        CALL    DELAY               ; 调延时
        MOV     AL,CSTEP + DSTEP    ; CD 输出高电平
        OUT     DX,AL
        CALL    DELAY               ; 调延时
        MOV     AL,DSTEP + ASTEP    ; DA 输出高电平
        OUT     DX,AL
        CALL    DELAY               ; 调延时
        JMP     K0
; 单四拍反转工作方式: D→C→B→A→D
```

```
STEP41:   MOV    BX,1000H              ; 设置延时时间
          MOV    DX,200H               ; PA 口地址
          MOV    AL,DSTEP              ; D 输出高电平
          OUT    DX,AL
          CALL   DELAY                 ; 调延时
          MOV    AL,CSTEP              ; C 输出高电平
          OUT    DX,AL
          CALL   DELAY                 ; 调延时
          MOV    AL,BSTEP              ; B 输出高电平
          OUT    DX,AL
          CALL   DELAY                 ; 调延时
          MOV    AL,ASTEP              ; A 输出高电平
          OUT    DX,AL
          CALL   DELAY                 ; 调延时
          JMP    K0
DELAY     PROC   NEAR                  ; 延时子程序
          PUSH   CX
          MOV    CX,BX
DD1:
          NOP
          LOOP DD1
          POP   CX
          RET
DELAY     ENDP                         ; 延时子程序结束
CODE      ENDS                         ; 代码段结束
          END START
```

5. 仿真效果

用 Proteus 7.5 ISIS 软件进行仿真,8255A 控制步进电机仿真效果图如图 5-22 所示。

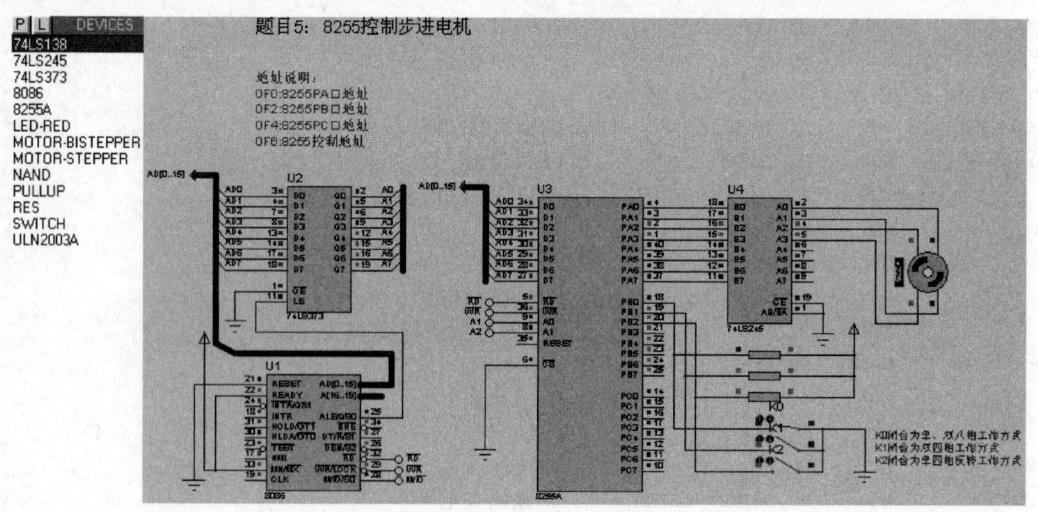

图 5-22　8255A 控制步进电机仿真效果图

5.4.6 拓展工程训练项目考核

拓展工程训练项目考核如表 5-2 所示。

表 5-2 项目实训考核表(拓展工程训练项目名称：　　　　　　　　　)

姓名		班级	考件号	监考	得分	
额定工时	分钟	起止时间	日 时 分至 日 时 分		实用工时	
序号	考核内容	考核要求	分值	评分标准	扣分	得分
1	项目内容与步骤	(1) 操作步骤是否正确 (2) 项目中的接线是否正确 (3) 项目调试是否有问题,是否调试得来	40	(1) 操作步骤不正确扣 5～10 分 (2) 项目中的接线有问题扣 2～10 分 (3) 调试有问题扣 2～10 分,调试不来扣 2～10 分		
2	项目实训报告要求	(1) 项目实训报告写得规范、字体公正否 (2) 回答思考题是否全面	20	(1) 项目实训报告写得不规范、字体不公正,扣 5～10 分 (2) 回答思考题不全面,扣 2～5 分		
3	安全文明操作	符合有关规定	15	(1) 发生触电事故,取消考试资格 (2) 损坏电脑,取消考试资格 (3) 穿拖鞋上课,取消考试资格 (4) 动作不文明,现场凌乱,吃东西扣 2～10 分		
4	学习态度	(1) 有没有迟到、早退现象 (2) 是否认真完成各项项目,积极参与实训、讨论 (3) 是否尊重老师和其他同学,是否能够很好地交流合作	15	(1) 有迟到、早退现象扣 5 分 (2) 没有认真完成各项项目,没有积极参与实训、讨论扣 5 分 (3) 不尊重老师和其他同学,不能够很好地交流合作扣 5 分		
5	操作时间	在规定时间内完成	10	每超时 10 分钟(不足 10 分钟以 10 分钟计)扣 5 分		

同步练习题

(1) 8255A 有哪几种工作方式？有何差别？

(2) 8255A 有哪些编程命令字？其命令格式及每位的含义是什么？试举例说明。

(3) 假定 8255A 的端口地址分别为 208H～20FH,编写下列各情况的初始化程序：

① 将 A 口、B 口设置成方式 0,端口 A 和 C 口作为输入口,B 口作为输出口。

② 将 A 口设置成方式 1 输入口,PC6、PC7 作为输出端;B 口设置成方式 1,输入口。

(4) 8255A 能实现双向传送功能的工作方式为________。

(5) 在 Intel 8255A 中可以进行按位置位/复位的端口是________。

(6) 8255A 内部包括两组控制电路,其中 A 组控制________,B 组控制________。

(7) 若 8255A 的端口 A 定义为方式 0、输入,端口 B 定义为方式 1、输出,端口 C 的上半部定义为方式 0、输出,试编写初始化程序(端口地址为 200H~203H)。

(8) 端口 A 工作于方式 2、输出,要求发两个中断允许,即 PC4 和 PC6 均需置位,端口 B 工作于方式 1、输入,要求使 PC2 置位来开放中断,试编写初始化程序(端口地址为 200H~203H)。

(9) 一个交通灯微机控制模拟电路图如图 5-23 所示,8255A 端口 C 的 PC0 位接开关 K 用来模拟十字路口支道车辆通行情况(开关状态"1"表示支道上有车辆要通行);端口 A 的 PA2、PA1、PA0 位用来控制主道的红(LED0)、黄(LED1)、绿(LED2)灯,端口 B 的 PB2、PB1、PB0 位用来控制支道的红(LED0)、黄(LED1)、绿(LED2)灯。平时主道放行(绿灯亮),支道禁止通行(红灯亮);当支道上有车辆要通过时(PC0 端为"1"),主道交通灯由绿→黄(延迟 5s)→红(禁止),支道交通灯由红→绿(放行);支道放行 20s 后,其交通灯由绿→黄(延迟 5s)→红,然后主道放行;要求主道至少放行 40s。

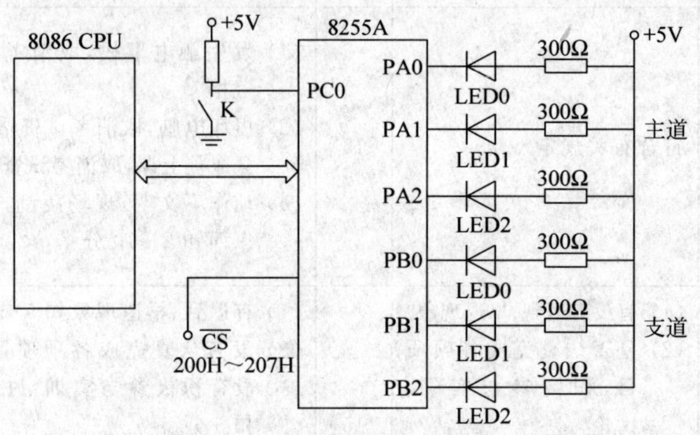

图 5-23 交通灯微机控制模拟电路图

要求:①画出实现上述控制过程的程序流程图;②用汇编指令编程,并加简要注释。

(10) 利用 8255A 及其他所需器件设计一个竞赛抢答器(模拟)实验装置,逻辑开关信号 K0~K7 代表竞赛抢答按钮 0~7 号,当某个逻辑开关置"1"时,表示某组抢答按钮按下,需在七段 LED 显示器上将其组号(0~7)显示出来,并响铃一下。假设抢答按钮能及时复位,并假设任两个或两个以上按钮不会同时按下。

要求:①画出设计方案电路框图;②画出实现上述控制过程的程序流程图;③用汇编指令编程,并加简要注释。

注: 数字符号 0~7 的 LED 显示控制码分别为:3FH,06H,5BH,4FH,66H,6DH,7DH,07H;控制码 00H 使 LED 各显示段熄灭。8255A 的端口地址为 200H~207H。

第6章　中断系统与可编程 8259A

学习目的

(1) 了解 8086 中断系统。

(2) 了解 8259A 芯片引脚和内部结构。

(3) 掌握 8259A 控制字及编程应用。

(4) 掌握拓展工程训练项目编程方法和设计思想。

学习重点和难点

(1) 8086 中断系统。

(2) 8259A 芯片引脚和内部结构。

(3) 8259A 控制字及编程应用。

(4) 拓展工程训练项目编程方法和设计思想。

6.1　8086 中断系统

6.1.1　中断基本概念

(1) 中断

中断是通过硬件来改变 CPU 的运行方向的。当 CPU 在执行程序时,由于内部或外部的原因引起的随机事件要求 CPU 暂时停止正在执行的程序,而转向执行一个用于处理该随机事件的程序,处理完后又返回被中止的程序断点处继续执行,这一过程就称为中断。中断之后所执行的相应的处理程序通常称为中断服务或中断处理子程序,原来正常运行的程序称为主程序。主程序被断开的位置(或地址)称为"断点"。引起中断的原因(或能发出中断申请的来源)称为"中断源"。中断源要求服务的请求称为"中断请求"(或中断申请)。中断示意图如图 6-1 所示。

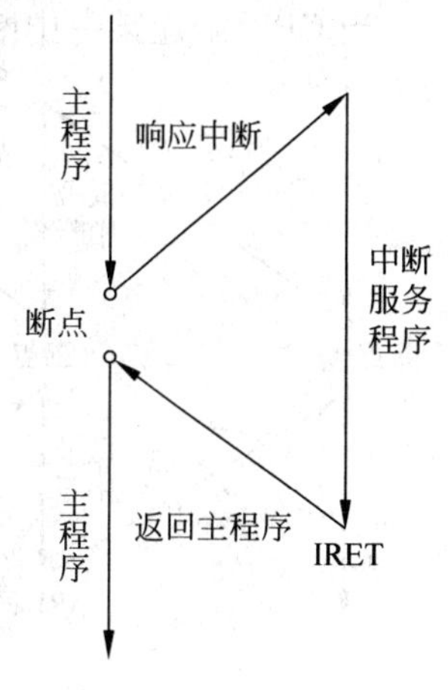

图 6-1　中断示意图

(2) 中断的特点

① 提高 CPU 的效率

中断可以解决高速的 CPU 与低速的外设之间的矛盾,使 CPU 和外设并行工作。CPU 在启动外设工作后继续执行主程序,同时外设也在工作。每当外设做完一件事就发出中断申请,请求 CPU 中断它正在执行的程序,转去执行中断服务程序,中断处理完之后,CPU 恢复执行主程序,外设也继续工作。这样,

CPU 可启动多个外设同时工作,大大地提高了 CPU 的效率。

② 实时处理

在实时控制系统中,工业现场的各种参数和信息都会随时间而变化。这些外界变量可根据要求随时向 CPU 发出中断申请,请求 CPU 及时处理中断请求。如果满足中断条件,CPU 就会立刻响应,转入中断处理,从而实现实时处理。

③ 故障处理

控制系统的故障和紧急情况是难以预料的,如掉电、设备运行出错等,可通过中断系统由故障源向 CPU 发出中断请求,再由 CPU 转到相应的故障处理程序进行处理。

(3) 中断的功能

① 实现中断响应和中断返回

当 CPU 收到中断请求后,CPU 要根据相关条件(如中断优先级、是否允许中断)进行判断,决定是否响应这个中断请求。若响应,则在执行完当前指令后立刻响应这一中断请求。

CPU 中断过程为:

第 1 步:将断点处的 PC 值(即下一条应执行指令的地址)压入堆栈保留下来(这称为保护断点,由硬件自动执行)。

第 2 步:将有关的寄存器内容和标志 PSW 状态压入堆栈保留下来(这称为保护现场,由用户自己编程完成)。

第 3 步:执行中断服务程序。

第 4 步:中断返回,CPU 将继续执行源主程序。中断返回过程为:首先恢复原保留寄存器的内容和标志位的状态,这称为恢复现场,由用户编程完成。然后,再加返回指令 IRET,IRET 指令的功能是恢复 PC 值,使 CPU 返回断点,这称为恢复断点。

② 实现优先权排队

中断优先权也称为中断优先级。中断系统中存在着多个中断源,同一时刻可能会有不止一个中断源提出中断请求,因此需要给所有中断源安排不同的优先级别。CPU 可通过中断优先级排队电路首先响应中断优先级高的中断请求,等到处理完优先级高的中断请求后,再来响应优先级低的中断请求。

③ 实现中断嵌套

当 CPU 响应某一中断时,若有中断优先级更高的中断源发出中断请求,CPU 会暂停正在执行的中断服务程序,并保留这个程序的断点,转向执行中断优先级更高的中断源的中断服务程序,等处理完这个高优先级的中断请求后,再返回来继续执行被暂停的中断服务程序。这个过程称为中断嵌套。中断嵌套流程图如图 6-2 所示。

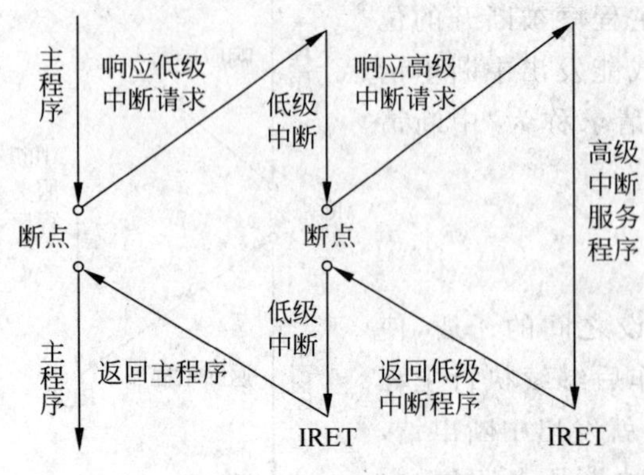

图 6-2 中断嵌套流程图

(4) 中断源

引发中断的事件称为中断源。8086 CPU 的中断源有两类:一是内部中断源,由 CPU 内部的标志 TF 为 1 或执行一条软件中断指令而引起;二是外部中断,由外部请求信号引起。外部中断又分为可屏蔽中断(INTR)和非屏蔽中断(NMI)。中断源形式如图 6-3 所示。

(5) 禁止中断与中断屏蔽

在有些情况下,CPU 不允许响应可屏蔽中断 INTR,当中断源向 CPU 申请中断后,CPU 不能终止当前正在运行的程序并转到中断服务程序,这种情况就是禁止中断。

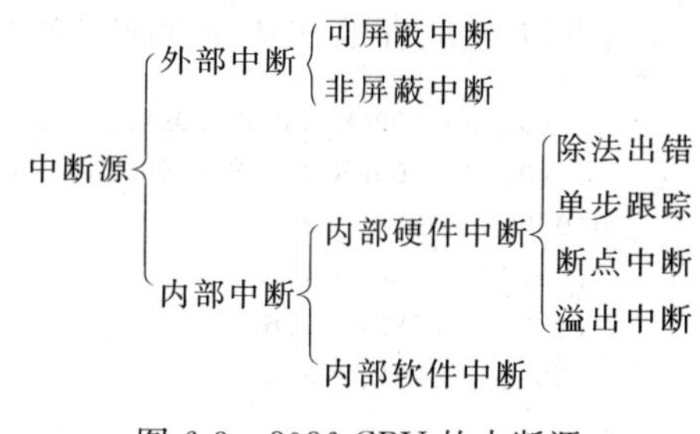

图 6-3　8086 CPU 的中断源

在另一些情况下,例如有多个中断源发出申请时,CPU 只响应其中某些中断,而屏蔽其他类型的中断,这就叫中断屏蔽。中断屏蔽可以通过中断屏蔽触发器来实现。将中断源对应的中断屏蔽触发器置 1,则中断源的中断请求被屏蔽,否则该中断源的中断请求被允许。

6.1.2　中断类型与中断向量表

8086 CPU 的中断系统能够处理 256 个不同的中断源,每个中断源都有一个为它服务的中断处理程序。CPU 响应中断后,就要转入相应的中断处理程序中。下面就介绍 CPU 是如何转入中断处理程序的。

- 中断类型号:就是为每个中断源指定一个编号,称为中断类型号。
- 中断矢量:每一个中断服务程序有一个确定的入口地址,该地址称为中断矢量。
- 中断矢量表:把系统中所有的中断矢量集中起来,按中断类型号从小到大的顺序安排到存储器的某一个区域内,这个存放中断矢量的存储区叫中断矢量表。

8086 CPU 的中断矢量表位于主存储器最低地址 00000H～003FFH 中,共占用 1024 个存储器单元。中断矢量表中共有 256 项,能处理 256 级中断矢量,对应中断类型号是 00H～0FFH,中断矢量表的结构如图 6-4 所示。

中断类型号	内容	地址
0	类型0的(IP)	00000H
	类型0的(CS)	
1	类型1的(IP)	00004H
	类型1的(CS)	
2	类型2的(IP)	00008H
	类型2的(CS)	
	⋮	
255	类型255的(IP)	003FCH
	类型255的(CS)	003FEH

图 6-4　中断矢量表结构图

中断服务程序的入口地址在中断矢量表中,占 4 个字节,其中两个低地址字节中存放中断服务程序入口地址的段内地址偏移量(IP)部分,两个高地址字节中存放中断服务程序入口地址的段地址(CS)部分。

在中断矢量表中,各个中断矢量表按中断类型码从 0 到 255 顺序存放。这样,知道了中断类型码,很快就可以计算出相应中断矢量的存放位置,从而取出中断矢量。而每个中断矢量的地址可由中断类型码乘以 4 计算出来。CPU 响应中断时,只要把中断类型码 N 左移 2 位(乘以 4),即可得到中断矢量在中断矢量表中的对应地址 $4N$,然后把两个低地址字节中存放中断服务程序入口地址的段内地址偏移量(IP)部分,两个高地址字节中存放中断服务程序入口地址的段地址(CS)部分。

【例 6-1】 中断类型码为 27H,中断矢量为:

```
00100111B(27H)
    ↓左移 2 位(乘以 4)
10011100B(9CH)
```

中断矢量应存放在从 0000H：009CH 开始的 4 个连续字节单元中,即：

```
    (0000H:009CH,0000H:009DH) →IP
    (0000H:009EH,0000H:0009FH) → CS
如(0000H:009CH) = 21H
  (0000H:009DH) = 43H
  (0000H:009EH) = 65H
  (0000H:009FH) = 87H
```

则 27H 号中断的中断服务程序的入口地址为 8765H:4321H。

【例 6-2】 中断类型码为 17H,如果中断服务程序的入口地址是 3240H:87FFH,试指出中断矢量表中存放该中断矢量的 4 个字节单元的地址及内容。

解：由于中断类型码为 17H,则中断矢量为:

```
00010111B(17H)
    ↓左移 2 位(乘以 4)
01011100B(5CH)
```

中断矢量应存放在从 0000H：005CH 开始的 4 个连续字节单元中,即：

```
(0000H:005CH) = FFH
(0000H:005DH) = 87H
(0000H:005EH) = 40H
(0000H:005FH) = 32H
```

6.1.3 中断响应过程

(1) 8086 中断响应过程

8086 的中断响应过程如图 6-5 所示。从图可以看出,该流程已经考虑了不同中断源的响应优先级,当多个中断同时申请中断时,CPU 先响应内部中断,其次响应非屏蔽中断 NMI,然后响应可屏蔽中断 INTR,最后响应单步中断。这个中断响应过程,不同的中断略有所不同。

(2) INTR 中断响应过程

不同的微型计算机的中断系统略有所不同,但实现中断时的过程基本相同。中断过程包括 4 个阶段即：中断请求、中断响应、中断服务、中断返回。下面以 INTR 中断为例来说明中断的响应过程。

CPU 在 INTR 引脚上接到一个中断请求信号,若此时的中断允许标志 IF＝1,并且,当前的中断请求具有最高的优先级,CPU 就在执行完当前指令以后开始响应外部的中断请求。这时,CPU 通过 $\overline{\text{INTA}}$ 引脚连续发出两个负脉冲信号,外设接口在接到第二个负脉冲以后,就在数据线上发送中断类型号,CPU 接到此中断类型号后,将进行如下 5 步操作：

第 1 步，将中断类型号送入暂存器保存。

第 2 步，将标志寄存器 PSW 内容压入堆栈，以保护中断时的状态。

第 3 步，把 IF 和 TF 标志清零。IF 清零是为了防止在中断响应的同时又来别的中断，而 TF 清零是为了防止 CPU 以单步方式执行中断处理程序。

第 4 步，保护断点。就是将当前程序执行的下一条指令的 IP 和 CS 的内容压栈。保护断点的作用是为了执行中断服务程序后能返回主程序。

第 5 步，根据得到的中断类型号，在中断向量表中找出中断向量，将其装入 IP 和 CS，这时程序就转向中断服务程序去执行。

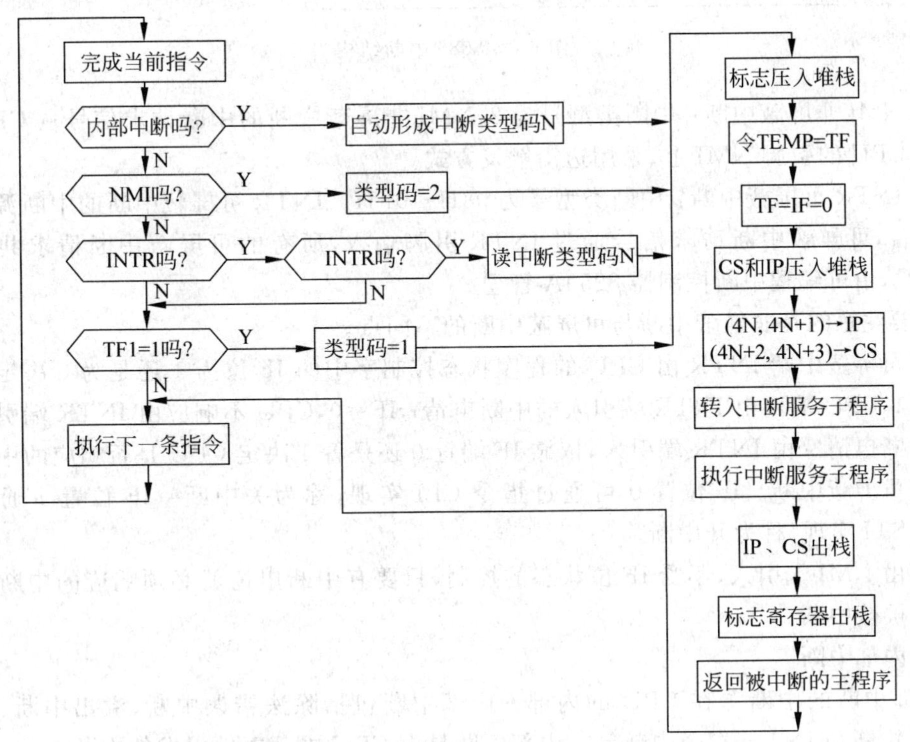

图 6-5　8086 的中断响应过程

6.1.4　8086 中断结构

8086 中断结构如图 6-6 所示，从图中可以看出，8086 中断系统分为外部中断和内部中断两大类，外部中断也称为硬件中断，它由非屏蔽中断 NMI 和可屏蔽中断 INTR 构成。内部中断也称为软件中断，它由除法错误中断、溢出中断、单步中断、断点中断和 INT *n* 指令中断构成。同时 8086 CPU 规定了各类中断的优先级，最高为除法错误中断 INT 0、溢出中断 INT0 及 INT *n* 指令、非屏蔽中断 NMI、可屏蔽中断 INTR，最低的是单步中断。下面简单进行介绍。

1. 外部中断

8086 CPU 有两条外部中断请求线：NMI 和 INTR，即 NMI(17 引脚)非屏蔽中断和 INTR(18 引脚)可屏蔽中断。

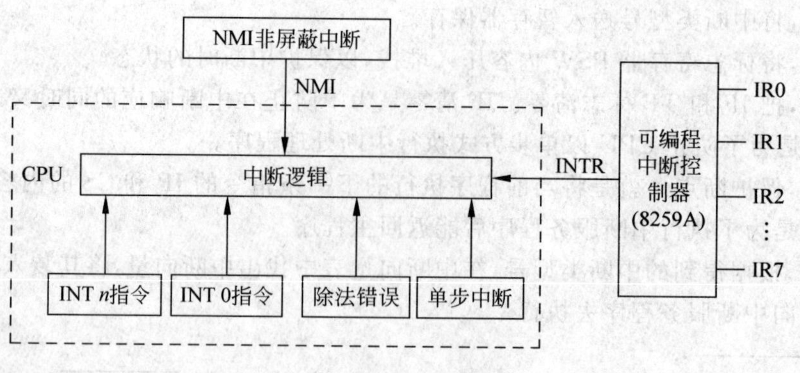

图 6-6　8086 中断结构

① NMI 非屏蔽中断：中断类型号为 2，NMI 非屏蔽中断的中断请求信号从 CPU 的外部送往 CPU 的引脚 NMI 上，采用边沿触发方式。

② INTR 可屏蔽中断：中断类型号为 08H～0FH。INTR 可屏蔽中断的中断源一般是外部设备，可屏蔽中断请求信号通过 INTR 引脚输入，所有的可屏蔽中断请求共用一条 INTR 线，由可编程中断控制器 8259A 管理。

需要注意的是非屏蔽中断与可屏蔽中断的不同点。

- 可屏蔽中断 INTR 由 CPU 的程序状态控制字中的 IF 位为 1 还是为 0 决定。IF＝1，CPU 响应由 INTR 端引入的中断申请；IF＝0，CPU 不响应由 INTR 端引入的中断申请。由 INTR 端引入，依靠 IF 端置 0 还是置 1 决定 CPU 是否响应的中断称为可屏蔽中断。IF 位置 0 可通过指令 CLI 实现，称为关中断。IF 位置 1 通过指令 STI 实现，称为开中断。
- 由 NMI 端引入，不受 IF 位状态的控制，只要有中断申请就必须响应的中断称为非屏蔽中断。

2. 内部中断

内部中断的中断源在 CPU 的内部。内部中断包括除法错误中断、溢出中断、单步中断、断点中断和 INT *n* 指令中断等。内部中断是由 CPU 内部事件引发的中断。

① 除法错误中断：除法错误中断的中断类型号为 0。当 CPU 执行除法操作，除数为零或商超出计算机可表示的最大数值范围时，产生 0 号除法错误中断。

② 单步中断：单步中断的中断类型号为 1。当 PSW 标志寄存器的单步标志位 TF 为 1 时，每执行完一条指令，CPU 立即暂停程序的执行，产生 1 号中断。单步中断可用于进行程序的调试。

③ 断点中断：断点中断的中断类型号为 3。为了调试汇编语言程序，经常需要设置断点，可以在程序中加入 INT3 指令。

④ 溢出中断：溢出中断的中断类型号为 4，以指令 INT0 的形式出现。当 PSW 标志寄存器的溢出标志 OF 为 1 时，且 CPU 执行 INT0 指令，则产生溢出中断。

⑤ INT *n* 中断：INT *n* 中断也称为软件中断，以指令 INT *n* 的形式出现，中断类型号就是 *n*。CPU 执行 INT *n* 指令，产生类型号为 *n* 的内部中断。

6.2 8259A芯片引脚和内部结构

6.2.1 概述

Intel 8259A可编程中断控制器用于管理PC中的INTR中断(外部可屏蔽中断)。外部设备可通过中断控制器8259A的中断请求线INT把中断请求信号送往CPU的INTR线,以便提出中断请求。8259A的主要功能有如下几个方面。

(1) 可管理8个中断源电路的中断,并能对其进行优先级管理。

(2) 用9片8259A可组成主从式中断系统,管理64个中断源电路的中断,并能对其进行优先级管理。

(3) 对中断源有屏蔽或允许申请中断的操作。

(4) 能自动送出中断类型号,使CPU迅速找到中断服务程序的入口地址。

6.2.2 8259A芯片引脚与内部结构

(1) 8259A芯片引脚

8259A为28脚双列直插式芯片,芯片引脚如图6-7所示,各引脚信号功能如下所示。

① $\overline{CS}$(1脚):片选信号。输入,低电平有效。该信号有效时,CPU可对该8259A进行读写操作。

② $\overline{WR}$(2脚):写信号。输入,低电平有效。该信号有效时,允许CPU把命令字(ICW和OCW)写入相应命令寄存器。

③ $\overline{RD}$(3脚):读信号。输入,低电平有效。该信号有效时,允许该8259A将状态信息放到数据总线上供CPU检测。

④ D0～D7(11脚～4脚):双向数据总线。用来传送控制、状态和中断类型号。

⑤ IR0～IR7(18脚～25脚):外部中断请求信号。

⑥ INT(17脚):中断请求信号。用来向CPU发送中断请求信号。

⑦ $\overline{INTA}$(26脚):中断响应信号。CPU同意中断申请后,发此信号作为响应中断的回答信号。

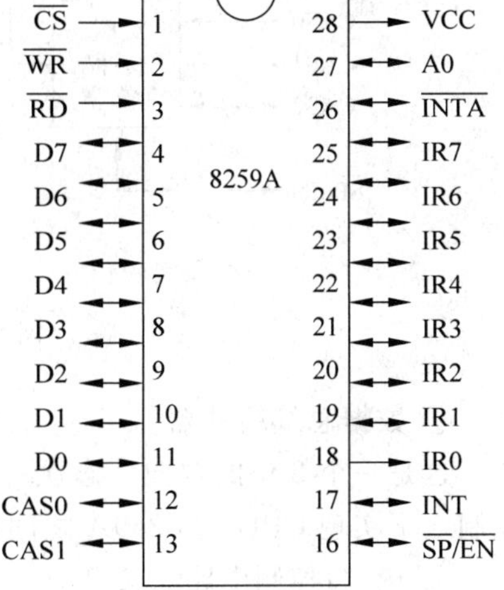

图6-7 8259A芯片引脚图

⑧ A0(27脚):地址输入信号,用于寻址8259A内部寄存器,一般与地址总线的A0连接。同$\overline{CS}$、$\overline{WR}$和$\overline{RD}$在PC AT上的组合操作功能见表6-1。

表6-1 8259A读/写操作与I/O端口地址

$\overline{CS}$	$\overline{WR}$	$\overline{RD}$	A0	读/写操作	主片	从片
0	0	1	0	写ICW1、OCW2、OCW3	20H	0A0H
0	0	1	1	写ICW2、ICW3、ICW4、OCW1	21H	0A1H
0	1	0	0	读IRR、ISR,查询命令	20H	0A0H
0	1	0	1	读IMR	21H	0A1H

⑨ CAS0～CAS2(12脚、13脚、15脚)：级联信号。双向引脚，用来控制多片8259A的级联使用。对主片来说，CAS0～CAS2为输出；对从片来说，CAS0～CAS2为输入。

⑩ $\overline{\text{SP}}/\overline{\text{EN}}$(16脚)：从片/允许缓冲器信号。此信号线为双向，作用有二：一是当为输入时，用来决定本片是主片还是从片，当$\overline{\text{SP}}$=1，该片为主片，当$\overline{\text{SP}}$=0，该片为从片；二是当为输出时，$\overline{\text{SP}}/\overline{\text{EN}}$可作为启动数据总线驱动器的启动信号。

(2) 8259A芯片内部结构

8259A的内部结构如图6-8所示。下面介绍各个部分的功能。

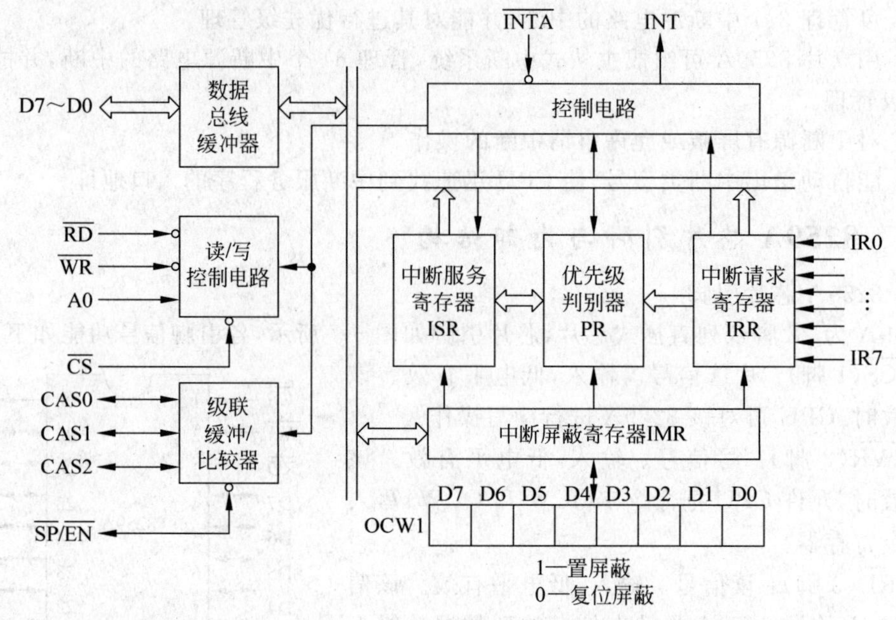

图6-8 8259A芯片的内部结构

① 数据总线缓冲器

这是一个8位的双向三态缓冲器，是8259A与CPU之间的数据接口，在读/写逻辑的控制之下实现CPU与8259A之间的信息交换。

② 读/写控制电路

读/写逻辑电路控制CPU与8259A之间的信息交换。为片选信号线，低电平时选中8259A工作。由片选信号$\overline{\text{CS}}$和A0指定内部寄存器，CPU可以通过执行OUT指令，将初始化命令字和工作命令字写入相应的命令寄存器ICW和OCW中；也可以通过执行IN指令，将8259A中的IRR、ISR、IMR等寄存器的内容读入CPU中。

③ 级联缓冲/比较器

用来实现多个8259A的级联及数据缓冲方式。级联时，一个8259A芯片为主片，最多能带动8个8259从片，因此最多可以实现对64级中断的管理。这时，从片的INT脚与主片的一条中断请求信号线IRi相连，同时将主片的CAS0～CAS2与所有从片的CAS0～CAS2相连，构成8259A的主从式控制结构。主片$\overline{\text{SP}}$引脚接高电平，CAS0～CAS2为输出引脚；从片$\overline{\text{SP}}$引脚接低电平，CAS0～CAS2为输入引脚。每个从8259A芯片的中断请求信号INT接至主8259A芯片的中断请求输入端IRi，主8259A的INT连接至CPU的中断请求输入端。主、从8259A芯片应分别初始化和设置必要的工作状态。

④ 中断请求寄存器IRR

这是8位寄存器，是8259A与外设中断源相接的接口。该寄存器通过IR7～IR0的8根线与8个中断源相接。当有某个中断源申请中断时，使8位寄存器的相应位置1。最多可同时接收8个中断源的中断申请。

⑤ 中断服务寄存器ISR

这是8位寄存器，用8位寄存器的某位置1记录CPU当前正为哪个中断源服务，该信号一直保持到CPU处理完该中断服务程序为止。当该寄存器有多位置1时，表示CPU正在处理低级别中断源的中断服务程序时，发生级别高的中断源申请中断，CPU未处理完低级别中断服务程序而转向级别高的中断服务程序，形成中断服务嵌套。当中断结束时，由中断结束命令EOI或自动将相应位ISRi清零。

⑥ 中断屏蔽寄存器IMR

中断屏蔽寄存器IMR，8位，屏蔽或允许IRR中的中断请求。用户可根据需要设置IMR，禁止或允许某些中断(可通过设置OCW1对来自IRR的一个或多个中断请求进行屏蔽)。

⑦ 优先级判别器PR

优先级判别器PR用来识别各中断请求的优先级别。在多个中断请求信号同时出现并经IMR允许进入系统后，先由PR选出其最高优先级的中断请求，由CPU首先响应这一级中断，并在第一个中断响应周期将ISR中的相应位置"1"。当出现多重中断时，PR将首先比较ISR中正在服务的与IRR中断请求服务的两个中断请求优先级的大小，从中决定是否向CPU发出新的中断请求来响应更高优先级的中断请求服务。一般的原则是允许高级中断打断低级中断，而不允许低级中断打断高级中断，也不允许同级中断相互打断。

⑧ 控制电路

控制电路用来控制整个芯片内部各部件之间协调一致地工作。控制电路中有如下7个寄存器。

- ICW1～ICW4用来存放初始化程序设定的工作方式字，管理8259A的工作。
- OCW1～OCW3用来存放操作命令字，对中断处理过程进行动态控制。操作命令字也是由程序设定的。

控制电路的控制作用有两个：一是通过INT线向CPU发中断申请；二是接收来自CPU输出的中断响应信号$\overline{\text{INTA}}$。

6.2.3 8259A的中断工作过程

为了对8259A的工作过程有个系统的层次分明的了解，下面对8259A的中断工作过程做一个小结式的说明。

(1) 当有一个或多个中断源申请中断时，通过IR7～IR0输入给8259A，使中断请求寄存器IRR相应位置1。

(2) 当对中断源的中断申请不屏蔽的情况下，向中断控制器发中断申请信号，中断控制器把该信号转发给优先级判别器PR。

(3) 优先级判别器PR根据中断申请寄存器的内容决定处理哪个中断源申请的中断，

再根据中断服务寄存器ISR的内容决定CPU响应哪一级中断源，经过优先级判别决定该中断源是否高于CPU正在服务的中断源，若高于，通过控制逻辑的INT线向CPU申请中断。

(4) 若CPU处于开中断状态，则在当前指令执行完后，进入中断服务程序，并用$\overline{\text{INTA}}$信号作为响应中断的回答信号。

(5) 8259A接收到$\overline{\text{INTA}}$信号后，使中断服务寄存器ISR相应位置1，使中断请求寄存器IRR的相应位置0，以避免该中断源再次发生中断申请。

(6) CPU启动另一个中断响应周期，输出另一个$\overline{\text{INTA}}$脉冲。这时8259A通过数据总线向CPU输出当前级别最高的中断申请源的中断类型号，以便CPU很快转入中断服务程序。

(7) 若8259A工作在AEOI模式(自动结束方式)，在第二个$\overline{\text{INTA}}$脉冲结束时，使中断源在中断服务寄存器中的相应位置0；否则，直至中断服务程序结束，发出EOI命令，才使中断服务寄存器中的相应位复位。

6.3 8259A控制字及编程应用

6.3.1 8259A控制字

8259A工作开始之前，首先要对8259A进行初始化，也就是接收CPU发出的初始化控制字ICW1～ICW4和操作控制字OCW1～OCW3，以设定8259A的工作方式和发出相应的控制命令。初始化命令字(ICW0～ICW4)通常是在计算机系统启动时由初始化程序来设置的，一般在系统的工作过程中不再重新设置。工作命令字(OCW1～OCW3)用于对中断处理过程进行动态控制，因此操作命令字可以在工作过程中多次设置。初始化流程图如图6-9所示。

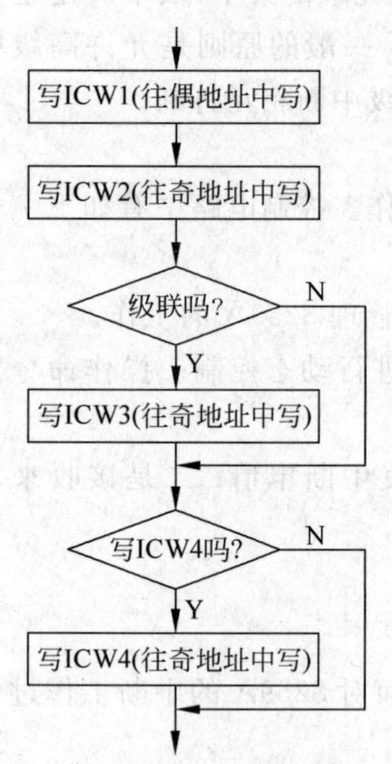

图6-9 8259A初始化流程图

初始化控制字有4个，操作控制字有3个，需写入8259A 7个相应的寄存器中，但是8259A只占用了两个地址，偶地址和奇地址，8259A是通过控制字的标识位和奇偶地址来决定控制字应写入到哪个寄存器中的。下面讨论每个控制字中特别标出的A0位，若A0＝1，控制字应写在奇地址端口中，若A0＝0，控制字应写在偶地址端口中。下面分别对初始化控制字和操作控制字各位定义进行介绍。

(1) 初始化命令字ICW

初始化命令字是用来设定8259A的基本工作方式。它有4个初始化命令字寄存器ICW1～ICW4。各初始化命令字有如下几种格式。

① 初始化命令字ICW1

ICW1的端口为偶(A0＝0)地址，A0＝0、D4＝1为ICW1的特征位。ICW1是必须写入的第一个初始化命令字，各位定义如图6-10所示。

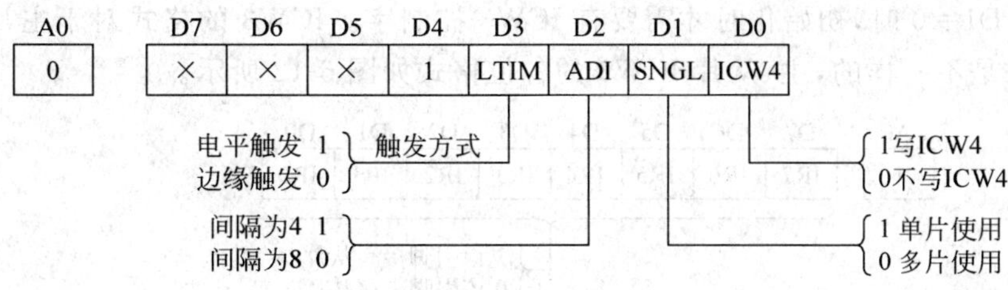

图 6-10　ICW1 的格式

D0 位：表示后面是否设置 ICW4 命令字，D0＝1，写 ICW4；D0＝0，不写 ICW4。对于 8086/8088 系统必须设置 ICW4 命令字，D0 位为 1。

D1 位：表示有一片 8259A 工作还是有多片 8259A 工作，D1＝1，单片使用；D1＝0，多片使用。当有多片 8259A 工作时，它们组成级联方式。

D2 位：该位对 8086/8088 系统不起作用。对 8080/8085 及 8098 单片机系统，D2 位为 1 还是为 0，决定中断源中每两个相邻的中断处理程序的入口地址之间的距离间隔值。

D3 位：该位设定 IR0～IR7 端中断请求触发方式是电平触发方式还是边沿触发方式。D3＝1，电平触发；D3＝0，边缘触发。

D4 位：此位为特征位。表示当前设置的是初始化控制字 ICW1。

D7～D5 位：这 3 位在 8086/8088 系统中不用，一般设为 0。

② 初始化命令字 ICW2

ICW2 的端口为奇(A0＝1)地址，A0 恒等于 1，为 ICW2 的特征位，它是必须写入的第二个初始化命令字。此控制字为设置中断类型号的初始化控制字，格式如图 6-11 所示。CPU 响应中断，发出第二个中断响应信号 $\overline{\text{INTA}}$ 后，8259A 将中断类型寄存器中的内容 ICW2 送到数据总线上。

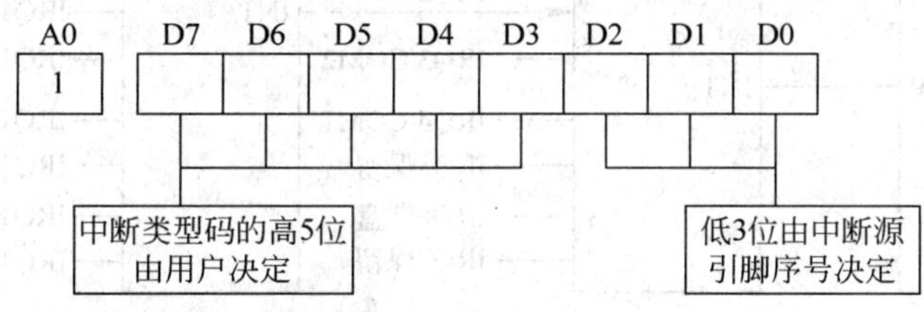

图 6-11　ICW2 的格式

D0～ D2 位：为中断类型码的低 3 位，决定中断源挂在 8259A IRi 的哪一个引脚上。

例：根据中断矢量表，8086 系统未用 1A0H～1FFH 单元，可向用户开放。设用户设备中断矢量放入中断矢量表 1AAH 开始的单元，那么 1AAH/4＝6AH，该设备中断类型为 6AH，这样 ICW2 的值设置为 6AH，高 5 位是 01101，低 3 位是 010，用户设备的中断申请线连接到 8259A 的 IR2 端。

D3～D7 位：由用户决定。中断类型号的高 5 位，如上例中高 5 位是 01101。

③ 初始化命令字 ICW3

ICW3 的端口为奇(A0＝1)地址。ICW3 控制字仅用于级联方式，只有在一个系统中包含多片 8259A 时，ICW3 才有意义。系统中是否有多片 8259A，是由 ICW1 的 D1 位决定的。

当ICW1的D1=0时，初始化时才需要有ICW3控制字。ICW3的格式对于主片8259A和从片8259A是不一样的，主、从片ICW3的各位格式如图6-12所示。

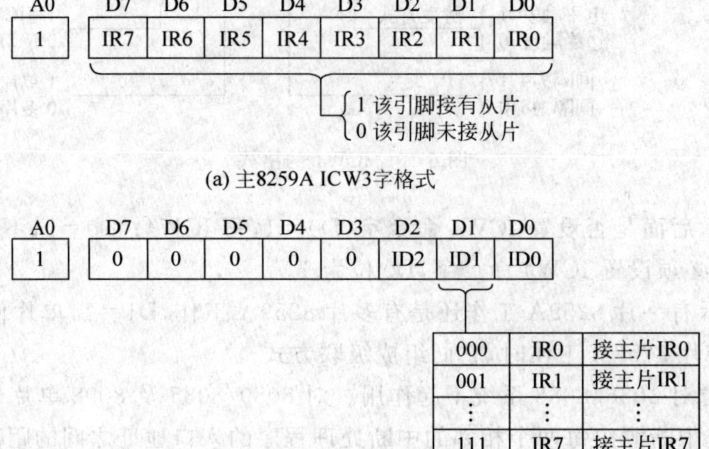

(a) 主8259A ICW3字格式

(b) 从8259A ICW3字格式

图6-12　ICW3字格式

例如：图6-13所示是80x86系列PC中8259A级联的实际连接电路框图，根据主、从片ICW3的各位定义进行填写，其中从片ICW3就应设置为00000010B，主片ICW3应设置为00000100B。

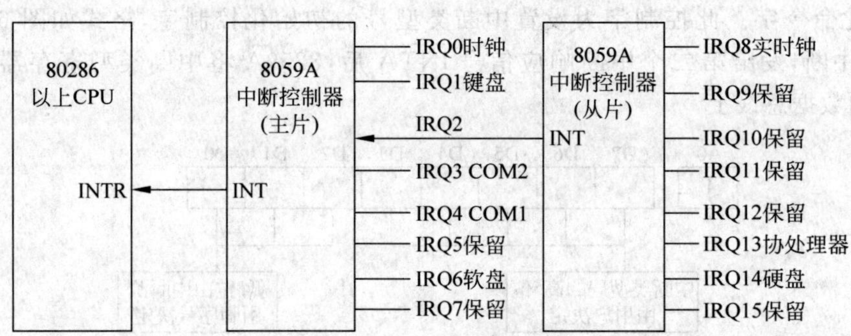

图6-13　80x86系列PC中8259A级联图

④ 初始化命令字ICW4

ICW4的端口为奇(A0=1)地址，只有当ICW1的D0位为1时才需写入控制字ICW4。ICW4控制字的写入决定8259A是工作在缓冲方式还是非缓冲方式，是一般全嵌套方式还是特殊全嵌套方式，中断结束方式是自动还是正常。ICW4初始化命令字的各位格式如图6-14所示。

D0位：系统选择位。选择8259A当前工作在哪类CPU系统中，8086 CPU该位为1。

D1位：中断结束方式位。选择结束中断的方式。就是使中断服务寄存器的相应位置0，有自动结束和正常结束两种方式。

D2位：主从选择位。此位仅在缓冲工作方式时有效。在D3位为1时，D2位有效；D3

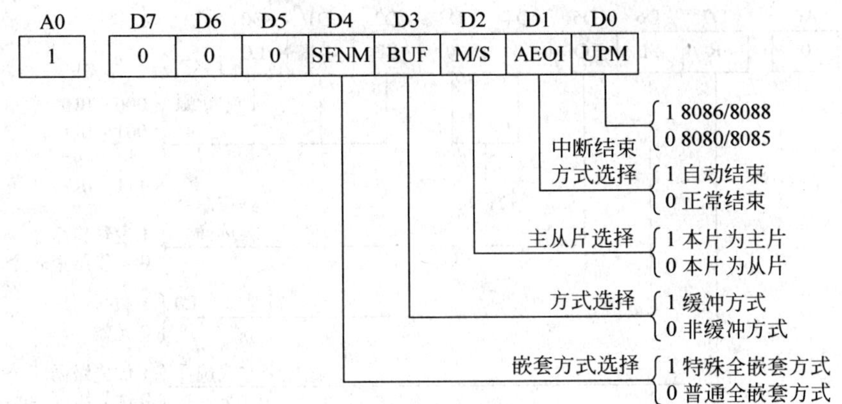

图 6-14 ICW4 字格式

位为 0 时，D2 位无效。

D3 位：用来设定是否选用缓冲方式，与 D2 配合使用。

D4 位：嵌套方式选择位。在级联方式下，主片 8259A 一般设置为特殊全嵌套工作方式，从片 8259A 设置为普通全嵌套工作方式。

D7～D5 位：特征位。当这 3 位为 000 时，表示现在送出的控制字是 ICW4。

(2) 操作命令字 OCW

写完初始化命令字 ICW 之后，8259A 就做好了接收从 IRR 输入中断请求的准备。在 8259A 工作期间可以随时写入操作命令字 OCW，设置 8259A 的各种工作方式。

① 操作命令字 OCW1

OCW1 的端口为奇(A0＝1)地址。OCW1 是中断屏蔽操作控制字，设置 OCW1 实际上是在设置 8259A 的中断屏蔽寄存器 IMR。通过设置 OCW1 可对来自 IRR 的一个或多个中断请求进行屏蔽，在执行某段程序时，如果不希望某些中断源在该时刻申请中断，可对其进行屏蔽，当允许时，再取消屏蔽操作。因而该控制字可根据用户的意愿，随时对某些中断源进行屏蔽或不屏蔽操作。OCW1 操作命令字的各位格式如图 6-15 所示。

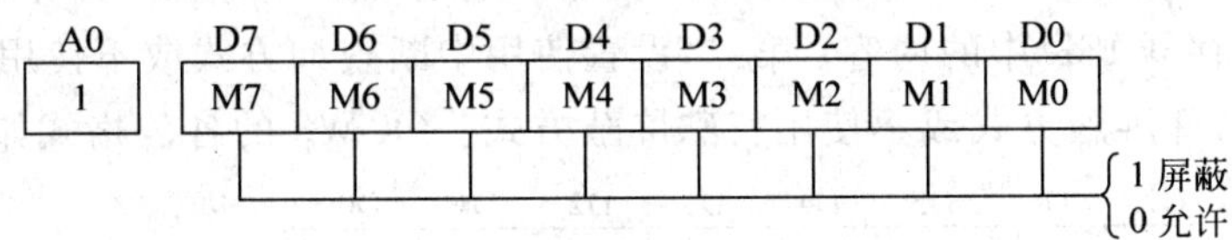

图 6-15 OCW1 操作命令字格式

D0～D7 位：将 OCW1 中的某位 Di 置 1 时，IMR 中的相应位也为 1，从而屏蔽相应的 IRi 中断请求信号。

② 操作命令字 OCW2

OCW2 的端口为偶(A0＝0)地址。OCW2 有两个作用：一是设置中断优先级方式；二是发送中断结束命令。中断结束命令用于清除 ISR 中保存着的当前正在被服务的中断源的置位信息，如果该位不被复位为 0，则后续的同级和较低级的中断请求将不会被响应。操作命令字 OCW2 的格式如图 6-16 所示。

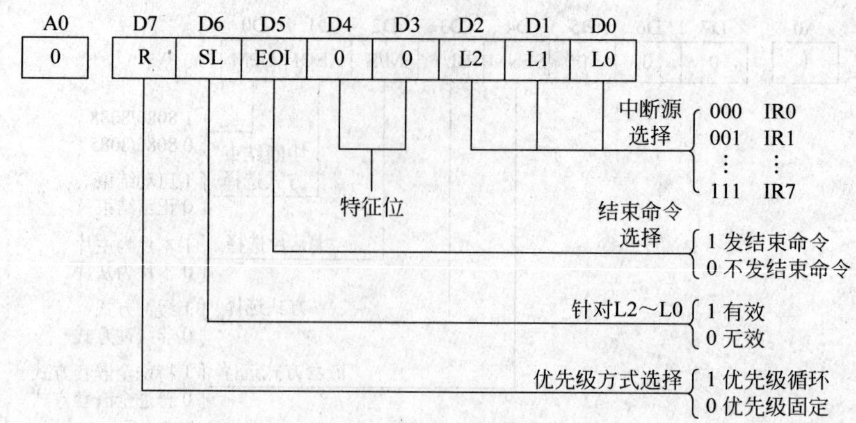

图 6-16 OCW2 字格式

D0～D2 位：这 3 位的编码 000～111 与 IR0～IR7 一一对应。

对于中断结束方式，控制字 OCW2 的 SL、EOI、L2、L1、L0 各位用来确定中断结束方式。当 EOI=1 且 SL=0 时，发中断结束命令，L2～L0 位无效，使中断服务寄存器当前级别最高的为 1 位清零，此方法称为一般中断结束方式；当 EOI=1 且 SL=1 时，发中断结束命令，使中断服务寄存器的某位置 0，置 0 位由 L2～L0 指明，此种方式为特殊中断结束方式。例如，要使 IR3 在中断服务寄存器的相应位置 0，OCW2 控制字应为 01100011。

对于优先级循环方式，OCW2 控制字的 R、SL、L2、L1、L0 各位确定优先级控制方式。当 R=0 时，为固定的优先级方式，IR0 中断级别最高，IR7 中断级别最低，SL、L2、L1、L0 各位无意义；当 R=1 且 SL=0 时，为优先级自动循环方式，刚刚被服务过的中断源降为级别最低，L2、L1、L0 各位无意义；当 R=1 且 SL=1 时，为优先级特殊循环方式，此时的 L2、L1、L0 3 位用来指定级别最低的中断源 IRi。例如 OCW2 命令字为 11000011，指明 IR3 中断源的级别最低。

③ 操作命令字 OCW3

OCW3 的端口为偶(A0=0)地址。OCW3 有三种作用：第一，读中断请求寄存器 IRR 或读中断服务寄存器 ISR 中的内容；第二，设置使用中断查询方式或不使用中断查询方式；第三，设置使用特殊屏蔽方式或不使用特殊屏蔽方式。OCW3 的各位格式如图 6-17 所示。

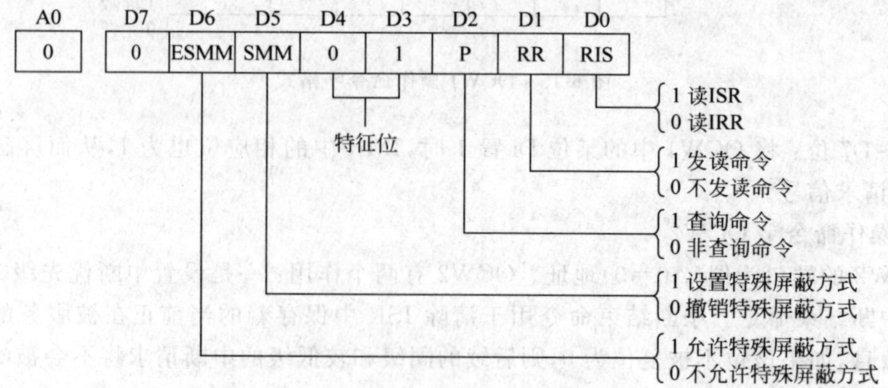

图 6-17 OCW3 字格式

D0D1 位：读命令。D0D1＝11，读中断服务寄存器 ISR 中的内容；D0D1＝01，读中断申请寄存器 IRR 的内容；D1＝1，D0 无意义。

注意：8259A 的屏蔽寄存器 IMR 的内容可通过 IN 输入指令直接读出，不用发读出命令。

D4D3：特征位。OCW2 和 OCW3 都是写入 8259A 的偶地址端口，当 D4＝0、D3＝0 时，8259A 识别为 OCW2，会把 CPU 送来的控制字送入 OCW2 寄存器中；当 D4＝0、D3＝1 时，8259A 识别为 OCW3，会把 CPU 送来的控制字送入 OCW3 寄存器。

D5D6 位：特殊屏蔽方式命令位。D5D6＝11，设置特殊屏蔽方式命令；D5D6＝10，撤销特殊屏蔽方式、返回普通命令方式命令；D6＝0，则 D5 无意义。

D2 位：查询工作方式设置位。当 D2＝1，设置为查询工作方式，当 D2＝0，设置为正常中断工作方式。

查询工作方式下需要说明几点：

- 当设置为查询工作方式时，从 8259A 读入的查询字可表明当前有没有中断，若有中断，则表明当前级别最高的中断源是哪一个。查询字的格式如图 6-18 所示。

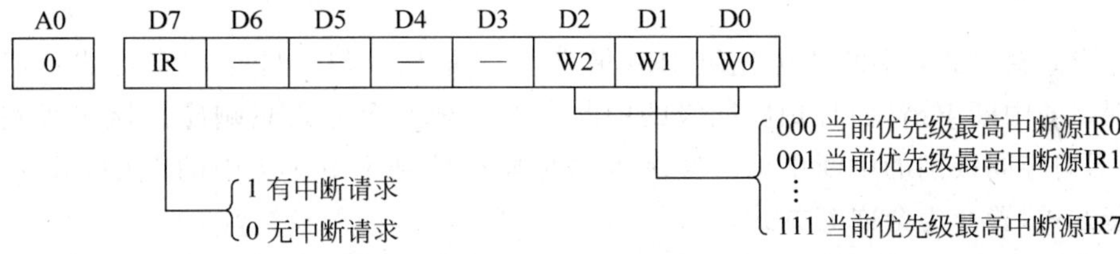

图 6-18　查询字格式

查询字的 D7 位表示是否有中断申请，D2～D0 位表明当前中断申请优先级最高的中断源。

- 要读查询字，需先关中断（用 CLI 指令），然后，使 OCW3 的 D2 位等于 1，发出查询命令，最后执行 IN 指令读出查询字，了解当前有无中断申请，若有中断申请，最高优先级的中断源是谁。
- 若使操作控制字 OCW3 的 D1、D2 位都等于 1，既发查询命令又发读命令，当执行 IN 输入指令时，首先读出的是查询控制字，再执行 IN 输入指令，读出的是中断申请寄存器 IRR 或中断服务寄存器 ISR 的内容。

6.3.2　8259A 操作方式说明

8259A 具有丰富的命令集（4 条初始化命令，3 条操作命令），其中有些命令本身又是若干子命令的集合（例如 ICW4、OCW2、OCW3），这使得 8259A 的工作方式和操作方式呈现多样化，用户根据实际情况设计出符合要求的中断系统，下面就对 8259A 操作方式进行说明。

（1）中断屏蔽方式：中断屏蔽方式分为简单屏蔽方式和特殊屏蔽方式。

简单屏蔽方式：当执行某一级中断服务程序时，只允许比该级优先级高的中断源申请中断，不允许与该级同级或低级的中断源申请中断。实现办法是操作控制字 OCW1 的相应位置 1 或置 0，置 1 表示该位对应的中断源被屏蔽，置 0 表示该位对应的中断源不被屏蔽。

用输出指令,可把OCW1命令字写入中断屏蔽寄存器中。

特殊屏蔽方式:CPU正在处理某一级中断时,只可对本级中断进行屏蔽,允许级别比它高的或比它低的中断源申请中断。适用范围是在中断处理过程中,需要动态改变系统的优先级结构时可采用特殊屏蔽方式。实现办法是在某级中断服务程序中首先将操作控制字OCW3的D6、D5位置1,进入特殊屏蔽方式,然后通过设置控制字OCW1使该级的中断申请被屏蔽。只有写入这两个控制字之后,才能使中断屏蔽寄存器中该级中断位被屏蔽,不允许发生同级中断,同时使中断服务寄存器相应位置0,允许比该级级别低的中断源申请中断。若想退出特殊屏蔽方式,通过将操作控制字OCW3的D6、D5位分别设置为1、0,再执行输出指令即可。

(2) 优先级设置方式

优先级的设置方式有全嵌套方式、特殊全嵌套方式、自动循环方式、特殊循环方式4种。

全嵌套方式:中断源IR7~IR0的优先级别顺序是IR0最高,IR7最低。当执行某一级中断时,仅允许比该级级别高的中断源申请中断,不允许比该级级别低或同级的中断源申请中断。

特殊全嵌套方式:中断源优先级IR0最高,IR7最低。但特殊全嵌套方式不但响应比该级级别高的中断申请,而且响应同级的中断申请。全嵌套方式只响应比该级级别高的中断申请,不响应同级别的中断申请。实现方法是操作控制字ICW4中的D4位置1,为特殊的全嵌套方式,置0为全嵌套方式。

自动循环方式:在优先级自动循环方式下,初始优先级顺序为IR0最高,IR7最低,从高到低的顺序依次为IR0,IR1,IR2,IR3,IR4,IR5,IR6,IR7。当某一个中断源受到服务后,它的优先级别改为最低级,而将最高优先级赋给比它低一级的中断源,其他级别依次类推。循环方式如图6-19所示。实现方法是通过将操作控制字OCW2的D7、D6位置为1、0来实现的。

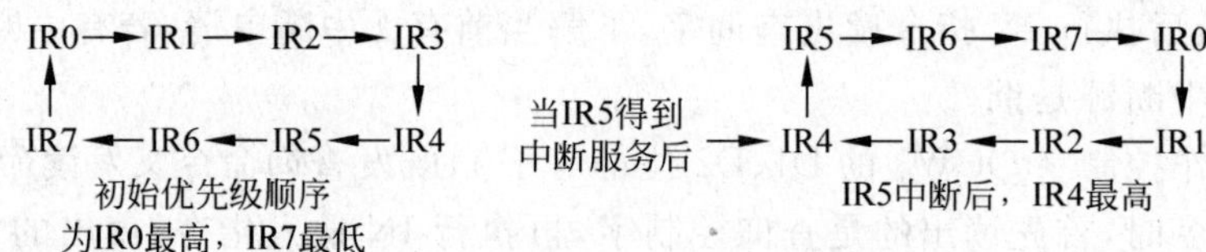

图6-19 自动循环过程示意图

特殊循环方式:该循环方式和自动循环方式基本相同,不同点仅在于可以根据用户要求将最低优先级赋给某一中断源。实现方法是通过将操作控制字OCW2的D7、D6位置1,可设置为优先级特殊循环方式,同时用OCW2中的D1、D0位指出哪个中断源的级别最低。

(3) 结束中断处理的方式

当中断处理结束后,必须将中断服务寄存器的相应位置0,表示该中断源的中断服务已经结束。这个使中断服务寄存器的相应位置0的动作叫做中断结束处理。

需要说明的一点是中断结束处理并不是结束中断服务程序,只是使该中断服务寄存器的相应位置0。

结束中断处理方式有两种:一是自动结束方式,二是非自动结束方式。非自动结束方式又有两种，即一般中断结束方式和特殊中断结束方式。

中断自动结束方式：中断服务寄存器的相应位清零是由硬件自动完成的。当某一级中断被 CPU 响应后，CPU 送回第一个 $\overline{\text{INTA}}$ 中断回答信号，该信号使中断服务寄存器 ISR 的相应位置 1，当第二个 $\overline{\text{INTA}}$ 负脉冲结束时，自动将 ISR 的相应位置 0。实现方法是通过将初始化控制字 ICW4 的 D1 位设置为 1。

一般中断结束方式：该方式是通过用软件方法发一中断结束命令，使当前中断服务寄存器中级别最高的置 1 位清零。实现方法是首先将初始化控制字 ICW4 的 D1 位清零，定为正常中断结束方式，然后通过将操作控制字 OCW2 的 D7、D6、D5 位设置为 0、0、1，实现自动结束命令。

特殊的中断结束方式：该方式也是通过用软件方法发一中断结束命令，但同时用软件方法给出结束中断的中断源是哪一级，使该中断源的中断服务寄存器的相应位置 0。实现方法是首先将初始化控制字 ICW4 的 D1 位置 0，定为正常中断结束方式，然后通过将操作控制字 OCW2 的 D7、D6、D5 位设置为 0、1、1 或 1、1、1，D2、D1、D0 位给出结束中断处理的中断源号，使该中断源在中断服务寄存器中的相应位清零。

(4) 中断请求方式

中断请求方式有两种：边沿触发方式和电平触发方式。

边沿触发方式：边沿触发方式是中断源 IR7～IR0 出现由低电平向高电平的跳变时请求中断信号。实现方法是使初始化控制字 ICW1 的 D3 位置 0。

电平触发方式：电平触发方式是 IR7～IR0 的中断申请端出现高电平，作为请求中断信号。实现方法是初始化命令字 ICW1 的 D3 位置 1。

(5) 连接系统总线的方式

8259A 和系统总线的连接方式分为两种：缓冲方式和非缓冲方式。

缓冲方式：8259A 通过总线驱动器和数据总线相连。使用范围是多片 8259A 级联的大系统中。实现方法是将 8259A 的初始化控制字 ICW4 的 D3 位置 1，设置为缓冲方式，并把 8259A 的 SP/EN 端输出一个低电平信号作为总线驱动器的启动信号。

非缓冲方式：8259A 直接和数据总线相连。使用范围是这种方式用于单片 8259A 或片数不多的 8259A 组成的系统中。实现方法是将初始化控制字 ICW4 的 D3 位置 0，设置为非缓冲方式。在非缓冲方式时，对于单片 8259A，$\overline{\text{SP}}/\overline{\text{EN}}$ 端为输入，接高电平，对于多片 8259A 的级联系统，主片 8259A 的 $\overline{\text{SP}}/\overline{\text{EN}}$ 端接高电平，从片 8259A 的 $\overline{\text{SP}}/\overline{\text{EN}}$ 端接低电平。

6.3.3 8259A 的初始化编程

【例 6-3】 设 8086 系统中，8259A 的端口地址为 208H、209H，中断请求信号采用电平触发方式，单片 8259A，中断类型号高 5 位为 00010，中断源接在 IR3 中，不用特殊全嵌套方式，用非自动结束方式，非缓冲方式。编写初始化程序。

解：

```
MOV  DX,208H             ; 8259A 偶地址
MOV  AL, 00011011B       ; 设置 ICW1 控制字,要写 ICW4、单片、电平触发
OUT  DX, AL
MOV  AL, 00010011B       ;设置 ICW2 中断类型号,中断类型号高 5 位为 00010,中断源接在 IR3 中
```

```
MOV  DX, 209H              ;8259A 奇地址
OUT  DX, AL
MOV  AL, 00000001B         ;控制字 ICW4,不用特殊全嵌套方式,用非自动结束方式,非缓冲方式
OUT  DX,AL
```

【例 6-4】 设 8086 系统中,8259A 的端口地址为 208H、209H,中断请求信号采用边沿触发方式,单片 8259A,中断类型号为 08H,用普通中断结束命令,固定优先级,编写初始化程序。

解:

```
MOV  DX ,208H              ;8259A 偶地址
MOV  AL , 00010011B        ;设置 ICW1 控制字,要写 ICW4、单片、边沿触发
OUT  DX , AL
MOV  AL , 08H              ;设置 ICW2 中断类型号为 08H
MOV  DX , 209H             ;8259A 奇地址
OUT  DX , AL
MOV  AL , 00001101B        ;控制字 ICW4,固定优先级,普通 EOI 方式,缓冲方式
OUT  DX,AL
```

在中断服务结束时,需要向 8259A 设置操作命令字 OCW2=20H,如下所示。

```
MOV  DX 208H
MOV  AL,20H                ;写 OCW2, 普通 EOI 方式
OUT  DX,AL
```

8259A 的中断屏蔽寄存器 IMR 的内容可随时通过读指令(IN 指令)从奇地址端口读取。也就是说读取 IMR 与 OCW3 控制字无关,可在程序的任何位置安排 IN 指令来实现。将 IMR 的内容读入 CPU 之后,可根据实际应用的需要做相应的处理。

【例 6-5】 将 IMR 的内容读入 CPU,并且开放 IR7 中断,设 8259A 的地址为 20H、21H。

解:

```
IN    AL,21H               ;读 IMR,21H 是 8259A 奇地址端口
AND   AL,7FH
OUT   21H,AL               ;开放 IR7 中断(看 OCW1,IR7 = 0)
```

【例 6-6】 将 IMR 的内容读入 CPU,并且屏蔽 IR7 中断,设 8259A 的地址为 20H、21H。

解:

```
IN    AL,21H               ;读 IMR,21H 是 8259A 奇地址端口
OR    AL,80H
OUT   21H,AL               ;屏蔽 IR7 中断(看 OCW1,IR7 = 1)
```

6.3.4 8259A 的应用

分析项目 1、项目 2、项目 3、项目 4、项目 5 的电路原理框图及接线图,分析程序流程图,分析程序。

6.4 拓展工程训练项目

6.4.1 项目1：外部中断控制继电器

1. 项目要求与目的

(1) 项目要求：用8086 CPU控制8259A可编程中断控制器，实现对外部中断的响应和处理。要求程序中对IR0每次中断，去控制继电器动作，使LED闪烁。

(2) 项目目的：

- 了解8086中断的概念。
- 了解8086的中断类型。
- 了解8086的中断矢量表。
- 了解8086的中断过程。

2. 项目电路连接与说明

(1) 项目电路连接：如图6-20所示的粗线为要接的连线。接线描述如下：8259A的片选$\overline{CS}$连至地址译码处的210H～217H插孔；8255A的片选$\overline{CS}$连至地址译码处的200H～207H插孔；PB0接到继电器的控制端上；将UP脉冲按钮连接至8259A的IR0插孔。

(2) 项目说明：8086需要外接中断控制器才能对外部中断进行处理。8259A可外接8个中断源，本项目只响应IR0中断。将单脉冲信号UP接到8259A的IR0脚，每次中断时，可以看到继电器控制的LED灯闪烁。

3. 项目电路原理框图

项目电路原理框图如图6-20所示。电路由8086 CPU、8255A芯片、8259A芯片、继电器及驱动和脉冲按钮UP组成。

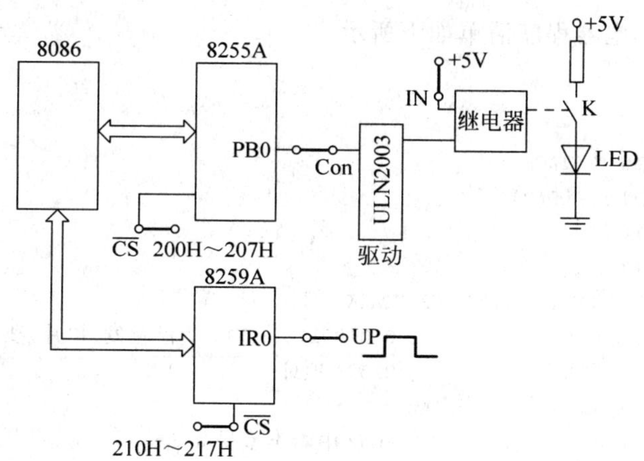

图6-20 外部中断控制继电器电路图

4. 项目程序设计

(1) 程序流程图

外部中断控制继电器程序流程图如6-21所示。

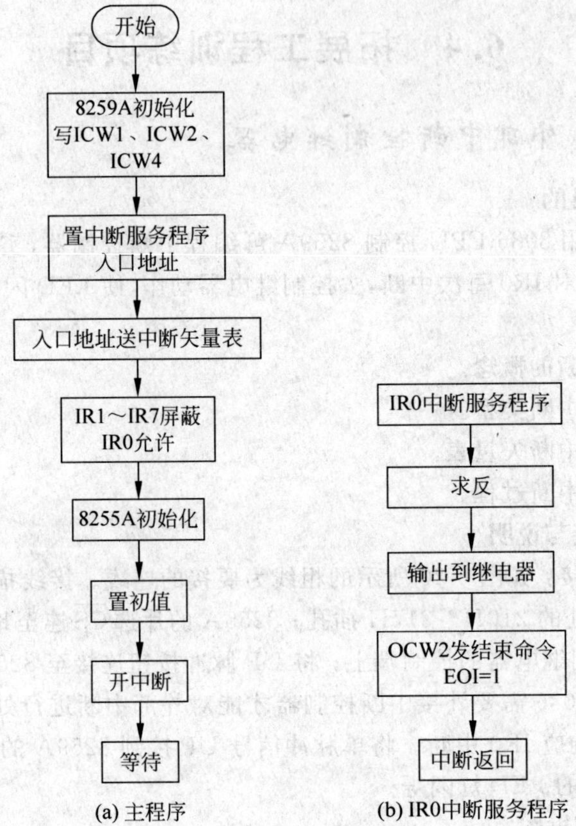

(a) 主程序　　(b) IR0中断服务程序

图 6-21　外部中断控制继电器程序流程图

(2) 程序清单

外部中断控制继电器程序清单如下所示。

```
DATA SEGMENT
      DATA ENDS
      STACK  SEGMENT STACK
        STA     DW 50 DUP(?)
      STACK  ENDS
      CODE SEGMENT
        ASSUME CS:CODE,DS: DATA ,SS:STACK
START :   MOV     AL,13H              ; 00010011B,ICW1: 边沿触发,单片,要 ICW4
          MOV     DX,210H             ; 8259A 地址
          OUT     DX,AL
          MOV     AL,8                ; ICW2 中断类型号为 8
          MOV     DX,211H
          OUT     DX,AL
          MOV     AL,01H              ; ICW4 不用缓冲方式,正常中断结束,非特殊的全嵌套方式
          OUT     DX,AL
          MOV     AX,0                ; 清零
          MOV     DS,AX               ; 数据段清零
          LEA     AX,INT0             ; 写 8259A 中断程序的入口地址
```

```
        MOV     DS:[4 * 8],AX       ; 把中断服务程序的入口地址偏移量送中断矢量表
        MOV     AX,CS
        MOV     DS:[4 * 8 + 2],AX   ; 把中断服务程序的入口地址段地址送中断矢量表
        IN      AL,DX               ; 读中断屏蔽寄存器 IMR
        AND     AL,0FEH             ; 屏蔽 IR1～IR7,允许 IR0 中的中断请求
        OUT     DX,AL
        MOV     DX,203H             ; 8255A 初始化
        MOV     AL,80H              ; B 口输出,方式 0
        OUT     DX,AL
        MOV     BL,01H              ; 置继电器动作初值
        STI                         ; 开中断
AGAIN : HLT
        JMP     AGAIN               ; 等待
  INT0  PROC    NEAR                ; IR1 中断服务程序
        MOV     DX,201H             ; 8255A 的 PB 口地址
        NOT     BL                  ; 求反
        MOV     AL,BL
        OUT     DX,AL               ; PB0 输出
        MOV     DX,210H
        MOV     AL,20H              ; OCW2 发结束命令 EOI = 1
        OUT     DX,AL
        IRET
        INT1    ENDP
CODE ENDS
        END     START
```

5. 仿真效果

用 Proteus 7.10 ISIS 试用版进行仿真,外部中断控制继电器仿真效果图如图 6-22 所示。

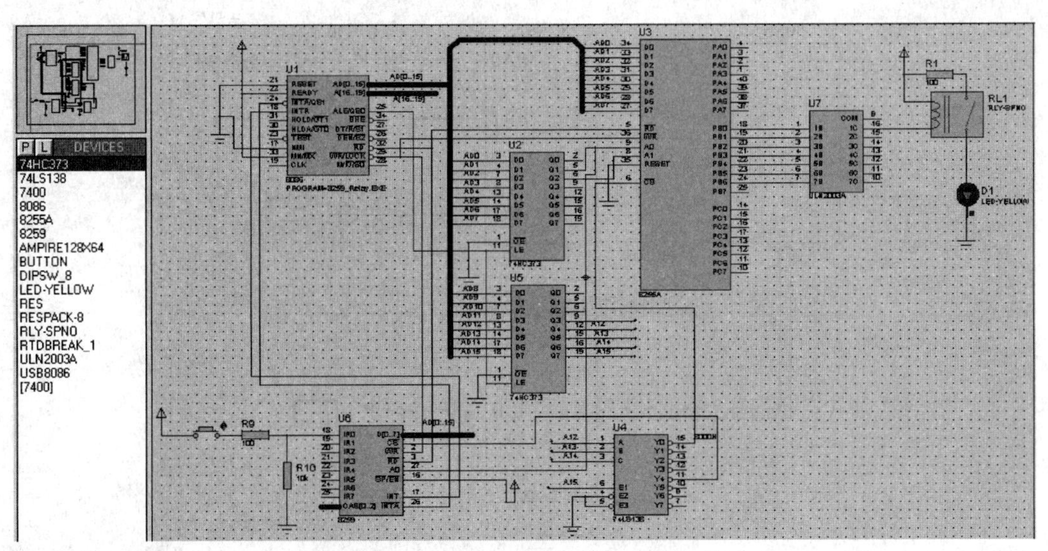

图 6-22　外部中断控制继电器仿真效果图

6.4.2 项目2：用8259A中断控制LED灯左循环亮

1. 项目要求与目的

(1) 项目要求：用8086控制8259A可编程中断控制器，实现对外部中断的响应和处理。编写程序实现8086响应外部中断8259A的IR0，每按一次脉冲按钮，结果用8255A的PA口输出控制LED发光二极管灯左循环亮。

(2) 项目目的：

- 了解8259A的芯片引脚及内部结构。
- 了解8259A的初始化编程。
- 了解8086与8259A的连接方法。

2. 项目电路连接与说明

(1) 项目电路连接：如图6-23所示的粗线为要接的连线，接线描述如下：8259A的片选 $\overline{CS}$ 连至地址译码处的210H～217H插孔；8255A的片选 $\overline{CS}$ 连至地址译码处的200H～207H插孔；将8只LED发光二极管连接至8255A的PA0～PA7插孔；将UP脉冲按钮连接至8259A的IR0插孔。

(2) 项目说明：8259A可外接8个中断源，本项目只响应INTO中断，8259A也可以多级联接，以响应多个中断源。将单脉冲信号接到8259A的INTO脚。每按一下UP按钮，8259A就中断一次，LED发光二极管灯左循环亮。在编程时应注意：

- 正确地设置可编程中断控制和工作方式。
- 必须正确地设置中断服务程序地址。

3. 项目电路原理框图

项目电路原理框图如图6-23所示。电路由8086 CPU、8255A芯片、8259A芯片、8只发光二极管LED0～LED7和脉冲按钮UP组成。

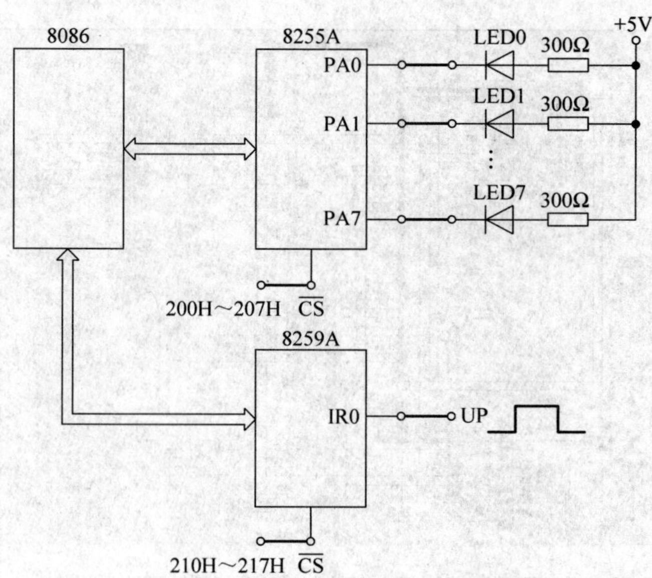

图6-23 用8259A中断控制LED灯左循环亮电路图

4. 项目程序设计

(1) 程序流程图

用 8259A 中断控制 LED 灯左循环亮程序流程图如 6-24 所示。

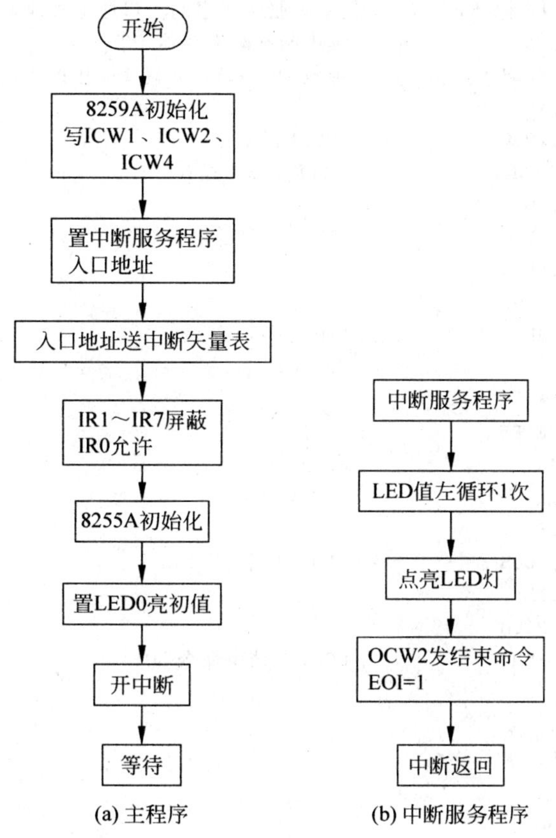

图 6-24　用 8259A 中断控制 LED 灯左循环亮程序流程图

(2) 程序清单

用 8259A 中断控制 LED 灯左循环亮程序清单如下所示。

```
DATA SEGMENT
DATA ENDS
STACK   SEGMENT STACK
  STA      DW 50 DUP(?)
  STACK      ENDS
  CODE SEGMENT
    ASSUME CS:CODE,DS: DATA ,SS:STACK
START :   MOV     AL,13H               ; 00010011B,ICW1: 边沿触发,单片,要 ICW4
          MOV     DX,210H              ; 8259A 地址
          OUT     DX,AL
          MOV     AL,8                 ; ICW2 中断类型号为 8
          MOV     DX,211H
          OUT     DX,AL
          MOV     AL,01H               ;ICW4 不用缓冲方式,正常中断结束,非特殊的全嵌套方式
          OUT     DX,AL
          MOV     AX,0                 ; 清零
```

```
        MOV   DS,AX             ; 数据段清零
        LEA   AX,INT0           ; 写 8259A 中断程序的入口地址
        MOV   DS:[4 * 8],AX     ; 把中断服务程序的入口地址偏移量送中断矢量表
        MOV   AX,CS
        MOV   DS:[4 * 8 + 2],AX ; 把中断服务程序的入口地址段地址送中断矢量表
        IN    AL,DX             ; 读中断屏蔽寄存器 IMR
        AND   AL,0FEH           ; 屏蔽 IR1～IR7,允许 IR0 中的中断请求
        OUT   DX,AL
        MOV   DX,203H           ; 8255A 初始化
        MOV   AL,80H            ; A 口输出,方式 0
        OUT   DX,AL
        MOV   BL,0FEH           ; LED0 灯亮(低电平灯亮)
        MOV   AL,BL
        MOV   DX,200H
        OUT   DX,AL             ; PA0 灯亮
        STI                     ; 开中断
REPEAT : HLT
        JMP   REPEAT            ; 等待
  INT0  PROC  NEAR              ; 8259A 中断程序
        ROL   BL,1              ; 左循环 1 次
        MOV   AL,BL
        MOV   DX,200H           ; PA 口灯亮
        OUT   DX,AL
        MOV   DX,210H
        MOV   AL,20H            ; OCW2 发结束命令 EOI = 1
        OUT   DX,AL
        IRET
        INT0  ENDP
CODE ENDS
        END   START
```

5. 仿真效果

用 Proteus 7.10 ISIS 试用版进行仿真,用 8259A 中断控制 LED 灯左循环亮仿真效果图如图 6-25 所示。

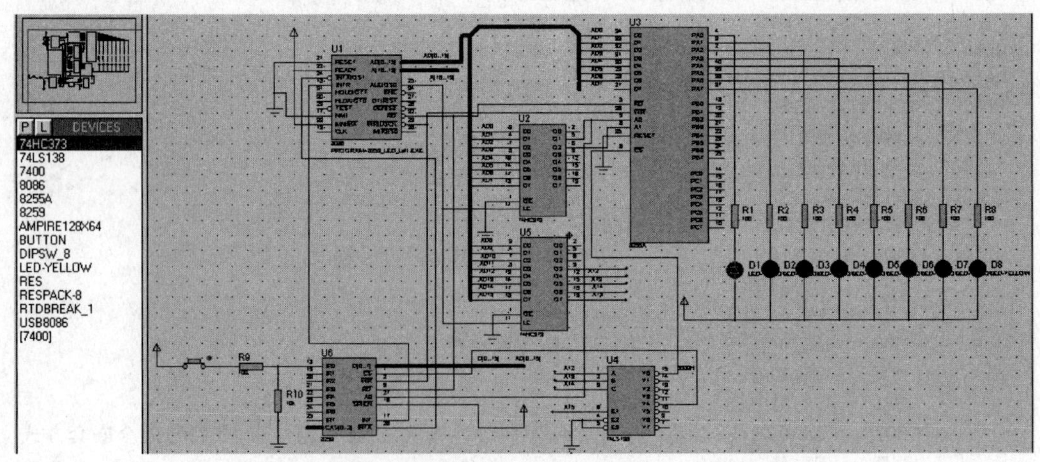

图 6-25　用 8259A 中断控制 LED 灯左循环亮仿真效果图

6.4.3 项目3：外部中断次数显示

1. 项目要求与目的

(1) 项目要求：用8086 CPU控制8259A可编程中断控制器，实现对外部中断的响应和处理。要求程序中对每次中断进行计数，并将计数结果用8255A的PA口输出到LED显示。

(2) 项目目的：

- 掌握8259A控制字的设置。
- 掌握8259A的初始化编程方法。
- 了解8086与8259A的连接方法。
- 了解8259A的工作方式。

2. 项目电路连接与说明

(1) 项目电路连接：如图6-26所示的粗线为要接的连线，接线描述如下：8259A的片选 $\overline{CS}$ 连至地址译码处的210H～217H插孔；8255A的片选 $\overline{CS}$ 连至地址译码处的200H～207H插孔；将8只LED发光二极管连接至8255A的PA0～PA7插孔；将UP脉冲按钮连接至8259A的IR0插孔。

(2) 项目说明：8086需要外接中断控制器才能对外部中断进行处理。8259A可外接8个中断源，本项目只响应IR0中断。将单脉冲信号接到8259A的IR0脚。每次中断时，可以看到LED显示会加1。在编程时应注意：

- 正确地设置可编程中断控制和工作方式。
- 必须正确地设置中断服务程序地址。
- 本实验的LED灯是低电平亮。

3. 项目电路原理框图

项目电路原理框图如图6-26所示。电路由8086 CPU、8255A芯片、8259A芯片、8只发光二极管LED0～LED7和脉冲按钮UP组成。

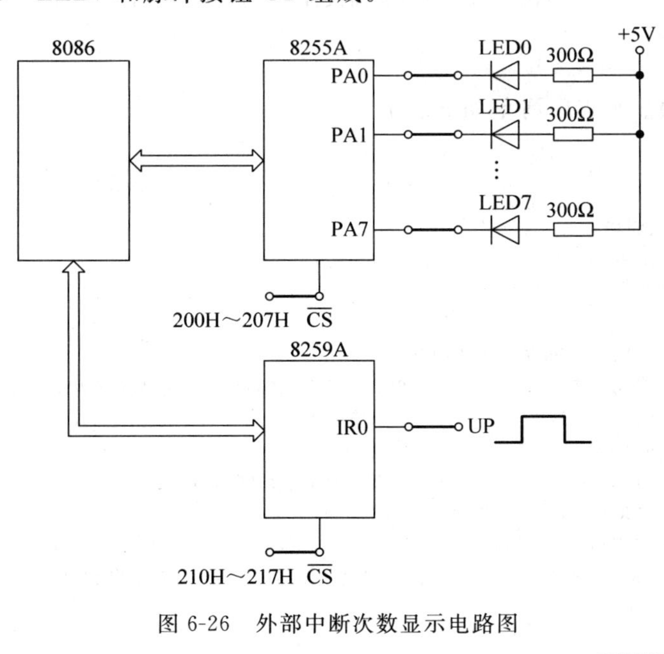

图6-26 外部中断次数显示电路图

4. 项目程序设计

(1) 程序流程图

外部中断次数显示程序流程图如图6-27所示。

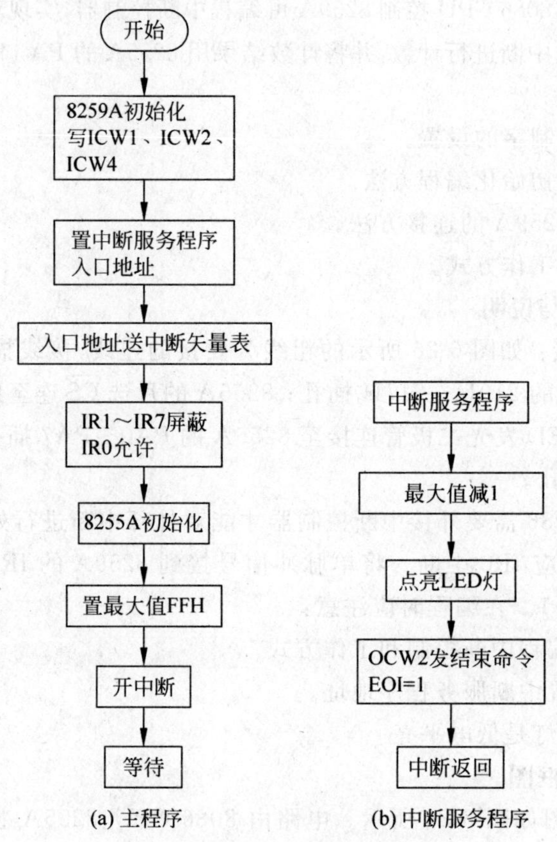

图6-27 外部中断次数显示程序流程图

(2) 程序清单

外部中断次数显示程序清单如下所示。

```
DATA SEGMENT
DATA ENDS
STACK   SEGMENT STACK
  STA      DW 50 DUP(?)
  STACK      ENDS
  CODE SEGMENT
    ASSUME CS:CODE,DS: DATA ,SS:STACK
START :   MOV     AL,13H              ; 00010011B,ICW1: 边沿触发,单片,要 ICW4
          MOV     DX,210H             ; 8259A 地址
          OUT     DX,AL
          MOV     AL,8                ; ICW2 中断类型号为 8
          MOV     DX,211H
          OUT     DX,AL
          MOV     AL,01H              ; ICW4 不用缓冲方式,正常中断结束,非特殊的全嵌套方式
          OUT     DX,AL
```

```
        MOV     AX,0                ; 清零
        MOV     DS,AX               ; 数据段清零
        LEA     AX,INT0             ; 写 8259A 中断程序的入口地址
        MOV     DS:[4*8],AX         ; 把中断服务程序的入口地址偏移量送中断矢量表
        MOV     AX,CS
        MOV     DS:[4*8+2],AX       ; 把中断服务程序的入口地址段地址送中断矢量表
        IN      AL,DX               ; 读中断屏蔽寄存器 IMR
        AND     AL,0FEH             ; 屏蔽 IR1~IR7,允许 IR0 中的中断请求
        OUT     DX,AL
        MOV     DX,203H             ; 8255A 初始化
        MOV     AL,80H              ; A 口输出,方式 0
        OUT     DX,AL
        MOV     BL,0FFH             ; 置计数最大值
        STI                         ; 开中断
REPEAT : HLT
        JMP     REPEAT              ; 等待
  INT0  PROC NEAR                   ; 8259A 中断程序
        DEC     BL                  ; 最大值减 1(因为是低电平 LED 灯亮)
        MOV     AL,BL
        MOV     DX,200H             ; PA 口灯亮
        OUT     DX,AL
        MOV     DX,210H
        MOV     AL,20H              ; OCW2 发结束命令 EOI=1
        OUT     DX,AL
        IRET
        INT0    ENDP
CODE ENDS
        END     START
```

5. 仿真效果

用 Proteus 7.10 ISIS 试用版进行仿真,外部中断次数显示仿真效果图如图 6-28 所示。

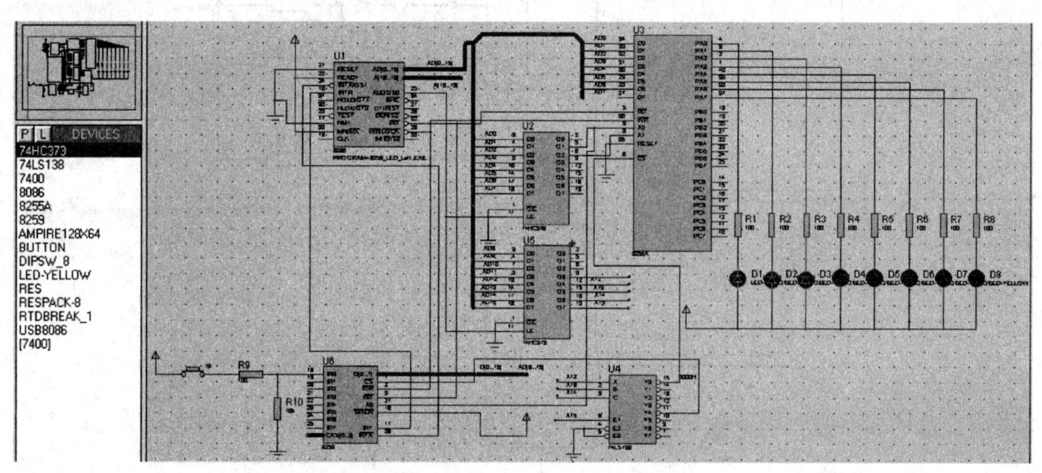

图 6-28　外部中断次数显示仿真效果图

6.4.4 项目4：中断控制流水灯

1. 项目要求与目的

(1) 项目要求：用8086控制8259A可编程中断控制器，实现对外部中断的响应和处理，用LED代替流水灯，正常情况下执行流水灯右循环，当8086响应外部中断8259A的IR0时，每按一次脉冲按钮，流水灯左循环7个灯，编写程序实现。

(2) 项目目的：

- 熟悉8259A的芯片引脚及内部结构。
- 掌握8086与8259A的连接方法。
- 熟悉8086对8259A的控制方法及编程方法。
- 熟悉8086对8255A的控制方法及编程方法。
- 熟悉跑马灯的控制方法及编程方法。

2. 项目电路连接与说明

(1) 项目电路连接：如图6-29所示的粗线为要接的连线，接线描述如下：8259A的片选 $\overline{CS}$ 连至地址译码处的210H～217H插孔；8255A的片选 $\overline{CS}$ 连至地址译码处的200H～207H插孔；将8只LED发光二极管连接至8255A的PA0～PA7插孔；将UP脉冲按钮连接至8259A的IR0插孔。

(2) 项目说明：8259A可外接8个中断源，本项目只响应INT0中断。将单脉冲信号接到8259A的IR0脚。每按一下UP，8259A就中断一次，流水灯左循环7个灯。正常情况下执行流水灯右循环，编写程序实现。在编程时应注意：

- 正确地设置可编程中断控制和工作方式。
- 必须正确地设置中断服务程序地址。

3. 项目电路原理框图

项目电路原理框图如图6-29所示。电路由8086 CPU、8255A芯片、8259A芯片、8只发光二极管LED0～LED7和脉冲按钮UP组成。

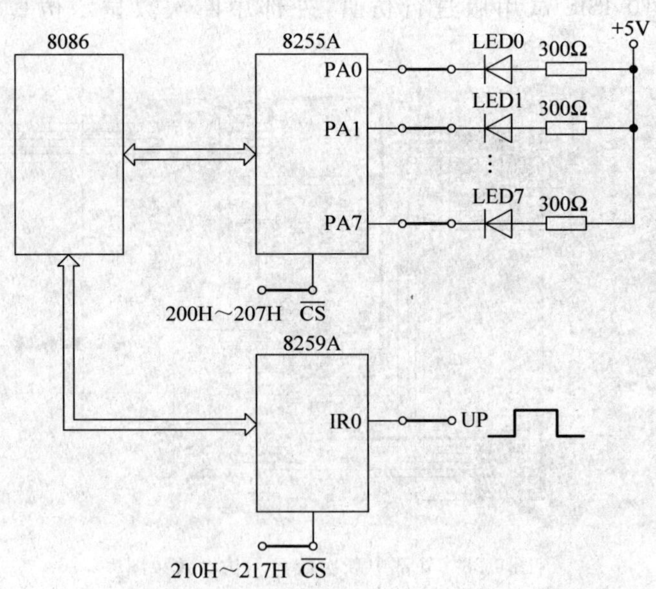

图6-29 中断控制流水灯电路图

4. 项目程序设计

（1）程序流程图

中断控制流水灯程序流程图如图 6-30 所示。

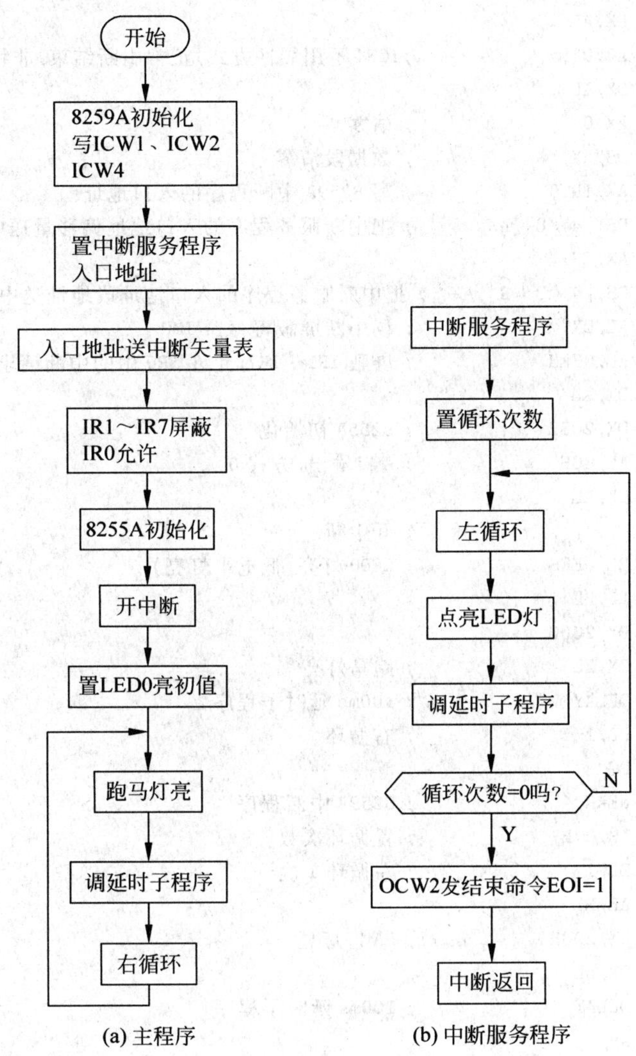

图 6-30　中断控制流水灯程序流程图

（2）程序清单

中断控制流水灯程序清单如下所示。

```
    DATA SEGMENT
    DATA ENDS
    STACK   SEGMENT STACK
      STA   DW 50 DUP(?)
    STACKENDS
    CODE SEGMENT
      ASSUME CS:CODE,DS: DATA ,SS:STACK
START :   MOV     AL,13H              ; 00010011B,ICW1: 边沿触发,单片,要 ICW4
```

```
        MOV     DX,210H          ; 8259A 地址
        OUT     DX,AL
        MOV     AL,8             ; ICW2 中断类型号为 8
        MOV     DX,211H
        OUT     DX,AL
        MOV     AL,01H           ;ICW4 不用缓冲方式,正常中断结束,非特殊的全嵌套方式
        OUT     DX,AL
        MOV     AX,0             ; 清零
        MOV     DS,AX            ; 数据段清零
        LEA     AX,INT0          ; 写 8259A 中断程序的入口地址
        MOV     DS:[4*8],AX      ; 把中断服务程序的入口地址偏移量送中断矢量表
        MOV     AX,CS
        MOV     DS:[4*8+2],AX    ; 把中断服务程序的入口地址段地址送中断矢量表
        IN      AL,DX            ; 读中断屏蔽寄存器 IMR
        AND     AL,0FEH          ; 屏蔽 IR1～IR7,允许 IR0 中的中断请求
        OUT     DX,AL
        MOV     DX,203H          ; 8255A 初始化
        MOV     AL,80H           ; A 口输出,方式 0
        OUT     DX,AL
        STI                      ; 开中断
        MOV     BL,0FEH          ; LED0 灯亮(低电平灯亮)
BG:     MOV     AL,BL
        MOV     DX,200H
        OUT     DX,AL            ; 跑马灯亮
        CALL    DELAY            ; 100ms 延时子程序
        ROR     BL,1             ; 右循环
        JMP     BG               ; 等待
INT0    PROC    NEAR             ; 8259A 中断程序
        MOV     AH,07H           ; 置循环次数
BG1:    ROL     BL,1             ; 左循环 1 次
        MOV     AL,BL
        MOV     DX,200H          ; PA 口灯亮
        OUT     DX,AL
        CALL    DELAY            ; 100ms 延时子程序
        DEC     AH
        JNZ     BG1
        MOV     DX,210H
        MOV     AL,20H           ; OCW2 发结束命令 EOI = 1
        OUT     DX,AL
        IRET
INT0    ENDP
DELAY   PROC    NEAR             ; 延时 100ms 子程序
        MOV     BH,100
DELAY2: MOV     CX,374
DELAY1: NOP
        NOP
        LOOP    DELAY1
        DEC     BH
```

```
        JNZ     DELAY2
        RET
DELAY   ENDP
CODE    ENDS
        END     START
```

5. 仿真效果

用 Proteus 7.10 ISIS 试用版进行仿真，中断控制流水灯仿真效果图如图 6-31 所示。

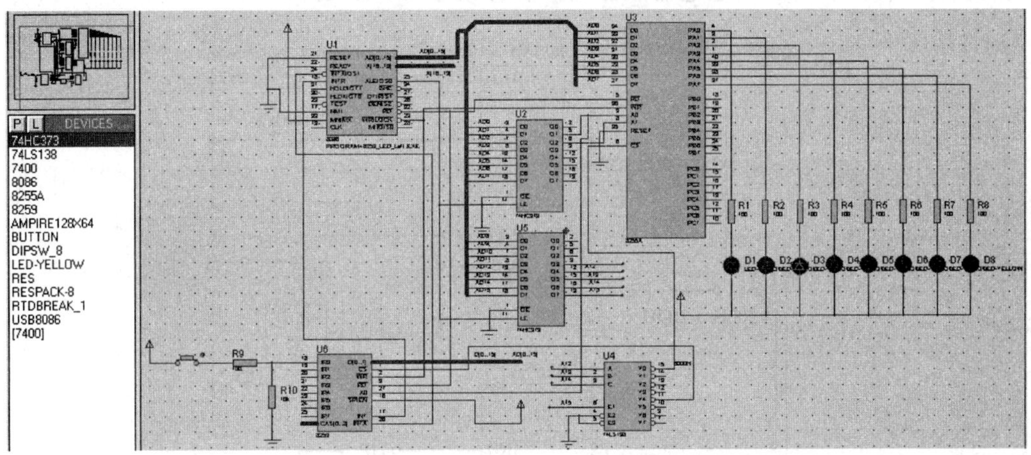

图 6-31　中断控制流水灯仿真效果图

6.4.5　项目 5：两个外部中断源中断

1. 项目要求与目的

(1) 项目要求：用 8086 CPU 控制 8259A 可编程中断控制器，实现对两个外部中断的响应和处理。要求程序中对 IR0 每次中断进行计数，并将累计计数结果用 8255A 的 PA 口输出到 LED 显示；对 IR1 每次中断，去控制继电器动作，使 LED 闪烁。

(2) 项目目的：

- 掌握 8259A 的初始化编程方法。
- 掌握 8086 与 8259A 的连接方法。
- 了解 8086 对 8255A 的编程方法。

2. 项目电路连接与说明

(1) 项目电路连接：如图 6-32 所示的粗线为要接的连线，接线描述如下：8259A 的片选 $\overline{CS}$ 连至地址译码处的 210H～217H 插孔；8255A 的片选 $\overline{CS}$ 连至地址译码处的 200H～207H 插孔；将 8 只 LED 发光二极管连接至 8255A 的 PA0～PA7 插孔，PB0 接到继电器的控制端上；将 UP 脉冲按钮连接至 8259A 的 IR0 插孔，将 DOWN 脉冲连接至 8259A 的 IR1 插孔。

(2) 项目说明：8086 需要外接中断控制器才能对外部中断进行处理。8259A 可外接 8 个中断源，本项目只响应 IR0、IR1 中断。将单脉冲信号 UP 接到 8259A 的 IR0 脚，每次中断时，可以看到 LED 显示会加 1；将单脉冲信号 DOWN 接到 8259A 的 IR1 脚，每次中断

时,可以看到继电器控制的 LED 灯闪烁。在编程时应注意:

- 正确地设置可编程中断控制和工作方式。
- 必须正确地设置中断服务程序地址。
- 本实验的 LED 灯是低电平亮。

3. 项目电路原理框图

项目电路原理框图如图 6-32 所示。电路由 8086 CPU、8255A 芯片、8259A 芯片、8 只发光二极管 LED0~LED7、继电器及驱动和脉冲按钮 UP 组成。

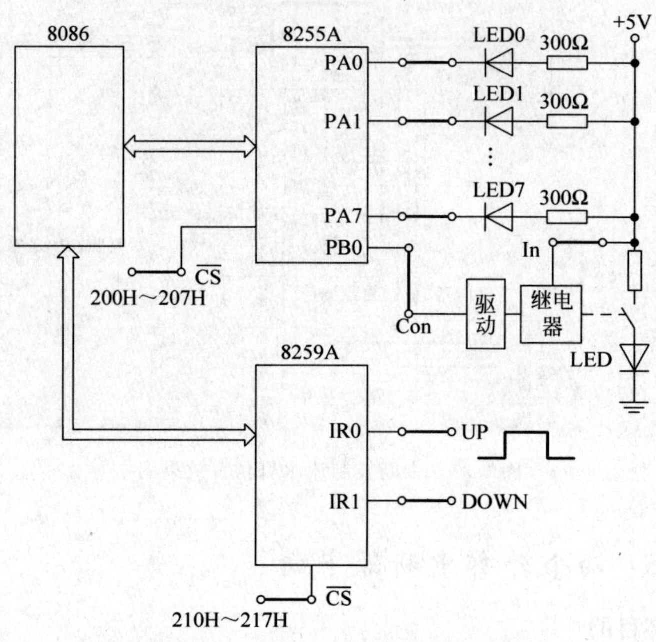

图 6-32 两个外部中断源中断电路图

4. 项目程序设计

(1) 程序流程图

两个外部中断源中断程序流程图如 6-33 所示。

(2) 程序清单

两个外部中断源中断程序清单如下所示。

```
DATA SEGMENT
DATA ENDS
STACK   SEGMENT STACK
    STA    DW 50 DUP(?)
STACK   ENDS
CODE SEGMENT
    ASSUME CS:CODE,DS: DATA ,SS:STACK
START :  MOV    AL,13H              ; 00010011B,ICW1: 边沿触发,单片,要 ICW4
         MOV    DX,210H             ; 8259A 地址
         OUT    DX,AL
         MOV    AL,8                ; ICW2 中断类型号为 8
         MOV    DX,211H
```

```
        OUT     DX,AL
        MOV     AL,01H          ;ICW4 不用缓冲方式,正常中断结束,非特殊的全嵌套方式
        OUT     DX,AL
        LEA     AX,INT0         ;写 8259A 中断程序的入口地址
        MOV     DS:[4 * 8],AX   ;把中断服务程序的入口地址偏移量送中断矢量表
        MOV     AX,CS
        MOV     DS:[4 * 8 + 2],AX ;把中断服务程序的入口地址段地址送中断矢量表
        MOV     AL,9            ;ICW2 中断类型号为 8
        MOV     DX,211H
        OUT     DX,AL
        LEA     AX,INT1         ;写 8259A 中断程序的入口地址
        MOV     DS:[4 * 8 + 4],AX ;把中断服务程序的入口地址偏移量送中断矢量表
        MOV     AX,CS
        MOV     DS:[4 * 8 + 6],AX ;把中断服务程序的入口地址段地址送中断矢量表
        MOV     DX,211H
        IN      AL,DX           ;读中断屏蔽寄存器 IMR
        AND     AL,0FCH         ;屏蔽 IR2~IR7,允许 IR0、IR1 的中断请求
        OUT     DX,AL
        MOV     DX,203H         ;8255A 初始化
        MOV     AL,80H          ;A、B 口输出,方式 0
        OUT     DX,AL
        MOV     BL,0FFH         ;置计数最大值
        MOV     BH,01H          ;置继电器转换初值
        STI                     ;开中断
REPEAT : HLT
        JMP     REPEAT          ;等待
  INT0  PROC    NEAR            ;IR0 中断服务程序
        DEC     BL              ;最大值减 1(因为是低电平 LED 灯亮)
        MOV     AL,BL
        MOV     DX,200H         ;PA 口灯亮
        OUT     DX,AL
        MOV     DX,210H
        MOV     AL,20H          ;OCW2 发结束命令 EOI = 1
        OUT     DX,AL
        IRET
        INT0    ENDP
  INT1  PROC    NEAR            ;IR1 中断服务程序
        MOV     DX,201H         ;8255A 的 PB 口地址
        NOT     BH              ;求反
        MOV     AL,BH
        OUT     DX,AL           ;PB0 输出
        MOV     DX,210H
        MOV     AL,20H          ;OCW2 发结束命令 EOI = 1
        OUT     DX,AL
        IRET
        INT1    ENDP
  CODE  ENDS
        END     START
```

5. 仿真效果

用 Proteus 7.10 ISIS 试用版进行仿真,两个外部中断源中断仿真效果图如图 6-34 所示。

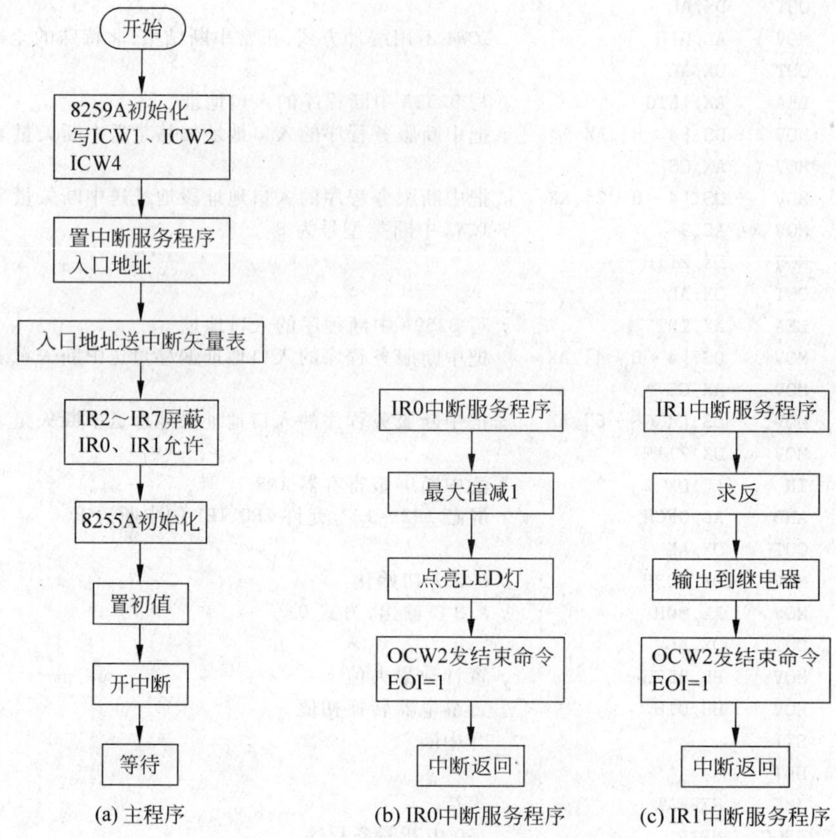

图 6-33　两个外部中断源中断程序流程图

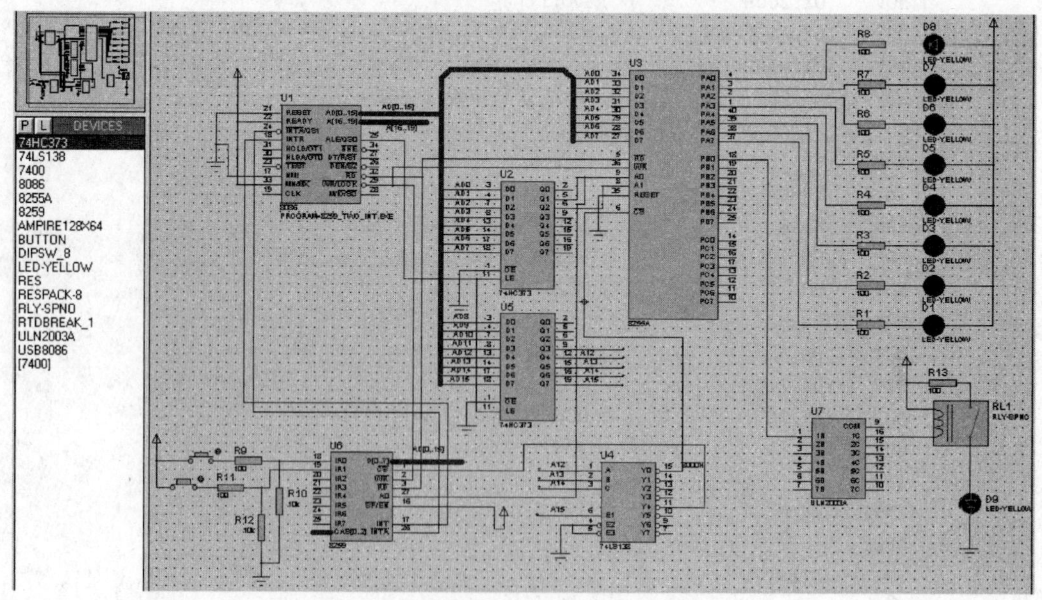

图 6-34　两个外部中断源中断仿真效果图

6.4.6 拓展工程训练项目考核

拓展工程训练项目考核如表 6-2 所示。

表 6-2 项目实训考核表（拓展工程训练项目名称： ）

姓名		班级		考件号		监考		得分	
额定工时	分钟	起止时间	日 时 分至 日 时 分					实用工时	

序号	考核内容	考核要求	分值	评分标准	扣分	得分
1	项目内容与步骤	(1) 操作步骤是否正确 (2) 项目中的接线是否正确 (3) 项目调试是否有问题，是否调试得来	40	(1) 操作步骤不正确扣 5～10 分 (2) 项目中的接线有问题扣 2～10分 (3) 调试有问题扣 2～10 分，调试不来扣 2～10 分		
2	项目实训报告要求	(1) 项目实训报告写得规范、字体公正否 (2) 回答思考题是否全面	20	(1) 项目实训报告写得不规范、字体不公正，扣 5～10 分 (2) 回答思考题不全面，扣 2～5 分		
3	安全文明操作	符合有关规定	15	(1) 发生触电事故，取消考试资格 (2) 损坏电脑，取消考试资格 (3) 穿拖鞋上课，取消考试资格 (4) 动作不文明，现场凌乱，吃东西扣 2～10 分		
4	学习态度	(1) 有没有迟到、早退现象 (2) 是否认真完成各项项目，积极参与实训、讨论 (3) 是否尊重老师和其他同学，是否能够很好地交流合作	15	(1) 有迟到、早退现象扣 5 分 (2) 没有认真完成各项项目，没有积极参与实训、讨论扣 5 分 (3) 不尊重老师和其他同学，不能够很好地交流合作扣 5 分		
5	操作时间	在规定时间内完成	10	每超时 10 分钟（不足 10 分钟以 10 分钟计）扣 5 分		

同步练习题

(1) 简述什么是中断？8086 CPU 有哪几种中断？

(2) 简述非屏蔽中断 NMI 和屏蔽中断 INTR 的区别？

(3) 中断矢量表的功能是什么？已知中断类型号分别为 88H 和 AAH，它们的中断服务程序入口地址在中断矢量表的什么位置上？

(4) 简述中断控制器8259A的内部结构和主要功能。

(5) 设可屏蔽中断的中断类型号为09H,它的中断服务程序的入口地址为0020H(段地址)和0040H(偏移量),试用8086汇编语言程序将该中断服务程序的入口地址填入中断矢量表中。

(6) 8259A对中断优先权的管理方式有哪几种?各是什么含义?特殊屏蔽方式和普通屏蔽方式有什么不同?特殊屏蔽方式适用于什么场合?

(7) 8259A的中断屏蔽寄存器IMR和8086/8088内部的中断允许标志位IF有什么差别?在中断请求和中断响应过程中,它们是如何配合工作的?

(8) 按照要求对8259A进行初始化编程:单片8259A应用于8086系统,中断请求信号为边沿触发方式,中断类型号为85H,采用中断自动结束方式、特殊全嵌套方式,工作在非缓冲方式,其端口地址为200H和201H。

(9) 写出屏蔽8259A的中断请求端IR1和IR4,而开放其他中断请求端的汇编语句,然后再写出撤销对IR1和IR4端屏蔽的语句。

(10) 试为8086系统编写一段屏蔽8259A中的IR0,IR3,IR5及IR7中断请求端的程序,8259A的偶地址是200H,奇地址是201H。

(11) 80286以上的80x86 PC中使用两片8259A构成级联,连接示意图如图6-13所示。从片的中断请求INT输出到主片的中断请求输入端IRQ2。试编写一段初始化该中断系统的程序。

(12) 编制一段程序,要求CPU在执行连接到8259A上的IR3中断源的中断服务程序时,能响应比IR3级别低的中断申请。在IR3中断源的中断服务程序执行完毕后,不允许响应比IR3级别低的中断申请。

第7章　可编程定时器/计数器8253

学习目的

(1) 了解8253的功能、引脚与内部结构。

(2) 掌握8253的控制字和读写操作。

(3) 熟悉8253的工作方式。

(4) 掌握拓展工程训练项目编程方法和设计思想。

学习重点和难点

(1) 8253的功能、引脚与内部结构。

(2) 8253的控制字和读写操作。

(3) 8253的工作方式。

(4) 拓展工程训练项目编程方法和设计思想。

7.1　8253的功能、引脚与内部结构

7.1.1　定时器/计数器的基本概念与分类

在工业控制系统与计算机系统中，常常需要有定时信号，以实现定时控制，因此定时/计数器就显得非常重要。定时器与计数器二者的差别仅在于用途的不同，对以时钟信号作为计数脉冲的计数器就称为定时器，它主要用以产生不同标准的时钟信号或是不同频率的连续信号，而以外部事件产生的脉冲作为计数脉冲的计数器才称为计数器，它主要是用以对外部事件发生的次数进行测量和计量。

在计算机系统中使用的定时器/计数器归纳起来主要有三大类：软件定时器/计数器、硬件定时/计数器和可编程定时器/计数器。

(1) 软件定时器/计数器

软件定时器/计数器是实现系统定时控制或延时控制的最简单的方法。在计算机中CPU每执行一条指令所占用的周期(T状态)数是确定的，用汇编语言编写一段具有固定延时时间的循环程序，将该程序的每条指令的T状态数加起来，乘以系统的时钟周期，就是该程序执行一遍所需的延时时间。设计者可选择不同的指令条数和不同的循环次数来实现不同的时间延迟。

(2) 硬件定时器/计数器

硬件定时器/计数器是指由硬件电路来实现的定时与计数。对于较长时间的定时一般用硬件电路来完成，硬件定时/计数器成本低，使用方便。应用在计算机中以产生特定的信

号,如555时基电路、单稳延时电路或计数电路等,它们是通过外部的RC元件来实现定时的,该方法的缺点是一旦元件设定就不能改变、电路调试较麻烦、时间长电阻电容器件会老化,造成电路工作不稳定,影响定时准确度和稳定性。

(3) 可编程定时器/计数器

可编程定时器/计数器是一种软硬件结合的定时器/计数器,是为了克服单独的软件定时器/计数器和硬件定时器/计数器的缺点,而将定时器/计数器电路做成通用的定时器/计数器并集成到一个芯片上,定时器/计数器工作方式又可由软件来控制选择。这种定时器/计数器芯片可直接对系统时钟进行计数,通过写入不同的计数初值,可方便地改变定时与计数时间,在定时期间不占用CPU资源,更不需要CPU管理。Intel公司生产的8253就是这样的可编程定时器/计数器芯片。

7.1.2 8253的主要功能

Intel 8253是一种常用的可编程定时器/计数器接口芯片。8253具有三个独立的功能完全相同的16位减法计数器,24脚DIP封装,由单一的+5V电源供电。主要功能如下所示。

(1) 每片8253上有三个独立的16位减法计数器,最大计数范围为0~65535。

(2) 每个计数器都可按二进制或二-十进制计数(BCD)。

(3) 每个计数器都有6种不同的工作方式,都可以通过程序设置来改变。

(4) 每个计数器计数脉冲的频率最高可达2MHz。

(5) 全部输入输出与TTL电平兼容。

8253的读、写操作,对系统时钟没有特殊要求,因此可以应用于任何一种微机系统中,可作为可编程定时器、计数器,还可以作为分频器、方波发生器以及单脉冲发生器等。

7.1.3 8253的引脚

8253引脚如图7-1所示。8253芯片有24根引脚,没有复位信号RESET引脚,各引脚信号定义如下。

- D7~D0(1脚~8脚):三态双向数据线,在8086系统中,采用16位数据总线,8253的D7~D0通常是接在16位数据总线的低8位上的,用以传送CPU与8253之间的数据信息,包括控制字和计数器初值等。
- $\overline{CS}$(21脚):片选信号,输入,低电平有效。它与译码器输出信号相连接,当$\overline{CS}$为低电平时,8253芯片被CPU选中。
- A1(20脚)、A0(19脚):输入信号,用来对3个计数器和控制寄存器进行寻址,与CPU的系统地址线相连。当A1、A0为00、01、10、11时分别表示对计数器0、计数器1、计数器2和控制寄存器的访问。

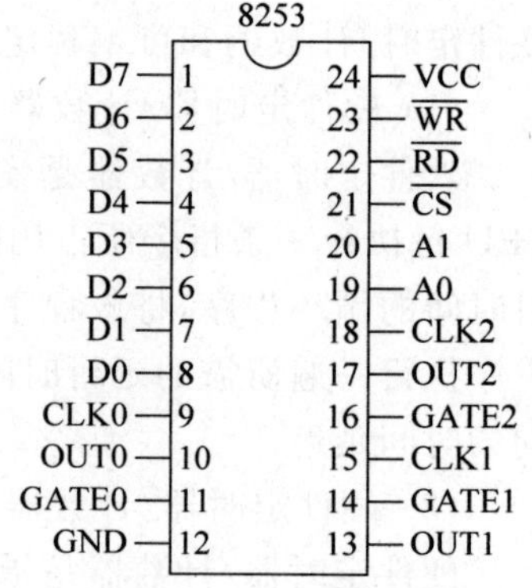

图7-1 8253引脚图

8253的A1、A0与系统总线的哪根地址线相连,要考虑CPU是8位数据总线,还是16位数据总线。当CPU为8位数据总线时,8253的A1、A0可与地址总线的A1、A0相连;当CPU为16位数据总线时,8253的A1、A0引脚分别与地址总线的 A2、A1 相连。

- $\overline{WR}$(23 脚)：写引脚，输入，低电平有效。用于控制 CPU 对 8253 的写操作，此引脚与 CPU 系统控制总线的 $\overline{IOW}$ 相连。
- $\overline{RD}$(22 脚)：读引脚，输入，低电平有效，用于控制 CPU 对 8253 的读操作，此引脚与 CPU 系统控制总线的 $\overline{IOR}$ 相连。

8253 读/写逻辑信号组合功能及地址分配如表 7-1。

表 7-1　8253 读/写逻辑信号组合功能及地址分配

$\overline{CS}$	$\overline{WR}$	$\overline{RD}$	A1	A0	操作功能
0	0	1	0	0	初值写入计数器 0 的初值寄存器 CR0 里
0	0	1	0	1	初值写入计数器 1 的初值寄存器 CR1 里
0	0	1	1	0	初值写入计数器 2 的初值寄存器 CR2 里
0	0	1	1	1	写控制字寄存器
0	1	0	0	0	读计数器 0 输出锁存器 OL0 的内容
0	1	0	0	1	读计数器 0 输出锁存器 OL1 的内容
0	1	0	1	0	读计数器 0 输出锁存器 OL2 的内容

- CLK0～CLK2：时钟，输入。CLK 时钟信号用于控制计数器的减 1 操作，CLK 可以是系统时钟脉冲，也可以由系统时钟分频或者是其他脉冲源提供，输入的时钟频率在 1～2MHz 范围内。
- GATE0～GATE2：门控信号，输入，由外部信号通过 GATE 端控制计数器的启动计数和停止计数的操作。
- OUT0～OUT2：时间到或计数结束输出引脚。当计数器计数到 0 时，在 OUT 引脚有输出。在不同的模式下，可输出不同电平的信号。

7.1.4　8253 的内部结构

8253 的内部结构如图 7-2 所示。由图可知，它由数据总线缓冲器、读/写逻辑电路、控制字寄存器和三个计数器通道所组成。

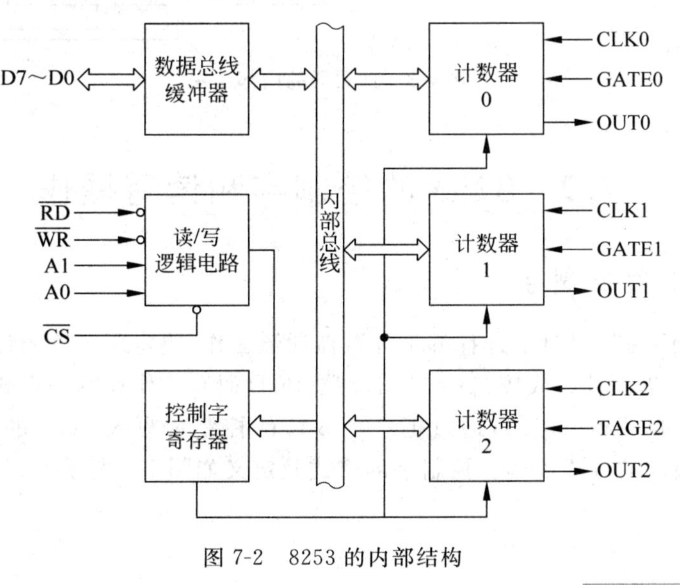

图 7-2　8253 的内部结构

① 数据总线缓冲器

数据总线缓冲器是8位、双向、三态的缓冲器,通过8根数据线D0～D7接收CPU向控制寄存器写入的控制字,向计数器写入的计数初值,也可以把计数器的当前计数值读入CPU。

② 读/写逻辑电路

读/写控制逻辑电路从系统总线接收输入信号,经过译码,产生对8253各部分的控制信息。

③ 控制字寄存器

当地址信号A1和A0都为1时,访问控制字寄存器。控制字寄存器接收从CPU发来的控制字,控制字决定了8253的工作方式、计数方式以及使用哪个计数器等。控制字寄存器只能写入不能读出。

④ 计数器通道

8253有3个相互独立的同样的计数电路,分别称做计数器0、计数器1和计数器2。每个计数器包含一个8位的控制寄存器(控制单元),它存放计数器的工作方式控制字;一个16位的初值寄存器CR(时间常数寄存器),8253工作之前要对它设置初值;一个16位计数执行单元CE,它接收计数初值寄存器CR送来的内容,并对该内容执行减1操作;一个16位输出锁存器OL,它锁存CE的内容,使CPU能从输出锁存器内读出一个稳定的计数值。计数器的内部结构如图7-3所示。

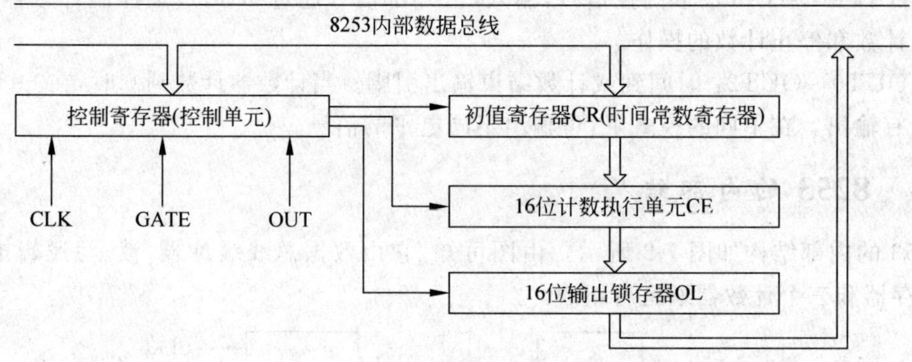

图7-3　计数器的内部结构

7.2　8253的控制字和读写操作

7.2.1　8253的控制字

8253的控制字主要用于:选择哪个计数器通道工作,决定用8位的计数值或是用16位的计数值,是按二进制计数或按二-十进制计数(BCD码),工作在哪种方式。

8253是由主机编程设定的,通过把一个8位的控制字写入8253的控制字寄存器,使8253按照某种给定的方式工作。控制字的格式及定义如图7-4所示。

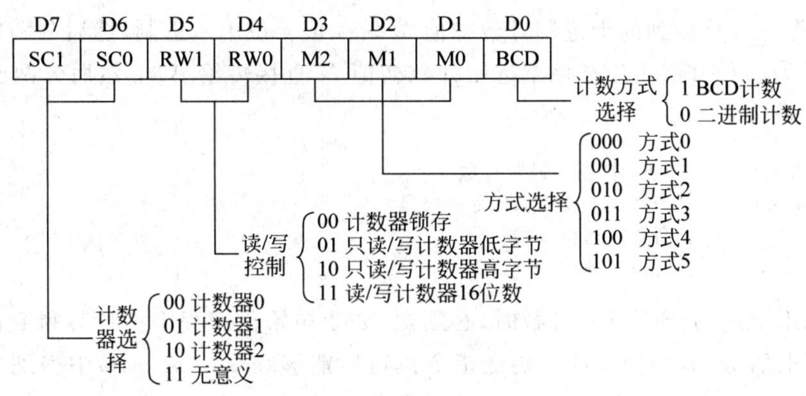

图 7-4　8253 的控制字

8253 控制字各位的详细意义如下：

(1) SC1、SC0 用于选择工作的计数器

SC1SC0＝00：选择计数器 0 工作。

SC1SC0＝01：选择计数器 1 工作。

SC1SC0＝10：选择计数器 2 工作。

SC1SC0＝11：无效。

(2) RW1、RW0 用于选择读写格式

RW1RW0＝00：计数器锁存命令，把写命令时的当前计数值锁存到输出锁存器 OL 中，以供 CPU 读取。

RW1RW0＝01：8 位计数，只读/写计数器低位字节，高位字节自动为 0。

RW1RW0 ＝10：16 位计数，只读/写计数器高位字节，低位字节自动为 0。

RW1RW0 ＝11：16 位计数，先读/写计数器低位字节，后读/写计数器高位字节。

(3) M2、M1、M0 用于选择工作方式

M2M1M0＝000：使计数器工作于方式 0。

M2M1M0 ＝001：使计数器工作于方式 1。

M2M1M0 ＝010：使计数器工作于方式 2。

M2M1M0 ＝011：使计数器工作于方式 3。

M2M1M0＝100：使计数器工作于方式 4。

M2M1M0＝101：使计数器工作于方式 5。

(4) BCD 计数方式选择

BCD 位用于使计数器按二进制计数或十进制(BCD 码)计数。当 BCD 位＝0 时，则计数器按二进制计数，其计数范围是 16 位二进制数，最大计数值为 $2^{16}=65536$(对应计数初值为 0000H)；当 BCD 位＝1 时，则计数器按十进制(BCD 码)计数，其计数范围是 4 位十进制数，最大计数值为 $10^4=10000$(对应计数初值为 0000)。

在赋初值时需要注意两点：

① 当采用二进制计数时，如果初值 N 是 8 位二进制计数(计数值≤256)，则在 8253 初始化编程的传送指令“MOV AL,N”中，立即数 N 可以写成任何进制数(包括二进制计数、十六进制计数和十进制计数)的形式；如果初值 N 是 16 位二进制计数(计数值≤65536)，

一种方法是先把计算得到的十进制计数初值 N 转换成4位十六进制，然后分两次写入8253的指定端口，另一种方法是先把该十进制计数初值 N 直接传给AX，然后分两次写入8253的指定端口，例如：

```
MOV  AX,N        ; N是16位二进制计数
OUT  Port,AL     ; 先写低8位(Port为端口号)
MOV  AL,AH       ; 高8位送低8位
OUT  Port,AL     ; 后写高8位
```

② 当采用十进制(BCD码)计数时，必须在8253初始化编程中把计算得到的十进制计数初值 N 加上后缀H，这样才能在传送指令执行后能够在AL(或AX)中得到十进制数 N 的BCD码表示形式，例如 $N=100$，则方法如下所示。

```
MOVN AL,100H
OUT  Port,AL
```

如果初值 $N=2567$，则需要分两次写入，即：

```
MOV  AX,2567H
OUT  Port,AL     ; 先写低8位(Port为端口号)
MOV  AL,AH       ; 高8位送低8位
OUT  Port,AL     ; 后写高8位
```

也可以按如下方法两次写入，即：

```
MOV  AL,67H
OUT  Port,AL     ; 先写低8位(Port为端口号)
MOV  AL,25H      ; 高8位送低8位
OUT  Port,AL     ; 后写高8位
```

7.2.2 8253的初始化编程(写操作)

8253没有复位信号，加电开机后，其工作方式是不确定的。因此需要对8253进行初始化，初始化步骤如下所示。

(1) 根据题目(设计)要求写出8253的控制字。

(2) 将控制字写入相应计数器的控制寄存器中。

(3) 写入定时或计数的初值。这里要注意的是如果计数值为16位，则要CPU执行两次输出指令完成初值的设置，即先写低字节，再写高字节。

【例7-1】 设8253的片选信号 $\overline{CS}$ 接200H～207H，使用计数器1，工作于方式3(方波发生器)，二进制计数，计数初值为3000H，请编写初始化程序。

解：此题有两种方法，具体求解如下所示。

方法1：16位计数，先写低8位，后写高8位。根据题目写出控制字为01110110B(76H)。

```
MOV  DX,203H     ; 8253控制寄存器
MOV  AL,76H      ; 二进制计数、方式3、先写低8位、后写高8位、计数器1
OUT  DX,AL       ; 控制字写入控制字寄存器
MOV  DX,201H     ; 计数器1
MOV  AL,00H      ; 计数初值低8位
OUT  DX, AL      ; 计数初值低8位写入计数器1
```

```
MOV  AL, 30H       ; 计数初值高 8 位
OUT  DX,AL         ; 计数初值高 8 位写入计数器 1
```

方法 2：16 位计数，只写高 8 位，低 8 位自动为 0。

```
MOV  DX,203H       ; 8253 控制寄存器
MOV  AL, 66H       ; 控制字 01100110B
OUT  DX, AL        ; 控制字写入控制字寄存器
MOV  DX,201H       ; 计数器 1
MOV  AL,30H        ; 计数初值高 8 位
OUT  DX, AL        ; 计数初值高 8 位写入计数器 1
```

方法 1 和方法 2 效果相同。

工作原理为：若 GATE 为高电平时，则当 CPU 执行完上述初始化程序后，8253 的计数器 1 即开始对输入脉冲 CKL 进行减 1 计数，在减 1 计数过程中，OUT 保持高电平；计数计到计数初值的一半时(12288/2＝6144)，OUT 变为低电平，计数到 0 时，OUT 又变为高电平，重新开始计数过程。

【例 7-2】 设 8253 的端口地址为 208H～20FH，使用计数器 0，工作于方式 4，二进制计数；使用计数器 2，工作于方式 5，十进制计数。计数器 0 和计数器 2 的计数初值都等于十进制数值 512(0200H)，请编写初始化程序。

解：

```
MOV  AL,38H        ; 控制字 00111000B,二进制计数、方式 4、计数器 0、先写低 8 位、后写高 8 位
MOV  DX,20BH       ; 控制字寄存器端口地址
OUT  DX,AL         ; 控制字写入控制字寄存器
MOV  DX,208H       ; 计数器 0 端口地址
MOV  AL,00H        ; 计数初值低 8 位
OUT  DX,AL         ; 计数初值低 8 位写入计数器 0
MOV  AL,02H        ; 计数初值高 8 位
OUT  DX,AL         ; 计数初值高 8 位写入计数器 0
MOV  AL, 0BBH      ; 控制字 10111011B,BCD、方式 5、计数器 2、先写低 8 位、后写高 8 位
MOV  DX, 20BH      ; 控制字寄存器端口地址
OUT  DX,AL         ; 控制字写入控制字寄存器
MOV  DX,20AH       ; 计数器 2 端口地址
MOV  AL,12H        ; 计数初值低 8 位
OUT  DX,AL         ; 计数初值低 8 位写入计数器 2
MOV  AL,05H        ; 计数初值高 8 位
OUT  DX,AL         ; 计数初值高 8 位写入计数器 2
```

工作原理见方式 4、方式 5 的工作波形图。

请自己分析一下项目 1、项目 2、项目 3、项目 4 和项目 5 的初始化程序。

7.2.3 8253 当前计数值的读取(读操作)

为了对计数器的计数值进行实时检测，需将计数器中的计数值读回 CPU。编程顺序如下。

(1) 输出锁存器锁存或停止计数，以保证当前计数值读出稳定，有两种方法读取当前的计数值：一种方法是把当前计数值输出的锁存器锁存，输出锁存器锁存通过写入控制字，使 D5、D4 分别为 0，使当前的计数值不受计数执行单元的变化而变化，保证 CPU 从锁存器读

出一个稳定的计数值。此时计数执行单元做减1操作,计数过程不停止。另一种方法是通过GATE门控信号发一低电平信号,使计数执行单元不做减1操作,计数过程停止。

(2) 从输出锁存器读数。读输出锁存器的值,也有读8位和读16位的问题,若是读16位的数据,需分两次读出,先读低字节,再读高字节,即执行两次输入指令。

【例7-3】 设8253的端口地址为208H～20FH,请编写程序读取计数器2的当前计数值。

```
MOV  AL,80H      ;计数器2的锁存命令
MOV  DX,20BH     ;控制字寄存器端口地址
OUT  DX,AL       ;计数器2的锁存命令写入控制字寄存器
MOV  DX,20AH     ;计数器2端口地址
IN   AL,DX       ;读取计数初值低8位
MOV  BL,AL       ;计数初值低8位存入BL
IN   AL,DX       ;读取计数初值高8位
MOV  BH,AL       ;计数初值高8位存入BH
```

7.3 8253的工作方式

8253的工作方式有6种,不论哪种工作方式,都遵守如下几条基本原则。

(1) 控制字写入计数器时,所有的控制逻辑电路立即复位,输出端OUT进入初始状态。该初始状态与工作方式有关,设置成方式0时,OUT的初始状态为低电平,设置成其他工作方式时,OUT的初始状态为高电平。

(2) 初始值写入初值计数器CR以后,要经过一个时钟脉冲的上升沿和下降沿,将初值送入计数执行单元,计数执行单元从下一个时钟开始进行计数。

(3) 通常,在时钟脉冲CLK的上升沿对门控信号GATE进行采样,各计数器的门控信号的触发方式与工作方式有关。在方式0、方式4中,门控信号为电平触发;方式1、方式5中,门控信号为上升沿触发;方式2、方式3中,即可用电平触发,也可用上升沿触发。

(4) 在时钟脉冲的下降沿计数器进行计数。0是计数器所能容纳的最大初值,因为用二进制计数时,16位计数器,0相当于$2^{16}=65536$,用BCD码计数时,0相当于$10^4=10000$。

8253中的三个计数器都可独立工作,每个计数器都有6种工作方式。工作方式由控制字设定,6种工作方式输出的不同波形都从OUT端获得。门控信号GATE对计数过程有影响。下面分别介绍这6种工作方式。

7.3.1 方式0——计数到零产生中断请求

在方式0下,门控信号决定计数的启/停,装入初值决定计数过程重新开始,计数过程时序图如图7-5所示,下面对工作原理进行分析。

(1) 计数过程

由图7-5(a)可看出,首先CPU将控制字CW写入控制寄存器后,在下一个时钟CLK上升沿,并在写控制信号$\overline{WR}$的上升沿,OUT输出端变为低电平(若原来为低电平,则继续维持低电平,图7-5(a)中①虚线所示),并且计数过程中一直维持低电平;然后,计数初值(设$N=4$)写入初值寄存器CR后,并在$\overline{WR}$上升沿之后的第一个CLK脉冲(图7-5(a)中②虚线所示)的下降沿,将CR的值送入计数执行单元CE中。

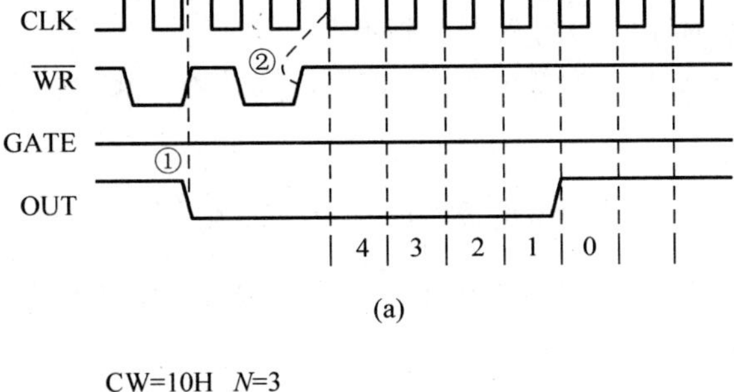

(a)

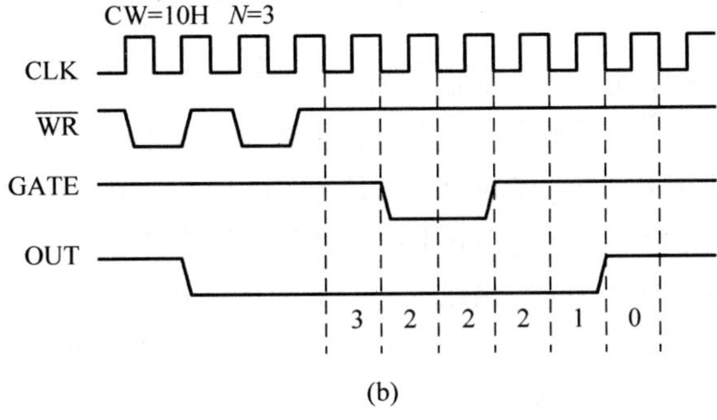

(b)

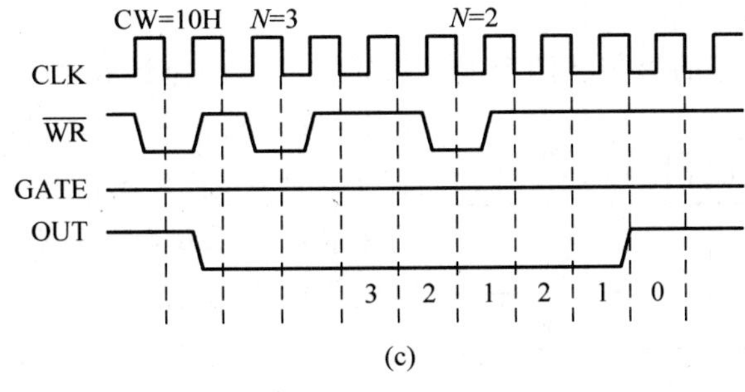

(c)

图 7-5 方式 0 计数过程时序图

要开始计数,GATE 门控信号必须是高电平,随后每个时钟 CLK 的下降沿都使计数执行单元的内容减 1,减到 0 时,输出端 OUT 变成高电平,并一直维持高电平,直到写入新的计数值,开始下一轮的计数。计数初值一次有效,经过一次计数过程后,必须重新写入计数初值。当输出端 OUT 变成高电平时,可利用 OUT 的上升沿作为中断请求信号。方式 0 主要用于对外部事件计数。

(2) GATE 门控信号的影响

在计数过程中,可由 GATE 信号控制暂停计数。当 GATE=0 时,计数暂停,保持当前值,直到 GATE 信号恢复到高电平,经过一个时钟周期,计数执行单元从当前值开始继续执行减 1 操作。GATE 只影响计数执行单元是否暂停减 1 操作,对输出信号 OUT 无影响,OUT 信号从计数开始变为低电平,一直保持到计数结束,才变为高电平,计数过程时序图如图 7-5(b)所示。

如果在门控信号 GATE 处于低电平时写入新计数初值,则在下一个时钟周期也将初值从初值寄存器 CR 写入计数执行单元 CE,但不进行计数操作,当 GATE 变为高电平时才开始计数。利用 GATE 信号可作为启动定时的同步信号。

(3) 写入新的初值对计数过程的影响

在计数过程中也可以改变计数值,在写入新的计数初值后,计数器将立即按新的计数值

重新开始计数,即改变计数值是立即有效的。当按新的计数值减1计数到0时,输出OUT变成高电平。计数过程时序图如图7-5(c)所示。

从计数开始,输出OUT变为低电平,一直保持到计数结束,并不因写了新的初值,影响输出信号。

7.3.2 方式1——可重触发的单稳态触发器

方式1是在GATE门控信号的作用下才开始计数,计数过程时序如图7-6所示,下面对工作原理进行分析。

(1) 计数过程

当CPU把方式1的控制字写入控制寄存器后($\overline{WR}$的上升沿),OUT输出变成高电平(图7-6(a)中①虚线所示),若原来为高电平,则继续维持高电平;在CPU写入计数初值后,此时计数执行单元CE并不计数,直到GATE门控信号上升沿到来,在下一个时钟周期的下降沿才开始计数,输出OUT变为低电平(图7-6(a)中②虚线所示)。计数过程中OUT端一直维持低电平。当计数减到0时,输出端OUT变为高电平,并一直维持高电平到下一次触发之前。计数初值的设置也是一次有效的,每输入一次计数值,只产生一次计数触发过程。计数过程时序图如图7-6(a)所示。

(2) GATE门控信号的影响

方式1中,门控信号的影响从两个方面讨论。一方面是计数结束后,若再来一个门控信号上升沿,则在下一个时钟周期的下降沿又从初值开始计数,而且不需要重新写入计数初值,即门控脉冲可重新触发计数,同时OUT端输出从高电平降为低电平,直到计数结束,再恢复到高电平。可以看出,调整门控信号的触发时刻,可调整OUT端输出的高电平持续时间,即输出单次脉冲的宽度由计数初值N决定,计数过程时序图如图7-6(b)所示。

另一方面是在计数过程中,若来一个门控信号的上升沿,也要在下一个时钟下降沿终止原来的计数过程,从初值起重新计数。在这个过程中,OUT输出保持低电平不变,直到计数执行单元内容减为0时,OUT输出才恢复为高电平。这样,使OUT输出低电平持续时间加长,即输出单次脉冲的宽度加宽。

(3) 新的初值对计数过程的影响

在计数过程中如果写入新的初值,不会影响计数过程,只有在下一个门控信号到来后的第一个时钟下降沿,才终止原来的计数过程,而按新值开始计数。OUT输出的变化是高电平持续到开始计数前,低电平持续到计数过程结束,计数

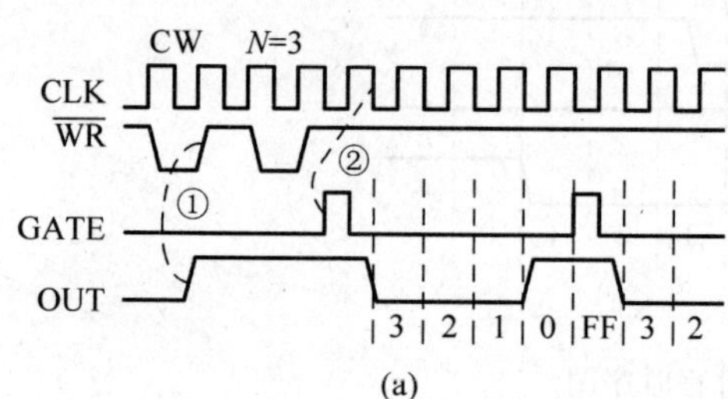

(a)

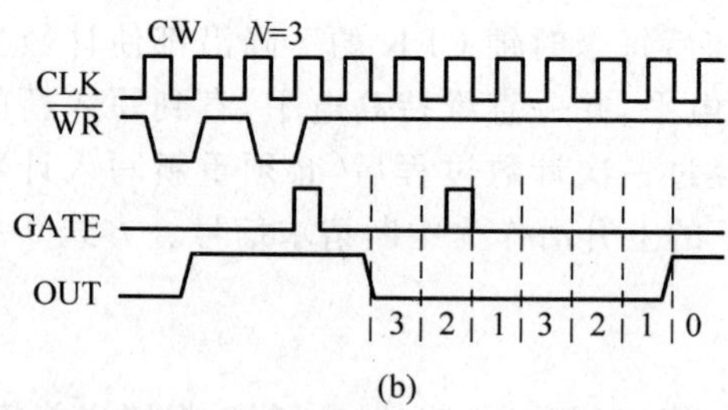

(b)

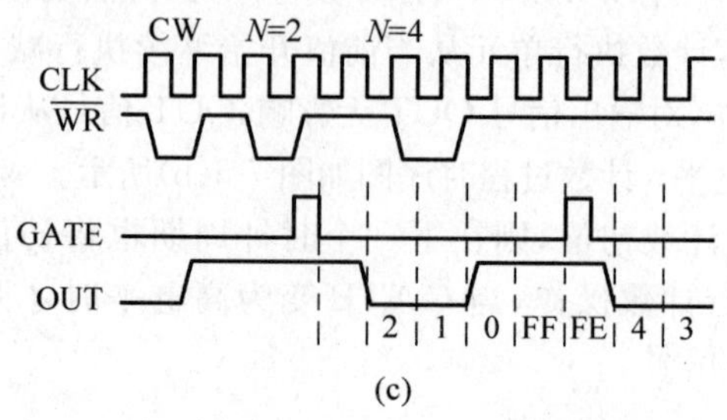

(c)

图7-6 方式1计数过程时序图

过程时序图如图 7-6(c)所示。

7.3.3 方式 2——分频器

在方式 2 下,用门控信号达到同步计数的目的,方式 2 计数过程时序如图 7-7 所示,下面对工作原理进行分析。

(1) 计数过程

图 7-7(a)所示,CPU 写入控制字后,在时钟 CLK 上升沿,OUT 输出变为高电平(图 7-7(a)中①虚线所示),当计数初值被写入初值寄存器后,下一个时钟脉冲下降沿,计数初值被移入计数执行单元,开始减 1 计数,减到 1 时(不是减到 0 时),OUT 输出变为低电平,经过一个时钟 CLK 周期,OUT 输出又变成高电平,并且计数器将自动按初值重新开始计数过程。

由图 7-7(a)可看出,采用方式 2 时,不用重新设置计数初值,计数器能连续工作,输出端不断输出固定负脉冲。如果计数初值为 N,则每输入 N 个 CLK 脉冲,输出一个负脉冲,负脉冲宽度等于 1 个 CLK 时钟周期,两负脉冲间的宽度等于 $N-1$ 个时钟周期,整个计数过程不用重新写入计数值,重复周期为 N 倍的 CLK 周期,因此又称此方式下的计数器为 N

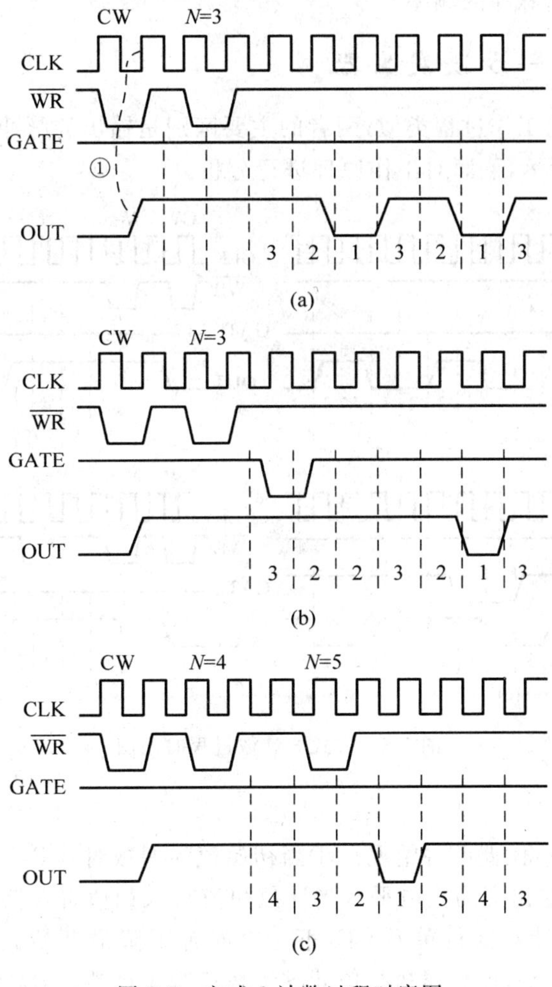

图 7-7 方式 2 计数过程时序图

分频器或频率发生器。

(2) GATE 门控信号的影响

由图 7-7(b)可看出,门控信号为低电平时终止计数,而由低电平恢复为高电平后的第一个时钟下降沿从初始值重新开始计数。由此可见,GATE 一直维持高电平时,计数器为一个 N 分频器。GATE 端每加一次从低电平到高电平的门控触发信号,都将引起一次重新从计数初值寄存器向计数执行单元写入计数值的操作,输出端 OUT 又重新得到一个不断输出负脉冲的脉冲信号,其宽度等于一个时钟周期,两负脉冲间的宽度等于 $N-1$ 个时钟周期。用门控信号实现对输出端 OUT 信号的同步作用。

(3) 新的初值对计数过程的影响

由图 7-7(c)可看出,如果在计数过程中改变初值,有两种情况:一种是当 GATE 门控信号一直维持高电平时,新的初值不影响当前的计数过程,但在计数结束后,下一个计数周期按新的初值计数;另一种是若写入新的初值后,遇到门控信号的上升沿,则结束现行计数过程,从下一个时钟下降沿开始按新的初始值进行计数。第二种情况是计数值未减到 0,又重新按新的初值进行计数,在此期间输出端 OUT 一直维持高电平,这样就可以随时通过重新送计数值来改变输出脉冲的频率。

7.3.4 方式 3——方波发生器

方式 3 和方式 2 的工作过程类似,两者的主要区别是输出的脉冲宽度不同,方式 3 计数过程时序图如图 7-8 所示,下面对工作原理进行分析。

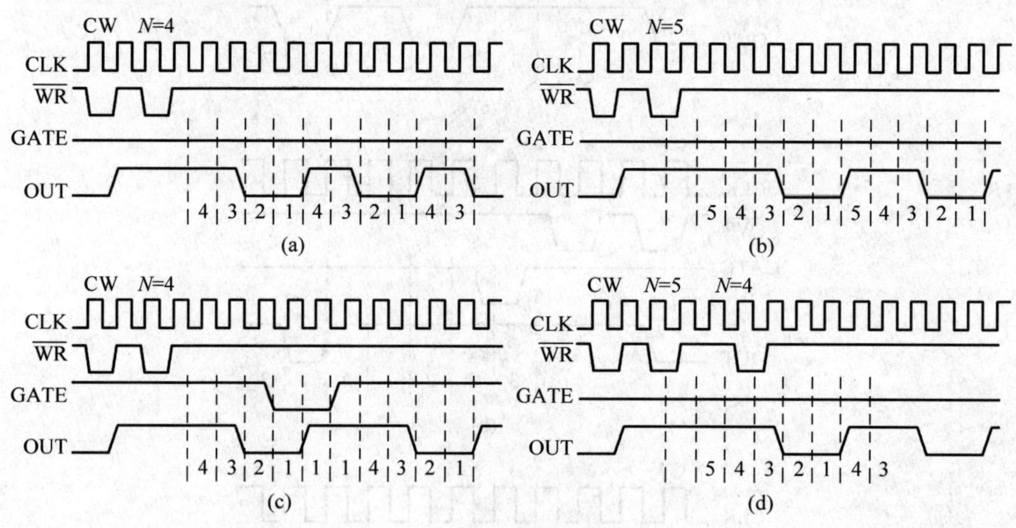

图 7-8 方式 3 计数过程时序图

(1) 计数过程

方式 3 计数过程分奇、偶两种情况。①当初始值为偶数时,CPU 写入控制字后,在时钟 CLK 的上升沿,OUT 输出变为高电平。当计数初值写入初值寄存器 CR 后,经过一个时钟周期,计数初值被移入计数执行单元 CE,下一个时钟下降沿开始做减 1 计数。减到 $N/2$ 时,OUT 输出变为低电平,计数器执行单元继续执行减 1 计数,当减到 0 时,OUT 输出又变成高电平，计数器执行单元重新从初值开始计数。只要门控信号 GATE 为 1，此工作过程周而复始重复进行，在 OUT 输出得一方波信号，故称这种方式又称为方波发生器，计数过程时序图如图 7-8(a)所示。②当初始值为奇数时，在门控信号一直为高电平情况下，OUT 输出波形为连续的近似方波，高电平持续时间为$(N+1)/2$个脉冲，低电平持续时间为$(N-1)/2$个脉冲，计数过程时序图如图 7-8(b)所示。

(2) GATE 门控信号的影响

当门控 GATE=1 时，允许计数；当门控 GATE=0 时，禁止计数。在计数执行过程中，当 GATE 变为低电平时，若此时 OUT 输出为低电平，则 OUT 从低电平变为高电平，若 OUT 原来是高电平则保持不变，且计数器停止计数。当 GATE 恢复高电平时，计数器从初值开始重新计数，计数过程时序图如图 7-8(c)所示。

(3) 新的初值对计数过程的影响

新的初值写入也分两种情况。①当门控 GATE=1 时，在计数执行过程中，新值写入并不影响现行计数过程，只是在下一个计数过程中，按新值进行计数；②在计数执行过程中，加入一个 GATE 脉冲信号，停止现行计数过程，在门控信号上升沿后的第一个时钟周期的下降沿，按新初值开始计数，计数过程时序图如图 7-8(d)所示。

7.3.5 方式 4——软件触发选通方式

方式 4 为软件触发选通方式，其计数过程时序图如图 7-9 所示，下面对工作原理进行分析。

(1) 计数过程

在方式 4 下，写入控制字后，在时钟上升沿，OUT 输出变成高电平，将计数初值写入初值寄存器 CR 中。经过一个 CLK 时钟周期，计数初值被送入计数执行单元 CE，下一个时钟下降沿开始减 1 计数，减到 0 时，OUT 输出变为低电平，脉冲宽度为一个 CLK 时钟周期，然后 OUT 自动恢复成高电平。下一次启动计数时，必须重新写入计数值。若设置计数初值为 N，则在写入计数初值后的 $N+1$ 个 CLK 时钟脉冲，才输出一个负脉冲，负脉冲的宽度为 1 个 CLK 周期。

方式 4 不能自动重复计数(即这种方式计数是一次性的)，每进行一次计数过程必须重装初值一次，所以称方式 4 为软件触发。OUT 输出低电平持续时间为一个 CLK 时钟周期，常用此负脉冲作为选通信号，所以又称为软件触发选通方式，计数过程时序图如图 7-9(a)所示。

(2) GATE 门控信号的影响

当 GATE 门控信号为高电平时，允许计数；当 GATE 门控信号为低电平时，禁止计数。需

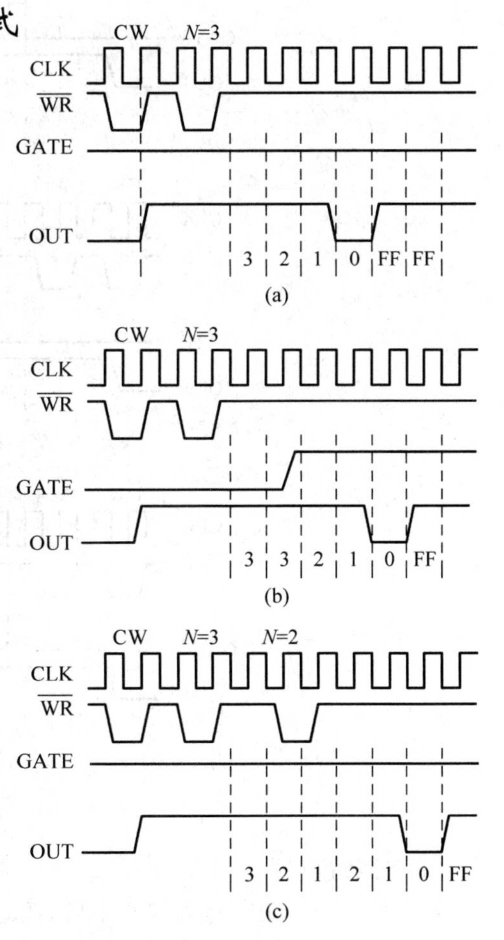

图 7-9　方式 4 计数过程时序图

要注意两点：①当GATE门控信号为低电平时停止计数,GATE门控信号为高电平时并不是恢复计数,而是重新从初值开始计数。②GATE的电平不会影响OUT输出的电平,只有计数器减为0时,才使OUT输出产生电平的变化,计数过程时序图如图7-9(b)所示。

(3) 新的初值对计数过程的影响

在计数过程中,如果写入新的计数初值,则立刻终止现行的计数过程,并在下一个时钟下降沿按新的初值开始计数,计数过程时序图如图7-9(c)所示。

方式0和方式4都可用于定时和计数,定时的时间 $=N\times T$。只是方式0在OUT端输出正脉冲信号为定时时间到,方式4在OUT端输出负脉冲信号为定时时间到。

7.3.6 方式5——硬件触发选通方式

方式5为硬件触发选通方式,完全由GATE端引入的触发信号控制定时和计数,其计数过程时序图如图7-10所示,下面对工作原理进行分析。

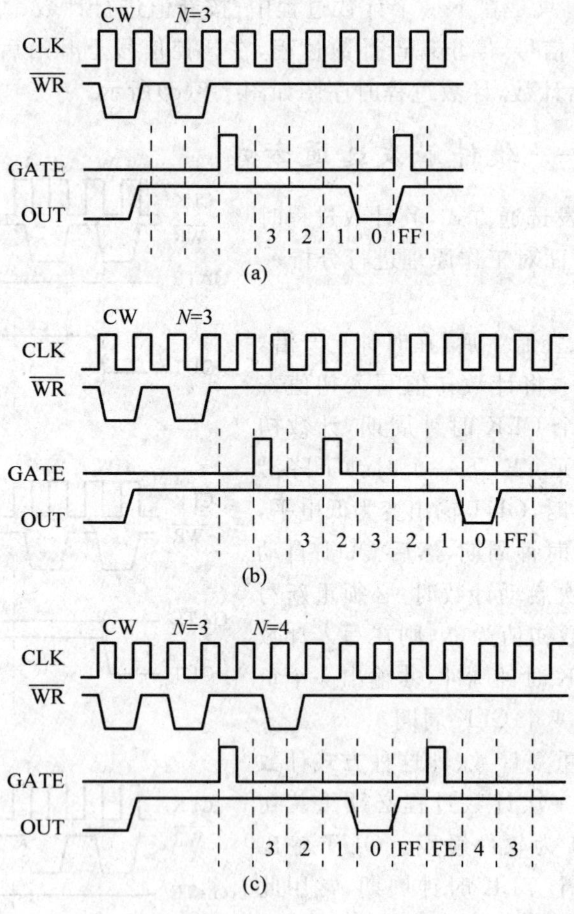

图7-10 方式5计数过程时序图

(1) 计数过程

在方式5下,CPU写入控制字后,在时钟上升沿,OUT输出变成高电平,写入计数初值后,计数器并不立即开始计数,当门控信号GATE的上升沿到来后,在下一个时钟下降沿时，将计数初值移入计数执行单元，才开始减 1 计数，计数器减到 0，OUT 输出变为低电平，持续一个时钟周期又变为高电平，并一直保持高电平，直至下一个门控信号 GATE 的上升沿的到来。

因此，采用方式 5 循环计数时，计数初值可自动重装，但不计数，计数过程的进行是靠门控信号触发的，方式 5 又称为硬触发。若设置计数初值为 N，则在 GATE 的上升沿到来后，经过 $N+1$ 个 CLK 时钟脉冲，才输出一个负脉冲，负脉冲的宽度为 1 个 CLK 周期，计数过程时序图如图 7-10(a)所示。

(2) GATE 门控信号作用

如果在计数的过程中，又来一个 GATE 门控信号的上升沿，则立即终止现行的计数过程，在下一个时钟周期的下降沿，又从初值开始计数。如果在计数过程结束后，来一个 GATE 门控信号的上升沿，计数器会在下一个时钟周期的下降沿，从初值开始减 1 计数，不用重新写入初值。只要门控信号的上升沿到来，就会马上触发下一个计数过程。

(3) 写入新的初值对计数过程的影响

无论在计数的过程中，还是在计数结束之后，写入新的初值都不会影响计数过程，必须在门控信号的上升沿到来后，才会发生下一个新的计数过程，计数的初值是按写入新的初值进行的。

7.3.7 6 种工作方式小结

通过对上面 6 种工作方式的分析，可以看出门控信号和写入新的初值会影响计数过程的进行，不同的工作方式，会得到不同的输出波形。在 8253 的应用中，必须正确使用门控信号和写入新的初值这种触发方式，才能保证各计数器的正常操作；必须了解输出波形的形态，才能正确应用到各种控制场合。为此，把 6 种工作方式做如下小结。

(1) OUT 的输出波形

在 6 种工作方式中，只有方式 0 在写入控制字后，OUT 输出为低电平，其他 5 种方式 OUT 输出都为高电平。方式 2、方式 4 和方式 5 都是输出宽度为一个 CLK 周期的负脉冲，输出波形都相同，但方式 2 是连续工作的，方式 4 是由软件触发的，方式 5 是由硬件门控脉冲触发的。计数初值 N 与输出波形的关系见表 7-2。

表 7-2 计数初值 N 与输出波形的关系

方式	计数初值 N 与输出波形的关系
0	写入 N 后，经 $N+1$ 个 CLK，OUT 变为高电平
1	单拍脉冲的宽度为 N 个 CLK 脉冲的宽度
2	每 N 个 CLK，输出一个宽度为 CLK 周期的脉冲
3	写入 N 后，若 N 为偶数，则前 $N/2$ 个 CLK 期间 OUT 为高电平，后 $N/2$ 个 CLK 期间 OUT 为低电平；若 N 为奇数，则前 $(N+1)/2$ 个 CLK 期间 OUT 为高电平，后 $(N-1)/2$ 个 CLK 期间 OUT 为低电平
4	写入 N 后(软件触发)，经过 $N+1$ 个 CLK 后，输出宽度为 1 个 CLK 的负脉冲
5	门控脉冲触发后，经过 $N+1$ 个 CLK 后，输出宽度为 1 个 CLK 的负脉冲

(2) GATE 门控信号的作用

一般情况下，GATE 信号为低电平时禁止计数，为高电平时允许计数，方式 1 和方式 5

则需要有由低变高的上升沿触发脉冲来启动计数。GATE信号对各种工作方式的影响如表7-3所示。

表7-3　GATE信号作用

方式	GATE		
	高	低或变低	上升沿
0	允许计数	禁止计数	—
1	—	—	启动计数,下一个CLK脉冲使输出为低
2	允许计数	禁止计数	重新装入计数初值,启动计数
3	允许计数	禁止计数,立即使输出为高	重新装入计数初值,启动计数
4	允许计数	禁止计数	—
5	—	—	启动计数,从初值开始计数

(3) 计数初值的设置

任何一种工作方式,只有在写入计数初值后才能开始计数。门控信号GATE保持为高电平,方式0、方式2、方式3和方式4在写入计数初值后,计数过程就开始了;而方式1和方式5需要有外部GATE触发,才能开始计数。

(4) 计数过程中改变计数值的影响

8253在计数过程中写入新的计数初值,对计数过程的影响见表7-4所示。

表7-4　计数过程中改变计数值的影响

方式	写入新的计数值	方式	写入新的计数值
0	立即有效	3	计数到0后有效或外部GATE触发后有效
1	外部GATE触发后有效	4	立即有效
2	计数到1后有效	5	外部GATE触发后有效

7.4　拓展工程训练项目

7.4.1　项目1:用8253对外部事件进行计数

1. 项目要求与目的

(1) 项目要求:利用8086外接8253可编程定时器/计数器,可以对外部事件进行计数。

(2) 项目目的:

- 学习8253芯片引脚及编程方法。
- 学习8086与8253的连接方法。

2. 项目电路连接与说明

(1) 项目电路连接:如图7-11所示的粗线为需要接的连线,连线说明如下:8253的片选$\overline{CS}$孔用导线接至译码处200H～207H插孔,CLK0接至按钮开关UP插孔上,GATE0接至+5V电源插孔上,OUT0接至反相器的输入上,反相器的输出接至发光二极管LED0的阴极上。

(2) 项目说明:项目中计数器按方式0工作。即16位二进制计数器。当计数设置好后，计数器就开始计数。项目所设计数值为5，也就是外部5个脉冲，计数器值加1。同时OUT脚输出一个高电平。实验时，OUT0接至反相器的输入上，反相器的输出接至发光二极管LED0的阴极上，观察计数器是否工作。

当脉冲按钮开关UP按5次(产生5个脉冲)，计数器值加1，OUT0脚输出一个高电平，经过反相器后发光二极管LED0灯亮。

3. 项目电路原理框图

利用8253对外部事件进行计数，电路原理框图如图7-11所示。电路由8086 CPU芯片、8253芯片、按钮开关UP和发光二极管LED等组成。

4. 项目程序设计

(1) 程序流程图

利用8253对外部事件进行计数程序流程图如图7-12所示。

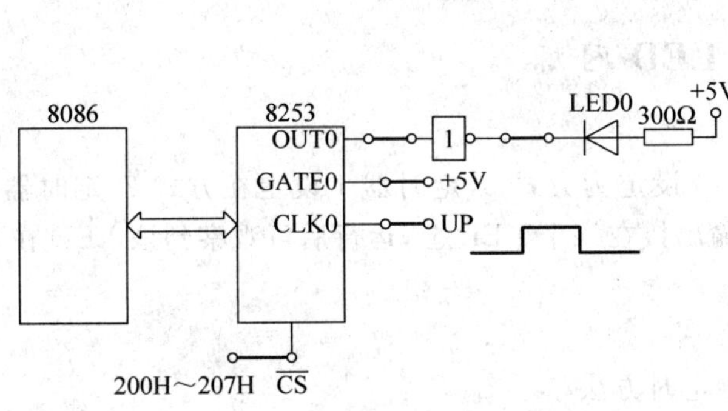

图7-11 电路原理框图

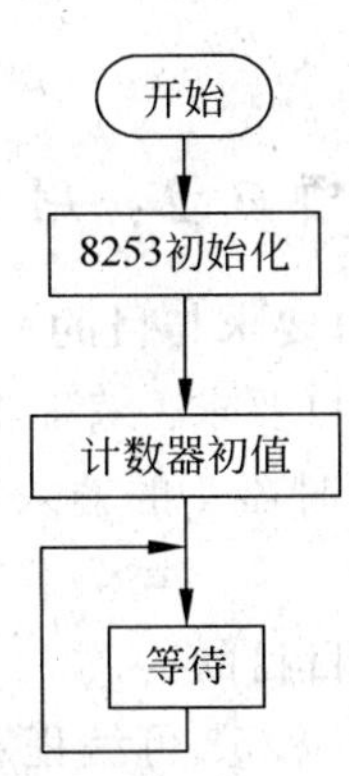

图7-12 用8253对外部事件进行计数程序流程图

(2) 程序清单

利用8253对外部事件进行计数程序清单如下所示。

```
CODE   SEGMENT
        ASSUME CS:CODE
START:
        MOV    AL, 30H         ; 二进制计数,方式 0,先低后高,通道 0
        MOV    DX, 203H        ; 8253 控制地址
        OUT    DX, AL
        MOV    AL, 5           ; 计数器初始值
        MOV    DX, 200H        ; 通道 0 地址
        OUT    DX, AL          ; 低 8 位
        MOV    AL, 0
        OUT    DX, AL          ; 高 8 位
AGAIN:  JMP    AGAIN
CODE    ENDS
        END    START
```

5. 仿真效果

用Proteus 7.5 ISIS软件进行仿真，用8253对外部事件进行计数仿真效果图如图7-13所示。

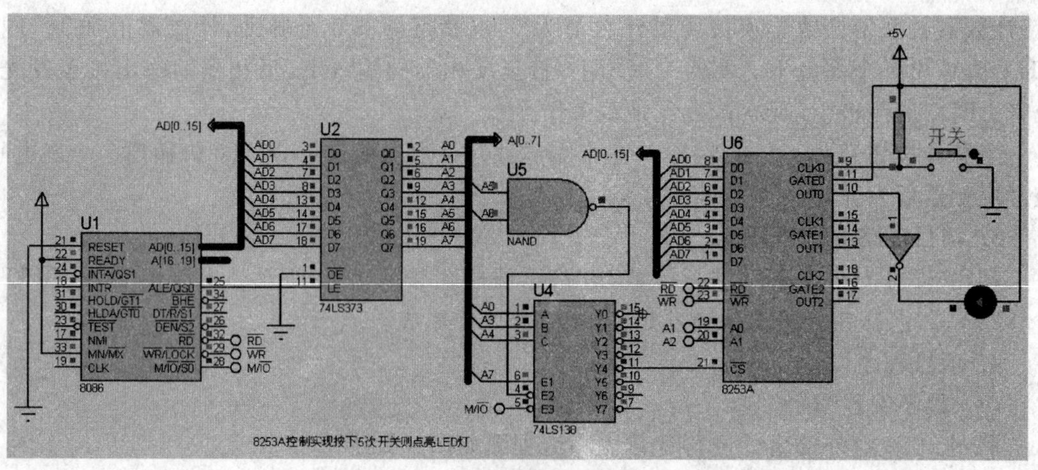

图 7-13　用 8253 对外部事件进行计数仿真效果图

7.4.2　项目 2：用 8253 控制 LED 闪烁

1. 项目要求与目的

(1) 项目要求：编程将 8253 定时器 0 设定为方式 3，定时器 1 设定在方式 2，定时器 0 输出作为定时器 1 的输入，定时器 1 的输出接在一个 LED 上，运行后可观察到该 LED 在不停闪烁。

(2) 项目目的：

- 学习 8253 可编程定时器/计数器定时方法。
- 学习 8253 多级串联实现大时间常数的定时方法。
- 学习 8086 控制 8253 可编程定时器的方法。

2. 项目电路连接与说明

(1) 项目电路连接：如图 7-14 所示的粗线为需要接的连线，连线说明如下：8253 的片选 $\overline{CS}$ 孔用导线接至译码处 200H～207H 插孔，CLK0 接至 OUT1 插孔上，CLK1 接至 1MHz 插孔上，GATE0 和 GATE1 接至＋5V 电源插孔上，OUT0 接至发光二极管 LED0 的阴极上。

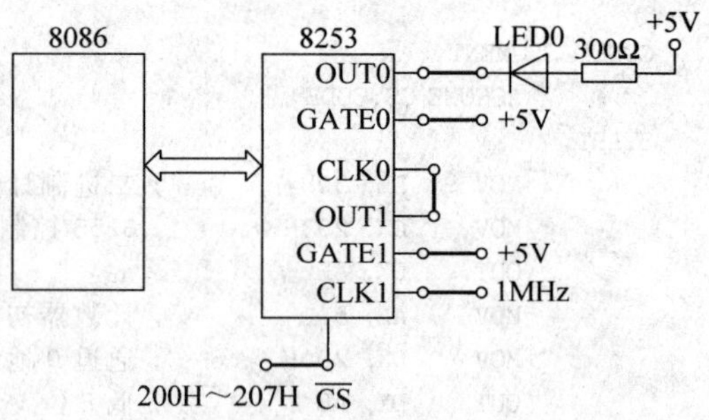

图 7-14　用 8253 控制 LED 闪烁电路原理框图

(2) 项目说明：用 8253 对标准脉冲信号进行计数，就可以实现定时功能，8253 的工作频率为 0～2MHz，所以输入的 CLK 频率必须在 2MHz 以下。用实验板上的 1MHz 作为标准信号，将 8253 可编程计数器/定时器的时间常数设在 1000000 次，就可以在定时器的管脚上输出 1 秒钟高或 1 秒钟低的脉冲信号。由于 8253 每个计数器只有 16 位，因此要用两个计数器才能实现一百万次的计数，实现每一秒钟输出状态发生一次反转。

由于定时常数过大，就要用多级串联方式。本实验采用两级计数器。定时常数分别为 100 和 10000。将计数器 1 的输出 OUT1 接到计数器 0 输入 CLK0 上，计数器 0 的输出接到 LED0 上。

3. 项目电路原理框图

用 8253 控制 LED 闪烁的电路原理框图如图 7-14 所示。电路由 8086 CPU 芯片、8253 芯片、频率 1MHz 和发光二极管 LED 等组成。

4. 项目程序设计

(1) 程序流程图

用 8253 控制 LED 闪烁程序流程图如图 7-15 所示。

(2) 程序清单

用 8253 控制 LED 闪烁程序清单如下所示。

```
CODE   SEGMENT
          ASSUME CS:CODE
START :
          MOV     AL, 36H    ；计数器 0 初始化,16 位,方式 3,二进制
          MOV     DX, 203H   ；8253 控制地址端口
          OUT     DX, AL
          MOV     AX, 10000
          MOV     DX, 200H
          OUT     DX, AL     ；计数器低字节
          MOV     AL, AH
          OUT     DX, AL     ；计数器高字节
          MOV     AL, 76H    ；计数器 1 初始化,16 位,方式 3,二进制
          MOV     DX, 203H
          OUT     DX, AL
          MOV     AX, 100
          MOV     DX, 201H
          OUT     DX, AL      ；计数器低字节
          MOV     AL, AH
          OUT     DX, AL      ；计数器高字节
          JMP     $
CODE      ENDS
          END     START
```

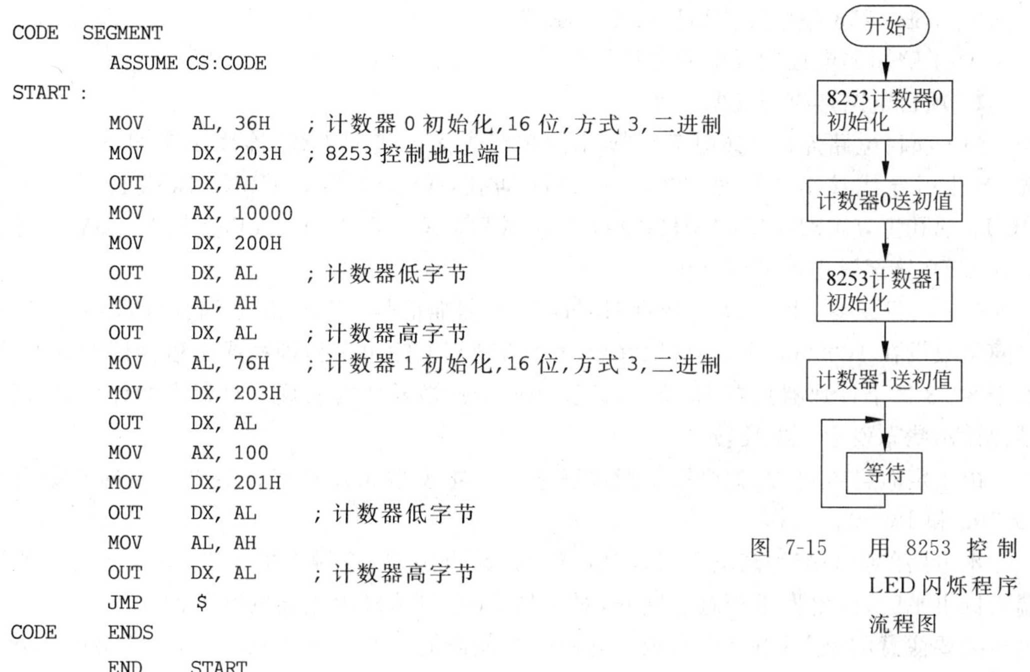

图 7-15 用 8253 控制 LED 闪烁程序流程图

5. 仿真效果

用 Proteus 7.5 ISIS 软件进行仿真,用 8253 控制 LED 闪烁仿真效果图如图 7-16 所示。

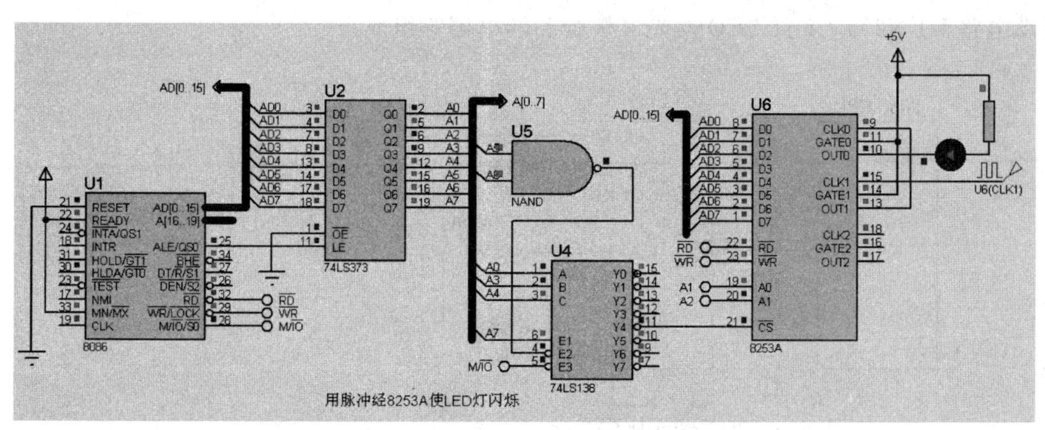

图 7-16 用 8253 控制 LED 闪烁仿真效果图

7.4.3 项目3：用8253控制继电器

1. 项目要求与目的

(1) 项目要求：利用8253的定时器0设定为方式3，定时器1设定为方式2，定时器2设定为方式3，编写程序实现8253控制继电器的吸合和断开，从而达到对外部装置的控制。

(2) 项目目的：

- 了解8253定时器的硬件连接方法及时序关系。
- 掌握8253的初始化及编程方法。
- 掌握8253各种方式编程及工作原理。
- 了解用弱电控制强电的方法。

2. 项目电路连接与说明

(1) 项目电路连接：如图7-17所示的粗线为需要接的连线，连线说明如下：8253的片选$\overline{CS}$孔用导线接至译码处200H～207H插孔，OUT1接至CLK0插孔上，CLK1接至OUT2插孔上，CLK2接至1MHz插孔上，GATE0、GATE1和GATE2接至+5V电源插孔上，OUT0接至继电器的驱动上。

(2) 项目说明：用实验板上的1MHz作为标准信号，将8253可编程计数器/定时器的时间常数设在1000000次，就可以在定时器的管脚上输出1秒钟高或1秒钟低的脉冲信号。由于8253每个计数器只有16位，因此要用两个计数器才能实现一百万次的计数，实现每一秒钟输出状态发生一次反转。

由于定时常数过大，就要用多级串联方式。本实验采用三级计数器。定时常数分别为10、100和10000。

本电路的控制端为高电平时，继电器常开触点吸合，连触点的LED灯被点亮。当控制端为低电平时，继电器常开触点断开，对应的LED灯将随继电器的开关而亮灭。

需要注意的是，继电器触点吸合与断开的间隔时间尽可能要长一些，这样继电器和控制设备才不容易损失。

3. 项目电路原理框图

用8253控制继电器电路原理框图如图7-17所示。电路由8086 CPU芯片、8253芯片、驱动电路ULN2003、1只LED发光二极管和继电器等组成。

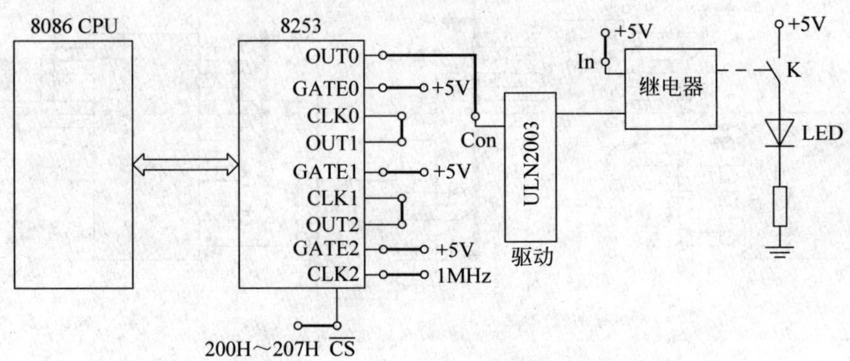

图7-17 用8253控制继电器电路原理框图

4. 项目程序设计

(1) 程序流程图

用 8253 控制继电器程序流程图如图 7-18 所示。

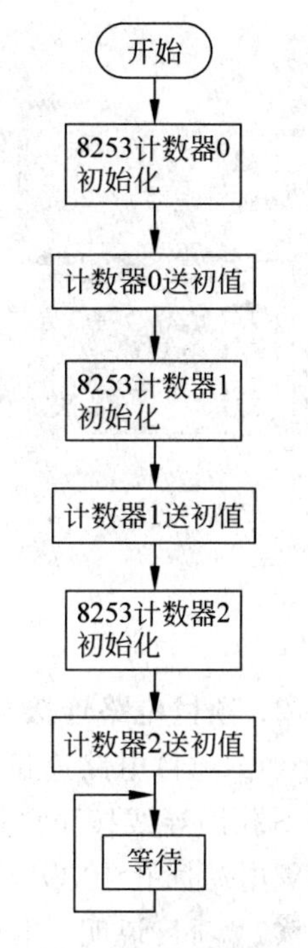

图 7-18　用 8253 控制继电器程序流程图

(2) 程序清单

用 8253 控制继电器程序清单如下所示。

```
CODE   SEGMENT
       ASSUME CS:CODE
START :
       MOV     AL, 36H   ; 计数器 0 初始化,16 位,方式 3,二进制
       MOV     DX, 203H  ; 8253 控制地址端口
       OUT     DX, AL
       MOV     AX, 10000
       MOV     DX, 200H
       OUT     DX, AL    ; 计数器低字节
       MOV     AL, AH
       OUT     DX, AL    ; 计数器高字节
       MOV     AL, 75H   ; 计数器 1 初始化,16 位,方式 2,二进制
       MOV     DX, 203H
       OUT     DX, AL
       MOV     AX, 100
       MOV     DX, 201H
       OUT     DX, AL    ; 计数器低字节
       MOV     AL, AH
       OUT     DX, AL    ; 计数器高字节
       MOV     AL, 0B6H  ; 计数器 2 初始化,16 位,方式 3,二进制
       MOV     DX, 203H
       OUT     DX, AL
       MOV     AX, 10
       MOV     DX, 202H
       OUT     DX, AL    ; 计数器低字节
       MOV     AL, AH
       OUT     DX, AL    ; 计数器高字节
       JMP     $         ; 等待
CODE   ENDS
       END     START
```

5. 仿真效果

用 Proteus 7.5 ISIS 软件进行仿真,用 8253 控制继电器仿真效果图如图 7-19 所示。

7.4.4　项目 4:电子琴

1. 项目要求与目的

(1) 项目要求:利用 8086 外接 8253 可编程定时器/计数器,用 8255 的 PB 口接 7 只按键,作为电子琴 1、2、3、4、5、6、7 数字键按键,编程完成按下数字键按键即发出相应的音调。

(2) 项目目的:

- 了解计算机发声原理。
- 学习 8086 与 8253 的连接方法及编程方法。
- 学习 8086 对 8255 的控制方法及编程方法。

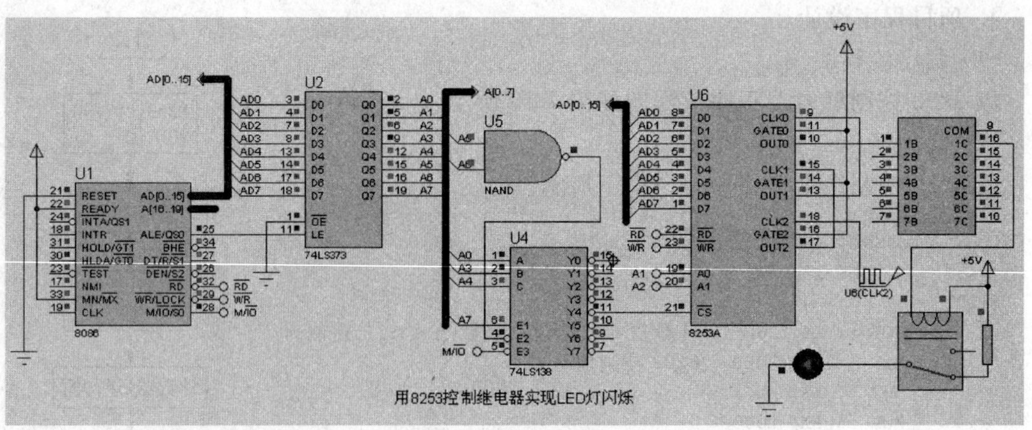

图 7-19　用 8253 控制继电器仿真效果图

2. 项目电路连接与说明

(1) 项目电路连接：如图 7-20 所示的粗线为需要接的连线，连线说明如下：8253 的片选 $\overline{CS}$ 孔用导线接至译码处 208H～20FH 插孔，CLK1 接至 1MHz 频率插孔，GATE1 接至 +5V 电源插孔上，OUT1 接喇叭的脉冲输入。

(2) 项目说明：本项目中计数器 1 按方式 3 工作，即 16 位二进制计数器。当计数设置好后，计数器就开始计数。用 8253 做定时器输出音频信号，控制喇叭发出声音。利用定时器，可以发出不同频率的脉冲，不同频率的脉冲经喇叭驱动电路放大滤波后，就会发出不同的音调。

各音阶标称频率值如下所示。

音阶	1	2	3	4	5	6	7	8
频率(Hz)	440.00	493.88	554.37	587.33	659.26	739.99	830.61	880.30

3. 项目电路原理框图

用 8253 做定时器输出音频信号，控制喇叭发出声音。利用定时器，可以发出不同频率的脉冲，不同频率的脉冲经喇叭驱动电路放大滤波后，就会发出不同的音调。电子琴电路原理框图如图 7-20 所示。电路由 8086 CPU 芯片、8253 芯片、8255A 芯片、按钮开关和喇叭驱动电路等组成。

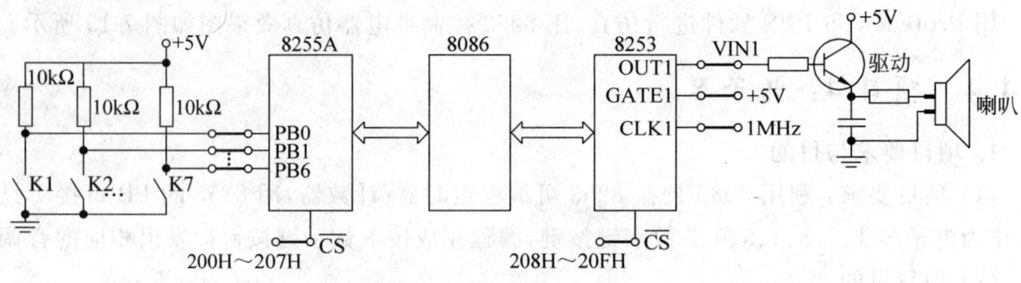

图 7-20　电子琴电路原理框图

4. 项目程序设计

(1) 程序流程图

编程完成按下数字键按键即发出相应的音调。电子琴程序流程图如图 7-21 所示。

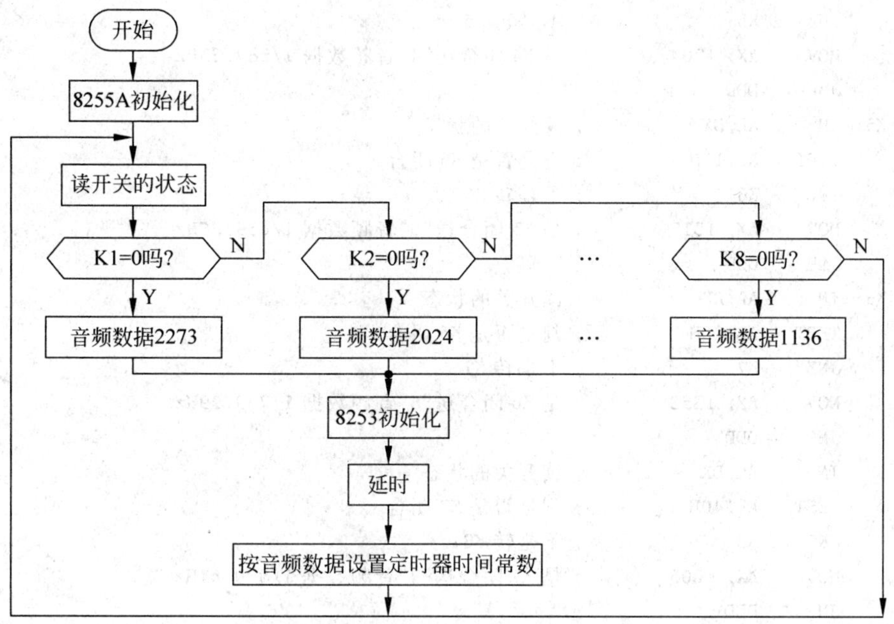

图 7-21　电子琴程序流程图

(2) 程序清单

电子琴程序清单如下所示。

```
CODE  SEGMENT
        ASSUME CS:CODE, DS:DATA
START :
        MOV   AL, 82H           ; 8255A 的 PB 口输入
        MOV   DX, 203H          ; 8255A 控制口地址
        OUT   DX, AL
    K1: MOV   DX, 201H          ; PB 端口地址
        IN    AL,DX             ; 读开关的状态
        TEST  AL,01H            ; 判是否是 K1 闭合
        JNZ   K2                ; 不是转 K2
        MOV   AX, 2273          ; 是 K1 闭合送"1"音频数据 1/440.00Hz
        JMP   DDD
    K2: IN    AL,DX             ; 读开关的状态
        TEST  AL,02H            ; 判是否是 K2 闭合
        JNZ   K3                ; 不是转 K3
        MOV   AX, 2024          ; 是 K2 闭合送"2"音频数据 1/493.88Hz
        JMP   DDD
    K3: IN    AL,DX             ; 读开关的状态
        TEST  AL,04H            ; 判是否是 K3 闭合
        JNZ   K4                ; 不是转 K4
```

```
        MOV     AX, 1805        ; 是 K3 闭合送"3"音频数据 1/554.37Hz
        JMP     DDD
    K4: IN      AL,DX           ; 读开关的状态
        TEST    AL,08H          ; 判是否是 K4 闭合
        JNZ     K5              ; 不是转 K5
        MOV     AX, 1704        ; 是 K4 闭合送"4"音频数据 1/587.33Hz
        JMP     DDD
    K5: IN      AL,DX           ; 读开关的状态
        TEST    AL,10H          ; 判是否是 K5 闭合
        JNZ     K6              ; 不是转 K6
        MOV     AX, 1517        ; 是 K5 闭合送"5"音频数据 1/659.26Hz
        JMP     DDD
    K6: IN      AL,DX           ; 读开关的状态
        TEST    AL,20H          ; 判是否是 K6 闭合
        JNZ     K7              ; 不是转 K7
        MOV     AX, 1353        ; 是 K6 闭合送"6"音频数据 1/739.99Hz
        JMP     DDD
    K7: IN      AL,DX           ; 读开关的状态
        TEST    AL,40H          ; 判是否是 K7 闭合
        JNZ     K8              ; 不是转 K8
        MOV     AX, 1205        ; 是 K7 闭合送"7"音频数据 1/830.61Hz
        JMP     DDD
    K8: IN      AL,DX           ; 读开关的状态
        TEST    AL,80H          ; 判是否是 K8 闭合
        JNZ     K1              ; 不是转 K1
        MOV     AX, 1136        ; 是 K8 闭合送"8"音频数据 1/880.30Hz
   DDD: CALL    OUTTONE
        CALL    DELAY           ; 延时
        MOV     AX, 2           ; 关闭发音
        CALL    OUTTONE
        JMP     K1

OUTTONE PROC    NEAR            ; 按音频数据设置定时器时间常数
        PUSH    AX              ; 键码压栈
        MOV     AL, 76H         ; 计数器 1, 16 位二进制,方式 3(方波)
        MOV     DX, 20BH        ; 定时器控制口地址
        OUT     DX, AL
        POP     AX              ; 键码出栈
        MOV     DX, 209H        ; 定时器 1 端口地址
        OUT     DX, AL          ; 写时间常数低 8 位
        MOV     AL, AH          ; 写时间常数高 8 位
        OUT     DX, AL
        RET
OUTTONE ENDP

DELAY   PROC    NEAR            ; 延时
                                ;PUSHCX
```

```
        MOV     CX,60000
        LOOP $
                                      ;POPCX
        RET
DELAY   ENDP
CODE    ENDS
        END     START
```

5. 仿真效果

用 Proteus 7.5 ISIS 软件进行仿真，电子琴仿真效果图如图 7-22 所示。

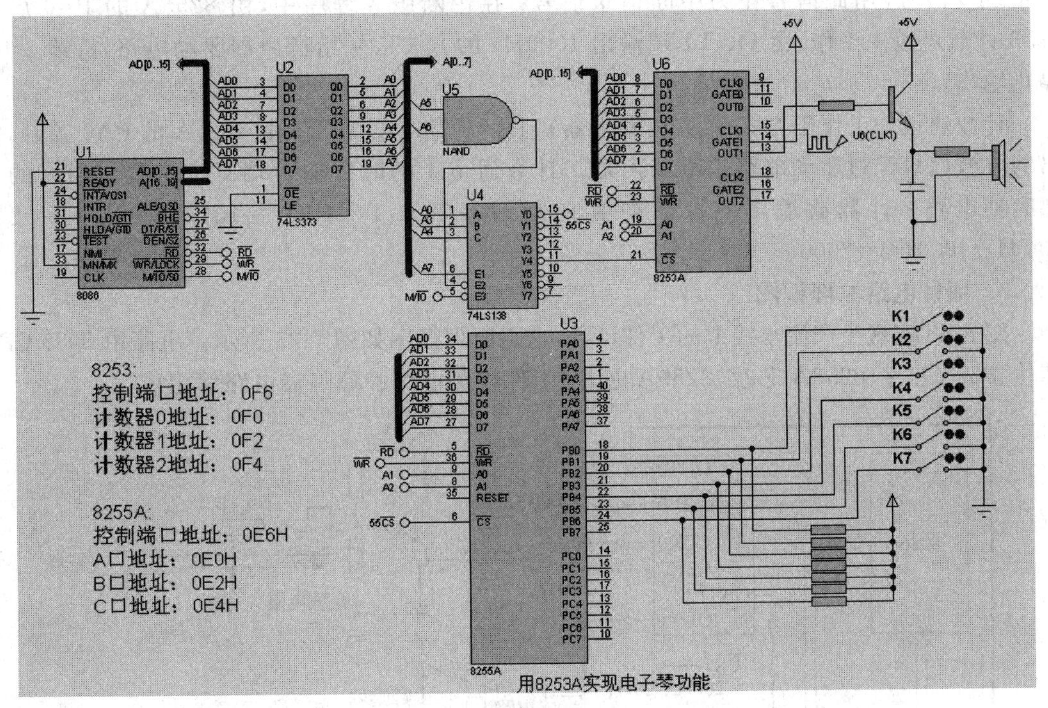

图 7-22　电子琴仿真效果图

7.4.5　项目 5：用 8253 实现生产流水线上的工件计数

1. 项目要求与目的

(1) 项目要求：用 8253 实现生产流水线上的工件计数，每通过 100 个工件，扬声器便发出频率为 1000Hz 的音响信号，持续时间为 5s。

(2) 项目目的：

- 学习 8253 芯片引脚及编程方法。
- 学习 8086 与 8253 的连接方法。
- 了解 8253 在工业上的应用。

2. 项目电路连接与说明

(1) 项目电路连接：如图 7-23 所示的粗线为需要接的连线，连线说明如下：8253 的片选 $\overline{CS}$ 孔用导线接至译码处 200H～207H 插孔，8255A 的片选 $\overline{CS}$ 孔用导线接至译码处

208H～20FH 插孔，8259A 的片选 $\overline{CS}$ 孔用导线接至译码处 210H～217H 插孔；CLK0 接至工件脉冲(正脉)提供插孔(也可以用直流电机的转速产生脉冲)，GATE0 接至+5V 电源插孔上，OUT0 接至中断芯片 8259A 的 IR0 上；CLK1 接至 2MHz 频率插孔，GATE1 接至 8255A 的 PA0 上，OUT1 接驱动电路到扬声器。

(2) 项目说明：当工件从光源与光敏电阻之间通过时，光源被工件遮挡，光敏电阻阻值增大，在晶体管的基极产生一个正脉冲，随之在晶体管的发射极将输出一个正脉冲给 8253 计数通道 0 的计数输入端 CLK0；8253 计数通道 0 工作于方式 0，其门控制输入端 GATE0 固定接+5V。当 100 个工件通过后，计数通道 0 减 1 计数至 0，在其输出端 OUT0 产生一个正跳变信号，用此信号作为中断请求信号；在中断服务程序中，由 8255A 的 PA0 启动 8253 计数通道 1 工作，由 OUT1 端输出 1000Hz 的方波信号给扬声器驱动电路，持续 5s 后停止输出。

计数通道 1 工作于方式 3(方波发生器)，其门控信号 GATE1 由 8255A 的 PA0 控制，输出的方波信号经过驱动电路送给扬声器。计数通道 1 的时钟输入端 CLK1 接 2MHz 的外部时钟电路。计数通道 1 的计数初值应为 n1＝TOUT/TCLK＝fCLK1/fOUT1＝2×10^6 Hz/1000Hz＝2000。

3. 项目电路原理框图

用 8253 实现生产流水线上的工件计数，电路原理框图如图 7-23 所示。电路由 8086 CPU 芯片、8253 芯片、8255A 芯片、8259A 芯片、工件检测电路和蜂鸣器电路等组成。

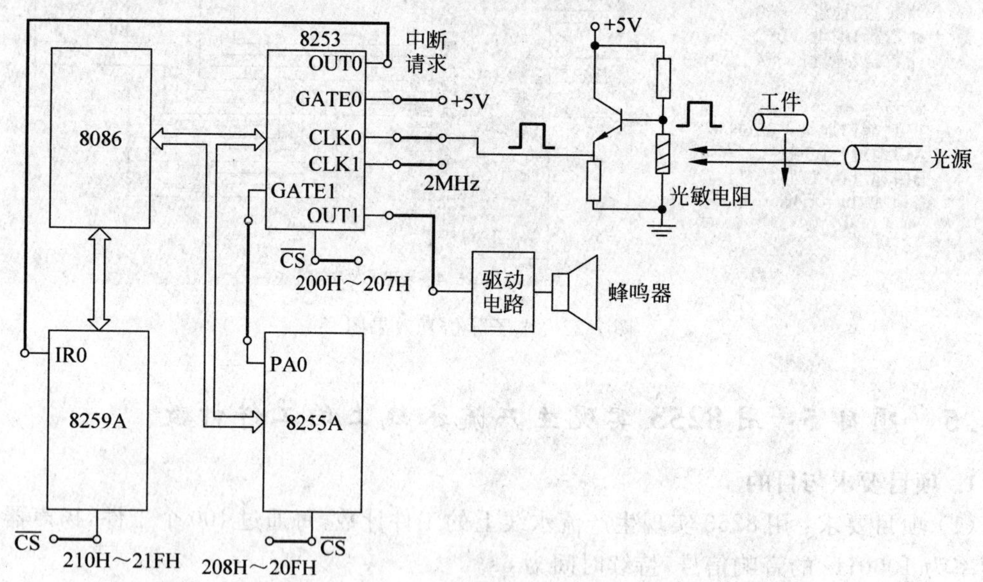

图 7-23 用 8253 实现生产流水线上的工件计数电路原理框图

4. 项目程序设计

(1) 程序流程图

用 8253 实现生产流水线上的工件计数程序流程图如图 7-24 所示。

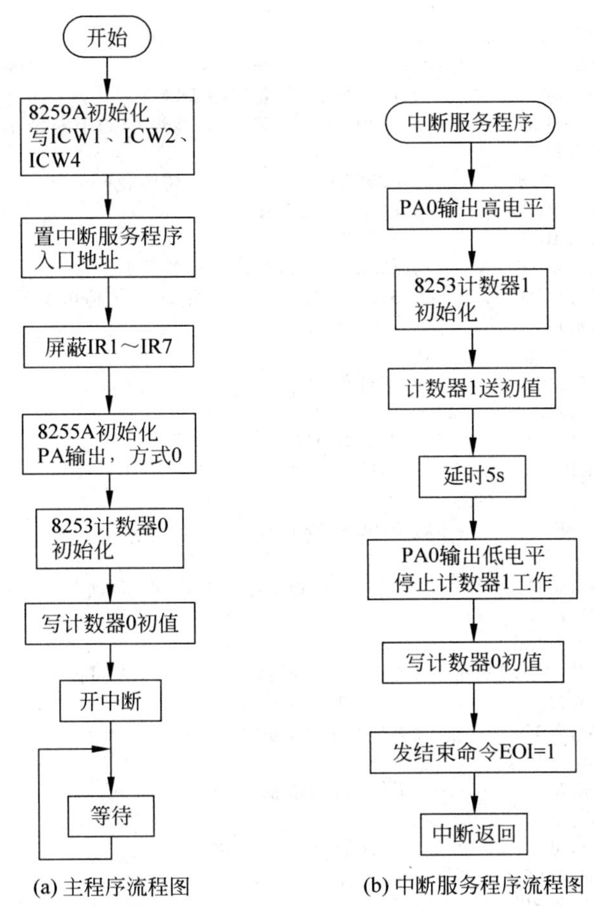

图 7-24　用 8253 实现生产流水线上的工件计数程序流程图

(2) 程序清单

用 8253 实现生产流水线上的工件计数程序清单如下所示。

```
DATA   SEGMENT
DATA   ENDS
STACK  SEGMENT STACK
STA     DW 50 DUP(?)
STACK  ENDS
CODE SEGMENT
          ASSUME CS:CODE,DS: DATA ,SS:STACK
START :   MOV    AL,13H          ;00010011B ICW1: 边沿触发,单片,要 ICW4
          MOV    DX,210H         ;8259A 偶地址
          OUT    DX,AL
          MOV    AL,8            ;ICW2 中断类型号为 8
          MOV    DX,211H         ; 8259A 奇地址,写 ICW2
          OUT    DX,AL
          MOV    AL,01H          ; ICW4 不用缓冲方式,正常中断结束,非特殊的全嵌套方式
          OUT    DX,AL
          MOV    AX,0            ; 清零
          MOV    DS,AX           ; 数据段清零
          LEA    AX,INT0         ; 写 8259A 中断程序的入口地址
          MOV    DS:[4 * 8],AX
```

```
         MOV    AX,CS
         MOV    DS:[4 * 8 + 2],AX
         IN     AL,DX            ; 读中断屏蔽寄存器 IMR
         AND    AL,0FEH          ; 屏蔽 IR1～IR7,允许 IR0 中的中断请求
         OUT    DX,AL
         MOV    DX,20BH          ; 8255A 控制口(8255A 初始化)
         MOV    AL,80H           ; PA 口方式 0 输出
         OUT    DX,AL            ; 写控制字
         MOV    DX,203H          ; 8253 控制口(8253 初始化)
         MOV    AL,00010001B     ; 8253 计数通道 0 初始化: 方式 0,只写低 8 位,BCD 计数
         OUT    DX,AL
         MOV    DX,200H
         MOV    AL,99H           ; 写计数通道 0 的计数初值
         OUT    DX,AL
         STI                     ; CPU 开中断
   HERE: JMP    HERE             ; 等待中断

   INT0  PROC   NEAR             ; 8259 中断程序
         MOV    DX,208H
         MOV    AL,01H           ; 8255A 的 PA0 输出高电平,启动 8253 计数通道 1 工作
         OUT    DX,AL
         MOV    DX,203H          ; 8253 地址
         MOV    AL,01110111B     ; 8253 计数通道 1 初始化: 先写低 8 位,后写高 8 位
         OUT    DX,AL            ; 方式 3,BCD 计数
         MOV    DX,201H          ; 8253 计数通道 1 地址
         MOV    AL,00H
         OUT    DX,AL            ; 写计数初值低 8 位
         MOV    AL,20H
         OUT    DX,AL            ; 写计数初值高 8 位
         CALL   DELAY5S          ; 延迟 5s
         MOV    DX,208H
         MOV    AL,00H           ; 8255A 的 PA0 输出低电平,停止 8253 计数通道 1 工作
         OUT    DX,AL
         MOV    DX,200H
         MOV    AL,99H           ; 写 8253 计数 0 初值(为下次工作做准备)
         OUT    DX,AL
         MOV    DX,210H
         MOV    AL,20H           ; OCW2 发结束命令 EOI = 1
         OUT    DX,AL
         IRET
   INT0  ENDP
DELAY5S  PROC   NEAR             ; 延迟 5s 子程序
         MOV    BH,20
DEL100MS:MOV    BL,100
 DEL1MS: MOV    CX,374
   DEL1: PUSHF
         POPF
         LOOP   DEL1
         DEC    BL
         JNZ    DEL1MS
         DEC    BH
         JNZ    DEL100MS
         RET
DELAY5S  ENDP
         CODE   ENDS
         END    START
```

5. 仿真效果

用 Proteus 7.10 ISIS 试用版进行仿真，用 8253 实现生产流水线上的工件计数仿真效果图如图 7-25 所示。

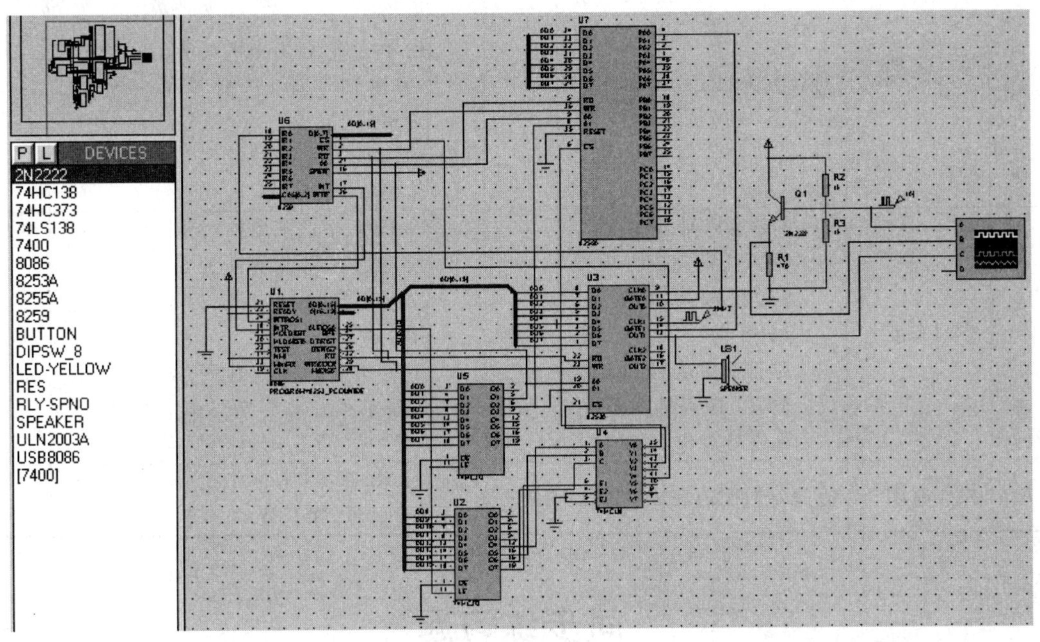

图 7-25　用 8253 实现生产流水线上的工件计数仿真效果图

7.4.6 拓展工程训练项目考核

拓展工程训练项目考核如表 7-5 所示。

表 7-5　项目实训考核表(拓展工程训练项目名称：　　　　　　　)

<table>
<tr><td>姓名</td><td></td><td>班级</td><td></td><td>考件号</td><td></td><td>监考</td><td></td><td>得分</td><td></td></tr>
<tr><td>额定工时</td><td colspan="2">分钟</td><td>起止时间</td><td colspan="4">日　时　分至　日　时　分</td><td>实用工时</td><td></td></tr>
<tr><td>序号</td><td>考核内容</td><td colspan="2">考核要求</td><td>分值</td><td colspan="3">评分标准</td><td>扣分</td><td>得分</td></tr>
<tr><td>1</td><td>项目内容与步骤</td><td colspan="2">(1) 操作步骤是否正确
(2) 项目中的接线是否正确
(3) 项目调试是否有问题，是否调试得来</td><td>40</td><td colspan="3">(1) 操作步骤不正确扣 5～10 分
(2) 项目中的接线有问题扣 2～10 分
(3) 调试有问题扣 2～10 分，调试不来扣 2～10 分</td><td></td><td></td></tr>
<tr><td>2</td><td>项目实训报告要求</td><td colspan="2">(1) 项目实训报告写得规范、字体公正否
(2) 回答思考题是否全面</td><td>20</td><td colspan="3">(1) 项目实训报告写得不规范、字体不公正，扣 5～10 分
(2) 回答思考题不全面，扣 2～5 分</td><td></td><td></td></tr>
</table>

续表

序号	考核内容	考 核 要 求	分值	评 分 标 准	扣分	得分
3	安全文明操作	符合有关规定	15	(1) 发生触电事故,取消考试资格 (2) 损坏电脑,取消考试资格 (3) 穿拖鞋上课,取消考试资格 (4) 动作不文明,现场凌乱,吃东西扣2～10分		
4	学习态度	(1) 有没有迟到、早退现象 (2) 是否认真完成各项项目,积极参与实训、讨论 (3) 是否尊重老师和其他同学,是否能够很好地交流合作	15	(1) 有迟到、早退现象扣5分 (2) 没有认真完成各项项目,没有积极参与实训、讨论扣5分 (3) 不尊重老师和其他同学,不能够很好地交流合作扣5分		
5	操作时间	在规定时间内完成	10	每超时10分钟(不足10分钟以10分钟计)扣5分		

同步练习题

(1) 定时和计数有哪几种实现方法?各有什么特点?

(2) 试说明定时器/计数器芯片 Intel 8253 的内部结构。

(3) 设 8253 计数器 0～2 和控制字的 I/O 地址依次为 F8H～FBH,说明如下程序的作用。

```
MOV     AL, 33H
OUT     0FBH,AL
MOV     AL,80H
OUT     0F8H,AL
MOV     AL,50H
OUT     0F8H,AL
```

(4) 8253 每个计数通道与外设接口有哪些信号线?每个信号的用途是什么?

(5) 定时器/计数器芯片 Intel 8253 占用几个端口地址?各个端口分别对应什么?

(6) 试按如下要求分别编写 8253 的初始化程序,已知 8253 的计数器 0～2 和控制字 I/O 地址依次为 04H～07H。

① 使计数器 1 工作在方式 0,仅用 8 位二进制计数,计数初值为 128。

② 使计数器 0 工作在方式 1,按 BCD 码计数,计数值为 3000。

③ 使计数器 2 工作在方式 2,计数值为 02F0H。

(7) 设一个 8253 的计数器 0 产生 20ms 的定时信号,试对它进行初始化编程。

(8) 让一个计数器 3 工作在单稳态方式,让它产生脉冲宽度为 15ms(设输入频率为 2MHz),试编一段程序。

(9) 将 8253 定时器 0 设为方式 3(方波发生器),定时器 1 设为方式 2(分频器)。要求定时器 0 的输出脉冲作为定时器 1 的时钟输入,CLK0 连接总线时钟 4.77MHz,定时器 1 输出 OUT1 约为 40Hz,试编一段程序。

(10) 分别利用 8253 和 8255A 两个接口芯片,编制一段倒计数的显示程序。用通道 1 作为定时脉冲,每隔 50ms 向 CPU 发一次中断申请,每发一次中断申请,CPU 做一次减 1 操作,从 100 开始减到 0 停止工作,并把每次减的结果通过 LED 显示器进行显示。画出硬件连接图。

第 8 章　串行通信与可编程 8251A

学习目的

(1) 了解串行通信基础。

(2) 熟悉 8251A 芯片引脚、内部结构和工作过程。

(3) 掌握 8251A 方式控制字及初始化编程。

(4) 掌握拓展工程训练项目编程方法和设计思想。

学习重点和难点

(1) 串行通信基础。

(2) 8251A 芯片引脚、内部结构和工作过程。

(3) 8251A 方式控制字及初始化编程。

(4) 拓展工程训练项目编程方法和设计思想。

8.1　串行通信基础

8.1.1　概述

通信是指计算机与外部设备之间或计算机与计算机之间的信息交换。通信的基本方式可以分为并行通信和串行通信两种。

并行通信是指数据的每位同时传输，如第 5 章所述的 8255A 与外设间的数据交换采用的就是并行通信方式。这种方式的数据传输速度快，但是在使用时所需要的通信线路多，随着传输距离的增加，通信成本增加，可靠性下降，因此并行通信适合短距离传输。

串行通信则是把需要传输的数据按照一定的数据格式一位一位地按顺序传输。串行通信的信号在一根信号线上传输。发送时，把每个数据中的各个二进制位一位一位地发送出去，发送一个字节后再发送下一个字节；接收时，从信号线上一位一位地接收，并把它们拼成一个字节传输给 CPU 进行处理。

串行通信只需一对传输线，并且可以利用现有的电话线作为传输介质，这样可以降低传输线的成本，特别是在远距离传输时，这一优点更为突出。但在进行串行通信时需要进行并-串和串-并之间的转换。主要应用于接口与外部设备、计算机与计算机之间，例如鼠标、键盘和接口。

8.1.2　单工、半双工和全双工通信

串行通信按照数据流的传送方式可以分为单工、半双工和全双工，如图 8-1 所示。

(1) 单工通信：如图 8-1(a)所示，在单工通信方式中，信号只能在单一通信信道上向同一个方向传输，任何时候都不能改变信号的传送方向(如电视信号)。

(2) 半双工通信：如图 8-1(b)所示，在半双工通信方式中，信号可以双向传送，但必须交替进行，同一个时刻只能向一个方向传送数据(如对讲机)。

(3) 全双工通信：如图 8-1(c)所示，在全双工通信方式中，信号可以同时双向传送。在全双工通信方式中数据的接收与发送分别由两条不同的传输信道来完成。全双工通信信道也可以用于单工通信或半双工通信(如上网)。

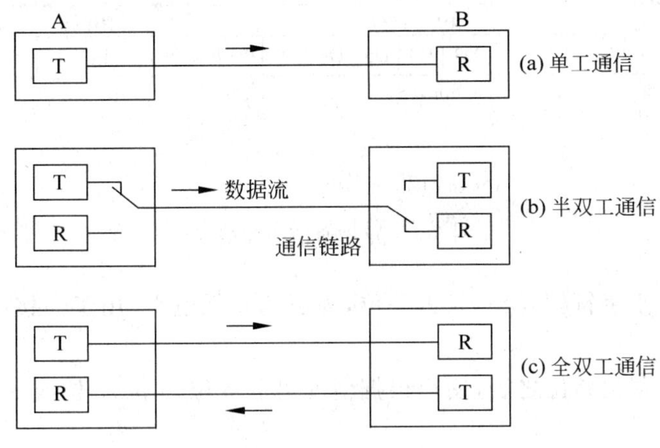

图 8-1 数据传输方式

8.1.3 串行通信方式

按照串行数据的时钟控制方式，串行通信可分为同步通信和异步通信两类。

(1) 同步通信

在数据块传输时为了提高传输速度，通常采用同步通信传输方式。同步通信不是用起始位来标识字符的开始，而是用一串特定的二进制序列，称为同步字符，去通知接收器串行数据第一位何时到达。串行数据信息以连续的形式发送，每个时钟周期发送一位数据。数据信息间不留空隙，数据信息后是两个错误校验字符。同步通信采用的同步字符的个数不同，存在着不同的格式结构，具有一个同步字符的数据格式称为单同步数据格式，如图 8-2(a)所示；有两个同步字符的数据格式称为双同步数据格式，如图 8-2(b)所示。在同步传输中，要求用时钟来实现发送端与接收端之间的同步。

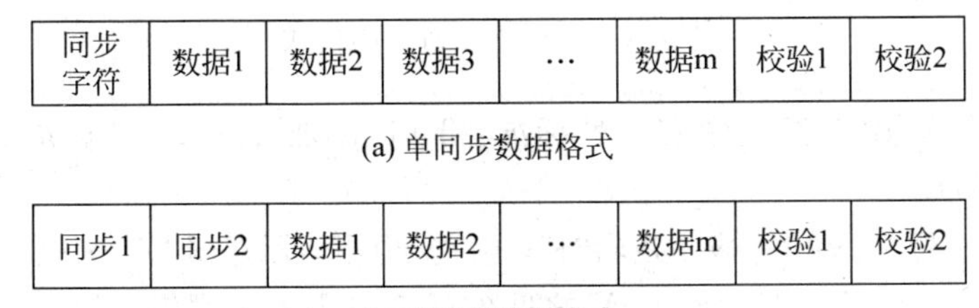

同步字符	数据1	数据2	数据3	…	数据m	校验1	校验2

(a) 单同步数据格式

同步1	同步2	数据1	数据2	…	数据m	校验1	校验2

(b) 双同步数据格式

图 8-2 同步通信的数据格式

(2) 异步通信

发送或接收一个信息字符所需的一切数据和控制信息，都在单根通信线上移动，而且每次只移动一位。异步串行通信数据格式如图 8-3 所示。

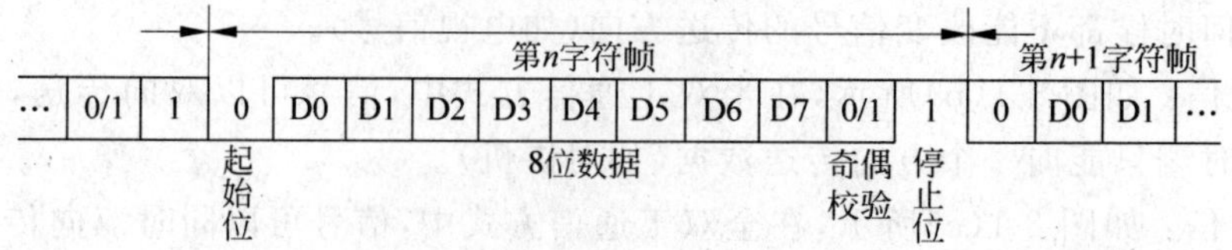

(a) 无空闲位字符帧

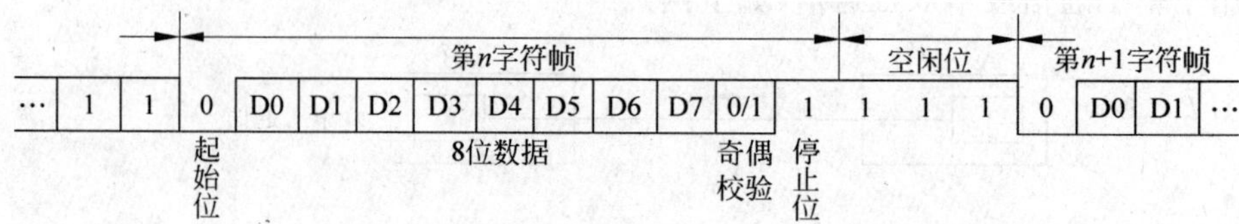

(b) 有空闲位字符帧

图 8-3 异步通信的帧格式

① 起始位：位于字符帧开头，只占一位，为逻辑 0 低电平，用于向接收设备表示发送端开始发送一帧信息。

② 数据位：紧跟起始位之后，用户根据情况可取 5 位、6 位、7 位或 8 位，低位(D0)在前高位(D7)在后。

③ 奇偶校验位：位于数据位之后，仅占一位，用来表征串行通信中采用奇校验还是偶校验，由用户决定。

④ 停止位：位于字符帧最后，为逻辑 1 高电平。通常可取 1 位、1.5 位或 2 位，用于向接收端表示一帧字符信息已经发送完，也为发送下一帧做准备。

在串行通信中，两相邻字符帧之间可以没有空闲位，也可以有若干空闲位，这由用户来决定。

例如用 ASCII 编码字符位 7 位加一位奇偶校验位、一个起始位以及一个停止位共 10 位。如图 8-4 所示传输 F 字符的 ASCII 码 1000110 波形。

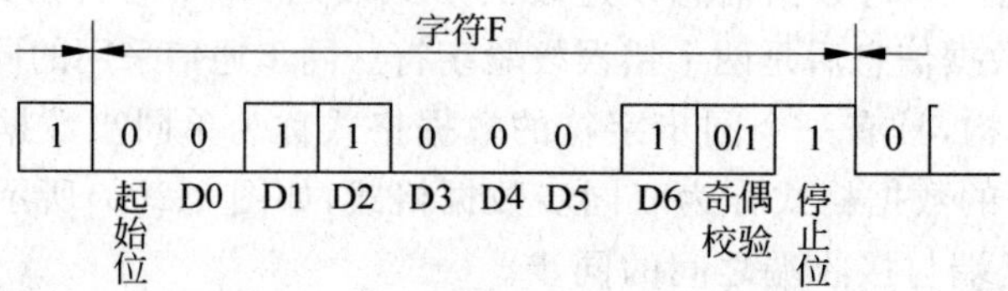

图 8-4 传送 F 字符的帧格式

需要说明的是逻辑“0、1”通常有 4 种标准：TTL 标准、RS-232C 标准、20mA 电流环标准和 60 电流环标准。

- TTL 标准：用+5V 电平表示逻辑“1”；用 0V 电平表示逻辑“0”，这里采用的是正逻辑。
- RS-232C 标准：用−15V～−5V 之间的任意电平表示逻辑“1”；用+5V～+15V 之间的任意电平表示逻辑“0”，这里采用的是负逻辑。
- 20mA 电流环标准：线路中存在 20mA 电流表示逻辑“1”，不存在 20mA 电流表示逻辑“0”。
- 60 电流环标准：线路中存在 60mA 电流表示逻辑“1”，不存在 60mA 电流表示逻辑“0”。

8.1.4 通信速率

通信速率反映数据传输速度的快慢，通信速率主要有数据传输速率和波特率两个指标。

(1) 数据传输速率

数据传输速率是指每秒钟传输二进制数的位数(即比特率)，以位/秒(bps 或 bit/s 简称 b/s)为单位。数据传输速率反应了串行通信的速率，也反应了对传输通道的要求，传输速率越高，要求传输通道的频带越宽。以字符为单位传送时数据传输速率等于每秒传送的字符数与每个字符位数的乘积。例如每秒传送 120 个字符，每个字符包含 10 位(一个起始位、7 个数据位、一个奇偶校验位、一个停止位)则数据传输速率为：120 字符/每秒×10 位/字符＝1200b/s。

(2) 波特率

波特率是指每秒传送的符号数。每次传送一位时，波特率大小与数据传输速率相等。波特率通常简称波特，用符号 Baud 或 B 表示。

在计算机中，一个符号的含义为高低电平，它们分别代表逻辑"1"或逻辑"0"，所以每个符号所含的信息刚好为 1 比特，因此在计算机通信中，常常把比特率称为波特率，即

1 波特(Baud)＝1 比特(bit)/秒＝1 位/秒(1b/s)

一般计算机异步通信的波特率在 50～9600b/s 之间。

波特率与串行接口内的时钟频率并不一定相等。时钟频率可以选为波特率的 1 倍、16 倍或 64 倍。由于异步通信双方各自使用自己的时钟信号，要是时钟频率等于波特率，则双方的时钟频率稍有偏差或初始相位不同就容易产生接收错误。采用较高频率的时钟，在一位数据内有 16 个或 64 个时钟，捕捉信号的正确性就容易得到保证。

8.1.5 串行通信接口标准

在计算机系统中，常用的串行通信接口标准有：RS-232C、RS-449、RS-422A、RS-423A、RS-485、20mA 电流环等总线接口标准。

(1) RS-232C 总线

RS-232C 是使用最早、应用最多的一种异步串行通信总线标准。它是美国电子工业协会(EIA)1962 年公布，1969 年最后修定而成的。其中，RS 表示 Recommended Standard，232 是该标准的标识号，C 表示最后一次修定。

RS-232C 串行接口总线适用于：设备之间的通信距离不大于 15m，传输速率最大为 20kb/s。

① RS-232C 信息格式标准

RS-232C 采用串行格式，如图 8-5 所示。该标准规定：信息的开始为起始位，信息的结束为停止位；信息本身可以是 5、6、7、8 位再加一位奇偶校验位。如果两个信息之间无信息，则写"1"，表示空。

目前在 IBM PC 上的 COM1、COM2 接口，就是 RS-232C 接口。

② RS-232C 机械特性

RS-232C 标准规定使用符合 ISO 2110 标准的 25 芯 D 型连接器，如图 8-6(a)所示。RS-232C 总线标准有 25 条信号线，其中：4 条数据线、11 条控制线、3 条定时线、7 条备用和

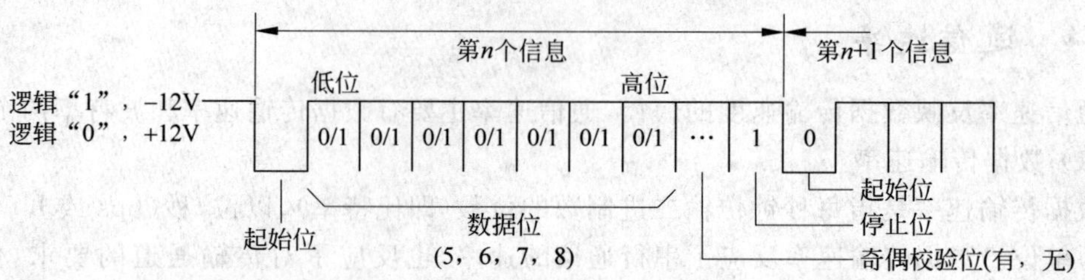

图 8-5　RS-232C 信息格式标准

未定义线。目前大多数 PC 的 RS-232C 接口不再使用 25 芯 D 型连接器，而配备有主要功能相同的 9 芯 D 型连接器，如图 8-6(b)所示。

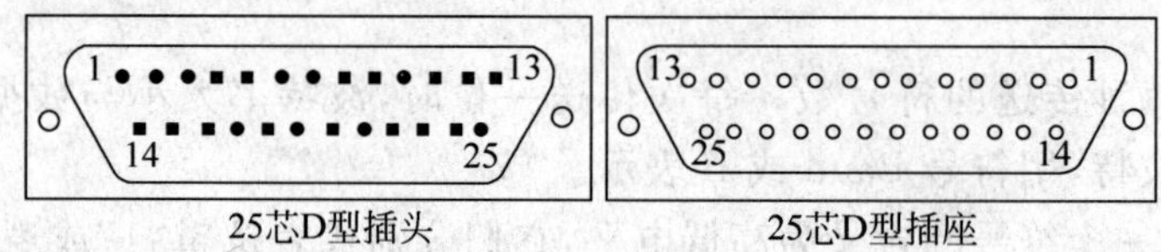

(a) 25芯D型连接器

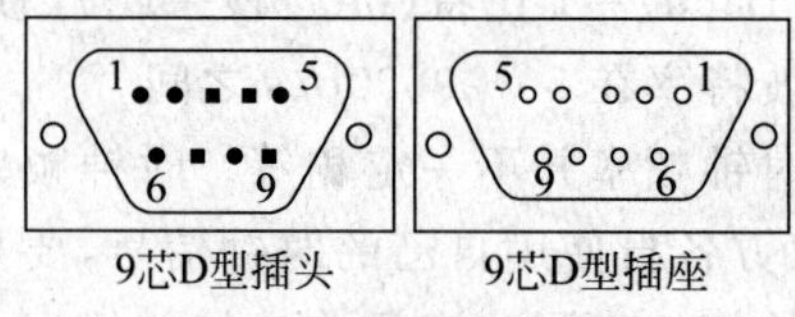

(b) 9芯D型连接器

图 8-6　RS-232C 连接器示意图

25 芯 D 型连接器与 9 芯 D 型连接器的引脚对应如表 8-1 所示。

表 8-1　DB25 与 DB9 引脚对应关系

DB25 引脚号	DB9 引脚号	功能说明	DB25 引脚号	DB9 引脚号	功能说明
1		保护地	14		(辅信道)发送数据(TxD)
2	3	发送数据(TxD)*	15		发送信号单元定时(DCE 为源)
3	2	接收数据(RxD)*	16		(辅信道)接收数据(RxD)
4	7	请求发送(RTS)*	17		接收信号单元定时(DCE 为源)
5	8	清除发送(CTS)*	18		未定义
6	6	数据通信设备准备好(DSR)*	18		(辅信道)请求发送(RTS)
7	5	信号地(公共地)*	20	4	数据终端准备好(DTR)*
8	1	数据载体检测(DCD)*	21		信号质量检测
8		(保留供数据通信设备测试)	22	9	振铃指示(Rl)*
10		(保留供数据通信设备测试)	23		数据信号速率选择(DTE/DCE 为源)
11		未定义	24		发送信号单元定时(DTE 为源)
12		(辅信道)数据载体检测(DCD)	25		未定义
13		(辅信道)清除发送(CTS)			

尽管 RS-232C 使用 20 条信号线，在近距离通信时常常只需三条连接线，即“发送数据”、“接收数据”和“信号地”，发送方和接收方的“发送数据”、“接收数据”端交叉连接，传输线采用屏蔽双绞线即可实现，如图 8-7 所示；当使用 RS-232C 进行远距离传送数据时，就必须配合调制解调器(Modem)和电话线进行通信，其连接及通信原理如图 8-8 所示。

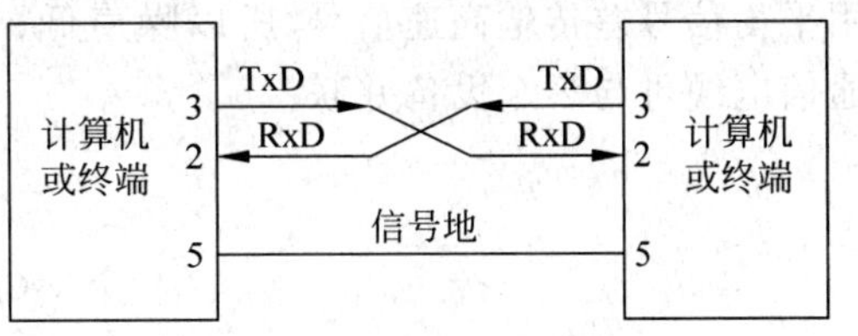

图 8-7　三线制连接原理图

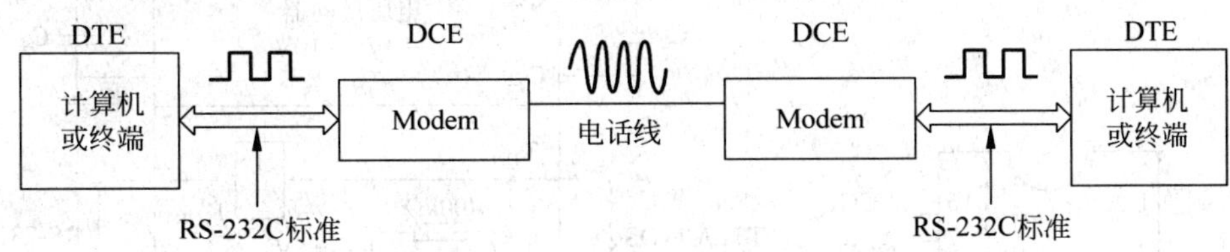

图 8-8　远距离串行通信原理图

③ RS-232C 电气特性

由于 RS-232C 是在 TTL 集成电路之前制定的，所以它的电平不是＋5V 和地，RS-232C 标准规定了数据和控制信号的电压范围，它使用负逻辑，将－15V～－5V 规定为逻辑“1”，＋5V～＋15V 规定为逻辑“0”。

④ RS-232C 电平转换电路

RS-232C 电平与通常的 TTL 电平不兼容，所以两者之间必须加电平转换电路。常用的电平转换芯片有 MC1488/MC1489 和 MAX232。MC1488/MC1489 工作电压需要±15V，而 MAX232 工作电压只需要 5V 就可以。

MAX232 是单电源双 RS-232C 发送/接收芯片，如图 8-9 所示。芯片引脚如图 8-9(a)所示，采用 16 脚双列直插式封装，采用单一＋5V 电源供电。外接只需 4 个电容，便可以构成标准的 RS-232C 通信接口，如图 8-9(b)所示，由于硬件电路简单，所以被广泛采用。MAX232 主要特性如下：

- 符合所有的 RS-232C 技术规范。
- 只要单一 ＋5V 电源供电。
- 具有升压、电压极性反转能力，能够产生 ＋10V 和 －10V 电压 V_+、V_-。
- 低功耗，典型供电电流 5mA。
- 内部集成 2 个 RS-232C 驱动器。
- 内部集成 2 个 RS-232C 接收器。

(2) RS-449 接口标准

RS-232C 虽然使用很普遍，但由于采用非平衡传输方式，易受地线干扰，而且传输距离短，传输速率慢。为了实现更远距离和更高传输速率，采用 RS-449 接口标准。EIA 1977 年公布的电子工业标准接口 RS-449，在很多方面可代替 RS-232C 应用。两者的主要差别是信号在导线上的传输方法不同。RS-232C 是利用传输信号与公共地之间的电压差，而 RS-449 接口是利用信号导线之间的信号电压差，由于它克服了 RS-232C 互不兼容的 25 芯连接器以及接口处信号间易串扰等缺陷，最大传输距离达 1200m，信号最高传输速率为 100kb/s。

RS-449规定了两种接口标准连接器,一种为37芯,另一种为9芯。由于RS-449系统用平衡信号差传输高速信号,所以噪声低;它还可以多点或者使用公用线通信,故RS-449通信电缆可与多个设备并联。

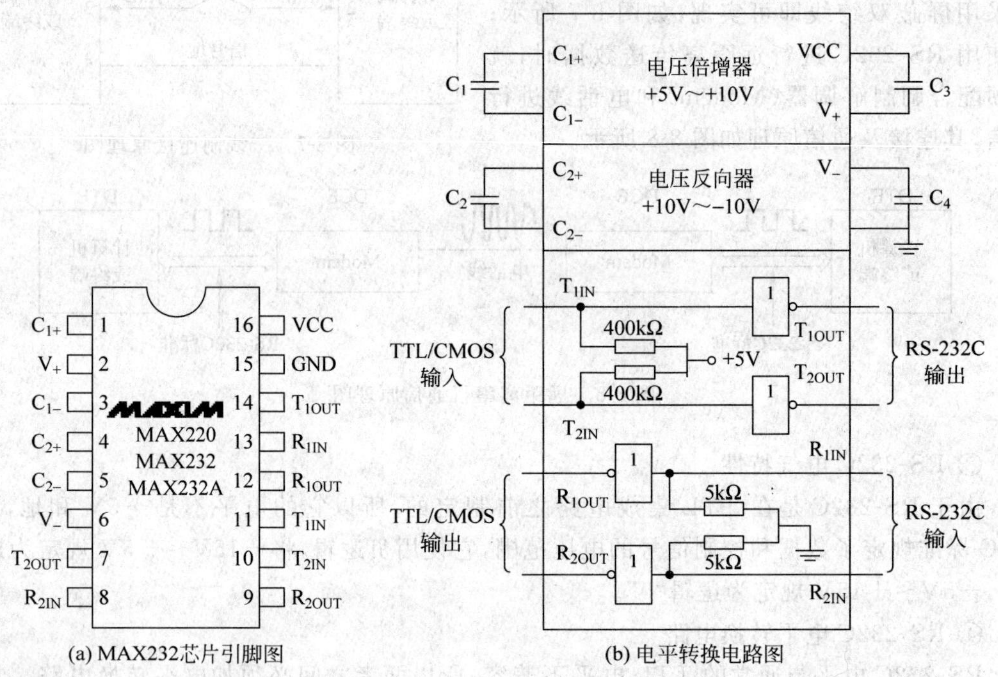

图8-9 MAX232实现TTL电平与RS-232C电平转换

(3) RS-422A接口标准

采用了平衡差分传输技术,提高了共模抑制能力,大大减小了地线电位差引起的麻烦。

优点:RS-422A比RS-232C传输距离长、速度快,传输速率最大可达10Mb/s,在此速率下,电缆的允许长度为12m,如果采用低速率传输,最大距离可达1200m。

RS-422A的接口电路如图8-10所示,发送器SN75174将TTL电平转换为标准的RS-422A电平;接收器SN75175将RS-422A接口信号转换为TTL电平。

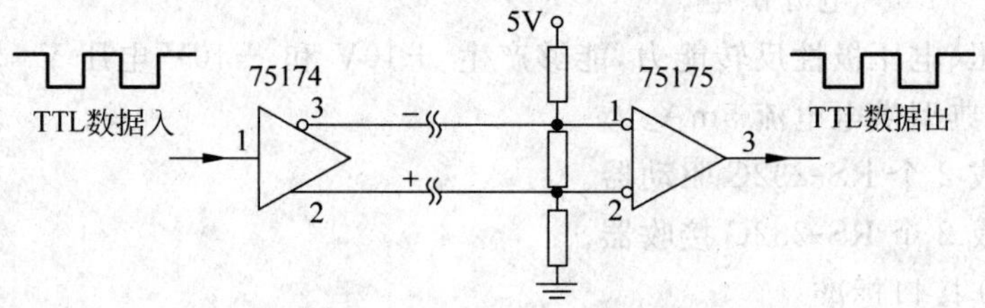

图8-10 RS-422A接口标准

(4) RS-423A接口标准

RS-423A规定为单端线,而且与RS-232C兼容,参考电平为地,该标准的主要优点是在接收端采用了差分输入。而差分输入对共模干扰信号有较高的抑制作用,这样就提高了通信的可靠性。RS-423A驱动器在90m长的电缆上传送数据的最大速率为100kb/s,若降低到

1000b/s，则允许电缆长度为1200m。如图8-11所示是RS-423A接口标准的连接示意图。

(5) RS-485接口标准

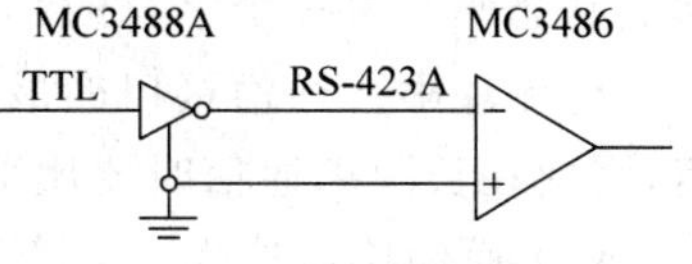

图8-11 RS-423A接口标准

RS-485是一种多发送器的电路标准，它扩展了RS-422A的性能，允许双导线上一个发送器驱动32个负载设备。负载设备可以是被动发送器、接收器和收发器。RS-485电路允许共用电话线通信。电路结构是在平衡连接电缆两端有终端电阻，在平衡电缆上挂发送器、接收器和组合收发器。RS-485标准没有规定在何时控制发送器发送或接收机接收数据。

RS-485最小型由两条信号电路线组成。每条连接电路必须有接地参考点，这电缆能支持32个发送接收器对。为了避免地面漏电流的影响，每个设备一定要接地。电缆应包括连至每个设备地的第三信号参考线。若用屏蔽电缆，屏蔽应接到设备的机壳。典型的RS-232到RS-422/485转换芯片有：MAX481/483/485/487/488/489/490/491，SN75175/176/184等，它们均只需单一+5V电源供电即可工作。接口示意图如图8-12所示。

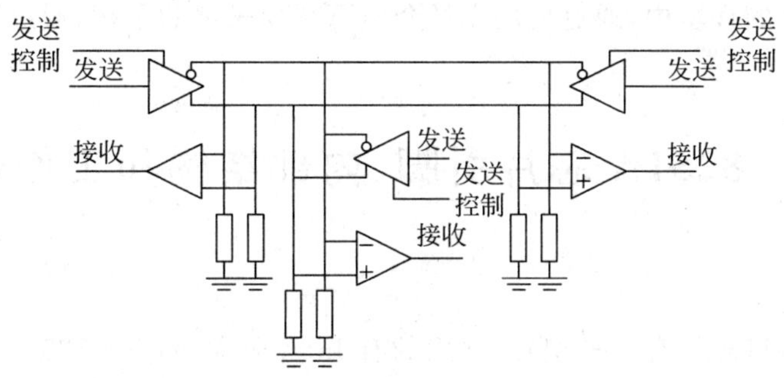

图8-12 RS-485接口示意图

(6) 20mA电流环串行接口

20mA电流环是目前串行通信中广泛使用的一种接口电路，其原理如图8-13所示。

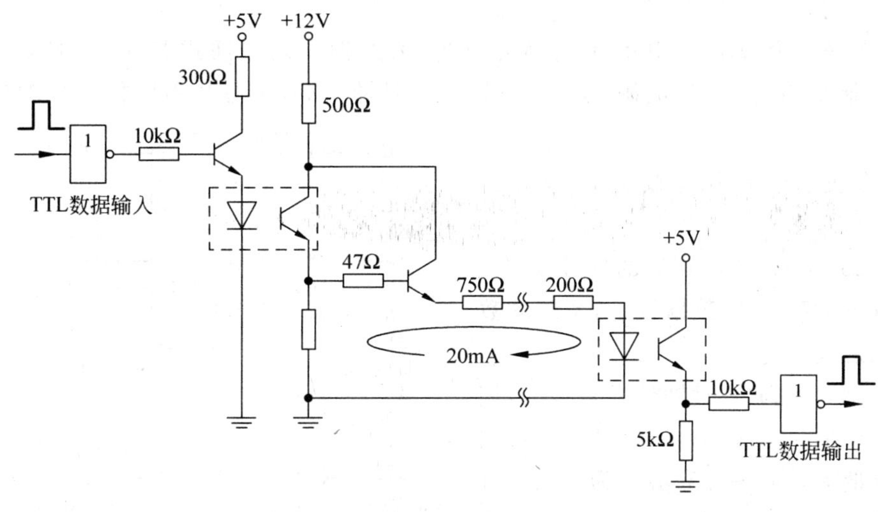

图8-13 20mA电流环接口原理图

由于20mA电流环是一种异步串行接口标准,所以在每次发送数据时必须以无电流的起始状态作为每一个字符的起始位,接收端检测到起始位时便开始接收字符数据。

电流环串行通信接口的最大优点是低阻传输线对电气噪声不敏感,而且易实现光电隔离,因此在长距离通信时要比RS-232C优越得多。

(7) 通信接口选择

① 通信速度和通信距离。这两个指标具有相关性,适当降低传输速度,可以提高通信距离,反之亦然。例如,采用RS-232C标准进行单向数据传输时,最大的传输速度为20Kb/s,最大的传输距离为15m。而采用RS-422A标准时,最大的传输速度可达10Mb/s,最大的传输距离为300m,适当降低传输速度,传输距离可达1200m。

② 抗干扰能力。在一些工业测控系统中,通信环境十分恶劣,因此在通信介质选择、接口标准选择时,要充分考虑抗干扰能力,并采取必要的抗干扰措施。例如在长距离传输时,使用RS-422A标准,能有效地抑制共模信号干扰;使用20mA电流环技术,能大大降低对噪声的敏感程度。

在高噪声污染的环境中,通过使用光纤介质可减少噪声的干扰,通过光电隔离可以提高通信系统的安全性。

8.2 8251A芯片引脚、内部结构和工作过程

8.2.1 概述

可编程串行接口芯片有多种型号,常用的有Intel公司生产的8251A,Motorola公司生产的6850、6952、8654,ZILOG公司生产的SIO及TNS公司生产的8250等。这些芯片结构和工作原理大同小异,不必一一介绍。下面以Intel公司生产的8251A为例介绍可编程串行通信接口的基本工作原理、内部结构、编程方法及应用。

8.2.2 8251A芯片引脚

8251A是一个采用NMOS工艺制造的28条引脚双列直插式芯片,全部输入输出与TTL电平兼容,单一+5V电源,单一TTL电平时钟,8251A芯片引脚信号分配如图8-14所示。

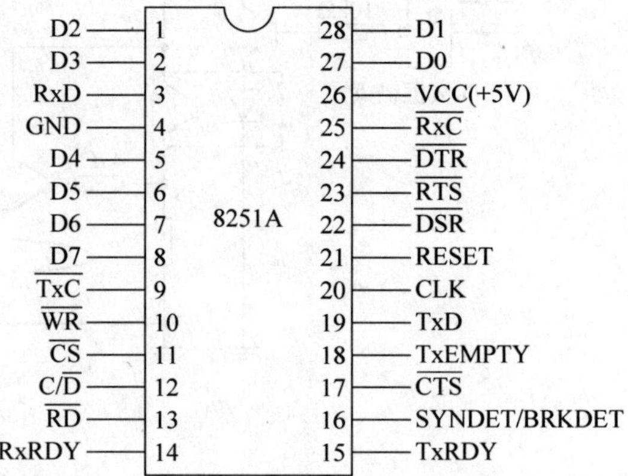

图8-14 8251A引脚信号图

8251A的28条引脚按其信号分为两组:

(1) 8251A与CPU相连的信号线

- D0~D7:双向数据线,与系统的数据总线相连。
- CLK(20脚):时钟信号输入线,用于产生8251A的内部时序。CLK的周期为0.42~1.35μs。为了电路可靠,CLK的时钟频率至少应是发送/接收时钟的30倍(同步方式)或

4.5 倍(异步方式)。

- RESET(21 脚):芯片的复位信号。当该信号处于高电平时,8251A 各寄存器处于复位状态,收、发线路上均处于空闲状态。通常该信号与系统的复位线相连。
- $\overline{\text{CS}}$(11 脚):片选信号,低电平有效。
- C/$\overline{\text{D}}$(12 脚):控制/数据信号。根据 C/$\overline{\text{D}}$ 信号是 1 还是 0,来判别当前数据总线上信息流是控制字还是与外设交换的数据。当 C/$\overline{\text{D}}$=1,传输的是命令、控制、状态等控制字;C/$\overline{\text{D}}$=0,传输的是数据。通常将此端与地址线的 A0 相连,于是 8251A 占有两个端口地址,偶地址是数据端口,奇地址是控制端口。
- $\overline{\text{RD}}$(13 脚):读信号,低电平有效。有效时,CPU 正在从 8251A 读取数据。
- $\overline{\text{WR}}$(10 脚):写信号,低电平有效。有效时,CPU 正在向 8251A 写入数据。

综上所述,$\overline{\text{CS}}$、C/$\overline{\text{D}}$、$\overline{\text{RD}}$、$\overline{\text{WR}}$ 信号配合起来可以决定 8251A 的操作,如表 8-2 所示。

表 8-2 $\overline{\text{CS}}$、C/$\overline{\text{D}}$、$\overline{\text{RD}}$、$\overline{\text{WR}}$ 的编码和对应操作

$\overline{\text{CS}}$	C/$\overline{\text{D}}$	$\overline{\text{RD}}$	$\overline{\text{WR}}$	操　作
0	0	0	1	CPU 从 8251A 读数据
0	0	1	0	CPU 往 8251A 写数据
0	1	0	1	CPU 从 8251A 读状态
0	1	1	0	CPU 往 8251A 写控制字
1	x	x	x	无操作,D0 ~D7 呈高阻态

- TxRDY(15 脚):发送器准备好信号,输出,高电平有效。当 8251A 处于允许发送状态(即 TxEN 被置位,$\overline{\text{CTS}}$ 为低电平)并且发送缓冲器为空时,则 TxRDY 输出高电平,表明当前 8251A 已经做好了发送准备,因而 CPU 可以往 8251A 传送一个数据。在中断方式下,TxRDY 可作为向 CPU 发出的中断请求信号;在查询方式下,则 TxRDY 作为状态寄存器中的 D0 位状态信息供 CPU 检测。当 8251A 从 CPU 接收了一个数据后,TxRDY 输出线变为低电平,同时 TxRDY 状态位被复位。
- RxRDY(14 脚):接收器准备好信号,输出,高电平有效。当 RxRDY=1 表示接收缓冲器已装有输入的数据,通知 CPU 取走数据。若用查询方式,可从状态寄存器 D1 位检测这个信号。若用中断方式,可用该信号作为中断申请信号,通知 CPU 输入数据。RxRDY=0 表示输入缓冲器空。
- SYNDET/BRKDET(16 脚):同步或中止符检测信号,高电平有效。在同步方式下,SYNDET 是同步检测信号,该信号既可工作在输入状态也可工作在输出状态。内同步工作时,该信号为输出信号。当 SYNDET=1,表示 8251A 已经监测到所要求的同步字符。若为双同步,此信号在传输第二个同步字符的最后一位的中间变高,表明已经达到同步。外同步工作时,该信号为输入信号。当从 SYNDET 端输入一个高电平信号,接收控制电路会立即脱离对同步字符的搜索过程,开始接收数据。在异步方式下,BRKDET 作为中止符检测信号,当 8251A 检测到对方发送的用来表示中止的字符时,则从该端输出一个高电平,同时将状态寄存器的 SYNDET/BRKDET 位置“1”。
- TxEMPTY(18 脚):发送移位寄存器空信号。当 TxEMPTY=0 时,发送移位寄存器已经满；当 TxEMPTY=1 时，发送移位寄存器空，CPU 可向 8251A 的发送缓冲器写入数据。

(2) 8251A 与外部或调制解调器相连的信号线

- RxD(3 脚)：数据接收端，用来接收由外设输入的串行数据。低电平为"0"，高电平为"1"，进入 8251A 后转变为并行方式。
- $\overline{\text{RxC}}$(25 脚)：接收时钟信号，输入。在同步方式时，$\overline{\text{RxC}}$ 等于波特率；在异步方式时，可以是波特率的 1 倍、16 倍或 64 倍。
- TxD(19 脚)：数据发送端，往外部设备输出串行数据。
- $\overline{\text{TxC}}$(9 脚)：发送时钟信号，外部输入。对于同步方式，$\overline{\text{TxC}}$ 的时钟频率应等于发送数据的波特率。对于异步方式，由软件定义的发送时钟可是发送波特率的 1 倍(×1)、16 倍(×16)或 64 倍(×64)。
- $\overline{\text{DTR}}$(24 脚)：数据终端准备好信号，输出，低电平有效。此信号有效时，表示接收方准备好接收数据，通知发送方。该信号可用软件编程方法控制，设置命令控制字的 D1=1，执行输出指令，使 $\overline{\text{DTR}}$ 线输出低电平。
- $\overline{\text{DSR}}$(22 脚)：数据装置准备好信号，输入，低电平有效。它是对 $\overline{\text{DSR}}$ 的回答信号，表示发送方准备好发送。可通过执行输入指令，读入状态控制字，检测 D7 位是否为 1。
- $\overline{\text{RTS}}$(23 脚)：发送方请求发送信号，输出，低电平有效。可用软件编程方法，设置命令控制字的 D5=1，执行输出指令，使 $\overline{\text{RTS}}$ 线输出低电平。
- $\overline{\text{CTS}}$(17 脚)：清除发送信号，输入，低电平有效。它是对 $\overline{\text{RTS}}$ 的回答信号，表示接收方做好接收数据的准备。当 $\overline{\text{CTS}}$=0 时，命令控制字的 TxEN=1，且发送缓冲器为空时，发送器可发送数据。

8.2.3 8251A 的内部结构

8251A 的内部结构如图 8-15 所示，共有 5 个部分。

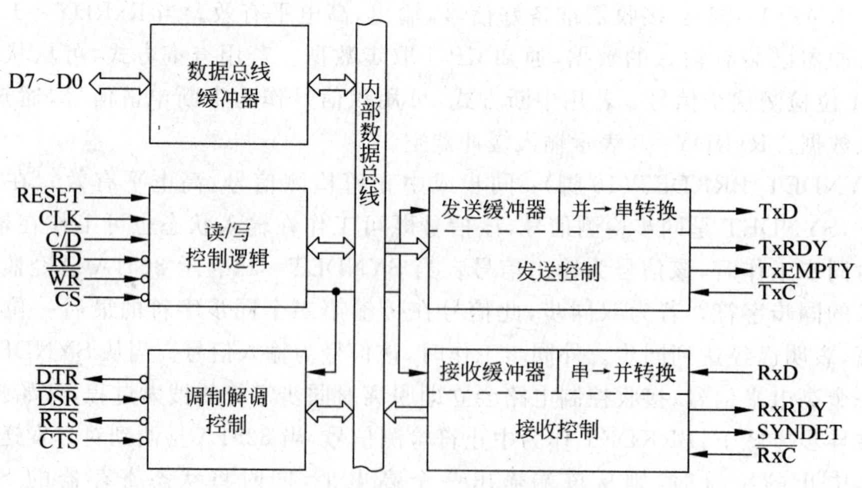

图 8-15 8251A 的内部结构图

- 数据总线缓冲器：双向、三态缓冲器，用来与 CPU 传输数据信息、命令信息、状态信息。
- 接收器：包括接收缓冲器、接收移位寄存器及接收控制器三部分。串行接口收到的数据，转变成并行数据后，存放在该缓冲器中，以供 CPU 读取。
- 发送器：包含发送缓冲器、发送移位寄存器、发送控制器三部分。是一个分时使用的双功能缓冲器。一方面，CPU 把发送的并行数据存放在该区中，准备由串行接口向外发送。另一方面，命令字也存放在这里，以指挥串行口工作。
- 读/写逻辑电路：用来接收 CPU 的控制信号，以控制数据的传输方向。
- 调制解调器控制电路：用来简化 8251A 和调制解调器的连接，提供与调制解调器的联络信号。

8.2.4 8251A 的工作过程

(1) 接收器的工作过程

① 当控制命令字的"允许接收"位 RxE(D2 位)和"准备好接收数据"位 DTR(D1 位)有效时，接收控制器开始监视 RxD 线。

② 外设数据从 RxD 端逐位进入接收移位寄存器中，接收中对同步和异步两种方式采用不同的处理过程。

异步方式时，当发现 RxD 线上的电平由高电平变为低电平时，认为是起始位到来，然后接收器开始接收一帧信息。接收到的信息经过删除起始位和停止位，把已转换成的并行数据置入接收数据缓冲器。

同步方式时，每出现一个数据位移位寄存器就把它移一位，把移位寄存器数据与程序设定的存于同步字符寄存器中的同步字符相比较，若不相等重复上述过程，直到与同步字符相等后，则使 SYNDET＝1，表示已达到同步。这时在接收时钟 $\overline{\text{RxC}}$ 的同步下，开始接收数据。RxD 线上的数据送入移位寄存器，按规定的位数将它组装成并行数据，再把它送至接收数据缓冲器中。

③ 当接收数据缓冲器接收到由外设传送来的数据后，发出"接收准备就绪"RxRDY 信号，通知 CPU 取走数据。

(2) 发送器的工作过程

当操作命令寄存器中的 TxEN＝1(D0 位)且引脚 $\overline{\text{CTS}}$＝0 时，才能开始发送过程。

① 接收来自 CPU 的数据并存入发送缓冲器。

② 发送缓冲器存有待发送的数据后，使引脚 TxRDY 变为低电平，表示发送缓冲器满。

③ 当调制解调器做好接收数据的准备后，向 8251A 输入一个低电平信号，使 $\overline{\text{CTS}}$(低电平有效)引脚有效。

④ 在编写初始化命令时，使操作命令控制字的 TxEN 位(D0 位)为高，让发送器处于允许发送的状态下。

⑤ 满足以上②、③、④条件时，若采用同步方式，发送器将根据程序的设定自动送一个(单同步)或两个(双同步)同步字符，然后由移位寄存器从数据输出线 TxD 串行输出数据块；若采用异步方式，由发送控制器在其首尾加上起始位及停止位，然后从起始位开始，经

移位寄存器从数据输出线 TxD 串行输出。

⑥ 待数据发送完毕,使 TxEMPTY 有效(高电平)。

⑦ CPU 可向 8251A 发送缓冲器写入下一个数据。

8.3 8251A 方式控制字及初始化编程

8.3.1 8251A 的方式控制字

8251A 芯片在工作前要先对其初始化,以确定其工作方式。三种控制字:分别为工作方式控制字、操作命令控制字和状态控制字。8251A 方式控制字各位的定义如图 8-16 所示。

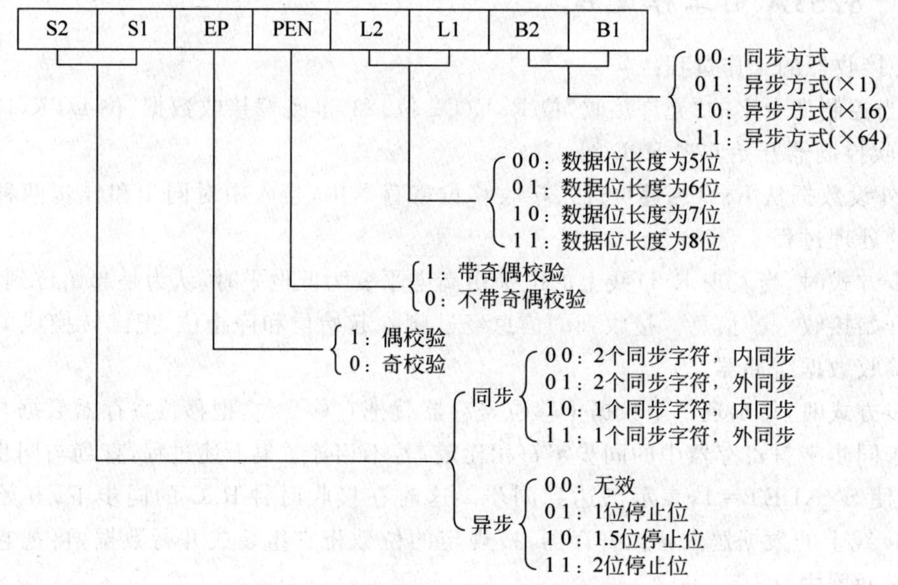

图 8-16 8251A 方式控制字

方式控制字决定 8251A 是工作在异步方式还是同步方式。在异步方式时,关于传送的数据位的位数、停止位的位数图、传送速率等的约定;在同步方式时,是关于双同步还是单同步等的约定。

B2、B1 两位有两个作用,一是确定通信方式是同步还是异步方式,另一个是确定异步通信方式的传送速率。如×64 表示时钟频率是发送或接收波特率的 64 倍,其他类推。

8.3.2 操作命令字

使 8251A 处于发送或接收数据状态,通知外设准备接收或发送数据,都是通过 CPU 执行输出命令发出相应的操作命令字来实现的。操作命令控制字各位的定义如图 8-17 所示。

- TxEN 位:发送允许位。TxEN=1 允许发送,TxEN=0 禁止发送。该位可以作为是否允许 TxD 线向外设串行发送数据。

- DTR 位：数据终端准备就绪。DTR＝1，使 DTR 有效，表示终端设备已经准备好；DTR＝0 使 DTR 无效。
- RxE 位：允许接收位。决定是否允许 RxD 线接收外部输入的串行数据。RxE＝1，允许接收；RxE＝0 禁止接收。
- SBRK 位：发断缺字符位。SBRK＝1，强迫 TxD 为低电平，输出连续的空号。SBRK＝0，正常操作。正常通信时，SBRK 位应为 0。
- ER 位：清除错误标志位。该位是针对状态控制字的 D3、D4 和 D5 位进行操作的。D3、D4、D5 位分别表示奇偶错、帧错和溢出错。ER＝1，使错误标志位复位；ER＝0，不复位。
- RTS 位：发送请求位。RTS＝1，使 RTS 有效；RTS＝0，置 RTS 无效。
- IR 位：内部复位信号。IR＝1，迫使 8251A 复位，使 8251A 回到接收工作方式控制字的状态。
- EH 位：进入搜索方式。EH 只对同步方式有效，EH＝1，启动搜索同步字符；EH＝0，不搜索同步字符。因此对于同步工作方式，一旦允许接收（RxE＝1），还必须使 EH＝1，并且 ER＝1，清除全部错误标志，才能开始搜索同步字符。

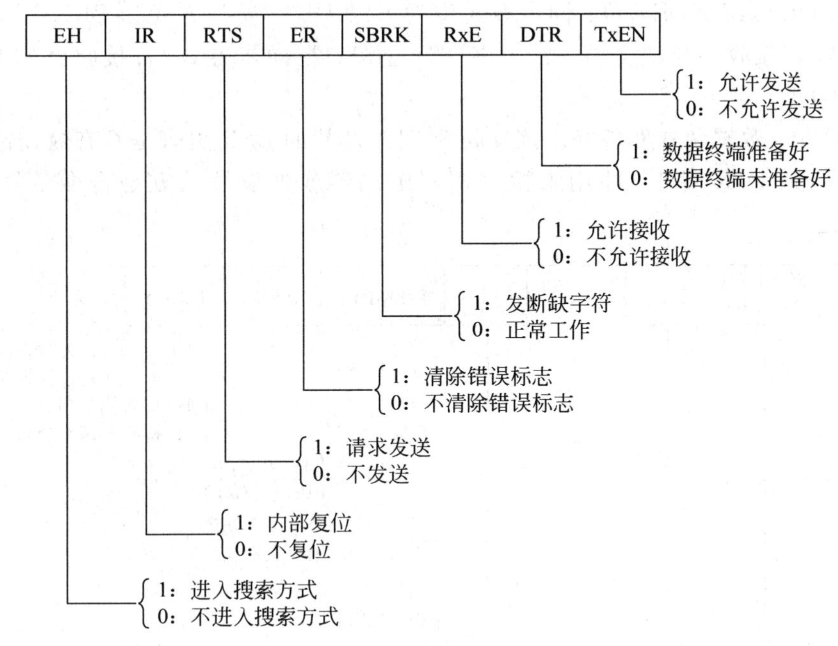

图 8-17　8251A 操作命令字

8.3.3 状态字

CPU 通过输入指令读取状态字，了解 8251A 传送数据时所处的状态，做出是否发出命令，是否继续下一个数据传送的决定。状态字存放在状态寄存器中，CPU 只能读状态寄存器，而不能对它写入内容。状态字各位表示的意义如图 8-18 所示。

- TxRDY 位：发送器准备好。此状态位 TxRDY 与引脚 TxRDY 的意义有些区别。此状态位 TxRDY＝1，反映当前发送缓冲器已空。而对于 TxRDY 引脚，必须在发送缓冲器空,状态位 TxRDY 位为 1,控制字中 TxEN=1,并且外设或调制解调器接收数据方可以接收下一个数据时,才能使 TxRDY 引脚有效。

- RxRDY 位:接收器准备好。RxRDY 位为 1 表明接收缓冲器已装有输入数据,CPU 可以取走该数据。引脚端 RxRDY 为高,也表明接收缓冲器已装有输入数据,RxRDY 位与 8251A 芯片的 RxRDY 引脚状态相同。RxRDY 引脚可供 CPU 查询,也可作为对 CPU 的中断申请信号,申请 CPU 取走数据。
- TxEMPTY 位:发送器空。TxEMPTY 位和 SYNDET/BRKDET 位与 8251A 的同步引脚的状态完全相同,可供 CPU 查询。
- PE 位:奇偶错。当奇偶错被检测出来时,PE 置 1,PE 有效并不禁止 8251A 工作,它由工作命令字中的 ER 位复位。
- OE 位:溢出错。当前一字符尚未被 CPU 取走,后一个字符已变为有效,则 OE 置 1,OE 有效,不禁止 8251A 的操作,但是被溢出的字符丢掉了,OE 被工作命令字的 ER 位复位。
- FE 位:帧校验错,只用于异步方式。若在任一字符的结尾没有检测到规定的停止位,则 FE 置 1,由命令字的 ER 位复位,不影响 8251A 的操作。
- SYNDET/BRKDET 位:同步方式位为 SYNDET,异步方式为 BRKDET。在异步方式,若接收到断缺字符,则 BRKDET 置 1;在同步方式,若接收到同步字符,则 BRKDET 置 1。
- DSR 位:数据装置准备好。该反映 8251A 芯片的 DSR 引脚是否有效,若 DSR 引脚有效,则 DSR 置 1。即用来检测调制解调器或外设发送方是否准备好要发送的数据。

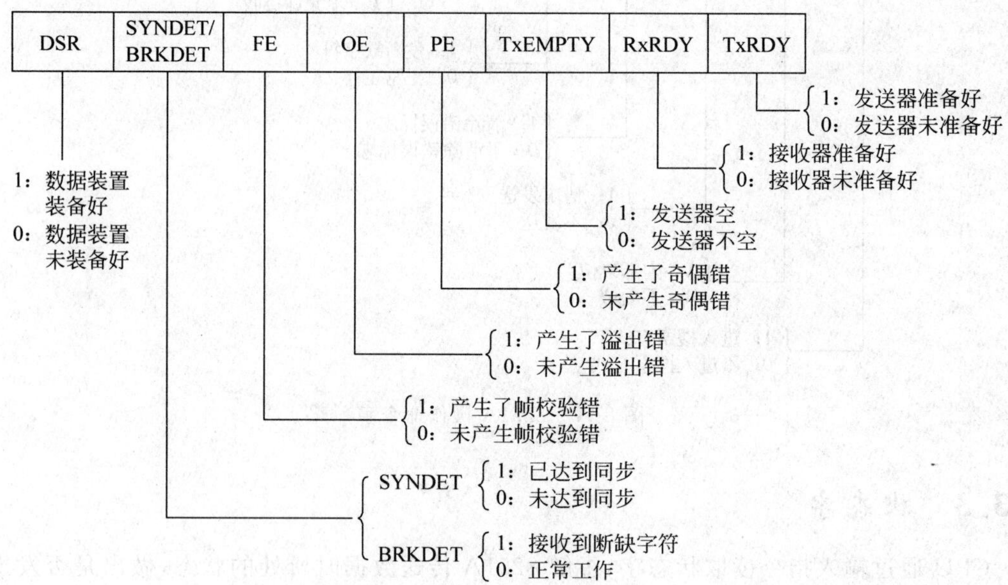

图 8-18　8251A 状态寄存器

8.3.4 初始化编程

在传送数据前要对 8251A 进行初始化，才能确定发送方与接收方的通信格式以及通信的时序，从而保证准确无误地传送数据。由于三个控制字没有特征位，且工作方式控制字和操作命令控制字放入同一个端口，因而要求按一定顺序写入控制字，不能颠倒。正确顺序如图 8-19 所示。方式控制字必须跟在复位命令之后。这样 8251A 才可重新设置方式控制字，改变工作方式完成其他传送任务。

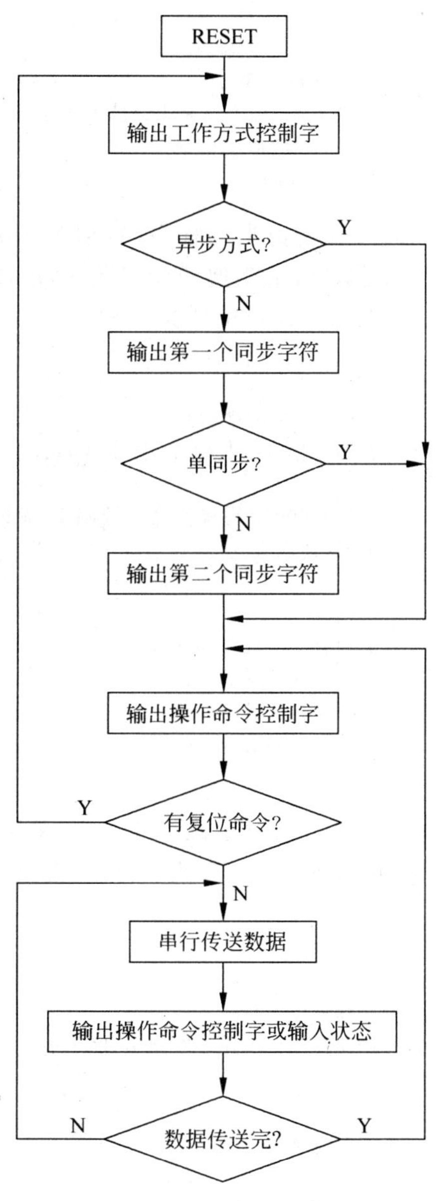

图 8-19　8251A 初始化流程图

【例 8-1】 编写一段采用查询式接收数据的程序。将 8251A 定义为异步传送方式,波特率系数为 64,7 位数据位,采用偶校验,1 位停止位。设 8251A 端口地址为 208H～20FH。

解:初始化编程如下:

```
        MOV     DX,209H         ; 8251A 控制端口地址
        MOV     AL,7BH          ; 01111011B 写工作方式控制字,波特率系数为 64,7 位数据位,采用
                                ; 偶校验,1 位停止位
        OUT     DX,AL
        MOV     AL,14H          ; 00010100B 写操作命令控制字,接收数据、正常工作、清除错误标志
        OUT     DX,AL
LOOP1:  IN      AL,DX           ; 读入状态控制字
        AND     AL,02H          ; (AL)∧00000010B
        JZ      LOOP1           ; 采用查询,检查 RxRDY 是否为 1( = 0 转 LOOP1)
        MOV     DX,208H         ; 8251A 数据端口地址
        IN      AL,DX           ; 输入数据
```

【例 8-2】 编写一段使 8251A 发送数据的程序(数据为 88H)。将 8251A 定为异步传送方式,波特率系数为 64,7 位数据位,采用偶校验,1 位停止位。8251A 与外设有握手信号,采用查询方式发送数据。设 8251A 端口地址为 208H～20FH。

解:初始化编程如下:

```
        MOV     DX,209H         ; 8251A 控制端口地址
        MOV     AL,7BH          ; 写工作方式控制字,异步×64、7 位数据位、偶校验、1 位停止位
        OUT     DX,AL
        MOV     AL,31H          ; 00110001B 写操作命令控制字,发送数据、正常工作、清除错误标
                                ; 志、请求发送
        OUT     DX,AL
LOOP1:  IN      AL,DX
        TEST    AL,01H          ; 检查 TxRDY 是否为 1
        JZ      LOOP1           ; ( = 0 转 LOOP1)
        MOV     DX,208H         ; 8251A 数据端口地址
        MOV     AL,88H          ; 输出的数据送 AL
        OUT     DX,AL
```

【例 8-3】 编写接收数据的初始化程序。要求 8251A 采用同步传送方式、2 个同步字符、内同步、偶校验、7 位数据位和同步字符为 16H。设 8251A 端口地址为 208H～20FH。

解:初始化编程如下:

```
MOV     DX,209H         ; 控制口地址送 DX
MOV     AL,38H          ; 00111000B 写工作方式控制字,同步方式、7 位数据位、偶校验、2 个同步字
                        ; 符、内同步
OUT     DX,AL
MOV     AL,16H          ; 同步字符送 AL
OUT     DX,AL
OUT     DX,AL           ; 输入两个同步字符
MOV     AL,96H          ; 10010110B 写操作命令控制字,数据终端准备好、接收数据、正常工作、清
                        ; 除错误标志、为跟踪方式
OUT     DX,AL
```

【例 8-4】 分析项目 1、2、3、4、5 工程应用程序。

8.4 拓展工程训练项目

8.4.1 项目 1：两台微机之间进行通信

1. 项目要求与目的

(1) 项目要求：利用“串口调试助手”软件，实现两台微机之间进行通信。

(2) 项目目的：

- 了解微机与微机之间的通信方法。
- 了解“串口调试助手”软件的使用。
- 了解 9 针 RS-232C 接口的连线与制作方法。

2. 项目电路连接与说明

(1) 项目电路连接：如图 8-22 所示的粗线为需要接的连线，两台微机之间通过 9 针 RS-232C 接口相连。

(2) 项目说明：本实验需要一根 9 针串口线将两台微机相连。首先用串口线把两台微机连接好，各自打开从网上下载的“串口调试助手”设置好串口，波特率双方设置一致(例如设置为 1200)，在一台微机发送区输入数据(十六进制或十进制)，效果如图 8-20 所示，就可以在另一台微机的接收区看到相应的数据(十六进制或十进制)，效果如图 8-21 所示。

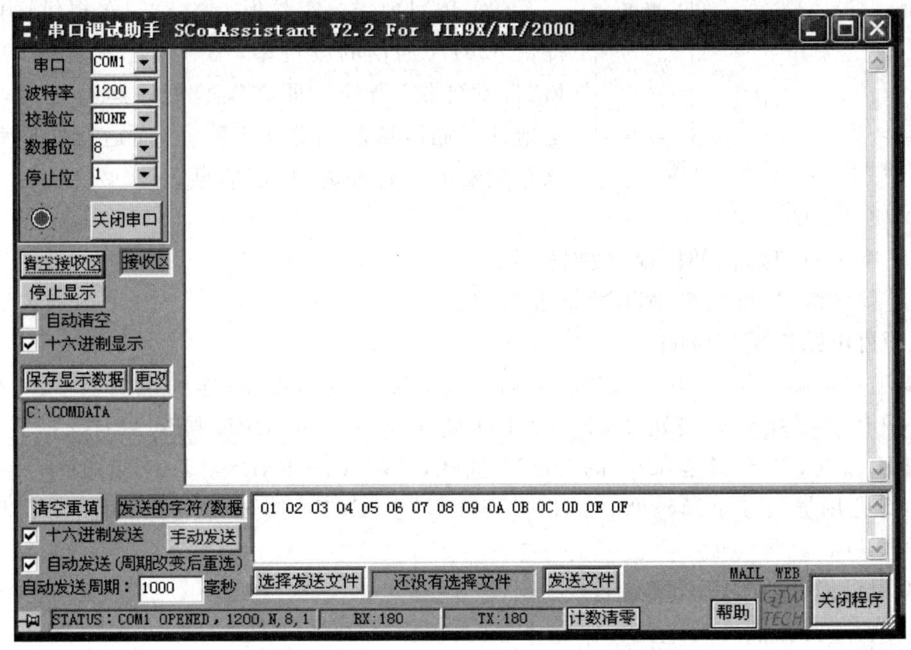

图 8-20 串口调试助手发送区输入数据效果图

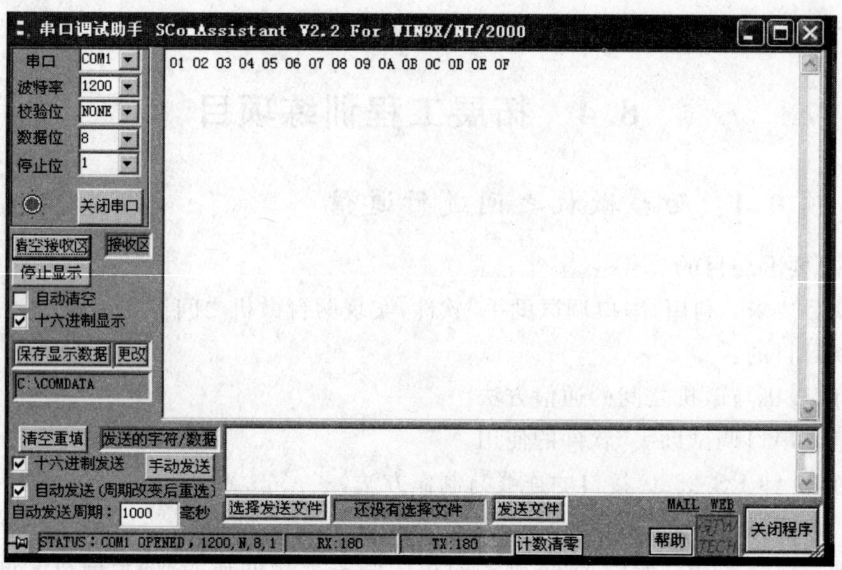

图 8-21 串口调试助手接收区看数据效果图

3. 项目电路原理框图

项目电路原理框图如图 8-22 所示。电路由两台微机和 9 针 RS-232C 接口连线等组成。

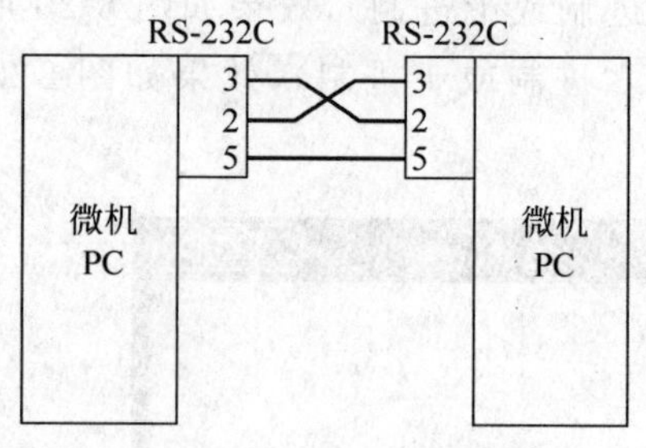

图 8-22 电路原理框图

8.4.2 项目 2：8251A“自发自收”通信

1. 项目要求与目的

(1) 项目要求：实验板上的 8251A 提供通信，8253 提供 8251A 通信的波特率，编制程序实现 8251A 串行口“自发自收”通信。即在实验程序运行之前，某个特定地址存储区域的内容为“全 0”，而运行实验程序后，该存储器的内容即为“特定信息”。

(2) 项目目的：

- 了解串行口通信的协议、数据格式。
- 了解 8251A 和 8253 芯片性能及编程。

2. 项目电路连接与说明

(1) 项目电路连接：如图 8-23 所示的粗线为需要接的连线，连线说明如下：8251A 的片选 $\overline{CS}$ 孔用导线接至译码处 208H～20FH 插孔，8251A 的 CLK 接至 1MHz 插孔，8251A 的 TxCLK 和 RxCLK 接至 8253 的 OUT1 插孔，8251A 的 RxD 与 TxD 接通(短接)；8253 的片选 $\overline{CS}$ 孔用导线接至译码处 200H～207H 插孔，CLK1 接至 1MHz 插孔，GATE1 接到 +5V 插孔。

(2) 项目说明：操作步骤如下：

① 实验连线按照项目电路连接完毕，录入程序。

② 编译连接以“单步方式”将光标执行到 MAIN 程序的第 3 条指令(即 LEA SI,SBUF)的位置。

③ 打开“数据段窗口”，观察第 03H～17H 地址中的内容，注意此时 03H～0CH 地址的

内容为01H～0AH(它对应于程序中数据区SBUF的内容)，而0DH～17H地址的内容均为00H(它对应于程序中数据区RBUF"此时的内容")。

④ 将光标定位到MAIN程序最后一条指令(即HLT)的位置，执行"执行到光标所在处"的动作。

⑤ 执行对上述"数据段窗口"的"刷新操作"，再观察0DH～17H地址的内容，此时它应为01H～0AH，若达到了上述目标，就表示"本项目达到了目的，实验成功"。

3. 项目电路原理框图

8251A"自发自收"通信电路原理框图如图8-23所示。电路由8086 CPU芯片、8251A芯片、8253芯片等组成。

4. 项目程序设计

(1) 程序流程图

8251A"自发自收"通信程序流程图如图8-24所示。

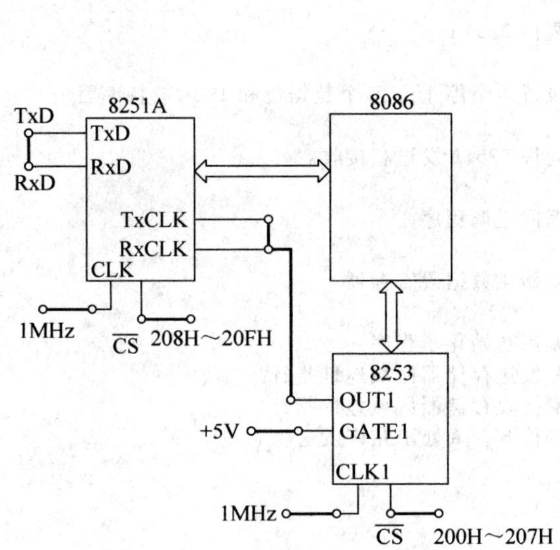

图8-23 电路原理框图

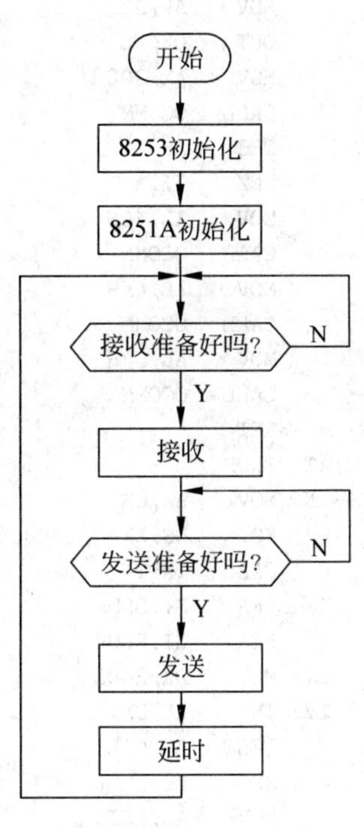

图8-24 程序流程图

(2) 程序清单

8251A"自发自收"通信程序清单如下所示。

```
STACK  SEGMENT PARA STACK 'STACK'
    DB  128 DUP(?)
STACK  ENDS
CODE  SEGMENT PARA PUBLIC 'CODE'
    ASSUME  CS:CODE,SS:STACK,DS:CODE
START:  JMP     MAIN                        ; 转 MAIN
        SBUF    DB  1,2,3,4,5,6,7,8,9,10   ; 把存储器区域 SBUF 的"信息"发送
        RBUF    DB  10 DUP(?)               ; 定义"接收信息"的存储器区域
        OCOMM   PROC                        ; 将(AL)写入 8251A 的命令口
```

```
        PUSH   CX                    ;保存所用寄存器
        PUSH   DX
        MOV    DX,209H               ;执行端口写入操作
        OUT    DX,AL
        MOV    CX,400H               ;延时
        LOOP   $
        POP    DX                    ;恢复所用寄存器
        POP    CX
        RET                          ;返回主调程序
        OCOMM  ENDP
INIT    PROC                         ;初始化子程序
        MOV    DX,203H               ;设置8253的1#通道为方式3、只读写低8位数据和二进制计
                                      数方式
        MOV    AL,56H
        OUT    DX,AL
        MOV    DX,201H               ;设置计数值,此时的通讯速率为1MHz÷52÷16≈1200b/s
        MOV    AL,52
        OUT    DX,AL
        MOV    AX,300H               ;向8251A的命令端口写入3个0
  II1:  CALL   OCOMM
        DEC    AH
        JNZ    II1
        MOV    AL,40H                ;复位8251A
        CALL   OCOMM
        MOV    AL,4EH                ;设置1个停止位、8个数据位和16的波特率因子
        CALL   OCOMM
        MOV    AL,37H                ;允许8251A发送和接收
        CALL   OCOMM
        RET                          ;返回主调程序
INIT    ENDP
MAIN:   MOV    AX,CS                 ;初始化数据段寄存器
        MOV    DS,AX
        CALL   INIT                  ;调用初始化子程序
        LEA    SI,SBUF               ;赋发送存储器区域地址指针
        LEA    DI,RBUF               ;赋接收存储器区域地址指针
  L1:   MOV    DX,209H               ;等待8251A处于允许发送状态
  L2:   IN     AL,DX
        TEST   AL,01H
        JZ     L2
        MOV    AL,[SI]               ;发送1个数据
        INC    SI
        MOV    DX,208H
        OUT    DX,AL
        MOV    CX,40H                ;延时
        LOOP   $
        MOV    DX,209H               ;等待8251A处于允许接收状态
  L3:   IN     AL,DX
        TEST   AL,02H
        JZ     L3
        MOV    DX,208H               ;接收
        IN     AL,DX
        MOV    [DI],AL               ;并保存一个数据
        INC    DI
        CMP    SI,OFFSET SBUF + 10   ;判断是否处理完了全部数据
```

```
        JB      L1                  ;未完,再处理下一个
        HLT                         ;完了,执行停机动作
CODE    ENDS
        END     START
```

8.4.3 项目3：上位PC与8251A串行口通信

1. 项目要求与目的

(1) 项目要求：利用上位PC与实验板上的8251A进行通信。实验板上的8251A提供通信,8253提供8251A通信的波特率,编制程序实现,上位PC与实验板上的8251A串行口进行通信。

(2) 项目目的：

- 了解串行口通信的协议、数据格式。
- 了解通信电缆的制作。
- 掌握PC与下位机的通信方法。
- 掌握8251A和8253芯片性能及编程。

2. 项目电路连接与说明

(1) 项目电路连接：如图8-26所示的粗线为需要接的连线,连线说明为：上位PC通过9针RS-232C与实验箱9针RS-232C接口相连；8251A的片选 $\overline{CS}$ 孔用导线接至译码处208H～20FH插孔,8251A的CLK接至1MHz插孔,8251A的TxCLK和RxCLK接至8253的OUT1插孔,8251A的RxD接通信接口的RxD插孔，8251A的TxD接通信接口的TxD插孔；8253的片选 $\overline{CS}$ 孔用导线接至译码处200H～207H插孔，CLK1接至1MHz插孔,GATE1接到+5V插孔。

(2) 项目说明：本实验需要一根9针串口线将实验箱的串口与PC串口相连。首先用串口线把实验箱与PC连接好,实验连线按照项目电路连接完毕,录入程序,编译连接运行后,打开从网上下载的“串口调试助手”设置好串口,波特率设置为1200,可看到在发送区输入数据,就可在接收区看到显示的数据如图8-25所示。

图8-25 串口调试助手效果图

3. 项目电路原理框图

项目电路原理框图如图 8-26 所示。电路由上位机 PC、8086 CPU 芯片、8251A 芯片、8253 芯片、8255A 芯片、开关和发光二极管 LED 等组成。

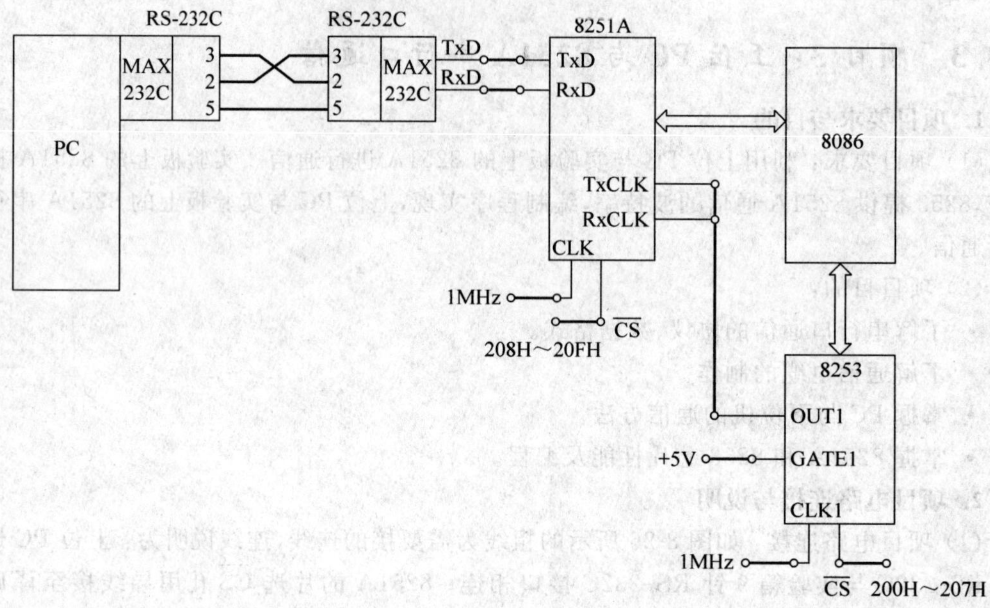

图 8-26 电路原理框图

4. 项目程序设计

(1) 程序流程图

上位 PC 与 8251A 串行口通信程序流程图如图 8-27 所示。

(2) 程序清单

上位 PC 与 8251A 串行口通信程序清单如下所示。

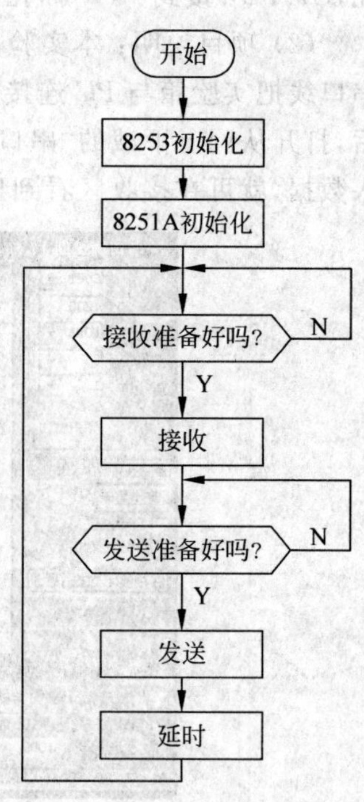

图 8-27 程序流程图

```
STACK   SEGMENT STACK
STACK   ENDS
DATA    SEGMENT
DATA    ENDS
CODE    SEGMENT
    ASSUME CS:CODE,DS:DATA,SS:STACK
START:  PUSH    CS
        POP     DS
        MOV     DX,203H  ; 设置 8253 计数 1 工作方式 3(方波)
        MOV     AL,56H   ; 01010110B
        OUT     DX,AL
        MOV     AL,52    ; 方波(26 个高电平,26 个低电平)
        MOV     DX,201H  ; 给 8253 计数器 1 送初值
        OUT     DX,AL
        MOV     DX,209H  ; 奇地址是控制端口,初始化 8251A
        XOR     AL,AL    ; 清 AX
        MOV     CX,03    ; 向 8251A 控制端口送 3 个 0
DELAY:  CALL    OUT1     ; 调子程序(向外发送一字节的子程序)
```

```
        LOOP   DELAY            ; 循环 3 次
        MOV    AL,40H           ; 写操作命令字: 向 8251A 控制端口送 40H,使其复位(内部复位)
        CALL   OUT1             ; 调子程序(向外发送一字节的子程序)
        MOV    AL,4EH           ; 方式控制字: 01001110B 设置为波特率因子为 16、8 个数据
                                ; 位、1 个停止位
        CALL   OUT1
        MOV    AL,27H           ; 写操作命令字: 00100111B 向 8251A 送控制字允许其发送和接收
        CALL   OUT1
NEXT:   MOV    DX,209H          ; 奇地址是控制端口
        IN     AL,DX
        TEST   AL,02            ; 状态控制字: 检查接收器是否准备好
        JZ     NEXT             ; 没有准备好,等待(循环)
        MOV    DX,208H          ; 偶地址是数据端口
        IN     AL,DX            ; 准备好,接收,数据在 AL 里
        PUSH   AX               ; 保存数据
        MOV    CX,40H
S51:    LOOP   S51              ; 延时
WAITI:  MOV    DX,209H
        IN     AL,DX
        TEST   AL,01            ; 发送器是否准备好
        JZ     WAITI            ; 没有准备好,等待(循环)
        MOV    DX,208H          ; 偶地址是数据端口
        POP    AX
        OUT    DX,AL
        JMP    NEXT
OUT1    PROC   NEAR             ; 向外发送一字节的子程序
        OUT    DX,AL
        PUSH   CX
        MOV    CX,400H
GG:     LOOP   GG               ; 延时
        POP    CX
        RET
OUT1    ENDP
CODE    ENDS
        END    START
```

5. 仿真效果

用 Proteus 7.5 ISIS 软件进行仿真,上位 PC 与 8251A 串行口通信仿真效果图如图8-28所示。

8.4.4 项目 4:用 1 号机控制 2 号机 LED 左循环显示

1. 项目要求与目的

(1) 项目要求:利用两台实验箱上的 8251A 进行通信,即 1 号机实验板上的 8251A 与 2 号机 8251A 进行通信,实现 1 号机控制 2 号机的 LED 左循环亮。两台实验箱上的 8251A 提供通信,8253 提供 8251A 通信的波特率,8255A 控制 8 只发光二极管和 1 只开关 K0,编制程序实现,当 1 号机上的开关 K0 闭合,2 号机上的发光二极管 LED 左循显示。

(2) 项目目的:

- 了解两个 8251A 之间通信方法。

- 了解 8251A、8253 和 8255A 芯片性能及编程。
- 通过项目了解双机通信编程方法。

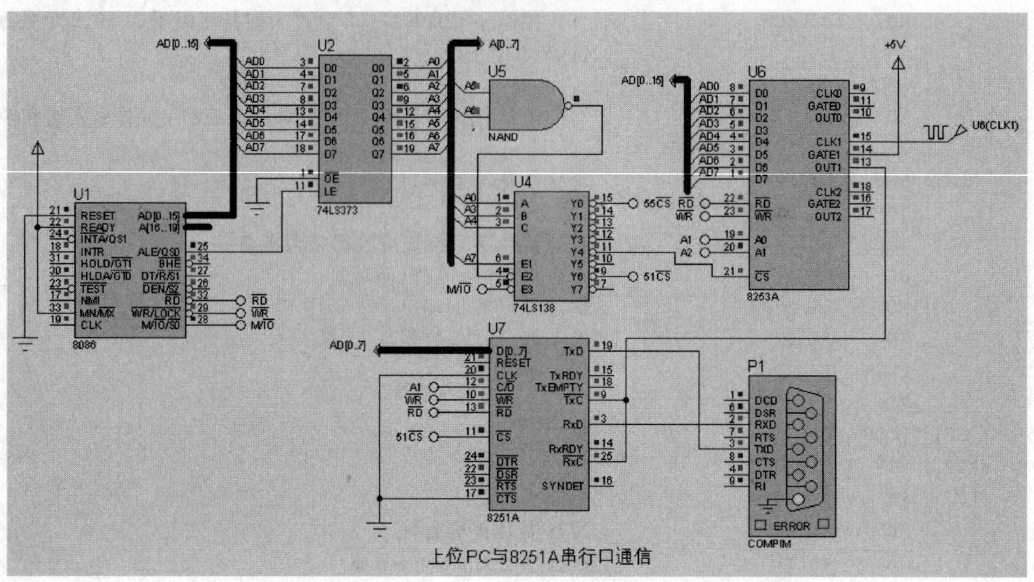

图 8-28　上位 PC 与 8251A 串行口通信仿真效果

2. 项目电路连接与说明

(1) 项目电路连接：如图 8-29 所示的粗线为需要接的连线，连线说明如下：

- 1 号机的实验箱通过 9 针 RS-232C 与 2 号机实验箱 9 针 RS-232C 接口相连；8251A 的片选 $\overline{\text{CS}}$ 孔用导线接至译码处 208H～20FH 插孔，8251A 的 CLK 接至 1MHz 插孔，8251A 的 TxCLK 和 RxCLK 接至 8253 的 OUT1 插孔，8251A 的 RxD 接通信接口的 RxD 插孔，8251A 的 TxD 接通信接口的 TxD 插孔；8253 的片选 $\overline{\text{CS}}$ 孔用导线接至译码处 200H～207H 插孔，CLK1 接至 1MHz 插孔，GATE1 接到＋5V 插孔；8255A 的片选 $\overline{\text{CS}}$ 孔用导线接至译码处 210H～217H 插孔，开关 K0 用导线接至 8255A 的 PA0。
- 2 号机的 8251A 的片选 $\overline{\text{CS}}$ 孔用导线接至译码处 208H～20FH 插孔，8251A 的 CLK 接至 1MHz 插孔，8251A 的 TxCLK 和 RxCLK 接至 8253 的 OUT1 插孔，8251A 的 RxD 接通信接口的 RxD 插孔，8251A 的 TxD 接通信接口的 TxD 插孔；8253 的片选 $\overline{\text{CS}}$ 孔用导线接至译码处 200H～207H 插孔，CLK1 接至 1MHz 插孔，GATE1 接到＋5V 插孔；8255A 的片选 $\overline{\text{CS}}$ 孔用导线接至译码处 210H～217H 插孔，发光二极管 LED 的 L0～L7 分别用导线接至 8255A 的 PA0～PA7。

(2) 项目说明：本实验需要一根 9 针串口线将两台实验箱的串口相连。首先用串口线把两台实验箱连接好，实验连线按照项目电路连接完毕，各自录入程序，编译连接运行后，当 1 号机 K0 闭合时就可看到 2 号机的发光二极管 LED 左循显示。

3. 项目电路原理框图

项目电路原理框图如图 8-29 所示。电路由 1 号机 8086 CPU 芯片、8251A 芯片、8253 芯片、8255A 芯片和开关等组成；2 号机也由 8086 CPU 芯片、8251A 芯片、8253 芯片、8255A 芯片和发光二极管 LED 等组成。用 1 号机控制 2 号机 LED 左循环显示。

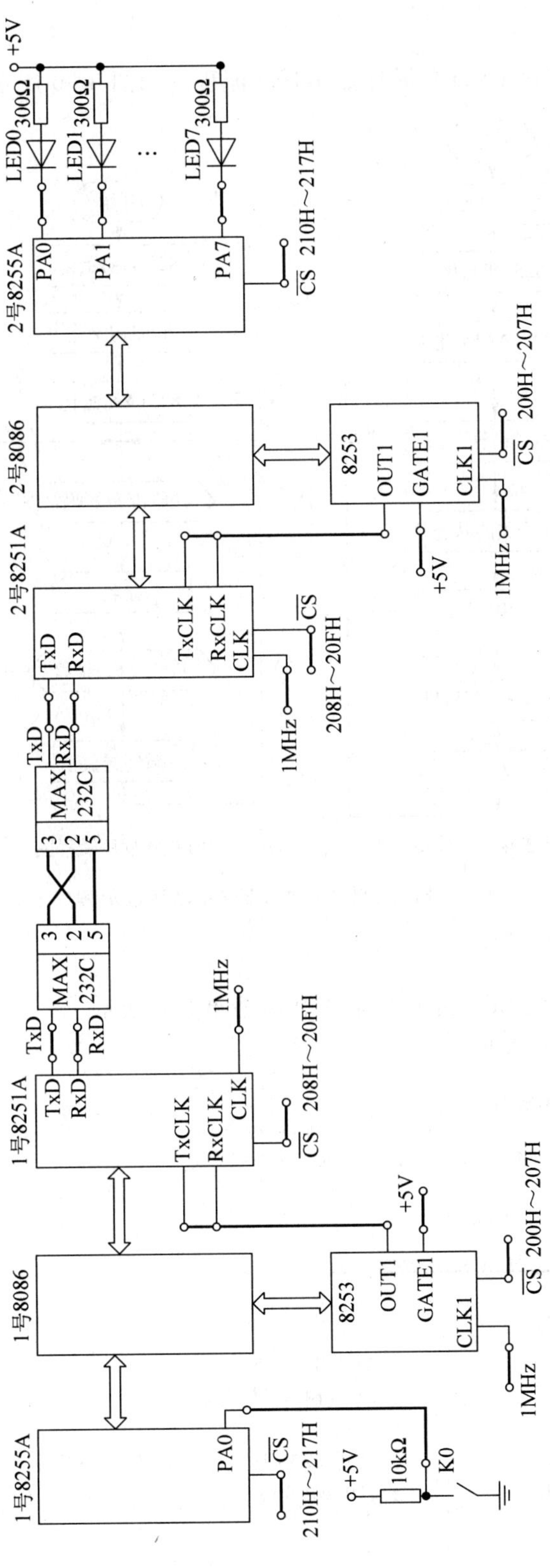

图 8-29 用 1 号机控制 2 号机 LED 左循环显示电路原理框图

4. 项目程序设计

(1) 程序流程图

用1号机控制2号机LED左循环显示程序流程图如图8-30所示。

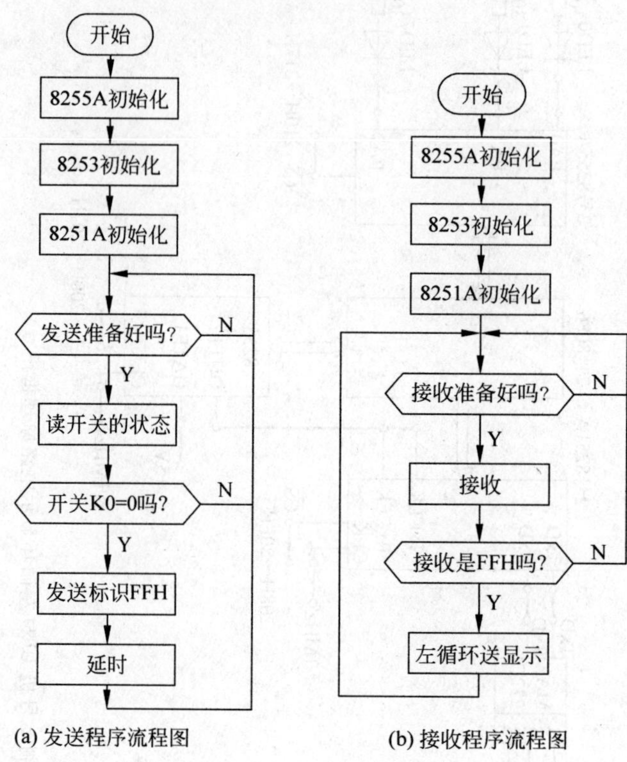

图8-30 用1号机控制2号机LED左循环显示程序流程图

(2) 程序清单

用1号机控制2号机LED左循环显示程序清单如下所示。

1号机发送程序清单如下:

```
    STACK SEGMENT STACK
    STACK ENDS
    DATA SEGMENT
    DATA ENDS
CODE SEGMENT
    ASSUME CS:CODE,DS:DATA,SS:STACK
START:  PUSH   CS
        POP    DS
        MOV    DX, 213H          ; 初始化 8255A
        MOV    AL,90H            ; PA 口输入,方式 0
        OUT    DX,AL
        MOV    DX,203H           ; 设置 8253 计数 1 工作方式 3(方波)
        MOV    AL,56H            ; 01010110B
        OUT    DX,AL
        MOV    AL,52
        MOV    DX,201H           ; 给 8253 计数器 1 送初值
```

```
        OUT    DX,AL              ; 波特率 1MHz ÷ 52 ÷ 16 = 1200bps
        MOV    DX,209H            ; 奇地址是 8251A 控制端口,初始化 8251
        XOR    AL,AL              ; 清零
        MOV    CX,03              ; 向 8251A 控制端口送 3 个 0
DELAY:  CALL   OUT1               ; 调子程序(向外发送一字节的子程序)
        LOOP   DELAY              ; 循环 3 次
        MOV    AL,40H             ; 写操作命令字: 向 8251A 控制端口送 40H,使其复位(内部复位)
        CALL   OUT1               ; 调子程序(向外发送一字节的子程序)
        MOV    AL,4EH             ; 8251A 方式控制字: 01001110B 设置为波特率因子为 16、8 个
                                  ; 数据位、1 个停止位
        CALL   OUT1
        MOV    AL,27H             ; 8251A 写操作命令字: 00100111B 向 8251A 送控制字允许其
                                  ; 发送和接收
        CALL   OUT1
    BG: MOV    DX,209H            ; 8251A 控制口
        IN     AL,DX
        TEST   AL,01              ; 发送器是否准备好(发送器有数据吗?)
        JZ     BG                 ; 没有准备好,等待(循环)
        MOV    DX, 2101H          ; 8255A PA 地址
        IN     AL,DX              ; 读开关的状态
        TEST   AL,01H             ; K0 闭合吗
        JNZ    BG                 ; K0≠0 转移 BG
        MOV    AL,0FFH            ; 发一个标识"FFH"
        MOV    DX,208H            ; 偶地址是数据端口
        OUT    DX,AL              ; 把开关的状态发送给 2 号机
        JMP    BG
  OUT1  PROC   NEAR               ; 向外发送一字节的子程序
        OUT    DX,AL
        PUSH   CX
        MOV    CX,400H
    GG: LOOP   GG                 ; 延时
        POP    CX
        RET
  OUT1  ENDP
  CODE  ENDS
        END    START
```

2 号机接收程序清单如下所示：

```
  STACK SEGMENT STACK
  STACK ENDS
  DATA SEGMENT
  DATA ENDS
  CODE SEGMENT
    ASSUME CS:CODE,DS:DATA,SS:STACK
START:  PUSHCS
        POP    DS
        MOV    DX, 213H           ; 初始化 8255A
        MOV    AL,83H             ; PA 口输出,方式 0
        OUT    DX,AL
```

```
          MOV    DX,210H          ; PA 口地址
          MOV    BL,0FEH          ; 置 LED 显示初值
          MOV    AL,BL
          OUT    DX,AL
          MOV    DX,203H          ; 设置 8253 计数 1 工作方式 3(方波)
          MOV    AL,56H           ; 01010110B
          OUT    DX,AL
          MOV    AL,52
          MOV    DX,201H          ; 给 8253 计数器 1 送初值
          OUT    DX,AL            ; 波特率 1MHz ÷ 52 ÷ 16 = 1200bps
          MOV    DX,209H          ; 奇地址是 8251A 控制端口,初始化 8251A
          XOR    AL,AL            ; 清零
          MOV    CX,03            ; 向 8251A 控制端口送 3 个 0
  DELAY:  CALL   OUT1             ; 调子程序(向外发送一字节的子程序)
          LOOP   DELAY            ; 循环 3 次
          MOV    AL,40H           ; 写操作命令字: 向 8251A 控制端口送 40H,使其复位(内部复位)
          CALL   OUT1             ; 调子程序(向外发送一字节的子程序)
          MOV    AL,4EH           ; 8251A 方式控制字: 01001110B 设置为波特率因子为 16、8 个
                                  ; 数据位、1 个停止位
          CALL   OUT1
          MOV    AL,27H           ; 8251A 写操作命令字: 00100111B 向 8251A 送控制字允许其发
                                  ; 送和接收
          CALL   OUT1
     BG:  MOV    DX,209H          ; 8251A 控制口
          IN     AL,DX
          TEST   AL,02            ; 状态控制字: 检查接收器是否准备好
          JZ     NEXT             ; 没有准备好,等待(循环)
          MOV    DX,208H          ; 偶地址是 8251A 数据端口
          IN     AL,DX            ; 准备好,接收 1 号机发的数据,数据在 AL 里
          MOV    CX,40H
    S51:  LOOP   S51              ; 延时
          CMP    AL,0FFH          ; 判断接收 1 号机发的标识是不是"FFH"
          JNZ    BG
          ROL    BL,1             ; 左循环 1 次
          MOV    AL,BL
          MOV    DX, 210H         ; PA 地址
          OUT    DX,AL            ; 送 PA 口 LED 显示
          JMP    BG
   OUT1   PROC   NEAR             ; 向外发送一字节的子程序
          OUT    DX,AL
          PUSH   CX
          MOV    CX,400H
     GG:  LOOP   GG               ; 延时
          POP    CX
          RET
   OUT1   ENDP
   CODE   ENDS
          END    START
```

5. 仿真效果

用 Proteus 7.5 ISIS 软件进行仿真,用 1 号机控制 2 号机 LED 左循环显示仿真效果图

如图 8-31 所示。

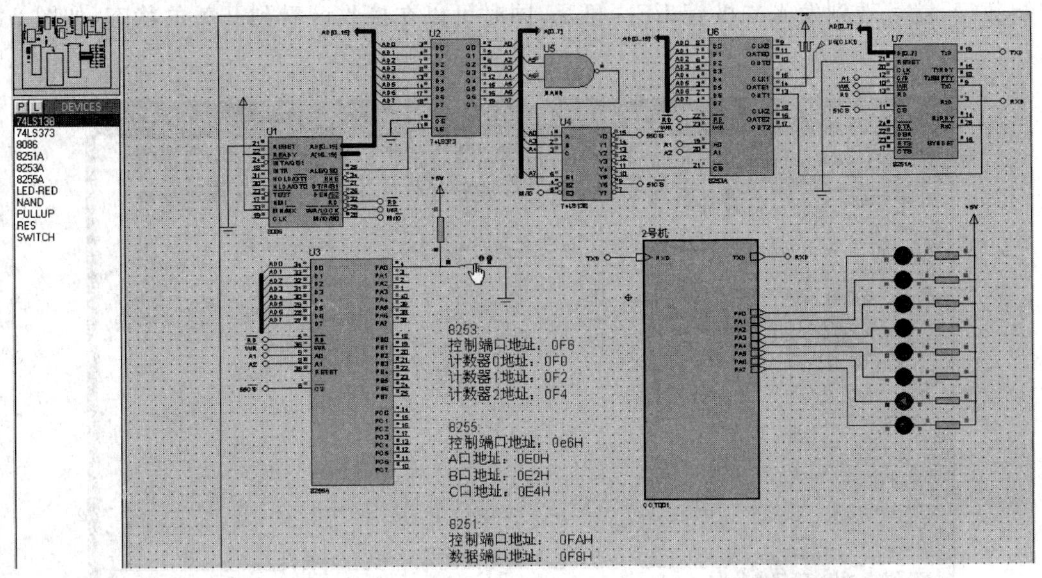

图 8-31 用 1 号机控制 2 号机 LED 左循环显示仿真效果图

8.4.5 项目 5：用 PC 控制 LED 显示

1. 项目要求与目的

(1) 项目要求：利用上位机 PC 与实验板上的 8251A 进行通信，实现上位机控制下位机。实验板上的 8251A 提供通信，8253 提供 8251A 通信的波特率，8255A 控制 8 只发光二极管和 8 只开关 K0～K7，编制程序，用 PC 控制发光二极管 LED 显示，而且开关 K0～K7 的状态要在 PC 上显示出来。

(2) 项目目的：

- 掌握 PC 与下位机的通信方法。
- 了解 8251A、8253 和 8255A 芯片性能及编程。
- 通过项目了解 PC 与下位机的通信编程方法。

2. 项目电路连接与说明

(1) 项目电路连接：如图 8-33 所示的粗线为需要接的连线，连线说明如下：上位机 PC 通过 9 针 RS-232C 与实验箱 9 针 RS-232C 接口相连；8251A 的片选 $\overline{CS}$孔用导线接至译码处 208H～20FH 插孔，8251A 的 CLK 接至 1MHz 插孔，8251A 的 TxCLK 和 RxCLK 接至 8253 的 OUT1 插孔，8251A 的 RxD 接通信接口的 RxD 插孔，8251A 的 TxD 接通信接口的 TxD 插孔；8253 的片选 $\overline{CS}$孔用导线接至译码处 200H～207H 插孔，CLK1 接至 1MHz 插孔，GATE1 接到＋5V 插孔；8255A 的片选 $\overline{CS}$孔用导线接至译码处 210H～217H 插孔，发光二极管 LED 的 L0～L7 分别用导线接至 8255A 的 PA0～PA7，开关 K0～K7 分别用导线接至 8255A 的 PB0～PB7。

(2) 项目说明：本实验需要一根 9 针串口线将实验箱的串口与 PC 串口相连。首先用串口线把实验箱与 PC 连接好，实验连线按照项目电路连接完毕，录入程序，编译连接运行后，打开从网上下载的“串口调试助手”设置好串口，波特率设置为1200，在发送区输入十六进制数据，就可看到发光二极管LED显示，同时可以在接收区看到开关的状态，如图8-32所示。

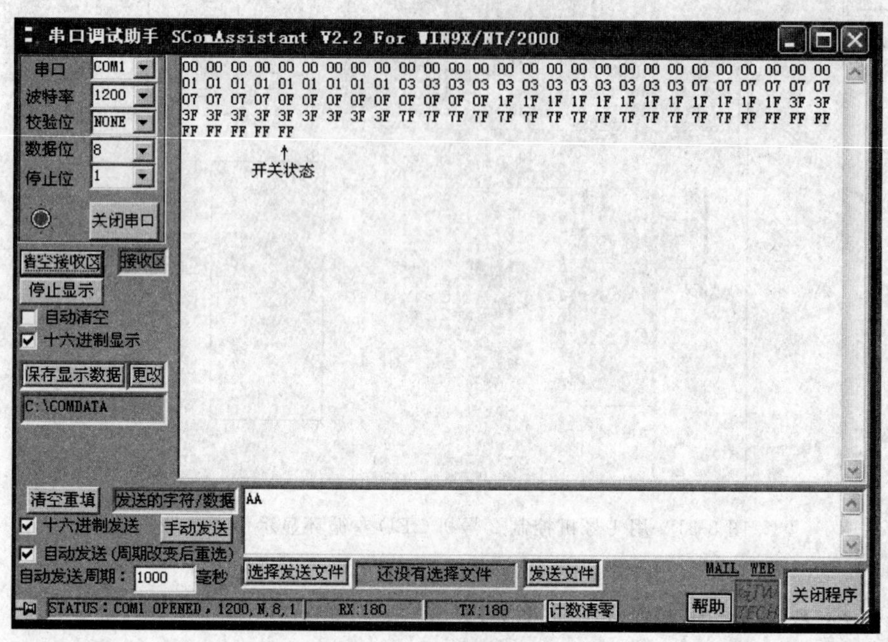

图8-32 串口调试助手效果图

3. 项目电路原理框图

项目电路原理框图如图8-33所示。电路由上位机PC、8086 CPU芯片、8251A芯片、8253芯片、8255A芯片、开关和发光二极管LED等组成。

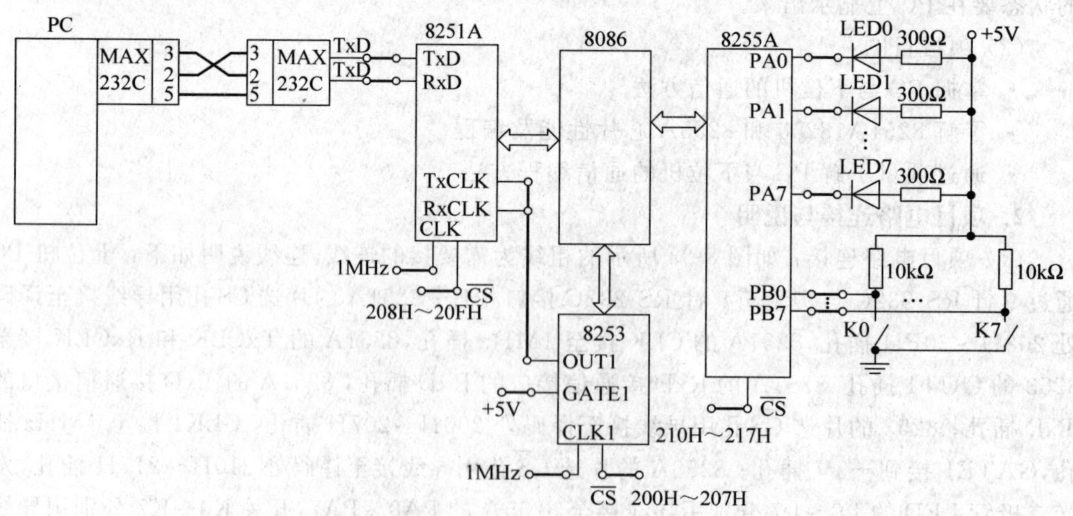

图8-33 电路原理框图

4. 项目程序设计

(1) 程序流程图

用 PC 控制发光二极管 LED 显示，而且开关 K0～K7 的状态要在 PC 上显示出来，程序流程图如图 8-34 所示。

(2) 程序清单

用 PC 控制发光二极管 LED 显示，而且开关 K0～K7 的状态要在 PC 上显示出来，程序清单如下所示。

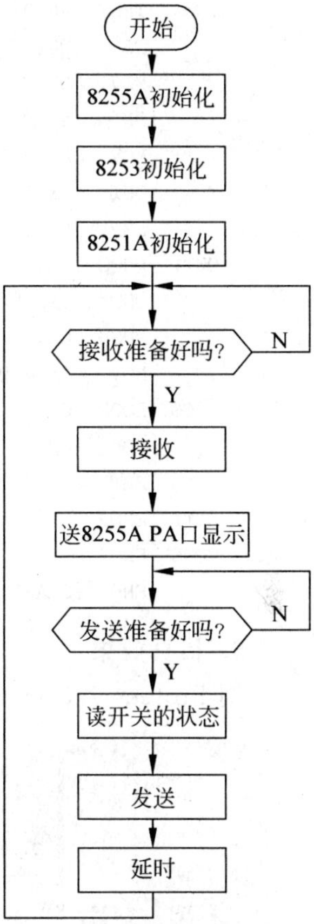

开始
8255A初始化
8253初始化
8251A初始化
接收准备好吗?
N
Y
接收
送8255A PA口显示
发送准备好吗?
N
Y
读开关的状态
发送
延时

图 8-34　程序流程图

```
STACK SEGMENT STACK
STACK ENDS
DATA SEGMENT
DATA ENDS
CODE SEGMENT
    ASSUME CS:CODE, DS:DATA, SS:STACK
START:  PUSH  CS
        POP   DS
        MOV   DX, 213H ; 初始化 8255A,PA 口输出,PB 输入,方式 0
        MOV   AL,83H
        OUT   DX,AL
        MOV   DX,203H  ; 设置 8253 计数 1 工作方式 3(方波)
        MOV   AL,56H   ; 01010110B
        OUT   DX,AL
        MOV   AL,52
        MOV   DX,201H  ; 给 8253 计数器 1 送初值
        OUT   DX,AL    ; 波特率 1MHz ÷ 52 ÷ 16 = 1200bps
        MOV   DX,209H  ; 奇地址是 8251A 控制端口,初始化 8251A
        XOR   AL,AL    ; 清零
        MOV   CX,03    ; 向 8251A 控制端口送 3 个 0
DELAY:  CALL  OUT1     ; 调子程序(向外发送一字节的子程序)
        LOOP  DELAY    ; 循环 3 次
        MOV   AL,40H   ; 写操作命令字: 向 8251A 控制端口送 40H,使
                       ; 其复位(内部复位)
        CALL  OUT1     ; 调子程序(向外发送一字节的子程序)
        MOV   AL,4EH   ; 方式控制字: 01001110B 设置为波特率因子为 16、8 个数据位、1 个停止位
        CALL  OUT1
        MOV   AL,27H   ; 写操作命令字: 00100111B 向 8251A 送控制字允许其发送和接收
        CALL  OUT1
  NEXT: MOV   DX,209H  ; 8251A 控制口
        IN    AL,DX
        TEST  AL,02    ; 状态控制字: 检查接收器是否准备好
        JZ    NEXT     ; 没有准备好,等待(循环)
        MOV   DX,208H  ; 偶地址是 8251A 数据端口
        IN    AL,DX    ; 准备好,接收 PC 发的数据,数据在 AL 里
        PUSH  AX
        MOV   CX,40H
   S51: LOOP  S51      ; 延时
        MOV   DX, 210H ; PA 地址
```

```
        POP   AX
        OUT   DX,AL          ; 接收到数据在 AL 里,送 PA 口 LED 显示
WAITI:  MOV   DX,209H
        IN    AL,DX
        TEST  AL,01          ; 发送器是否准备好(发送器有数据吗?)
        JZ    WAITI          ; 没有准备好,等待(循环)
        MOV   DX, 211H       ; PB 地址
        IN    AL,DX          ; 读开关的状态
        MOV   DX,208H        ; 偶地址是数据端口
        OUT   DX,AL          ; 把开关的状态发送给 PC
        JMP   NEXT
 OUT1   PROC  NEAR           ; 向外发送一字节的子程序
        OUT   DX,AL
        PUSH  CX
        MOV   CX,400H
   GG:  LOOP  GG             ; 延时
        POP   CX
        RET
 OUT1   ENDP
 CODE   ENDS
        END   START
```

5. 仿真效果

用 Proteus 7.5 ISIS 软件进行仿真,用 PC 控制 LED 显示仿真效果图如图 8-35 所示。

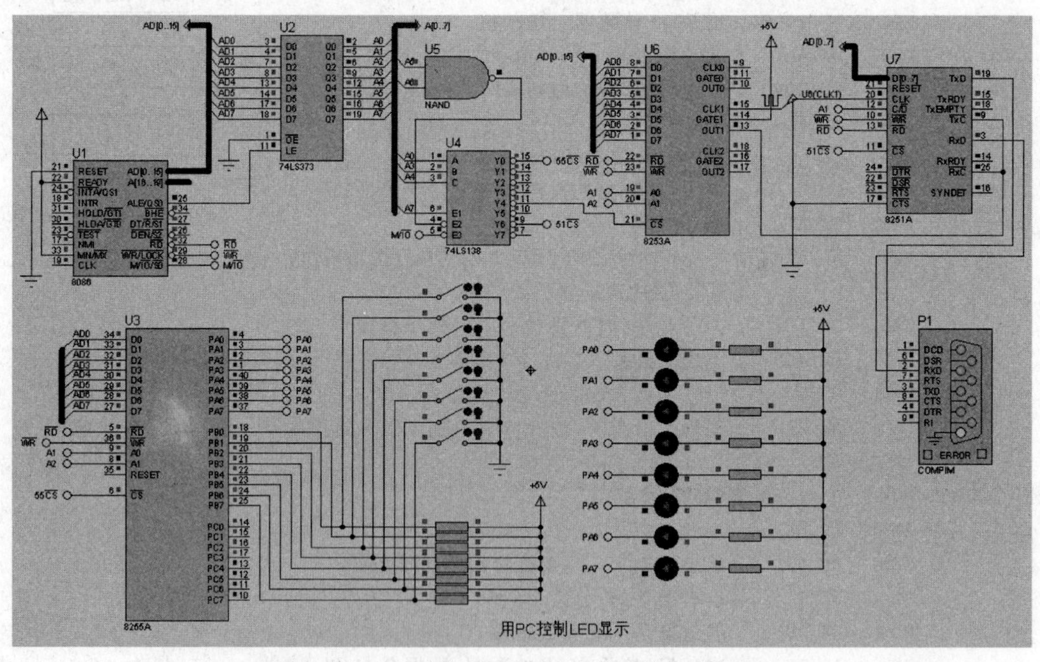

图 8-35 上位 PC 与 8251A 串行口通信仿真效果图

8.4.6 拓展工程训练项目考核

拓展工程训练项目考核如表 8-3 所示。

表 8-3　项目实训考核表(拓展工程训练项目名称：　　　　　　　　　　)

姓名		班级		考件号		监考		得分	
额定工时	分钟	起止时间	日　时　分至　日　时　分					实用工时	

序号	考核内容	考 核 要 求	分值	评 分 标 准	扣分	得分
1	项目内容与步骤	(1) 操作步骤是否正确 (2) 项目中的接线是否正确 (3) 项目调试是否有问题,是否调试得来	40	(1) 操作步骤不正确扣 5～10 分 (2) 项目中的接线有问题扣 2～10 分 (3) 调试有问题扣 2～10 分,调试不来扣 2～10 分		
2	项目实训报告要求	(1) 项目实训报告写得规范、字体公正否 (2) 回答思考题是否全面	20	(1) 项目实训报告写得不规范、字体不公正,扣 5～10 分 (2) 回答思考题不全面,扣 2～5 分		
3	安全文明操作	符合有关规定	15	(1) 发生触电事故,取消考试资格 (2) 损坏电脑,取消考试资格 (3) 穿拖鞋上课,取消考试资格 (4) 动作不文明,现场凌乱,吃东西扣 2～10 分		
4	学习态度	(1) 有没有迟到、早退现象 (2) 是否认真完成各项项目,积极参与实训、讨论 (3) 是否尊重老师和其他同学,是否能够很好地交流合作	15	(1) 有迟到、早退现象扣 5 分 (2) 没有认真完成各项项目,没有积极参与实训、讨论扣 5 分 (3) 不尊重老师和其他同学,不能够很好地交流合作扣 5 分		
5	操作时间	在规定时间内完成	10	每超时 10 分钟(不足 10 分钟以 10 分钟计)扣 5 分		

同步练习题

(1) 在串行通信中有哪几种数据传送方式？各有什么特点？

(2) 串行通信按信号格式分为哪两种？这两种格式有何不同？

(3) 在通信中 Modem 有什么作用？什么情况下需要 Modem？

(4) 设异步传输时,每个字符对应 1 个起始位,7 个数据位,1 个奇校验位和 1 个停止位。若波特率为 1200,则每秒钟传输的最大字符数为多少？画出传输 ASCII 字符"B"的波形图。

(5) RS-232C 接口的信号电平采用什么逻辑？逻辑"1"和逻辑"0"电平各为多少？

(6) RS-232C电平怎样与TTL电平连接？并指出电平转换芯片的名称。

(7) 画出两台微机之间(距离不超过15m)通过RS-232C接口进行数据通信的电缆连线图。

(8) 8251A在接收和发送数据时,分别通过哪个引脚向CPU发中断请求信号？

(9) 试简述8251A内部结构及工作过程？

(10) 试说明8251A的工作方式控制字、操作命令控制字和状态控制字各位的含义及它们之间的关系。在对8251A进行初始化编程时,应按什么顺序向它的控制口写入控制字？

(11) 某系统中使可编程串行接口芯片8251A工作在异步方式,7位数字,不带校验,2位停止位,波特率系数为16,允许发送也允许接受,若已知其控制口地址为201H,试编写初始化程序。

(12) 设8251A的控制口和状态口地址为209H,数据输入输出口地址为208H,输入100个字符,并将字符放在Buffer所指的内存缓冲区中。请写出这段的程序。

(13) 分析项目4、项目5的初始化程序。

第9章 可编程DMA控制器8237A

学习目的

(1) 了解8237A的引脚与内部结构。

(2) 了解DMA传送的基本概念。

(3) 掌握8237A的控制字及应用。

(4) 掌握拓展工程训练项目编程方法和设计思想。

学习重点和难点

(1) 8237A的引脚与内部结构。

(2) 8237A的控制字及应用。

(3) 拓展工程训练项目编程方法和设计思想。

9.1 8237A的引脚与内部结构

9.1.1 DMA传送的基本概念

直接存储器存取DMA是一种外设与存储器或者存储器与存储器之间直接传送数据的方法,适用于需要大量数据高速传送的场合,通常在微机系统中,图像显示、磁盘存取、磁盘间的数据传送和高速的数据采集系统均可采用DMA数据交换技术。DMA传送示意图如图9-1所示,在数据传送过程中,DMA控制器可以获得总线控制权,控制高速I/O设备(如磁盘)和存储器之间直接进行数据传送,不需要CPU直接参与。用来控制DMA传送的硬件控制电路就是DMA控制器(简称DMAC)。

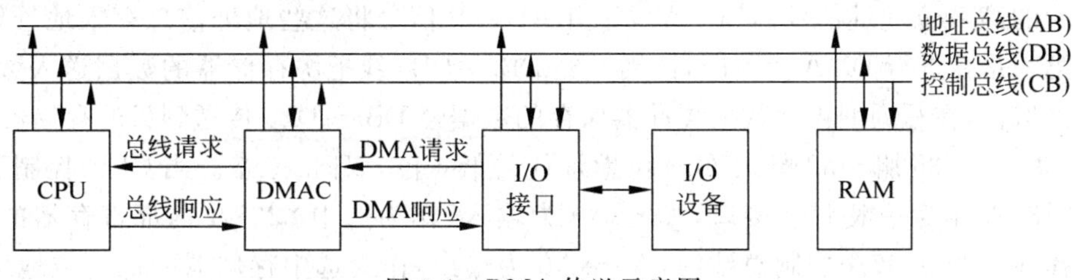

图9-1 DMA传送示意图

图9-1 DMA数据传送过程如下:

① I/O接口向DMAC发出DMA请求。

② 如果DMAC未被屏蔽,则在接到DMA请求后,向CPU发出总线请求,希望CPU让出数据总线、地址总线和控制总线的控制权,由DMAC控制。

③ CPU 执行完现行的总线周期,如果 CPU 同意让出总线控制权,向 DMAC 发出响应请求的回答信号,并且脱离三总线处于等待状态。

④ DMAC 在收到总线响应信号后,向 I/O 接口发 DMA 响应信号,并由 DMAC 接管三总线控制权。

⑤ 进行 DMA 传送。DMAC 给出传送数据的内存地址,传送的字节数及发出 $\overline{RD}/\overline{WR}$ 信号;在 DMA 控制下,每传送一个字节,地址寄存器加 1,字节计数器减 1,如此循环,直至计数器之值为 0。

DMA 读操作:读存储器写外设。

DMA 写操作:读外设写存储器。

⑥ DMA 传送结束,DMAC 撤除总线请求信号,CPU 重新控制总线,恢复 CPU 的工作。

Intel 8237A 是一种高性能的可编程 DMA 控制器,可以用软件对芯片进行编程,使它能在多种方式下工作。

- 一个芯片中有 4 个独立的 DMA 通道。
- 每个通道的 DMA 请求都可以允许和禁止。
- 每个通道的 DMA 请求有不同的优先权。优先权可以是固定的,也可以是循环的,由初始化编程决定。
- 每个通道一次传送的最大长度不能超过 64KB。
- 可以用级联的方法来扩展通道数。

8237A DMAC 有 4 个通道,每个通道都可用于 DMA 数据传送。PC 系统占用了 8237A 通道 0、通道 2、通道 3,分别用于刷新动态存储器、软盘控制器与存储器间交换数据、硬盘控制器与存储器交换数据,只有通道 1 未使用,供用户使用。

9.1.2 8237A 引脚与内部结构

(1) 8237A 引脚

8237A 为 40 个引脚双列直插式封装的芯片如图 9-2(a)所示,引脚功能如下。

- BD7~BD0(21 脚~23 脚、26 脚~30 脚):8 位数据线,双向,三态。作用有三:第一是当 8237A 空闲,即 CPU 控制总线时,BD7~BD0 作为双向数据线,由 CPU 读/写 8237A 内部寄存器;第二是当 8237A 控制总线时,BD7~BD0 输出被访问存储器单元的高 8 位地址信号 A15~A8,并由 ADSTB 信号将这些地址信息存入地址锁存器;第三是在进行 DMA 操作时,读周期经 DB7~DB0 线把源存储器的数据送入数据缓冲器保存,在写周期再把数据缓冲器保存的数据经 DB7~DB0 传送到目的存储器。
- A3~A0(35 脚~32 脚):低 8 位地址线的低 4 位,双向,三态。当 CPU 控制总线时,8237A 作为一般 I/O 接口,A3~A0 为输入,作为选中 8237A 内部寄存器的地址选择线。当 8237A 控制总线时,A3~A0 为输出,作为选中存储器的低 4 位地址。
- A7~A4(40 脚~37 脚):低 8 位地址线的高 4 位,输出,三态。当 8237A 控制总线时,A7~A4 作为被访问存储器单元的地址信号 A7~A4。
- $\overline{CS}$(11 脚):片选信号,输入,低电平有效。当 8237A 空闲时,仅作为一个 I/O 设备时,为 8237A 的片选信号。当该信号有效时,CPU 向 8237A 写入工作方式控制字、操作方式控制字或读入状态寄存器中的内容。

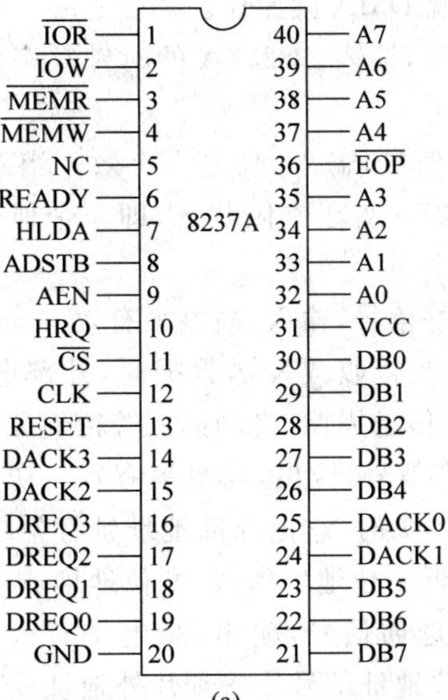

(a)

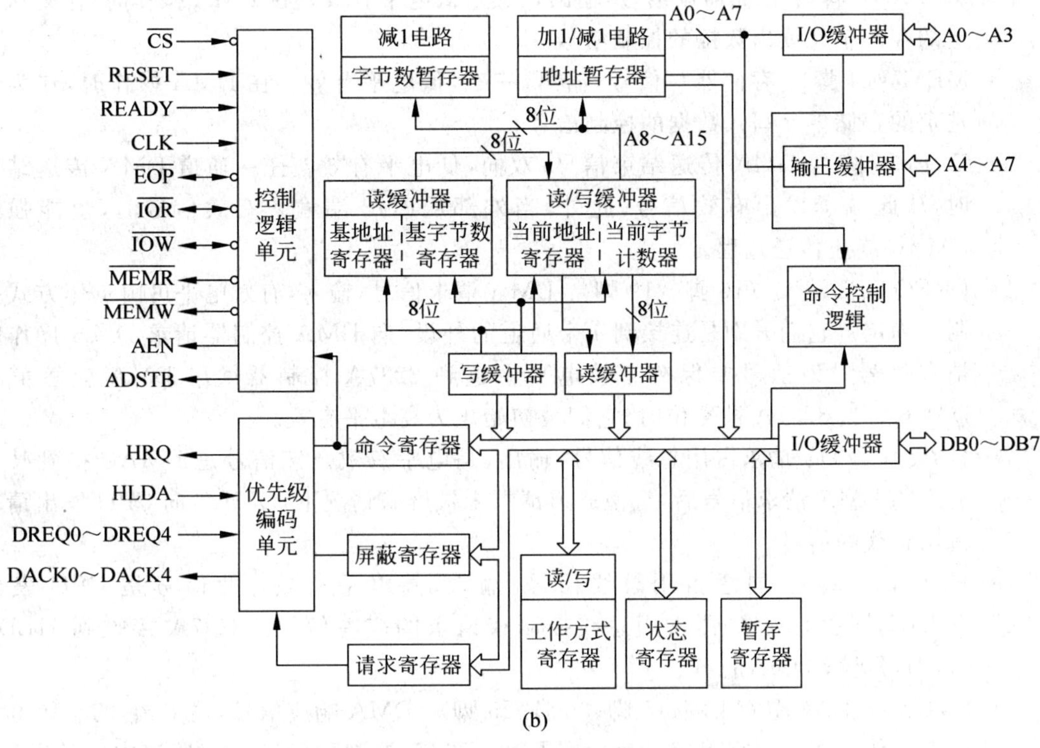

(b)

图 9-2　8237A 引脚与内部结构图

- $\overline{\text{IOR}}$(1 脚)：I/O 读信号，双向，三态，低电平有效。当 CPU 控制总线时，为输入信号，CPU 读 8237A 内部寄存器的状态信息；当 8237A 控制总线时，为输出信号，与 $\overline{\text{MEMW}}$ 配合实现 DMA 写操作。
- $\overline{\text{IOW}}$(2 脚)：I/O 写信号，双向，三态，低电平有效。当 CPU 控制总线时，为输入信号，CPU 利用它把数据写入 8237A 内部寄存器；当 8237A 控制总线时，为输出信号,与$\overline{\text{MEMR}}$配合实现DMA读操作。

- CLK(12脚):时钟信号,输入。8237A的时钟频率为3MHz,用于控制芯片内部定时和数据传送速率。
- RESET(13脚):复位信号,输入,高电平有效。当芯片被复位时,屏蔽寄存器被置1,其余寄存器置0,8237A处于空闲状态,即4个通道的DMA请求被禁止,仅作为一般I/O设备。
- READY(6脚):准备好信号,输入,高电平有效。当进行DMA操作,存储器或外部设备的速度较慢,来不及接收或发送数据时,外部电路使READY为低电平,这时DMA控制器会在总线传送周期,自动插入等待周期,直到READY变成高电平。
- AEN(9脚):地址允许信号,输出,高电平有效。访问DMA时AEN=1,访问外设时AEN=0。当AEN=1时,它把外部地址锁存器中的高8位地址送入地址总线,与8237A芯片输出的低8位地址组成16位地址。
- ADSTB(8脚):地址选通信号,输出,高电平有效。当ADSTB=1时,将保存在8237A缓冲器的高8位地址信号传送到片外地址锁存器。
- $\overline{\text{MEMR}}$(3脚):存储器读信号,输出,三态,低电平有效。在DMA操作时,作为从选定的存储单元读出数据的控制信号。
- $\overline{\text{MEMW}}$(4脚):存储器写信号,输出,三态,低电平有效。在DMA操作时,作为向选定的存储单元写入数据的控制信号。
- $\overline{\text{EOP}}$(36脚):DMA传送结束信号,双向,低电平有效。任一通道DMA传送结束时,从此端子发出有效信号,此外,当外部从$\overline{\text{EOP}}$端输入有效信号时,也能强迫DMAC终止传送过程。
- DREQ3~DREQ0(16脚~19脚):DMA请求信号,输入,有效电平可由工作方式控制字确定。它们分别是连接到4个通道的外设,向DMA控制器请求DMA操作的请求信号。该信号要保持有效电平一直到8237A控制器做出DMA应答信号DACK。当8237A被复位时,它们被初始化为高电平有效。
- HRQ(10脚):请求占用总线信号,输出,高电平有效。该信号是DMAC接到某个通道的DMA请求信号后,且该通道请求未被屏蔽情况下,DMAC向CPU发出请求占用总线的信号。
- HLDA(7脚):同意占用总线信号,输入,高电平有效。此信号是CPU发给DMAC,同意DMAC器占用总线控制权请求的应答信号。8237A接收到HLDA后,即可进行DMA操作。
- DACK3~DACK0(14脚、15脚、24脚、25脚):DMA响应信号,输出,它的有效电平可由工作方式控制字确定。该信号是由8237A控制器发给4个通道中申请DMA操作的通道的应答信号。
- VCC(31脚):电源+5V。
- GND(20脚):接地。
- NC(5脚):空(没有用)。

(2) 内部结构

8237A的内部结构如图9-2(b)所示,图中通道部分只画出了一个通道的情况。8237A

的内部结构由控制逻辑单元、优先级编码单元、缓冲器和内部寄存器4个基本部分组成，功能介绍如下。

① 控制逻辑单元

控制逻辑单元的主要功能是根据CPU传送来的有关DMAC的工作方式控制字和操作方式控制字，在定时控制下，产生DMA请求信号、DMA传送以及发出DMA结束的信号。

② 优先级编码单元

优先级编码单元用来裁决各通道的优先级顺序，解决多个通道同时请求DMA服务时可能出现的优先级竞争问题。优先级顺序是指通道0优先级最高，其次是通道1，通道3的优先级最低。循环4个通道的优先级不断变化，即本次循环执行DMA操作的通道，到下一次循环为优先级最低。不论优先级别高还是低，只要某个通道正在进行DMA操作，其他通道无论级别高低，均不能打断当前的操作。当前操作结束后，再根据级别的高低，响应下一个通道的DMA操作申请。

③ 缓冲器

包括两个I/O缓冲器1、I/O缓冲器2和一个输出缓冲器，通过这三个缓冲器把8237A的数据线、地址线和CPU的系统总线相连。

- I/O缓冲器1：8位、双向、三态地址/数据缓冲器，作为8位数据BD7～BD0输入输出和高8位地址A15～A8输出缓冲。
- I/O缓冲器2：4位地址缓冲器，作为地址A3～A0输出缓冲。
- 输出缓冲器：4位地址缓冲器，作为地址A7～A4输出缓冲。

④ 内部寄存器

8237A内部寄存器共有12个，如表9-1所示，其寻址及软件命令如表9-2所示。分为两大类：一类是控制寄存器或状态寄存器；另一类是地址寄存器和字节计数器。CPU对8237A内部寄存器的访问是在8237A作为一般的I/O设备时，通过A3～A0的地址译码选择相应的寄存器。具体操作是：用A3区分上述两类寄存器，A3＝1选择第一类寄存器，A3＝0选择第二类寄存器。对于第一类寄存器，有两个寄存器共用一个端口地址，这种情况，用$\overline{IOR}$和$\overline{IOW}$来区分。

表9-1　8237A的内部寄存器

寄存器名称	位数	数量	CPU访问方式
基地址寄存器	16	4	只写
基字节数寄存器	16	4	只写
当前地址寄存器	16	4	可读可写
当前字节计数寄存器	16	4	可读可写
地址暂存器	16	1	不能访问
字节计数暂存器	16	1	不能访问
命令寄存器	8	1	只写
工作方式寄存器	6	4	只写
屏蔽寄存器	4	1	只写
请求寄存器	4	1	只写
状态寄存器	8	1	只读
暂存寄存器	8	1	只读

表 9-2 8237A 内部寄存器寻址及软件命令

	$\overline{CS}$	$\overline{IOR}$	$\overline{IOW}$	A3	A2	A1	A0	操作		低4位地址
通道寄存器的寻址	0	1	0	0	0	0	0	通道0基地址寄存器	只写	0H
	0	0	1	0	0	0	0	通道0当前地址寄存器	可读写	
	0	1	0	0	0	0	1	通道0基字节计数器	只写	1H
	0	0	1	0	0	0	1	通道0当前字节计数器	可读写	
	0	1	0	0	0	1	0	通道1基地址寄存器	只写	2H
	0	0	1	0	0	1	0	通道1当前地址寄存器	可读写	
	0	1	0	0	0	1	1	通道1基字节计数器	只写	3H
	0	0	1	0	0	1	1	通道1当前字节计数器	可读写	
	0	1	0	0	1	0	0	通道2基地址寄存器	只写	4H
	0	0	1	0	1	0	0	通道2当前地址寄存器	可读写	
	0	1	0	0	1	0	1	通道2基字节计数器	只写	5H
	0	0	1	0	1	0	1	通道2当前字节计数器	可读写	
	0	1	0	0	1	1	0	通道3基地址寄存器	只写	6H
	0	0	1	0	1	1	0	通道3当前地址寄存器	可读写	
	0	1	0	0	1	1	1	通道3基字节计数器	只写	7H
	0	0	1	0	1	1	1	通道3当前字节计数器	可读写	
控制和状态寄存器	0	1	0	1	0	0	0	命令寄存器	只写	8H
	0	0	1	1	0	0	0	状态寄存器	只读	
	0	1	0	1	0	0	1	写请求标志	只写	9H
	0	1	0	1	0	1	0	写单个通道屏幕标志位	只写	AH
	0	1	0	1	0	1	1	工作方式寄存器	只写	BH
	0	1	0	1	1	0	0	清除字节指示器(软命令)	只写	CH
	0	0	1	1	1	0	1	读暂存寄存器	只写	DH
	0	1	0	1	1	0	1	主清除命令(软命令)	只读	
	0	1	0	1	1	1	0	清除屏蔽标志位(软命令)	只写	EH
	0	1	0	1	1	1	1	写所有通道屏蔽位	只写	FH

从 8237A 内部寄存器寻址及软件命令表 9-2 可以看出,A3=1 选择第一类寄存器,A3=0 选择第二类寄存器。对于第一类寄存器 A2～A0 用来指明选择哪一个寄存器,若有两个寄存器共用一个端口,用读/写信号区分。对于第二类寄存器用 A2、A1 来区分选择哪一个通道,用 A0 来区别是选择地址寄存器还是字节计数器。

现只对基地址寄存器、当前地址寄存器、基字节数寄存器和当前字节计数器的作用进行阐述,其他寄存器的作用将在控制字设置中讲解。

• 基地址寄存器、当前地址寄存器

这两个寄存器都用来存放 DMA 操作时将要访问的存储器的地址,是 16 位的寄存器,每个通道都有。

基地址寄存器的内容是初始化编程时由 CPU 写入,整个 DMA 操作期间不再变化。若在工作方式控制字中设置 D4 位等于 1,采用自动预置方式,那么 DMA 操作结束,自动将基地址寄存器的内容写入当前地址寄存器。该寄存器的内容只能写入,不能读出。

当前地址寄存器的作用是在 DMA 操作期间,通过加 1 或减 1 的方法不断修改访问存储器的地址指针,指出当前正访问的存储器地址。当前地址寄存器地址值的输入方法,可在初始化时写入，也可在DMA操作结束，由基地址寄存器写入。该寄存器的内容可通过执行两次输入指令读入CPU中。

• 基字节数寄存器、当前字节计数器

这两个寄存器都用来存放进行DMA操作时传送的字节数，是16位寄存器，每个通道都有。

基字节数寄存器的数据是在初始化时写入的，整个DMA操作中不变，若将工作方式控制字中的D4位置1，采用自动预置方式，那么DMA操作结束，自动将基字节数寄存器的内容写入当前字节计数器。该寄存器的内容只能写入，不能读出。

当前字节计数器的作用是在DMA传送操作期间，每传送一个字节，字节计数器减1，当由0减到FFFFH时，产生DMA操作结束信号。

当前字节计数器的内容可在初始化命令写入，也可通过在DMA传送结束时由基字节计数寄存器写入。该寄存器的内容既能写入也能通过执行两次输入指令读入CPU。

9.2 8237A的控制字及应用

9.2.1 8237A的控制字

(1) 工作方式控制字

8237A每个通道都有一个工作方式控制字，工作方式控制字为8位，通过编程的方法写入模式寄存器。模式寄存器为6位，共4个，每个通道1个。工作方式控制字的格式及定义如图9-3所示，各位的说明如下。

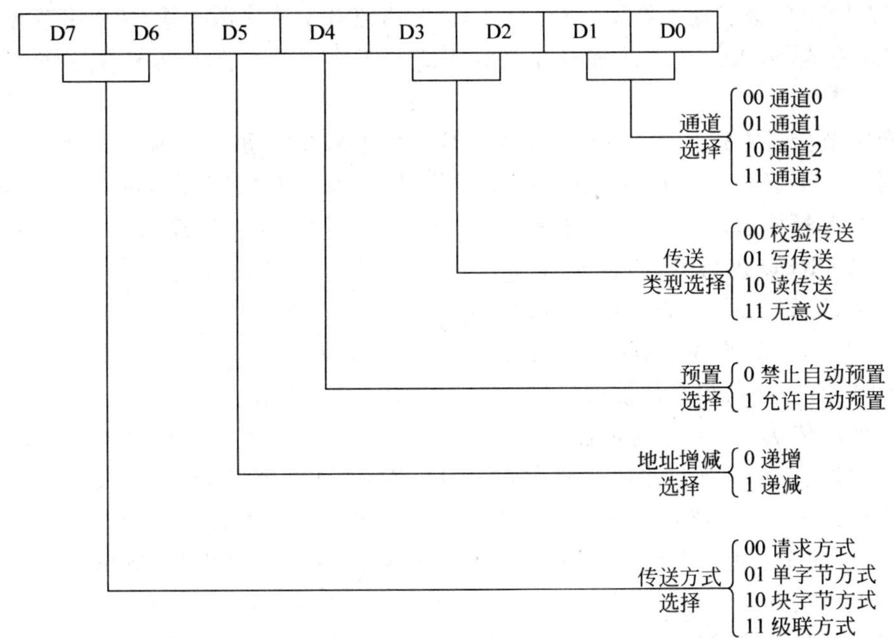

图9-3 8237A工作方式控制字的格式

① D1、D0：通道选择位。根据 D1、D0 位的值决定工作方式控制字写入到哪一个通道的模式寄存器中。由于每个通道内的模式寄存器为 6 位，所以 8 位的方式控制字写入 6 位的模式寄存器时，只将 D7～D2 位写入，D1、D0 位不写入。

② D3、D2：传送类型选择位。8237A 有三种传送类型，分别是 DMA 读传送、DMA 写传送和 DMA 校验传送。三种传送类型是根据数据传送的方向定义的，由 D3、D2 两位决定。

- DMA 读传送：把存储器的数据读出传送至外设，操作时若 $\overline{\text{MEMR}}$ 有效则从存储器读出数据，若 $\overline{\text{IOW}}$ 有效则把数据写入外设。
- DMA 写传送：把外设输入的数据写至存储器中，操作时若 $\overline{\text{IOR}}$ 有效则从外设读出数据，若 $\overline{\text{MEMW}}$ 有效，则把数据写入存储器。
- DMA 校验传送：这种传送方式实际上不传送数据，主要用来对 DMA 读传送或 DMA 写传送功能进行校验。在校验传送时 8237A 保留对系统总线的控制权，但不产生对 I/O 接口和存储器的读写信号，只产生地址信号，计数器进行减 1 计数，响应 $\overline{\text{EOP}}$ 信号。

③ D4：自动预置功能选择位。当 D4＝1 时，允许自动预置，每当 DMA 传送结束，基地址寄存器自动将保存的存储器数据区首地址传送给当前地址寄存器，基字节计数器自动将保存的数据字节传送给当前字节寄存器，进入下一轮数据传输过程。当 D4＝0 时，禁止自动预置。需要注意的是，如果一个通道被设置为自动预置方式，那么这个通道的对应屏蔽位应置 0。

④ D5：地址增减选择位。当 D5＝1 时，每传送一个字节，当前地址寄存器的内容减 1；当 D5＝0 时，每传送一个字节，当前地址寄存器的内容加 1。

⑤ D7、D6：传送方式选择位。8237A 的每个通道有 4 种传送方式，即单字节传送方式、数据块传送方式、请求传送方式和多片级联方式。工作方式由工作方式字中的 D7、D6 位决定。

- 单字节传送方式：8237A 控制器每响应一次 DMA 申请，只传输一个字节的数据，传送一个字节之后，当前字节计数器的值减 1，当前地址寄存器的数加 1(或减 1)，8237A 释放系统总线，总线控制权交给 CPU。8237A 释放控制权后，马上对 DMA 请求 DREQ 进行测试，若 DREQ 有效，则再次发出总线请求信号，进入下一个字节的传送，如此循环，直至计数值为 0，结束 DMA 传送。

单字节传送方式的特点是：一次传送一个字节，效率较低，但它会保证在两次 DMA 传送之间，CPU 有机会获得总线控制权，执行一次 CPU 总线周期。

- 数据块传送方式：在这种传送方式下，8237A 一旦获得总线控制权，就会连续地传送数据块，直到计数器由 0 减到 FFFFH，结束 DMA 传送，让出总线控制权。

数据块传送方式的特点：一次请求传送一个数据块，效率高，但在整个 DMA 传送期间，CPU 长时间无法控制总线(无法响应其他 DMA 请求，无法处理其他中断等)。

- 请求传送方式：请求传送方式与数据块传送方式类似，也是一种连续传送数据的方式。只是在请求传送方式下，每传送一个字节就要检测一次 DREQ 信号是否有效，若有效，则继续传送下一个字节；若无效，则停止数据传送，结束 DMA 过程，让出总线控制权。但 DMA 的传送现场全部保持(当前地址寄存器和当前字节计数器的值),待请求信号 DREQ 再次有效时,再次申请总线控制权,申请成功后,8237A 接着原来的计数值和地址继续进行数据传送,直到当前字节计数器减到 0 或由外设产生 $\overline{EOP}$ 信号时,终止 DMA 传送,释放总线控制权。

请求传送方式的特点是:DMA 操作可由外设利用 DREQ 信号控制数据传送的过程。

- 级联传送方式:当一片 8237A 通道不够用时,可通过多片级联的方式增加 DMA 通道,第二级的 HRQ 和 HLDA 信号连到第一级某个通道的 DREQ 和 DACK 上,第二级芯片的优先权等级与所连通道的优先权相对应,第一级只起优先权网络的作用,实际的操作由第二级芯片完成,还可由第二级扩展到第三级等。

级联方式的特点是:可扩展多个 DMA 通道。

例如,使用 8237A 的通道 0,把内存中的数据输出到外设,禁止自动初始化,存储器地址自动加 1,单字节传送方式,设置工作方式控制字的指令如下:

```
MOV  AL,  01001000B
OUT  0BH, AL                        ; 写入模式寄存器
```

(2) 操作命令控制字

操作命令控制字在初始化时写入 8 位命令寄存器,4 个通道共用,各位格式及定义如图 9-4 所示,各位的说明如下。

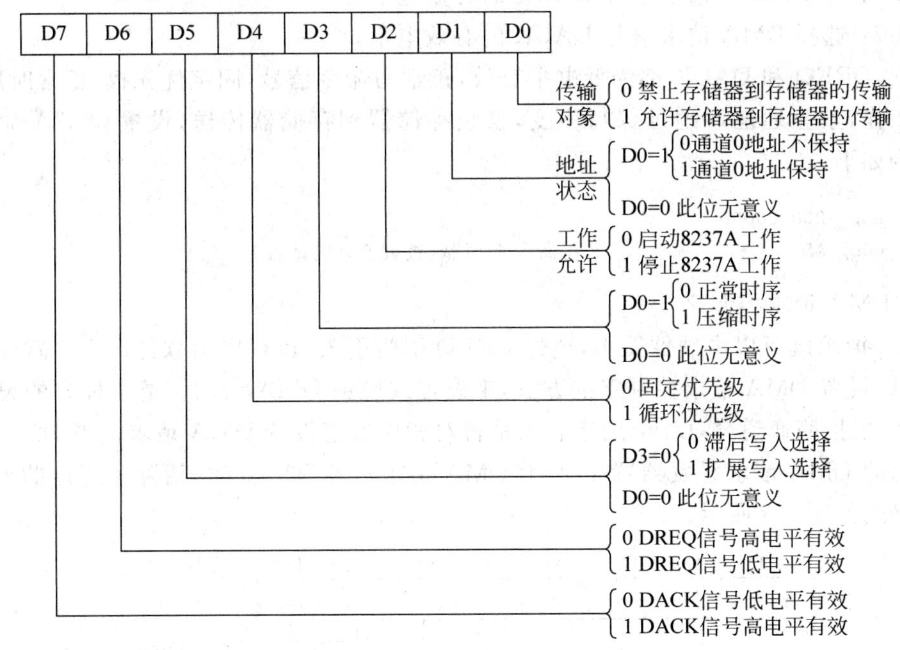

图 9-4　8237A 的操作命令控制字

① D0:允许或禁止存储器到存储器的传送操作。当 D0=1 时,允许存储器到存储器的传送;当 D0=0 时,禁止存储器到存储器的传送。

② D1:设定在存储器到存储器传送过程中,源地址保持不变或改变。当 D1=0 时,传送过程中源地址是变化的,当 D1=1 时,整个传送过程中,源地址保持不变。当 D0=0 时,不允许存储器到存储器传送,此时 D1 位无意义。

③ D2：类似一个开关位。当D2=0时，启动8237A工作；当D2=1时，停止8237A工作。

④ D3：时序类型选择位。D3=0时为正常时序，每进行一次DMA传送一般用3个时钟周期；D3=1时为压缩时序，在大多数情况下仅用两个时钟周期完成一次DMA传送，仅当A15～A8发生变化时需用3个时钟周期。

⑤ D4：优先权方式选择位。D4=0，采用固定优先级；D4=1，采用循环优先级。

固定优先级方式，其优先级次序是通道0优先级最高，通道1和通道2的优先级依次降低，通道3的优先级最低。

循环优先级方式，通道的优先级依次循环，假如最初优先级次序0→1→2→3，当通道2执行DMA操作后，优先级次序变为3→0→1→2。由于采用了循环优先级方式，避免了某一通道独占总线。

DMA方式的优先级不要同中断的优先级混淆。中断方式的优先级，高级中断源可以打断低级中断源的中断服务。DMA方式的优先级是当低级通道进行DMA操作时，不允许高级通道中止现行操作。

⑥ D5：D5位是在D3位为0时，即采用普通时序工作时，才有意义。该位表示$\overline{IOW}$或$\overline{MEMW}$信号的长度。D5=1表示$\overline{IOW}$或$\overline{MEMW}$信号要扩展两个时钟周期以上。

⑦ D6：选择DMA请求信号DREQ的有效电平。

⑧ D7：选择DMA请求信号DACK的有效电平。

例如，DREQ和DACK都为低电平有效，正常写命令信号，固定优先权，正常时序，启动8237A工作，禁止通道0地址保持不变，禁止存储器到存储器传送，设置8237A命令寄存器。指令如下：

```
MOV  AL,  00000000B
OUT  08H, AL                    ；写命令寄存器(查表 9-2 的地址)
```

(3) DMA请求控制字

DMA请求既可以由硬件发出，通过DREQ引脚引入，也可以由软件产生。软件方法是通过CPU设置DMA请求控制字的方法，来设置或撤销DMA请求。请求标志的设置是通过D1、D0来指明通道号，D2位用来表示是否对相应通道设置DMA请求。当D2=1时，使相应通道的DMA请求触发器置1，产生DMA请求；当D2=0时，清除该通道的DMA请求。其格式如图9-5所示。

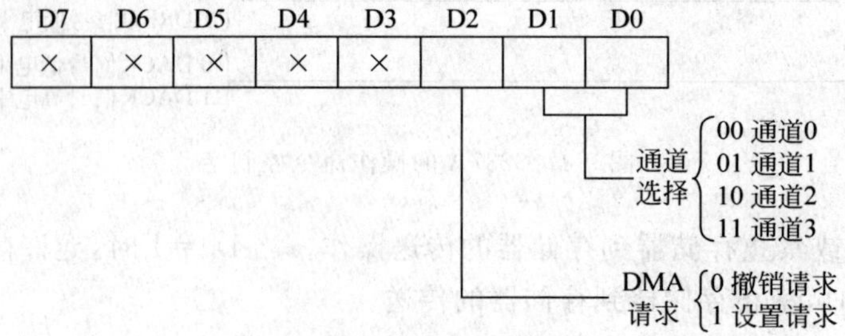

图9-5 8237A的DMA请求控制字

例如，设置 8237A 的通道 0，发软件请求 DREQ。指令如下：

```
MOV  AL,  00000100B
OUT  09H, AL                    ; 写入请求寄存器(查表 9-2 的地址)
```

(4) 屏蔽控制字

屏蔽控制字是记录各个通道的 DMA 请求是否允许的控制字。该控制字保存在屏蔽寄存器内，各位的定义如图 9-6 所示。

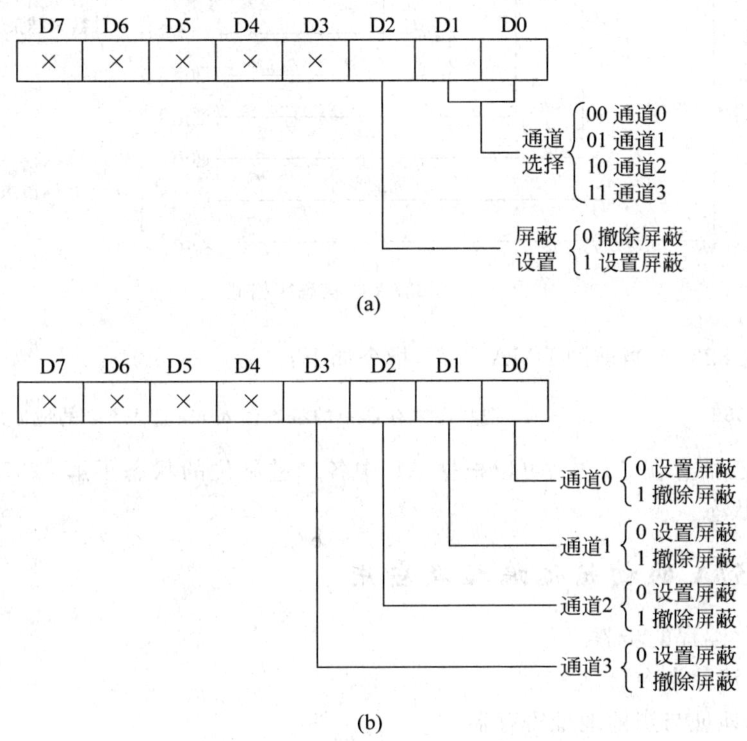

图 9-6　8237A 的屏蔽控制字的格式

屏蔽字的格式有两种，分别如图 9-6(a)、(b)所示，其中图(a)是单通道的屏蔽字，只能完成单个通道的屏蔽设置，其中 D1、D0 指出通道号，当 D2＝1 时，对相应的通道设置 DMA 屏蔽，当 D2＝0 时，则清除该通道的屏蔽字。图(b)是综合屏蔽字，可以同时完成对 4 条通道的屏蔽设置，当 D3～D0 某一位为 1 时，可以对对应的通道屏蔽位置 1，使其设置为屏蔽。

例如，禁止 8237A 通道 3 的 DMA 请求，设置单屏蔽位。指令如下：

```
MOV  AL,  00000111B
OUT  0AH, AL                    ; 写单屏蔽位(查表 9-2 的地址)
```

例如，禁止 8237A 通道 0、通道 2 的 DMA 请求；允许通道 1、通道 3 的 DMA 请求，设置所有屏蔽位。指令如下：

```
MOV  AL,  00000101B
OUT  0FH, AL                    ; 写所有屏蔽位(查表 9-2 的地址)
```

(5) 状态字

状态字反映了 8237A 当前 4 条通道 DMA 操作是否结束，是否有 DMA 请求。其中低 4

位反映了读命令这个瞬间每条通道是否计数结束,高4位反映了每条通道有没有DMA请求,它的状态字的格式如图9-7所示。

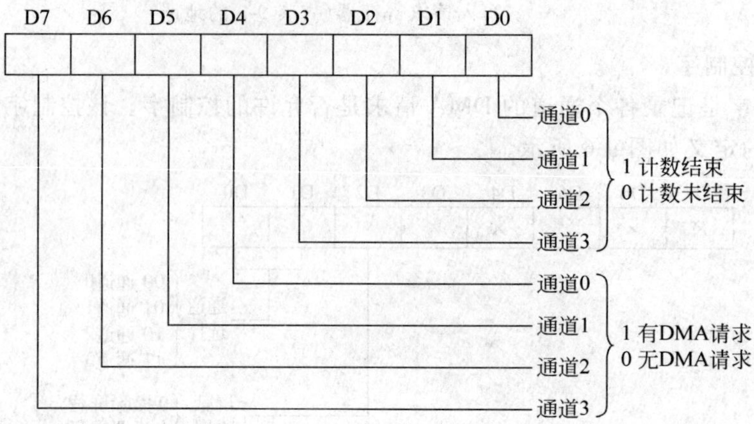

图9-7 8237A的状态字格式

例如,读取8237A当前的DMA状态,指令如下:

```
IN   AL,  08H                    ; 把状态寄存器中的状态读入AL(查表9-2的地址)
```

读入的状态信息在AL中,可以根据AL中各二进制位的状态了解8237A各通道当前的DMA工作状态。

9.2.2 8237A的初始化编程及应用

(1) 初始化编程的步骤

① 输出主清除命令。

② 写入基地址与当前地址寄存器。

③ 写入基字节与当前字节计数寄存器。

④ 写入工作方式寄存器。

⑤ 写入屏蔽寄存器。

⑥ 写入命令寄存器。

⑦ 写入请求寄存器。若用软件方式发DMA请求,则应向指定通道写入命令字,即进行①~⑦的编程后,就可以开始DMA传送的过程。若无软件请求,则在完成①~⑥的编程后,由通道的DREQ启动DMA传送过程。

(2) 编程应用

【例9-1】 若选用通道1,由外设(磁盘)输入16KB的数据块,传送至28000H开始的区域(按增量传送)采用数据块传送方式,传送完后不自动初始化,外设的DREQ和DACK都为高电平有效。

要编程首先要确定端口地址,地址的低4位寻址8237A的内部寄存器。

解:先确定各控制字。

- 工作方式控制字为10000101B=85H。

D1D0为01,选通道1;D3D2为01,DMA写操作(I/O→M);D4位为0,表示传送结束禁止自动初始化；D5 位为 0，表示选择地址加 1；D7D6 为 10，选择数据块传送方式。

- 屏蔽控制字为 00000000B=00H。

D7～D4 位无用设置为 0；D3～D0 位设置为 0，表示将 4 个通道的屏蔽位复位，即都可以产生 DMA 请求。若要屏蔽某个通道的 DREQ 请求，则相应位设置为 1。

- 操作命令控制字为 10100000B=A0H。

D7 设置为 1，表示 DACK1 高电平有效；D6 设置为 0，表示 DREQ1 高电平有效；D5 设置为 1，表示扩展写；D4 设置为 0，表示选用固定优先权；D2 设置为 0，表示允许 8237A 操作；D0 为 0，表示非存储器到存储器传送。

初始化程序如下所示。

```
OUT   0DH, AL                  ; 输出主清除命令
MOV   AL,  00H
OUT   02H, AL                  ; 输出当前和基地址的低 8 位
MOV   AL,  80H
OUT   02H, AL                  ; 输出当前和基地址的高 8 位
MOV   AX,  16384
OUT   03H, AL                  ; 输出当前和基字节计数初值低 8 位
MOV   AL,  AH
OUT   03H, AL                  ; 输出当前和基字节计数初值高 8 位
MOV   AL,  85H
OUT   0BH, AL                  ; 输出工作方式控制字
MOV   AL,  00H
OUT   0AH, AL                  ; 输出屏蔽字
MOV   AL,  0A0H
OUT   08H, AL                  ; 输出操作命令控制字
MOV   AX,  DS                  ; 取数据段地址
MOV   CL,  4                   ; 移位次数送 CL
ROL   AX,  CL                  ; 循环左移 4 次
MOV   CH,  AL                  ; 将 DS 的高 4 位存入 CH 寄存器中
AND   AL,  0F0H                ; 屏蔽 DS 的低 4 位
MOV   BX,  OFFSET BUFFER       ; 获得缓冲区首地址偏移量
ADD   AX,  BX                  ; 计算 16 位物理地址
INC   CH                       ; 有进位 DS 高 4 位加 1
PUSH  AX                       ; 保存低 16 位起始地址
```

【例 9-2】 利用 8237A 编写从源存储器传送 1000 个字节数据到目标存储器的程序。把一个数据块从存储器一个区传送到另一个区是通过通道 0 和通道 1 完成的。

```
MOV   AL,  04H                 ; 关闭 8237A,操作方式控制字 D2 = 1
MOV   DX,  DMA + 08H           ; 设置命令寄存器的端口地址
OUT   DX,  AL
MOV   DX,  DMA + 0DH           ; 设置总清命令寄存器的地址
OUT   DX,  AL                  ; 总清
MOV   DX,  DMA + 00H           ; 设置通道 0 地址寄存器端口地址
MOV   AX,  SOURCE              ; 设置源数据块首地址
OUT   DX,  AL                  ; 设置地址寄存器低字节
MOV   AL,  AH                  ; 将源数据块首地址高字节送 AL
OUT   DX,  AL                  ; 设置地址寄存器高字节
MOV   DX,  DMA + 02H           ; 设置通道 1 地址寄存器端口地址
MOV   AX,  DST                 ; 设置目标数据块的首地址
OUT   DX,  AL                  ; 目标数据块首地址送通道 1 的地址寄存器
```

```
MOV  AL,  AH
OUT  DX,  AL
MOV  DX,  DMA + 03H          ; 设置通道1字节计数器的端口地址
MOV  AX,  1000               ; 设置计数器值
OUT  DX,  AL                 ; 传送源数据块字节数给通道1的字节数计数器
MOV  AL,  AH
OUT  DX,  AL
MOV  DX,  DMA + 0CH          ; 设置先/后触发器端地址
OUT  DX,  AL                 ; 清先/后触发器
MOV  DX,  DMA + 0BH          ; 设置模式寄存器端口地址
MOV  AL,  88H                ; 设置8237A的工作方式控制字,定义通道0为DMA读传输
OUT  DX,  AL
MOV  DX,  DMA + 0CH          ; 设置清先/后触发器命令寄存器的地址
OUT  DX,  AL                 ; 清先/后触发器
MOV  DX,  DMA + 0BH
MOV  AL,  85H                ; 设置8237A的模式字,定义通道1为DMA写传输
OUT  DX,  AL
MOV  DX,  DMA + 0CH
OUT  DX,  AL                 ; 清先/后触发器
MOV  DX,  DMA + 0FH
MOV  DX,  0CH                ; 屏蔽通道2和通道3
OUT  DX,  AL
MOV  DX,  DMA + 0CH
OUT  DX,  AL                 ; 清先/后触发器
MOV  DX,  DMA + 08H
MOV  AL,  01H                ; 设置8237A的控制字,定义为存储器到存储器传送模式
OUT  DX,  AL                 ; 启动8237A工作
MOV  DX,  DMA + 0CH
OUT  DX,  AL                 ; 清先/后触发器
MOV  DX,  DMA + 09H
MOV  AL,  04H                ; 向通道0发出DMA请求
OUT  DX,  AL
MOV  DX,  DMA + 08H
AA1 : INAL,DX                ; 读8237A状态寄存器的内容
JZ   AA1                     ; 判断计数是否结束
MOVDX,    DMA + 0CH
OUTDX,    AL                 ; 清先/后触发器
MOVDX,    DMA + 09H
MOVAL,    00H                ; 向通道0撤销DMA请求
OUTDX,    AL
MOVDX,    DMA + 0CH
OUTDX,    AL                 ; 清先/后触发器
MOVAL,    04H                ; 关闭8237A,操作方式控制字D2 = 1
MOVDX,    DMA + 08H          ; 设置控制寄存器的端口地址
OUTDX,    AL
HLT
```

9.3 拓展工程训练项目

9.3.1 项目1:利用8237A进行存储器到存储器的数据传送

1. 项目要求与目的

(1) 项目要求:利用8086 CPU控制8237A可编程DMA控制器,实现存储器之间的

DMA 数据传送。

（2）项目目的：

- 了解 8237A DMA 控制器基本原理。
- 掌握 8237A DMA 控制器的使用方法。
- 学习用 DMA 进行存储器到存储器传送数据的编程方法。

2. 项目电路连接与说明

（1）项目电路连接：做 MEM＝＞MEM 数据传送时无需用户连线，系统自动做总线切换，本程序将 RAM 中的一段数据用 DMA 方式复制到另一地址。

（2）项目说明：实验过程中不用连线，程序运行状态通过查看存储器、寄存器内容来观察。要传送存储器的起始地址为 8100H：0000H，传送字节数为 2000，8237A 的端口地址为 00H～0FH，8237A 通道 1 的页面寄存器端口地址为 83H，则利用 8237A 通道 1 进行存储器的数据传送。

对程序进行编译连接后，使光标指向最后一条 MOV 指令处，单击菜单栏“调试”下拉菜单的“执行到光标所在行”，使程序执行到此处。

查看运行后 8237A 寄存器值、存储器的内容，单击菜单栏“查看”的“数据区窗口”中的“代码段数据窗口”，查看 8100：0000 到 8100：0800 中数据与 8100：0100 到 8100：0900 中数据一致（要注意各实验系统为用户提供的 RAM 区间）。

3. 项目电路原理框图

DMA 进行存储器到存储器传送数据电路框图如图 9-8 所示。电路由 8086 CPU 芯片、8237A 芯片、RAM 等组成。

4. 项目程序设计

（1）程序流程图

DMA 进行存储器到存储器传送数据程序流程图如图 9-9 所示。

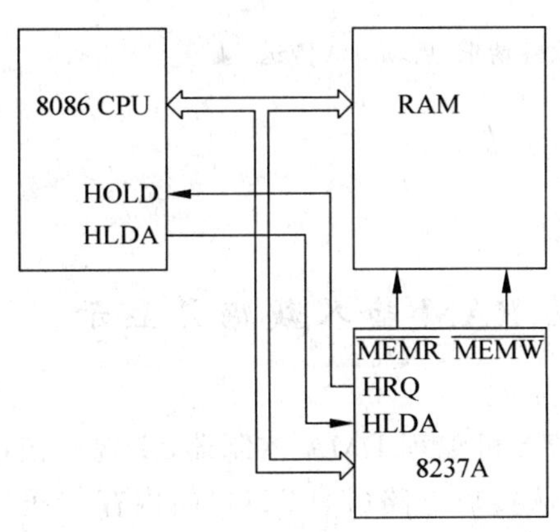

图 9-8 DMA 进行存储器到存储器传送数据电路框图

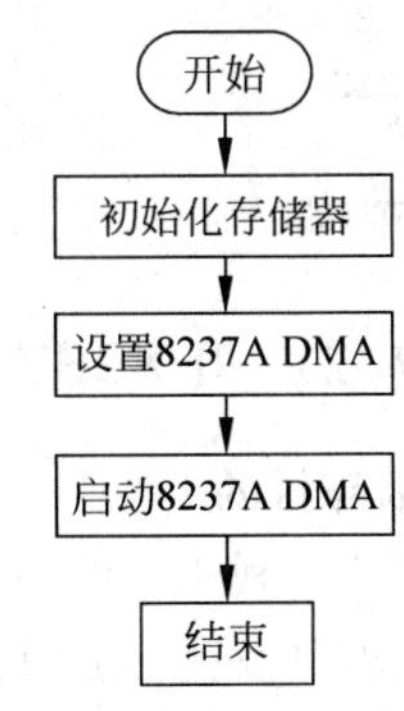

图 9-9 DMA 进行存储器到存储器传送数据程序流程图

（2）程序清单

DMA 进行存储器到存储器传送数据程序清单如下所示。

```
DMA     EQU 00H
DATA    SEGMENT
    PB          DB ?
DATA    ENDS
STACK   SEGMENT STACK
        STA         DW 50 DUP(0)
        TOP         EQU LENGTH STA
STACK   ENDS
CODE    SEGMENT
        ASSUME CS:CODE,DS:DATA,SS:STACK
START:
        MOV  AL,04H
        OUT  DMA+0DH,AL              ;复位命令,使先后触发器清零
        MOV  AL,08H
        OUT  83H,AL                  ;置通道1页面寄存器
        MOV  AL,00H
        OUT  DMA+02H,AL              ;写地址低8位
        MOV  AL,00H
        OUT  DMA+02H,AL              ;写地址高8位
        MOV  AX,2000                 ;置传送字节数
        OUT  DMA+03H,AL              ;先写入低8位
        MOV  AL,AH
        OUT  DMA+03H,AL              ;后写入高8位
        MOV  AL,88H
        OUT  DMA+0BH,AL              ;后通道0模式字
        MOV  AL,85H
        OUT  DMA+0BH,AL              ;后通道1模式字
        MOV  AL,83H
        OUT  DMA+08H,AL              ;写命令字,允许通道0地址保持
        MOV  AL,0EH
        OUT  DMA+0FH,AL              ;通道0解除屏蔽
        MOV  AL,04H
        OUT  DMA+09H,AL              ;通道0软件请求,启动DMA传送
        MOV  AH,4CH                  ;返回DOS
        INT  21H
CODE ENDS
        END START
```

9.3.2 项目2:用8237A从接口向RAM输入数据并显示

1. 项目要求与目的

(1) 项目要求:利用8086 CPU控制8237A可编程DMA控制器,实现从接口向存储器输入数据。要求每发生一次DMA请求,就从接口电路(74LS244)向内存传送一个字节数据,存入从6000H:0H开始的10个字节的缓冲区,然后将该缓冲区的内容送到PC屏幕上显示。

(2) 项目目的:

- 掌握8237A DMA控制器的使用方法。
- 学习用DMA控制器实现从接口向存储器输入数据的编程方法。

2. 项目电路连接与说明

(1) 项目电路连接：做 I/O=>MEM 数据传送时用户可以根据如图 9-10 所示连线，电路需要增加一个 74LS244 芯片。

(2) 项目说明：本程序将 I/O 口中的数据用 DMA 方式读到内存，然后将该内存的内容送到 PC 屏幕上显示。因此需要编写 8237A 的初始化程序及有关控制程序。8237A 的端口地址为 00H～0FH，通道 1 页面寄存器的端口地址为 83H。

3. 项目电路原理框图

用 8237A 从接口向 RAM 输入数据并显示电路框图如图 9-10 所示。电路由 8086 CPU 芯片、8237A 芯片、RAM、74LS244 芯片和开关 K0～K7 等组成。

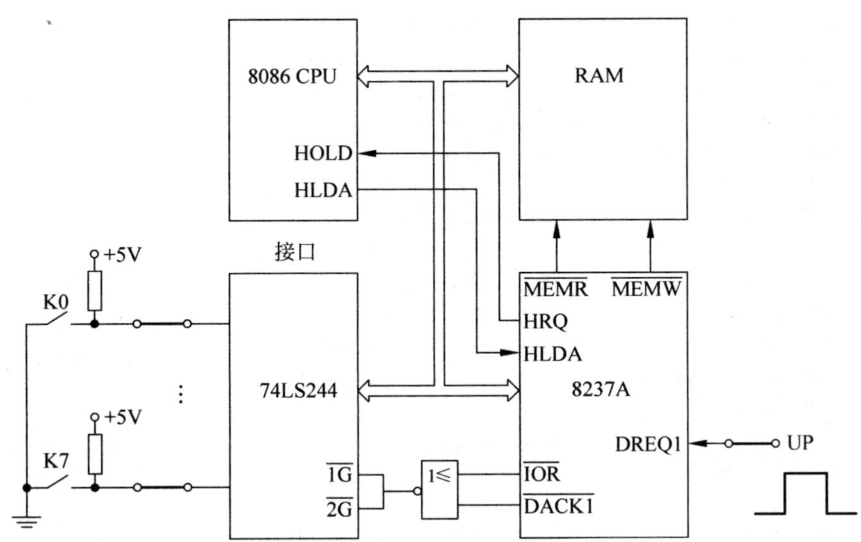

图 9-10　用 8237A 从接口向 RAM 输入数据并显示电路框图

4. 项目程序设计

(1) 程序流程图

用 8237A 从接口向 RAM 输入数据并显示程序流程图如图 9-11 所示。

(2) 程序清单

DMA 进行存储器到 I/O 间传送数据程序清单如下所示。

```
DMA     EQU 00H
DATA    SEGMENT
   IN - data DB 10 DUP(20H),0DH,0AH,24H
DATA    ENDS
EXTRA   SEGMENT AT 6000H
   BUF - data DB 13 DUP(?)
EXTRA   ENDS
CODE    SEGMENT
ASSUME  CS:CODE,DS:DATA,ES: EXTRA
START:  MOV  AX,DATA
        MOV  DS,AX
        MOV  AX, EXTRA
```

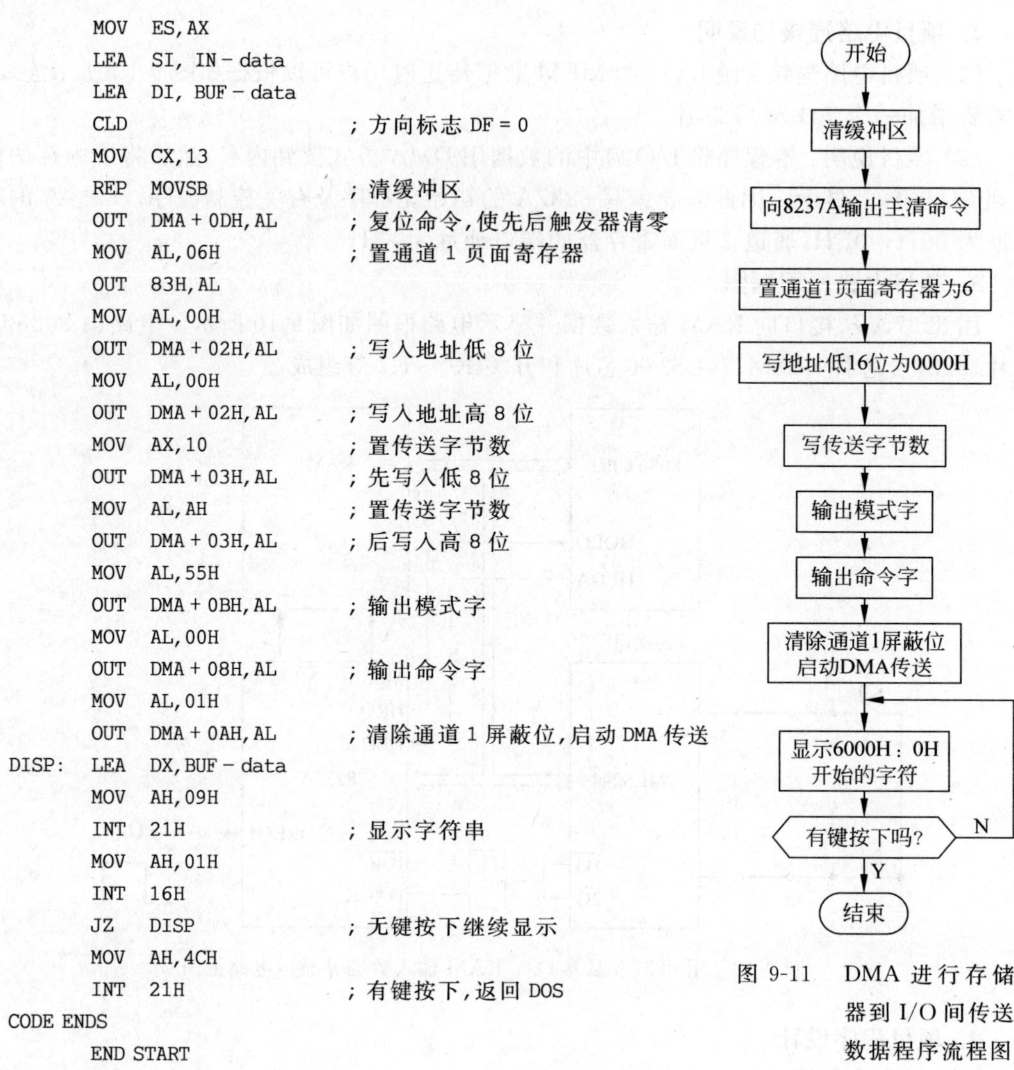

```
        MOV   ES,AX
        LEA   SI, IN-data
        LEA   DI, BUF-data
        CLD                          ; 方向标志 DF = 0
        MOV   CX,13
        REP   MOVSB                  ; 清缓冲区
        OUT   DMA+0DH,AL             ; 复位命令,使先后触发器清零
        MOV   AL,06H                 ; 置通道 1 页面寄存器
        OUT   83H,AL
        MOV   AL,00H
        OUT   DMA+02H,AL             ; 写入地址低 8 位
        MOV   AL,00H
        OUT   DMA+02H,AL             ; 写入地址高 8 位
        MOV   AX,10                  ; 置传送字节数
        OUT   DMA+03H,AL             ; 先写入低 8 位
        MOV   AL,AH                  ; 置传送字节数
        OUT   DMA+03H,AL             ; 后写入高 8 位
        MOV   AL,55H
        OUT   DMA+0BH,AL             ; 输出模式字
        MOV   AL,00H
        OUT   DMA+08H,AL             ; 输出命令字
        MOV   AL,01H
        OUT   DMA+0AH,AL             ; 清除通道 1 屏蔽位,启动 DMA 传送
DISP:   LEA   DX,BUF-data
        MOV   AH,09H
        INT   21H                    ; 显示字符串
        MOV   AH,01H
        INT   16H
        JZ    DISP                   ; 无键按下继续显示
        MOV   AH,4CH
        INT   21H                    ; 有键按下,返回 DOS
CODE ENDS
        END START
```


图 9-11　DMA 进行存储器到 I/O 间传送数据程序流程图

9.3.3　项目 3：DMA 进行存储器到存储器的数据传送

1. 项目要求与目的

(1) 项目要求：利用 8086 CPU 控制 8237A 可编程 DMA 控制器，实现存储器之间的 DMA 数据传送。

(2) 项目目的：

- 掌握 8237A DMA 控制器的使用方法。
- 学习用 DMA 进行存储器到存储器传送数据的编程方法。

2. 项目电路连接与说明

(1) 项目电路连接：做 MEM=>MEM 数据传送时无需用户连线，系统自动做总线切换本程序将 RAM 中的一段数据用 DMA 方式复制到另一地址。

(2) 项目说明：实验过程中不用连线，程序运行状态通过查看存储器、寄存器内容来观察。对程序做如下说明：

① 禁止 8237A 工作。

② 复位 8237A。

③ 允许 DMA 通道 0,1。

④ 设置 DMA 通道 0,1 的起始地址、计数器值。

⑤ 查看运行前 8237A 寄存器值、存储器的内容,单击菜单栏"查看"的"数据区窗口"的"代码数据窗口"中,查看 8100:0000 到 8100:00FF 中的数据。

⑥ 设置 DMA 工作方式,允许 DMA。

⑦ 启动 DMA 传送。

⑧ 对程序进行编译连接后,使光标指向最后一条 MOV 指令处,单击菜单栏"调试"下拉菜单的"执行到光标所在行",使程序执行到此处。

⑨ 查看运行后 8237A 寄存器值、存储器的内容,单击菜单栏"查看"的"数据区窗口"中的"代码段数据窗口",查看 8100:0000 到 8100:00FF 中数据与 8100:0100 到 8100:01FF 中数据一致。

3. 项目电路原理框图

DMA 进行存储器到存储器传送数据电路框图如图 9-12 所示。电路由 8086 CPU 芯片、8237A 芯片、RAM 等组成。

4. 项目程序设计

(1) 程序流程图

DMA 进行存储器到存储器传送数据程序流程图如图 9-13 所示。

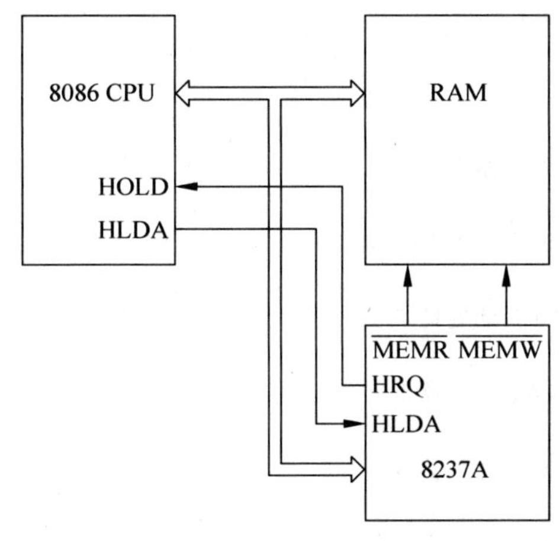

图 9-12 DMA 进行存储器到存储器传送数据电路框图

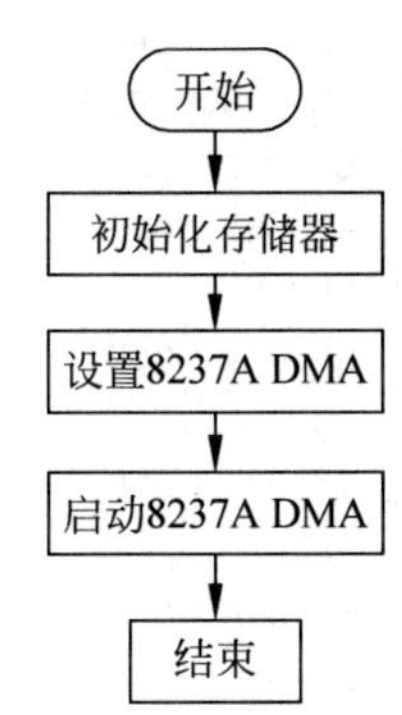

图 9-13 DMA 进行存储器到存储器传送数据程序流程图

(2) 程序清单

DMA 进行存储器到存储器传送数据程序清单如下所示。

```
DMA     EQU 00H
DATA    SEGMENT
      PB      DB ?
DATA    ENDS
STACK   SEGMENT STACK
```

```
        STA     DW 50 DUP(0)
        TOP     EQU LENGTH STA
    STACK  ENDS
    CODE   SEGMENT
    ASSUME CS:CODE,DS:DATA,SS:STACK
    START:
           MOV  AL,04H
           OUT  DMA+8,AL                        ;禁止 8237A 工作
           OUT  DMA+0DH,AL                      ;复位命令,使先后触发器清零
           MOV  AL,1100B
           OUT  DMA+0AH,AL                      ;允许通道 0,1
           MOV  AL,00H                          ;通道 0 起始地址 1000H
           OUT  DMA+00H,AL
           MOV  AL,10H
           OUT  DMA+00H,AL
           MOV  AX,255                          ;通道 0 计数
           OUT  DMA+01H,AL
           MOV  AL,00H
           OUT  DMA+01H,AL
           MOV  AL,10001000B                    ;通道 0 工作方式
           OUT  DMA+0BH,AL
           MOV  AL,00H                          ;通道 1 起始地址 1100
           OUT  DMA+02H,AL
           MOV  AL,11H
           OUT  DMA+02H,AL
           MOV  AX,255                          ;通道 1 计数
           OUT  DMA+03H,AL
           MOV  AL,00H
           OUT  DMA+03H,AL
           MOV  AL,10000101B                    ;通道 1 工作方式
           OUT  DMA+0BH,AL
           IN   AL,DMA+00H                      ;读通道 0 地址低 8 位
           MOV  BL,AL
           IN   AL,DMA+00H                      ;读通道 0 地址低 8 位
           MOV  BH,AL
           IN   AL,DMA+01H                      ;读通道 0 计数器低 8 位
           MOV  BL,AL
           IN   AL,DMA+01H                      ;读通道 0 计数器高 8 位
           MOV  BH,AL
           IN   AL,DMA+02H                      ;读通道 1 地址低 8 位
           MOV  BL,AL
           IN   AL,DMA+02H                      ;读通道 1 地址低 8 位
           MOV  BH,AL
           IN   AL,DMA+03H                      ;读通道 1 计数器低 8 位
           MOV  BL,AL
           IN   AL,DMA+03H                      ;读通道 1 计数器高 8 位
           MOV  BH,AL
           MOV  AL,00000001B                    ;允许 DMA 控制,允许 mem-to-mem
           OUT  DMA+8,AL
           MOV  AL,100B                         ;通道 0 启动请求
           OUT  DMA+9,AL
```

```
        NOP
        IN   AL,DMA+00H          ;读通道 0 地址低 8 位
        MOV  BL,AL
        IN   AL,DMA+00H          ;读通道 0 地址低 8 位
        MOV  BH,AL
        IN   AL,DMA+01H          ;读通道 0 计数器低 8 位
        MOV  BL,AL
        IN   AL,DMA+01H          ;读通道 0 计数器高 8 位
        MOV  BH,AL
        IN   AL,DMA+02H          ;读通道 1 地址低 8 位
        MOV  BL,AL
        IN   AL,DMA+02H          ;读通道 1 地址低 8 位
        MOV  BH,AL
        IN   AL,DMA+03H          ;读通道 1 计数器低 8 位
        MOV  BL,AL
        IN   AL,DMA+03H          ;读通道 1 计数器高 8 位
        MOV  BH,AL
        NOP
ERROR:NOP
        JMP ERROR
CODE ENDS
        END START
```

9.3.4 项目 4：DMA 进行存储器到 I/O 的数据传送

1. 项目要求与目的

(1) 项目要求：利用 8086 CPU 控制 8237A 可编程 DMA 控制器，实现存储器到 I/O 间的 DMA 数据传送。

(2) 项目目的：

- 掌握 8237A DMA 控制器的使用方法。
- 学习用 DMA 进行存储器到 I/O 间传送数据的编程方法。

2. 项目电路连接与说明

(1) 项目电路连接：做 MEM＝＞I/O 数据传送时无需用户连线，系统自动做总线切换，本程序将 RAM 中的一段数据用 DMA 方式复制到 I/O 口地址。

(2) 项目说明：本程序将 RAM 中的一段数据用 DMA 方式连续输出到 I/O 设备。由于 DMA 传送仅适合速度要求快的设备，本例以转换速度为 1Mb/s 的 DAC0832 做实验，将 RAM 中保存的波形数据(正弦波、三角波)，连续送到 DAC0832，并重复传送以输出连续的波形。实验中要求将 DMA_IO 信号(与 CS79 位于同一引线孔)与 DAC0832 的片选信号相连。实验连线将 CS79 与 CS32 相连，跳线 JP0832 用跳线帽跳下面。对程序做如下说明：

① 禁止 8237A 工作。

② 复位 8237A。

③ 允许 DMA 通道 2。

④ 设置 DMA 通道 2 的起始地址、计数器值。

⑤ 查看运行前 8237A 寄存器值、存储器的内容。

⑥ 设置 DMA 工作方式，自动重载起始地址、计数器值，允许 DMA。

⑦ 启动 DMA 传送。

⑧ 重复第⑦步。

3. 项目电路原理框图

DMA 进行存储器到 I/O 间传送数据电路框图如图 9-14 所示。电路由 8086 CPU 芯片、8237A 芯片、RAM 和 DAC0832 芯片等组成。

4. 项目程序设计

(1) 程序流程图

DMA 进行存储器到 I/O 间传送数据程序流程图如图 9-15 所示。

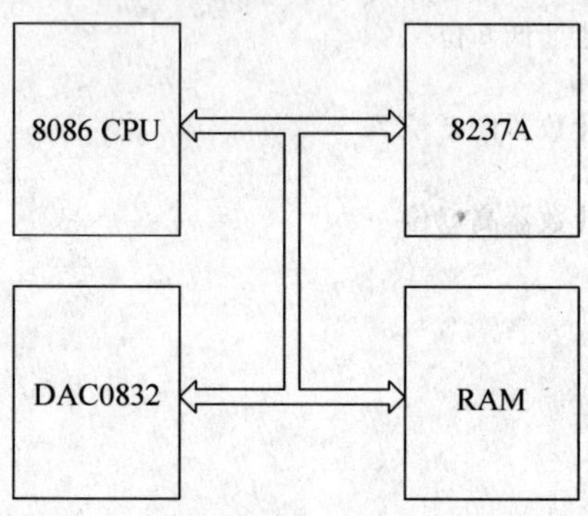

图 9-14 DMA 进行存储器到 I/O 间传送数据电路框图

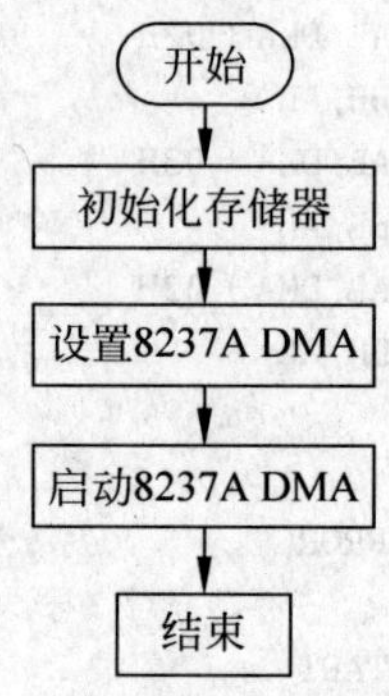

图 9-15 DMA 进行存储器到 I/O 间传送数据程序流程图

(2) 程序清单

DMA 进行存储器到 I/O 间传送数据程序清单如下所示。

```
DMA     EQU 00H
DATA    SEGMENT
DATA    ENDS
STACK   SEGMENT STACK
STA     DW 50 DUP(?)
TOP     EQU LENGTH STA
STACK   ENDS
CODE    SEGMENT
ASSUME  CS:CODE,DS:DATA,SS: STACK
START:
        MOV  AL,04H
        OUT  DMA + 8,AL                   ; 禁止 8237A 工作
        OUT  DMA + 0DH,AL                 ; 复位命令,使先后触发器清零
        MOV  AL,1011B
        OUT  DMA + 0AH,AL                 ; 允许通道 2
        MOV  AX,CS                        ; 计算 DAC 表的起始地址
        AND  AX,0FFFH
        MOV  CL,4
        SHL  AX,CL
        LEA  BX,W2                        ; W1 为三角波,W2 为正弦波
        ADD  AX,BX
        OUT  DMA + 04H,AL                 ; 通道 2 起始地址
```

```
        MOV  AL,AH
        OUT  DMA+04H,AL
        MOV  AL,255                  ; 通道 2 计数
        OUT  DMA+05H,AL
        MOV  AL,00H
        OUT  DMA+05H,AL
        MOV  AL,10011010B            ; 通道 2 工作方式,块传送,自动预置,MEM->I/O
        OUT  DMA+0BH,AL
        IN   AL,DMA+04H              ; 读通道 2 地址低 8 位
        MOV  BL,AL
        IN   AL,DMA+04H              ; 读通道 2 地址低 8 位
        MOV  BH,AL
        IN   AL,DMA+05H              ; 读通道 2 计数器低 8 位
        MOV  BL,AL
        IN   AL,DMA+05H              ; 读通道 2 计数器高 8 位
        MOV  BH,AL
        MOV  AL,00000000B            ; 允许 DMA 控制,不允许 mem-to-mem
        OUT  DMA+8,AL
SW2:    MOV  AL,110B                 ; 通道 2 启动请求
        OUT  DMA+9,AL
        JMP  SW2
        NOP
        IN   AL,DMA+04H              ; 读通道 2 地址低 8 位
        MOV  BL,AL
        IN   AL,DMA+04H              ; 读通道 2 地址低 8 位
        MOV  BH,AL
        IN   AL,DMA+05H              ; 读通道 2 计数器低 8 位
        MOV  BL,AL
        IN   AL,DMA+05H              ; 读通道 2 计数器高 8 位
        MOV  BH,AL
ERROR:  NOP
        JMP  ERROR
        ORG  100H
W1      DB 0,1,2,3,4,5,6,7,8,9,10,11,12,13,14,15
        DB 16,17,18,19,20,21,22,23,24,25,26,27,28,29,30,31
        DB 32,33,34,35,36,37,38,39,40,41,42,43,44,45,46,47
        DB 48,49,50,51,52,53,54,55,56,57,58,59,60,61,62,63
        DB 64,65,66,67,68,69,70,71,72,73,74,75,76,77,78,79
        DB 80,81,82,83,84,85,86,87,88,89,90,91,92,93,94,95
        DB 96,97,98,99,100,101,102,103,104,105,106,107,108,109,110,111
        DB 112,113,114,115,116,117,118,119,120,121,122,123,124,125,126,127
        DB 128,129,130,131,132,133,134,135,136,137,138,139,140,141,142,143
        DB 144,145,146,147,148,149,150,151,152,153,154,155,156,157,158,159
        DB 160,161,162,163,164,165,166,167,168,169,170,171,172,173,174,175
        DB 176,177,178,179,180,181,182,183,184,185,186,187,188,189,190,191
        DB 192,193,194,195,196,197,198,199,200,201,202,203,204,205,206,207
        DB 208,209,210,211,212,213,214,215,216,217,218,219,220,221,222,223
        DB 224,225,226,227,228,229,230,231,232,233,234,235,236,237,238,239
        DB 240,241,242,243,244,245,246,247,248,249,250,251,252,253,254,255
```

```
W2      DB 127,130,133,136,139,143,146,149,152,155,158,161,164,167,170,173
        DB 176,178,181,184,187,190,192,195,198,200,203,205,208,210,212,215
        DB 217,219,221,223,225,227,229,231,233,234,236,238,239,240,242,243
        DB 244,245,247,248,249,249,250,251,252,252,253,253,253,254,254,254
        DB 254,254,254,254,253,253,253,252,252,251,250,249,249,248,247,245
        DB 244,243,242,240,239,238,236,234,233,231,229,227,225,223,221,219
        DB 217,215,212,210,208,205,203,200,198,195,192,190,187,184,181,178
        DB 176,173,170,167,164,161,158,155,152,149,146,143,139,136,133,130
        DB 127,124,121,118,115,111,108,105,102,99,96,93,90,87,84,81
        DB 78,76,73,70,67,64,62,59,56,54,51,49,46,44,42,39
        DB 37,35,33,31,29,27,25,23,21,20,18,16,15,14,12,11
        DB 10,9,7,6,5,5,4,3,2,2,1,1,1,0,0,0
        DB 0,0,0,0,1,1,1,2,2,3,4,5,5,6,7,9
        DB 10,11,12,14,15,16,18,20,21,23,25,27,29,31,33,35
        DB 37,39,42,44,46,49,51,54,56,59,62,64,67,70,73,76
        DB 78,81,84,87,90,93,96,99,102,105,108,111,115,118,121,124
CODE ENDS
END START
```

9.3.5 拓展工程训练项目考核

拓展工程训练项目考核如表9-3所示。

表9-3 项目实训考核表(拓展工程训练项目名称:)

姓名		班级		考件号		监考		得分
额定工时	分钟	起止时间		日 时 分至 日 时 分				实用工时
序号	考核内容	考核要求	分值	评分标准			扣分	得分
1	项目内容与步骤	(1) 操作步骤是否正确 (2) 项目中的接线是否正确 (3) 项目调试是否有问题,是否调试得来	40	(1) 操作步骤不正确扣5~10分 (2) 项目中的接线有问题扣2~10分 (3) 调试有问题扣2~10分,调试不来扣2~10分				
2	项目实训报告要求	(1) 项目实训报告写得规范、字体公正否 (2) 回答思考题是否全面	20	(1) 项目实训报告写得不规范、字体不公正,扣5~10分 (2) 回答思考题不全面,扣2~5分				
3	安全文明操作	符合有关规定	15	(1) 发生触电事故,取消考试资格 (2) 损坏电脑,取消考试资格 (3) 穿拖鞋上课,取消考试资格 (4) 动作不文明,现场凌乱,吃东西扣2~10分				

续表

序号	考核内容	考核要求	分值	评分标准	扣分	得分
4	学习态度	(1) 有没有迟到、早退现象 (2) 是否认真完成各项项目,积极参与实训、讨论 (3) 是否尊重老师和其他同学,是否能够很好地交流合作	15	(1) 有迟到、早退现象扣5分 (2) 没有认真完成各项项目,没有积极参与实训、讨论扣5分 (3) 不尊重老师和其他同学,不能够很好地交流合作扣5分		
5	操作时间	在规定时间内完成	10	每超时10分钟(不足10分钟以10分钟计)扣5分		

同步练习题

(1) 什么是DMA传送方式?它与中断方式有何不同?在大批量、高速率数据传送时,DMA传送方式为什么比中断传送方式优越?

(2) 说明DMA控制器应具有什么功能。

(3) 简述DREQ、DACK、HRQ、HLDA几个信号之间的关系。

(4) 8237A DMA控制器有几种工作模式,分别是什么?有几种传送类型,分别是什么?

(5) 8237A中有哪些寄存器,各有什么功能?初始化编程要对哪些寄存器进行设置?

(6) 假设利用8237A通道1在存储器的两个区域BUF1和BUF2间直接传送100个数据,采用连续传送方式,传送完毕后不自动预置,试写出初始化程序。

(7) 利用8237A的通道2,把外设输入的数据传送到3000H为首地址的内存中,假设传送2KB数据。采用单字节传送,DACK低电平有效,DREQ高电平有效,固定优先级,普通时序,地址增量,不扩展写,禁止自动初始化,请写出初始化程序。

(8) 使用DAM通道1把内存4000H到4FFFH区域的1000H个字节的数据输出到外设,采用数据块传送模式,传送完不自动初始化,DREQ和DACK都是高电平有效,不用扩展写命令信号,固定优先权,正常时序,系统中只有一片8237A。8237A寄存器和软件命令的口地址可查阅表9-2的DMAC1。

第10章 D/A 数模转换

学习目的

(1) 了解 D/A 转换器的主要技术指标。
(2) 了解 DAC0832 芯片引脚和内部结构。
(3) 掌握 D/A 转换器的输出。
(4) 掌握 DAC0832 的工作方式。
(5) 掌握 DAC0832 应用。
(6) 熟悉 12 位 D/A 转换芯片 DAC1210 与 DAC0832 的应用。
(7) 掌握拓展工程训练项目编程方法和设计思想。

学习重点和难点

(1) D/A 转换器的输出。
(2) DAC0832 的工作方式。
(3) DAC0832 应用。
(4) 12 位 D/A 转换芯片 DAC1210 应用。
(5) 拓展工程训练项目编程方法和设计思想。

10.1 DAC0832 芯片引脚和内部结构

10.1.1 概述

D/A 转换器的作用是将数字信号转换成模拟的电信号。常用的微机控制系统示意图如图 10-1 所示,各部分的作用如下所示。

(1) 传感器

温度、速度、流量、压力等非电信号,称为物理量。要把这些物理量转换成电量,才能进行模拟量对数字量的转换,这种把物理量转换成电量的器件称为传感器。目前有温度、压

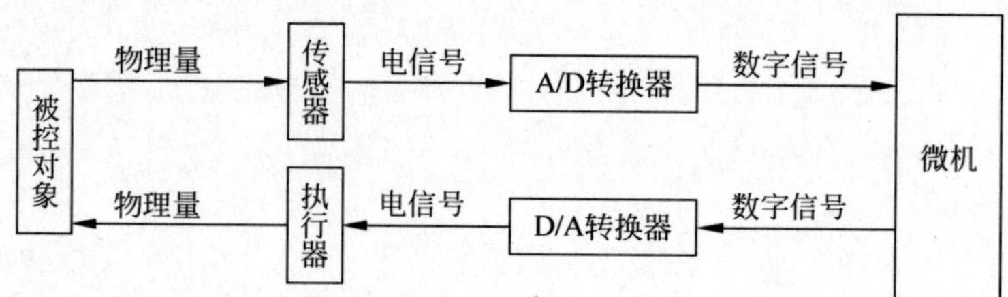

图 10-1 微机控制系统示意图

力、位移、速度、流量等多种传感器。

(2) A/D 转换器

把连续变化的电信号转换为数字信号的器件称为模数转换器,即 A/D 转换器。

(3) D/A 转换器

把数字信号转换成模拟信号,去控制执行机构的器件,称为数模转换器,即 D/A 转换器。

D/A 转换即数/模转换,是将数字量转换成与其成比例的模拟量。D/A 转换器的核心电路是解码网络,解码网络主要形式有两种:一种是权电阻解码网络,另一种是 T 型电阻网络。

10.1.2 D/A 转换器的主要技术指标

(1) 分辨率

分辨率是指 D/A 转换器可输出的模拟量的最小变化量,也就是最小输出电压(输入的数字量只有 D0=1)与最大输出电压(输入的数字量所有位都等于 1)之比。也通常定义刻度值与 2^n 之比(n 为二进制位数)。二进制位数越多,分辨率越高。例如,若满量程为 5V,根据分辨率定义,则分辨率为 $5V/2^n$。设 8 位 D/A 转换,即 $n=8$,分辨率为 $5V/2^8 \approx$ 19.53mv,即二进制变化一位可引起模拟电压变化 19.53mV,该值占满量程的 0.195%,常用 1LSB 表示。

同理:10 位 D/A 转换 $1LSB=5000mV/2^{10}=4.88mV=0.098\%$满量程。

12 位 D/A 转换 $1LSB=5000mV/2^{12}=1.22mV=0.024\%$满量程。

16 位 D/A 转换 $1LSB=5000mV/2^{16}=0.076mV=0.0015\%$满量程。

(2) 转换精度

在理想情况下,精度和分辨率基本一致,位数越多,精度越高。但由于电源电压、参考电压、电阻等各种因素存在着误差,严格来讲精度和分辨率并不完全一致,只要位数相同,分辨率相同,但相同位数的不同转换器精度会有所不同。

D/A 转换精度指模拟输出实际值与理想输出值之间的误差。包括非线性误差、比例系数误差、漂移误差等项误差。用于衡量 D/A 转换器将数字量转换成模拟量时,所得模拟量的精确程度。

注意:*精度与分辨率是两个不同的参数。精度取决于 D/A 转换器各个部件的制作误差,而分辨率取决于 D/A 转换器的位数。*

(3) 影响精度的误差

失调误差(零位误差)定义为:当数值量输入全为"0"时,输出电压却不为 0V。该电压值称为失调电压,该值越大,误差越大。增益误差定义为:实际转换增益与理想增益之误差。线性误差定义:它是描述 D/A 转换线性度的参数,定义为实际输出电压与理想输出电压之误差,一般用百分数表示。

(4) 转换速度

D/A 转换速度是指从二进制数输入到模拟量输出的时间,时间越短速度越快,一般几十到几百微秒。

(5) 输出电平范围

输出电平范围是指当D/A转换器可输出的最低电压与可输出的最高电压的电压差值。常用的D/A转换器的输出范围是0～＋5V,0～＋10V,－2.5～＋2.5V,－5～＋5V,－10～＋10V等。

10.1.3 DAC0832芯片引脚

D/A接口芯片种类很多,有通用型、高速型、高精度型等,转换位数有8位、12位、16位等,输出模拟信号有电流输出型(如DAC0832、AD7522等)和电压输出型(如AD558、AD7224等),在应用中可根据实际需要进行选择。

DAC0832是采用CMOS工艺制造的8位电流输出型D/A转换器,分辨率为8位,建立时间为1μs,功耗为20mW,数字输入电平为TTL电平。

DAC0832是8位电流型D/A转换器,20引脚双列直插式封装,引脚如图10-2所示。20个引脚中包括与微机连接的信号线,与外设连接的信号线以及其他引线,功能如下所示。

(1) 与微机相连的信号线

- D7～D0:8位数据输入线,用于数字量输入。
- ILE(19脚):输入锁存允许信号,高电平有效。
- $\overline{CS}$(1脚):片选信号,低电平有效,与ILE结合决定$\overline{WR1}$是否有效。
- $\overline{WR1}$(2脚):写命令1,当$\overline{WR1}$为低电平,且ILE和$\overline{CS}$有效时,把输入数据锁存入输入寄存器;$\overline{WR1}$、ILE和三个控制信号构成第一级输入锁存命令。
- $\overline{WR2}$(18脚):写命令2,低电平有效,该信号与$\overline{XFER}$配合,当$\overline{XFER}$有效时,可使输入寄存器中的数据传送到DAC寄存器中。
- $\overline{XFER}$(17脚):传送控制信号,低电平有效,与$\overline{WR2}$配合,构成第二级寄存器(DAC寄存器)的输入锁存命令。

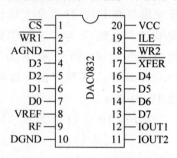

信号	引脚	DAC0832	引脚	信号
$\overline{CS}$	1		20	VCC
$\overline{WR1}$	2		19	ILE
AGND	3		18	$\overline{WR2}$
D3	4		17	$\overline{XFER}$
D2	5		16	D4
D1	6		15	D5
D0	7		14	D6
VREF	8		13	D7
RF	9		12	IOUT1
DGND	10		11	IOUT2

图10-2 DAC0832引脚

(2) 与外设相连的信号线

- IOUT1(12脚):DAC电流输出1,它是输入数字量中逻辑电平为"1"的所有位输出电流的总和。当所有位逻辑电平全为"1"时,IOUT1为最大值;当所有位逻辑电平全为"0"时,IOUT1为"0"。
- IOUT2(11脚):DAC电流输出2,它是输入数字量中逻辑电平为"0"的所有位输出电流的总和。
- RF(9脚):反馈电阻,为外部运算放大器提供一个反馈电压。根据需要也可外接一个反馈电阻RF。

(3) 其他引线

- VREF(8脚):参考电压输入端(也称基准电压),要求外部提供精密基准电压,VREF一般在－10～＋10V之间。
- VCC(20脚):芯片工作电源电压,一般为＋5～＋15V。
- AGND(3脚):模拟地。
- DGND(10脚):数字地。

注意：模拟地要连接模拟电路的公共地，数字地要连接数字电路的公共地，最后把它们汇接为一点接到总电源的地线上。为避免模拟信号与数字信号互相干扰，两种不同的地线不可交叉混接。

10.1.4 DAC0832 芯片内部结构

DAC0832 结构框图如图 10-3 所示。它是由一个 8 位的输入寄存器、一个 8 位的 DAC 寄存器和一个 8 位 D/A 转换器以及控制电路组成。输入寄存器和 DAC 寄存器可以分别控制，从而可以根据需要接成两级输入锁存的双缓冲方式，一级输入锁存的单缓冲方式，或接成完全直通的无缓冲方式。

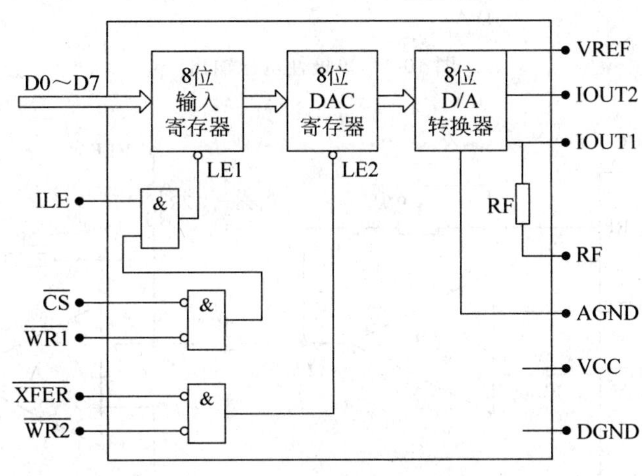

图 10-3　DAC0832 芯片内部结构

10.1.5 D/A 转换器的输出

(1) 电流输出和电压输出

D/A 转换的结果若是与输入二进制码成比例的电流，称为电流 DAC，若是与输入二进制码成比例的电压，称为电压 DAC。

常用的 D/A 转换芯片大多属于电流 DAC，然而在实际应用中，多数情况需要电压输出，这就需要把电流输出转换为电压输出，采取的措施是用电流 DAC 电路外加运算放大器。输出的电压可以是单极性电压，也可以是双极性电压。

单极性电压输出如图 10-4 所示。输出电压为 VOUT＝－IR 输出电压的正负值视所加参考电压的极性而定(VOUT 的极性与 VREF)，可以有 0～＋5V 或 0～－5V，也可以有0～＋10V 或 0～－10V 等输出范围。

若需双极性电压输出，可在单极性电压输出后再加一级运算放大器，如图 10-5 所示。如果基准电压 VREF 为＋5V，则第一个运算放大器 A0 的输出 V1 为 0～－5V。由 VREF 为第二个运算放大器 A 提供一个偏移电流，该电流方向与 A0 输出的电流方向相反，使得由 VREF 引入的偏移电流正好是 A0 输出电流的 1/2。因而 A 的运放输出将在 A0 运放输出的基础上产生位移。此时，双极性输出电压与 VREF 及 A0 运放输出 V1 的关系为－VOUT ＝2V1＋VREF，即 VOUT＝－(2V1＋VREF)。若 V1＝0，则 VOUT ＝－5V；若 V1＝－5V，则VOUT ＝＋5V。VOUT 输出范围有－5～＋5V 和－10～＋10V。

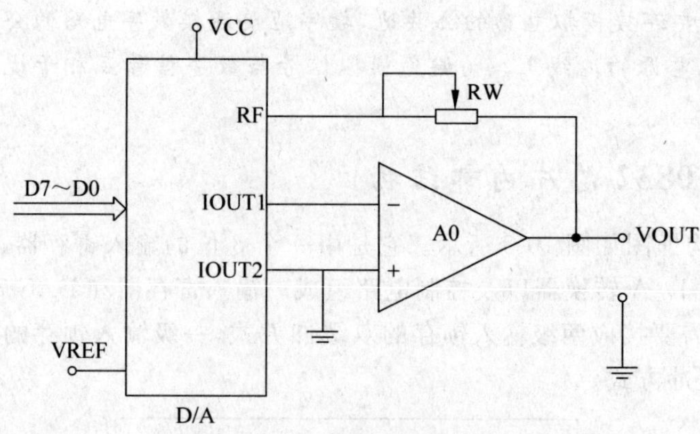

图 10-4 单极性电压输出

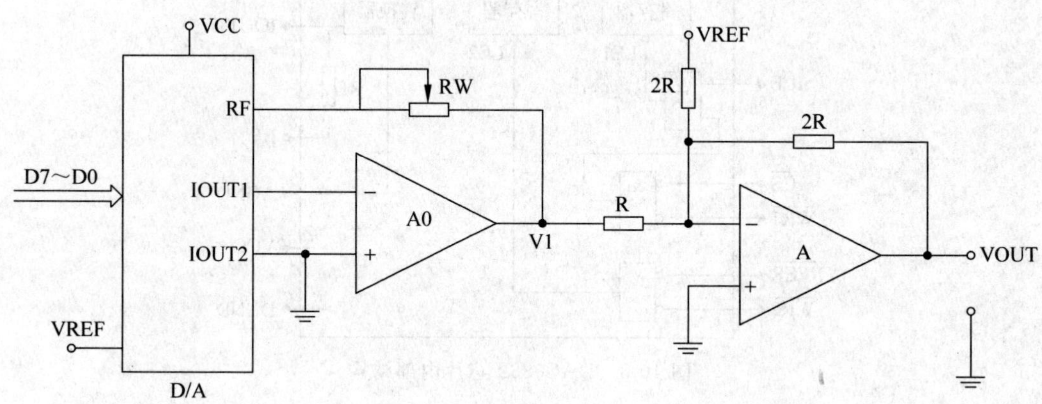

图 10-5 双极性电压输出

(2) 输出零点和满刻度的调整

在精度要求较高的 D/A 转换器中都有调零和调满刻度调整电位器,调整时,将 D/A 输出接数字电压表,然后用程序送数据启动 D/A 转换。例如 8 位 D/A 转换器,输出为单极性 0V～+5V,可用程序送 00H,调节调零电位器,使输出为 0V。再用程序送 FFH,调节满刻度调整电位器,使 D/A 输出为满量程 5V 减去最低位所对应的电压值,最低位所对应的电压值等于 VFS×1LSB,其中 1LSB=1/256,VFS 为满量程电压。对双极性输出,设为 −5V～+5V,可用程序先给 D/A 送 00H,调整调零电位器,使输出为 −5V,然后再送 FFH,调整满刻度电位器,使输出为满量程 10V 减去一个最低位所对应的电压值。

10.1.6 DAC0832 的工作方式

DAC0832 内部有两级输入缓冲寄存器。当 LE1=1(高电平)时(即 ILE=1,$\overline{\text{CS}}$=0,$\overline{\text{WR1}}$=0),输入寄存器的输出端信号随 D7～D0 的变化而变化;当 LE1=0 时(即 ILE=0,或 $\overline{\text{CS}}$=1,或 $\overline{\text{WR1}}$=1),输入寄存器锁存 D7～D0 的当前值。当 LE2=1 时(即 $\overline{\text{WR2}}$=0,$\overline{\text{XFER}}$=0),DAC 寄存器的输出信号跟随输入寄存器的输出端信号变化;当 LE2=0 时(即 $\overline{\text{WR2}}$=1 或 $\overline{\text{XFER}}$=1),DAC 寄存器锁存当前输入寄存器输出的值,送入 D/A 转换器进行

转换。因此 DAC0832 有 3 种工作方式。

（1）双缓冲方式：数据通过两个寄存器锁存后送入 D/A 转换电路，执行两次写操作才能完成一次 D/A 转换。这种方式特别适用于要求同时输出多个模拟量的场合。这种方式通常采用的接线是：ILE 固定接＋5V，CPU 的 $\overline{\text{IOW}}$ 信号复连接到 $\overline{\text{WR1}}$、$\overline{\text{XFER}}$ 和 $\overline{\text{WR2}}$，用 $\overline{\text{CS}}$ 作为输入寄存器的片选信号，分别接到两个 I/O 口地址译码输出，接线如图 10-6 所示。

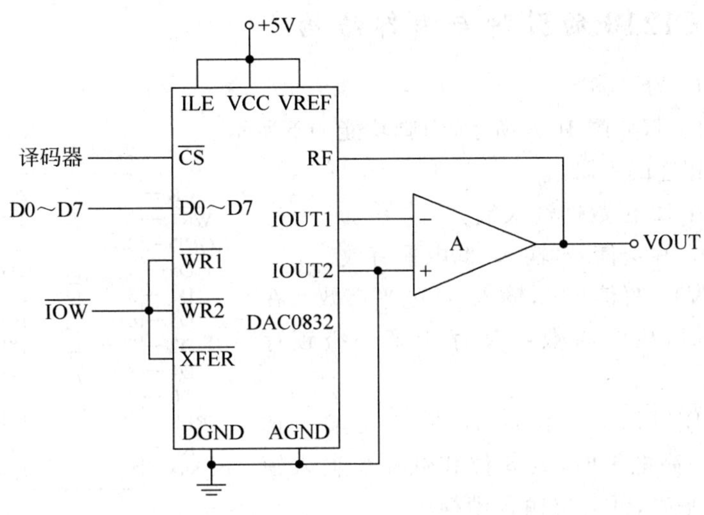

图 10-6　DAC0832 双缓冲方式

（2）单缓冲方式：两个寄存器中的一个处于直通状态，输入数据只经过一级缓冲送入 D/A 转换器电路，例如，把 $\overline{\text{WR2}}$、$\overline{\text{XFER}}$ 接数字信号地，使 DAC 寄存器处于直通状态，ILE 接＋5V，$\overline{\text{WR1}}$ 接 CPU 的 $\overline{\text{IOW}}$，$\overline{\text{CS}}$ 接 I/O 口地址译码。在这种方式下，只需执行一次写操作，即可完成 D/A 转换，可以提高 DAC 的数据吞吐量。这种方式接线如图 10-7 所示。

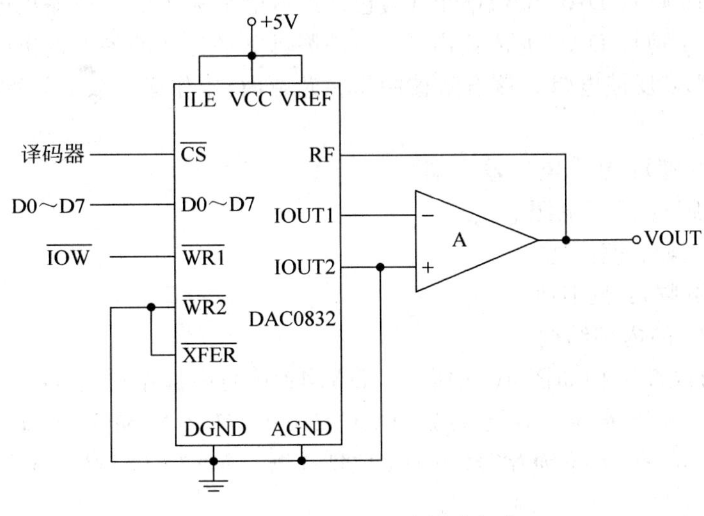

图 10-7　DAC0832 单缓冲方式

(3) 直通方式：两个寄存器都处于直通状态，即 ILE＝1、$\overline{CS}$、$\overline{WR1}$、$\overline{WR2}$ 和 $\overline{XFER}$ 都接数字信号地，数据直接送入 D/A 转换器电路进行 D/A 转换。这种方式可用于一些不采用微机的控制系统中。

10.2 12 位 D/A 转换芯片 DAC1210 与 DAC0832 应用

10.2.1 DAC1210 的引脚与内部结构

(1) DAC1210 的引脚

DAC1210 的引脚如图 10-8 所示，引脚功能如下所示。

① 与 CPU 相连的引脚

- D0～D11：12 位数据输入端。
- $\overline{CS}$(1 脚)：片选信号，输入、低电平有效。
- $\overline{WR1}$(2 脚)：写信号 1，输入、低电平有效。在 $\overline{CS}$ 有效时，用它将数字锁存于第一级锁存器中。
- BYTE1/$\overline{BYTE2}$(23 脚)：12 位/4 位输入选择，输入。高电平时，高 8 位和低 4 位输入锁存；低电平时，低 4 位输入锁存。
- $\overline{XFER}$(21 脚)：传送控制信号，输入、低电平有效。
- $\overline{WR2}$(22 脚)：写信号 2，输入、低电平有效。在 $\overline{XFER}$ 有效的条件下，第一级锁存器中的数据传送到第二级的 12 位 DAC 寄存器中。

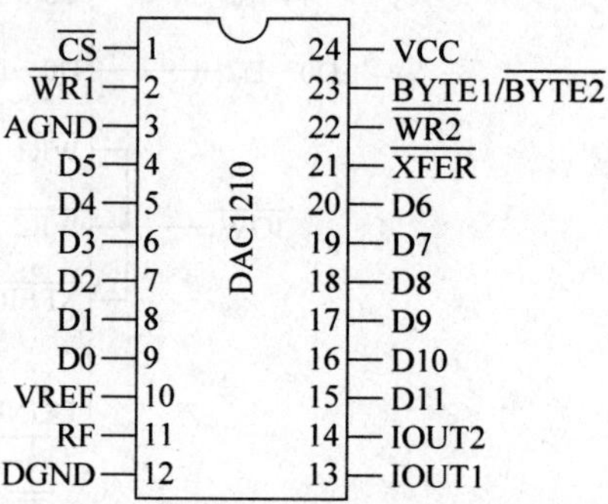

图 10-8 DAC1210 的引脚

② 与外设相连的引脚

- IOUT1(13 脚)：DAC 电流输出 1。它是逻辑电平为 1 的各位输出电流之和。
- IOUT2(14 脚)：DAC 电流输出 2。它是逻辑电平为 0 的各位输出电流之和。
- RF(11 脚)：反馈电阻。该电阻被制作在芯片内，用作运算放大器的反馈电阻。

③ 其他

- VREF(10 脚)：基准电压输入端。
- VCC(24 脚)：逻辑电源。
- AGND(3 脚)：模拟地。
- DGND(12 脚)：数字地。

(2) DAC1210 的内部结构

DAC1210 的内部结构如图 10-9 所示。DAC1210 的内部结构与 DAC0832 非常相似，也具有双缓冲输入寄存器，不同的是 DAC1210 的双缓冲和 D/A 转换均为 12 位。DAC1210 的内部由一个 8 位锁存器、一个 4 位锁存器、一个 12 位 DAC 锁存器及 12 位 D/A 转换器组成。

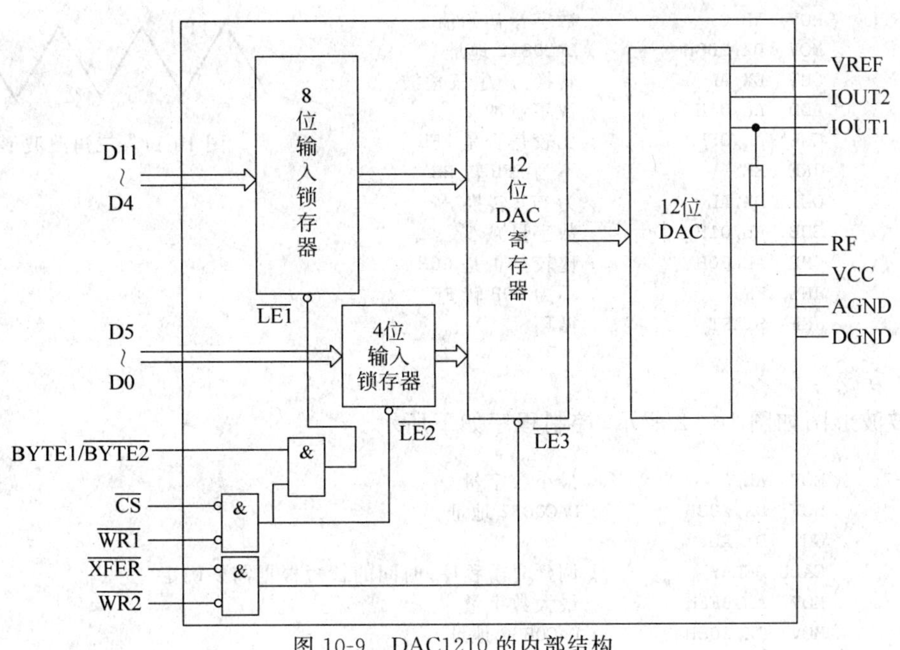

图 10-9　DAC1210 的内部结构

10.2.2　DAC0832 应用

下面以电路图 10-7 所示 DAC0832 单缓冲方式为基础来说明几种典型应用。设 DAC0832 的片选 $\overline{CS}$ 接至译码处地址为 208H～20FH。

(1) 锯齿波

在计算机控制系统中，常常需要一个线性增长的电压，这个线性增长的电压就可以用 D/A 转换去实现，并用示波器来观察转换结果。只需要将数字量 0～255 依次递增连续送到 DAC0832 进行 D/A 转换，在运算放大器的输出端就可以得到如图 10-10 所示的锯齿波波形，控制程序如下所示。

```
START:    MOV  AL,0          ; 数字量初始值
EE:       MOV  DX,208H       ; DAC0832 地址
          OUT  DX,AL
          INC  AL            ; 数字量加 1
          JMP  EE            ; 循环
```

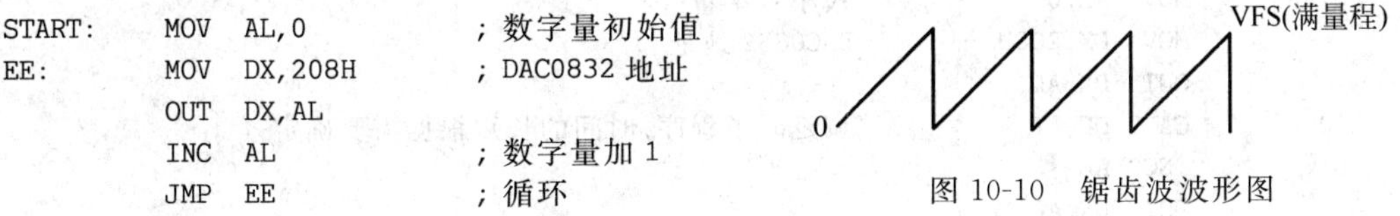

图 10-10　锯齿波波形图

以上是从 0 到 VFS(满量程)经过了 256 小步完成的，如果要改变锯齿波的斜率，只要延长每小步的时间，程序修改如下所示。

```
START:    MOV  AL,0          ; 数字量初始值
EE:       MOV  DX,208H       ; DAC0832 地址
          OUT  DX,AL
          CALL DELAY         ; 调延时子程序，时间的长短根据需要确定
          INC  AL            ; 数字量加 1
          JMP  EE            ; 循环
```

(2) 三角波

三角波波形图如图 10-11 所示，控制程序如下所示。

```
START:   MOV  AL,0          ; 数字量初始值
         MOV  DX,208H       ; DAC0832 地址
EE:      OUT  DX,AL         ; 转换,产生三角波
         ADD  AL,01H        ; 数字量加 1
         CMP  AL,0FFH       ; 比较是否是 FFH
         JNE  EE            ; 不为 FFH 转 BB
FF:      OUT  DX,AL         ; 为 FFH 转换
         SUB  AL,01H        ; 数字量减 1
         CMP  AL,00H        ; 比较是否是 00H
         JNE  FF            ; 不为 00H 转 FF
         JMP  START         ; 循环
```

FFH

0

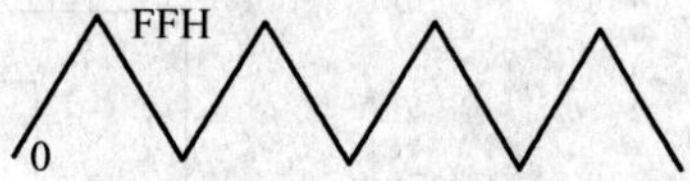

图 10-11 三角波波形图

(3) 方波

方波波形图如图 10-12 所示,控制程序如下所示。

```
START:   MOV  AL,0          ; 最小数字量
         MOV  DX,208H       ; DAC0832 地址
         OUT  DX,AL
         CALL DELAY         ; 调延时子程序,时间的长短根据需要确定
         MOV  AL,0FFH       ; 最大数字量
         MOV  DX,208H       ; DAC0832 地址
         OUT  DX,AL
         CALL DELAY         ; 调延时子程序,时间的长短
         JMP  START         ; 循环
```

只要在输出的延时时间的长短不同,就可以得到如图 10-13 所示的矩形波。

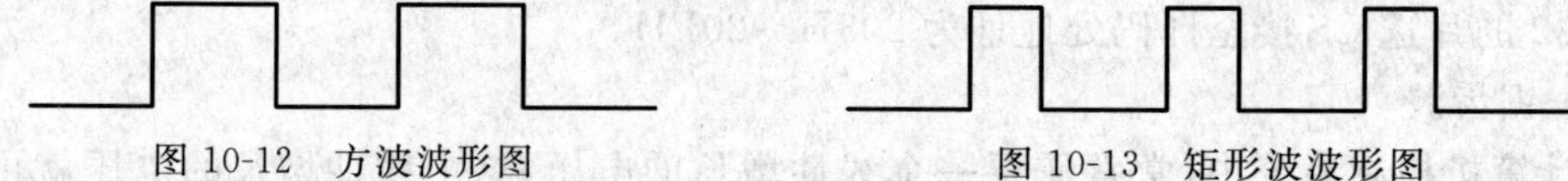

图 10-12 方波波形图　　图 10-13 矩形波波形图

(4) 梯形波

梯形波波形图如图 10-14 所示,控制程序如下所示。

```
START:   MOV  AL,0          ; 最小数字量
         MOV  DX,208H       ; DAC0832 地址
         OUT  DX,AL
L0:      CALL DELAY         ; 调延时子程序,时间的长短根据需要确定
L1:      INC  AL
         OUT  DX,AL
         CMP  AL,0FFH
         JNZ  L1
         CALL DELAY
L2:      DEC  AL
         OUT  DX,AL
         CMP  AL,00H
         JNZ  L2
         JMP  L0
```

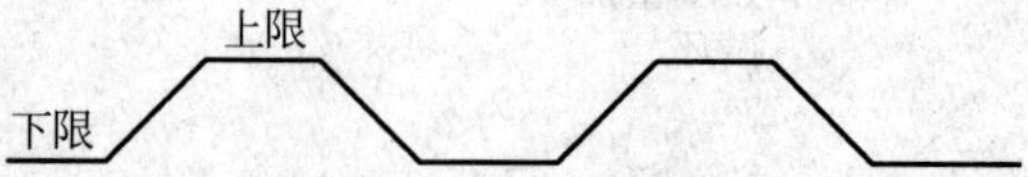

上限

下限

图 10-14 梯形波波形图

10.3　拓展工程训练项目

10.3.1　项目 1：DAC0832 输出连续的锯齿波

1 .项目要求与目的

(1) 项目要求：编写程序，使 DAC0832 输出连续的锯齿波，用示波器观看。

(2) 项目目的：

- 了解 DAC0832 芯片的引脚和内部结构。
- 了解 DAC0832 芯片的性能及编程方法。
- 掌握 8086 CPU 与 DAC0832 连接硬件电路。

2. 项目电路连接与说明

(1) 项目电路连接：如图 10-16 所示的粗线为要接的线。接线描述如下：DAC0832 的片选 $\overline{CS}$ 孔用导线接至译码处 208H～20FH 插孔，用示波器的输入探头接 DAC0832 的输出插孔。

(2) 项目说明：本项目是 DAC0832 输出连续的锯齿波模拟电压，输出结果可用示波器观察，波形如图 10-15 所示。D/A 转换是把数字量转化成模拟量的过程，D/A 转换取值范围为一个周期，采样点越多，精度越高些，本项目采用的采样点为 256 点/周期。

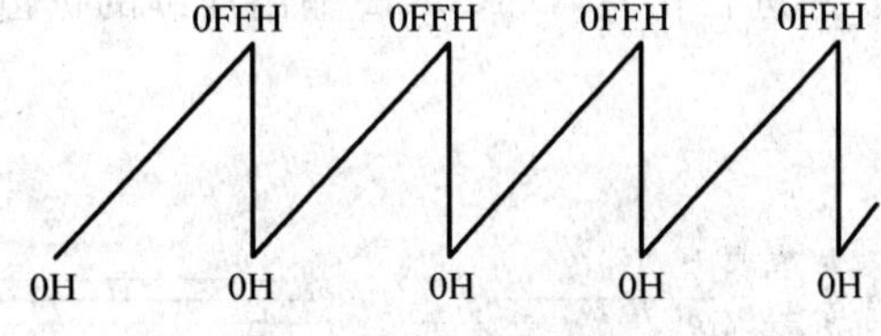

图 10-15　生成的锯齿波波形图

3. 项目电路原理框图

项目电路原理框图如图 10-16 所示。电路由 8086 CPU、DAC0832 芯片、LM358 运算放大器等组成。

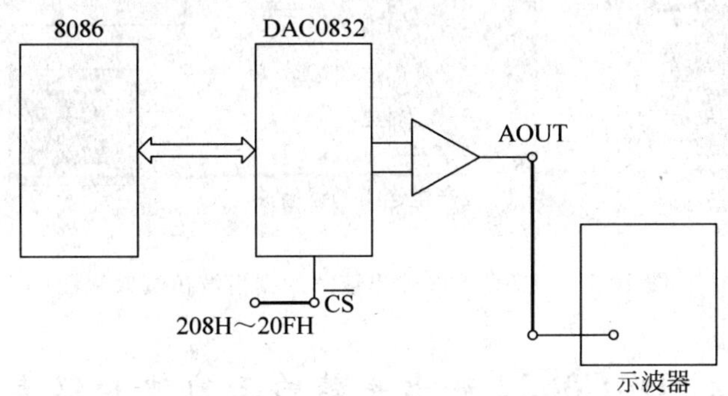

图 10-16　DAC0832 输出锯齿波电路图

4. 项目程序设计

(1) 程序流程图

DAC0832 输出连续的锯齿波程序流程图如图 10-17 所示。

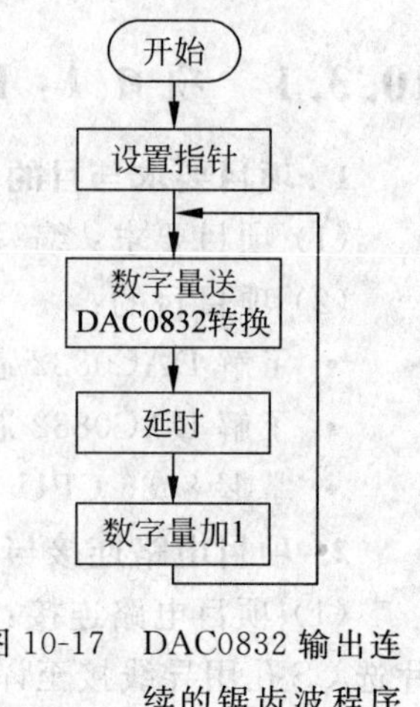

图 10-17　DAC0832 输出连续的锯齿波程序流程图

(2) 程序清单

DAC0832 输出连续锯齿波程序清单如下所示。

```
CODE SEGMENT
  ASSUME CS: CODE
START:        PUSH CS
              POP  DS
              MOV  AL,00H          ; 锯齿波的起始值
              MOV  DX, 208H        ; DAC0832 地址
BG:           OUT  DX,AL           ; 输出,进行转换,转换时间 1μs
              NOP                  ; 延时
              NOP                  ; 延时
              NOP                  ; 延时
              INC  AL              ; 数字量加 1
              JMP  BG              ; 循环
CODE ENDS
              END  START
```

5. 仿真效果

用 Proteus 7.5 ISIS 软件进行仿真,DAC0832 输出连续的锯齿波仿真效果图如图 10-18 所示。

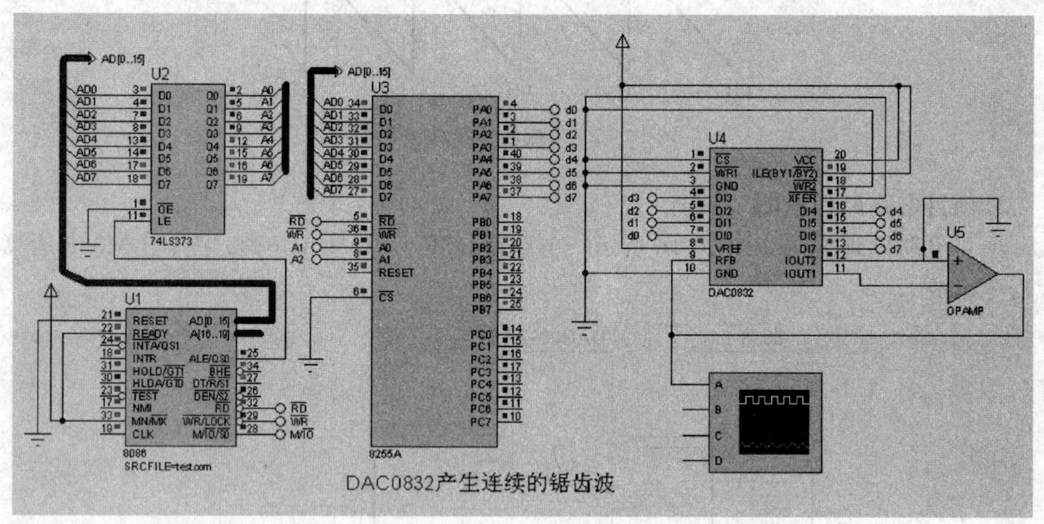

图 10-18　DAC0832 输出连续的锯齿波仿真效果图

10.3.2　项目 2: DAC0832 输出连续的三角波和锯齿波

1. 项目要求与目的

(1) 项目要求: 编写程序,使 D/A 转换模块输出连续三角波和锯齿波。

（2）项目目的：

- 掌握 DAC0832 芯片的性能，使用方法及对应硬件电路。
- 了解 D/A 转换的编程方法。
- 掌握 8086 CPU 与 DAC 接口电路。

2. 项目电路连接与说明

（1）项目电路连接：如图 10-19 所示的粗线为要接的线。接线描述如下：DAC0832 的片选 $\overline{CS}$ 孔用导线接至译码处 208H～20FH 插孔，用示波器的输入探头接 DAC0832 的输出插孔。

（2）项目说明：D/A 转换是把数字量转化成模拟量的过程，本项目 DAC0832 输出连续的三角波和锯齿波模拟电压，输出结果可用示波器观察。

3. 项目电路原理图

项目电路原理框图如图 10-19 所示。电路由 8086 CPU、DAC0832 芯片、LM358 运算放大器等组成。

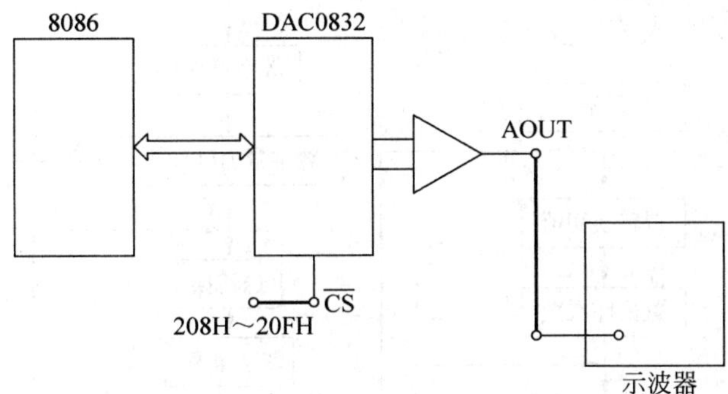

图 10-19　DAC0832 输出连续的三角波和锯齿波电路图

4. 项目程序设计

（1）程序流程图

DAC0832 输出连续的三角波和锯齿波程序流程图如图 10-20 所示。

（2）程序清单

DAC0832 输出连续三角波和锯齿波清单如下所示。

```
CODE SEGMENT
  ASSUME CS: CODE
START:
            PUSH CS             ; 置指针
            POP  DS
BG:         NOP
            MOV  DX,208H        ; DAC0832 地址
            MOV  AL,00H         ; 置转换初值
            MOV  CX,07FFH       ; 置循环值
BB:         OUT  DX,AL          ; 转换输出锯齿波
            ADD  AL,01          ; 数字量加 1
            CMP  AL,00H         ; 比较数字量为 00H 吗
            JNZ  BB             ; 不为 00H 转 BB
```

```
            LOOP BB              ; 判断循环次数为 0 吗,不为 0 转 BB
            NOP
            MOV  AL,00H          ; 置转换初值
            MOV  CX,07FFH        ; 置循环值
EE:         OUT  DX,AL           ; 转换输出三角波
            ADD  AL,01H          ; 数字量加 1
            CMP  AL,0FFH         ; 比较是否是 FFH
            JNE  EE              ; 不为 FFH 转 EE
FF:         OUT  DX,AL           ; 为 FFH 转换
            SUB  AL,01H          ; 数字量减 1
            CMP  AL,00H          ; 比较是否是 00H
            JNE  FF              ; 不为 00H 转 FF
            LOOP EE              ; 判断循环次数为 0 吗,不为 0 转 EE
            JMP  BG              ; 循环
CODE ENDS
            END  START
```

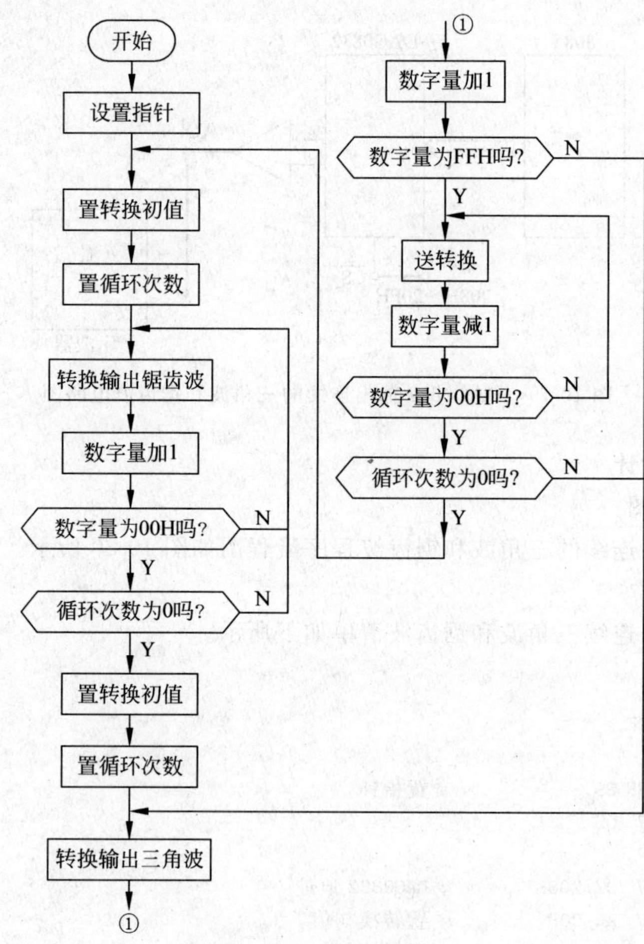

图 10-20　DAC0832 输出连续的三角波和锯齿波程序流程图

5. 仿真效果

用 Proteus 7.5 ISIS 软件进行仿真,DAC0832 输出连续的三角波和锯齿波仿真效果图

如图 10-21 所示。

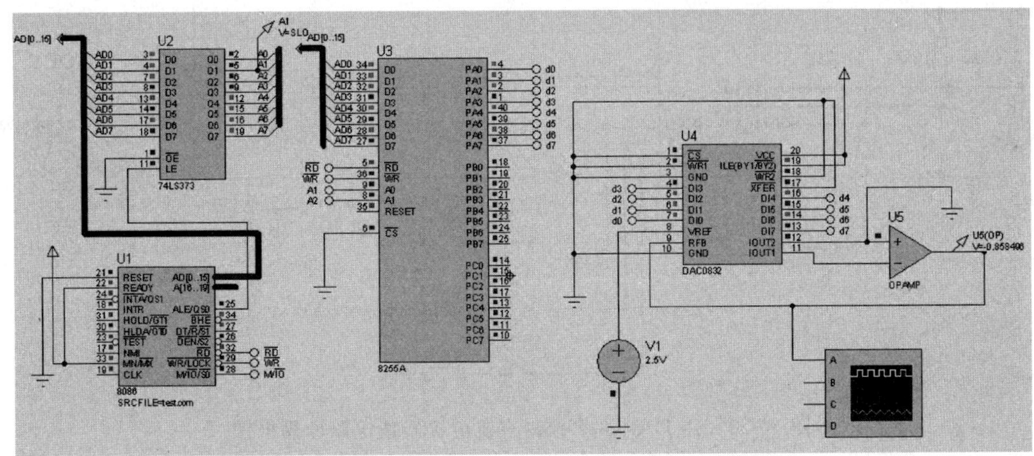

图 10-21　DAC0832 输出连续的三角波和锯齿波仿真效果图

10.3.3　项目 3：用 DAC0832 控制直流电机

1. 项目要求与目的

(1) 项目要求：利用实验板上的 8255A 的 PB 口接 3 只开关 K0、K1 和 K2，通过开关的闭合来实现直流电机的不同转速，DAC0832 做 D/A 转换器，编制程序，将二进制数字量，通过 DAC0832 把数字量转换为模拟量输出来控制直流电机转速。

(2) 项目目的：

- 掌握 D/A 转换与 8086 CPU 的接口方法。
- 了解 8255A 芯片性能及编程。
- 了解 D/A 芯片 DAC0832 转换性能及编程。
- 掌握 8255A 芯片与 8086 CPU 的接口方法。

2. 项目电路连接与说明

(1) 项目电路连接：如图 10-22 所示的粗线为要接的线。接线描述如下：8255A 的片选 $\overline{CS}$ 孔用导线接至译码处 200H～207H 插孔，DAC0832 的片选 $\overline{CS}$ 孔用导线接至译码处 208H～20FH 插孔，DAC0832 的输出 AOUT 用导线接至直流电机的 DCIN 插孔。

(2) 项目说明：8255A 的 PB 口接 3 只开关 K0、K1 和 K2，PA 口接 3 只发光二极管 LED，K0 闭合，LED0 灯亮，数字量 00H 送入 DAC0832 转换，输出控制直流电机转速，通过开关的闭合来实现直流电机的不同转速。

3. 项目电路原理框图

用 8255A 控制直流电机转速电路原理框图如图 10-22 所示。电路由 8086 CPU 芯片、DAC0832 芯片、8255A 芯片、开关和直流电机等组成。

4. 项目程序设计

(1) 程序流程图

用 8255A 控制直流电机转速程序流程图如图 10-23 所示。

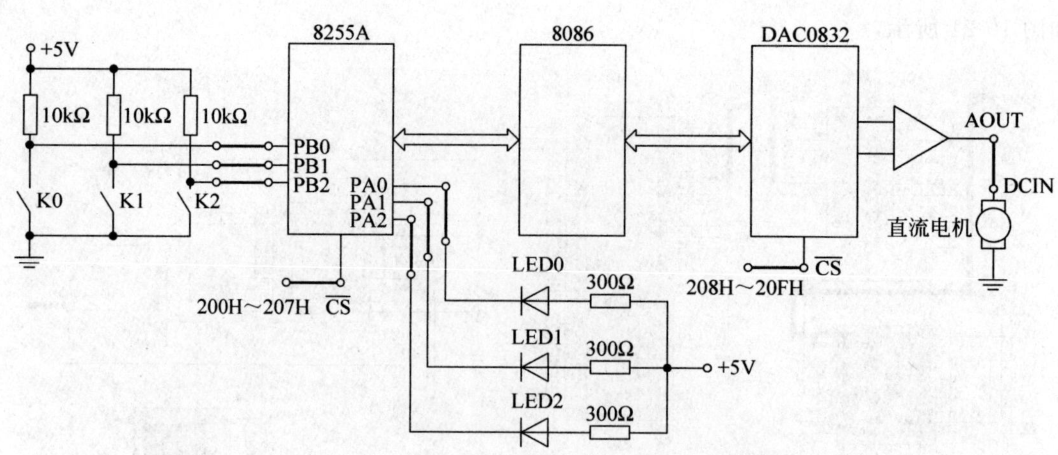

图 10-22 用 DAC0832 控制直流电机转速电路原理框图

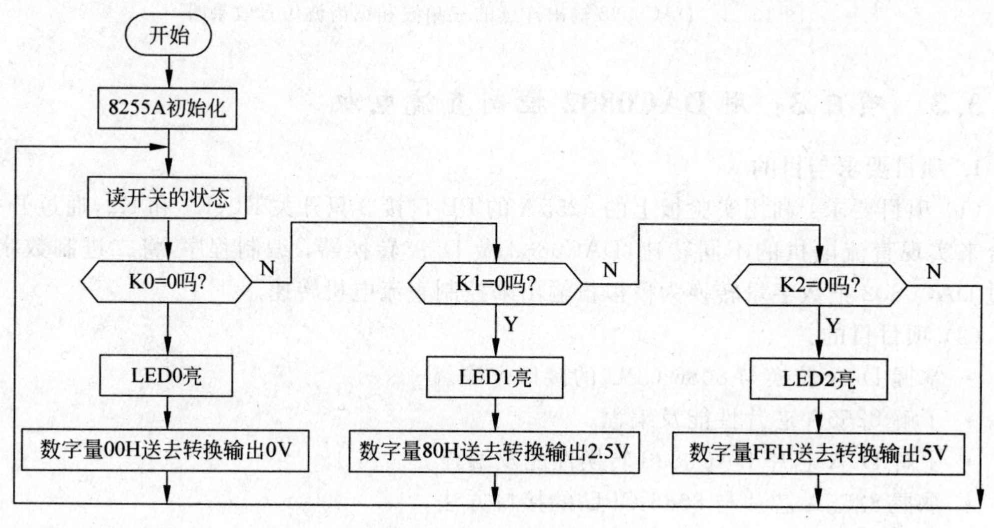

图 10-23 程序流程图

(2) 程序清单

用 DAC0832 控制直流电机转速程序清单如下所示。

```
CODE        SEGMENT
ASSUME      CS:CODE , SS:STACK
START:      MOV DX , 203H          ; 8255A 的控制口地址
            MOV AL , 82H           ; PA 输出,PB 输入
            OUT DX , AL
K0:         MOV DX , 201H          ; PB 口地址
            IN  AL , DX            ; 读开关的状态
            AND AL , 01H           ; 与 PB0 相"与"
            JNZ K1                 ; K0 没有闭合(K0≠0)转 K1
            MOV DX , 200H          ; K0 闭合(K0 = 0),LED0 亮
            MOV AL , 0FEH          ; LED0 亮
            OUT DX , AL
```

```
        MOV  DX , 208H      ; DAC0832 地址
        MOV  AL , 00H       ; 数字量 00H 送去转换输出 0V
        OUT  DX , AL
        JMP  K0
K1:     MOV  DX , 201H      ; PB 口地址
        IN   AL , DX
        AND  AL , 02H       ; 与 PB1 相"与"
        JNZ  K2             ; K1 没有闭合(K1≠0)转 K2
        MOV  DX , 200H      ; K1 闭合(K1 = 0),LED1 亮
        MOV  AL , 0FDH      ; LED1 亮
        OUT  DX , AL
        MOV  DX , 208H      ; DAC0832 地址
        MOV  AL , 80H       ; 数字量 80H 送去转换输出 2.5V
        OUT  DX , AL
        JMP  K0
K2:     MOV  DX , 201H      ; PB 口地址
        IN   AL , DX
        AND  AL , 04H       ; 与 PB2 相"与"
        JNZ  K0             ; K2 没有闭合(K2≠0)转 K0
        MOV  DX , 200H      ; K2 闭合(K2 = 0),LED2 亮
        MOV  AL , 0FBH
        OUT  DX , AL
        MOV  DX , 208H      ; DAC0832 地址
        MOV  AL , 0FFH      ; 数字量 FFH 送去转换输出 5V
        OUT  DX , AL
        JMP  K0
        CODE ENDS
        END  START
```

5. 仿真效果

用 Proteus 7.5 ISIS 软件进行仿真,用 DAC0832 控制直流电机转速仿真效果图如图 10-24 所示。

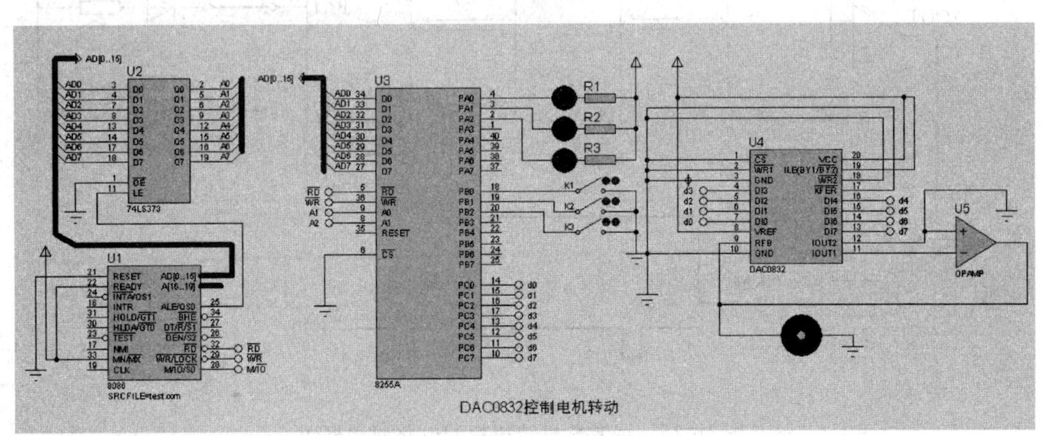

图 10-24 用 DAC0832 控制直流电机转速仿真效果图

10.3.4 项目4：直流电机转速控制

1. 项目要求与目的

(1) 项目要求：利用实验板上的DAC0832做D/A转换器，转换的结果控制直流电机的转速，编制程序，将二进制数字量转换成模拟量，控制直流电机的转速，根据转速用8255A的PA口输出控制发光二极管左循环显示。

(2) 项目目的：

- 掌握D/A转换与8086 CPU的接口方法。
- 了解D/A芯片DAC0832编程。
- 了解8255A芯片编程方法。

2. 项目电路连接与说明

(1) 项目电路连接：如图10-25所示的粗线为要接的线。接线描述如下：DAC0832的片选$\overline{CS}$孔用导线接至译码处208H～20FH插孔，AOUT接至直流电机的DCIN端，直流电机的CKM端接至8255A的PB0，用来读直流电机的转速，8255A的片选$\overline{CS}$孔用导线接至译码处200H～207H插孔，发光二极管LED的L0～L7分别用导线接至8255A的PA0～PA7。

(2) 项目说明：在电压允许范围内，直流电机的转速随着电压的升高而加快。将电压经过驱动后加在直流电机上，使其运转。在电机转盘上安装一个小磁铁，用霍尔元件感应直流电机转速，用8086 CPU控制8255A的PB0读回感应脉冲，从而测算出电机转速，并用LED左循环的速度显示出来。

3. 项目电路原理框图

直流电机转速控制电路原理框图如图10-25所示。电路由8086 CPU芯片、DAC0832芯片、8255A芯片、直流电机、霍尔元件和发光二极管LED等组成。

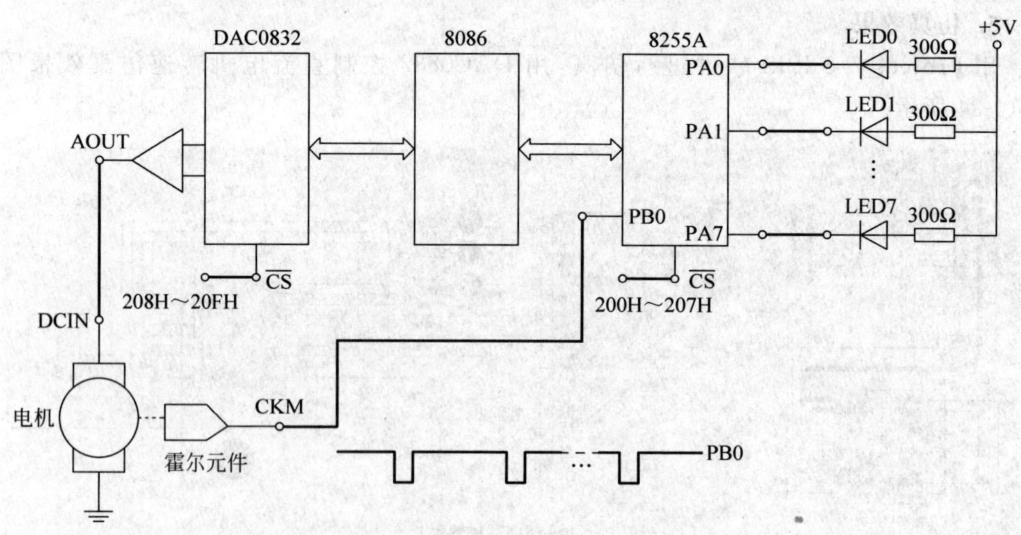

图10-25 直流电机转速控制电路原理框图

4. 项目程序设计

(1) 程序流程图

直流电机转速控制程序流程图如图10-26所示。

(2) 程序清单

直流电机转速控制程序清单如下所示。

```
CODE SEGMENT
ASSUME CS:CODE
START:    MOV  AL,82H        ; 8255A 的 PA 口输出,PB 口输入,方式 0
          MOV  DX,203H       ; 8255A 控制口
          OUT  DX,AL         ; 写控制字
          MOV  AH,0FEH       ; 置初值接 PA0 的 LED 亮
AGAIN:    MOV  DX,208H       ; DAC0832 地址
          MOV  AL,0FFH       ; 设置电机转速(送 FFH 去转换)
          OUT  DX,AL         ; DAC0832 转换
          CALL DELAY         ; 调延时子程序
          CALL READ          ; 调测转速及 LED 灯左循环子程序
          MOV  DX,208H       ; DAC0832 地址
          MOV  AL,0A0H       ; 设置电机转速(送 A0H 去转换)
          OUT  DX,AL         ; DAC0832 转换
          CALL DELAY         ; 调延时子程序
          CALL READ          ; 调测转速及 LED 灯左循环子程序
          MOV  DX,208H       ; DAC0832 地址
          MOV  AL,40H        ; 设置电机转速(送 40H 去转换)
          OUT  DX,AL         ; DAC0832 转换
          CALL DELAY         ; 调延时子程序
          CALL READ          ; 调测转速及 LED 灯左循环子程序
          MOV  DX,208H       ; DAC0832 地址
          MOV  AL,10H        ; 设置电机转速(送 10H 去转换)
          OUT  DX,AL
          CALL DELAY         ; 调延时子程序
          CALL READ          ; 调测转速及 LED 灯左循环子程序
          JMP  AGAIN         ; 循环
DELAY PROC NEAR              ; 延时子程序
          PUSH CX            ; 保护现场
          PUSH AX
          MOV  AX,4
          MOV  CX,0
DEL1:     NOP
          LOOP DEL1
          DEC  AX
          JNZ  DEL1
          POP  AX            ; 恢复现场
          POP  CX
          RET
DELAY ENDP
READ PROC NEAR               ; 测转速及 LED 灯左循环子程序
          MOV  DX,201H       ; PB 口地址
REA1:IN   AL,DX              ; 读 PB0 产生低脉冲
          TEST AL,1          ; 判 PB0 位低电平
          JNZ  REA1          ; 高电平转 REA1
REA2:IN   AL,DX              ; 读直流电机转速
          TEST AL,1          ; 判 PB0 位低电平
```

开始 → 8255A初始化 → 置LED0亮 → 向D/A输出数据 → 调延时子程序 → 调判PB0低电平和移位子程序 → 改变D/A值 →（返回"向D/A输出数据"）

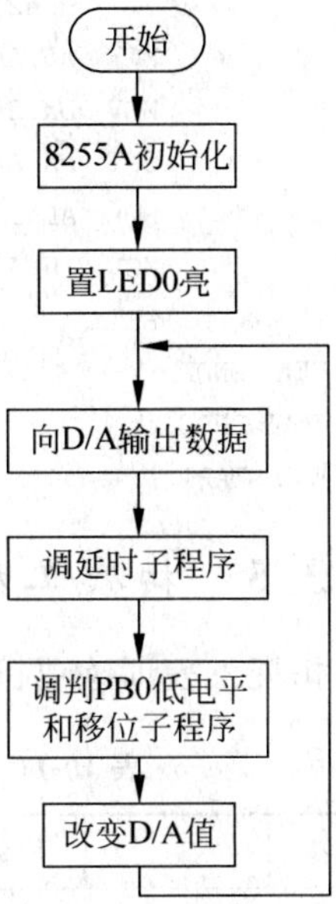

图 10-26　直流电机转速控制程序流程图

```
        JZ    REA2          ; 低电平转 REA2
        MOV   AL,AH         ; 产生低脉冲后,送 LED 显示值
        MOV   DX,200H       ; PA 口地址
        OUT   DX,AL         ; LED 灯亮
        ROL   AL,1          ; LED 灯左循环
        MOV   AH,AL         ; 暂存
        RET
READ ENDP
CODE ENDS
END START
```

10.3.5 拓展工程训练项目考核

拓展工程训练项目考核如表 10-1 所示。

表 10-1 项目实训考核表(拓展工程训练项目名称：)

姓名		班级		考件号	监考	得分	
额定工时	分钟	起止时间		日 时 分至 日 时 分		实用工时	
序号	考核内容	考核要求	分值	评分标准		扣分	得分
1	项目内容与步骤	(1) 操作步骤是否正确 (2) 项目中的接线是否正确 (3) 项目调试是否有问题,是否调试得来	40	(1) 操作步骤不正确扣 5～10 分 (2) 项目中的接线有问题扣 2～10 分 (3) 调试有问题扣 2～10 分,调试不来扣 2～10 分			
2	项目实训报告要求	(1) 项目实训报告写得规范、字体公正否 (2) 回答思考题是否全面	20	(1) 项目实训报告写得不规范、字体不公正,扣 5～10 分 (2) 回答思考题不全面,扣 2～5 分			
3	安全文明操作	符合有关规定	15	(1) 发生触电事故,取消考试资格 (2) 损坏电脑,取消考试资格 (3) 穿拖鞋上课,取消考试资格 (4) 动作不文明,现场凌乱,吃东西扣 2～10 分			
4	学习态度	(1) 有没有迟到、早退现象 (2) 是否认真完成各项项目,积极参与实训、讨论 (3) 是否尊重老师和其他同学,是否能够很好地交流合作	15	(1) 有迟到、早退现象扣 5 分 (2) 没有认真完成各项项目,没有积极参与实训、讨论扣 5 分 (3) 不尊重老师和其他同学,不能够很好地交流合作扣 5 分			
5	操作时间	在规定时间内完成	10	每超时 10 分钟(不足 10 分钟以 10 分钟计)扣 5 分			

同步练习题

(1) 什么是D/A转换器?

(2) 影响D/A转换器产生不同波形的两个重要因素是什么?

(3) 在DAC中分辨率与转换精度有什么差异?一个10位DAC的分辨率是多少?

(4) 试画出DAC0832与CPU的连接图。

(5) 使用DAC0832时,单缓冲方式如何工作?双缓冲方式如何工作?

(6) 根据图10-10所示,编写程序生成周期性对称三角形波形。要求波形的最低电平为0V,最高电平为2V,设使$\overline{CS}$有效的译码地址为208H～20FH。

(7) 利用图10-9所示的DAC电路产生10个对称方波,波形可通过示波器查看。假设使$\overline{CS}$有效的译码地址为208H～20FH。

(8) 利用图10-10所示的DAC电路产生100个锯齿波,波形可通过示波器查看。假设使$\overline{CS}$有效的译码地址为208H～20FH。

第11章 A/D 模数转换

学习目的

(1) 了解模/数(A/D)转换器的主要技术指标。

(2) 了解 ADC0809 芯片特点。

(3) 掌握 ADC0809 芯片引脚功能与内部结构。

(4) 掌握 ADC0809 转换器与 CPU 的接口及应用。

(5) 熟悉 12 位 AD574 转换器的应用。

(6) 掌握拓展工程训练项目编程方法和设计思想。

学习重点和难点

(1) 模/数(A/D)转换器的主要技术指标。

(2) ADC0809 芯片引脚功能与内部结构。

(3) ADC0809 转换器与 CPU 的接口及应用。

(4) 12 位 AD574 转换器的应用。

(5) 拓展工程训练项目编程方法和设计思想。

11.1 ADC0809 芯片引脚和内部结构

11.1.1 概述

客观事物变化的信息有温度、速度、压力、流量、电流、电压等,它们都是连续变化的物理量。而计算机只能处理离散的数字量,那么这些模拟信号如何变化才能被计算机接收并变成可进行处理的数字量呢?这就必须进行模/数(A/D)转换。

A/D 转换器:是把模拟量转换成数字量的器件。

转换的方法:有计数式 A/D 转换,逐次逼近式 A/D 转换,双积分式 A/D 转换,并行 A/D转换和串/并行 A/D 转换等。

逐次逼近式 A/D 转换既具有一定的转换速度,又具有一定的精度,是目前广泛应用的 8～16 位 ADC 的主流产品。

11.1.2 A/D 转换器的主要技术指标

(1) 分辨率

分辨率是指 A/D 转换器能分辨的最小模拟输入电压值,常用可转换成的数字量的位数来表示(例如,8 位、10 位、12 位、16 位等)。

$$分辨率=\frac{最大输入满量程模拟电压}{2^n-1}$$

其中,n 是可转换成的数字量的位数。所以位数越高,分辨率也越高。例如,当输入满量程电压为 5V 时,对于 8 位 A/D 转换器,A/D 转换的分辨率为 5V/255＝0.0195V＝19.5mV。例如:温度 1℃～300℃,对应电压为 0V～5V,则 A/D 转换对温度的分辨率为 1.17℃。

对于 12 位 A/D 转换器,A/D 转换的分辨率为 5V/4095＝0.00122V＝1.22mV。例如:温度 1℃～300℃,对应电压为 0V～5V,则 A/D 转换对温度的分辨率为 0.07℃。

(2) 转换时间

转换时间反映了 A/D 转换的速度。转换时间是启动 ADC 开始转换到完成一次转换所需要的时间。

(3) 量程

量程是指能进行转换的输入电压的最大范围。

(4) 绝对精度

绝对精度是指 ADC 输出端产生一个给定的数字量时,ADC 输入端的实际模拟量输入值与理论值之差,把这个差值的最大值定义为绝对精度。

(5) 相对精度

相对精度是指 ADC 输出端产生一个给定的数字量时,ADC 输入端实际模拟量输入值与理论值之差的最大值与满量程值之比,一般用百分数来表示。

11.1.3 ADC0809 芯片特点

ADC0809 是 CMOS 逐次逼近式 8 位 A/D 转换器。ADC0809 的主要特性:

(1) 它是具有 8 路模拟量输入、8 位数字量输出功能的 A/D 转换器。

(2) 转换时间为 100μs。

(3) 模拟输入电压范围为 0V～＋5V,不需零点和满刻度校准。

(4) 低功耗,约 15mW。

(5) 时钟频率:典型值为 500kHz(范围为 10～1280kHz)。

11.1.4 ADC0809 芯片引脚功能与内部结构

(1) ADC0809 芯片引脚功能

ADC0809 引脚功能如图 11-1 所示。ADC0809 采用 28 脚双列直插式封装,芯片引脚功能说明如下:

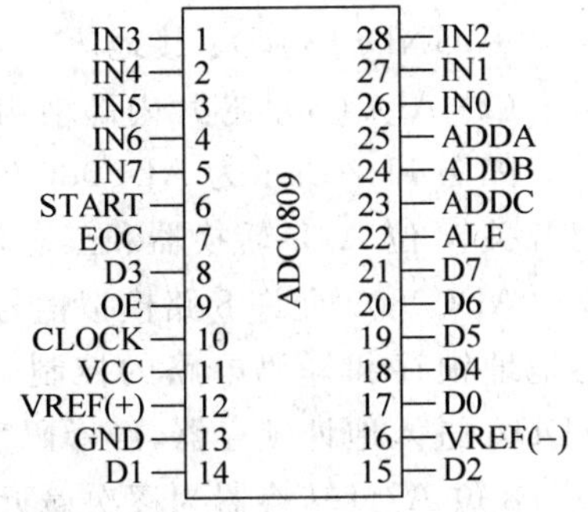

图 11-1 ADC0809 引脚功能图

- D0～D7(8 根):8 位数字量输出线。来自具有三态输出功能的 8 位锁存器,其输出除 OE 为高电平时有效外均为高阻状态,故可直接接到 8086 CPU 数据总线上。
- IN0～IN7(8 根):8 路模拟电压输入端。同一时刻只可有一路模拟信号输入。
- ADDA、ADDB、ADDC(25 脚、24 脚、23 脚):多路

开关地址选择线,用于选择模拟通道,被选中的通道对应的模拟电压输入将被送到内部转换电路进行转换。ADDA为最低位,ADDC为最高位,通常接在地址线的低3位。ADDA~ADDC与IN0~IN7的关系如表11-1所示。

表11-1 ADDA~ADDC与IN0~IN7的关系

ADDC	ADDB	ADDA	模拟信号输入通路选择
0	0	0	IN0
0	0	1	IN1
0	1	0	IN2
0	1	1	IN3
1	0	0	IN4
1	0	1	IN5
1	1	0	IN6
1	1	1	IN7

- START(6脚):启动信号输入端。该信号上升沿把ADC的内部寄存器清零,而下降沿启动A/D开始转换工作。该信号要求持续时间200ns以上,大多数微机的读或写信号都符合这一要求,即可作为启动A/D转换的START信号。
- CLOCK(10脚):时钟脉冲输入端,要求频率范围为10kHz~1.2MHz(典型值为640kHz),转换时间约为100μs,可由微机时钟分频得到。
- EOC(7脚):A/D转换结束信号,输出,高电平有效,可作为中断请求信号。EOC信号若是低电平,表示转换正在进行。
- ALE(22脚):地址锁存输入信号,输入,高电平有效,用于锁存ADDA~ADDC的地址码。该信号上升沿把ADDA、ADDB、ADDC地址选择线的状态存入通道地址锁存器中。
- OE(9脚):数字量输出允许信号。有效时打开ADC0809的输出三态门,转换结果送入数据总线。
- VREF(+)、VREF(−)(12脚、16脚):参考电压输入端。

ADC0809最大模拟输入范围为(0~5.25)V,基准电压VREF根据VCC确定,典型值为VREF(+)=VCC,VREF(−)=0V,VREF(+)不允许比VCC高,VREF(−)不允许比0V低。如基准电压选为5.12V,则1LSB的误差为20mV。

- VCC(11脚):+5V工作电压输入端。
- GND(13脚):接地。

(2) ADC0809芯片内部结构

如图11-2所示为ADC0809的内部结构框图。ADC0809由三部分组成:8路模拟量选通开关、8位A/D转换器和三态输出数据锁存器。

ADC0809允许8路模拟信号输入,由8路模拟开关选通其中一路信号,模拟开关受通道地址锁存和译码电路的控制。当地址锁存信号ALE有效时,3位地址ADDC、ADDB、ADDA进入地址锁存器,经译码后使8路模拟开关选通某一路信号。

8位A/D转换器为逐次逼近式,由256R电阻分压器、树状模拟开关(这两部分组成一个D/A变换器)、电压比较器、逐次逼近寄存器、逻辑控制和定时电路组成。

三态门输出锁存器用来保存 A/D 转换结果，当输出允许信号 OE 有效时，打开三态门，输出 A/D 转换结果。因输出有三态门，便于与单片机总线连接。

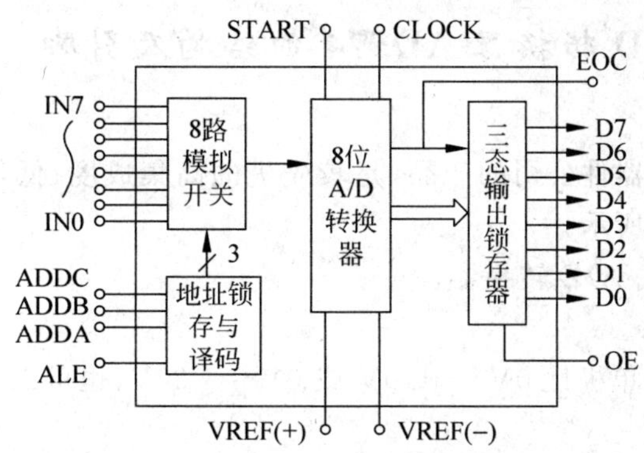

图 11-2　ADC0809 芯片内部结构图

11.1.5　ADC0809 的工作过程

ADC0809 的工作时序如图 11-3 所示，ADC0809 的工作过程分为如下几步：

第 1 步：首先确定 ADDA、ADDB、ADDC 三位地址，决定选择哪一路模拟信号。

第 2 步：使 ALE 端接收一正脉冲信号，使该路模拟信号经选择开关达到比较器的输入端。

第 3 步：使 START 端接收一正脉冲信号，START 的上升沿将逐次逼近寄存器复位，下降沿启动 A/D 转换。

第 4 步：EOC 输出信号变低，指示转换正在进行。

第 5 步：A/D 转换结束，EOC 变为高电平，指示 A/D 转换结束。此时，数据已保存到 8 位锁存器中。

第 6 步：OE 信号变为高电平，则 8 位三态锁存缓冲器的三态门被打开，转换好的 8 位数字量数据被输出到数据线上。

如上所述，EOC 信号变为高电平表示 A/D 转换完成，EOC 可作为中断申请信号，通知 8086 CPU 取走数据。在查询传送方式中，EOC 可以作为 8086 查询外设的状态信号。

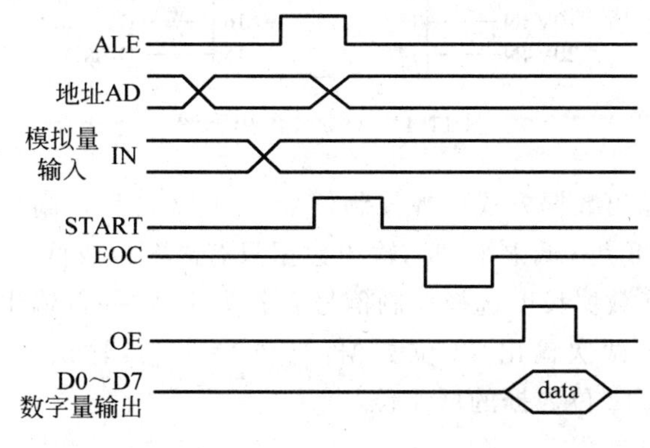

图 11-3　ADC0809 的工作时序图

如果要用EOC信号向CPU发中断请求,要特别注意EOC的信号变为低电平相对于启动信号有2μs+8个时钟周期的延迟,要设法避免产生虚假的中断请求。

11.1.6 12位A/D转换器AD574的结构及引脚

(1) AD574特性

AD574是美国模拟器件公司的产品,是较先进的高集成度、低价格的逐次比较式转换器。AD574的特性如下所示。

- 12位逐次比较式A/D转换器。
- 转换时间为25μs。
- 输入电压可以是单极性0V~+10V或0V~+20V,也可以是双极性-5V~+5V,-10V~+10V。
- 可由外部控制进行12位转换或8位转换。
- 12位数据输出分为三段,A段为高4位,B段为中4位,C段为低4位。分别经三态门控制输出。
- 内部具有三态输出缓冲器,可直接与8位或16位的CPU数据总线相连。
- 功耗390mW。

(2) AD574的引脚与内部结构

① AD574的引脚

AD574的引脚如图11-4所示,各引脚信号功能说明如下所示。

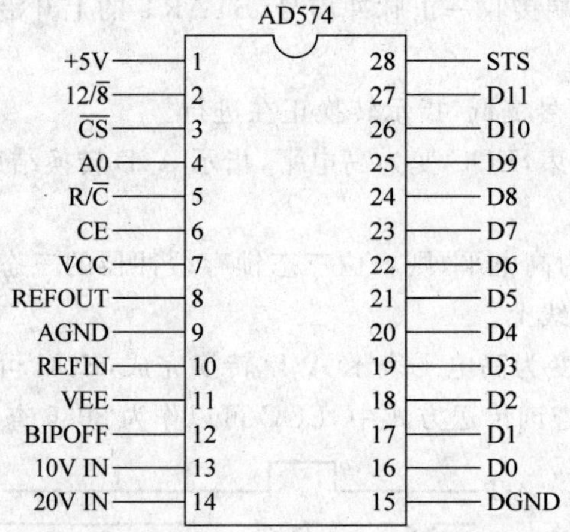

图11-4 AD574的引脚图

- 12/$\overline{8}$(2脚):输出数据方式选择控制信号。当12/$\overline{8}$=1(高电平)时,输出数据是12位字长,当12/$\overline{8}$=0(低电平)时,输出数据只有高8位或低4位有效。
- A0(4脚):转换数据长度选择控制信号。若为12位并行输出,A0端输入电平信号可高可低;若分两次输出12位数据,当A0=0时,输出12位数据的高8位,当A0=1时,输出12位数据的低4位。
- $\overline{CS}$(3脚):片选信号。
- R/$\overline{C}$(5脚):读出或转换控制选择信号。当R/$\overline{C}$=0时,启动转换,当R/$\overline{C}$=1时,可

将转换后的数据读出。

- CE(6 脚)：启动转换信号。该信号与 $\overline{CS}$ 信号一起有效时，AD574 才可以进行转换或从 AD574 输出转换后的数据。
- 启动转换或读出数据时，$\overline{CS}$、CE、R/$\overline{C}$、A0、12/$\overline{8}$ 等控制信号的配合关系如表 11-2 所示。

表 11-2 控制信号的配合关系

CE	$\overline{CS}$	R/$\overline{C}$	12/$\overline{8}$	A0	操 作
0	×	×	×	×	无
×	1	×	×	×	无
1	0	0	×	0	开始 12 位转换
1	0	0	×	1	开始 8 位转换
1	0	1	接 1 脚	×	允许 12 位并行输出
1	0	1	接 15 脚	0	允许高 8 位并行输出
1	0	1	接 15 脚	1	允许低 4 位+4 个 0 输出

- VCC(7 脚)：正电源，其范围为 0V～+16.5V。
- REFIN(10 脚)：参考电压输入。
- REFOUT(8 脚)：+10V 参考电压输出，具有 1.5mA 的带负载能力。
- AGND(9 脚)：模拟地。
- DGND(15 脚)：数字地。
- VEE(11 脚)：负电源，可选−16.5V～−11.4V 之间的电压。
- 10V IN(13 脚)：单极性输入，输入电压范围 0V～+10V；双极性输入，输入电压范围为−5V～+5V。
- 20V IN(14 脚)：单极性输入，输入电压范围 0V～+20V；双极性输入，输入电压范围为−10V～+10V。
- STS(28 脚)：状态输出信号，转换时为高电平，转换结束时为低电平。
- D0～D11：数字量输出。

② AD574 内部结构

AD574 内部结构如图 11-5 所示，AD574 由两片大规模集成电路构成。一片 AD565、一片逐次比较寄存器 SAR、转换控制电路、时钟电路、总线接口电路和高分辨比较器电路。

AD574 的工作过程分为启动转换和转换结束后读出数据两个过程。启动转换时，首先使 $\overline{CS}$、CE 信号有效，AD574 处于转换工作状态，且 A0 为 1 或为 0，根据所需转换的位数确定，然后使 R/$\overline{C}$=0，启动 AD574 开始转换。$\overline{CS}$ 视为选中 AD574 的片选信号，R/$\overline{C}$ 为启动转换的控制信号。转换结束，STS 由高电平变为低电平。可通过查询法，读入 STS 线端的状态，判断转换是否结束。

输出数据时，首先根据输出数据的方式，是 12 位并行输出，还是分两次输出，以确定 12/$\overline{8}$ 是接高电平还是接低电平；然后在 CE=1、$\overline{CS}$=0、R/$\overline{C}$=1 的条件下，确定 A0 的电平。若为 12 位并行输出，A0 端输入电平信号可高可低；若分两次输出 12 位数据，A0=0，输出 12 位数据的高 8 位，A0=1，输出 12 位数据的低 4 位。由于 AD574 输出端有三态缓冲器，所以 D0～D11 数据输出线可直接接在 CPU 数据总线上。

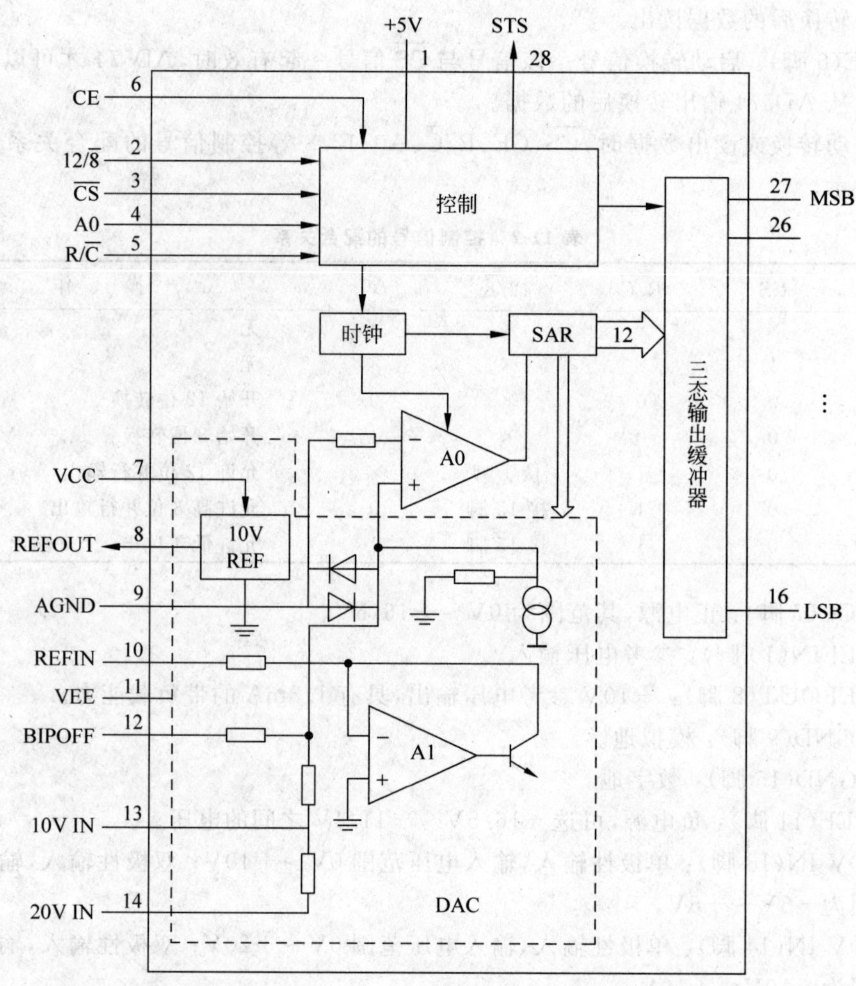

图 11-5 AD574 内部结构图

11.2 A/D 转换器与 CPU 的接口及应用

11.2.1 ADC0809 转换器与 CPU 的接口

(1) ADC0809 与 CPU 的连接

ADC0809 与 CPU 的连接主要是三总线的连接,即与数据总线、地址总线和控制总线的连接。

- 数据总线。由于 ADC0809 的输出 D0～D7 具有三态输出锁存缓冲器,因此 ADC0809 就可以直接与 CPU 的数据总线相连。
- 地址总线。地址总线的 A0、A1、A2 可以对应连接 ADC0809 的 ADDA、ADDB、ADDC 三位地址信号输入线,用以控制 8 路模拟输入中哪一路被选中输入。
- 控制总线。ADC0809 的控制信号有启动转换信号 START、输出允许信号 OE、转换结束信号 EOC 以及 ALE 等信号线的连接。START 要求是一个正脉冲信号,由

CPU 控制发出，输出允许信号 OE 也需要 CPU 提供一个正脉冲信号。

ADC0809 与 CPU 的连接如图 11-6 所示，CPU 控制总线的 I/O 写信号 $\overline{IOW}$ 与片选信号 $\overline{CS}$ 经或非门后，连接到 ADC0809 的 START 与 ALE 引脚，这样 CPU 在执行 OUT 指令时就能对 ADC0809 执行写操作，产生 START 与 ALE 所需的正脉冲。

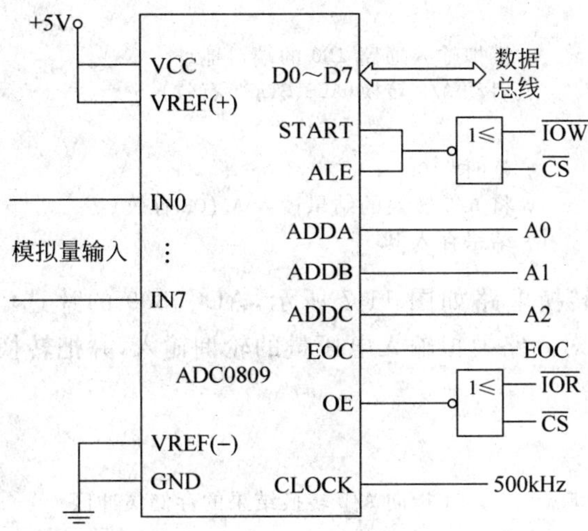

图 11-6　ADC0809 与 CPU 的连接图

(2) ADC0809 转换结束的确认

在 A/D 转换结束时，ADC0809 会发出转换结束信号 EOC，通知 CPU 可以读取转换数据。因此关键问题是如何确认 A/D 转换完成，只有确认数据转换完成后，才能进行传送。为此可采用下述三种方式。

① 定时传送方式

对于一种 A/D 转换器来说，转换时间作为一个主要技术指标是已知的和固定的。例如，若 ADC0809 转换时间为 128μs(时钟脉冲为 500kHz)。可据此设计一个延时子程序，A/D 转换启动后即调用这个延时子程序，延迟时间一到，转换肯定完成了，接着就可以进行数据传送。

② 查询传送方式

通过查询 EOC 的高低电平来判断 A/D 转换是否结束。若 EOC 信号是低电平，表示转换正在进行，若 EOC 信号是高电平，表示 A/D 转换已经结束。此位可以接到 CPU 数据总线上(例如接 D0)，也可以通过 8255A 来连接。

③ 中断传送方式

采用中断方式可大大节省单片机的时间。当转换结束时，EOC 向 CPU 发出中断请求信号，由中断服务子程序读取 A/D 转换结果并存储到 RAM 中，然后启动 ADC0809 的下一次转换。

无论使用上述哪种传送方式，只有确认转换完成，才能通过指令进行数据传送。

11.2.2　ADC0809 转换器的应用

【例 11-1】　如图 11-7 所示，ADC0809 的片选 $\overline{CS}$ 接至译码处 200H～207H，ADC0809

的工作时钟为 1MHz。如果使模拟电压信号从模拟输入通路 0 输入,分别进行一次 A/D 转换,转换好的数字量分别存入 BL 寄存器,请编写实现这些功能的程序。

解:

```
START:
  MOV   AL,0
  MOV   DX,200H           ; 模拟输入通路 IN0 的端口地址
  OUT   DX,AL             ; 启动 A/D 转换(ALE、START 有效)
  MOV   CX,40H
  LOOP  $                 ; 延时> 100μs
  IN    AL,DX             ; 将 A/D 转换的结果读入 AL(OE 有效)
  MOV   BL, AL            ; 结果存入 BL
```

【例 11-2】 A/D 转换电路如图 11-7 所示,ADC0809 的片选 $\overline{CS}$ 接至译码处 200H~207H,请编写程序实现对 8 路模拟输入电压量的轮询输入,并把转换结果存入 DI 指向的存储缓冲区 BUF。

解: 程序如下所示。

```
        LEA   DI , BUF      ; DI 指向 A/D 转换结果的存储缓冲区
        MOV   CL, 8
        MOV   DX, 200H      ; 模拟输入通路 0 的端口地址
LOP:    OUT   DX, AL        ; 启动 A/D 转换
        CALL  DELAY         ; 调用延时子程序,延时约 150μs,等待 A/D 转换完成
        IN    AL, DX        ; 将 A/D 转换的结果读入 AL
        MOV   [DI] , AL     ; 结果存入 DI 指向的缓冲区
        INC   DI            ; DI 指向缓冲区下一个单元
        INC   DX            ; DX 为下一个模拟输入通路的端口地址
        DEC   CL
        JNZ   LOP
```

需要指出的是: ADDA、ADDB、ADDC 可直接连接到 CPU 地址总线 A0、A1、A2 上,此种方法占用的 I/O 口地址多。每一个模拟输入端对应一个口地址,8 个模拟输入端占用 8 个口地址,为了节约 I/O 口地址,采用 ADDA、ADDB、ADDC 分别接在数据总线的 D0、D1、D2 端,通过数据线输出一个控制字作为模拟通道选择的控制信号,下面通过一个例子来说明。

【例 11-3】 电路如图 11-7 所示,采用无条件传送方式,编写一段轮流从 IN0~IN7 采集 8 路模拟信号,并把采集到的数字量存入 2000H 开始的 8 个单元内的程序。

解:

```
START:  MOV   DI,2000H      ; 设置存放数据的首地址
        MOV   BL,08H        ; 采集 8 次计数器
        MOV   AH,00H        ; 选 0 通道
BG:     MOV   AL,AH
        MOV   DX,200H       ; 设置 ADC0809 芯片地址
        OUT   DX,AL         ; 使 ALE、START 有效
        MOV   CX, 0050H     ; 延时约 150μs
WAIT:   LOOP  WAIT          ; 延时,等待 A/D 转换
        IN    AL,DX         ; 使 OE 有效,输入数据
        MOV   [DI], AL      ; 保存数据
```

```
        INC   AH              ; 换下一个模拟通道
        INC   DI              ; 修改数据区指针
        DEC   BL
        JNZ   BG
```

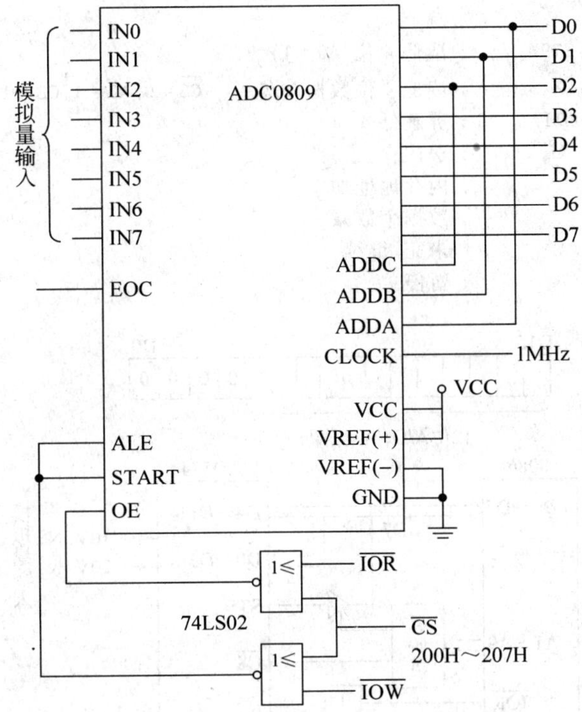

图 11-7　ADDA、ADDB、ADDC 接数据总线的 D0、D1、D2

11.2.3　12 位 AD574 转换器的应用

【例 11-4】　12 位 AD574 与 8086 CPU 的接口电路图如图 11-8 所示，编写程序启动 A/D 转换采集数据。设 AD574 取高 8 位数据，启动转换要使 A0＝0，所以地址值为 278H；取低 4 位数据，要使 A0＝1，所以地址值为 279H；为打开 STS 状态信号的通路，三态门的地址为 27AH。

解：因 AD574 是 12 位 A/D 转换器，若 CPU 的数据线是 8 位，则 AD574 的 12 位数据要分两次输出到 CPU，先输出高 8 位，再输出低 4 位。因而 AD574 的输出端 D11～D4 接 CPU 系统总线的 D7～D0，D3～D0 接 CPU 系统总线的 D7～D4，接口图如图 11-8 所示。存放数据的格式为：

```
        MOV   CX,64H          ; 采集次数
        MOV   SI,200H         ; 存放采集的数据首地址
START:  MOV   AL,0            ; 可以是任意值
        MOV   DX , 278H
        OUT   DX , AL         ; 启动转换,R/C̄ = 0,C̄S̄ = 0,CE = 1,A0 = 0
        MOV   DX , 27AH       ; 设置三态门地址
AA1 :   IN    AL , DX         ; 读取 STS 状态
```

```
TEST AL, 80H          ; 测试 D7 = STS = 0 吗
JNE  AA1              ; STS = 1 等待,STS = 0 向下执行
MOV  DX, 278H         ; A0 = 0
IN   AL,DX            ; 读高 8 位数据,R/C̄ = 1,C̄S̄ = 0,CE = 1,A0 = 1,CE = 1
MOV  [SI], AL         ; 保存高 8 位数据
INC  SI
MOV  DX, 279H         ; 读低 4 位(A0 = 1)
IN   AL, DX           ; 读低 4 位数据,R/C̄ = 1, C̄S̄ = 0,A0 = 1,CE = 1
AND  AL,0FOH          ; 屏蔽低 4 位
MOV  [SI],AL          ; 送内存
INC  SI               ; 内存地址加 1
DEC  CX               ; 数据个数减 1
JNZ  START            ; 未完,继续
HLT                   ; 暂停
```

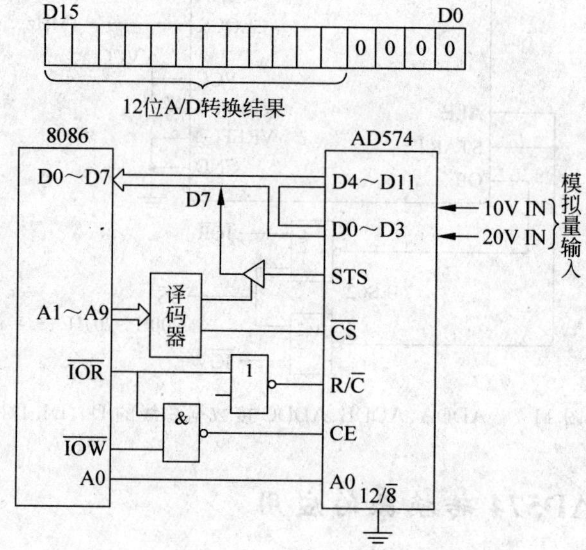

图 11-8 AD574 与 8086 CPU 的接口电路图

11.3 拓展工程训练项目

11.3.1 项目 1：ADC0809 转换的值用 LED 显示

1. 项目要求与目的

(1) 项目要求：利用实验板上的 ADC0809 做 A/D 转换器，实验板上的电位器提供模拟量输入，编制程序，将模拟量转换成二进制数字量，用 8255A 的 PA 口输出控制发光二极管显示。

(2) 项目目的：

- 掌握 A/D 转换与 8086 CPU 的接口方法。
- 了解 A/D 芯片 ADC0809 转换性能及编程。

• 通过实验了解 ADC0809 如何进行数据采集。

2. 项目电路连接与说明

(1) 项目电路连接:

如图 11-9 所示的粗线为要接的线。接线描述如下:ADC0809 的片选 $\overline{CS}$ 孔用导线接至译码处 208H~20FH 插孔,ADC0809 的 IN0 接至电位器 VIN 的中心抽头插孔,CLOCK 接至 1MHz 插孔,8255A 的片选 $\overline{CS}$ 孔用导线接至译码处 200H~207H 插孔,LED0~LED7 分别用导线接至 8255A 的 PA0~PA7。

(2) 项目说明:

A/D 转换器大致有三类:一是双积分 A/D 转换器,优点是精度高,抗干扰性好;价格便宜,但速度慢;二是逐次逼近 A/D 转换器,精度,速度,价格适中;三是并行 A/D 转换器,速度快,价格也昂贵。实验用的 ADC0809 属于第二类,是 8 位 A/D 转换器。每采集一次一般需要 100μs。本程序是用延时查询方式读入 A/D 转换结果,也可以用中断方式读入结果,在中断方式下,A/D 转换结束后会自动产生 EOC 信号,将其与 CPU 的外部中断相接,有兴趣的同学可以试试编程用中断方式读回 A/D 结果。

3. 项目电路原理框图

项目电路原理框图如图 11-9 所示。电路由 8086 CPU 芯片、ADC0890 芯片、8255A 芯片、100kΩ 电位器和发光二极管 LED 等组成。

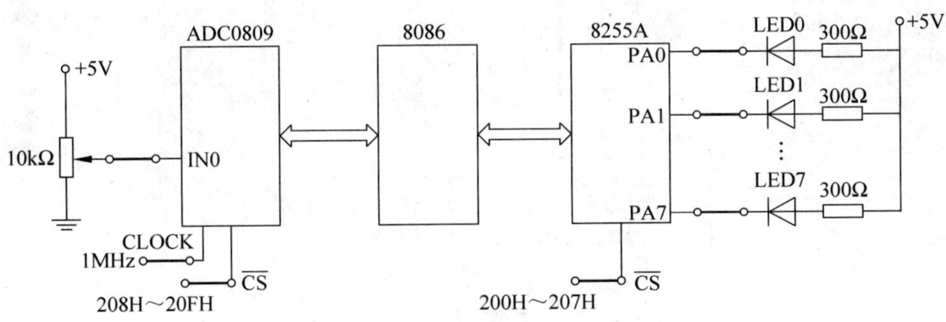

图 11-9 电路原理框图

4. 项目程序设计

(1) 程序流程图

ADC0809 转换的值用发光二极管 LED 显示的程序流程图如图 11-10 所示。

(2) 程序清单

ADC0809 转换的值用发光二极管 LED 显示的程序清单如下所示。

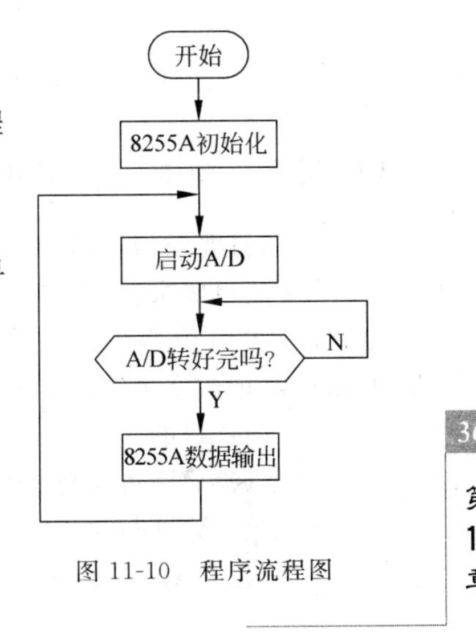

图 11-10 程序流程图

```
CODE SEGMENT
  ASSUME CS :CODE
START:
          MOV   AL,82H          ; PA 口输出,方式 0
          MOV   DX,203H         ; 8255A 控制端口地址
          OUT   DX,AL           ; 写控制字
```

```
AGAIN:
        MOV   AL,0
        MOV   DX,208H          ; ADC0809 转换器 IN0 地址
        OUT   DX,AL            ; 启动 A/D
        MOV   CX,40H
        LOOP $                 ; 延时>100μs
        IN    AL,DX            ; 读入结果
        MOV   DX,200H          ; 8255A PA 口地址
        OUT   DX,AL            ; 数据输出到 PA 口上 LED 显示
        JMP   AGAIN            ; 循环
CODE ENDS
        END START
```

5. 仿真效果

用 Proteus 7.5 ISIS 软件进行仿真，ADC0809 转换值用 LED 显示出来仿真效果图如图 11-11 所示。

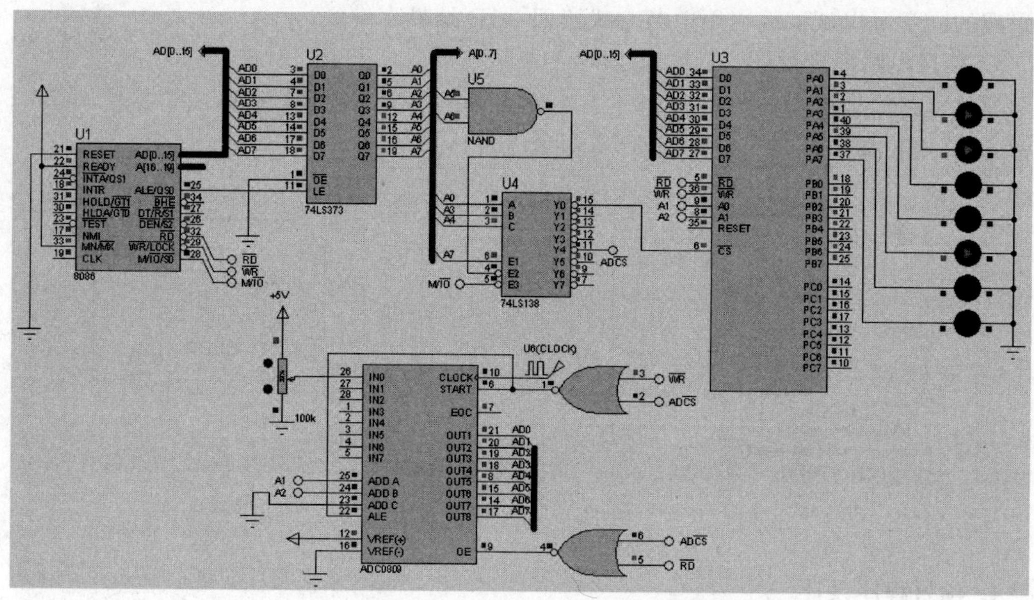

图 11-11　ADC0809 转换值用 LED 显示出来仿真效果图

11.3.2　项目 2：ADC0809 采集的值用于控制直流电机转速

1. 项目要求与目的

(1) 项目要求：利用实验板上的 ADC0809 做 A/D 转换器，DAC0832 做 D/A 转换器，实验板上的电位器提供模拟量输入，编制程序，将模拟量转换成二进制数字量，再通过 DAC0832 把数字量转换模拟量输出去控制直流电机转速。

(2) 项目目的：

- 掌握 A/D 转换与 8086 CPU 的接口方法。
- 了解 A/D 芯片 ADC0809 转换性能及编程。
- 熟悉 DAC0832 的编程。

2. 项目电路连接与说明

（1）项目电路连接：

如图 11-12 所示的粗线为要接的线。接线描述如下：ADC0809 的片选 $\overline{CS}$ 孔用导线接至译码处 200H～207H 插孔，ADC0809 的 IN0 接至电位器 VIN 的中心抽头插孔，CLOCK 接至 1MHz 插孔，DAC0832 的片选 $\overline{CS}$ 孔用导线接至译码处 208H～20FH 插孔，DAC0832 的输出 AOUT 用导线接至直流电机的 DCIN。

（2）项目说明：

项目用的 ADC0809 是 8 位 A/D 转换器。每采集一次一般需 100μs。本程序是用延时查询方式读入 A/D 转换结果，也可以用中断方式读入结果，在中断方式下，A/D 转换结束后会自动产生 EOC 信号，将其与 CPU 的外部中断相接，有兴趣的同学可以试试编程用中断方式读回 A/D 结果。

3. 项目电路原理框图

项目电路原理框图如图 11-12 所示。电路由 8086 CPU 芯片、ADC0890 芯片、8255A 芯片、电位器和发光二极管 LED 等组成。

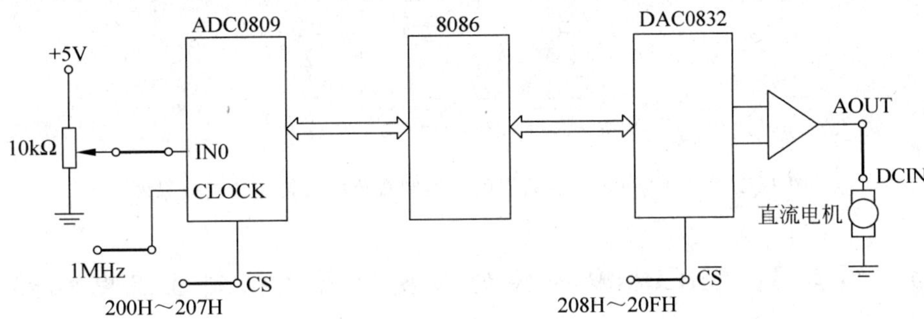

图 11-12　电路原理框图

4. 项目程序设计

（1）程序流程图

ADC0809 采集的值用于控制直流电机转速程序流程图如图 11-13 所示。

（2）程序清单

ADC0809 采集的值用于控制直流电机转速的程序清单如下所示。

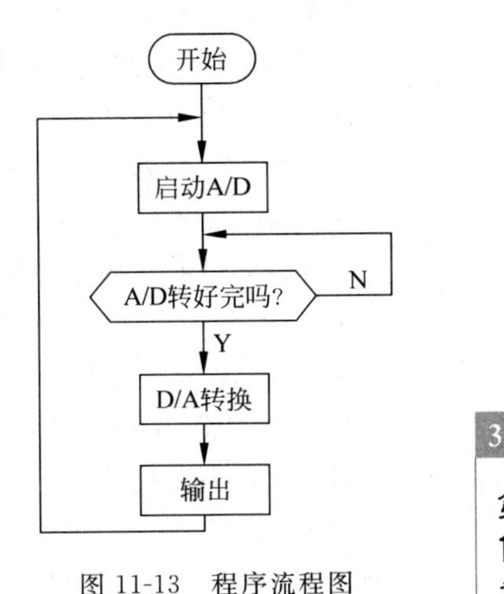

图 11-13　程序流程图

```
CODE SEGMENT
   ASSUME CS:CODE
START:
   MOV   AL,0
   MOV   DX,200H        ; IN0 地址
   OUT   DX,AL          ; 启动 A/D
   MOV   CX,40H
   LOOP  $              ; 延时>100μs
   IN    AL,DX          ; 读入 A/D 转换结果
   MOV   DX,208H        ; DAC0832 地址
   OUT   DX,AL          ; 输出 D/A 转换结果到直流电机
```

```
    JMP   START            ;循环
CODE ENDS
END START
```


5. 仿真效果

用 Proteus 7.5 ISIS 软件进行仿真，ADC0809 采集的值经过 DAC0832 控制直流电机转速仿真效果图如图 11-14 所示。

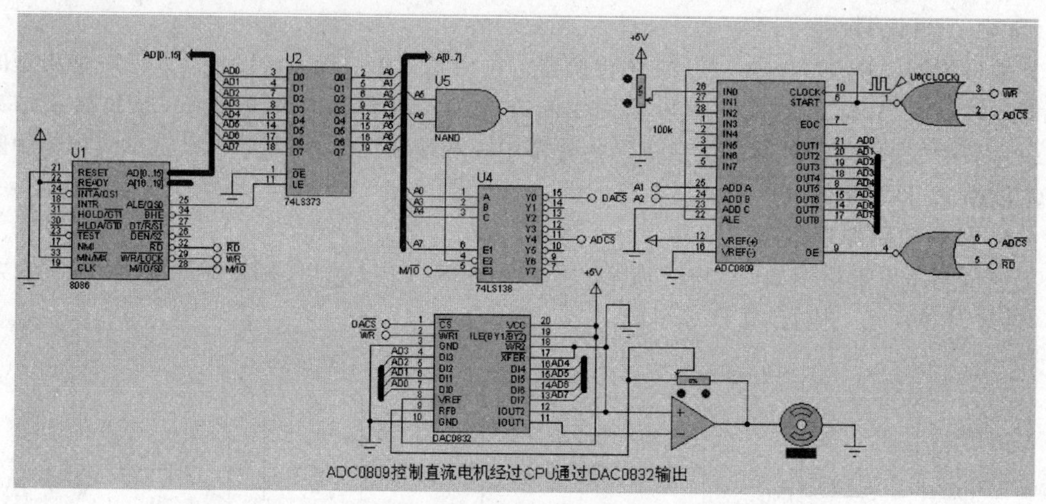

图 11-14　ADC0809 采集的值用于控制直流电机转速仿真效果图

11.3.3　项目 3：ADC0809 采集的温度值用于控制直流电机转速

1. 项目要求与目的

(1) 项目要求：利用实验板上的 ADC0809 做 A/D 转换器，采用 8255A 来判断转换结束信号；DAC0832 做 D/A 转换器，实验板上的温度传感器的输出提供模拟量输入，编制程序，将模拟量转换成二进制数字量，再通过 DAC0832 把数字量转换模拟量输出去控制直流电机的转速。

(2) 项目目的：

- 了解热敏电阻温度传感器的使用。
- 掌握 A/D 转换与 8086 CPU 的接口方法。
- 掌握 D/A 转换与 8086 CPU 的接口方法。
- 掌握 8255A 与 8086 CPU 的接口方法。
- 熟悉 ADC0809 转换性能及编程。
- 熟悉 DAC0832 转换性能及编程。
- 熟悉 8255A 编程。

2. 项目电路连接与说明

(1) 项目电路连接：

如图 11-15 所示的粗线为要接的线。接线描述如下：ADC0809 的片选 $\overline{CS}$ 孔用导线接至译码处 200H～207H 插孔，ADC0809 的 IN0 接至热敏电阻经过放大器的输出 AN2 插孔,CLOCK 接至 1MHz 插孔,ADC0809 的 EOC 接至 8255A 的 PB0 插孔;DAC0832 的片选 $\overline{CS}$孔用导线接至译码处 208H~20FH 插孔,DAC0832 的输出 AOUT 用导线接至直流电机的 DCIN;8255A 的片选 $\overline{CS}$孔用导线接至译码处 210H~217H 插孔。

(2) 项目说明:项目用的 ADC0809 是 8 位 A/D 转换器。每采集一次一般需要 100μs。本程序采用查询方式读入 A/D 转换结果,A/D 转换结束后会自动产生 EOC 信号,将其与 8255A 的 PB0 相接,编程用查询方式读入 A/D 转换结果。

当用手握住热敏电阻时,由于温度升高,温度传感器的输出 AN2 处电压升高,直流电机的转速变快。

3. 项目电路原理框图

项目电路原理框图如图 11-15 所示。电路由 8086 CPU 芯片、ADC0809 芯片、8255A 芯片、DAC0832 芯片、热敏电阻及放大器和直流电机等组成。

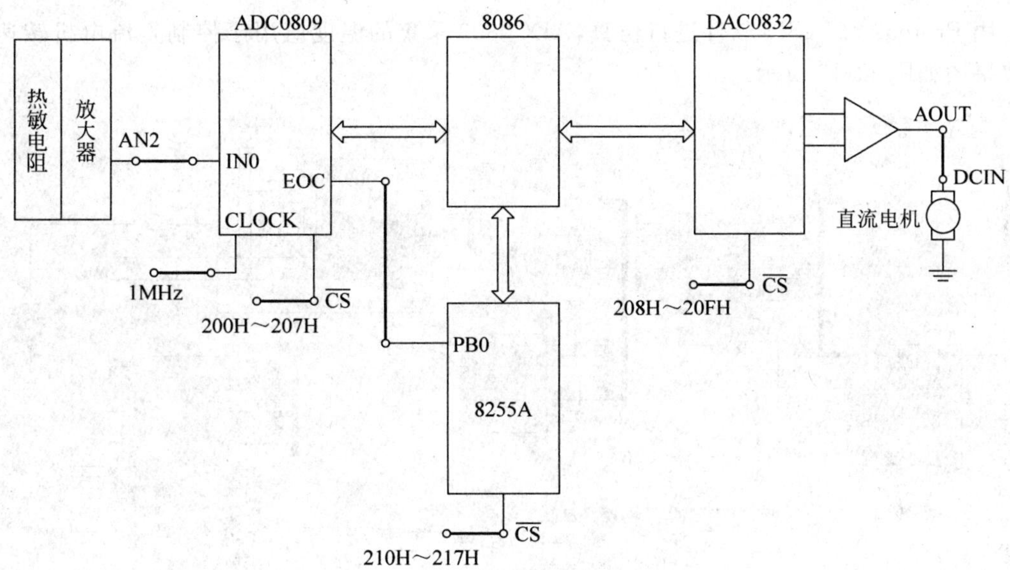

图 11-15 电路原理框图

4. 项目程序设计

(1) 程序流程图

ADC0809 采集的值用于控制直流电机转速程序流程图如图 11-16 所示。

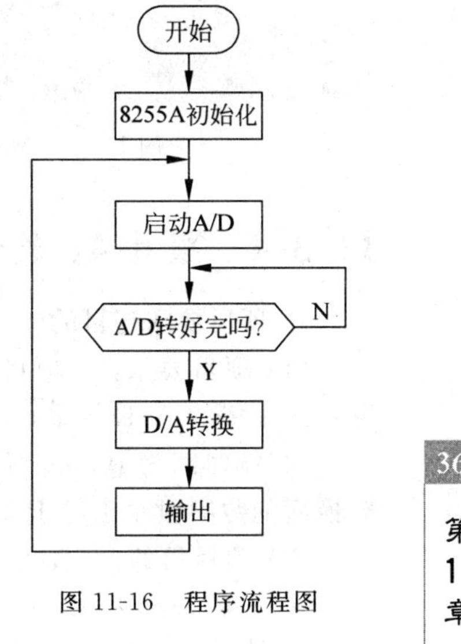

图 11-16 程序流程图

(2) 程序清单

把 ADC0809 采集的温度值用于控制直流电机转速程序清单如下所示。

```
CODE SEGMENT
    ASSUME CS:CODE
START:MOV   DX,213H         ; 8255A 控制口地址
      MOV   AL,83H          ; 8255A 初始化,PB 口输入
      OUT   DX,AL
BG1:  MOV   AL,0
```

```
        MOV  DX,200H          ; ADC0809 IN0 地址
        OUT  DX,AL            ; 启动 A/D
        MOV  DX,211H          ; PB 口地址
BG2:    IN   AL,DX            ; 读 EOC 信号
        TEST AL,01H           ; 判断是否 EOC = 1
        JZ   BG2              ; EOC = 0(正在转换),转 BG2
        MOV  DX,200H          ; IN0 地址
        IN   AL,DX            ; 转换完读入结果
        MOV  DX,208H          ; DAC0832 地址
        OUT  DX,AL            ; 输出到直流电机
        JMP  BG1              ; 循环
CODE    ENDS
        END  START
```

5. 仿真效果

用 Proteus 7.5 ISIS 软件进行仿真,ADC0809 采集的温度值用于控制直流电机转速仿真效果图如图 11-17 所示。

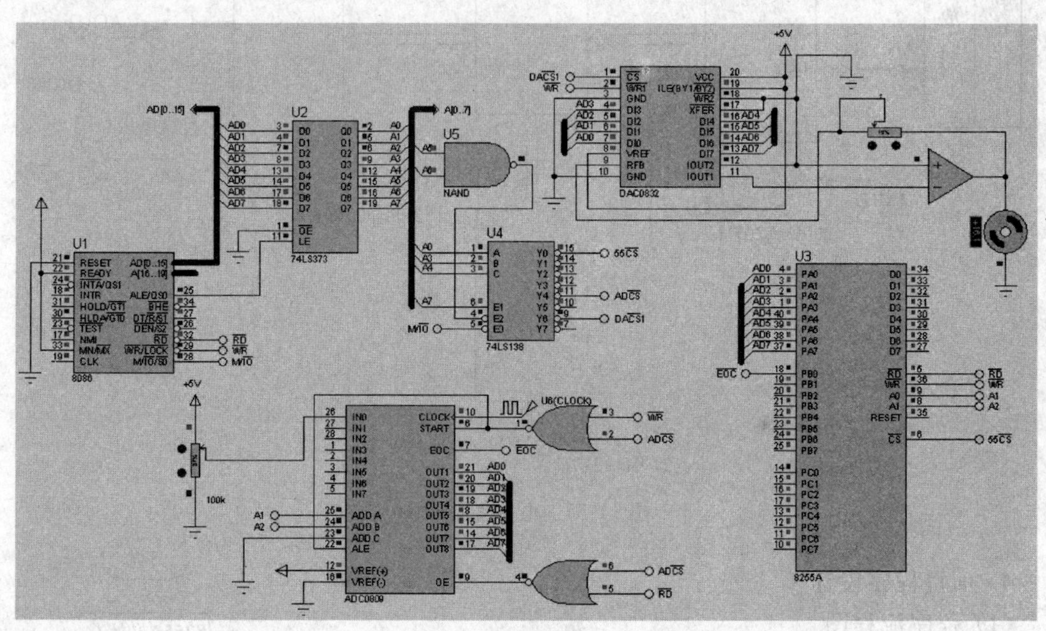

图 11-17 ADC0809 采集的温度值用于控制直流电机转速仿真效果图

11.3.4 项目 4:数据采集综合应用

1. 项目要求与目的

(1) 项目要求:本项目用 ADC0809 进行 1 路循环数据采集,8086 CPU 以中断方式读取每次采集的 A/D 结果,如果转换后的数字量为零,扬声器便发出频率为 1000Hz 的音响信号,持续时间为 100ms;如果转换后的数字量大于 2.5V,使发光二极管 LED7 闪烁;如果转换后的数字量小于等于 2.5V,又将其转换为模拟电压输出,去控制直流电机转速。

(2) 项目目的:

- 了解 8259A、8255A、8253、ADC0809、DAC0832 的工程应用设计方法。

- 掌握 8086 CPU 与 8259A、8255A、8253、ADC0809、DAC0832 的连线方法。
- 掌握 8259A 的连线和编程方法。
- 掌握 8255A 的连接和编程方法。
- 掌握 8253 的连接和编程方法。
- 掌握 ADC0809 的连接和编程方法。
- 掌握 DAC0832 的连接和编程方法。

2. 项目电路连接与说明

(1) 项目电路连接：如图 11-18 所示的粗线为要接的线。接线描述如下：8259A 的片选 $\overline{CS}$ 连至地址译码处的 210H～217H 插孔，8259A 的 IR0 中断源连接至 ADC0809 的 EOC；8255A 的片选 $\overline{CS}$ 连至地址译码处的 200H～207H 插孔，PC7 接 LED7；DAC0832 的片选 $\overline{CS}$ 连至地址译码处的 218H～21FH 插孔，输出 AOUT 连接至直流电机的输入 DCIN；ADC0809 的片选 $\overline{CS}$ 连至地址译码处的 208H～20FH 插孔，CLOCK 连接至 1MHz；8253 的片选 $\overline{CS}$ 连至地址译码处的 220H～227H 插孔，CLK1 连接至 2MHz，OUT1 连接至音响及合成 VIN1，GATE1 连接 PA0。

(2) 项目说明：此项目是一个综合应用项目，只有在 8259A、8255A、8253、ADC0809、DAC0832 各芯片都能正确掌握的基础上才能进行综合应用，因此需要先复习这些芯片的连线和编程方法。

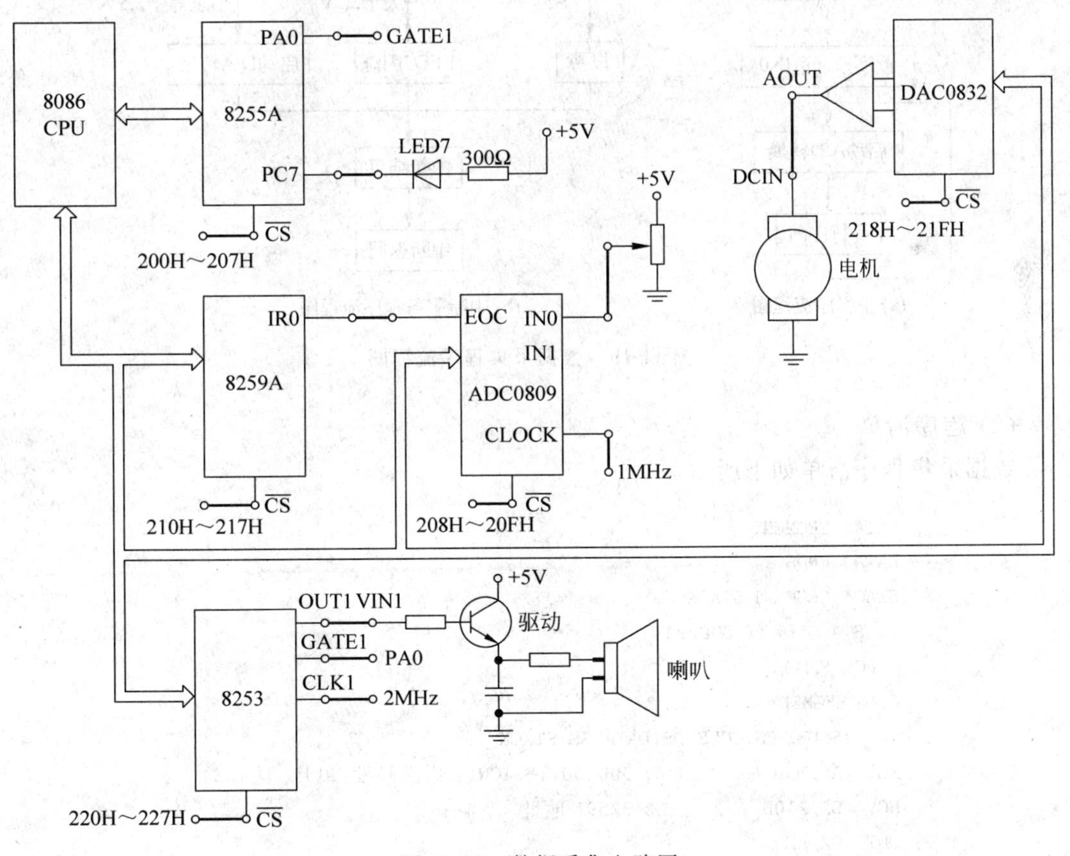

图 11-18　数据采集电路图

在中断服务程序中,由8255A的PA0启动8253计数通道1工作,由OUT1端输出1000Hz的方波信号给扬声器驱动电路,持续100ms后停止输出。

计数通道1工作于方式3(方波发生器),其门控信号GATE1由8255A的PA0控制,输出的方波信号经过驱动电路送给扬声器。计数通道1的时钟输入端CLK1接2MHz的外部时钟电路。计数通道1的计数初值应为n1＝TOUT/TCLK＝fCLK1/fOUT1＝2×10^6Hz/1000Hz＝2000。

3. 项目电路原理框图

项目电路原理框图如图11-18所示。电路由8086 CPU、8255A芯片、8253芯片、8259A芯片、ADC0809、DAC0832、直流电机、蜂鸣器和1只发光二极管LED7组成。

4. 项目程序设计

(1) 程序流程图

数据采集程序流程图如图11-19所示。

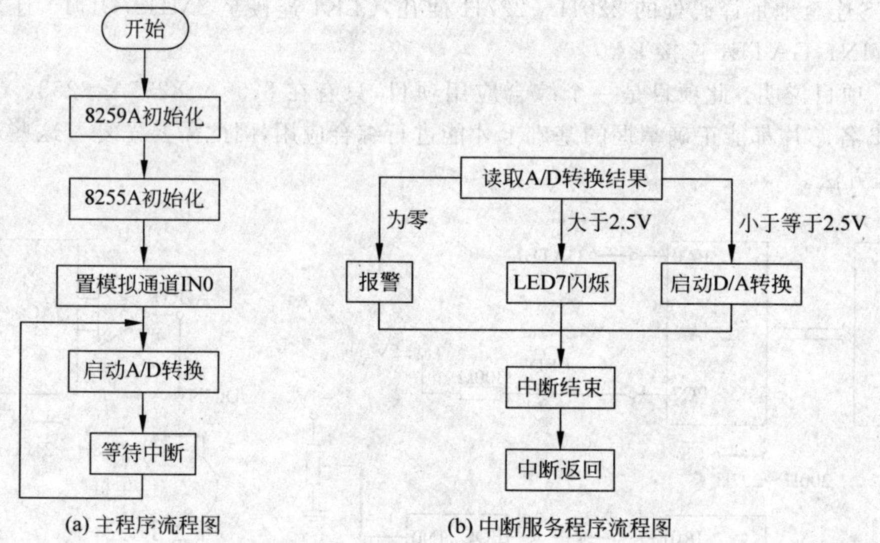

图11-19 数据采集程序流程图

(2) 程序清单

数据采集程序清单如下所示。

```
        DATA   SEGMENT
        DATA   ENDS
        STACK  SEGMENT STACK
           STA     DW 50 DUP(?)
        STACK  ENDS
        CODE SEGMENT
            ASSUME CS:CODE,DS:DATA,SS:STACK
START:  MOV   AL,13H          ; 00010011B,ICW1: 边沿触发,单片,要 ICW4
        MOV   DX,210H         ; 8259A 地址
        OUT   DX,AL
        MOV   AL,8            ; ICW2 中断类型号为 8
```

```
        MOV  DX,211H
        OUT  DX,AL
        MOV  AL,01H             ; ICW4 不用缓冲方式,正常中断结束,非特殊的全嵌套方式
        OUT  DX,AL
        MOV  AX,0               ; 清零
        MOV  DS,AX              ; 数据段清零
        LEA  AX,INT0            ; 写 8259A 中断程序的入口地址
        MOV  DS:[4*8],AX        ; 把中断服务程序的入口地址偏移量送中断矢量表
        MOV  AX,CS
        MOV  DS:[4*8+2],AX      ; 把中断服务程序的入口地址段地址送中断矢量表
        IN   AL,DX              ; 读中断屏蔽寄存器 IMR
        AND  AL,0FEH            ; 屏蔽 IR1～IR7,允许 IR0 中的中断请求
        OUT  DX,AL
        MOV  DX,203H            ; 8255A 初始化
        MOV  AL,80H             ; PA 口输出,PC 口输出,方式 0
        OUT  DX,AL
        MOV  DX,200H            ; 8255A 初始化
        MOV  AL,00H             ; PA0 清零(GATE1 = 0)
        OUT  DX,AL
AGAIN:  MOV  AL,0
        MOV  DX, 208H           ; ADC0809 转换器 IN0 地址
        OUT  DX,AL              ; 启动 A/D
        STI                     ; 开中断
        HLT                     ; 等待中断
        JMP  AGAIN              ; 转
INT0    PROC NEAR               ; 8259A 中断程序
        IN   AL,DX              ; 读入结果,使 ADC0809 的 OE 有效
        CMP  AL,0               ; 判 AL 结果是否为零
        JZ   DDD                ; AL = 0,转报警处理
        CMP  AL,80H             ; 与 2.5V 比较
        JBE  DAC0832            ; 低于等于,转 D/A 转换
        MOV  AL,00H             ; 大于 2.5V,使 DAC0832 输出 0V
        MOV  DX,218H            ; DAC0832 地址
        OUT  DX,AL
        MOV  DX,202H            ; PC 口地址
BG1:    MOV  AL,7FH             ; 低电平 LED7 亮
        OUT  DX,AL
        CALL DELAY              ; 调延时子程序
        MOV  AL,0FFH            ; 高电平 LED7 灭
        OUT  DX,AL
        CALL DELAY              ; 调延时子程序
        JMP  BG2
DAC0832: MOV DX,218H            ; DAC0832 地址
        OUT  DX,AL              ; 把数字量转换成模拟量控制直流电机
        JMP  BG2                ; 转返回
DDD:    MOV  DX,200H
        MOV  AL,01H             ; 8255A 的 PA0 输出高电平,启动 8253 计数通道 1 工作
        OUT  DX,AL
        MOV  DX,223H            ; 8253 地址
```

```
          MOV  AL,01110111B     ; 8253 计数通道 1 初始化：先写低 8 位,后写高 8 位
          OUT  DX,AL            ; 方式 3,BCD 计数
          MOV  DX,221H          ; 8253 计数通道 1 地址
          MOV  AL,00H
          OUT  DX,AL            ; 写计数初值低 8 位
          MOV  AL,20H
          OUT  DX,AL            ; 写计数初值高 8 位
          CALL DELAY            ; 延迟子程序
          MOV  DX,200H
          MOV  AL,00H           ; 8255A 的 PA0 输出低电平,停止 8253 计数通道 1 工作
          OUT  DX,AL
BG2:      MOV  DX,210H
          MOV  AL,20H           ; OCW2 发结束命令 EOI = 1
          OUT  DX,AL
          IRET
INT0      ENDP
DELAY     PROC NEAR             ; 延时子程序
          PUSH CX               ; 保护现场
          PUSH BX
DEL100MS: MOV  BL,100
DEL1MS:   MOV  CX,374
DEL1:     PUSHF
          POPF
          LOOP DEL1
          DEC  BL
          JNZ  DEL1MS
          POP  BX
          POP  CX
          RET
DELAY ENDP
CODE ENDS
          END START
```

11.3.5 拓展工程训练项目考核

拓展工程训练项目考核如表 11-3 所示。

表 11-3 项目实训考核表(拓展工程训练项目名称：　　　　　　　　)

姓名		班级		考件号		监考		得分	
额定工时	分钟	起止时间		日 时 分至 日 时 分				实用工时	

序号	考核内容	考核要求	分值	评分标准	扣分	得分
1	项目内容与步骤	(1) 操作步骤是否正确 (2) 项目中的接线是否正确 (3) 项目调试是否有问题,是否调试得来	40	(1) 操作步骤不正确扣 5～10 分 (2) 项目中的接线有问题扣 2～10 分 (3) 调试有问题扣 2～10 分,调试不来扣 2～10 分		

续表

序号	考核内容	考核要求	分值	评分标准	扣分	得分
2	项目实训报告要求	(1) 项目实训报告写得规范、字体公正否 (2) 回答思考题是否全面	20	(1) 项目实训报告写得不规范、字体不公正,扣5～10分 (2) 回答思考题不全面,扣2～5分		
3	安全文明操作	符合有关规定	15	(1) 发生触电事故,取消考试资格 (2) 损坏电脑,取消考试资格 (3) 穿拖鞋上课,取消考试资格 (4) 动作不文明,现场凌乱,吃东西扣2～10分		
4	学习态度	(1) 有没有迟到、早退现象 (2) 是否认真完成各项项目,积极参与实训、讨论 (3) 是否尊重老师和其他同学,是否能够很好地交流合作	15	(1) 有迟到、早退现象扣5分 (2) 没有认真完成各项项目,没有积极参与实训、讨论扣5分 (3) 不尊重老师和其他同学,不能够很好地交流合作扣5分		
5	操作时间	在规定时间内完成	10	每超时10分钟(不足10分钟以10分钟计)扣5分		

同步练习题

(1) 什么是A/D转换器?

(2) ADC中的转换结束信号EOC起什么作用?如何利用该信号?

(3) ADC0809中的START信号起什么作用?

(4) ADC0809中的CLOCK信号起什么作用?范围是多少?

(5) A/D转换器与8086 CPU接口中的关键问题有哪些?

(6) 试画出ADC0809与CPU的连接图。

(7) 分析项目1中的电路图及程序。

(8) 分析项目2中的电路图及程序。

(9) 电路如图11-11所示,采用查询传送方式,编写一段轮流从IN0～IN7采集8路模拟信号,并把采集到的数字量存入以2000H开始的8个单元内的程序。

(10) 采用ADC0809的中断传送方式,从IN0采集1路模拟信号,并把采集到的数字量用8255A接8只LED发光二极管显示出来。编写程序、画出电路图。

(11) 分析项目3中的电路图及程序。

(12) 分析项目4中的电路图及程序。

第12章　总线技术

学习目的

(1) 了解总线含义、总线的分类、总线的主要技术指标和微机常用总线。

(2) 了解 S-100 总线、STD 总线、ISA 总线和 EISA 总线。

(3) 掌握 PCI 局部总线。

(4) 掌握 USB 总线。

(5) 掌握拓展工程训练项目编程方法和设计思想。

学习重点和难点

(1) S-100 总线、STD 总线、ISA 总线和 EISA 总线。

(2) PCI 局部总线。

(3) USB 总线。

(4) 拓展工程训练项目编程方法和设计思想。

12.1　总线概述

12.1.1　总线的含义

总线：一组导线的集合。总线是系统与系统之间或系统内部各部件之间进行信息传输所必需的全部信号线的总和。总线是一种内部结构，它是 CPU、内存、输入输出设备传递信息的公用通道，主机的各个部件通过总线相连接，外部设备通过相应的接口电路再与总线相连接，从而形成了计算机硬件系统。在计算机系统中，各个部件之间传送信息的公共通路叫总线，微型计算机是以总线结构来连接各个功能部件的。

按照计算机所传输的信息种类，计算机的总线可以划分为数据总线、地址总线和控制总线，分别用来传输数据、数据地址和控制信号。

12.1.2　总线的分类

(1) 按总线信号分类

① 数据总线 DB。数据总线用于传输数据，采用双向三态逻辑。STD 总线是 8 位数据线，ISA 总线是 16 位数据线，EISA 总线是 32 位数据线，PCI 总线是 32 位或64 位数据线，总线中的数据宽度表示总线数据传输能力，反映了总线的性能。

② 地址总线 AB。地址总线用于传输地址信息，一般采用单向三态逻辑。总线中的地址数目决定了该总线构成的微机系统所具有的寻址范围。例如，ISA 总线有 24 位地址线，

可寻址 $2^{24}=16MB$；EISA 总线有 32 位地址线，可寻址 $2^{32}=4GB$。地址总线一般是由 CPU 发出到总线上的各个部件。

③ 控制总线 CB。控制总线有用传输控制或状态信号，每根线可单向，可双向，它们分别传送控制信息，时序信息和状态信息。控制总线是最能体现总线特色的信号线，它决定了总线功能的强弱和适应性。

此外还有电源线和地线。ISA、EISA 采用±12V 和±5V，PCI 采用±5V 或±3V。这表明计算机系统向低电压、低功耗发展的趋势。

(2) 按总线所处位置分类

① CPU 总线。CPU 总线也称为主总线，位于微处理器的内部，作为 ALU 和各种寄存器等功能单元之间的相互连接。现代微机系统中，CPU 总线也开始分布在 CPU 之外，在紧紧围绕 CPU 周围的一个小范围内，提供系统原始的控制和命令等信号，是微机系统中速度最快的总线。

② 系统总线。系统总线又称为内总线，这是指模块式微型计算机机箱内的底板总线，用来连接构成微型机的各插件板。它可以是多处理机系统中各 CPU 板之间的通信通道，也可以是用来扩展某块 CPU 板的局部资源，或为总线上所用 CPU 板扩展共享资源之间的通信通道。

③ 局部总线。局部总线是介于 CPU 总线和系统总线之间的一级总线，它有两侧，一侧直接面向 CPU 总线，另一侧面向系统总线，分别由桥接电路连接。由于局部总线离 CPU 总线更近，因此，外部设备通过它与 CPU 之间的数据传输速率将大大加快。

④ 通信总线。通信总线又称为外总线，它用于微机系统与系统之间，微机系统与外设之间的通信通道。这种总线数据传输方式可以是并行或串行的。数据传输速率比内总线低。不同的应用场合有不同的总线标准。例如，串行通信的 EIA-RS-232-C 总线，用于硬磁盘接口的 IDE、SCSI，用于连接仪器仪表的 IEEE-488、VXI。用于并行打印机的 Centronics 等总线。这种总线非微型计算机专有，一般是利用工业领域已有的标准。

(3) 按照传输数据的方式分类。可以分为串行总线和并行总线。串行总线中，二进制数据逐位通过一根数据线发送到目的器件，串行通信速率低，但在数据通信吞吐量不是很大的微处理电路中则显得更加简易、方便、灵活，常见的串行总线有 SPI、I2C、USB 及 RS-232 等。并行总线的数据线通常超过 2 根，并行通信速度快、实时性好，但由于占用的口线多，不适于小型化产品。

(4) 按照时钟信号是否独立，可以分为同步总线和异步总线。同步总线的时钟信号独立于数据，而异步总线的时钟信号是从数据中提取出来的。SPI、I2C 是同步串行总线，RS232 采用异步串行总线。

12.1.3 总线的主要技术指标

市场上的微机系统所采用的总线标准是多种多样的，主要原因是没有哪一种总线能够完美地适合各种场合的需要，但是所有总线都具有一些主要的技术指标。

(1) 总线数据传输速率

指在一定的时间内总线上可传送的数据总量，用每秒最大传输数据量来表示。总线数据传输率计算公式：总线的数据传输率=(总线宽度÷8 位)×总线频率。单位是 MB/s，如

PCI总线的总线频率为33.3MHz,总线宽度为32位,其数据传输率为133MB/s。

(2) 总线的位宽(总线宽度)

总线的位宽指的是总线能同时传送的二进制数据的位数,或数据总线的位数,用位(bit)来表示,即8位、16位、32位、64位等总线宽度。总线的位宽越宽,每秒钟数据传输率越大,总线的带宽越宽。

(3) 总线的工作频率

总线的工作时钟频率以MHz为单位,工作频率越高,总线工作速度越快,总线带宽越宽。

(4) 同步方式

有同步或异步方式之分。在同步方式下,总线上主模块与从模块进行一次传输所需的时间(即传输周期或总线周期)是固定的,并严格按系统时钟来统一定时主、从模块之间的传输操作,只要总线上的设备都是高速的,总线的带宽便可以很宽。在异步方式下,采用应答传输技术,允许模块自行调整响应时间,即传输周期是可以改变的,故总线带宽减少。

(5) 多路复用

数据线与地址线是否共用。数据线与地址线共用一条物理线,这条物理线在某一时刻传输数据或总线命令,而在另一时刻传输的是地址信号。这种一条线做多种用途的技术叫做多路复用。数据线与地址线是物理上分开的,就叫非多路复用。采用多路复用可以减少总线的数目。

(6) 负载能力

一般采用"可连接的扩增电路板的数量"来表示负载能力。虽然这并不严密,因为不同的电路插板对总线的负载是不一样的,即使是同一电路插板在不同工作频率的总线上,所表现出的负载也不一样,但它基本上反映了总线的负载能力。

(7) 信号线数

表明总线拥有多少信号线,是数据线、地址线、控制线及电源线的总和。信号线数与性能不成正比,与复杂度成正比。

(8) 总线控制方式

如传输方式,并发工作,设备自动配置,中断分配及仲裁方式。

(9) 其他性能

电源电压等级是3.3V还是5V,能否扩展64位宽度等。

表12-1给出了几种总线的技术指标,从中可以看出微机总线技术的发展状况。

表12-1 几种微型计算机总线技术指标

名称	PC-XT	ISA(PC-AT)	EISA	STD	VISA(VL-BUS)	MCA	PCI
适用机型	8086个人机	80286、80386、80486系列个人机	IBM系列80386、80486、80586计算机	Z80、V20、V40、IBM-PC系列机	I486、PC-AT兼容个人机	IBM个人机、工作站	P5个人机、工作站
最大传输速率	4MB/s	168MB/s	33MB/s	2MB/s	266MB/s	40MB/s	133MB/s
总线宽度	8位	16位	32位	8位	32位	32位	32位

续表

名称	PC-XT	ISA(PC-AT)	EISA	STD	VISA(VL-BUS)	MCA	PCI
总线工作频率	4MHz	8MHz	8.33MHz	2MHz	66MHz	10MHz	20～33.3MHz
同步方式	半同步	半同步	同步	异步	同步	异步	同步
地址宽度	20位	24位	32位	20位			32/64位
负载能力	8个	8个	6个	无限制	6个	无限制	3个
信号线数目	62	98	143	56	90	109	120
64位扩展	不可以	不可以	无规定	不可以	可以	可以	可以
自动配置	无	无		无			可以
并发工作					可以		可以
猝发方式					可以		可以
多路复用	非	非	非	非	非		是

12.1.4 微机常用总线简介

随着微电子技术和计算机技术的发展，总线技术也在不断地发展和完善，而计算机总线技术种类繁多，各具特色。下面仅对微机各类总线中目前比较流行的总线技术做一下简介。

(1) 内部总线

① I2C 总线(Inter-IC)。I2C 总线是 10 多年前由 Philips 公司推出，近几年来在微电子通信控制领域广泛采用的一种新型总线标准。它是同步通信的一种特殊形式，具有接口线少，控制方式简单，器件封装形式小，通信速率较高等优点。在主从通信中，可以有多个 I2C 总线器件同时接到 I2C 总线上，通过地址来识别通信对象。

② SPI(Serial Peripheral Interface)总线。串行外围设备接口 SPI 总线技术是 Motorola 公司推出的一种同步串行接口。Motorola 公司生产的绝大多数 MCU(微控制器)都配有 SPI 硬件接口，如 68 系列 MCU。SPI 总线是一种三线同步总线，因其硬件功能很强，所以，与 SPI 有关的软件就相当简单，使 CPU 有更多的时间处理其他事务。

③ SCI(Serial Communication Interface)总线。串行通信接口 SCI 也是由 Motorola 公司推出的。它是一种通用异步通信接口 UART，与 MCS-51 的异步通信功能基本相同。

(2) 系统总线

① ISA(Industrial Standard Architecture)总线。ISA 总线标准是 IBM 公司 1984 年为推出 PC/AT 而建立的系统总线标准，所以也叫 AT 总线。它是对 XT 总线的扩展，以适应 8/16 位数据总线要求。它在 80286 至 80486 时代应用非常广泛，以至于现在奔腾机中还保留有 ISA 总线插槽，ISA 总线有 98 条信号线。

② EISA 总线。EISA 总线是 1988 年由 Compaq 等 9 家公司联合推出的总线标准。它是在 ISA 总线的基础上使用双层插座，在原来 ISA 总线的 98 条信号线上又增加了 98 条信号线，也就是在两条 ISA 信号线之间添加一条 EISA 信号线。在实际应用中，EISA 总线完全兼容 ISA 总线信号。

③ VESA(Video Electronics Standard Association)总线。VESA 总线是 1992 年由 60 家附件卡制造商联合推出的一种局部总线，简称为 VL(VESA Local bus)总线。它的推出为微机系统总线体系结构的革新奠定了基础。该总线系统考虑到 CPU 与主存和 cache

的直接相连，通常把这部分总线称为CPU总线，其他设备通过VL总线与CPU总线相连，所以VL总线被称为局部总线。它定义了32位数据线，且可以通过扩展槽扩展到64位，使用33MHz时钟频率，最大传输率达132MB/s，可以与CPU同步工作。是一种高速、高效的局部总线，可支持386SX、386DX、486SX、486DX及奔腾微处理器。

④ PCI(Peripheral Component Interconnect)总线。PCI总线是当前最流行的总线之一，它是由Intel公司推出的一种局部总线。它定义了32位数据总线，且可扩展为64位。PCI总线主板插槽的体积比原ISA总线插槽还小，其功能相比VESA、ISA有极大的改善，支持突发读写操作，最大传输速率可达132MB/s，可同时支持多组外围设备。PCI局部总线不能兼容现有的ISA、EISA、MCA(Micro Channel Architecture)总线，但它不受制于处理器，是基于奔腾等新一代微处理器发展的总线。

⑤ Compact PCI。以上所列举的几种系统总线一般都用于商用PC中，在计算机系统总线中，还有另一大类为适应工业现场环境而设计的系统总线，比如STD总线、VME总线、PC/104总线等。这里仅介绍当前工业计算机的热门总线之一——Compact PCI。

Compact PCI的意思是"坚实的PCI"，是当今第一个采用无源总线底板结构的PCI系统，是PCI总线的电气和软件标准加欧式卡的工业组装标准，是当今最新的一种工业计算机标准。Compact PCI是在原来PCI总线基础上改造而来的，它利用PCI的优点，提供满足工业环境应用要求的高性能核心系统，同时还考虑充分利用传统的总线产品，如ISA、STD、VME或PC/104来扩充系统的I/O和其他功能。

(3) 外部总线

① RS-232-C总线。RS-232-C是美国电子工业协会EIA(Electronic Industry Association)制定的一种串行物理接口标准。RS-232-C总线标准设有25条信号线，包括一个主通道和一个辅助通道，在多数情况下主要使用主通道，对于一般双工通信，仅需几条信号线就可以实现，如一条发送线、一条接收线及一条地线。RS-232-C标准规定的数据传输速率为每秒50、75、100、150、300、600、1200、2400、4800、9600、19200波特。RS-232-C标准规定，驱动器允许有2500pF的电容负载，通信距离将受此电容限制。例如，采用150pF/m的通信电缆时，最大通信距离为15m；若每米电缆的电容量减小，通信距离可以增加。传输距离短的另一原因是RS-232属于单端信号传送，存在共地噪声和不能抑制共模干扰等问题，因此一般用于20m以内的通信。

② RS-485总线。在要求通信距离为几十米到上千米时，广泛采用RS-485串行总线标准。RS-485采用平衡发送和差分接收，因此具有抑制共模干扰的能力。加上总线收发器具有高灵敏度，能检测低至200mV的电压的能力，故传输信号能在千米以外得到恢复。RS-485采用半双工工作方式，任何时候只能有一点处于发送状态，因此，发送电路须由使能信号加以控制。RS-485用于多点互连时非常方便，可以省掉许多信号线。应用RS-485可以联网构成分布式系统，其最多允许并联32台驱动器和32台接收器。

③ IEEE-488总线。上述两种外部总线是串行总线，而IEEE-488总线是并行总线接口标准。IEEE-488总线用来连接系统，如微计算机、数字电压表、数码显示器等设备及其他仪器仪表均可用IEEE-488总线装配起来。它按照位并行、字节串行双向异步方式传输信号，连接方式为总线方式，仪器设备直接并联于总线上而不需要中介单元，但总线上最多可以连接15台设备。最大传输距离为20米，信号传输速度一般为500KB/s，最大传输速度为1MB/s。

④ USB(Universal Serial Bus)总线。通用串行总线 USB 是由 Intel、Compaq、Digital、IBM、Microsoft、NEC、Northern Telecom 7 家世界著名的计算机和通信公司共同推出的一种新型接口标准。它基于通用连接技术，实现外设的简单快速连接，达到方便用户、降低成本、扩展 PC 连接外设范围的目的。它可以为外设提供电源，而不像普通的使用串、并口的设备需要单独的供电系统。另外，快速是 USB 技术的突出特点之一，USB 的最高传输率可达 12Mb/s，比串口快 100 倍，比并口快近 10 倍，而且 USB 还能支持多媒体。

12.1.5 总线与 CPU 的连接

总线与 CPU 的连接如图 12-1 所示。一台微机一般有两条主总线：一条是通常所说的系统总线或局部总线，用于连接微处理器(中央处理器)和系统内存。它是系统中运行最快的总线。另一条总线的速度较慢，用于与硬盘和声卡等部件进行通信。这种类型的总线最常见的是 PCI 总线。这些运行较慢的总线通过桥接器连接到系统总线，因为桥接器是计算机芯片组的一部分并能起到流量交换的作用，所以能够将其他总线的数据集成到系统总线。

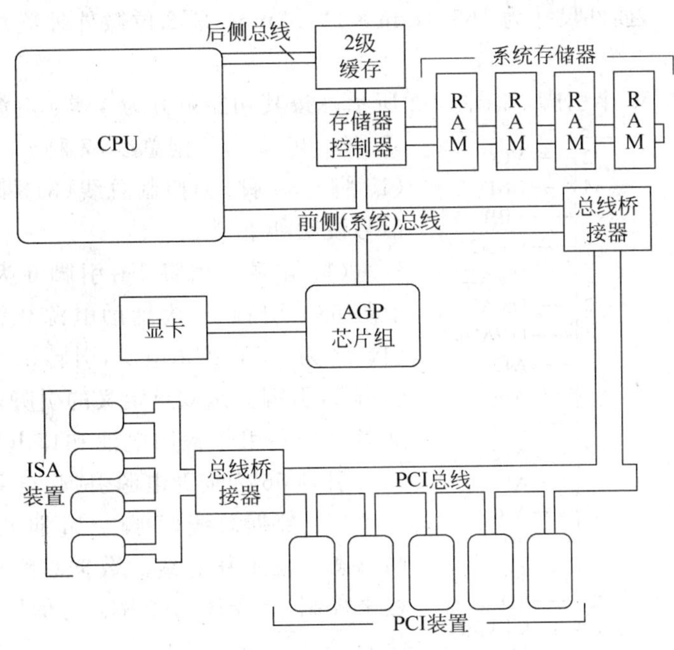

图 12-1 总线与 CPU 的连接图

12.2 系统总线

由于微电子技术和计算机技术的迅速发展，计算机系统总线也在不断发展之中。常见的系统总线标准有 S-100、STD、PC/XT、ISA、EISA、PCI 等总线。

12.2.1 S-100 总线

S-100 总线是最早推出的标准化微型计算机总线，因它总共有 100 条引脚而得名。它最初是以8080微处理器为基础设计的,后来1979年经过两次修改成为新的S-100总线,并由国际标准会议定名为IEEE 696。它是一种曾经应用很广泛的系统总线,新、旧的S-100总线都设有100条引脚。按功能分为8组,包括16条数据线,24条地址线,8条状态线,5条控制输出线,6条控制输入线,8条DMA控制线,8条向量中断线和25条其他用途线。它采用100个引脚的插件板,每面有50个引脚。

12.2.2 STD总线

STD总线是1987年推出的用于工业控制微型计算机的标准系统总线。它的高可靠性,小板结构,高度模块化等优越的性能在工业领域得到了广泛应用和迅速发展。

STD总线采用公共母板结构,即其总线布置在一块母板(底板)上,板上安装若干个插座,插座对应的引脚都是连到同一根总线信号线上。系统采用模块式结构,各种功能模块(如CPU模块、存储器模块、D/A模块、A/D模块、图形显示模块、开关量I/O模块等)都按标准的插件尺寸制造。各功能模块可插入任意插座,只要模块的信号、引脚都符合STD规范,就可以在STD总线上运行。因此可以根据需要组成不同规模的微机系统。STD总线采用56线双列插座,插件尺寸为165.1mm×114.3mm,是8位微处理器总线标准(可使用各种型号的CPU)。

STD总线共有56个引脚,如图12-2所示。按其功能可分为4类:电源线(1脚~6脚,53脚~36脚),数据总线(7脚~14脚),地址总线(15脚~30脚)和控制总线(31脚~52脚)。引脚信号说明如下。

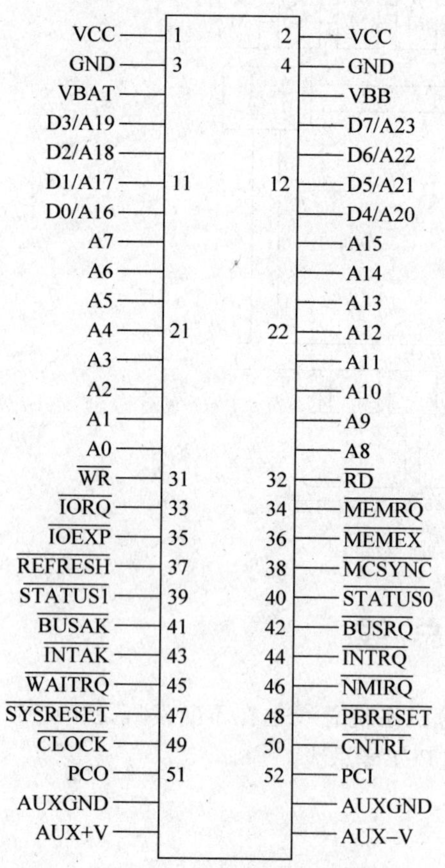

图12-2 STD总线插座引脚

(1)电源。引脚1~引脚6为逻辑电源总线,引脚53~引脚56为辅助电源总线。其中引脚1,引脚2为+5V逻辑电源,引脚3,引脚4为逻辑地;引脚5,引脚6是双重定义的引脚,可分别接-5V,又可以分别用作备用电池和掉电信号引脚。引脚53~引脚56为辅助电源引脚,与主电源不共地。

(2)数据总线(7脚~14脚)。数据总线是双向三态8位工作总线。数据总线的流向由当前主板来控制,并受读信号$\overline{RD}$,写信号$\overline{WR}$及中断响应信号$\overline{INTAK}$的影响。

当地址范围扩充时,数据总线可以被复用。利用机器周期同步信号$\overline{MCSYNC}$可复用数据总线,传送高位地址A23~A16。

(3)地址总线。总线地址为16位,三态。通过复用,数据总线可作为地址总线使用,地址总线可以扩展到24位。当数据超过8位时,例如传送16位数据,通过复用地址总线,可以传送数据的高8位。

(4)控制总线。STD总线共22条,分成5组。

① 存储器和 I/O 控制线

$\overline{\text{RD}}$(32 脚)：三态，低电平有效。表示将从存储器或 I/O 设备读数据。

$\overline{\text{WR}}$(31 脚)：三态，低电平有效。由当前主板产生，表示总线上数据将被写到指定的存储器或 I/O 设备。

$\overline{\text{IORQ}}$(33 脚)：三态，低电平有效。表示当前读或写操作是针对 I/O 设备的。

$\overline{\text{MEMRQ}}$(34 脚)：三态，低电平有效。表示当前读或写操作是针对存储器的。

$\overline{\text{IOEXP}}$(35 脚)：三态，低电平有效。用来扩展或启用 I/O 端口寻址。当它为低电平时，表明访问基本 I/O 设备 256 个(00H～FFH)，高电平时，表明访问扩展的 I/O 设备(100H～1FFH)。

$\overline{\text{MEMEX}}$(36 脚)：三态，低电平有效。用来扩展或启用存储器寻址。当 $\overline{\text{MEMEX}}$ 为低电平时，可寻址 10000H～1FFFFH 范围内的扩展存储体。这样就可以使系统的寻址能力达到 128KB。即寻址能力扩大一倍。

② 外围设备定时控制线

$\overline{\text{REFRESH}}$(37 脚)：刷新，由当前主控板或其他微处理器控制板发出，用于刷新动态存储器。

$\overline{\text{MCSYNC}}$(38 脚)：三态，低电平有效。此信号在每个机器周期期间出现一次，用来保持外设与 CPU 操作同步，确切的特性和定时功能取决于 CPU。

$\overline{\text{STATUS1}}$(39 脚)：状态控制 1 信号和 $\overline{\text{STATUS0}}$ 意义相同，例如，该信号有效时，用来表示指令操作码的提取，Z80CPU 由 $\overline{\text{M1}}$ 担任。

$\overline{\text{STATUS0}}$(40 脚)：状态控制 0 信号，用来向外围设备提供辅助定时，8088 CPU 由 $\overline{\text{SS0}}$ 提供。

③ 中断和总线控制线

$\overline{\text{BUSAK}}$(41 脚)：总线响应信号。由主控设备产生。

$\overline{\text{BUSRQ}}$(42 脚)：总线请求信号。由临时主控设备产生。

$\overline{\text{INTAK}}$(43 脚)：中断响应信号。

$\overline{\text{INTRQ}}$(44 脚)：中断请求信号(集电极/漏极开路)。

$\overline{\text{WAITRQ}}$(45 脚)：等待请求信号(集电极/漏极开路)。它可由主模板或从模块产生，它有效，就会使主设备插入等待状态，实现与慢速外设或存储器的速度匹配或实现单步操作。

$\overline{\text{NMIRQ}}$(46 脚)：非屏蔽中断请求。这是最高优先权的中断请求，用于掉电一类情况的处理。当有总线请求时，$\overline{\text{BUSRQ}}$ 的优先权高于 $\overline{\text{NMIRQ}}$。

④ 时钟和复位线

$\overline{\text{SYSRESET}}$(47 脚)：系统复位，集电极/漏极开路，该信号由电源上电检测电路或复位按钮触发产生，送到所有需要初始化的电路的插件上。

$\overline{\text{PBRESET}}$(48 脚)：按钮复位，集电极/漏极开路。作为系统复位电路的一个输入，可由任何插件产生。

$\overline{\text{CLOCK}}$(49 脚)：处理器时钟。由主控制器产生，作为系统时钟源。

$\overline{\text{CNTRL}}$(50 脚)：辅助定时信号。由专门的时钟定时辅助电路产生，用作实时时钟信号或外部输入信号使用。

⑤ 优先权链接线

PCO 和 PCI：优先级链控制信号，它们均为高电平有效，用以建立中断优先链。

12.2.3 ISA 总线

ISA(工业标准结构)总线，是 Intel、IEEE 和 EISA 联合在 62 根线的 PC 总线基础上，又扩展了 36 根线而开发的一种系统总线，其颜色一般为黑色，外观如图 12-3 所示。它有 16 位数据线，最高工作频率为 8MHz，数据传输率达到 16MB/s。ISA 有 24 根地址线，可寻址 16MB。ISA 总线生命力最强，从 286 直到 PentiumⅢ一直流行，到 Pentium 4 才被 PCI 总线替代。

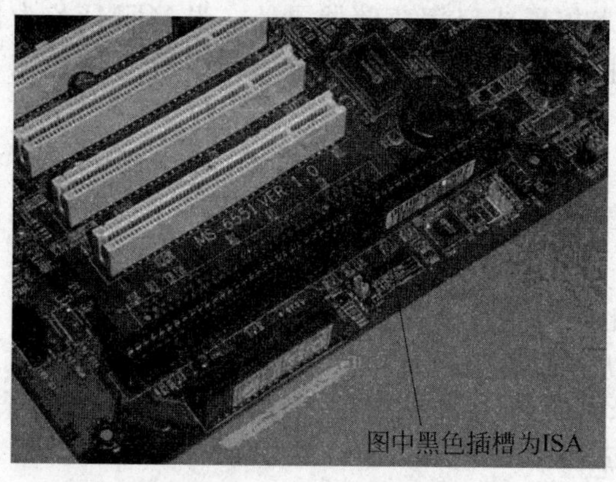

图 12-3 ISA 总线插槽

ISA 总线共有 98 根线，均连接到了主板的 ISA 总线插槽上，它分为 62 线和 36 线两段，其中 62 线插槽的引脚排列与定义与 PC 总线兼容，仅有很小的差异，另一部分是 AT 机的添加部分，由 36 引脚组成，这 36 引脚分成两列，分别称为 C 列和 D 列。ISA 总线的信号定义如图 12-4 所示。这 98 根线分为 5 类：地址线、数据线、控制线、时钟线、电源线，分别介绍如下。

(1) 地址线

A0～A19 和 LA17～LA23。A0～A19 是可锁存的地址信号，可以访问 8 位 ISA 的 1MB 空间，在整个访问周期内一直保持有效，LA17～LA23 为新增加的非锁存信号，由于没有锁存延时，因而给外设插板提供了一条快捷途径。A0～A19 加上 LA17～LA23 可实现 16MB 空间寻址(其中，A17～A19 和 LA17～LA19 是重复的)。

(2) 数据线

双向数据线 D0～D7 和 SD8～SD15，构成 16 位数据总线，其中 D0～D7 为低 8 位数据，SD8～SD15 为高 8 位数据。

(3) 控制线

AEN：地址允许信号。读信号用来切断 CPU 对总线的控制，允许总线进行 DMA 传送。当 AEN 为低电平时，由 CPU 控制总线；当 AEN 为高电平时，由主板上的 DMA 控制器控制总线，并提供地址、读写等总线信号以实现 DMA 传送。

ALE：地址锁存允许信号，A0～A19 就是经 BALE 将 CPU 的地址信号锁存后送到总线上的，同样没有锁存的 LA17～LA23 利用该信号的下降沿锁存并保持高位地址信号有效。

$\overline{IOR}$：为 I/O 接口的写命令，低电平有效，可由 CPU 提供或由 DMA 控制器提供。

$\overline{IOW}$：为 I/O 接口的读命令，低电平有效。可由 CPU 提供或由 DMA 控制器提供。

$\overline{SMEMR}$ 和 $\overline{SMEMW}$：分别是小于 1MB 存储器空间的写、读命令，低电平有效。该信号可由 CPU 提供或由 DMA 控制器提供。

$\overline{MEMR}$ 和 $\overline{MEMW}$：低电平有效，存储器读/写命令，用于对 24 位地址线全部存储空间的读/写操作。

$\overline{\text{MEMCS16}}$和$\overline{\text{I/OCS16}}$：它们是存储器16位片选信号和I/O 16位片选信号，分别指明当前数据传送是16位存储器周期和16位I/O周期。

$\overline{\text{SBHE}}$：低电平有效，数据总线高8位允许信号。该信号与其他地址信号一起，实现对高字节、低字节或一个字（高、低字节）的操作。

IRQ3～IRQ7和IRQ10～IRQ15：用于作为来自外部设备的中断请求输入线，分别连到主片8259A和从片8259A中断控制器的输入端。其中IRQ13留给数据协处理器使用，不在总线上出现。这些中断请求线都是边沿触发，三态门驱动器驱动。优先级排队是IRQ0最高，依次为IRQ1，IRQ8～IRQ15，然后是IRQ3～IRQ7。

DRQ0～DRQ3和DRQ5～DRQ7：I/O设备DMA请求信号。该信号高电平有效且其高电平必须维持到得到响应为止。分别连到主8237A和8237ADMA控制器。DRQ4用于主8237A和8237A的级联，所以不出现在总线中。

$\overline{\text{DACK0}}$～$\overline{\text{DACK3}}$和$\overline{\text{DACK5}}$～$\overline{\text{DACK7}}$：I/O设备DMA应答信号，低电平有效。有效时，表示DMA请求被接受。

T/C：为DMA计数结束信号。该信号用来切断CPU对总线的控制，允许总线进行DMA传送。当AEN为低电平时，由CPU控制总线；当AEN为高电平时，由主板上的DMA控制器控制总线，并提供地址、读写等总线信号以实现DMA传送。

$\overline{\text{MASTER}}$：输入信号，低电平有效。它由要求占用总线的有主控能力的外设卡驱动，并与DRQ一起使用。外设的DRQ得到确认（DACK有效）后，才使$\overline{\text{MASTER}}$有效，从此该设备保持对总线的控制直到$\overline{\text{MASTER}}$无效。

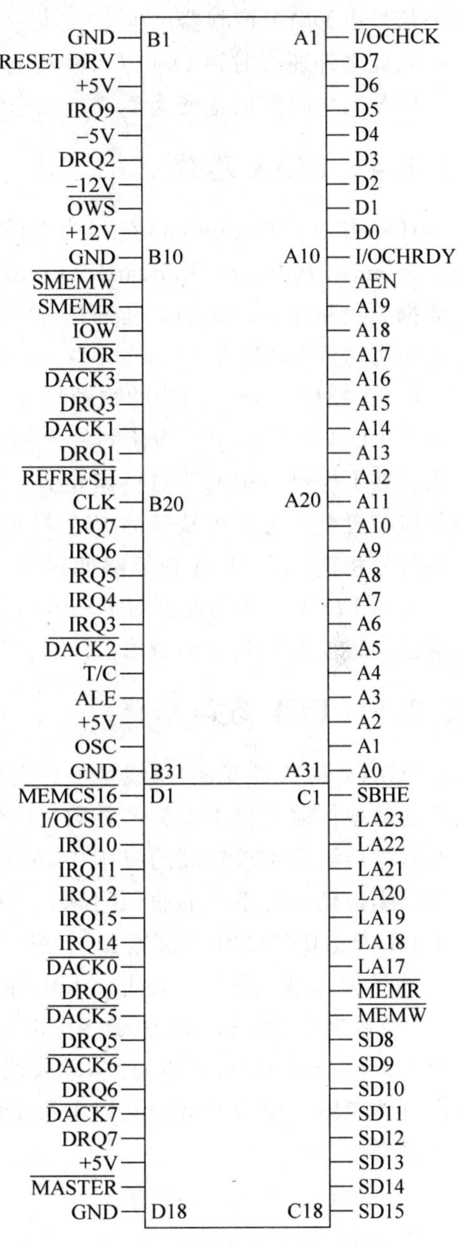

图 12-4　ISA总线98芯插槽引脚

RESET DRV：复位信号，高电平有效，加电或按复位按钮时产生此信号，使系统复位。

$\overline{\text{I/OCHCK}}$：I/O通道检查，输入线，低电平有效。当它为低电平时，表明接口插件的I/O通道出现了奇偶校验错误，它将产生一次不可屏蔽中断。

I/OCHRDY：I/O通道就绪信号。当该信号为高电平时，说明总线上的内存或接口已就绪。当总线上的内存或接口的速度较慢时，可利用该信号的低电平通知CPU或DMA控制器插入适当的等待状态，使快速CPU与慢速外设实现同步。该信号低电平维持时间不得超过10个时钟周期。

$\overline{\text{OWS}}$：零等待状态信号。当该信号为高电平时，表示DMA的某一通道到达计数终点。这个信号由DMA控制器产生。

除此之外还有时钟OSC/CLK及电源±12V、电源±5V、地址等。

ISA总线的数据宽度为16位，工作频率为8MHz，最大数据传输速率为16MB/s。

12.2.4 EISA总线

1988年9月以Compaq公司为首的九个知名厂商共同推出名为扩展工业标准体系结构(Extended Industry Standard Architecture，EISA)的32位总线，它与ISA完全兼容，它的数据总线和地址总线的宽度都是32位，可寻址4GB地址空间，工作频率为8.3MHz，数据传输率可达到33MB/s。

EISA插槽与ISA插槽的物理尺寸完全一致，这样不论是ISA板或EISA板都能插入同一个EISA扩展槽中。为使同一个插槽能使用这两种扩展板，EISA板上有上、下两层接触头。在下层触头中的5对特定位置上没有触头，各设置了一个塑料阻挡条。在EISA板的相应位置上开有5个缺口的ISA板时，它不能插到底，只能和上层的触头接触，即与ISA总线信号相连；而EISA板能够插到底，与插槽里的全部触头相接触。

但是EISA总线的速度对Pentium等先进微处理器性能发挥有限制，现在的计算机系统中已经很少能见到它的身影。

12.2.5 PCI局部总线

PCI(外围组件互连)总线是一种高性能局部总线，是为了满足外设间以及外设与主机间高速数据传输而提出来的。在数字图形、图像和语音处理以及高速实时数据采集与处理等对数据传输率要求较高的应用中，采用PCI总线来进行数据传输，可以解决原有的标准总线数据传输率低带来的瓶颈问题。为此Intel于1991年首先提出了PCI总线的概念。之后Intel联合IBM等100多家公司共同开发总线，于1993年推出了PCI总线标准。该总线是一种局部总线，是专门为Pentium系列微处理器芯片而设计的。PCI V2.0版本支持32/64位数据总线，总线时钟为25～33MHz，数据传输率达132～264MB/s。PCI V2.1版本(1995年)支持64位数据总线，总线速度为66.6MHz，最大数据传输率达266MB/s。PCI的优良性能使它成为Pentium以上机型的最佳选择，现在所有的微型计算机的主板上都配有PCI总线插槽。

(1) PCI总线的主要性能

- 支持10台外设。
- 总线时钟频率33.3MHz/66MHz。
- 最大数据传输速率133MB/s。
- 时钟同步方式。
- 与CPU及时钟频率无关。
- 总线宽度32位(5V)/64位(3.3V)。
- 能自动识别外设。

(2) PCI总线的特点

- 数据总线32位，可扩充到64位。

- 可进行突发(Burst)式传输。
- 总线操作与处理器-存储器子系统操作并行。
- 总线时钟频率 33MHz 或 66MHz,最高传输率可达 528MB/s。
- 中央集中式总线仲裁。
- 全自动配置、资源分配、PCI 卡内有设备信息寄存器组为系统提供卡的信息,可实现即插即用(Plug-and-Play,PNP)。
- PCI 总线规范独立于微处理器,通用性好。
- PCI 设备可以完全作为主控设备控制总线。
- PCI 总线引线:高密度接插件,分基本插座(32 位)及扩充插座(64 位)。
- 提供两种电源信号环境:5V、3.3V,可进行两种环境的转换,扩大了 PCI 总线的适用范围。

(3) PCI 总线的结构

PCI 总线的结构示意图如图 12-5 所示。CPU 通过桥接器或称主桥(HOST-PCI 桥)与主 PCI 总线相连,主 PCI 总线经 PCI-PCI 桥和 PCI-ISA 桥可建立对扩展 PCI 总线和 ISA 总线的支持。

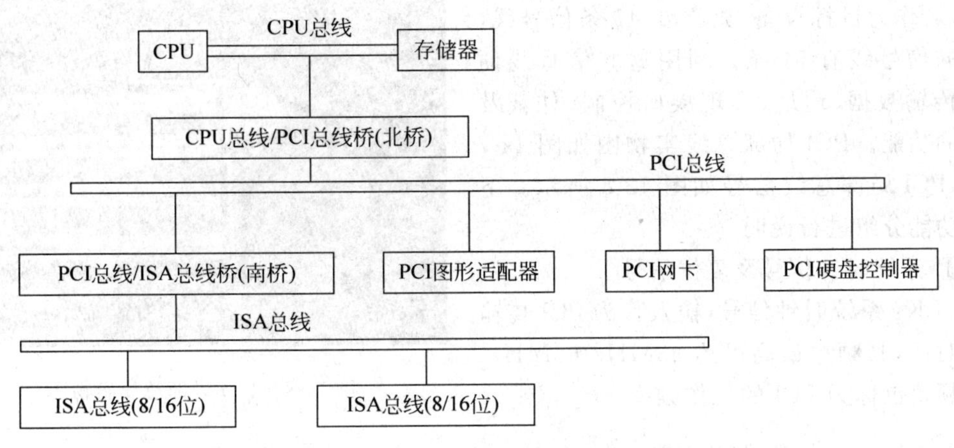

图 12-5 PCI 总线的结构

从图 12-5 可以看出,PCI 总线结构中,CPU 总线、PCI 总线及 ISA 总线组成三层总线结构,这三层总线是通过两个桥芯片(北桥和南桥)连成一个整体,桥芯片起到信号缓冲、电平转换和控制协议转换的作用。CPU 总线也称"微处理器局部总线",CPU 是该总线的主控者;PCI 总线用于连接高速的 I/O 设备,如高速图形显示卡、网卡、硬盘控制器等;ISA 总线用于连接低速的 I/O 设备,如键盘、鼠标。

(4) PCI 接口卡根据需要可设计成 5V 通用、5V/32 位、5V/64 位以及 3.3V 通用、3.3V/32 位、3.3V/64 位等多种形式,32 位 PCI 总线连接器引脚排列图如图 12-6 所示。从图中可以看出,5V/32 位 PCI 总线连接器引脚排列与 3.3V/32 位 PCI 总线连接器引脚排列相差 180°。

(5) PCI 总线信号的定义

PCI 总线标准所定义的信号线通常分成必需的和可选的两大类。其信号线总数为 120 条(包括电源、地、保留引脚等)。其中,必需信号线:主控设备 49 条,目标设备 47 条。可选

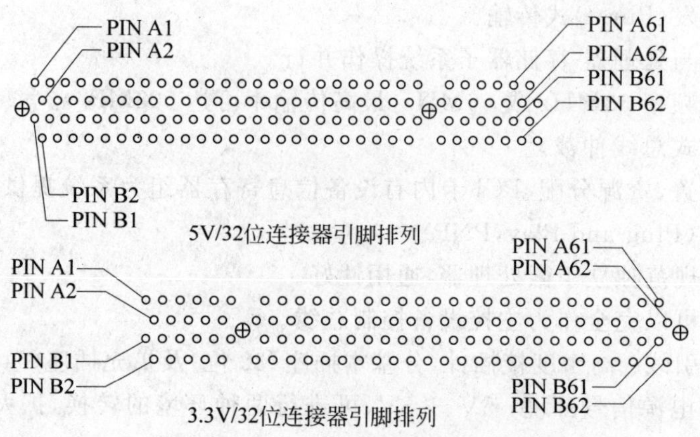

图 12-6　32 位 PCI 总线连接器引脚排列图

信号线：51 条(主要用于 64 位扩展、中断请求、高速缓存支持等)。

主设备是指取得了总线控制权的设备，而被主设备选中以进行数据交换的设备称为从设备或目标设备。作为主设备，需要 49 条信号线，若作为目标设备，则需要 47 条信号线，可选的信号线有 51 条。利用这些信号线便可以传输数据、地址，实现接口控制、仲裁及系统的功能。PCI 局部总线实物图如图 12-7 所示，PCI 局部总线信号如图 12-8 所示。下面按功能分组进行说明。

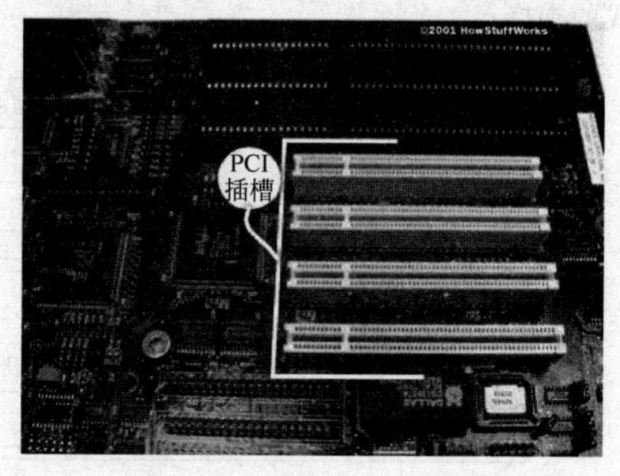

图 12-7　PCI 局部总线实物图

① 系统时钟信号及复位信号

CLK：系统时钟信号，输入。为 PCI 传输提供时序，其频率最高可达 33MHz/66MHz，这一频率也称为 PCI 的工作频率。

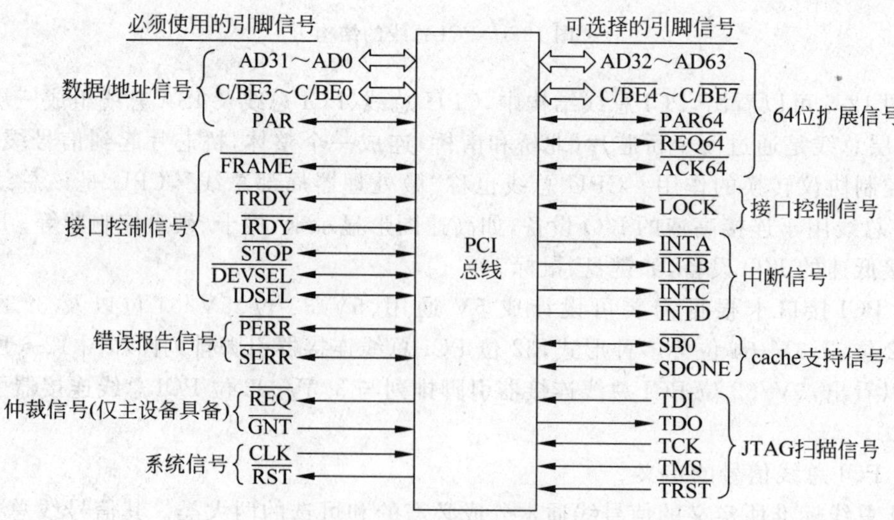

图 12-8　PCI 总线信号引脚示意图

$\overline{\text{RST}}$：复位信号，输入。使所有 PCI 专用的寄存器、定时器、主设备、目标设备以及输出驱动器为初始状态。

② 地址和数据信号

AD31～AD0：地址、数据复用信号。PCI 总线上地址和数据的传输，必须在 FRAME＃有效期间进行。当 FRAME＃有效时的第 1 个时钟，AD31～AD0 上的信号为地址信号；当 IRDY＃和 TRDY＃同时有效时，AD31～AD0 上的信号为数据信号。

C/$\overline{\text{BE3}}$～C/$\overline{\text{BE0}}$：总线命令和字节使能多路复用信号线。在地址期间，传输的是总线命令；在数据期间，传输的是字节使能信号，用来确定 AD31～AD0 线上哪些字节为有效数据。C/$\overline{\text{BE0}}$ 应用于字节 0(最低字节)，C/$\overline{\text{BE3}}$ 应用于字节 3(最高字节)。

PAR：奇偶校验信号。它通过 AD31～AD0 和 C/$\overline{\text{BE3}}$～C/$\overline{\text{BE0}}$ 进行奇偶校验。主设备为地址周期和写数据周期驱动 PAR，从设备为读数据周期驱动 PAR。

③ 接口控制信号

$\overline{\text{FRAME}}$：帧周期信号，由主设备驱动。表示一次总线传输的开始和持续时间。当 $\overline{\text{FRAME}}$ 有效时，预示总线传输的开始；在其有效期间，先传地址，后传数据；当 $\overline{\text{FRAME}}$ 撤销时，预示总线传输结束，并在 $\overline{\text{IRDY}}$ 有效时进行最后一个数据期的数据传送。

$\overline{\text{IRDY}}$：主设备准备好信号。该信号的有效表示发起本次传输的设备能够完成交易的当前数据周期。它要与 $\overline{\text{TRDY}}$ 配合使用，二者同时有效，数据方能完整传输。在读周期，该信号有效时，表示主设备已做好接收数据的准备。在写周期，该信号有效时，表明数据已提交到 AD 总线上。如果 $\overline{\text{IRDY}}$ 和 $\overline{\text{TRDY}}$ 有一个无效，将插入等待周期。

$\overline{\text{TRDY}}$：从设备准备好信号。它要与 $\overline{\text{IRDY}}$ 配合使用，二者同时有效，数据方能完整传输。

$\overline{\text{STOP}}$：停止数据传送信号。当该信号有效时，表示从设备要求主设备中止当前的数据传送。

IDSEL：初始化设备选择信号。在参数配置读/写传输期间，用做片选信号。

$\overline{\text{DEVSEL}}$：设备选择信号。该信号有效时，说明总线上某一设备已被选中，并作为当前访问的从设备。

$\overline{\text{LOCK}}$：锁定信号(可选)。当对一个设备进行可能需要多个总线传输周期才能完成的操作时，使用锁定信号 LOCK＃，进行独占性访问。例如，某一设备带有自己的存储器，那么它必须能进行锁定，以便实现对该存储器的完全独占性访问。也就是说，对此设备的操作是排他性的。

④ 仲裁信号(只用于总线主控器)

$\overline{\text{REQ}}$：总线占用请求信号。该信号有效表明访问的设备要求使用总线。它是一个点到点的信号线，任何主设备都有它自己的 $\overline{\text{REQ}}$ 信号。

$\overline{\text{GNT}}$：总线占用允许信号。该信号有效，表示申请占用总线的设备的请求已获得批准。

⑤ 错误报告信号

$\overline{\text{PERR}}$：数据奇偶校验错误信号。一个设备只有在响应设备选择信号 $\overline{\text{DEVSEL}}$ 和完成数据期之后，才能报告一个 $\overline{\text{PERR}}$。

$\overline{\text{SERR}}$：系统错误报告信号。用做报告地址奇偶错、特殊命令序列中的数据奇偶错，以及其他可能引起灾难性后果的系统错误，它通常会引起一个 NMI 中断。它可由任何设备发出。

⑥ 中断信号

中断在 PCI 总线中是任选项。中断信号是低电平有效,电平触发方式,使用漏极开路方式驱动。对于单一功能的设备,只能使用一条中断线,即 $\overline{\text{INTA}}$,其他三条中断线没有作用。4 条中断线规定如下:

$\overline{\text{INTA}}$:中断 A,用于申请一次中断。

$\overline{\text{INTB}}$:中断 B,用于申请一次中断,只在多功能设备上有意义。

$\overline{\text{INTC}}$:中断 C,用于申请一次中断,功能同中断 B。

$\overline{\text{INTD}}$:中断 D,用于申请一次中断,功能同中断 B。

⑦ 其他可选信号

- 高速缓存支持信号:$\overline{\text{SB0}}$、$\overline{\text{SDONE}}$。
- 测试访问端口/边界扫描信号:TCK、TDI、TDO、TMS、$\overline{\text{TRST}}$。
- 64 位总线扩展信号:$\overline{\text{REQ64}}$、$\overline{\text{ACK64}}$、AD32～AD63、C/$\overline{\text{BE4}}$～C/$\overline{\text{BE7}}$、PAR64。

如果 PCI 要支持 64 位的地址数据复用总线,就要使用下列信号,各信号简介如下。

$\overline{\text{REQ64}}$:64 位传输请求信号。由主设备在要求使用 64 位数据传输时设置。它与 FRAME＃的时序相同。

$\overline{\text{ACK64}}$:64 位传输允许信号。由从设备发出,表明从设备将进行 64 位传输。它与 DEVSEL＃的时序相同。

AD32～AD63:高 32 位地址和数据复用线。

C/$\overline{\text{BE4}}$～C/$\overline{\text{BE7}}$:总线命令和高位字节允许复用信号。

12.3 外部总线

12.3.1 USB 总线

(1) USB 的版本

从 1994 年 11 月 11 日发表了 USB V0.7 版本以后,USB 版本经历了多年的发展,到现在已经发展为 2.0 版本,成为目前计算机中的标准扩展接口。目前主板中主要采用 USB 1.0/1.1 的最大传输速率为 12Mb/s,1996 年推出;USB 2.0 的最大传输速率高达 480Mb/s。USB 1.0/1.1与 USB 2.0 的接口是相互兼容的;USB 3.0 最大传输速率 5Gb/s,向下兼容 USB 1.0/1.1/2.0。

(2) USB 接口信号及电气特性

USB 是一种常用的 PC 接口,它只有 4 根线,两根电源线和两根信号线,USB 接口外形图如图 12-13 所示,USB 接口信号定义如表 12-2 所示。需要注意的是千万不要把正负极弄反了,否则会烧掉 USB 设备或者计算机的南桥芯片。

表 12-2 中,VBUS 为 USB 设备提供电源(＋4.75～＋5.25V),＋5V 时最大可提供 500mA 的电流。DATA－和 DATA＋是一对差分信号线,连接到总线上的主机和所有设备。USB 设备采用半双工通信方式,任何一个时刻,不能同时在两个方向上传输信息。

表 12-2 USB 接口信号定义

引 脚	功 能	颜 色	备 注
Pin 1	VBUS	红	电源＋5V
Pin 2	DATA－	白	数据－
Pin 3	DATA＋	绿	数据＋
Pin 4	GND	黑	地

12.3.2 IEEE-488 总线

IEEE-488 总线是一种并行外部总线，最初由 HP 公司提出，于 1975 年 IEEE 以 IEEE-488 标准总线予以推荐，1977 年国际电工委员会(IEC)也对该总线进行认可与推荐，定名为 IEC-IB，用它可实现系统之间的通信，而不是模块板之间的数据交换。它使用 24 线组合插头，采用负逻辑工作，最多可挂接 14 台设备。因此 IEEE-488 总线是当前工业上应用最广泛的通信总线之一。

(1) IEEE-488 总线使用的约定

① 设备间的最大距离小于 20m。

② 数据传输速率小于 1MB/s。

③ 连接在总线上的设备小于 15 个。

④ 所有数据交换都必须是数字化的。

⑤ 整个系统的电缆总长度小于 220m，若电缆长度超过 220m，则会因延时而改变定时关系，从而造成工作不可靠的情况。这种情况应附加调制解调器。

⑥ 总线规定使用 24 线的组合插头座，并且采用负逻辑，即用小于＋0.8V 的电平表示逻辑“1”；用大于 2V 的电平表示逻辑“0”。

(2) IEEE-488 总线各引脚信号

IEEE-488 总线各引脚信号可分为三类：数据线、联络信号线和控制信号线，各引脚的信号定义如表 12-3 所示，插脚排列如图 12-9 所示。引脚信号介绍如下。

表 12-3 IEEE-488 总线各引脚的信号定义

引脚	信号	说明	引脚	信号	说明
1	D1	数据线	13	D5	数据线
2	D2	数据线	14	D6	数据线
3	D3	数据线	15	D7	数据线
4	D4	数据线	16	D8	数据线
5	EOI	结束标志	17	REN	远程控制
6	DAV	数据有效	18	GND	地线
7	NRFD	数据未就绪	19	GND	地线
8	NDAC	数据未接收完毕	20	GND	地线
9	IFC	接口清除	21	GND	地线
10	SRQ	服务请求	22	GND	地线
11	ATN	字节说明	23	GND	地线
12	GND	地线	24	GND	地线

① 数据线

IEEE-488 总线没有单独设置地址线、命令线,所以地址信息、命令信息也通过 D8～D1 数据线进行传送。

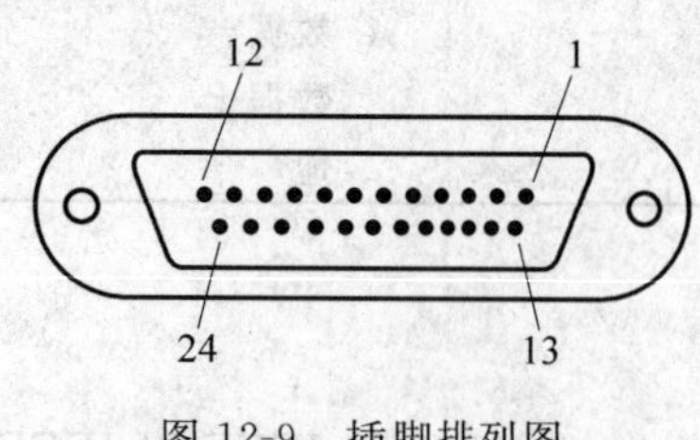

图 12-9 插脚排列图

② 握手信号线

DAV:发送器控制端数据有效信号线。当发送器使该信号线变低电平时,表示它发送到数据线上的数据有效,接收器可以接收。

NRFD:接收器控制端未准备好接收数据信号。当该信号有效时,表示总线上至少有一个接收器没有准备就绪。当所有的接收器都准备好时,此信号才变为高电平。

NDAC:接收器控制端未接收完数据信号。只要总线上有一个接收器没有将数据接收完,该信号就为低电平,当所有接收器都收到数据后,此信号才变为高电平。

③ 控制线

ATN:由控制器产生,指示数据线的信息种类。当 ATN 为低电平时,表示数据线上发的是命令或地址信息;当 ATN 为高电平时,表示数据线上传送的是数据信息。

EOI:结束或识别信号。该信号与 ATN 信号一起用来表示数据传送结束或用来识别一个具体设备。

SRQ:服务请求信号。当 SRQ 为低电平时,表示有设备请求服务。挂在 IEEE-488 总线上的设备服务请求信号线相“或”后,连接到总线的 SRQ 端。

REN:远程控制信号。当 REN 为低电平时,系统处于远程控制状态,设备面板开关按钮均不起作用;当 REN 为高电平时,远程控制不起作用,本地面板控制开关按钮起作用。

IFC:接口清除信号。由控制器建立此信号,用于控制总线上的设备,当 IFC 为低电平时,整个 IEEE-488 总线停止工作,即发送器停止发送,接收器停止接收。

GND:信号接地线。

12.4 拓展工程训练项目

12.4.1 项目 1:利用 ISA 总线的 IRQ7 进行中断,在屏幕上显示一个“7”

1. 项目要求与目的

(1) 项目要求:利用微机系统 ISA 总线的 B21(IRQ7)端子外接一个单脉冲发生器,它受一个手动按钮控制,每按动一次按钮就产生一个正向单脉冲。要求编写中断程序实现系统每收到一个单脉冲,随即在屏幕上显示一个“7”,当键盘上按任意键时,返回 DOS。

(2) 项目目的:

- 认识系统的中断特性。
- 了解 ISA 总线的信号线。
- 掌握 PC 上 8259A 中断类型号。

• 学习在系统总线上如何接线。

2. 项目电路连接与说明

(1) 项目电路连接：如图 12-10 所示的粗线为要接的连线，接线描述如下：将 UP 脉冲按钮连接至 ISA 总线的 B21(IRQ7)端子。

(2) 项目说明：286 以上微机系统的可屏蔽中断使用两片 8259A，管理 15 级中断，系统分配给主 8259A 的口地址为 20H 和 21H，分配给从 8259A 的口地址为 A0H 和 A1H。

3. 项目电路原理框图

项目电路原理框图如图 12-10 所示。电路由 286 以上微机，脉冲按钮 UP 组成。

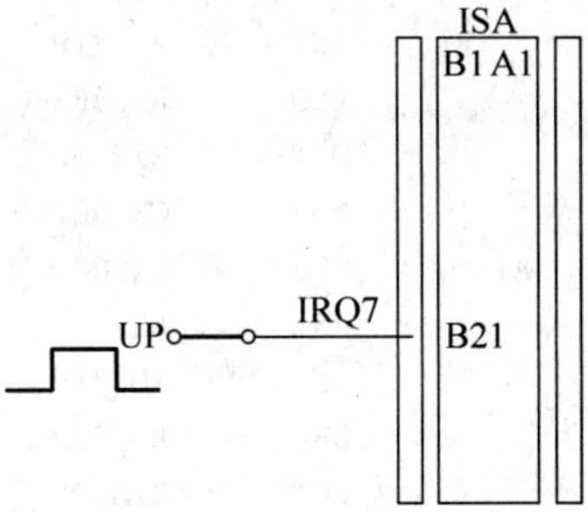

图 12-10　ISA 总线信号图

4. 项目程序设计

(1) 程序流程图

利用 ISA 总线的 IRQ7 进行中断，在屏幕上显示一个“7”的程序流程图如 12-11 所示。

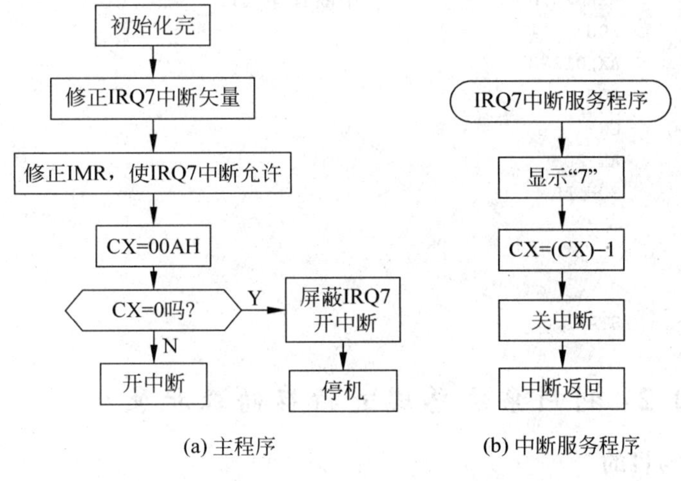

(a) 主程序　　(b) 中断服务程序

图 12-11　程序流程图

(2) 程序清单

利用 ISA 总线的 IRQ7 进行中断，在屏幕上显示一个“7”的程序清单如下所示。

```
STACK     SEGMENT   STACK
          DW        64 DUP(?)
STACK     ENDS
CODE      SEGMENT
          ASSUME    CS:CODE,SS: STACK
START:    PUSH      DS                      ；保存数据段
          MOV       AX,0000H
          MOV       DS,AX                   ；数据段清零
          MOV       AX,OFFSETIRQ7           ；取中断程序入口地址(相对地址)
          ADD       AX,2000H                ；加装 IP = 2000H 地址(绝对地址)
          MOV       SI,003CH                ；填 8259A 中断 7 中断矢量
          MOV       [SI],AX                 ；填偏移量矢量
```

```
        MOV     AX,0000H                ; 段地址 CS = 0000H
        MOV     SI,003EH
        MOV     [SI],AX                 ; 填段地址矢量
        CLI                             ; 关中断
        POP     DS
        IN      AL,21H                  ; 读 8259A 中断屏蔽字
        AND     AL,7FH                  ; 开 8259A 中断
        OUT     21H,AL
        MOV     CX,000AH
A1:     CMP     CX,0000H
        JNZ     A2
        IN      AL,21H                  ; 读 8259A 中断屏蔽字
        OR      AL,80H                  ; 关 8259A 中断
        OUT     21H,AL
        STI                             ; 开中断
        HLT
A2:     STI
        JMP     A1
IRQ7:   MOV     AX,0137H                ; 中断程序入口
        INT     10H
        MOV     AX,0120H
        INT     10H
        DEC     CX
        MOV     AL,20H
        OUT     20H,AL
        CLI
        IRET
CODE    ENDS
        END     START
```

12.4.2 项目2：利用系统总线进行存储器扩展

1. 项目要求与目的

(1) 项目要求：将6264 RAM直接挂至系统总线进行存储器扩展。

(2) 项目目的：

- 了解系统总线的信号线。
- 掌握静态RAM的扩展方法。
- 学习6264存储器及编程测试扩展RAM区域。

2. 项目电路连接与说明

(1) 项目电路连接：接线如图12-12(b)所示。

(2) 项目说明：

6264 RAM介绍如下：静态RAM的存储单元由MOS管组成的触发器电路组成，每个触发器可以存放1位数据。只要不掉电，储存的数据就不会丢失。因此，静态RAM工作稳定，不需要刷新电路。目前较常用的有6116(2K×8位)、6264(8K×8位)和62256(32K×8位)。

6264是一个8K×8位的存储器，引脚如图12-12(a)所示，8根据数据线D0～D7；13根地址线A0～A12，片内地址0000H～1FFFH，另外7根地址线A13～A19，经译码后作为片

选信号接 6264 的 $\overline{CS}$ 端。$\overline{WE}$、$\overline{OE}$、$\overline{CE1}$、$\overline{CE2}$ 的共同作用决定了芯片的运行方式，如表 12-4 所示。

表 12-4　6264 运行方式

$\overline{WE}$	$\overline{CE1}$	$\overline{CE2}$	$\overline{OE}$	方　式	D0～D7
×	H	×	×	未选中(掉电)	高阻
×	×	L	×	未选中(掉电)	高阻
H	L	H	H	输出禁止	高阻
H	L	H	L	读	OUT
L	L	H	H	写	IN
L	L	H	L	写	IN

3. 项目电路原理框图

项目电路原理框图如图 12-12 所示。电路由微机及系统总线，静态 RAM 芯片 6264 组成。

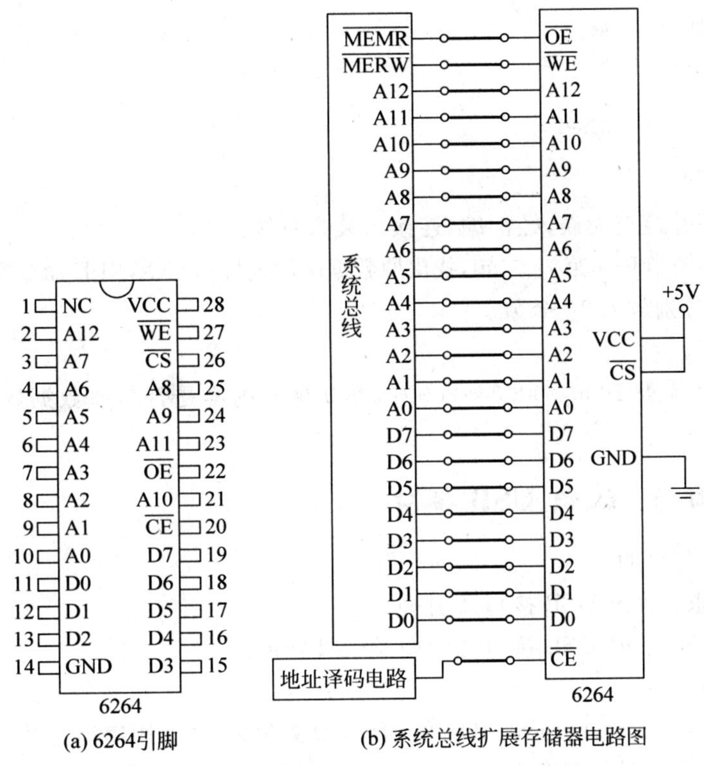

(a) 6264引脚　　(b) 系统总线扩展存储器电路图

图 12-12　6264 引脚和系统总线扩展存储器电路图

4. 项目程序设计

(1) 程序清单

```
STACK    SEGMENT    STACK
         DW         64  DUP(?)
STACK    ENDS
DATA     SEGMENT
```

```
TABLE   DB      0AH  DUP(?)
DATA    ENDS
CODE    SEGMENT
        ASSUME  CS: CODE,DS: DATA
START:  MOV     AX,DATA           ; 程序装入后用U命令查看此
        MOV     DS,AX             ; 语句可知数据段地址,以便
        MOV     CX,000AH          ; 于用E命令修改变量参数
        MOV     DX,OFFSET  TABLE
        MOV     ST,0000H
A1:     MOV     AL,[BX]
        PUSH    DS
        PUSH    AX
        MOV     DS,AX
        POP     AX
        MOV     [SI],AL
        POP     DS
        INC     SI
        INC     BX
        LOOP    A1
A2:     JMP     A2
CODE    ENDS
        END     START
```

(2) 实验步骤

① 输入程序并检查无误,经汇编、连接后装入系统。

② 用U命令查看程序第一、二句,找出原数据区段地址XXXX,用E命令在XXXX:0000～XXXX:0009中分别放入10个数。

③ 运行程序。

④ 用D命令检查2000:0000～2000:0009单元内容是否与原数据区放入的10个数一致。

12.4.3 项目3:认识USB接口

1. 项目要求与目的

(1) 项目要求:认识USB接口及引脚。

(2) 项目目的:了解USB接口外形图及引脚分布。

2. 项目说明

USB是英文Universal Serial BUS的缩写,中文含义是"通用串行总线",USB是一个外部总线标准,用于规范计算机与外部设备的连接和通讯。USB接口可用于连接多达127种外设,如鼠标、调制解调器和键盘等。USB自从1996年推出后,已成功替代串口和并口,并成为当今个人计算机和大量智能设备的必配接口之一。

3. 项目实物图

USB具有使用方便,支持热插拔,连接灵活,独立供电等优点,可以连接鼠标、键盘、打印机、扫描仪、摄像头、闪存盘、MP3、手机、数码相机、移动硬盘、外置光软驱、USB网卡、ADSL Modem、Cable Modem等几乎所有的外部设备。图12-13所示是USB接口外形图。

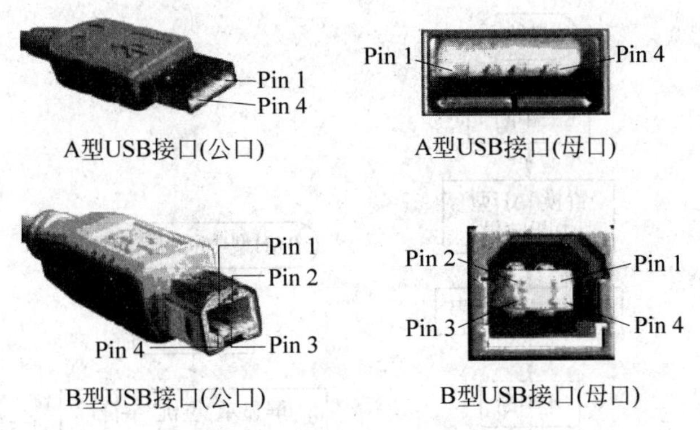

图 12-13 USB 接口外形图

12.4.4 项目 4：利用 ISA 总线的 IRQ2 进行中断，在屏幕上显示一个“黑桃”

1. 项目要求与目的

(1) 项目要求：利用微机系统 ISA 总线的 B4(IRQ2)端子外接一个手动按钮，每按动一次按钮就产生一个正向单脉冲。要求编写中断程序实现系统每收到一个单脉冲，随即在屏幕上显示一个“黑桃”(ASCII 码是 06H)，当按任意键时，就返回 DOS。

(2) 项目目的：

- 了解 ISA 总线的信号线。
- 掌握送 8259A 中断矢量的方法。
- 学习在系统总线上的接线及调试过程。

2. 项目电路连接与说明

(1) 项目电路连接：

如图 12-14 所示的粗线为要接的连线，接线描述如下：将 UP 脉冲按钮连接至 ISA 总线的 IRQ2(B4)端子。

(2) 项目说明：从 IRQ2 端子引发的是用户中断，它经过从 8259A、主 8259A 两级中断管理最后向 CPU 提出中断请求，CPU 响应后，先转到中断类型号为 71H 的中断服务程序，然后再转到中断类型号为 0AH 的中断服务程序，本项目用的中断类型号为 0AH。

3. 项目电路原理框图

项目电路原理框图如图 12-14 所示。电路由微机及系统总线，脉冲按钮 UP 组成。

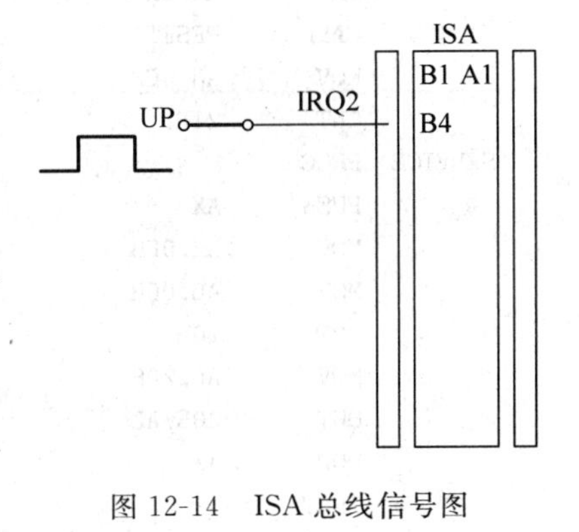

图 12-14 ISA 总线信号图

4. 项目程序设计

(1) 程序流程图

利用 ISA 总线的 IRQ2 进行中断，在屏幕上显示一个“黑桃”的程序流程图如 12-15 所示。

(2) 程序清单

利用 ISA 总线的 IRQ2 进行中断，在屏幕上显示一个“黑桃”的程序清单如下所示。

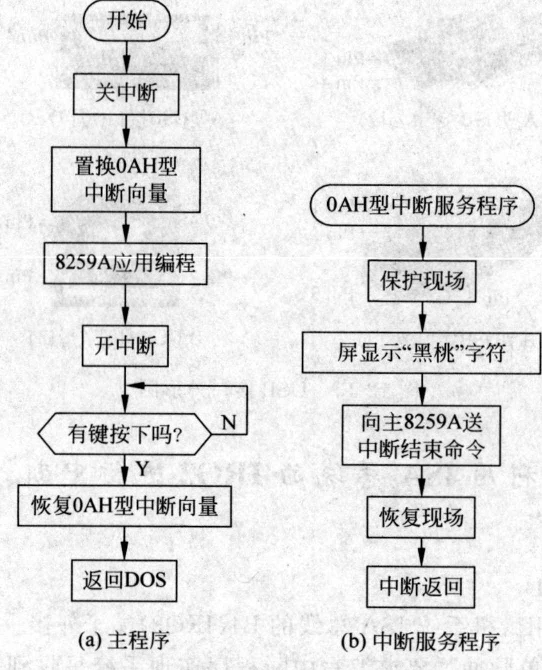

(a) 主程序　　(b) 中断服务程序

图 12-15　程序流程图

```
DATA      SEGMENT
D0A       BB ?
DATA      ENDS
CODE      SEGMENT
          ASSUME CS:CODE,DS: DATA
START :   MOV       AL,DATA
          MOV       DS,AX
          CLI                                  ; 关中断
          CALL      RD0A
          CALL      WRD0A
          CALL      I8259A
          STI                                  ; 开中断
AGAIN :   MOV       AH,1
          INT       16H                        ; 检测是否有键按下
          JZ        AGAIN                      ; 否,转
          CALL      RESET
          MOV       AH,4CH
          INT       21H                        ; 返回 DOS
SERVICE   PROC                                 ; 中断服务子程序
          PUSH      AX                         ; 保护现场
          MOV       AH,0EH
          MOV       AL,06H
          INT       10H                        ; 屏幕显示"黑桃"字符
          MOV       AL,20H                     ; 中断结束命令
          OUT       20H,AL                     ; 送主 8259A
          POP       AX                         ; 恢复现场
          IRET                                 ; 中断返回
```

```
SERVICE   ENDP
RD0A      PROC                                        ; 读出并转移 0AH 型中断向量
          MOV       AH,35H
          MOV       AL,0AH
          INT       21H
          MOV       WORD PTR D0A,AX
          MOV       WORD PTR D0A + 2,ES
          RET
RD0A      ENDP
WR0A      PROC                                        ; 写入新的 0AH 型中断向量
          PUSH      DS
          MOV       AX,CODE
          MOV       DS,AX
          MOV       DX,OFFSET SERVICE
          MOV       AH,25H
          MOV       AL,0AH
          INT       21H
          POP       DS
          RET
WR0A      ENDP
I8259A    PROC
          IN        AL,21H
          AND       AL,11111011B
          OUT       21H,AL                            ; 开放从 8259A
          IN        AL,0A1H
          AND       0A1H,AL                           ; 开放用户中断
          RET
I8259A    ENDP
RESET     PROC                                        ; 恢复 0AH 型中断向量
          MOV       DX,WORD PTR D0A
          MOV       DS,WORD PTR D0A + 2
          MOV       AH,25H
          MOV       AL,0AH
          INT       21H
          RET
RESET     ENDP
CODE      ENDS
          END       START
```

12.4.5 项目 5：利用 ISA 总线扩展键盘

1. 项目要求与目的

(1) 项目要求：利用微机系统 ISA 总线扩展如图 12-16 所示的键盘电路，用逐行扫描法设计按键识别程序，当扩展键盘按下一个键时，主机屏幕上就显示该键的键名，按下“R”键程序结束。

(2) 项目目的：

- 了解 ISA 总线的信号线。
- 掌握 8255A 扩展键盘的接口电路。

• 学习编写按键识别程序。

2. 项目电路连接与说明

(1) 项目电路连接：

电路连接如图12-16所示，8255A的地址线、数据线和读写控制线与ISA总线信号相连，地址译码器对应地址200H～207H，输出低电平选中8255A。接线描述如下：将8255A的D7～D0接ISA总线的数据线D7～D0；8255A的$\overline{RD}$接总线的$\overline{IOR}$，$\overline{WR}$接总线的$\overline{IOW}$；8255A的A0、A1接总线的A0、A1，8255A的复位RESET接总线的RESET；8255A的片选信号接200H～207H的地址译码电路的输出；8255A的电源和地线接总线的+5V和地线。

(2) 项目说明：键盘扫描程序的主要任务是正确地识别闭合键，本项目采用逐行扫描法。CPU首先通过8255A输出端口A向矩阵第0行输出低电平，其他各行输出高电平，然后从8255A输入端口B读取列值，若所有列线均为高电平，说明第0行没有任何键按下，接着再向第1行输出低电平，其他各行输出高电平，再次读取列值……逐行扫描直到最后一行。在扫描过程中，当向某行输出低电平之后，读取的列值中，有一位为低电平，则立即退出行扫描，再逐位检查是哪一根列线为低电平，从而根据行线和列线的位置识别出是哪一个键闭合。

3. 项目电路原理框图

项目电路原理框图如图12-16所示。电路由微机及ISA系统总线、8255A、地址译码器、按键和11个电阻等组成。

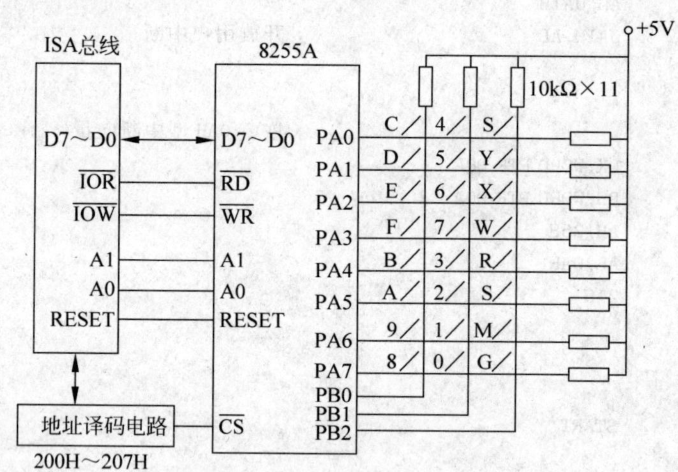

图12-16 键盘矩阵接口电路图

4. 项目程序设计

(1) 程序流程图

利用ISA总线扩展键盘，其程序流程图如12-17所示。

(2) 程序清单

利用ISA总线扩展键盘的程序清单如下所示。

```
DATA SEGMENT
```

```
MG          DB   'Ready…',0DH,0AH,'$'
KEY         DB   'C4SD5YE6XF7WB3RA2P91M80G'
LINE        DB   ?
COUNT       DW   ?
A-8255      EQU  200H                   ; 8255A 的 A 口地址
B-8255      EQU  201H                   ; 8255A 的 B 口地址
CON-8255    EQU  203H                   ; 8255A 的控制口地址
DATA ENDS
CODE SEGMENT
            ASSUME    CS:CODE, DS: DATA
START:      MOV       AX,DATA
            MOV       DS,AX
            CALL      I8255A            ; 8255A 初始化
            MOV       AH,9
            MOV       DX,OFFSET MG
            INT       21H
BG:         MOV       DX,A-8255
            MOV       AL,0
            OUT       DX,AL             ; 0 送 A 口
            MOV       DX,B-8255
            IN        AL,DX             ; 读 B 口送 AL
            AND       AL,00000111B
            CMP       AL,07H            ; 列值等于 7 吗
            JE        BG                ; 是,无键闭合转
            CALL      DELAY             ; 调延时 100ms
            MOV       CH,8              ; 行扫描次数送 CH
            MOV       COUNT,-1
            MOV       LINE,01111111B
BG1:        ROL       LINE,1
            MOV       AL,LINE           ; 行扫描值送 AL
            MOV       DX,A-8255
            OUT       DX,AL             ; A 口输出行扫描值
            MOV       DX,B-8255
            IN        AL,DX             ; 读 B 口,列值送 AL
            MOV       CL,3              ; 列扫描次数送 CL
BG2:        INC       COUNT             ; 计数
            SHR       AL,1              ; 列值 D0 位送 CF 标志
            JNC       BG3
            DEC       CL                ; 列扫描次数减 1
            JNZ       BG2
            DEC       CH                ; 行扫描次数减 1
            JNZ       BG1
            JMP       BG                ; 非法键入,转
BG3:        MOV       BX,OFFSET KEY
            ADD       BX,COUNT
            MOV       AL,[BX]           ; 取键名
            MOV       AH,0EH
            INT       10H               ; 送屏幕显示
            CMP       AL,'R'
            JNE       BG                ; 不是结束键,转
            MOV       AH,4CH
```

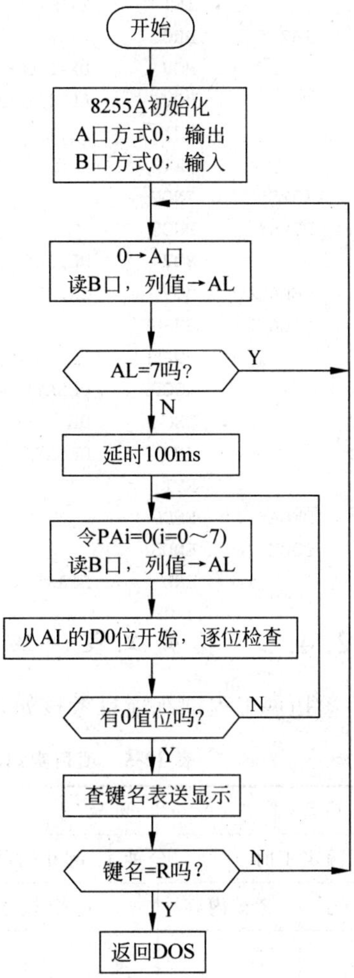

图 12-17　程序流程图

```
        INT     21H
I8255   PROC                    ; 8255A 初始化,A 口输出,B 口输入
        MOV     DX,CON-8255
        MOV     AL,10000010B
        OUT     DX,AL
        RET
I8255   ENDP
DELAY   PROC                    ; 延时 100ms 子程序
        MOV     BL,100
DELAY2: MOV     CX,374
DELAY1: PUSHF
        POPF
        LOOP    DELAY1
        DEC     BL
        JNZ     DELAY2
        RET
DELAY   ENDP
CODE    ENDS
        END     START
```

12.4.6 拓展工程训练项目考核

拓展工程训练项目考核如表12-5所示。

表12-5 项目实训考核表(拓展工程训练项目名称:)

姓名		班级		考件号		监考		得分	
额定工时	分钟	起止时间	日 时 分至 日 时 分					实用工时	

序号	考核内容	考核要求	分值	评分标准	扣分	得分
1	项目内容与步骤	(1) 操作步骤是否正确 (2) 项目中的接线是否正确 (3) 项目调试是否有问题,调试步骤是否正确	40	(1) 操作步骤不正确扣5~10分 (2) 项目中的接线有问题扣2~10分 (3) 调试有问题扣2~10分,调试步骤不正确扣2~10分		
2	项目实训报告要求	(1) 项目实训报告写得规范、字体公正否 (2) 回答思考题是否全面	20	(1) 项目实训报告写得不规范、字体不公正,扣5~10分 (2) 回答思考题不全面,扣2~5分		
3	安全文明操作	符合有关规定	15	(1) 发生触电事故,取消考试资格 (2) 损坏电脑,取消考试资格 (3) 穿拖鞋上课,取消考试资格 (4) 动作不文明,现场凌乱,吃东西扣2~10分		

续表

序号	考核内容	考核要求	分值	评分标准	扣分	得分
4	学习态度	(1) 有没有迟到、早退现象 (2) 是否认真完成各项项目，积极参与实训、讨论 (3) 是否尊重老师和其他同学，是否能够很好地交流合作	15	(1) 有迟到、早退现象扣5分 (2) 没有认真完成各项项目，没有积极参与实训、讨论扣5分 (3) 不尊重老师和其他同学，不能够很好地交流合作扣5分		
5	操作时间	在规定时间内完成	10	每超时10分钟(不足10分钟以10分钟计)扣5分		

同步练习题

(1) 什么是总线？微型计算机中的总线通常分为哪几类？在微型计算机中采用总线标准有哪些优点？

(2) 比较ISA总线、PCI总线的特点及适用范围？

(3) STD总线的主要特点是什么？它的适用范围如何？

(4) PCI总线的主要性能有哪些？

(5) 简述PCI总线的系统结构及特点。

(6) USB接口信号及电气特性有哪些？

(7) 简述IEEE-488总线有哪些特点。

(8) IBM PC总线有哪些主要特点？它的信号线有哪几类？这种总线的适用范围如何？

(9) PC/AT总线有哪些特点？它的信号线有哪几类？适用范围如何？

第13章 工程应用与课程设计题目

13.1 项目1：数据采集工程应用

13.1.1 项目要求与目的

（1）项目要求：在工程应用中，常常需要进行数据采集和处理。本项目用 ADC0809 进行2路循环数据采集，8086 CPU 以中断方式读取每次采集的 A/D 结果，如果转换后的数字量为零，扬声器便发出频率为 1000Hz 的音响信号，持续时间为 100ms；如果转换后的数字量大于 2.5V，使发光二极管 LED7 闪烁；如果转换后的数字量小于等于 2.5V，又将其转换为模拟电压输出，去控制直流电机转速。数据采集的工作灯用发光二极管 LED0 指示。

（2）项目目的：

- 了解 8259A、8255A、8253、ADC0809、DAC0832 的工程应用设计方法。
- 掌握 8086 CPU 与 8259A、8255A、8253、ADC0809、DAC0832 的连线方法。
- 掌握 8259A 的连线和编程方法。
- 掌握 8255A 的连接和编程方法。
- 掌握 8253 的连接和编程方法。
- 掌握 ADC0809 的连接和编程方法。
- 掌握 DAC0832 的连接和编程方法。

13.1.2 项目电路连接与说明

（1）项目电路连接

如图 13-1 所示的粗线为要接的线。接线描述如下：8259A 的片选 $\overline{CS}$ 连至地址译码处的 210H～217H 插孔，8259A 的 IR0 中断源连接至 ADC0809 的 EOC；8255A 的片选 $\overline{CS}$ 连至地址译码处的 200H～207H 插孔，PB0 接发光二极管 LED0，PC7 接 LED7；DAC0832 的片选 $\overline{CS}$ 连至地址译码处的 218H～21FH 插孔，输出 AOUT 连接至直流电机的输入 DCIN；ADC0809 的片选 $\overline{CS}$ 连至地址译码处的 208H～20FH 插孔，CLOCK 连接至 1MHz；8253 的片选 $\overline{CS}$ 连至地址译码处的 220H～227H 插孔，CLK1 连接至 2MHz，OUT1 连接至音响及合成 VIN1，GATE1 连接 PA0。

（2）项目说明：此项目是一个综合应用项目，只有在 8259A、8255A、8253、ADC0809、DAC0832 各芯片都能正确掌握的基础上才能进行综合应用，因此需要先复习这些芯片的连线和编程方法。

在中断服务程序中，由 8255A 的 PA0 启动 8253 计数通道 1 工作，由 OUT1 端输出 1000Hz 的方波信号给扬声器驱动电路，持续 100ms 后停止输出。

计数通道 1 工作于方式 3(方波发生器)，其门控信号 GATE1 由 8255A 的 PA0 控制，输出的方波信号经过驱动电路送给扬声器。计数通道 1 的时钟输入端 CLK1 接 2MHz 的外部时钟电路。计数通道 1 的计数初值应为 n1 = TOUT/TCLK = fCLK1/fOUT1 = 2×10^6 Hz/1000Hz=2000。

13.1.3 项目电路原理框图

项目电路原理框图如图 13-1 所示。电路由 8086 CPU、8255A 芯片、8253 芯片、8259A 芯片、ADC0809、DAC0832、直流电机、蜂鸣器和两只发光二极管 LED0、LED7 组成。

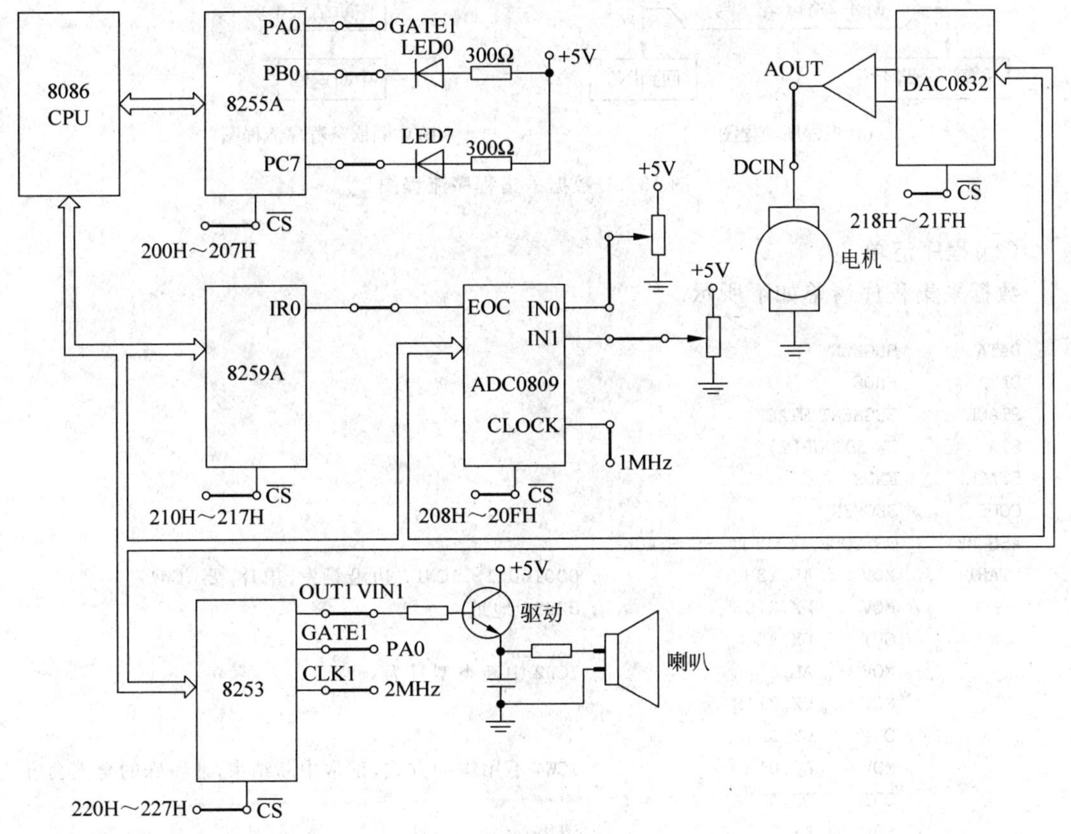

图 13-1 数据采集电路图

13.1.4 项目程序设计

(1) 程序流程图

数据采集程序流程图如图 13-2 所示。

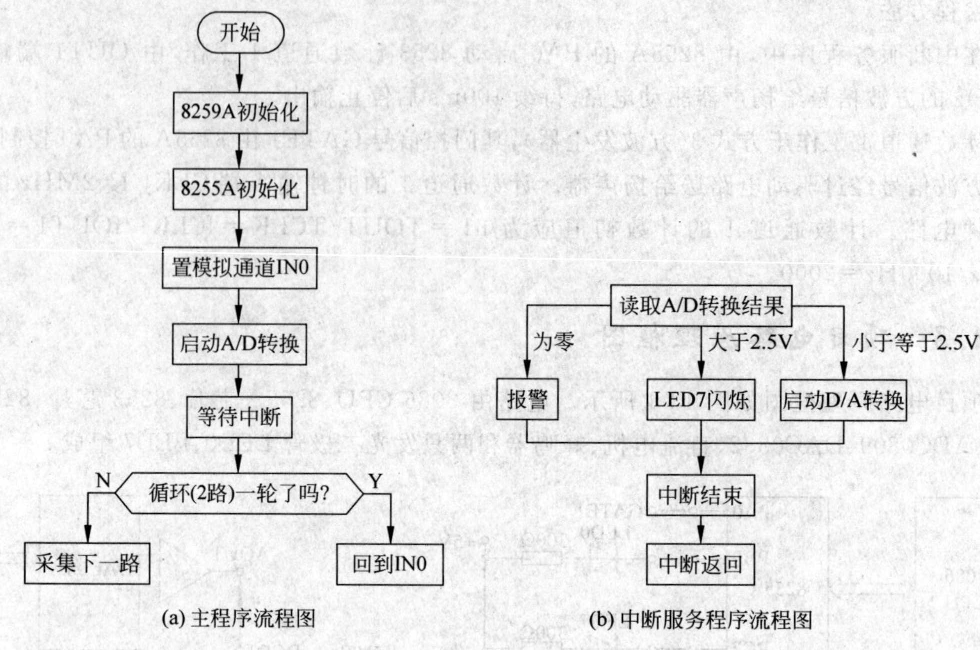

(a) 主程序流程图　　(b) 中断服务程序流程图

图 13-2　数据采集程序流程图

(2) 程序清单

数据采集程序清单如下所示。

```
DATA      SEGMENT
DATA      ENDS
STACK     SEGMENT STACK
STA       DW 50 DUP(?)
STACK     ENDS
CODE      SEGMENT
ASSUME    CS:CODE,DS:DATA,SS:STACK
START:    MOV    AL,13H          ; 00010011B,ICW1: 边沿触发,单片,要 ICW4
          MOV    DX,210H         ; 8259A 地址
          OUT    DX,AL
          MOV    AL,8            ; ICW2 中断类型号为 8
          MOV    DX,211H
          OUT    DX,AL
          MOV    AL,01H          ; ICW4 不用缓冲方式,正常中断结束,非特殊的全嵌套方式
          OUT    DX,AL
          MOV    AX,0            ; 清零
          MOV    DS,AX           ; 数据段清零
          LEA    AX,INT0         ; 写 8259A 中断程序的入口地址
          MOV    DS:[4*8],AX     ; 把中断服务程序的入口地址偏移量送中断矢量表
          MOV    AX,CS
          MOV    DS:[4*8+2],AX   ; 把中断服务程序的入口地址段地址送中断矢量表
          IN     AL,DX           ; 读中断屏蔽寄存器 IMR
          AND    AL,0FEH         ; 屏蔽 IR1～IR7,允许 IR0 中的中断请求
          OUT    DX,AL
          MOV    DX,203H         ; 8255A 初始化
```

```
        MOV     AL,80H          ; PA 口输出,PB 口输出,PC 口输出,方式 0
        OUT     DX,AL
        MOV     DX,200H         ; 8255A 初始化
        MOV     AL,00H          ; PA0 清零(GATE1 = 0)
        OUT     DX,AL
        MOV     DX,201H         ; PB 口地址
        MOV     AL,0FEH         ; PB 口输出 LED0 亮(工作灯)
        OUT     DX,AL
NEXT:   MOV     BL,1            ; 置通道数
        MOV     CX,208H         ; 置 ADC0809 的地址
AGAIN:  MOV     AL,0
        MOV     DX,CX           ; ADC0809 转换器 IN0 地址
        OUT     DX,AL           ; 启动 A/D
        STI                     ; 开中断
        HLT                     ; 等待中断
        CMP     BL,2            ; 判断一轮循环是否已完
        JZ      NEXT            ; 已经采集过一轮,从 IN0 重新开始
        INC     CX              ; ADC0809 的地址加 1
        INC     BL              ; 否则,采集下一个 IN2 通道
        JMP     AGAIN           ; 转
INT0    PROC    NEAR            ; 8259A 中断程序
        IN      AL,DX           ; 读入结果,使 ADC0809 的 OE 有效
        CMP     AL,0            ; 判 AL 结果是否为零
        JZ      DDD             ; AL = 0,转报警处理
        CMP     AL,80H          ; 与 2.5V 比较
        JBE     DAC0832         ; 低于等于,转 D/A 转换
        MOV     AL,00H          ; 大于 2.5V,使 DAC0832 输出 0V
        MOV     DX,218H         ; DAC0832 地址
        OUT     DX,AL
        MOV     DX,202H         ; PC 口地址
BG1:    MOV     AL,7FH          ; 低电平 LED7 亮
        OUT     DX,AL
        CALL    DELAY           ; 调延时子程序
        MOV     AL,0FFH         ; 高电平 LED7 灭
        OUT     DX,AL
        CALL    DELAY           ; 调延时子程序
        JMP     BG2
DAC0832: MOV    DX,218H         ; DAC0832 地址
        OUT     DX,AL           ; 把数字量转换成模拟量控制直流电机
        JMP     BG2             ; 转返回
DDD:    MOV     DX,200H
        MOV     AL,01H          ; 8255A 的 PA0 输出高电平,启动 8253 计数通道 1 工作
        OUT     DX,AL
        MOV     DX,223H         ; 8253 地址
        MOV     AL,01110111B    ; 8253 计数通道 1 初始化: 先写低 8 位,后写高 8 位
        OUT     DX,AL           ; 方式 3,BCD 计数
        MOV     DX,221H         ; 8253 计数通道 1 地址
        MOV     AL,00H
        OUT     DX,AL           ; 写计数初值低 8 位
        MOV     AL,20H
        OUT     DX,AL           ; 写计数初值高 8 位
```

```
            CALL   DELAY           ; 延迟子程序
            MOV    DX,200H
            MOV    AL,00H          ; 8255A 的 PA0 输出低电平,停止 8253 计数通道 1 的工作
            OUT    DX,AL
BG2:        MOV    DX,210H
            MOV    AL,20H          ; OCW2 发结束命令 EOI = 1
            OUT    DX,AL
            IRET
INT0        ENDP
DELAY       PROC   NEAR            ; 延时子程序
            PUSH   CX              ; 保护现场
            PUSH   BX
DEL100MS:   MOV    BL,100
DEL1MS:     MOV    CX,374
DEL1:       PUSHF
            POPF
            LOOP   DEL1
            DEC    BL
            JNZ    DEL1MS
            POP    BX
            POP    CX
            RET
DELAY       ENDP
CODE        ENDS
            END    START
```

13.2 项目2:模拟交通灯控制

13.2.1 项目要求与目的

(1) 项目要求:设A车道与B车道交叉组成十字路口,A是主道,B是支道,直接对车辆进行交通管理,设计要求如下所示。

① 用发光二极管模拟交通信号灯。

② 正常情况下,A、B两车道轮流放行,A车道放行50s,其中5s用于警告;B车道放行30s,其中5s用于警告。

③ 有紧急车辆通过时,按下K1(用单脉冲按钮UP代替)开关使A、B车道均为红灯,禁行20s,紧急情况解除后,恢复正常控制。

(2) 项目目的:

- 了解工程应用的设计方法和步骤。
- 了解8259A、8255A芯片的工程应用设计方法。
- 掌握8086 CPU与8259A、8255A的连线方法。
- 掌握8259A的连线和编程方法。
- 掌握8255A的连接和编程方法。

13.2.2 项目电路连接与说明

(1) 项目电路连接：如图 13-3 所示的粗线为要接的线。接线描述如下：8259A 的片选 $\overline{CS}$ 连至地址译码处的 210H～217H 插孔，8259A 的 IR0 中断源连接至开关 UP 上；8255A 的片选 $\overline{CS}$ 连至地址译码处的 200H～207H 插孔，PA0～PA5 接发光二极管 LED0～LED5（颜色要两绿、两黄、两红）模拟交通信号灯。

(2) 项目说明：利用实验箱上的 8255A 电路、LED 显示电路、8259A 电路和单脉冲发生器电路，按图 13-3 所示构成实验电路。

正常情况下运行主程序，采用 0.5s 延时子程序的反复调用来实现各种定时时间；有紧急车辆通过时，采用中断 IR0 执行中断服务程序。

① 硬件设计说明：用 12 只发光二极管模拟交通信号灯(实验中用 6 只就可以)，以 8255A 的 PA 口控制这 12 只发光二极管，由于 8255A 带负载能力有限，因此，在 PA 口与发光二极管之间用 74LS245(或 74LS07)做驱动电路，PA 口输出低电平时，信号灯亮；输出高电平时，信号灯灭。在正常情况下，A、B 两车道的 6 只信号灯的控制状态有 5 种形式，即 PA 口控制功能及相应控制码如表 13-1 所示。

表 13-1　交通信号灯与控制状态的对应关系

控制状态	PA 口控制码	PA7	PA6	PA5	PA4	PA3	PA2	PA1	PA0
		未用	未用	B 道绿灯	B 道黄灯	B 道红灯	A 道绿灯	A 道黄灯	A 道红灯
A 道放行，B 道禁止	F3H	1	1	1	1	0	0	1	1
A 道警告，B 道禁止	F5H	1	1	1	1	0	1	0	1
A 道禁止，B 道放行	DEH	1	1	0	1	1	1	1	0
A 道禁止，B 道警告	EEH	1	1	1	0	1	1	1	0
A 道禁止，B 道禁止	F6H	1	1	1	1	0	1	1	0

② 软件设计说明：先初始化 8259A、8255A，主程序采用查询方式定时，由 CX 寄存器确定调用 0.5s 延时子程序的次数，从而获取交通灯的各种时间。紧急车辆出现时的中断服务程序需要保护现场，然后执行相应的服务，待交通灯信号出现后延时 20s，确保紧急车辆通过交叉路口，然后，恢复现场，返回主程序。

13.2.3 项目电路原理框图

模拟交通灯控制电路原理框图如图 13-3 所示。电路由 8086 CPU、8255A 芯片、8259A 芯片和 6 只发光二极管 LED0～LED5 组成。

13.2.4 项目程序设计

(1) 程序流程图

模拟交通灯控制程序流程图如图 13-4 所示。

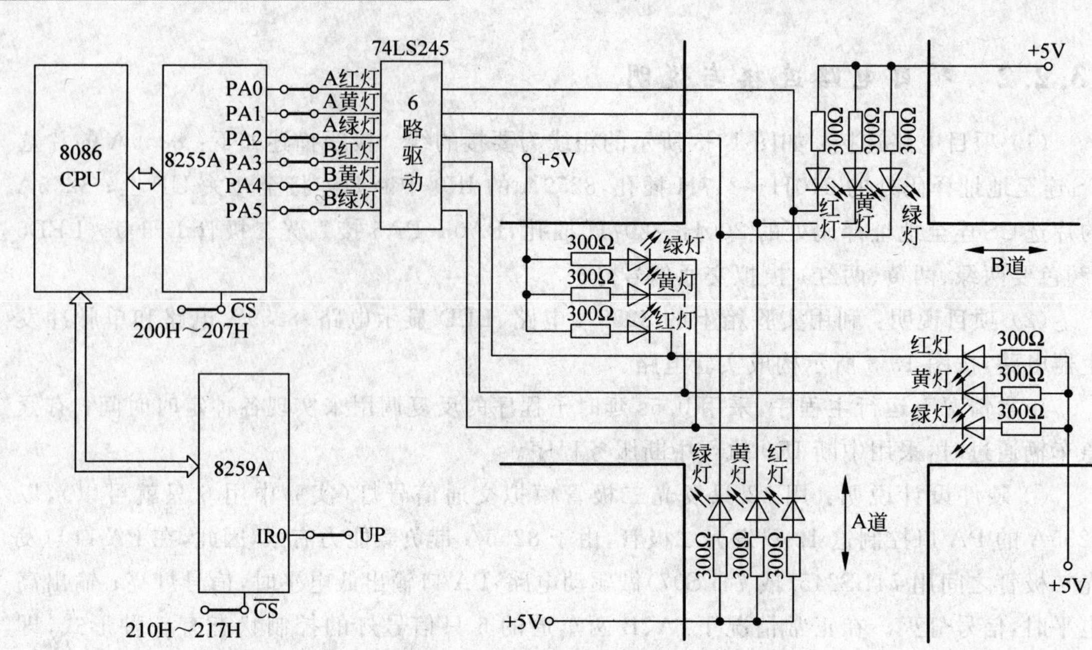

图 13-3 模拟交通灯控制电路图

图 13-4 模拟交通灯控制程序流程图

(2) 程序清单

模拟交通灯控制程序清单如下所示。

```
DATA        SEGMENT
DATA        ENDS
STACK       SEGMENT STACK
STA         DW 50 DUP(?)
STACK       ENDS
CODE        SEGMENT
ASSUME      CS:CODE,DS:DATA,SS:STACK
START:      MOV     AL,13H              ; 00010011B,ICW1:边沿触发,单片,要 ICW4
            MOV     DX,210H             ; 8259A 地址
            OUT     DX,AL
            MOV     AL,8                ; ICW2 中断类型号为 8
            MOV     DX,211H
            OUT     DX,AL
            MOV     AL,01H              ; ICW4 不用缓冲方式,正常中断结束,非特殊的全嵌套方式
            OUT     DX,AL
            MOV     AX,0                ; 清零
            MOV     DS,AX               ; 数据段清零
            LEA     AX,INT0             ; 写 8259A 中断程序的入口地址
            MOV     DS:[4 * 8],AX       ; 把中断服务程序的入口地址偏移量送中断矢量表
            MOV     AX,CS
            MOV     DS:[4 * 8 + 2],AX   ; 把中断服务程序的入口地址段地址送中断矢量表
            IN      AL,DX               ; 读中断屏蔽寄存器 IMR
            AND     AL,0FEH             ; 屏蔽 IR1～IR7,允许 IR0 中的中断请求
            OUT     DX,AL
            MOV     DX,203H             ; 8255A 初始化
            MOV     AL,80H              ; PA 口输出,方式 0
            OUT     DX,AL
LOOP1:      MOV     DX,200H             ; 8255A 的 PA 口地址
            MOV     AL,0F3H             ; A 道绿灯放行,B 道红灯禁止
            OUT     DX,AL
            MOV     CX,90               ; 置 0.5s 循环次数(0.5×90=45s)
DIP1:       CALL    DELAY               ; 调用 0.5s 延时子程序
            LOOP    DIP1                ; 45s 不到继续循环
            MOV     AL,0F7H             ; A 绿灯熄
            OUT     DX,AL
            CALL    DELAY
            MOV     AL,0F3H             ; A 绿灯亮
            OUT     DX,AL
            CALL    DELAY
            MOV     AL,0F7H             ; A 绿灯熄
            OUT     DX,AL
            CALL    DELAY
            MOV     AL,0F3H             ; A 绿灯亮
            OUT     DX,AL
            CALL    DELAY
            MOV     AL,0F7H             ; A 绿灯熄
            OUT     DX,AL
            CALL    DELAY
            MOV     AL,0F3H             ; A 绿灯亮
```

```
        OUT     DX,AL
        CALL    DELAY
        MOV     AL,0F5H         ; A 黄灯警告,B 红灯禁止
        OUT     DX,AL
        MOV     CX,04H          ; 置 0.5s 循环次数(0.5×4=2s)
YL1:    CALL    DELAY
        LOOP    YL1             ; 2s 未到继续循环
        MOV     AL,0DEH         ; A 红灯,B 绿灯
        OUT     DX,AL
        MOV     CX,32H          ; 置 0.5s 循环次数(0.5×50=25s)
DIP2:   CALL    DELAY
        LOOP    DIP2            ; 25s 未到继续循环
        MOV     AL,0FEH         ; B 绿灯熄
        OUT     DX,AL
        CALL    DELAY
        MOV     AL,0DEH         ; B 绿灯亮
        OUT     DX,AL
        CALL    DELAY
        MOV     AL,0FEH         ; B 绿灯熄
        OUT     DX,AL
        CALL    DELAY
        MOV     AL,0DEH         ; B 绿灯亮
        OUT     DX,AL
        CALL    DELAY
        MOV     AL,0FEH         ; B 绿灯熄
        OUT     DX,AL
        CALL    DELAY
        MOV     AL,0DEH         ; B 绿灯亮
        OUT     DX,AL
        CALL    DELAY
        MOV     AL,#0EEH        ; A 红灯,B 黄灯
        OUT     DX,AL
        MOV     CX,04H          ; 置 0.5s 循环次数(0.5×4=2s)
YL2:    CALL    DELAY
        LOOP    YL2
        STI                     ; 开中断
        JMP     LOOP1           ; 循环执行主程序
INT0    PROC    NEAR            ; 8259A 中断程序
        PUSH    CX
        PUSH    AX
        PUSH    BX
        MOV     AL,0F6H         ; A、B 道均为红灯
        OUT     DX,AL
        MOV     CX,40           ; 置 0.5s 循环初值(20s)
DEY0:   CALL    DELAY
        LOOP    DEY0            ; 20s 未到继续循环
        POP     BX              ; 弹栈恢复现场
        POP     AX
        POP     CX
BG2:    MOV     DX,210H
        MOV     AL,20H          ; OCW2 发结束命令 EOI=1
        OUT     DX,AL
        IRET
```

```
INTO       ENDP
DELAY      PROC    NEAR                ; 延时子程序
           PUSH    CX                  ; 保护现场
           PUSH    BX
DEL500MS:  MOV     BH,5
DEL100MS:  MOV     BL,100
DEL1MS:    MOV     CX,374
DEL1:      PUSHF
           POPF
           LOOP    DEL1
           DEC     BL
           JNZ     DEL1MS
           DEC     BH
           JNZ     DEL100MS
           POP     BX
           POP     CX
           RET
 DELAY     ENDP
 CODE      ENDS
           END     START
```

13.3 课程设计题目

13.3.1 音乐发生器

1. 设计目的

掌握使用定时器/计数器产生音乐信号的基本方法和音乐程序的设计方法；掌握定时/计数器的使用方法。

2. 内容及要求

(1) 利用实验箱上的 8253 做音乐信号发生器。

(2) 编制一个音乐程序，最少能提供两个歌曲的选择功能。

3. 报告内容

(1) 项目概述

(2) 设计要求

(3) 系统设计

(4) 硬件设计

- 电路图(含必要的原理介绍)
- 元件清单

(5) 软件设计

- 程序流程图
- 程序清单(含必要注释)

(6) 收获

(7) 参考文献

13.3.2　简易数码管移位显示器

1. 设计目的

利用微机的总线设计一个简易移位型数码管显示器；掌握数码管的显示原理及应用方法；掌握显示程序的设计。

2. 内容及要求

(1) 用七段LED在微机外设计一个4位移位型的显示器，能够显示年、月、日、时间。

(2) 显示驱动电路自行设计。

3. 报告内容

(1) 项目概述

(2) 设计要求

(3) 系统设计

(4) 硬件设计

- 电路图(含必要的原理介绍)
- 元件清单

(5) 软件设计

- 程序流程图
- 程序清单(含必要注释)

(6) 收获

(7) 参考文献

13.3.3　串行通信设计

1. 设计目的

掌握串行通信的基本方法和通信程序设计方法；掌握8251A芯片的编程方法；熟悉RS-232-C总线的使用及接线。

2. 内容及要求

(1) 利用PC上RS-232-C串行口通信功能，选用实验箱上的8251A芯片与主机组成自发自收系统，接收/发送时钟PCLK可由实验台上4MHz分频后产生。

(2) 要求主机键盘上键入的字将在屏幕上显示出来。即同时通过8251A发送，然后再由8251A接收控制主机屏幕显示。

(3) 编写数据的发送和接收程序(也可使接收回来的数比发送的数据大1)，传送数据采用程序查询方式。

3. 报告内容

(1) 项目概述

(2) 设计要求

(3) 系统设计

(4) 硬件设计

- 电路图(含必要的原理介绍)
- 元件清单

(5) 软件设计

• 程序流程图

• 程序清单(含必要注释)

(6) 收获

(7) 参考文献

13.3.4 数字密码锁

1. 设计目的

掌握键盘的工作原理及键盘程序的设计方法；熟悉 PC 总线的使用。

2. 内容及要求

(1) 设计一个数字式密码锁，由 0～9 这 10 个数字键、开锁键及密码设置键构成(利用实验箱上的小键盘)。

(2) 设计编写控制程序，程序的功能要求如下：

按下 4 位数字，再按下开锁键，若按下的 4 位数字与密码相符，锁自动打开(用一个绿色发光二极管点亮模拟)，若按下的数字键与密码不符则认为出错，三次出错则发出报警信号启动蜂鸣器报警，并退出系统返回 DOS。若想重设密码，先开锁，再按密码重设键，然后输入新的 4 位密码，以后按新密码开锁。

(3) 选用 8255A 做小键盘及发光二极管接口，设计并实现 8255A 与 PC 总线及键盘、发光二极管的连接。

3. 报告内容

(1) 项目概述

(2) 设计要求

(3) 系统设计

(4) 硬件设计

• 电路图(含必要的原理介绍)

• 元件清单

(5) 软件设计

• 程序流程图

• 程序清单(含必要注释)

(6) 收获

(7) 参考文献

13.3.5 D/A 转换器设计

1. 设计目的

了解 D/A 转换原理及转换程序的设计方法；掌握 DAC0832 芯片的编程方法及接线。

2. 内容及要求

(1) 利用 DAC0832 组成一个波形发生器。

(2) 编写转换器程序实现以下功能。

• 按主机键盘 A 产生一个锯齿波；

- 按主机键盘B产生一个三角波;
- 按主机键盘C产生一个矩形波(使低电平宽度为高电平的4倍);
- 按主机键盘E停止转换,等待输入;
- 按主机键盘Q退出,返回DOS。

3. 报告内容

(1) 项目概述

(2) 设计要求

(3) 系统设计

(4) 硬件设计

- 电路图(含必要的原理介绍)
- 元件清单

(5) 软件设计

- 程序流程图
- 程序清单(含必要注释)

(6) 收获

(7) 参考文献

13.3.6 步进电机控制

1. 设计目的

掌握步进电机控制系统的设计方法,了解步进电机的工作原理和控制程序的设计方法。

2. 内容及要求

(1) 用微机作为脉冲发生器,用8255A作为脉冲分配器,B口的PB7~PB5输出分别控制步进电机的A、B、C三相绕组;用两个开关设置步进电机的脉冲分配方式(有单三拍、双三拍、六拍三种),再用另一个开关设置步进电机的转动方向(有正转和反转两种)。

(2) 编写控制步进电机能按所选择的分配方式及方向运转的程序。

(3) 若没有步进电机,也可用发光二极管模拟步进电机的运转(用三个发光二极管分别模拟A、B、C三绕组,灯亮,表示该灯代表的绕组通电)。

3. 报告内容

(1) 项目概述

(2) 设计要求

(3) 系统设计

(4) 硬件设计

- 电路图(含必要的原理介绍)
- 元件清单

(5) 软件设计

- 程序流程图
- 程序清单(含必要注释)

(6) 收获

(7) 参考文献

13.3.7 模拟交通灯控制

1. 设计目的

掌握 8255A 芯片的编程方法及接线；掌握 8259A 芯片的编程方法及接线。

2. 内容及要求

设 A 车道与 B 车道交叉组成十字路口，A 是主道，B 是支道，直接对车辆进行交通管理，设计要求如下所示。

① 用发光二极管模拟交通信号灯。

② 正常情况下，A、B 两车道轮流放行，A 车道放行 40s，其中 5s 用于警告；B 车道放行 20s，其中 5s 用于警告。

③ 有紧急车辆通过时，按下 K1(用单脉冲按钮 UP 代替)开关使 A、B 车道均为红灯，禁行 15s，紧急情况解除后，恢复正常控制。

3. 报告内容

(1) 项目概述

(2) 设计要求

(3) 系统设计

(4) 硬件设计

- 电路图(含必要的原理介绍)
- 元件清单

(5) 软件设计

- 程序流程图
- 程序清单(含必要注释)

(6) 收获

(7) 参考文献

13.3.8 电子时钟

1. 设计目的

进一步掌握 8253 定时器的使用和编程方法；进一步掌握 8259A 中断处理程序的编程方法；进一步掌握数码显示电路的驱动方法。

2. 内容及要求

利用实验箱的 8253 定时器和提供的数码显示电路，设计一个电子时钟。格式如下：

XX XX XX，由左向右分别为时、分、秒。定时器每 100μs 中断一次，在中断服务程序中，对中断次数进行计数，100μs 计数 10000 次就是 1 秒。然后再对秒计数得到分和小时值，并送入显示缓冲区。显示子程序模块可参照相应的显示实验。

本项目利用 8253 做定时器，用定时器输出的脉冲控制 8259A 产生中断，在 8259A 中断处理程序中，对时、分、秒进行计数，在等待中断的循环中用 LED 显示时间。

3. 报告内容

(1) 项目概述

(2) 设计要求

(3) 系统设计
(4) 硬件设计
• 电路图(含必要的原理介绍)
• 元件清单
(5) 软件设计
• 程序流程图
• 程序清单(含必要注释)
(6) 收获
(7) 参考文献

13.3.9 2路A/D转换并显示

1. 设计目的

了解A/D转换原理及转换程序的设计方法；掌握ADC0809芯片的编程方法及接线；掌握LED显示的编程技术。

2. 内容及要求

利用实验箱的ADC0809转换电路，设计2路转换程序，并在LED上显示，显示格式如下：XX XX XX，由左向右分别为IN0通道采集值(十进制数)、IN1通道采集值(十进制数)。显示子程序模块可参照相应的显示实验。

3. 报告内容

(1) 项目概述
(2) 设计要求
(3) 系统设计
(4) 硬件设计
• 电路图(含必要的原理介绍)
• 元件清单
(5) 软件设计
• 程序流程图
• 程序清单(含必要注释)
(6) 收获
(7) 参考文献

13.3.10 上位PC控制直流电机转速

1. 设计目的

了解上位PC与实验板上的8251A进行通信程序的设计方法；掌握8251A芯片的编程方法及接线；掌握8255A芯片的编程方法及接线；掌握8253芯片的编程方法及接线；掌握在PC屏幕上显示的编程技术；掌握直流电机的工作原理。

2. 内容及要求

PC屏幕分为发送区和接收区，利用上位PC与实验板上的8251A进行通信，在上位PC的发送区上输入十进制数(转速值)，通过8255A控制直流电机的转速，并把转速值回送到

PC 上接收区显示出(十进制数)。实验板上的 8251A 提供通信,8253 提供 8251A 通信的波特率,编制程序实现上位 PC 控制直流电机的转速。

3. 报告内容

(1) 项目概述

(2) 设计要求

(3) 系统设计

(4) 硬件设计

- 电路图(含必要的原理介绍)
- 元件清单

(5) 软件设计

- 程序流程图
- 程序清单(含必要注释)

(6) 收获

(7) 参考文献

13.3.11 利用 ISA 总线设计 16 路模拟数据采集器

1. 设计目的

采用两块 ADC0809 组成 16 路 A/D 通道,实现对每路模拟信号的采集和模拟数字变换,并在显示器上显示采集结果。

2. 内容及要求

接口板插在 PC 的 ISA 总线扩展槽上,第一片 ADC0809 的 EOC 接数据总线 D0,第二片 ADC0809 的 EOC 接数据总线 D1,通过状态来判断转换是否完成。根据电路图可得端口地址如下。

6E0H:读 ADC0809 的状态。

6E1H:读第一块 ADC0809 的数据。

6E2H:读第二块 ADC0809 的数据。

6E0H:写通道地址。

6E1H:启动第一块 ADC0809。

6E2H:启动第二块 ADC0809。

设计出 16 路模拟数据采集器硬件电路,并编写实现程序。

3. 报告内容

(1) 项目概述

(2) 设计要求

(3) 系统设计

(4) 硬件设计

- 电路图(含必要的原理介绍)
- 元件清单

(5) 软件设计

- 程序流程图

• 程序清单(含必要注释)

(6) 收获

(7) 参考文献

13.3.12 利用ISA总线设计8路数据采集和单通道模拟量输出器

1. 设计目的

在PC的ISA扩展槽上设计采用中断方式进行8路数据采集和单通道模拟量输出的接口卡。

2. 内容及要求

根据要求A/D变换器可选用ADC0809,D/A变换器可选用DAC0832,并利用PC微机系统的IRQ2作为ADC的外部中断。ADC的8个通道循环采集,每个通道采样100次,采集的数据存在内存,并在屏幕上显示。

提示:设计中断控制位,用于控制ADC0809的EOC中断申请,CPU写入中断口6E1H的数据为0(用数据总线D7位控制)时,不允许EOC申请中断,写数据80H时允许EOC申请中断。

① 端口地址:ADC0809有两个口地址,启动转换口地址为6E0H,通道选择和启动转换结合起来完成,所以口地址也为6E0H,通道地址由数据总线低3位D2～D0编码产生。DAC口地址为6E3H,中断申请端口地址为6E1H。地址译码由74LS138和其他门电路完成。

② 软件编程:由于数模变换程序非常简单,只需和6E3端口写一个数就可以了,所以下面仅给出A/D变换数据采集程序。程序中对8个通道采集数据,每个通道采集数据10个,数据放在BUF开始的存储区,并在屏幕上显示。

3. 报告内容

(1) 项目概述

(2) 设计要求

(3) 系统设计

(4) 硬件设计

• 电路图(含必要的原理介绍)

• 元件清单

(5) 软件设计

• 程序流程图

• 程序清单(含必要注释)

(6) 收获

(7) 参考文献

13.4 综合实训项目考核评价

综合实训项目考核评价表如表13-2所示。

表 13-2　综合实训项目考核评价表

<table>
<tr><td colspan="3">项目完成时间：　年　月　日—　年　月　日</td><td>组员</td><td colspan="3"></td></tr>
<tr><td colspan="2">评价项目</td><td>评分依据</td><td>优秀
(10～8)</td><td>良好
(7～5)</td><td>合格
(4～2)</td><td>继续努力(<2)</td></tr>
<tr><td rowspan="3">自我评价
(30)</td><td>学习态度
(10分)</td><td>1. 所有项目都出勤，没有迟到早退现象
2. 认真完成各项项目，积极参加活动与讨论
3. 尊重其他组员和教师，能够很好地交流合作</td><td></td><td></td><td></td><td></td></tr>
<tr><td>团队角色
(10分)</td><td>1. 具有较强的团队精神，合作意识
2. 积极参与各项活动、小组讨论，制作等过程
3. 组织、协调能力强，主动性强，表现突出</td><td></td><td></td><td></td><td></td></tr>
<tr><td>项目情况
(10分)</td><td>1. 有扎实的基础理论知识和专业知识
2. 能正确设计实训项目方案(结构方案)
3. 独立进行实训项目工作
4. 能运用所学知识和技能去发现与解决实际问题
5. 能对实训项目进行理论分析，得出有价值的结论</td><td></td><td></td><td></td><td></td></tr>
<tr><td colspan="3">自我评价：</td><td colspan="4">合计：</td></tr>
<tr><td rowspan="2">小组内互评
(20)</td><td>其他组员</td><td>评分依据</td><td>优秀
(20～18)</td><td>良好
(17～15)</td><td>合格
(14～12)</td><td>继续努力(<12)</td></tr>
<tr><td></td><td>1. 所有项目都没有缺勤，没有迟到早退现象
2. 具有较强的团队精神，合作意识
3. 积极参与各项目活动、小组讨论、成果制作等过程
4. 组织、协调能力强，主动性强，表现突出
5. 能客观有效地评价同伴的学习
6. 按期完成规定的项目，工作量饱满，难度较大；工作努力，工作作风严谨务实</td><td></td><td></td><td></td><td></td></tr>
<tr><td colspan="3">小组内互评平均分</td><td colspan="4">合计：</td></tr>
<tr><td rowspan="2">教师评价
(50)</td><td>评价项目</td><td>评分依据</td><td>优秀
(50～48)</td><td>良好
(47～45)</td><td>合格
(45～42)</td><td>继续努力(<42)</td></tr>
<tr><td></td><td>1. 所有项目都没有缺勤，没有迟到早退现象
2. 认真完成项目，积极参与活动与讨论
3. 团结、尊敬其他组员和教师，能够较好地交流合作
4. 具有较强的团队精神，合作意识，积极参与团队活动
5. 能客观有效地评价同伴的学习，通过学习有所收获
6. 综述简练完整，有见解；文字通顺，技术用语准确，符号统一，编号齐全，书写工整规范，图表完备、整洁、正确；图纸绘制符合国家标准，质量符合要求；计算及测试结果准确；工作中有创新意识；对前人工作有改进或突破，或有独特见解</td><td></td><td></td><td></td><td></td></tr>
<tr><td colspan="3">教师评价总分</td><td colspan="4">合计：</td></tr>
<tr><td colspan="3">总分</td><td colspan="4"></td></tr>
</table>

附录A IBMPC/XT 中断向量地址表

类别	类型号	向量表地址	中断功能	类别	类型号	向量表	中断功能
8086中断	0	0~3	除以零	数据表	1D	74~77	显示器参量表
	1	4~7	单步		1E	78~7B	软盘参量表
	2	8~B	非屏蔽中断	指针	1F	7C~7F	图形表
	3	C~F	断点				
	4	10~13	溢出		20	80~83	用程序结束
	5	14~17	打印屏幕		21	84~87	系统功能调
	6,7	18~1F	保留	DOS	22	88~8B	结束退出
					23	8C~8F	Ctrl+Break 退出
8259中断	8	20~23	定时器	中断	24	90~93	严重错误处理
	9	24~27	键盘		25	94~97	绝对磁盘读
	A	28~2B	彩色/图形		26	98~9B	绝对磁盘写
	B,C	2C~33	异步通信		27	9C~9F	驻留退出
	D	34~37	硬磁盘		28~2E	A0~BB	DOS 保留
	E	38~3B	软磁盘		2F	BC~BF	打印机
	F	3C~3F	并行打印机		30~3F	C0~FF	DOS 保留
BIOS中断	10	40~43	屏幕显示		40~5F	100~17F	保留
	11	44~47	设备检验	用户	60~67	180~19F	用户软件中断
	12	48~4B	测存储器容量	中断	68~7F	1A0~1FF	保留
	13	4C~4F	磁盘 I/O	BASIC	80~85	200~217	BASIC 保留
	14	50~53	串行通信口 I/O	中断	86~F0	218~3C3	BASIC 中断
	15	54~57	盒式磁带 I/O	保留	F1~FF	3C4~3FF	
	16	58~5B	键盘输入				
	17	5C~5F	打印机输出				
	18	60~63	BASIC 入口码				
	19	64~67	引导装入程序				
	1A	68~6B	日时钟				
	1B	6C~6F	Ctrl+Break 控制				
	1C	70~73	定时器控制				

附录B　8086 指令表

	指令表中符号说明		
r：	8 位或 16 位寄存器	prot：	8 位 I/O 端口地址
r8/r16：	8/16 位寄存器	lab：	标号
a：	8 位或 16 位累加器(al 或 ax)	prc：	过程
rs：	段寄存器(CS 或 DS 或 ES 或 SS)	n：	中断类型号(0～255)
PSW：	状态寄存器	∧：	逻辑与运算符
i：	8 位或 16 位立即数	∨：	逻辑或运算符
i6/i8/i16：	6/8/16 位立即数	⊕：	逻辑异或运算符
m：	内存字节或字单元		
m8/m16/m32：	内存字节/字/双字单元		

名　称	指令格式	指令操作	备　注
传送	MOV r,r	r←r	除了 POPF 和 SAHF 之外，均不影响标志位
	MOV r,m	r←(m)	
	MOV m,r	m←r	
	MOV r,i	r←i	
	MOV m,i	m←i	
	MOV rs,r16	rs←r16	
	MOV r16,rs	r16←rs	
	MOV rs,m16	rs←(m16)	
	MOV m16,rs	m16←rs	
装有效地址	LEA r16,m16	r16←(m16)的偏移地址	
装 DS 段值及地址	LDS r16,m32	r16←(m32),DS←(m32+2)	
装 ES 段值及地址	LES r16,m32	r16←(m32),ES←(m32+2)	
压入栈	PUSH r16	SP←SP−2,(SP+1,SP)←r16	
	PUSH rs	SP←SP−2,(SP+1,SP)←rs	
	PUSH m16	SP←SP−2,(SP+1,SP)←(m16)	
弹出栈	POP r16	r16←(SP+1,SP),SP←SP+2	
	POP rs(除 CS 外)	rs←(SP+1,SP),SP←SP+2	
	POP m16	m16←(SP+1,SP),SP←SP+2	
压标志入栈	PUSHF	SP←SP−2,(SP+1,SP)←PSW	
弹标志出栈	POPF	PSW←(SP+1,SP),SP←SP+2	
装标志到 AH	LAHF	AH←PSW 的 0～7 位	
送 AH 到标志	SAHF	PSW 的 0～7 位←AH	
字符转换	XLAT	AL←(BX+AL)	

续表

名　称	指令格式	指令操作	备　注
交换	XCHG r,r	r←→r	
	XCHG r,m	r←→(m)	
输入	IN a,prot	AL/AX←(prot)	
	IN a,DX	AL/AX←(DX)	
输出	OUT prot,a	(prot)←AL/AX	
	OUT DX,a	(DX)←AL/AX	
加法	ADD r,r	r←r+r	影响状态标志位(SF,ZF,CF,AF,OF,PF),不影响控制标志位(IF,DF,TF)
	ADD r,m	r←r+(m)	
	ADD m,r	m←(m)+r	
	ADD r,i	r←r+i	
	ADD m,i	m←(m)+i	
带进位加法	ADC r,r	r←r+r+CF	
	ADC r,m	r←r+(m)+CF	
	ADC m,r	m←(m)+r+CF	
	ADC r,i	r←r+i+CF	
	ADC m,i	m←(m)+i+CF	
加1	INC r	r←r+1	
	INC m	m←(m)+1	
减法	SUB r,r	r←r-r	
	SUB r,m	r←r-(m)	
	SUB m,r	m←(m)-r	
	SUB r,i	r←r-i	
	SUB m,i	m←(m)-i	
带借位减法	SBB r,r	r←r-r-CF	
	SBB r,m	r←r-(m)-CF	
	SBB m,r	m←(m)-r-CF	
	SBB r,i	r←r-i-CF	
	SBB m,i	m←(m)-i-CF	
减1	DEC r	r←r-1	不影响所有标志位
	DEC m	m←(m)-1	
比较	CMP r,r	r-r	
	CMP r,m	r-(m)	
	CMP m,r	(m)-r	
	CMP r,i	r-i	
	CMP m,i	(m)-i	
求补	NEG r	r←0-r	
	NEG m	m←0-(m)	
无符号乘法	MUL r8	AX←AL * r8	
	MUL r16	DX,AX←AX * r16	
	MUL m8	AX←AL * (m8)	
	MUL m16	DX,AX←AX * (m16)	

续表

名　　称	指 令 格 式	指 令 操 作	备　　注
有符号乘法	IMUL r8	AX←AL＊r8	
	IMUL r16	DX,AX←AX＊r16	
	IMUL m8	AX←AL＊(m8)	
	IMUL m16	DX,AX←AX＊(m16)	
无符号除法	DIV r8	AL←AL/r8,AH←余数	
	DIV r16	AX←(DX,AX)/r16,DX←余数	
	DIV m8	AL←AX/(m8),AH←余数	
	DIV m16	AX←(DX,AX)/(m16),DX←余数	不影响所有标志位
有符号除法	IDIV r8	AL←AL/r8,AH←余数	
	IDIV r16	AX←(DX,AX)/r16,DX←余数	
	IDIV m8	AL←AX/(m8),AH←余数	
	IDIV m16	AX←(DX,AX)/(m16),DX←余数	
字节转换成字	CBW	如果 AL＜0,则 AH←FFH,否则 AH←00H	
字转换成双字	CWD	如果 AX＜0,则 DX←FFFFH,否则 DX←0000H	
加法调整	DAA	如果(AL∧0FH)＞09H 或 AF=1,则 AL←AL+06H	影响状态标志位
		如果(AL∧F0H)＞90H 或 CF=1,则 AL←AL+60H	DAA 和 DAS 用于组合 BCD 码的调整,其他用于非组合 BCD 码的调整
减法调整	DAS	如果(AL∧0FH)＞09H 或 AF=1,则 AL←AL−06H	AAM 用于 MUL 指令之后
		如果(AL∧F0H)＞90H 或 CF=1,则 AL←AL−60H	AAD 则用于 DIV 指令之前
BCD 加法调整	AAA	如果(AL∧0FH)＞09H 或 AF=1 则 AL←AL+1,AL←(AL+6)∧0FH	
BCD 减法调整	AAS	如果(AL∧0FH)＞09H 或 AF=1 则 AL←AL−1,AL←(AL−6)∧0FH	
BCD 乘法调整	AAM	AH←(AL/10)的整数,AL←(AL/10)的余数	
BCD 除法调整	AAD	AL←AH＊10+AL,AH←0	
逻辑与	AND r,r	r←r∧r	影响状态标志位(CF=0,OF=0)
	AND r,m	r←r∧(m)	
	AND m,r	m←(m)∧r	
	AND r,i	r←r∧i	
	AND m,i	m←(m)∧i	

续表

名　称	指令格式	指令操作	备　注
逻辑测试	TEST r,r	r∧r	
	TEST r,m	r∧(m)	
	TEST m,r	(m)∧r	
	TEST r,i	r∧i	
	TEST m,i	(m)∧i	
逻辑或	OR r	r←r∨r	
	OR r,m	r←r∨(m)	
	OR m	m←(m)∨r	影响状态标志位(CF=0,OF=0)
	OR m,i	r←r∨i	
		m←(m)∨i	
逻辑异或	XOR r,r	r←r⊕r	
	XOR r,m	r←r⊕(m)	
	XOR m,r	m←(m)⊕r	
	XOR r,i	r←r⊕i	
	XOR m,i	m←(m)⊕i	
求反	NOT r	r←r 取反	不影响所有标志位
	NOT m	m←(m)取反	
逻辑/算术左移	SHL/SAL r,1 SHL/SAL r,CL SHL/SAL m,1 SHL/SAL m,CL	CF ← r/m ← 0 左移1/(CL)	影响状态标志位
逻辑右移	SHR r,1 SHR r,CL SHR/SAL m,1 SHR/SAL m,CL	0 → r/m → CF 右移1/(CL)	
算术右移	SAR r,1 SAR r,CL SAR m,1 SAR m,CL	r/m → CF 右移1/(CL)	
循环左移	ROL r,1 ROL r,CL ROL m,1 ROL m,CL	CF ← r/m 循环左移1/(CL)	仅影响 CF,OF 状态标志位
循环右移	ROR r,1 ROR r,CL ROR m,1 ROR m,CL	r/m → CF 循环右移1/(CL)	
带进位循环左移	RCL r,1 RCL r,CL RCL m,1 RCL m,CL	CF ← r/m 带进位循环左移1/(CL)	

续表

名　　称	指令格式	指令操作	备　　注
带进位循环右移	RCR r,1 RCR r,CL RCR m,1 RCR m,CL	r/m → CF 带进位循环右移1/(CL)	
字节串传送	MOVSB	(ES:DI)←(DS:SI), DI←DL±1,SI←SI±1	除了 CMPS 和 SCAS 影响状态标志位外,其他均不影响所有标志位 DF＝0,相应指针加 1 或加 2, DF＝1,相应指针减 1 或减 2
字串传送	MOVSW	(ES:DI)←(DS:SI), DI←DL±2,SI←SI±2	
字节串取	LODSB	AL←(DS:SI),SI←SI±1	
字串取	LODSW	AX←(DS:SI),SI←SI±2	
字节串写	STOSB	(ES:DI)←AL,DI←DI±1	
字串写	STOSW	(ES:DI)←AX,DI←DI±2	
字节串比较	CMPSB	(DS:SI)－(ES:DI), DI←DI±1,SI←SI±1	
字串比较	CMPSW	(DS:SI)－(ES:DI), DI←DI±2,SI←SI±2	
字节串扫描	SCASB	AL－(ES:DI) DI←DI±1,SI←SI±1	
字串扫描	SCASW	AX－(ES:DI) DI←DI±2,SI←SI±2	
无条件重复	REP	当 CX≠0,则重复串操作,CX←CX－1; 当 CX＝0,退出重复	
相等/为零重复字串操作	REPE/REPZ	当 CX≠0 且 ZF＝1,则重复串操作,CX←CX－1; 当 CX＝0 且 ZF＝0,退出重复	
不等/不为零重复字串操作	REPNE/REPNZ	当 CX≠0 且 ZF＝0,则重复串操作,CX←CX－1; 当 CX＝0 且 ZF＝0,退出重复	
无条件转移	JMP SHORT lab(短转)	IP←OFFSET lab	不影响所有标志位
	JMP lab(短转)	IP←OFFSET lab	
	JMP lab(长转)	IP←OFFSET lab,CS←SEG lab	
	JMP r16	IP←r16	
	JMP m16	IP←(m16)	
	JMP m32	IP←(m32),CS←(m32＋2)	

续表

名　称	指令格式	指令操作	备　注
高于等于/不低于/无进位转移	JAE/JNB/JNC lab	如果 CF=0,则 IP←OFFSET lab,否则 IP←IP+2	不影响所有标志位,转移目标地址必须在-128～1+127 范围内
不高于等于/低于/进位转移	JNAE/JB/JC lab	如果 CF=1,则 IP←OFFSET lab,否则 IP←IP+2	
非零/不等转移	JNZ/JNE lab	如果 ZF=0,则 IP←OFFSET lab,否则 IP←IP+2	
全零/等于转移	JZ/JE lab	如果 ZF=1,则 IP←OFFSET lab,否则 IP←IP+2	
正符号转移	JNS lab	如果 SF=0,则 IP←OFFSET lab,否则 IP←IP+2	
负符号转移	JS lab	如果 SF=1,则 IP←OFFSET lab,否则 IP←IP+2	
奇性奇偶转移	JNP/JPO lab	如果 PF=0,则 IP←OFFSET lab,否则 IP←IP+2	
偶性奇偶转移	JP/JPE lab	如果 PF=1,则 IP←OFFSET lab,否则 IP←IP+2	
无溢出转移	JNO lab	如果 OF=0,则 IP←OFFSET lab,否则 IP←IP+2	
溢出转移	JO lab	如果 OF=1,则 IP←OFFSET lab,否则 IP←IP+2	
高于/不低于等于转移	JA/JNBE lab	如果(CF ∨ ZF)=0,则 IP←OFFSET lab 否则 IP←IP+2	
低于等于/不高于转移	JBE/JNA lab	如果(CF ∨ ZF)=1,则 IP←OFFSET lab 否则 IP←IP+2	
大于等于/不小于转移	JGE/JNL lab	如果(SF ⊕ OF)=0,则 IP←OFFSET lab 否则 IP←IP+2	
小于/不大于等于转移	JL/JNGE lab	如果(SF ⊕ OF)=1,则 IP←OFFSET lab 否则 IP←IP+2	
大于/不小于等于转移	JG/JNLE lab	如果(SF⊕OF)∨ZF=0 则 IP←OFFSET lab,否则 IP←IP+2	
小于等于/不大于转移	JLE/JNG lab	如果(SF⊕OF)∨ZF=1 则 IP←OFFSET lab,否则 IP←IP+2	
CX 寄存器零转移	JCXZ lab	如果 CX=0,则 IP←OFFSET lab,否则 IP←IP+2	
循环	LOOP lab	CX←CX-1,如果 CX≠0 则 IP←OFFSET lab,否则 IP←IP+2	
相等/为零循环	LOOPE/LOOPZ lab	CX←CX-1,如果 CX≠0 且 ZF=1 则 IP←OFFSET lab,否则 IP←IP+2	

续表

名　称	指令格式	指令操作	备　注
不相等/不为零循环	LOOPNE/ LOOPNZ lab	CX←CX－1,如果 CX≠0 且 ZF＝0 则 IP←OFFSET lab,否则 IP←IP＋2	不影响所有标志位
段内调用	CALL prc(段内)	SP←SP－2,(SP＋1,SP)←IP, IP←OFFSET prc	
	CALL r16(段内)	SP←SP－2,(SP＋1,SP)←IP, IP←r16	
	CALL m16(段内)	SP←SP－2,(SP＋1,SP)←IP, IP←(m16)	
段间调用	CALL prc(段间)	SP←SP－2,(SP＋1,SP)←CS, CS←SEG prc SP←SP－2,(SP＋1,SP)←IP, IP←OFFSET prc	
	CALL m32(段间)	SP←SP－2,(SP＋1,SP)←CS, CS←(m32＋2) SP←SP－2,(SP＋1,SP)←IP, IP←(m32)	
返回	RET (段内)	IP←(SP＋1,SP),SP←SP＋2	
	RET val(段内)	IP←(SP＋1,SP),SP←SP＋2＋val	
	RET (段间)	IP←(SP＋1,SP),SP←SP＋2 IP←(SP＋1,SP),SP←SP＋2	
	RET val(段间)	IP←(SP＋1,SP),SP←SP＋2＋val	
中断	INT *n*	SP←SP－2(SP＋1,SP)←F,IF←0,TF←0 SP←SP－2(SP＋1,SP)←CS,CS←0(n＊4＋2) SP←SP－2(SP＋1,SP)←IP,IP←0(n＊4)	
溢出中断	INT 0	如果 OF＝1 则 SP←SP－2,(SP＋1,SP)←F,IF←0,TF←0 SP←SP－2,(SP＋1,SP)←CS,CS←(00012H) SP←SP－2,(SP＋1,SP)←IP,IP←(00010H) 否则 IP←IP＋1	
中断返回	IRET	IP←(SP＋1,SP),SP←SP＋2 CS←(SP＋1,SP),SP←SP＋2 PSW←(SP＋1,SP),SP←SP＋2	
置进位标志	STC	CF←1	不影响标志位
进位标志求反	CMC	CF←CF 取反	
清方向标志	CLD	DF－0	
置方向标志	STD	DF－1	

续表

名　称	指令格式	指令操作	备　注
清中断标志	CLI	IF←0	
置中断标志	STI	IF←1	
封锁总线前缀	LOCK	封锁总线前缀	
等待	WALT	等待外同步(TEST)信号	
处理器转移	ESC i6,m	数据总线←(m)	
	ESC i6,r	数据总线←r	
暂停	HLT	CPU 暂停(动态)	
空操作	NOP	空操作	

附录C DOS 功能调用(INT21H)表

AH	功能	入口参数	出口参数
00	程序终止(同 INT20H)	CS=程序段前缀	
01	键盘输入并回显		AL=输入字符
02	显示输出	DL=输出字符	
03	异步通信输入		AL=输入字符
04	异步通信输出	DL=输出数据	
05	打印机输出	DL=输出字符	
06	直接控制台 I/O	DL=FF(输入) DL=字符(输出)	AL=输入字符
07	键盘输入(无回显)		AL=输入字符
08	键盘输入(无回显) 检测 Ctrl+Break		AL=输入字符
09	显示字符串	DS：DX=串地址 ($为串结束字符)	
0A	键盘输入到缓冲区	DS：DX=缓冲区首地址 (DS：DX)=缓冲区最大字符	(DS：DX+1)=实际输入字符数
0B	检验键盘状态		AL =00 有输入 =FF 无输入
0C	清除输入缓冲区并请求指定的输入功能	AL=输入功能号(1,6,7,8,A)	
0D	磁盘复位		清除文件缓冲区
0E	指定当前默认磁盘驱动器	DL=驱动器号 0=A,1=B,…	AL=驱动器数
0F	打开文件	DS：DX=FCB 首地址	AL =00 文件找到 =FF 文件未找到
10	关闭文件	DS：DX=FCB 首地址	AL =00 目标修改成功 =FF 文件中未找到文件
11	查找第一个目录项	DS：DX=FCB 首地址	AL =00 找到 =FF 未找到
12	查找下一个目录项	DS：DX=FCB 首地址 (文件名中带 * 或?)	AL =00 找到 =FF 未找到
13	删除文件	DS：DX=FCB 首地址	AL =00 删除成功 =FF 未找到

续表

AH	功　能	入口参数	出口参数
14	顺序读	DS：DX＝FCB首地址	AL＝00 读成功 ＝01 文件结束,记录无数据 ＝02 DTA空间不够 ＝03 文件结束,记录不完整
15	顺序写	DS：DX＝FCB首地址	AL＝00 写成功 ＝01 盘满 ＝02 DTA空间不多
16	建文件	DS：DX＝FCB首地址	AL＝00 建立成功 ＝FF 无磁盘空间
17	文件改名	DS：DX＝FCB首地址 (DS：DX＋1)＝旧文件名 (DS：DX＋17)＝新文件名	AL＝00 成功 ＝FF 未成功
19	取当前默认磁盘驱动器		AL＝默认的驱动器号 0＝A,1＝B,2＝C,…
1A	置DTA地址	DS：DX＝DTA地址	
1B	取默认驱动FAT信息		AL＝每簇的扇区数 DS：DX＝FAT标识字符 CX＝物理扇区的大小 DX＝默认驱动器的簇数
1C	取任一驱动器FAT信息	DL＝驱动器号	同上
21	随机读	DS：DX＝FCB首地址	AL＝00 读成功 ＝01 文件结束 ＝02 缓冲区溢出 ＝03 缓冲区不满
22	随机写	DS：DX＝FCB首地址	AL＝00 写成功 ＝01 文件结束 ＝02 缓冲区溢出
23	测定文件大小	DS：DX＝FCB首地址	AL＝00 成功,文件长度填入FCB ＝FF 未找到
24	设置随机记录号	DS：DX＝FCB首地址	
25	设置中断向量	DS：DX＝中断向量 AL＝中断类型号	
26	建立程序段前缀	DX＝新的程序段前缀	
27	随机分块读	DS：DX＝FCB首地址 CX＝记录数	AL＝00 读成功 ＝01 文件结束 ＝02 缓冲区太小,传输结束 ＝03 缓冲区不满 CX＝读取的记录数
28	随机分块写	DS：DX＝FCB首地址 CX＝记录数	AL＝00 写成功 ＝01 盘满 ＝02 缓冲区溢出

续表

AH	功　能	入口参数	出口参数
29	分析文件名	DS：DX=FCB首地址 DS：SI=ASCIIZ串 AL=控制分析标志	AL=00 标准文件 　=01 多义文件 　=FF 非法盘符
2A	取日期		CX=年 DH：DL=月：日(二进制)
2B	设置日期	CX：DH：DL=年：月：日	AL=00 成功 　=FF 无效
2C	取时间		CH：CL=时：分 DH：DL=秒：1/100秒
2D	设置时间	CH：CL=时：分 DH：AL=秒：1/100秒	AL=00 成功 　=FF 无效
2E	置磁盘自动读写标志	AL =00 关闭标志 　=01 打开标志	
2F	取磁盘缓冲区的首址		ES：BX=缓冲区首址
30	取DOS版本号		AH=发行号，AL=版号
31	结束并驻留	AL=返回码 DX=驻留区大小	
33	Ctrl+Break检测	AL=00 取状态 　=01 置状态(DL) DL=00 关闭检测 　=01 打开检测	DL =00 关闭Ctrl+Break检测 　=01 打开Ctrl+Break检测
35	取中断向量		AL=中断类型号 ES：BX=中断向量
36	取空闲磁盘空间	DL=驱动器 0=默认，1=A，2=B，…	成功：AX=每簇扇区数 BX=有效簇数 CX=每扇区字节数 DX=总簇数 失败：AX=FFFF
38	置/取国家信息	DS：DX=信息区首地址	DX=国家码(国际电话前缀码) AX=错误码
39	建立子目录(MKDIR)	DS：DX=ASCIIZ串地址	AX=错误码
3A	删除子目录(RMDIR)	DS：DX=ASCIIZ串地址	AX=错误码
3B	改变当前目录(CHDIR)	DS：DX=ASCIIZ串地址	AX=错误码
3C	建立文件	DS：DX=ASCIIZ串地址	成功：AX=文件代号 失败：AX=错误码
3D	打开文件	DS：DX=ASCIIZ串地址 AL=0 读 　=1 写 　=2 读/写	成功：AX=文件代号 失败：AX=错误码
3E	关闭文件	BX=文件号	失败：AX=错误码

续表

AH	功　能	入口参数	出口参数
3F	读文件或设备	DS：DX＝数据缓冲区地址 DX＝文件号 CX＝读取的字节数	读成功：AX＝实际读入字节数 　　　　　＝0已到文件尾 读出错：AX＝错误码
40	写文件或设备	DS：DX＝数据缓冲区地址 DX＝文件号 CX＝写入的字节数	写成功：AX＝实际读入字节数 写出错：AX＝错误码
41	删除文件	DS：DX＝ASCIIZ串地址	成功：AX＝00 失败：AX＝错误码(2,5)
42	移动文件指针	BX＝文件号 CX：DX＝位移量 AL＝移动方式(0,1,2)	成功：DX：AX＝新指针位置 失败：AX＝错误码
43	置/取文件属性	DS：DX＝ASCIIZ串地址 AL＝0 取文件属性 　＝1 置文件属性 CX＝文件属性	成功：CX＝文件属性 失败：AX＝错误码
44	设备文件I/O控制	BX＝文件代号 AL＝0 取状态 　＝1 置状态DX 　＝2,4 读数据 　＝3,5 写数据 　＝6 取输入状态 　＝7 取输出状态	成功：CX＝设备信息 失败：AX＝错误码
45	复制文件号	BX＝文件号1	成功：AX＝文件号2 失败：AX＝错误码
46	人工复制文件号	BX＝文件号1 CX＝文件号2	成功：AX＝文件号2 失败：AX＝错误码
47	取当前目录路径名	DL＝驱动器号 DS：SI＝ASCIIZ串地址	(DS：SI)＝ASCIIZ串 失败：AX＝错误码
48	分配内存空间	BX＝申请内存容量	成功：AX＝分配内存首地址 失败：AX＝最大可用空间
49	释放内存空间	ES＝内存起始段地址	失败：AX＝错误码
4A	调整已分配的存储块	ES＝原内存起始段地址 BX＝再申请的容量	失败：BX＝最大可用空间 AX＝错误码
4B	装配/执行程序	DS：SI＝ASCIIZ串地址 ES：BX＝参数区首址 AL＝0 装入执行 　＝3 装入不执行	失败：AX＝错误码
4C	带返回码结束	AL＝返回码	
4D	取返回码		AX＝返回代码
4E	查找第一个匹配文件	DS：DX＝ASCIIZ串地址 CX＝属性	AX＝出错码(02,18)

续表

AH	功　能	入口参数	出口参数
4F	查找下一个匹配文件	DS：DX=ASCIIZ 串地址 (文件名中带？或*)	AX=出错码(18)
54	取盘自动读写标志		AL=当前标志值
56	文件改名	DS：DX=ASCIIZ 串(旧) ES：DI=ASCIIZ 串(新)	AX=出错码(03,05,17)
57	置/取文件日期和时间	BX=文件号 AL=0 读取 =1 设置(DX：CX)	DX：CX=日期和时间 失败：AX=错误码
58	取/置分配策略码	AL=0 取码 =1 置码(BX) BX=策略码	成功：AX=策略码 失败：AX=错误码
59	取扩充错误码	BX=0000	AX=扩充错误码 BH=错误类型 BL=建议的操作 CH=错误场所
5A	建立临时文件	CX=文件属性 DS：DX=ASCIIZ 串地址	成功：AX=文件号 失败：AX=错误码
5B	建立新文件	CX=文件属性 DS：DX=ASCIIZ 串地址	成功：AX=文件号 失败：AX=错误码
5C	控制文件存取	AL=00 封锁 =01 开启 BX=文件号 CX：DX=文件位移 SI：DI=文件长度	失败：AX=错误码
62	取程序段前缀地址		BX=PSP 地址

注：* AH=00～2E 适用 DOS 1.0 以上版本；AH=2F 及以上适用 DOS 2.0 以上版本；AH=58～62 适用 DOS 3.0 以上版本。

附录D BIOS中断调用表

功能号 AH	功能	入口参数	出口参数
0	设置显示方式	AL=00 40×25 黑白方式 =01 40×25 彩色方式 =02 80×25 黑白方式 =03 80×25 彩色方式 =04 320×200 彩色图形方式 =05 320×200 黑白图形方式 =06 640×200 黑白图形方式 =07 80×25 单色文本方式 =08 160×200 16 色图形(PCjr) =09 320×200 16 色图形(PCjr) =0A 640×200 16 色图形(PCjr) =0B 保留(EGA) =0C 保留(EGA) =0D 320×200 彩色图形(EGA) =0E 640×200 彩色图形(EGA) =0F 640×350 黑色图形(EGA) =10 640×350 彩色图形(EGA) =11 640×480 单色图形(EGA) =12 640×480 16 色图形(EGA) =13 320×200 256 色图形(EGA) =40 80×30 彩色文本(CGE400) =41 80×50 彩色文本(CGE400) =42 640×400 彩色文本(CGE400)	
1	置光标类型	(CH)0−3=光标起始行 (CL)0−3=光标结束行	
2	置光标位置	BH=页号 BH,DL=行,列	
3	读光标位置	BH=页号	CH=光标起始行 DH,DL=行,列
4	读光笔位置		AH =0 光笔未触发 =1 光笔触发 CH=像素行,BX=像素列 DH=字符行,DL=字符列
5	置显示页	AL=页号	

续表

功能号 AH	功　　能	入口参数	出口参数
6	屏幕初始化或上卷	AL＝上卷行数 AL＝0 整个窗口空白 BH＝卷入行属性 CH,CL＝左上角行,列号 DH,DL＝右下角行,列号	
7	屏幕初始化或下卷	AL＝下卷行数 AL＝0 整个窗口空白 BH＝卷入行属性 CH,CL＝左上角行,列号 BH,DL＝右下角行,列号	
8	读光标位置的字符和属性		AH＝属性 AL＝字符
9	光标位置显示字符及其属性	BH＝显示页 BL＝属性 AL＝字符 CX＝字符重复次数	
A	在光标位置显示字符	BH＝显示页 AL＝字符 CX＝字符重复次数	
B	置彩色调板 (320×200 图形)	BH＝彩色调板 ID BL＝和 ID 配套使用的颜色	
C	写像素	DX＝行(0～199) CX＝列(0～639)	AL＝像素值 AL＝像素值
D	读像素	DX＝行(0～199) CX＝列(0～639)	
E	显示字符(光标前移)	AL＝字符 BL＝前景色	
F	取当前显示方式		AH＝字符列数,AL＝显示方式
13	显示字符串 (适用 AT)	ES：BP＝串地址,CX＝串长度 BH＝页号,DH,DL＝起始行,列 AL＝0,BL＝属性 串：char,char,… AL＝1,BL＝属性 串：char,char,… AL＝2 串：char,char,char,char,… AL＝3 串：char,char,char,char,…	 光标返回起始位置 光标跟随移动 光标返回起始位置 光标跟随移动

续表

功能号 AH	功　能	入口参数	出口参数
	设备检验		AX=返回值 bit0=1,配有磁盘 bit1=1,80287 协处理器 bit4,5 =01,40×25BW(彩色板) =10,80×25BW(彩色板) =11,80×25BW(黑白板) bit6,7=软盘驱动器号 bit9,10,11=RS-232 板号 bit12=游戏适配器 bit13=串行打印机 bit14,15=打印机号
	测定存储器容量		AX=字节数(KB)
0	软盘系统复位	DL=驱动器号	
1	读软盘状态	DL=驱动器号	AL=状态字节
2	读磁盘	AL=扇区数 CH,CL=磁道号,扇区号 DH,DL=磁头号,驱动器号 ES:BX=数据缓冲区地址	读成功:AH=0 AL=读取的扇区数 读失败:AH=出错码
3	写磁盘	同上	写成功:AH=0 AL=写入的扇区数 写失败:AH=出错误
4	检验磁盘扇区	同上(ES:BX 不设置)	成功:AH=0 AL=检验的扇区数 失败:AH=出错码
5	格式化盘磁道	ES:BX=磁道地址	成功:AH=0 失败:AH=出错码
0	初始化串行通信口	AL=初始化参数 DX=通信口号(0,1)	AH=通信口状态 AL=调制解调器状态
1	向串行通信口写字符	AL=字符 DX=通信口号(0,1)	写成功:(AH)7=0 写失败:(AH)7=1 (AH)0-6=通信口状态
2	从串行通信口读字符	DX=通信口号(0,1)	读成功:(AH)7=0 AL=字符 读失败:(AH)7=1 (AH)0-6=通信口状态
3	取通信口状态	DX=通信口号(0,1)	AH=通信口状态 AL=调制解调器状态
0	启动盒式磁带电动机		失败:AH=出错码
1	停止盒式磁带电动机		失败:AH=出错码

续表

功能号 AH	功　　能	入 口 参 数	出 口 参 数
2	磁带分块读	ES：BX＝数据传输区地址 CX＝字节数	AH 为状态字节 AH＝00 读成功 ＝01 冗余检验错 ＝02 无数据传输 ＝04 无引导 ＝80 非法命令
3	磁带分块写	DS：BX＝数据传输区地址 CX＝字节数	AH 为状态字节 (同上)
0	从键盘读字符		AH＝扫描码 AL＝字符码
1	读键盘缓冲区字符		AH＝扫描码 ZF＝0,AL＝字符码 ZF＝1,缓冲区空
2	取键盘状态字节		AL＝键盘状态字节
0	打印字符回送状态字节	AL＝字符 DX＝打印机号	AH＝打印机状态字节
1	初始化打印机回送状态字节	DX＝打印机号	AH＝打印机状态字节
2	取打印机状态字节	DX＝打印机号	AH＝打印机状态字节
0	读时钟		CH：CL＝时：分 DH：DL＝秒：1/100 秒
1	置时钟	CH：CL＝时：分 DH：DL＝秒：1/100 秒	
2	读实时钟（适用 AT）		CH：CL＝时：分(BCD) DH：DL＝秒：1/100 秒(BCD)
6	置报警时间（适用 AT）	CH：CL＝时：分(BCD) DH：DL＝秒：1/100 秒(BCD)	
7	消除报警（适用 AT）		

附录E 常用集成芯片引脚图

(1) 四 2 输入“与非”门

(2) 四 2 输入“或非”门

(3) 6 反相器

(4) 6 反相缓冲/驱动器（0C 高压输出）

(5) 6 同相缓冲器/驱动器（0C 高压输出）

(6) 四 2 输入“与门”

(7) 四 2 输入“或”门

(8) 正沿触发双 D 锁存器

(9) 8 位串入/并出移位寄存器

(10) 三组 3 输入“与非”门

(11) 二进制计数器

(12) 8 位总线驱动器

DIR＝1　A⇒B

DIR＝0　B⇒A

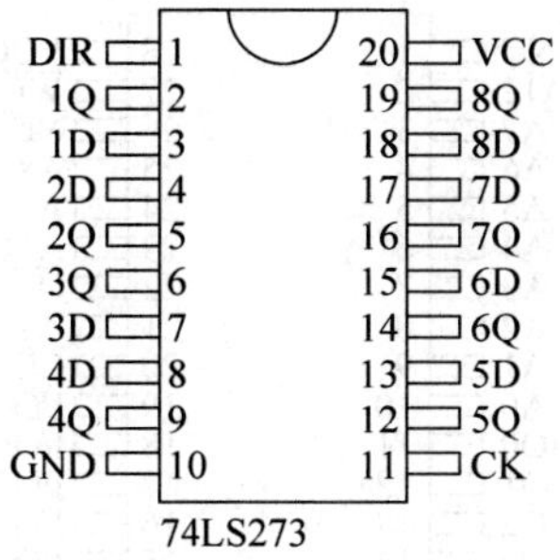

74LS273			
DIR	1	20	VCC
1Q	2	19	8Q
1D	3	18	8D
2D	4	17	7D
2Q	5	16	7Q
3Q	6	15	6D
3D	7	14	6Q
4D	8	13	5D
4Q	9	12	5Q
GND	10	11	CK

（13）8D 锁存器

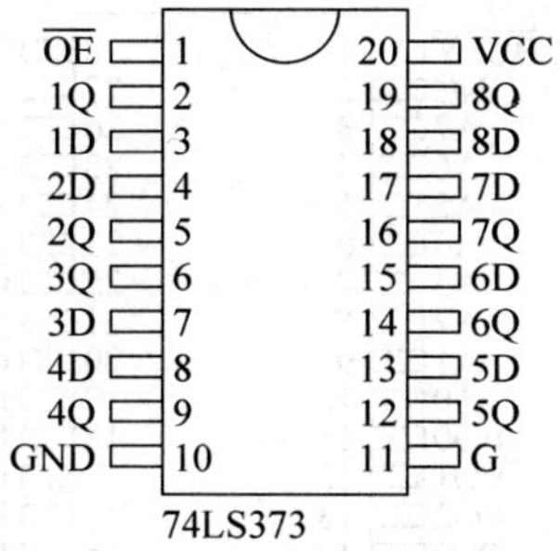

74LS373			
$\overline{OE}$	1	20	VCC
1Q	2	19	8Q
1D	3	18	8D
2D	4	17	7D
2Q	5	16	7Q
3Q	6	15	6D
3D	7	14	6Q
4D	8	13	5D
4Q	9	12	5Q
GND	10	11	G

（14）8D 透明锁存器

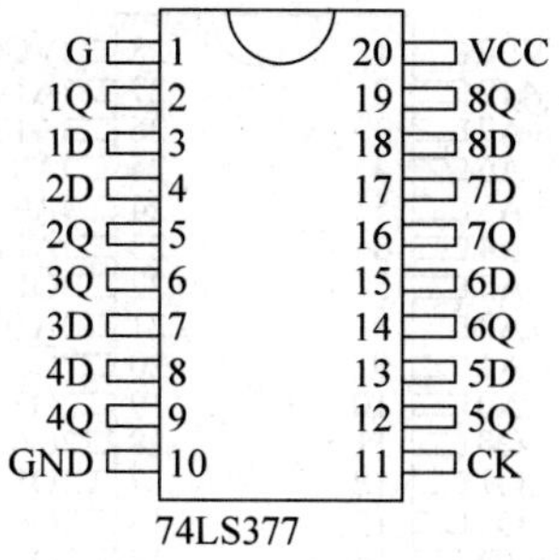

74LS377			
G	1	20	VCC
1Q	2	19	8Q
1D	3	18	8D
2D	4	17	7D
2Q	5	16	7Q
3Q	6	15	6D
3D	7	14	6Q
4D	8	13	5D
4Q	9	12	5Q
GND	10	11	CK

（15）带使能端的 8D 锁存器

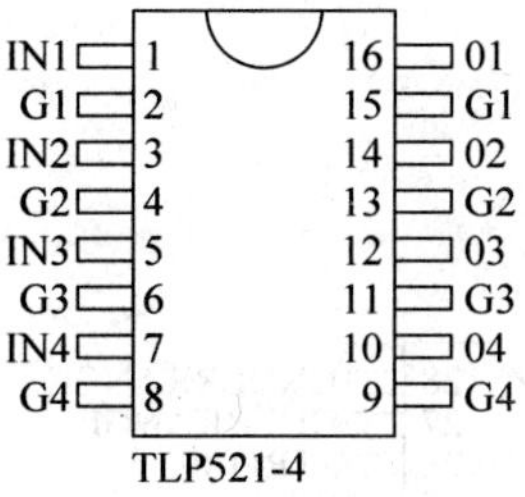

TLP521-4			
IN1	1	16	01
G1	2	15	G1
IN2	3	14	02
G2	4	13	G2
IN3	5	12	03
G3	6	11	G3
IN4	7	10	04
G4	8	9	G4

（16）四路光隔电路

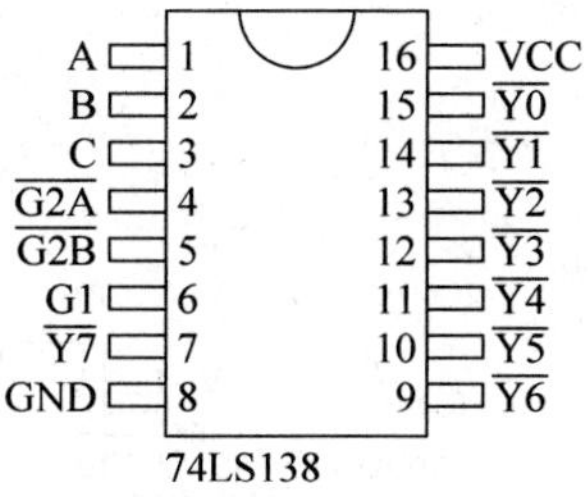

74LS138			
A	1	16	VCC
B	2	15	$\overline{Y0}$
C	3	14	$\overline{Y1}$
$\overline{G2A}$	4	13	$\overline{Y2}$
$\overline{G2B}$	5	12	$\overline{Y3}$
G1	6	11	$\overline{Y4}$
$\overline{Y7}$	7	10	$\overline{Y5}$
GND	8	9	$\overline{Y6}$

（17）3-8 译码器

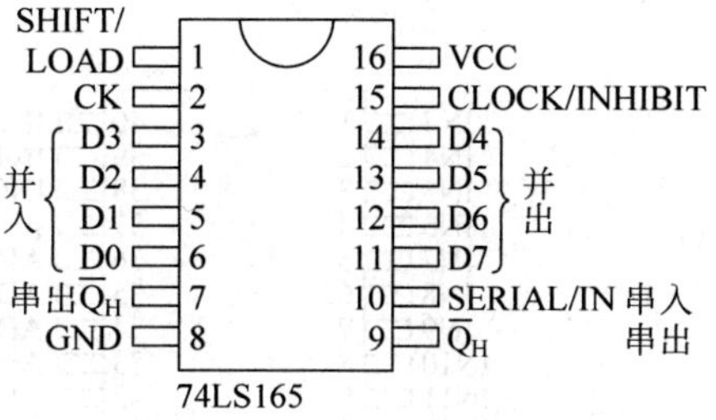

74LS165			
SHIFT/LOAD	1	16	VCC
CK	2	15	CLOCK/INHIBIT
并入 D3	3	14	D4 并出
并入 D2	4	13	D5 并出
并入 D1	5	12	D6 并出
并入 D0	6	11	D7 并出
串出 $\overline{Q}_H$	7	10	SERIAL/IN 串入
GND	8	9	$\overline{Q}_H$ 串出

（18）9 为串入或并出/补码串出位移寄存器

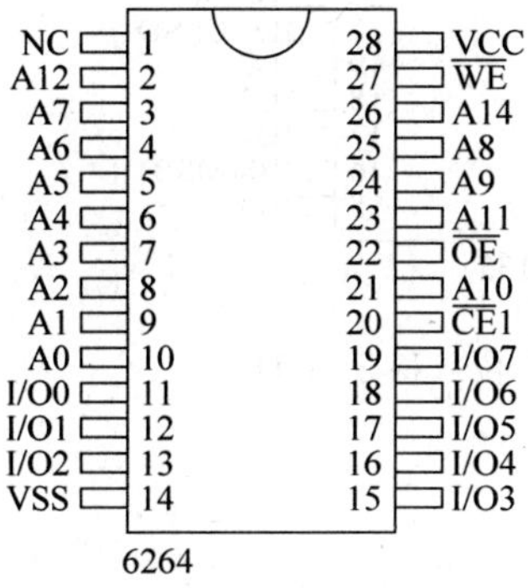

6264			
NC	1	28	VCC
A12	2	27	$\overline{WE}$
A7	3	26	A14
A6	4	25	A8
A5	5	24	A9
A4	6	23	$\overline{A11}$
A3	7	22	$\overline{OE}$
A2	8	21	$\overline{A10}$
A1	9	20	$\overline{CE1}$
A0	10	19	I/O7
I/O0	11	18	I/O6
I/O1	12	17	I/O5
I/O2	13	16	I/O4
VSS	14	15	I/O3

（19）8K×8 位静态 RAM

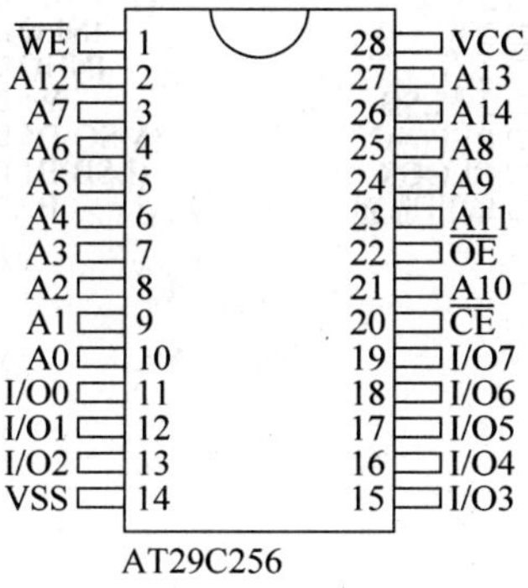

AT29C256			
$\overline{WE}$	1	28	VCC
A12	2	27	A13
A7	3	26	A14
A6	4	25	A8
A5	5	24	A9
A4	6	23	$\overline{A11}$
A3	7	22	$\overline{OE}$
A2	8	21	$\overline{A10}$
A1	9	20	$\overline{CE}$
A0	10	19	I/O7
I/O0	11	18	I/O6
I/O1	12	17	I/O5
I/O2	13	16	I/O4
VSS	14	15	I/O3

（20）32×8 位闪存

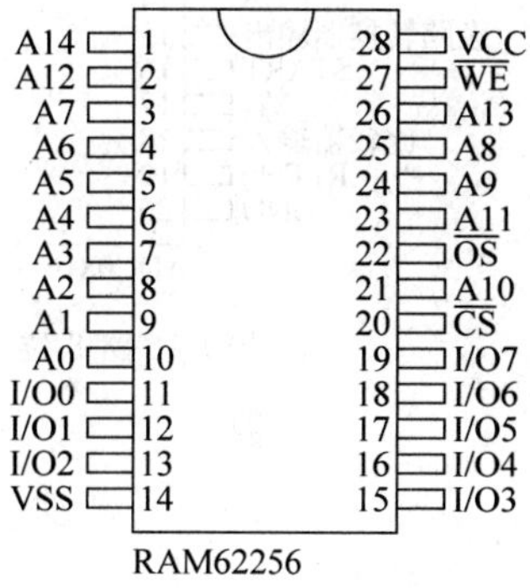

RAM62256			
A14	1	28	VCC
A12	2	27	$\overline{WE}$
A7	3	26	A13
A6	4	25	A8
A5	5	24	A9
A4	6	23	$\overline{A11}$
A3	7	22	$\overline{OS}$
A2	8	21	$\overline{A10}$
A1	9	20	$\overline{CS}$
A0	10	19	I/O7
I/O0	11	18	I/O6
I/O1	12	17	I/O5
I/O2	13	16	I/O4
VSS	14	15	I/O3

（21）32K×8 位静态 RAM

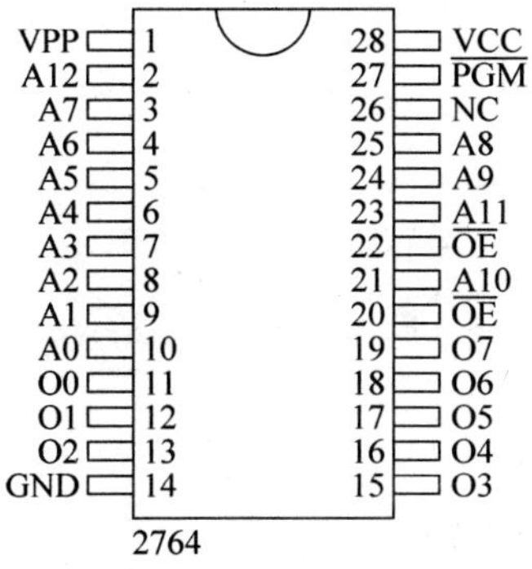

2764			
VPP	1	28	VCC
A12	2	27	$\overline{PGM}$
A7	3	26	NC
A6	4	25	A8
A5	5	24	A9
A4	6	23	$\overline{A11}$
A3	7	22	$\overline{OE}$
A2	8	21	$\overline{A10}$
A1	9	20	$\overline{OE}$
A0	10	19	O7
O0	11	18	O6
O1	12	17	O5
O2	13	16	O4
GND	14	15	O3

（22）8K EPROM

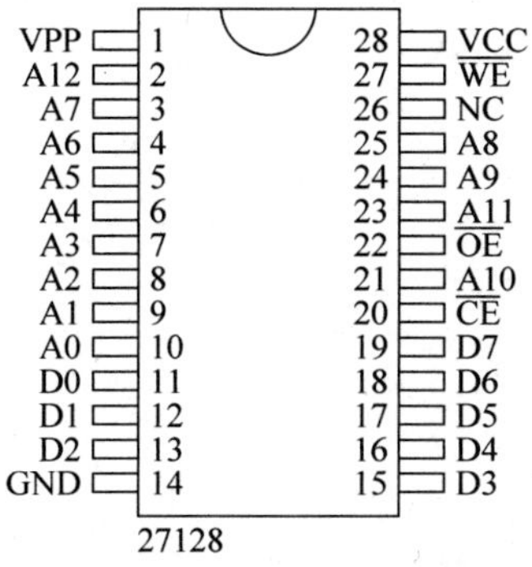

27128			
VPP	1	28	VCC
A12	2	27	$\overline{WE}$
A7	3	26	NC
A6	4	25	A8
A5	5	24	A9
A4	6	23	$\overline{A11}$
A3	7	22	$\overline{OE}$
A2	8	21	$\overline{A10}$
A1	9	20	$\overline{CE}$
A0	10	19	D7
D0	11	18	D6
D1	12	17	D5
D2	13	16	D4
GND	14	15	D3

（23）16K EPROM

27128A			
NC	1	28	VCC
A12	2	27	$\overline{PGM}$
A7	3	26	A13
A6	4	25	A8
A5	5	24	A9
A4	6	23	$\overline{A11}$
A3	7	22	$\overline{OE}$
A2	8	21	$\overline{A10}$
A1	9	20	$\overline{CE}$
A0	10	19	D7
D0	11	18	D6
D1	12	17	D5
D2	13	16	D4
GND	14	15	D3

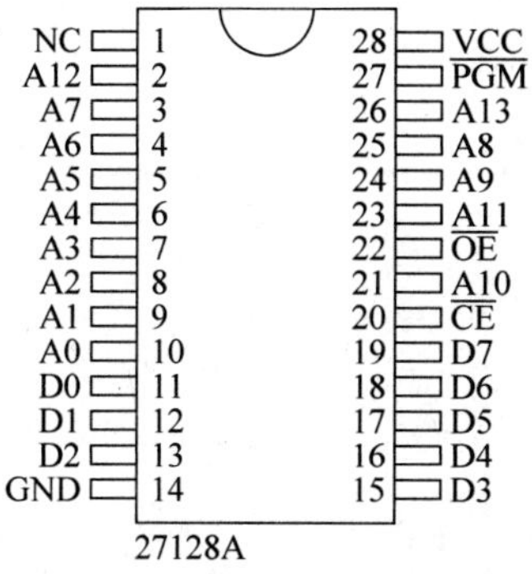

（24）16K EEPROM

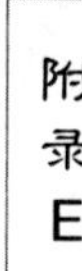

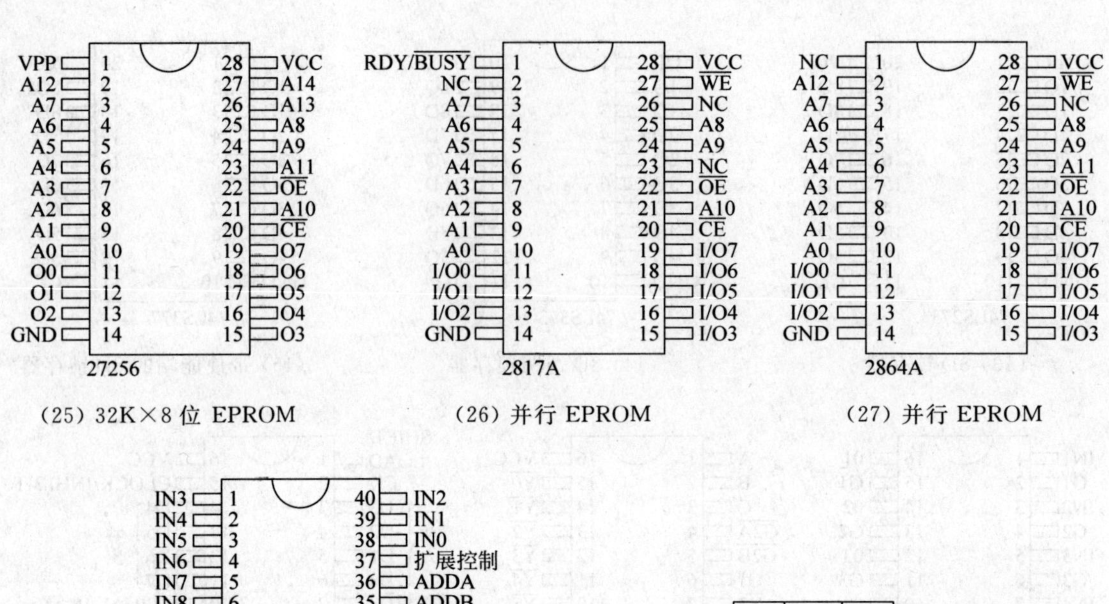

(25) 32K×8 位 EPROM　　(26) 并行 EPROM　　(27) 并行 EPROM

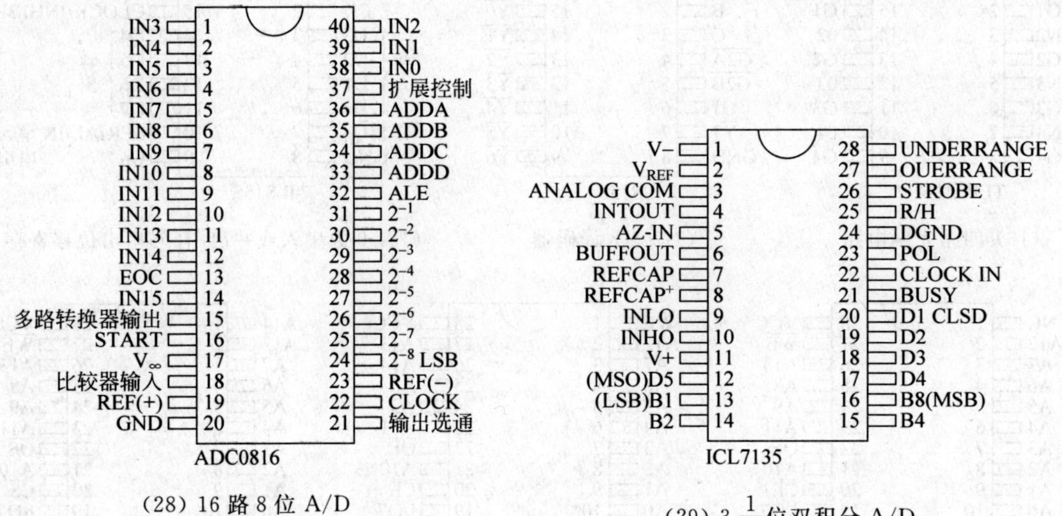

(28) 16 路 8 位 A/D　　(29) $3\frac{1}{2}$位双积分 A/D

参 考 文 献

1. 杨居义，马宁，靳光明. 单片机原理与工程应用. 北京：清华大学出版社，2009.
2. 王克义，鲁守智，蔡建新，等. 微机原理与接口技术教程. 北京：北京大学出版社，2004.
3. 谭浩强，等. 微机原理与接口技术. 北京：清华大学出版社，2001.
4. 温阳东，等. 微机原理与接口技术实用教程. 北京：清华大学出版社，2008.
5. 郭兰英，赵祥模. 微机原理与接口技术. 北京：清华大学出版社，2006.
6. Intel. @Pentium 4 Processor in the 478-Pin Package Datasheet. Intel. Corp，2002.
7. Intel. Microprocessor and Peripheral Handbook Volume I- Microprocessor. Intel Corporation，1987.
8. Mazidi M A，Mazidi J G. The 80x86 IBM PC & Compatible Computers.（Volumes Ⅰ & Ⅱ）. Second Edition. Englewood Cliffs，NJ：Prentice Hall，1998.
9. Walter A. Triebel. The 80386，80486 and Pentium Processors Hardware Software and Interfacing. Prentice Hall，1998.
10. 钱晓捷. 汇编语言程序设计. 北京：电子工业出版社，2000.
11. 赵欢. 微机原理应用及实训. 北京：高等教育出版社，2003.
12. Andrew S. Tanenbaum. Computer Networks. Prentice Hall，1996.
13. 仇玉章，冯一兵. 微计算机技术实验与辅导. 北京：清华大学出版社，2005.